RICHARD MORGAN

MARS OVERRIDE

ROMAN

Aus dem Englischen
von Bernhard Kempen

WILHELM HEYNE VERLAG
MÜNCHEN

Titel der Originalausgabe: THIN AIR

Sollte diese Publikation Links auf Webseiten Dritter enthalten,
so übernehmen wir für deren Inhalte keine Haftung,
da wir uns diese nicht zu eigen machen, sondern lediglich auf
deren Stand zum Zeitpunkt der Erstveröffentlichung verweisen.

Verlagsgruppe Random House FSC® N001967

2. Auflage
Deutsche Erstausgabe 6/2019
Redaktion: Joern Rauser
Copyright © 2018 by Richard Morgan
Copyright © 2019 der deutschsprachigen Ausgabe
und der Übersetzung by Wilhelm Heyne Verlag, München,
in der Verlagsgruppe Random House GmbH,
Neumarkter Straße 28, 81673 München
Printed in the Czech Republic
Umschlagabbildung: Christian McGrath,
unter Verwendung eines Fotos von Taseda Knight
Umschlaggestaltung: Das Illustrat, München,
unter Verwendung eines Designs von
David G. Stevenson und Susan Schultz
Satz: Schaber Datentechnik, Austria
Druck und Bindung: CPI books GmbH

ISBN: 978-3-453-32022-2

diezukunft.de

Im Andenken an Gilbert Scott:
Musiker, Handwerker, Freund

Seine Dämonen zählten zu den schlimmsten, die ich je sah. Doch er bekämpfte sie lange und hart, die endlose Schlacht war für ihn selbstverständlich, und er verstand niemals die tiefen Gründe für die Stärke, den Mut und die Entschlossenheit, die er täglich aufbrachte.

In der Zeit und im Raum, die er in diesem Kampf gewann, fand er die Möglichkeit, wunderschöne Dinge zu erschaffen.

Ohne eine Frontier, an der sich neues Leben einatmen lässt, wird der Geist verblassen, der die fortschrittliche humanistische Kultur entstehen ließ, die Amerika während der vergangenen zwei Jahrhunderte verkörperte. Das Problem ist nicht nur ein nationaler Verlust – der menschliche Fortschritt braucht Vorreiter, und ein Ersatz ist nicht in Sicht.
Daher stellt sich die Erschaffung einer neuen Frontier als größtes soziales Bedürfnis von Amerika und der Menschheit dar ...
Ich glaube, die neue Frontier der Menschheit kann nur auf dem Mars liegen.

Robert Zubrin, *The Case for Mars*

Ganz im Gegensatz zur heroischen und romantischen Heraldik, die für gewöhnlich benutzt wird, um die europäische Besiedlung der beiden Amerikas zu symbolisieren, wäre das Emblem, das am meisten mit der Realität übereinstimmt, eine Pyramide aus Totenschädeln.

David E. Stannard, *American Holocaust*

[E]ine erfundene Ordnung [läuft] ständig Gefahr, in sich zusammenzufallen wie ein Kartenhaus, weil sie auf Mythen gebaut ist, und weil Mythen verschwinden, wenn niemand mehr an sie glaubt.

Yuval Noah Harari, *Eine kurze Geschichte der Menschheit*

1. TEIL
BLACK HATCH BLUES

Das Aufwachen wird für gewöhnlich von übereinstimmenden Empfindungen der Freude, der zwanghaften Konzentration, der Anspannung und einem leichten Schwindelgefühl begleitet. Diese Verfassung ist ein fester Bestandteil der Arbeit und muss auch als solcher behandelt werden. Du läufst heiß – gewöhn dich daran.

(Ein fester Bestandteil der Arbeit ist außerdem: Der Kontext, in dem du aufwachst, ist höchstwahrscheinlich schon komplett im Arsch oder wird es bald sein.)

Blond Vaisutis
Einführungshandbuch für Overrider
hinzugefügter informeller Kommentar eines Veteranen

1

Es war früh am Abend, als ich den Mariner Strip erreichte, und oben in der Lamina versuchte man gerade wieder, Regen zu machen. Mit begrenztem Erfolg, würde ich sagen. Es war nicht mehr als ein dünnes, kaltes, unregelmäßiges Geniesel, das aus einem paprikafarbenen Himmel weinte.

Ich hatte keine Informationen darüber, dazu war ich zu beschäftigt gewesen. Ich hatte nur von irgendeiner neu geschriebenen Subroutine gehört, die man von dem flimmernden Rand des Industriezweigs hinzugeholt hatte, codiert und aufbereitet und losgelassen, irgendwo da oben inmitten der gewaltigen, sich verschiebenden hauchdünnen Schichten, die das Valley warmhalten. Es musste auch irgendein massiver Marketingeinfluss dahinterstehen, denn für einen Abend mitten in der Woche war es recht voll auf den Straßen. Als der Regen einsetzte, fühlte es sich an, als käme die ganze Stadt zum Stillstand, um zuzuschauen. Überall sah man Leute, die stehen blieben, den Hals reckten und glotzten.

Auch ich erübrigte einen mürrischen Blick zum Himmel, blieb jedoch nicht stehen. Stattdessen schob ich mich weiter, schritt unbeirrt durch die stockenden Gruppen aus Gaffern und Öko-Geeks hindurch, die Scheiße laberten. Jeder, der erwartete, von diesem Blödsinn tatsächlich nass zu werden, würde voraussichtlich eine ganze Weile warten müssen. In der aufdringlichen Verlockung des Marketings vergaßen die Leute oft, dass auf dem Mars nichts schnell fällt. Und ob der Code nun neu war oder nicht, dieser Versuch eines Wolkenbruchs würde auf gar keinen Fall irgendwelche Grundgesetze der Physik verletzen. Hauptsächlich schwebte und wehte der versprochene Regen einfach nur in der Luft herum, voller Verachtung für die halbherzige Schwerkraft, ein Sprühnebel, der von dem erlöschenden Licht blutrot getönt wurde.

Hübsch anzuschauen, ohne Zweifel. Aber manche von uns hatten nebenbei auch was zu erledigen.

Der Strip ragte um mich herum auf – fünfstöckige Fassaden aus der Siedlungszeit in vernarbtem antikem Nanobeton, nachdem die Wartungsverträge längst abgelaufen waren. Heutzutage sind die inaktiven Oberflächen durch jahrzehntelangen stürmischen Wind und Splitt aufgeschäumt, sodass sie eher wie ebene Korallenriffe bei Ebbe aussehen, und nicht wie etwas, das man als menschengemacht bezeichnen würde. In den frühen Tagen ging es den COLIN-Ingenieuren nur darum, sich niederzukauern – sie bauten entlang eines breiten Grabens, der zwischen den freiliegenden Fundamenten ausgehoben wurde, bis sich spiegelbildliche Gebäude zu beiden Seiten erhoben. Sechzig Meter breit ist dieser Kanal und drei Kilometer lang, dabei nur ein klein wenig verkrümmt, um eine existierende geologische Verwerfungslinie im Valley auszunutzen. Früher einmal beherbergte der Graben hydroponische Gärten und manikürte Erholungsflächen für die ursprünglichen Kolonisten, alles mit Glas überdacht. Parks, Velodrome, ein paar kleine Amphitheater und einen Sportplatz – und sogar, wie man mir sagte, einen Swimmingpool oder auch drei. Freier Zutritt für alle.

Muss man sich mal vorstellen.

Jetzt ist das Dach demontiert, so wie alles andere auch. Abgerissen, ausgegraben, weggeräumt. Was man stehen gelassen hat, ist ein abgewetzter, vermüllter Boulevard mit einem Gewirr aus

Karren und Verkaufsständen, die alle darum wetteifern, der Menge die billigsten Waren zu präsentieren. *Holt es euch, solang es noch heiß ist, Leute, holt es euch jetzt!* Herabgesetzte Codiernadeln der letzten Saison, halbintelligenter Schmuck, markengeschützte Marstech, gefälscht oder gestohlen – bei diesen Preisen konnte es das nur sein – und Fast Food, jede Menge, die in unzähligen unterschiedlichen Woks und Pfannen dampfte. Straßenchemiker hielten sich am Rand, pushten *Zwanzig Maßgeschneiderte Methoden, um ganz schnell den Verstand zu verlieren,* Straßenjungen und -mädchen standen an Ecken, boten einen simpleren Fluchtweg zum gleichen Ziel an. Vermutlich ließ sich behaupten, dass man sich hier auch heute noch auf einer Art von Erholungsfläche befand. Aber es war ein ziemlich karger und schriller Geist des Vergnügens, der sich in diesen Tagen auf dem Strip tummelte, und wenn man ihn versehentlich anrempelte, mochte man ihm nicht in die Augen blicken.

Diejenigen, die trotzdem zu diesem Geist streben, erreichen den Boden über lange Rolltreppentunnel, die auf unelegante Weise zielstrebig durch die ursprünglichen Bauten gehackt wurden – sie finden sich am Ende der meisten Querstraßen, wo sie auf die Gebäude aus der Siedlungszeit stoßen, zu beiden Seiten gesäumt von einer weniger geduckten und hermetischen Architektur, die für eine Generation entworfen wurde, die plötzlich *nach draußen* gehen konnte. Wo die Querstraßen enden, stößt die Neue Draußenzeit abrupt gegen die tristen, heruntergekommenen Rückseiten der Alten Siedlungszeit. Man tritt unter großen überwölbten Öffnungen in dem abgenutzten Nanobeton auf die Rolltreppe, und das endlose metallene Förderband trägt einen hindurch und hinauf.

Oder wenn Sie neu auf dem Mars sind, frisch aus dem Shuttle gestiegen, oder wenn Sie eher zu den Nostalgie-Freaks gehören, dann machen Sie es auf die laute Touristenart und fahren mit den riesigen antiken Lastenaufzügen an beiden Enden des Grabens. Die zwei Ladeplattformen von tausend Quadratmetern, die immer noch wie gewaltige Kolben hinauf- und hinuntergehen, wie langsam atmende Lungen, reibungslos wie an dem Tag, als sie in Betrieb genommen wurden. Mit diesen kitschigen pseudohistorischen Zurücktreten-Ansagen, die in einer Aufnahmeschleife aus Megafon-Lautsprechern entlang des Sicherheitsgeländers tönen. Rotierende gelbe Warnleuchten, das komplette Programm. Die ölverschmierte wuchtige Ingenieurskunst der alten High Frontier wurde konserviert, damit Sie sich abgestumpft daran ergötzen können.

Wie auch immer – ob auf einer Plattform oder einer sich endlos bewegenden überdachten Rolltreppe –, es löst so ziemlich die gleichen Empfindungen aus. Man wird langsam hinuntergelassen, versinkt im Bauch von etwas Riesigem, das die körperliche Gesundheit voraussichtlich gefährden wird.

Kein Problem für mich.

Ich hatte den Aufzug nach unten am Ende der Crane Alley genommen, der mich etwa einen Kilometer von meinem Ziel entfernt absetzte. Es ging ganz langsam, während die Wetterverrückten den Fluss hemmten. Und als ich unter der Ausgangswölbung hinaustrat, musste ich mich aller Wahrscheinlichkeit zum Trotz gegen einen richtigen Regen auf Straßenniveau behaupten. Er schlug mir ins Gesicht, während ich mich durch die Menge bewegte, und nässte meinen Kragen. Warf ungewohnte Perlen aus Feuchtigkeit auf meine Stirn und meine Handrücken. Es fühlte sich ziemlich gut an, was in diesem Moment allerdings auch für alles andere galt.

Drei Tage wach und heißlaufend.

Über meinem Kopf gingen erste Lichter hinter längst überflüssigen Sturmschlitzen in den oberen Ebenen der Gebäude an und wiesen auf die sinnlichen Mysterien hin, die sich dort befanden. Namen und Logos von Clubs klammerten sich wie eine Plage gigantischer leuchtender Käfer und Tausendfüßer an die antike Architektur. Und quer über den tröpfelnden Himmel breiteten die ersten Branengel ihre fast unsichtbaren Seifenblasenflügel aus. Silbriges Gestöber aus vorzeitiger Statik rieselte zitternd an ihren Oberflächen hinab, wie ein Husten, der die Kehle freimacht. Die Bilder klärten sich, und die Video-Zuhälterei der langen Nacht setzte ein.

Ich hatte gedacht, nachdem das Shuttle von der Erde erst an diesem Morgen angedockt war, gäbe es vielleicht ein paar Ultratripper-Montagen oder Standardwerbespots für Vector Red und Horkan Kumba Ultra. Doch an diesem Abend führte die Regenmacher-Publicity die Parade an – stimmungsvolle, intensive Aufnahmen von straffen jungen Körpern, die auf nächtlichen Straßen in einem Regenguss herumtollten, wie ihn hier niemand im Umkreis von 50 Millionen Kilometern jemals real erleben würde. Dünne, dunkle Kleidung, durchnässt und aufgerissen, eine Art von Favela-Chic, klebte an Kurven und Vorsprüngen, um aufgereizte Brustwarzen modelliert, umrahmten Aufschnitte und Scheiben aus wasserbeperltem Fleisch. Marketingtexte zogen sich wiederholt über die ran- und rausgezoomten Aufnahmen ...

PARTICLE SLAM PLATSCHT! – LASS DICH NASS MACHEN! EIN GEMEINSCHAFTLICHES CODIERUNGSPROJEKT, PRÄSENTIERT VON PARTICLE SLAM IN MARKENPARTNERSCHAFT MIT DER COLONY INITIATIVE.

Ja, klar, COLIN schlug wieder zu – die allgegenwärtigen, allmächtigen, korporativen Hebammen der Menschheit im Weltraum. Vor einigen Jahrhunderten, als sie ihre Bestrebungen starteten, hätte man sie durchaus als spezialisiertes Keiretsu bezeichnen können. Heutzutage wäre das so, als würde man einem T-Rex ein Schild mit der Aufschrift *Echse* anheften. Es wird dem Ausmaß der Sache einfach nicht gerecht. Wenn irgendetwas mit dem menschlichen Footprint irgendwo im Sonnensystem oder mit transplanetaren Beförderungen oder Handelsbeziehungen zu tun hat, dann ist COLIN die Besitzerin, die Betreiberin oder die Sponsorin oder wird es bald sein. Ihr Kapitalfluss ist das Herzblut der Expansion, ihre Übernahme alter legaler Strukturen der Erde das übergreifende Gerüst, das alles aufrechterhält. Und ihre angebliche wettbewerbsfreundliche Marktdynamik ist genauso wenig real oder relevant wie die posierenden Tanzschritte und Konfrontationen der grazilen jungen Dinger in dem lustigen, freundlichen Regen der Branengel-Projektion.

In der Zwischenzeit hatte der Regen – der wirkliche Regen in der wirklichen Welt – ganz plötzlich aufgehört. Er verwehte zu nichts, hinterließ eine lange, schwangere Pause, dann setzte er wieder ein, langsam weinend. Schwer zu sagen, ob der neue Code gut funktionierte. Vielleicht ließ er diesen stotternden Strom als Teil eines Energiesparprotokolls laufen, oder es war nichts als Effekthascherei, oder das Ganze wimmelte einfach nur von Fehlern. Öko-Codier-Geeks standen überall auf dem Strip herum, blinzelten in den Himmel hinauf, diskutierten hin und her.

»Hab doch gesagt, dass sie es wieder hinkriegen. Particle Slam ist solide, Gusch! Eine ganz andere Truppe als diese Leute von Ninth Street. Spürst du es auf dem Gesicht?«

»Ja, gerade so. Fühlt sich für mich wie irgendeine Scheißstandard-Sickerung an.«

»Ach, *fick* dich! Eine Sickerung würde gar nicht bis nach hier unten durchkommen. Schau mal – es bildet schon *Pfützen*.«

Ich huschte an der Debatte vorbei, wich den Pfützen aus, speicherte die Details für später ab. Particle Slam – nie gehört. Aber ich bin so was gewohnt, wenn ich aufwache. Öko-Codierung ist sogar auf der Erde ein schnelles Spiel, und hier draußen mit abmontierten Bremsen und einem sanft herablächelnden Kommerz läuft es so verdammt darwinistisch ab, dass man schon müde wird, wenn man nur drüber nachdenkt. Hier kann eine Codierfirma schneller von der nächsten großen Sache zu Dinosaurierknochen zerfallen, als ein Shuttle für den langen Pendelflug braucht. Die Erkenntnis für heruntergekommene Ex-Overrider, die versuchen, sich durchs Leben zu schlagen: Wenn man während der letzten vier Monate für den Rest der Welt tot war, kann man eine ganze Menge verpassen.

Aber manche Dinge ändern sich nie.

Jeden Abend erwacht der Strip mit trägem Flackern zum Leben wie eine fehlerhafte Neonröhre, der man einen Stoß verpasst hat. Er blinkt und flimmert und fängt sich, schimmert schräg und konstant über dem Straßenraster des alten Bradbury-Viertels wie ein kryptisches Grinsen, wie ein Signal für begierige Motten. Ich hab es mal vom Marsorbit aus gesehen – ich bin dekantiert herangedriftet, zum Ende der Mission in einem gemeuterten Gürtel-Frachter, den ich lieber vergessen würde. Da gab es nichts Besseres zu tun, als auf den still gewordenen Decks herumzuschleichen und aus dem Fenster zu starren, während der Mars unten vorbeirollte. Wir holten den Terminator über Ganges und Eos ein, und als die Nacht anbrach, beobachtete ich, wie die Scharte immer näher herankam. Die brütenden Wände des Grabenbruchs versanken mehrere Tausend Meter tief in der marsianischen Kruste, kolossale Halden und Verwehungen aus tektonischem Schotter auf dem weiten, offenen Boden dazwischen. Hier und dort leuchtete eine matte, verstreute Siedlung, immer mehr von denen verdichteten und verflochten sich ineinander, je näher sie dem großen hellen Klecks von Bradbury kamen, weiter oben im Tal. Und genau dort, mitten ins Herz der alten Stadt geklatscht, war das riesige, krumme Grinsen, 3000 Meter lang.

Überall in der Stadt lassen Firmenlogos und COLIN-Werbeflächen die Skyline in flüssigem Kristallfeuer funkeln, tragen ihren Teil dazu bei, die anrückende außerirdische Dunkelheit zurückzuhalten. Aber die Markenloyalität und -zugehörigkeit, die man gegen diese Dunkelheit kaufen kann, ist begrenzt, und die Mächte in einem wissen das. Tief drinnen, wo das menschliche Getriebe läuft, läuft auch die Uhr – sie dreht ihre grellen Ziffern herum wie die Karten eines Verliererblatts. Es ist nur eine Frage der Zeit, bis man sich dessen bewusst wird. Und wenn es passiert, haucht einem die Erkenntnis kalt ins Genick.

Früher oder später wird man nähertrudeln und sich gegen die Verlockungen des Strips werfen, genauso wie all die anderen Motten.

Früher dachte ich, ich wäre anders.

Dachten wir das nicht alle?

Ein fadendünnes Wimmern an meinem Ohr, und dann der unvermeidliche Nadelstich. Gedankenverloren schlug ich an meinen Hals – ein sinnloser Reizungsreflex; die Codierfliege war da und wieder fort, wie geplant. Selbst in Erdstandardschwerkraft sind die kleinen Scheißer erheblich schneller als die Moskitos aus Fleisch und Blut, nach denen ihr Grundchassis gestaltet ist, und hier, wo sie an die herrschenden Umweltbedingungen angepasst wurden, sind sie wie kleine, stechende Spritzer aus Quecksilber im Wind. Berühren, stechen, Nutzlast abgeliefert. Man ist gebissen.

Nicht dass ich deswegen verbittert wäre. Ich meine, wenn man hier draußen lebt, *muss* man sich beißen lassen. Es geht gar nicht anders. Das hier ist die High Frontier, Gusch, und man selbst ist nur ein kleiner Teil des gigantischen rollenden Upgrades, das die Menschheit der High Frontier bildet.

Das Problem ist, wenn man vier Monate im Verzug ist, hat man so viele Upgrades verpasst, dass einen jede Codierfliege in der Umgebung ins böse, kleine postorganische Visier nimmt. Drei Tage wieder draußen, und man ist ein verdammtes menschliches Nadelkissen. Von den Injektionseinstichen juckt die Haut an dutzend verschiedenen Stellen. Neue Gasaustauschturbos für die Lungen, Melatoninwiederaufnahme Version 8.11.4, Auffrischungspatches für die aktuellsten – und unzuverlässigsten – Osteopeniehemmer, Hornhautverstärker 9.1. Und so weiter.

Für einen Teil von diesem Scheiß hat man bezahlt, damit es einem zugefügt wird, sobald die neuen Modifikationen hereinkommen, andere Sachen werden einem von COLIN geschenkt, aus der reinen Güte ihres effizienzorientierten kleinen Herzens. Doch alles muss ausbalanciert und leistungsmäßig verbessert und optimiert werden, um dann aufs Neue optimiert zu werden, Version für Version, Upgrade für Upgrade, Biss für Biss.

Und damit gerät man in eine Abhängigkeit, die man nie mehr aufgibt, solange man anderswo als auf der Erde lebt.

Nicht dass ich deswegen verbittert wäre.

Vallez Girlz war genau da, wo ich es vor vier Monaten verlassen hatte. Dieselbe ermüdete alte Fassade gleich hinter dem Ausfluss des Aufzugs am Friedman Boulevard, und dort blinkten immer noch dieselben alten anreizenden Aufnahmen in der Wiederholungsschleife auf fünf Meter hohen Displaytafeln beiderseits der Tür. Derselbe anrüchige Fuktronica-Backbeat und Infraschall aus versteckten Lautsprechern. Der rechte Screen war immer noch eingedellt und gesplittert, wo man während des Kampfes meinen Kopf dagegengeschlagen hatte, und irgendetwas schien mit dem Feed nicht zu stimmen – die Bilder der Tänzerinnen wurden immer wieder zu einem geairbrushten Konfetti aus Haut und

Haar geschreddert, verflochten mit hüpfenden körperlosen langwimprigen Augen, die wie Tränen in Null-G schwebten.

Oder vielleicht sollte es auch einfach so aussehen.

Bewegst dich zu schnell, Gusch. Wo ist das Druckventil? Heißlaufend.

Ich drückte mein Tempo auf das eines dahinschlendernden Gaffers herunter. Gebeugt, die Hände in den Hosentaschen, die Kapuze gegen den unregelmäßigen Regen hochgezogen. Das verschaffte mir genügend Zeit, die Frontseite des Clubs auszukundschaften. Eine verstreute Menge aus Hoffnungsvollen, die anstanden, um hineinzukommen, bewegte sich leicht in dem hörbaren und unhörbaren Fuktronica-Geplätscher. Zwei abgestumpfte Typen an der Tür in altehrwürdiger Mode, als Headgear die übliche Rundum-Sonnenbrille. Und derselbe veraltete Scanner von der Hafenverwaltung, der mit ausgebreiteten Flügeln am Türsturz hing, so wie eine prähistorische Fledermaus, die jeden Moment losfliegen wird. Geizhals Sal Quiroga, so wie immer – er hat diesen Scanner vor neun Jahren bei einem Räumungsausverkauf ausgemusterter Technik erworben, und selbst damals sagte man, er hätte jemanden von der Hafenverwaltung unter Druck gesetzt, um einen besseren Preis zu bekommen. *Druck machen,* sagte er mir einmal, *ist hier der Schlüssel zum Ganzen. Wenn du keinen Druck machst, kannst du auch gleich zur Erde zurückkehren.*

Hohles Lachen – für die meisten Langzeitbewohner der Scharte waren ziemlich heftige Druckmittel die einzige Möglichkeit, jemals zur Erde zurückzukehren. Abgesehen von der Heimflug-Lotterie – *Fünfzig Fabelhafte Heimkehr-Gewinner jedes Jahr! Diesmal könntest du es sein! Aber du musst spielen, um zu gewinnen!* –, ist es keinesfalls so, dass sie die Tickets kostenlos verteilen. Niemand auf dem Mars kann eine Heimkehr erwarten, wenn er nicht wahnsinnig viel Glück oder Geld hat oder von COLIN vertragsverpflichtet wurde.

Ich muss es wissen. Ich stecke hier schon lange genug fest, obwohl ich es versucht habe.

Zu Ehren dieser fabelhaften Gewinner machte ich eine Runde von vielleicht fünfzig Metern, kehrte dann um und driftete zurück. Nahm meine Kapuze ab, während ich die kurze Treppe zur Tür hinaufging. Es hätte keinen Sinn, sich zu verbergen. Wenn man den Türsteherjob macht – und ich selbst war im Laufe der Jahre ein- oder zweimal dazu gezwungen, so etwas zu tun –, gibt es nichts, was den inneren Alarm eher auslöst als ein Kunde, der versucht, seine Gesichtszüge zu verhüllen. *O nein, Kumpel, du nicht. Genau damit hast du mich aufgeweckt.*

Ich wollte diese Leute nicht schon jetzt aufwecken. Erst musste ich näher ran. Also ließ ich meinen Gesichtsausdruck auf den eines von Fuktronica angeregten Konsumwilligen runtergeschaltet und erwiderte den leeren Sonnenbrillenblick des Türstehers auf der rechten Seite. Ich kannte ihn nicht – und ich erinnere mich gut an Männer, die mir in der Vergangenheit was auf die Fresse gegeben haben –, also konnte er auch mich nicht kennen. Aber heutzutage zählt das nicht allzu viel. Hinter dem Headgear checkte er zweifellos seine Liste. Gesichtserkennungssysteme – der Fluch anständiger ungebetener Gäste überall auf der Ekliptik.

Ich bemerkte die Anspannung, die seinen Körper durchlief, als mich die Software markierte. Dann die Lockerung, als er die Daten verdaute.

Ich sah, wie er die Lippen schürzte.

»Dom?« Seine Aufmerksamkeit wanderte zur Seite, wo sein Kollege damit beschäftigt war, ein paar spärlich bekleidete Kurven zu mustern, die Zutritt wünschten. Er berührte sein Headgear am Ohr, machte irgendwas mit den Fuktronica, regelte die

Umgebungslautstärke herunter. »Hey, *Dom*. Erinnerst du dich an diesen armseligen Hib-Arsch, den ihr, Rico und du, vor ein paar Monaten rausgeschmissen habt?«

Dom blickte sichtlich irritiert zu uns herüber.

»Hib? Was für ein verdammter Hib? Meinst du diesen Kerl, der …?« Seine Stimme verklang, als er mich sah. Ein breites Grinsen erstrahlte auf seinem Gesicht. »*Dieser* Kerl.«

»Anscheinend lernen manche Leute nie dazu, oder?«

»Ich bin hier, um mit Sal zu sprechen«, sagte ich ruhig.

»Aha?« Müßig spannte Dom die rechte Hand an und betrachtete sie, als wäre sie irgendein Werkzeug, das er vielleicht kaufen wollte. »Hm, aber er will nicht mit dir sprechen. Schon beim letzten Mal wollte er nicht mit dir sprechen. Erinnerst du dich, wie das für dich ausging?«

»Diesmal will er mich sprechen.«

Sie tauschten einen Blick aus – ein Glitzern unfreundlicher Heiterkeit, hin und zurück, da und wieder weg. Doms Kumpan seufzte.

»Hör mal, Gusch – heute ist eine ruhige Nacht, okay? Tu uns allen einen Gefallen. Verpiss dich, bevor wir dir was Strukturelles antun müssen.«

Unwillkürlich musste ich grinsen. *Heißlaufend.* »Das geht nicht, Jungs.«

Dom schnaufte. Griff nach mir …

Ich packte ihn am Handgelenk, *sehr schnell*. Man muss schnell sein – bei einer Gravitation von knapp unter 0,4 Erdstandard bekommt man mit Masse und Bewegungsimpuls nur mickrige Ergebnisse. Jeder starke Schlag kann nur mit genügend Geschwindigkeit erzielt werden. Ich brach ihm den kleinen und den Ringfinger an der Basis, bog beide mit brutaler Gewalt zurück. Es gab ein knackendes Geräusch, und ich fixierte den Arm. Zwang ihn mit dem plötzlichen Schock und den Schmerzen auf die Knie hinunter. Trat ihm kräftig in den Bauch, als er sich beugte.

Ließ ihn los, ließ ihn zu Boden fallen.

So kommt man normalerweise nicht an den Türstehern auf dem Strip vorbei. Sie sind abgebrühte Leute, hauptsächlich ehemalige Sicherheitskräfte der Hochland-Arbeitstrupps, die nicht mehr mit der dünnen Luft klarkommen und sich die neueren Turbo-Add-ons nicht leisten können, um den Unterschied auszugleichen. Also schlittern sie wieder hinunter ins Valley und in den Dampfkessel von Bradbury und suchen sich eine Muskelarbeit, zu der sie imstande sind. Als jemand, der selbst einen Karriereabsturz erlebt hat, kann ich es ihnen nicht verübeln. Sie machen einen Job, der gemacht werden muss, einen Job, den ich selbst gelegentlich machen musste, und größtenteils machen sie ihn auch ziemlich gut.

Aber diese beiden waren mir im Weg. Und alles, was ihre vergangenen Erfahrungen und die Software über mich sagte, war falsch.

Sie hatten nicht die geringste Chance.

Der andere Typ griff hinter seinen Rücken nach dem Holster mit der Schockpistole. Falsche Bewegung und zu spät – ich war schon zu nah, und er war viel zu langsam. Wahrscheinlich war er auch ein bisschen verwundert, denn so etwas sollte eigentlich gar nicht passieren. Ich trat heran, blockierte seine Hand, bevor er die Waffe herausziehen konnte, schlug ihm hart gegen die Kehle. Brachte ihn zum Stolpern, während er zurücktaumelte, half ihm mit einem kräftigen Handballenstoß gegen die Brust auf dem Weg nach unten. Selbst bei 0,4 von einem G reicht das aus. Er fiel mit dem Rücken auf den Boden, würgte und schlug um sich.

Ich bückte mich und nahm ihm die Schockpistole ab.

Drehte sie um und schoss damit auf ihn.

Ein stumpfes Knistern und Zischen wie von heißem Öl, das man aus einer Pfanne gießt, und ich sah, wie sich sein Hemd wellte, wo die gesplitterte Kristallladung hindurchging. Seine Augen verdrehten sich nach oben, sein Körper bäumte sich unter der Wucht des Krampfes auf. Plötzlich ein erdiger Gestank von sich entleerenden Eingeweiden, ein mahlendes, reibendes Geräusch aus der Tiefe seiner Kehle. Schäumende Spucke auf verzerrten Lippen. Eine starr gespreizte Hand schlug hektisch auf seine Brust, immer wieder, wie der Flügel eines gefangenen Vogels.

Neben mir sprang Dom vom Boden auf, um sich auf mich zu stürzen. Ich schoss auch auf ihn.

Dann trat ich behutsam zwischen den zwei verkrampften Körpern hindurch und ging unter dem Fledermausflügelscanner durch die Tür nach drinnen.

2

Im Club war alles standardmäßig schummrig und zwielichtblau. Ich schlüpfte durch ein loses Gedränge aus Gestalten und geisterhaften Gesichtern, wich den hellen Strahlen der Verfolgerscheinwerfersysteme aus, wo sie durch die submarine Düsternis schnitten, um die Tänzerinnen zu illuminieren. Hier und da flammten unter dem Gewölbe subtilere Lichtspots von Rauminsekten mit Glühwürmchenchassis auf, die darauf eingestimmt waren, die pheromongetränkten Körper der Vallez-Mädchen zu umschwärmen und die Gäste diskret in Ruhe zu lassen. Beats in langsamem Tempo und eine wabernde Klanglandschaft wallten von den Wänden – irgendwelche Archivschnipsel von dem Remix irgendeines Kryopop-Hits, an den ich mich vage von vor einigen Jahren erinnerte. »Sleeper's Long Fall« oder ein ähnlich rührseliger Scheiß. *Aber sieh es mal von der angenehmen Seite, Gusch* – keine Sirenen, kein Alarm und kein Break im Rhythmus, den die Tänzerinnen woben. Die Schockpistole in meiner Tasche war Hauseigentum und würde keinen Waffenscanner quäken lassen, während ich damit die Tanzfläche überquerte. Und ich war mir ziemlich sicher, dass ich weder Dom noch seinem Kumpel genug Zeit gegeben hatte, irgendwelche Panikschalter zu drücken, bevor sie zu Boden gingen.

Zwei Minuten, höchstens drei – damit rechnete ich, bis das Chaos, das ich an der Tür hinterlassen hatte, überkochte und mir nach drinnen folgte. Ich drängte mich weiter zum Herzen des Clubs vor, bewegte mich flüssig und unaufdringlich. Hier ist gar nichts,

Jungs, behaltet lieber das Warenangebot im Blick. Achtet nicht auf den großen Kerl mit dem Spielverdergesicht, er ist nicht euer Problem, und ihr wollt auch nicht zu seinem werden.

Ich entdeckte Sal oben auf der weiten Galerie im Zwischengeschoss, wo er einige nüchtern wirkende Hellas-Typen bewirtete. Keine große Überraschung, zumindest nicht für mich. Es gibt einen merklichen Mangel an offizieller Kooperation zwischen COLIN und den Kraterchinesen, etwas, das beide Parteien voll und ganz von ihren jeweiligen elterlichen Machtblöcken der Erde geerbt haben. Doch während althergebrachte geopolitische Feindseligkeiten auf der Erde jede Verbrüderung verhindern, findet der sanfte Kommerz auf dem Mars immer einen Weg. Bereits seit Jahrzehnten sickerte Kratergeld durch die Hintertür in die Scharte, und wie es schien, nippte Salvador Quiroga genauso davon wie alle anderen.

Ohne Eile stieg ich die breite Wendeltreppe hinauf, die man in die Rückwand des Clubs geschnitten hatte, und gelangte auf das Zwischengeschoss. Hier oben war die Musik gedämpfter, mischte sich mit der Brandung von Stimmen in lauter Unterhaltung. Ich fädelte mich zwischen Tanzplattformen hindurch und steuerte Sal am Tisch auf der Galerie an. Als ich näher kam, stand eine Chinesin im Anzug auf und entschuldigte sich, drehte sich um und machte sich auf den Weg zu den Toiletten. Wir gingen nah genug aneinander vorbei für eine Berührung. Keine Ahnung, ob sie mich ansah oder nicht – im schwachen Licht waren die Linsen ihres Headgears undurchdringlich schwarz.

Am Tisch sah ich vier weitere, die genauso waren wie sie, mit Anzug und Headgear als Uniform, die alle individuellen Unterschiede verwischte. Drei männlich, eine weiblich, soweit ich erkennen konnte, und alle verströmten die gleiche stille, leidenschaftslose Macht. Ein todernstes Publikum, ausgerichtet auf die krächzende Stimme von Sal Quiroga, der ganz in seinem Element war. Spanisch und Quechua beherrschte er fließend, doch aus Respekt vor seinen Gästen sprach er an diesem Abend Englisch. Allerdings klang es, als wäre der Sprachwechsel auch schon alles an Respekt, den er ihnen entgegenbringen würde.

»… und falls Sie, meine Freunde, glauben, ich würde mich mit solchen Scheißprozentsätzen zufriedengeben, dann sind Sie in den falschen Club gekommen. Dazu haben Sie einfach nicht die nötigen Druckmittel. Vergessen Sie nicht, wer Ihnen hier unten die Tür geöffnet hat. Ich werde auf gar keinen Fall …«

Ich ließ mich in den frei gewordenen Sessel fallen. »Hallo, Sal.«

Eine kurze Welle panischer Bewegungen rund um den Tisch. Einer der Kraterkriecher griff nach etwas unter seiner Jacke und ließ dann wieder locker, als ein Kamerad ihm behutsam eine Hand auf den Arm legte. Hinter Sal lief das gleiche Zucken durch seinen Sicherheitstrupp – zwei Einheimische mit harten Gesichtern in lockerer Kleidung, die kaum die Masse ihrer Panzerwesten darunter erkennen ließ. Ich sah, wie die Frau auf der rechten Seite in ihre Kom-Halskette subvokalisierte, und vermutete, dass sie versuchte, mit der Tür zu sprechen.

Viel Glück damit!

Quiroga nahm seine Brille ab, um mich über den Tisch hinweg besser finster anstarren zu können. »Wer zum Henker sind Sie?«

»Jetzt verletzt du meine Gefühle.«

»Aha?« Er blickte zum gepanzerten Schläger zu seiner Linken auf. »Tupac wird noch viel mehr als nur Ihre Gefühle verletzen, wenn Sie mir nicht sagen, wer zum Henker Sie sind und was Sie an diesem Tisch machen.«

Die Frau beugte sich herab und murmelte etwas in sein Ohr. Zweifellos hatte sie die Gesichtserkennung laufen lassen, genauso wie die Typen draußen vor dem Laden. Ein schneller Treffer und alles weitere, was sie über mich hatten. Mindestens meinen Namen und meine jüngere Vergangenheit.

Allmählich dämmerte der Ausdruck des Wiedererkennens auf Quirogas Gesicht.

»Du hast abgenommen?«, fragte er mich neugierig.

»Ich bin vor drei Tagen aus dem Tank gekommen, Sal. Hatte noch nicht viel Smalltalk.« Als Tupac sich vorbeugte, hob ich gelassen die Schockpistole in seine Richtung. »Nicht.«

Er erstarrte. *Nicht tödlich* ist eine gerade noch zutreffende Beschreibung für die Wirkung der standardmäßigen Schockpistole, abgesehen von älteren Personen und solchen mit schwachem Herzen. Denn sie verschweigt, wie sehr es absolut keinen Spaß macht, eine Serie von epileptischen Anfällen zu erleben, als würde man durch mehrere Glasscheiben geworfen. Das Gefühl von Tausendfüßern mit Säure an den Stiefeln, die an den Nervenfasern hinauf- und hinuntermarschieren und sich durch das zentrale Nervensystem winden, während man sich in die Hose scheißt und pisst und hilflos in wiederholten Krämpfen daliegt, den Gestank in der Nase, bis die Schockwirkung endlich nachlässt.

Wenn man einmal von einem solchen Ding getroffen wurde, gibt man sich alle Mühe, ein nochmaliges Erlebnis zu vermeiden.

Ich nickte Tupac zu – *kluger Mann, bleiben wir entspannt* – und ließ die Waffe zurück auf meinen Schoß sinken. An Sals anderer Flanke wirkte die Frau völlig reglos, aber sie beobachtete mich ruhig mit tödlichen Augen durch ihre Linsen. Suchte nach einer Öffnung, nach dem winzigsten Ansatz.

Unterdessen schien sich Sal daran zu erinnern, dass er Gäste hatte.

»Hör mal, ich bin hier in einem verdammten Gespräch«, blaffte er. »Egal, über welchen Scheiß du reden willst, Veil, es kann …«

»Synthia.«

»Syn…« Er starrte mich mit offenem Mund an. Stellte die Verbindung her. Bellte ein kurzes verblüfftes Lachen. »Scheiße, nein! Sag mir, *bitte sag mir*, dass du nicht deswegen hier hereinspaziert bist. Du Vollidiot. Hast du die Message beim letzten Mal nicht mitbekommen?«

»Klar. Ich hab die Message bekommen, dass du dich nicht an unseren Deal gehalten und sie trotzdem kaltgemacht hast.«

»Die verfickte Schlampe hat mich beklaut!«

»Sie hat einen blöden Fehler begangen, und sie wusste es. Deshalb ist sie zu mir gekommen. Es tat ihr leid.«

Er grinste. »Am Ende bestimmt, klar.«

»Wir hatten einen Deal.« Ich kurbelte meinen Tonfall wieder auf leidenschaftslos herunter. »Du bekommst deine Ware zurück, und sie kann gehen. Du *hast* deine Ware schon zurückbekommen.«

Er seufzte. Vielleicht wollte er seinen Gästen damit etwas vorspielen – *hört mal, wir sind hier alle vernünftige Leute, es geht nur ums Geschäft*. »Glaubst du wirklich, ich könnte es mir leisten, dass eine meiner Tänzerinnen eine solche Scheiße durchzieht und ich es ihr einfach *durchgehen* lasse? Meinst du, so etwas würde sich nicht herumsprechen?«

»Ich meine, wir hatten einen Deal, und du hast dich nicht daran gehalten.«

»Hör mal …«

»Und als ich versuchte, hier reinzukommen und mit dir darüber zu sprechen, hast du mich von deinen Vorzimmerschlägern verprügeln lassen, bevor sie mich zurück auf den Strip warfen.«

»Ich habe ihnen gesagt, dass sie dir nichts brechen sollen. Ich habe ihnen befohlen, dich nicht zu töten.«

»Ja, das war dein zweiter Fehler.«

Wie das Klicken von Eis, das in einem Glas schmilzt. Unter der sanften Beharrlichkeit des Club-Backbeats drückte eine kalte Ruhe von oben herab. Quiroga sah mich eine Weile an, dann zuckte etwas in seinem Gesicht. Er setzte ein mulmiges Lächeln auf.

»Du hast sie gefickt. Richtig?«

Ich sagte nichts.

»Ich meine – wie sonst könnte sie dich für so etwas bezahlen? Es muss schon mindestens ein ziemlich feuchter Blowjob gewesen sein – oder zwei.«

»Du kommst vom Thema ab.«

»Du weißt, dass sie eigentlich überhaupt keine *sie* war, nicht wahr? Unsere Synthia.«

Ich beugte mich vor. »Ich kann dir sagen, was sie war, Sal. Sie war eine *Klientin*.«

Wieder das Zucken in seinem Gesicht. Die Frau rechts von ihm machte einen sehr kleinen Schritt zur Seite. Ich suchte ihren Blick, schüttelte fast unmerklich den Kopf.

Die Kraterkriecher verfolgten das Geschehen ohne ein Wort.

Quiroga schnaufte. »*Klientin*. Du bist kein verdammter Black Hatch Man mehr, Veil.«

»Das spielt keine Rolle. Sie ist zu mir gekommen, weil sie Schutz brauchte, und das war der Job, den ich übernommen habe.« Ich sah ihn wieder an. »Meinst du, so was würde sich nicht herumsprechen?«

Diesmal hielt die Stille länger an. Dann hörte ich es schwach durch den Hintergrund aus Musik und Stimmen – panisches Geplapper, und zwar unten in der Nähe der Tür. Meine Gnadenfrist lief ab – es wurde Zeit, diese Sache zu beenden. Ich hob meine freie Hand, offen und locker, als wollte ich mich zu Wort melden.

»Du verstehst, dass wir dieses Problem irgendwie lösen müssen. Und damit wir das tun können, habe ich etwas dabei, das du dir anschauen musst. Genau hier in meiner Tasche.« Ich klopfte auf meine linke Brustseite. »Entspann dich, Sal, ich werde nicht auf dich schießen. Darauf gebe ich dir mein Wort.«

Sehr langsam, den Blick weiterhin auf seine Sicherheitsleute und ihren angespannten Gesichtsausdruck gerichtet, griff ich in meine Jacke und zog das Ding hervor, das ich bei mir trug. Ich sah, wie sich das Gesicht der Frau ein klein wenig entspannte, als sie erkannte, dass es keine Waffe war. Tupac starrte mich nach wie vor an, als wollte er mich in der Luft zerreißen und die Stücke essen. Doch dann wechselte sein Blick zu dem Gegenstand in meiner Hand, während ich ihn auf dem Tisch ablegte. Ich sah, wie er die Stirn runzelte.

Ein klobiger kleiner Zylinder, zehn Zentimeter lang, wie eine schlanke Getränkedose, gesprenkelte graue Metalllackierung, Öffnungen an der Basis, wo es sich mit etwas anderem verbinden lässt, ein winziger leerer Touchscreen auf der Oberseite. Möglicherweise hätten die Jungs an der Tür Sal erklären können, womit er es zu tun hatte, doch Tupac und die Frau waren eine völlig andere Preisklasse – originär urbane Schläger, die ihre Karriere wahrscheinlich bei einem Firmensicherheitsdienst oder bei der Polizei von Bradbury begonnen hatten, die in ihrem ganzen Leben niemals ein Arbeitslager im Hochland von innen gesehen hatten.

Allerdings würden sie den Gegenstand von ihrem Headgear scannen lassen …

»Was zum Henker soll das sein?« Hörbare Erleichterung schwang in Sals Stimme mit. »Ich bin nicht in Stimmung für Scherze, Veil. Du solltest lieber …«

Die Notsignalgranate feuerte ihm genau ins Gesicht.

Grelles weißes Feuer tobte sich in alle Richtungen auf dem Zwischengeschoss aus. Es ließ die Tänzerinnen auf den Plattformen erstarren, entriss ihnen die Schatten, als würde es ihre dunklen Seelen rauben. Es löschte alles aus. Es bleichte den ganzen Raum.

Im Hochland benutzt man eine modifizierte Drachenstartrakete, um das gesamte Paket tausend Meter hoch in die Luft zu schießen, wo es die Landschaft in der näheren Umgebung in plötzliches Licht taucht. Ein Fallschirm wird ausgelöst, dann schwebt es sanft herab und strahlt wie eine Miniatursonne. Selbst bei dieser Höhe wird man geblendet, wenn man den Blick darauf richtet. Sal Quiroga bekam die gleiche Ladung aus weniger als einem halben Meter Entfernung ab, und sie schaltete schlagartig sein Sehvermögen aus. Ich wusste nicht, ob genug UV in der Mischung enthalten war, um auch seine Netzhaut zu verbrennen, aber er schrie auf jeden Fall, als wäre es so.

Er schlug sich die Hände vors Gesicht, versuchte aufzustehen, immer noch schreiend. Stolperte zurück gegen den Sessel und stürzte hin.

In meinen Augen schlossen sich seitwärts die BV-patentierten Nickhaut-Membranen und schirmten mich vor dem weißen Feuer ab. Durch das getrübte gelbliche Sichtfeld, das sie mir ließen, sah ich Sals Sicherheitsleute geblendet herumtorkeln, während sie nach ihren Waffen griffen und klarzukommen versuchten. Ich schoss beide mit der Schockpistole nieder – der Kristallsplitterhagel zwischen uns blieb in dem panischen Geschrei und den Backbeats des Clubs unhörbar. Die Ladung ging durch die Panzerung, die sie vermutlich trugen, gleichermaßen durch Kleidung und Haut, riss all ihre Nervenleitungen aus den Buchsen, schloss sie von Kopf bis Fuß kurz. Ich sah, wie sie zuckend umfielen.

Die Luft füllte sich mit misstönenden Schreien.

Vom Sessel aufspringen, mit einem Satz über den Tisch hinweg, auf der anderen Seite landen. Sal Quiroga wand sich vor mir auf dem Boden, die Hände immer noch fest auf die Augen gepresst, während er Obszönitäten und Aufforderungen brüllte, mich zu töten. Durch meinen Anstoß kippte die Notsignalgranate um und rollte vom Tisch, immer noch brennend. Sie fiel zu Boden und rollte weiter. Wellen aus wirren Schatten jagten über die Wände und die Decke und ließen es aussehen, als würde der gesamte Club unter der Wucht eines Erdbebens erzittern. Der weiße Feuersturm tobte weiter, überschüttete uns, begrub uns in seinem Herzen.

Ich ließ die Schockpistole fallen, um die Hände frei zu haben. Trat Quiroga hart in die Rippen. Er verkrampfte sich und rollte sich zusammen, umklammerte sich im Schmerz. Ich hockte mich auf ihn und drehte ihn ganz auf den Bauch herum. Kauerte mich nieder und fixierte ihn mit einem Arm um die Kehle. Drückte ein Knie in sein Kreuz.

»Das wird dir gefallen, Sal«, zischte ich ihm ins Ohr. »Es geht nur darum, an der richtigen Stelle Druck zu machen.«

3

Die Polizei von Bradbury fand mich ein paar Stunden später in einem Lokal namens Uchu's oben am Ferrite Drive. Ziemlich schnelle Arbeit, aber ich hatte mich auch nicht unbedingt versteckt. Ich hatte eine Sitzecke am Fenster für mich allein und saß dort so, dass mich alle sehen konnten. Ein Teller mit Essen vor mir auf dem Tisch, kaum angerührt – wenn man heißläuft, weiß man, dass man etwas essen sollte, aber einem ist einfach nicht danach –, und ein leeres Shotglas in Reichweite. Neben dem Glas die Flasche, mit ein paar Fingern weniger als zum Zeitpunkt meines Eintreffens. Man kennt mich im Uchu's. Vor einigen Jahren hatte ich dem Besitzer gelegentlich einen Gefallen getan, und jetzt hält er hinter der Theke einen Liter mit Mark on Mars mit meinem Namen darauf bereit. Es muss ihn eine Menge kosten, die Flasche immer wieder nachzufüllen, aber was ich für ihn getan hatte, war auch nicht gerade billig.

Ein schlanker schwarzer BMW-Crawler hielt auf der anderen Seite der regenbeperlten Fensterscheibe an. Ohne Kennzeichnung, und niemand, der ausstieg, war in Uniform, aber das war auch gar nicht nötig, um zu erkennen, wer sie waren. Sie überholten den Crawler, kamen an meinem Teil der Fensterfront vorbei und liefen zur Tür. Ich hörte, wie sie hinter mir aufglitt. Ein Windstoß kalter Straßenluft kam mit den Neuankömmlingen herein und legte mir eine kühle Hand in den Nacken. Ich spürte, wie sie sich mir näherten, und kurz darauf glitt sie auf den Sitz mir gegenüber.

»Hallo, Veil.«

»Nikki.«

Sie sah gut aus, aber so sah sie eigentlich immer aus. Andine Wangenknochen, die Haut *café con leche*, die Augen ein unwahrscheinliches Kobaltblau hinter den klaren Linsen ihres Gears. Eine dichte, schulterlange Wolke aus Mestizinnenhaar, um das alles hervorzuheben, pechschwarz und von wirren Korkenziehersträhnen in Grau durchzogen.

»Kann ich etwas für dich tun?«, fragte ich.

Sie drehte den Kopf, strich sich mit der Handkante etwas Particle-Slam-Regen aus dem Haar. Es besprenkelte die Tischplatte und meinen Teller mit dem kaum angerührten Essen. »Ob du etwas für mich tun kannst? Nun, du könntest zum Beispiel damit aufhören, organisierte Kleinkriminelle in meinem Zuständigkeitsbereich zu ermorden.«

»Das war vor drei Jahren, Lieutenant. In alten Zeiten. Seit wann hegst du so lange einen Groll?«

Sie bedachte mich mit einem starren Lächeln. Trat mir unter dem Tisch brutal gegen das Schienbein. Polizeistiefel mit Stahlkappen. Ich stöhnte, versuchte mich unter dem Schmerz nicht zusammenzukrümmen.

»Verarsch mich nicht, Veil.«

»Würde mir nicht im Traum einfallen«, stieß ich gepresst hervor.

»Vor zwei Stunden und siebenundvierzig Minuten bist du in Salvador Quirogas Club am Strip spaziert. Du schaltest seine Türsteher aus, gehst direkt zu seinem Tisch im Zwischengeschoss, als wüsstest du, dass er dort sein wird. Du setzt dich, redest mit ihm. All das wurde von der Überwachung aufgezeichnet, und wir haben die Daten. Zwei Minuten später ist Quiroga an gebrochenem Rückgrat gestorben. Also.« Mit den Fingerspitzen wischte sie einige der Wasserflecken vom Tisch. »Hättest du Lust, mir zu erklären, was passiert ist?«

»Was sagen die Aufzeichnungen dazu?«

Sie nickte einmal mit unfreundlicher Miene, und der Polizist hinter mir stürzte sich wie eine Steinlawine auf meinen Nacken und meine Schultern. Der Teller und das Besteck rasselten unter dem Aufschlag, das Shotglas hüpfte und kippte um. Nikki Chakana fing die wankende Flasche auf, damit mit ihr nicht dasselbe passierte. Der Polizist drückte mich auf den Tisch, drehte meinen Kopf zur Seite, sodass ich seine Chefin sah.

Chakana hob die Flasche und musterte das Etikett. »Es überrascht mich, dass du dir dieses Zeug leisten kannst. Es gibt keine verfickte Aufzeichnung, Veil. Die Notsignalgranate, die du gezündet hast, hat die internen Systeme des Zwischengeschosses für diesen Zeitraum geblendet. Überrascht dich das?«

»Mhmf.« Es war nicht die bequemste Position, um ein Gespräch zu führen, wenn einem das halbe Gesicht in die Tischplatte gepresst wurde. »Daran ... hatte ich nicht gedacht.«

»Nein, ich bin davon überzeugt, dass du nicht daran gedacht hast. Was wolltest du von Quiroga?«

»Er schuldete mir Geld.«

Der Polizist auf meinem Rücken gab einen kehligen Laut von sich. »Also hast du ihn deswegen einfach ermordet?«

Ich grinste in den Tisch. »Du musst neu sein. Einem Toten kann man kein Geld mehr abnötigen, Gusch. Elementare Biologie – hat der Lieutenant dir das noch nicht erklärt?«

Der Arm in der Jacke um meinen Kopf presste mich noch fester nach unten. Dünne Splitter aus Schmerz stachen in meine Schläfen. Ich wuchtete mich hoch und holte, so gut ich konnte, mit der linken Hand aus, wollte seine Eier packen. Schlecht gezielt, ich streifte kaum sein Bein – aber er zuckte unter der Berührung zurück und ließ locker. Ich stieß in die Lücke, ging mit den Fingern der anderen Hand auf seine Augen los. Er schrie auf, und die übrigen Polizisten setzten nach, mindestens zwei weitere. Jemand packte meinen Arm und verbog ihn bis wenige Millimeter vor einem Knochenbruch. Ich knurrte und schlug mit einem Fuß aus. Jemand anders zog irgendeine Waffe und rammte mir die Mündung unter das Kinn. Eine harte weibliche Stimme in meinem Ohr.

»Wenn du noch einmal trittst, mach ich dich fertig!«

Ich bäumte mich auf und schaffte es, die Waffe abzuschütteln. Sie furchte schmerzhaft an meiner Kopfseite hinauf. »Na los, dann jammer nicht rum, sondern *tu* es!«

Ich hörte, wie Chakana tadelnd schnalzte, und genauso plötzlich zogen sie sich von mir zurück.

Aber nicht allzu weit, und ich sah viele gebleckte Zähne in den Gesichtern, die mich umringten. Die Polizistin mit der Waffe richtete sie immer noch recht entschlossen auf mich – eine fies aussehende Glock Sandman, Polizei-Standardmodell. Sie hätte mir den Kopf weggepustet, hätte sie abgedrückt.

Atempause. Wir alle rückten unsere Kleidung ein wenig zurecht.

Auf der anderen Seite des Tisches musterte mich Nikki Chakana mit leicht zusammengekniffenen Augen. »Wie lange bist du schon aus dem Tank raus, Veil?«

»Seit drei Tagen.«

»Oh, verdammte Scheiße.« Sie blickte auf den unangerührten Teller, während sie weiterhin die Flasche mit Mark in der Hand hielt. »Wie konnte mir das entgehen? Also gut, nehmt ihn mit. Bringt ihn in den Crawler. Wir fahren zum Police Plaza zurück.«

Auf irgendein vereinbartes Zeichen hin, das mir entgangen war, verzichteten sie auf den Gefangenenkäfig im Heck des Crawlers und drängten mich stattdessen auf einen Sitz in der zweiten Reihe, eingequetscht zwischen dem Polizisten, der mir sein Gewicht aufgebürdet hatte, und der anderen, die mir ihre Pistole in die Kehle gedrückt hatte. Hinter mir drang trotzdem ein schwacher gemischter Hauch aus Desinfektionsmittel und Antiadrenalin durch das Gitter in der Wand.

Chakana stieg vorn ein, setzte sich neben den Fahrer.

»Nehmen Sie die Eighteenth und dann die Soyuz«, sagte sie zu ihm. »Wir würden eine ganze Stunde oder länger im Stau festsitzen, wenn wir jetzt versuchen, durchs Zentrum zu fahren. Verfickte Regenparaden.«

Sanftes Licht in der gemütlichen Dunkelheit, als die Instrumentenkonsolen erwachten. Der Magdrive des BMW räusperte sich, der Crawler hob sich auf die Metallschenkel, und wir schlichen uns in den Verkehr hinaus. Ich sah, wie Chakana ein tiefes Gähnen unterdrückte.

»Du hättest uns sagen können, dass du erst seit drei Tagen wach bist«, sagte sie, ohne sich zu mir umzublicken.

»Du hättest mich fragen können.«

Sie sackte auf dem Sitz zusammen und stellte einen Fuß auf die Konsole. »Hab gefragt. Kann mich dran erinnern.«

»Früher. Du hättest mich früher fragen können.« Ich blickte auf meine flankierenden Begleiter, wurde von beiden aber steinern ignoriert. »Hätte uns vielleicht einigen Ärger erspart.«

Der Fahrer lachte spöttisch. »Glaubst immer noch, du wärst etwas anderes, was, Drecksack?«

»Er *ist* etwas anderes«, erwiderte Chakana ermattet. »Das ist das Problem. Als würde man in den Ring steigen und versuchen, Corky Svoboda nach der zweiten Runde zu verhaften. Mein Fehler, Leute. Mein Patzer. Post-Shuttle-Blues. Bin jetzt seit fast dreißig verfickten Stunden auf den Beinen, nach Mulholland-Zeit.«

»Ich hätte gedacht, so was wäre Sakarians Job«, sinnierte ich. »Für die Erdleute alles blitzblank und kolonial machen. Den Anschein wahren, wenn die neue Lieferung Qualpros ihren ersten Spaziergang macht.«

»Halt die Klappe. Du wirst nicht über solche Sachen reden.«

»Hatte den Eindruck, du wolltest mich zum Reden bringen.«

»Nein.« Chakana streckte auf dem engen Sitz den Rücken. Ich konnte fast ihre Wirbelsäule knirschen hören, als sich die Spannung lockerte. »Ich wollte ein Geständnis von dir. Aber keine Sorge. Das holen wir nach.«

»Kann es kaum erwarten.«

»Aber du musst noch etwas warten. Du wirst für ein oder zwei Wochen in der Zelle sitzen, Veil. Im Moment habe ich noch eine Menge anderen Scheiß zu tun, *wichtigen* Scheiß, weißt du? Das heißt, solange sich deine Körperchemie nicht auf ein etwas kooperativeres Level eingepegelt hat, werde ich nicht noch mehr Zeit mit dir verschwenden. Oh, was zum Teufel ist das?«

Die Halogenstrahler des Crawlers zeigten auf eine Gruppe von Gestalten auf der Straße vor uns. Ein wogendes Gewirr aus steifen Figuren entlang einer Frontlinie, auf und ab, Branengel-Plakate neigten sich trunken in der regnerischen Luft, als ihre Rucksack-Dirigenten im Tumult herumgeschubst wurden. Etliche Uniformen im Durcheinander, Bradbury-Polizei und ein paar andere, die ich nicht sofort einsortieren konnte. Auf dem Nanobeton lagen einige Körper, auf denen herumgetrampelt wurde.

Der Fahrer grunzte. »Eine Pablito-Demo, wie es aussieht.«

Er bremste, brachte uns sanft zum Stehen, zwanzig Meter vor dem brandenden Chaos, das uns den Weg versperrte. Der männliche Polizist rechts von mir stand auf und drängte sich nach vorn, um über Nikki Chakanas Schulter zu blicken.

»Schon wieder Pablito? Ich dachte, dieser Scheiß wäre schon vor Monaten abgeklungen.«

»Sie wissen, dass das Shuttle gerade reingekommen ist.« Chakana deutete geradeaus. »Schaut euch die Brels an. Roter Planet, Rote Hände. Keine Gerechtigkeit auf dem Mars. Die Chance, einen großen Eindruck auf die Erdleute zu machen. O Scheiße, wem hat man denn hier das Kommando gegeben?«

»Das sind nicht eure Leute, Nikki. Das da hinten sind MG4-Uniformen, also ist es ein privater Job. Eure Leute verteilen nur die Tanzkartennummern.«

»Hatte ich dir nicht gesagt, dass du die Klappe halten sollst?«

Ich zuckte mit den Schultern. »Okay. Wer ist Pablito?«

Keine Antwort. Alle starrten auf das Getümmel. Chakana wurde nervös, kämpfte gegen den Drang an, hinauszugehen und selbst das Kommando zu übernehmen. Sakarians Hände waren sauberer gewesen, als er damals ihren Job gemacht hatte, andererseits hatte er allgemein nicht viel mit den Händen gearbeitet. Die Leitung der Metro-Mordkommission war ein Zwischenstopp für ihn gewesen, während er mit dem Lift vom Erdgeschoss hinauffuhr und es mit der Souveränität eines Karrieristen anging. Er führte die Abteilung bürokratisch und von oben nach unten, und er machte alles nach Vorschrift. Man sah ihn nur draußen auf der Straße, wenn etwas schiefgegangen war und er sich vor den Feeds kurz und knapp um Schadensbegrenzung für seinen Laden bemüht hatte. Im Gegensatz dazu hielt sich Nikki Chakana prinzipiell von Nachrichtenreportern fern und überließ diesen Job den PR-Bots der Abteilung. Ich bezweifle, dass es im gesamten Mars-Archiv mehr als einhundert Sekunden öffentlicher Aufnahmen von ihr gibt. Die Öffentlichkeit weiß kaum, dass sie existiert. Doch immer wenn ihre Polizisten irgendwo auf der Straße aktiv werden mussten, ob offen oder verdeckt, würde man wahrscheinlich auch sie irgendwo in der Menge finden.

»Ich könnte zurücksetzen und die Eleventh nehmen«, schlug der Fahrer zögernd vor. »Und schauen, ob ...«

»Verdammte Scheiße! Wir bleiben hier.« Chakana kramte in ihrer Jacke nach einem Energieschlagring und schnallte ihn um ihre rechte Hand. Ein rasantes, eskalierendes Heulen, als die Ladung aufgebaut wurde. Sie schlug auf den Türöffner, drehte sich auf ihrem Sitz herum, als die Tür nach oben aufschwenkte, und starrte mich an. »Du rührst dich nicht von der Stelle, Veil. Und ihr beiden – passt auf ihn auf! Er läuft heiß, sein gesamter Metabolismus sucht nach einem Vorwand, brutal werden zu können. Wenn er euch irgendwelche Schwierigkeiten macht, haltet euch nicht zurück. Brecht ihm irgendwas.«

Dann war sie weg, duckte sich unter der immer noch aufgehenden Tür hinaus, stapfte durch den Regen auf den Tumult zu. Ich sah, wie sie eine der MG4-Uniformen am Kragen packte, nicht allzu freundlich, wie es aussah. Sie brüllte ihn an, doch in der wütenden Brandung der Menge war es unverständlich. Der Fahrer machte grad irgendwas auf der Konsole, und die Tür fuhr wieder herunter, sperrte den Regen und den Lärm aus.

»Also, wer ist Pablito?«, versuchte ich es ein zweites Mal.

Die Polizistin links von mir, die mir die Waffe in die Kehle gerammt hatte, schnaufte. »Was ist mit deinem Headgear passiert, Teufelskerl?«

»Es liegt zu Hause und erstickt an Upgrades.« Das stimmte zwar, aber ein wichtigerer Faktor für die Entscheidung, es zurückzulassen, war die Tatsache gewesen, dass sich die Systemdaten abrufen ließen und als Beweismittel zugänglich gewesen wären. »Ich war seit Ende Tauro im hibernoiden Koma und hab es in der Zwischenzeit nicht viel benutzt.«

»Du bist wirklich ein Hib, was?«, fragte der Polizist recht neugierig. »Muss ziemlich beschissen sein, damit zu leben. Hätte nicht gedacht, dass man immer noch Kerle wie dich züchtet.«

»Ich bin ein Gespenst aus der Vergangenheit. Also – wer ist Pablito?«

»Irgendein Arbeitertrottel hatte im Vrishika in der Lotterie gewonnen.« Mr. Muskelmann schien mir unsere Rauferei im Uchu's verziehen zu haben. »Verschwand gleich danach vom Radar, und niemand konnte ihn wiederfinden, also verpasste er seinen Flug nach Hause. Die Gewerkschaften witterten Mord und Korruption und riefen in den Wochen danach den Klassenkampf aus. Die Sacranisten mischten auch mit. Bescherten uns immer wieder Unruhen auf dem Hochland, sodass die Marshals einschreiten und ein paar Köpfe einschlagen mussten. Auch hier unten kam es zu Hintergrundrauschen, bis Sakarian am Ende aktiv wurde und eine große Vermisstenfahndung anlaufen ließ.«

Vrishika – der letzte volle Monat des Marswinters, und fast siebzehn Monate waren vergangen. Damals hatte ich mich bereits schlafen gelegt, zu meinem vorletzten hibernoiden Koma in diesem Marsjahr, und offensichtlich hatte ich das alles verpasst. Aber man gewöhnt sich daran. Vier von zwölf Monaten schlafen, während sich der Rest der Welt weiterdreht, und neben den zahllosen Insiderwitzen und Modetrends entgeht einem eine Menge Tratsch zu aktuellen Themen.

Ich zog mit großem Aufwand eine Augenbraue hoch. »Vor siebzehn Monaten? Und man hat ihn immer noch nicht gefunden? Nicht mal einzelne Stücke?«

Ein mürrisches Nicken nach vorn auf die Szene hinter der Windschutzscheibe des BMW, auf das zunehmende Chaos der Demonstration. »Was glaubst *du*?«

»Vielleicht *hat* man ihn gefunden«, warf der Fahrer ein. »Das würde alles noch einmal lostreten.«

Links von mir schüttelte Ballermädchen den Kopf. »Davon hätten wir gehört. Außerdem hätte Sakarian diesen Platz schottendicht abgeriegelt, sobald sich die Neuigkeit verbreitet hätte.«

Diesen Platz – langsam dämmerte mir, dass die Fassade, vor der die Demonstranten standen, das neue Gebäude von Horkan Kumba Ultra sein musste. Man hatte die Baustelle vorbereitet, als ich im Tauro abgetaucht war, aber damals gab es oberhalb der Fundamente noch nicht viel zu sehen. Das ist normal bei einer Nanotech-Fabrikation – wochenlang nichts außer Schichtpräparaten, das leise siedende Zischen der Protokollsohlen, und dann wacht man eines Morgens auf, und dort steht ein turmhohes Monument der unternehmerischen Profitmarge und der kolonialen Synergie. Vector Red Haulage, das Raumfahrttochterunternehmen von HKU, gewann zu Beginn des Jahres das erneuerte Franchise für Shuttledienste, also konnten sie ihre Lizenz zum Gelddrucken für weitere drei Jahrzehnte sichern, und wie es schien, musste man all das Geld dann auch für irgendwas ausgeben.

»Und was ist die wahrscheinlichste Theorie?«, sondierte ich. »Unfalltod oder ein neidischer Konkurrent?«

»Es muss ein neidischer Konkurrent sein«, sagte Ballermädchen düster. »Bei einem Unfalltod hätte man ihn gefunden.«

»Kommt drauf an, wie gründlich man gesucht hat. Wer hat den Fall bekommen, der alte Titten-hoch-Tomayro?«

Plötzlich eisiges Schweigen, als alle im Crawler nach draußen auf etwas von großem Interesse starrten.

»Schön und gut. Und wie hat sich Pebble Rodriguez dieses Jahr an Wall 101 gemacht?«

Sie rührten sich etwas, es wurde wieder still, doch nun war das Ganze etwas weniger unterkühlt, dachte ich.

»Sie wurde Zweite«, sagte der Muskelmann widerwillig. »Hatte immer noch dieses Sehnenproblem, das ihr bei langen Steigungen zu schaffen macht.«

»Wirklich? Ich dachte, das hätte man schon damals im Frühling in Ordnung gebracht.«

Ballermädchen schnaufte. »Es hatte nichts mit dem Sehnenaufbau zu tun, Frank. Das waren diese verdammten Turbos von Osmotech, mit denen sie sich herumärgern musste. Sie hätte nie bei diesen Arschlöchern unterschreiben sollen.«

»Hey, es war eine Menge Geld«, sagte der Fahrer.

»Ja, und jetzt kannst du zuschauen, wie man sie zu einem Versuchskaninchen für jedes unausgegorene Upgrade macht, das gerade reinkommt. Osmotech interessiert sich einen Dreck für den Sport, der Laden will nur …«

»Sie kommt zurück.«

»Glaube ich nicht, Mann. Nicht mit den kaputten Sehnen und …«

»Nein, *sie* kommt zurück.« Der Fahrer zeigte durch die Windschutzscheibe auf die sich nähernde Gestalt von Nikki Chakana. Er drückte auf den Türöffner. »Wie es scheint, werden wir abmarschieren.«

»Ja, oder Köpfe einschlagen«, sagte Muskelmann. »Sie sieht ziemlich angepisst aus, finde ich.«

Stumm stimmte ich zu. Mit ihrem mürrischen Gesichtsausdruck hätte Chakana Medaillen gewinnen können. Sie erreichte den Crawler, duckte sich halbwegs hinein.

»Also, Leute, ich kann euch nur sagen, dass es ein verdammtes Fiasko ist. Ich muss hierbleiben, oder diese MG4-Schwachköpfe werden dafür sorgen, dass die Sache zu einem Volksaufstand eskaliert. Der verfickte Superintendent könnte nicht mal den Olympus Mons finden, wenn er ein Furunkel an seinem eigenen Arsch wäre.

Frank, ich kann dich gut als Rückendeckung gebrauchen. Kommt ihr beide klar, wenn ihr unseren Kumpel allein abliefern sollt?«

»Du wirst schon sehen«, sagte Ballermädchen, und der Fahrer antwortete mit einem lakonischen Nicken.

»Gut.« Chakana wandte mir ihre angepisste Miene zu. »Veil, du weißt, wie es abläuft. Sei nett, und du wirst einen angenehmen Zellenaufenthalt haben. Mach Stress, und du kannst die nächste Woche in der Kiste verbringen.«

»Qualität, Auswahl, Freiheit«, ätzte ich. »Freut mich, dass die Grundrechte in Ehren gehalten werden.«

Das brachte mir ein dünnes Lächeln ein. Aber sie sah mich weiterhin mit festem Blick an, während sie auf den eigentlichen Punkt kam. »Ich warne dich, Veil – denk nicht mal *im Traum* daran, mich zu zwingen, dich noch einmal auf diese Weise ausfindig zu machen.«

Ich konnte das Gesicht des Fahrers nicht genau erkennen, aber ich bemerkte durchaus Ballermädchens Reaktion. Jetzt setzte sie eine genauso mürrische Miene auf, was ich ihr nicht verübeln konnte, denn Chakanas Subtext war etwa genauso subtil wie eine Werbung von Particle Slam.

Veil, hatte sie gesagt, ich weiß, in welchem Zustand du im Moment bist und dass du diese beiden hier wahrscheinlich leichter auseinandernehmen und dich absetzen könntest, als Pebble Rodriguez eine Leiter hinaufsteigt. Aber wenn du das tust, dann mögen dir Pachamama und all ihre leidenden Heiligen helfen, wenn wir dich ein weiteres Mal schnappen, weil ich dir dann den Arsch bis zur Nasenspitze aufreißen werde.

»Lieutenant, wir haben verstanden«, sagte Ballermädchen beleidigt.

Chakana sah mich immer noch an. Ich nickte ihr zu. »Das haben sie, Nikki. Sie haben mich.«

»Also gut. Naima, lass ihn registrieren und einschließen, dann melde dich von der Station aus bei mir. Ich werde dir sagen, ob wir Verstärkung brauchen. Frank, gehen wir.«

Muskelmann drückte den Öffner der Tür auf seiner Seite und stieg aus. Wir beobachteten, wie sich die beiden ins Getümmel entfernten, Ballermädchen mit einer gewissen Wehmut, wie mir schien. Dann startete der Fahrer den Motor, und der Crawler erwachte zum Leben. Er blickte sich über die Schulter zu mir um, als er mit dem BMW zurücksetzte.

»Mach uns keinen Ärger«, knurrte er. »Du weißt, was gut für dich ist.«

Ich hacke Naima mit einem Ellbogen ins Gesicht und breche ihr die Nase. Knall sie auf den Sitz, nehme ihr die Glock ab. Ramme sie ihr unter die Rippen, drücke ab – zwei schnelle Schüsse, um ganz sicher zu sein. Dann richte ich die Pistole auf den Fahrer, bevor er irgendwie reagieren kann – sehe, wie sich sein Mund zu einem Schrei verzerrt, der es nie aus seiner Kehle hinausschafft – zerschieße ihm den Kopf, der sich über die regenbesprenkelte Windschutzscheibe und die sanft schimmernden Anzeigen der Konsole verteilt ...

Heißlaufend.

Ich blickte auf meine Hände, die reglos auf meinen Knien ruhten.

»Kein Ärger«, sagte ich leise. »Nichts würde mir ferner liegen.«

4

Hätte nicht gedacht, dass man immer noch Kerle wie dich züchtet.
Aha? Dann bist du dümmer, als du aussiehst.
Was, du glaubst, nach Jacobsen hätten sich alle beruhigt und erklärt, jetzt *nett zu sein*? Ein sanftmütiger schwedischer Gentech-Spezialist mit schütterem Haar schreibt einen Bericht für die UN, hebt streng den Zeigefinger, und plötzlich soll alles vorbei sein? Rund um den Planeten Erde erkennen Staatsbehörden und hochkarätige Geschäftspartner ihren Irrtum an, werfen ihr Werkzeug fort und weinen? Scheißarme Frauen machen *nicht* damit weiter, ihre künftigen Kinder zu verkaufen, die sich in ihren Eierstöcken bereithalten, damit sie die tatsächlich hier und jetzt existierenden Kinder ernähren können, die sie bereits bekommen haben? Kluge junge Köpfe in innovativen Genlabors machen *nicht* damit weiter, das Rohmaterial kiloweise einzukaufen? Finanzschwache Regionalverwaltungen, deren letzte verbliebene Haupteinnahmequelle abgelegene und öde Grundstücke sind, werden *keine* weiteren Landverkäufe an »Forschungseinrichtungen« absegnen, wie sie ausweichend bezeichnet werden, ohne Fragen zu stellen? Regierungssprecher und PR-Abteilungen von Konzernen werden in diesem Punkt *nicht* mehr lügen, und geheime Ermittlungsbehörden haben keine Arbeit mehr damit, das alles zu vertuschen?
Von welchem Scheißplaneten stammst du?

Aufnahmen vom Shuttle wurden in ständiger Wiederholung auf allen Bildschirmen des Police Plaza abgespielt, während ich registriert wurde. Ein halbes Hundert verschiedener Blickwinkel auf den Moment des Andockens – die Spitze des Wells-Nanoracks in der Bildmitte, wie ein riesiger Löwenzahn aus Geschützmetall, der bis in den unteren orbitalen Weltraum hinaufsprießt, die suchende Schnauze des Shuttles, die sich aus dem konturlosen Schwarz nähert und den Kontakt erschnuppert, die klammernde Umarmung, und dann der Zungenkuss. Innenansichten vom Cockpit, unterbeschäftigte menschliche Piloten, die für die Kamera grinsen. Quarantäneteams im Personenlift des Nanoracks auf dem Weg nach oben wirken gedrungen und halb zerschmolzen in ihren Barriereanzügen. Das alles vermischt mit einer Parade von Standaufnahmen der Passagierliste – neues Fleisch für das Medienfestmahl. Angeheuerte Qualpros, die ihre himmelhoch bezahlten drei- oder fünfjährigen Verpflichtungen starten, Ultratripper-Sporthelden und Bildschirmgesichter plus begleitende Filmteams und Gefolge, vielleicht ein vereinzelter Individualtourist hier oder da.

Strafarbeiter, die zum Transport verurteilt wurden, mussten auch auf der Liste stehen, aber ihre Gesichter würde man nicht allzu bald zu einer Schlagzeile auf einem Screen sehen.

Willkommen auf dem Mars, Gusch.

Ständig laufender Text am unteren Rand der Bilder, die Worte in Englisch, Spanisch und Quechua jagten sich gegenseitig. Andere Eilmeldungen, von denen es die meisten nicht in tatsächliche Bildberichte geschafft hatten. Selbst der Niederschlagserfolg von Particle Slam konnte die Shuttle-Story nicht länger als für ein paar zehnsekündige Segmente vom Bildschirm verdrängen – regenfeuchte nächtliche Straßen, Geniesel im Wind. Jubelnde Mengen. Und nun zurück zu unserem Hauptbericht. *Das Shuttle ist da!*

»Schaut ihr euch immer noch alle diesen Scheiß an?«, fragte ich Naima, als man uns zur Netzhauterkennung und Datenerfassung weiterschickte. »Das verdammte Ding ist schon den ganzen Tag angedockt.«

Sie zuckte mit den Schultern. »Dann such mal einen Kanal, der nichts darüber bringt.«

Später in der Zelle versuchte ich es. Es gab einen verschrammten und gesplitterten Plastikbildschirm in der Wand gegenüber der Koje. Ich fuhr ihn hoch und wischte mich durch ein Dutzend oder mehr Optionen, bis ich es aufgab und die permanente Kaskade aus Bildern und Kommentaren weiterlaufen ließ. Die einzige Alternative hätte darin bestanden, das Ding auszuschalten und die Wände anzustarren, wozu ich derzeit nicht in Stimmung war. Wenn man heißläuft, ist man sich schmerzhaft aller Umgebungsdetails bewusst, man giert danach, stürzt sich darauf wie ein Verhungernder, der nach einem Steak greift. Ich bin mir nie sicher, ob das ein Nebenprodukt der inhärenten Zyklen der hibernoiden Physiologie ist oder ein kleiner Bonus, den die Entwickler eingebaut haben, um den Missionsanforderungen zu genügen. Wie auch immer, ich muss mich damit abfinden.

Ich saß da und sah fern, suchte in den Aufnahmen nach jedem kleinen Hinweis und Anhaltspunkt.

Auf dem Bildschirm sah man die üblichen Standardaufnahmen aus dem Innern der Shuttle-Architektur – die langen aufgereihten Kolonnen von eingelagerten Kryokapseln, nun zum Deck heruntergekurbelt, um die Dekantierung einzuleiten, und blau im Scannerlicht flimmernd, die enigmatisch gestapelten Plattenstrukturen und blinkenden Lämpchen des CPU-Raums, Besatzungsquartiere, unaufgeräumt mit privatem Müll in Null-G und dem Chaos des zweitägigen Annäherungsfluges, Schächte und Niedergänge und Korridore, und *da* – nur für ein paar Sekunden gleitet die Kamera an einer unscheinbaren, fest verschlossenen Luke zu den Eingeweiden des Schiffs vorbei. Nur dass die Black

Hatch gar nicht schwarz ist – das ist sie nie, auch wenn Mythen und Filme das Gegenteil behaupten – aber die Aufkleber und Leuchtzeichen auf der makellosen weißen Oberfläche sind unmissverständlich. ERNSTFALLSYSTEME AKTIV. BORDNOTSTAND REAKTIV. WARNUNG: LUKE IM ALARMZUSTAND – NICHT BERÜHREN. AB HIER KEIN ZUTRITT FÜR BESATZUNG.

Natürlich konnte man nicht alles lesen, nicht während dieses einen Augenblicks, in dem die Kamera vorbeischwenkte, aber das musste ich auch gar nicht. Ich wusste längst, was dort stand.

Ganz oben mitten auf der Luke eine langsam pulsierende grüne Einfassung wie ein Herzschlag. Er war da drinnen.

Oder sie. Obwohl das viel seltener vorkommt, als die überdrehten Weltraum-Sex&Splatter-Immies es gern darstellen. Auch Frauen machen diese Arbeit, sicher, aber nicht allzu viele und im Allgemeinen auch nicht annähernd so lange.

Für mich waren es ein Dutzend Jahre gewesen, mehr oder weniger, und ich hatte nicht damit aufgehört, weil ich den Wunsch verspürt hätte, eine Familie zu gründen oder eine neue Berufslaufbahn einzuschlagen. So funktioniert das nicht, wenn man ein Overrider ist. Wenn man schon seit vor der Geburt für die Rolle präpariert wurde, muss es eine einigermaßen starke Tendenz in den Genen geben, aussteigen zu wollen, und nichts dergleichen hatte mich jemals gerufen. Blond Vaisutis TransSolar Enforcement and Security Logistics hatten mich für einen bestimmten Zweck ausgerüstet und als ihren unvergleichlichen Wächter im Himmel eingesetzt.

Und als das Ende kam, hatte Blond Vaisutis mich hinabgeworfen.

Ich streckte mich auf der Zellenkoje aus und schloss die Augen. Sah wieder das grüne Pulsieren der Einfassung.

Wie lange liegst du schon dort, mein kaltträumender Bruder?

Nur für die eine Reise, oder ließen sie ihn endlos pendeln, wohin es nach Reuben Groells Meinung heutzutage tendierte?

Sie behandeln uns wie bloße beschissene Fracht, brummt er eines Abends über mehreren Gläsern Mark on Mars im Uchu's. Hin und zurück, hin und zurück, scheißhin und scheißzurück. Und stell dir vor – heute unterschreibt man nicht mehr die Nulldekantierungsklausel, also kann man etwa die Hälfte der anständig bezahlten Verträge vergessen. Ich sage dir, Bruder, du hattest Glück, dass du damals ausgestiegen bist.

Das ist eine Möglichkeit, die Sache zu betrachten.

Er bemerkt meinen Gesichtsausdruck, bevor ich in meinen Drink blicke, um ihn zu verbergen. Komm schon, Hak, das habe ich nicht gemeint. Klar, Blond Vaisutis hat dich gelinkt, das weiß ich. Sie haben eine Menge Leute gelinkt. Sie sind ein verdammtes transplanetares Sicherheitsunternehmen, deshalb machen sie so etwas. Aber mal im Ernst! Würdest du wirklich wieder einsteigen wollen, wenn du könntest? Wieder in die Große Kälte zurückkehren, während du dich ständig fragst, ob du nach der nächsten Dekantierung unheilbar am Ganymed-Frostbrand erkrankt bist?

Komm schon, Rube. Wann hast du das letzte Mal gehört, dass jemand an Ganny-Ekzemen gestorben ist?

Das heißt nicht, dass es nicht passiert. Glaubst du, man würde es uns sagen?

Ich glaube, die Technologie hat sich weiterentwickelt, Bruder. Und offen gesagt fallen mir eine Menge anderer Scheißaspekte dieses Jobs ein, die mir mehr Sorgen machen würden.

Aha? Von dem Drink werde ich jetzt ein wenig trübe und streitlustig. Zum Beispiel was?

Vergiss es.

Die grüne Einfassung pulsierte wie ein Kater hinter meinen Augen, wie alte Reue.

Wie kommst du mit deinem eigenen Scheißleben klar, Overrider?
Carla Wachowski, im Korridor zum Kom-Nest in die Enge getrieben, Tröpfchen von Arkos Blut in ihrem kurz geschnittenen Haar und Hass in ihren düsteren Augen.
Ohne Probleme, sage ich grinsend zu ihr. Hauptsächlich schlafe ich.
Da spricht natürlich die Missionszeit. Heißlauf – ich bin kaum fünf Stunden wach, der Kampf im Cockpit ist gerade knappe zehn Minuten vorbei. Es fühlt sich an wie Kupferkabel, die sich durch meine Adern bohren, dazu dieses verrückte Adrenalingrinsen, das mein Gesicht auseinanderziehen will. Wir hängen in Null-G, Carla und ich, genau gegenüber, und sie ist höchstens sieben Meter von mir entfernt. Ich habe die Heckler & Koch, den missionsstandardmäßigen Deckbesen mit gekürztem Lauf, sie hat einen tragbaren Monofil-Schneider und ihren Hass. Das kann nur auf eine bestimmte Weise enden.
Du verfickter Firmendrecksack!!, schreit sie.
Wirft sich auf mich, den schrillenden Monofil-Schneider erhoben.
Ich riss die Augen auf, setzte mich auf der Koje auf. *Genug von diesem Scheiß, Hak. Verdammte Urgeschichte.*

Aber ich grübelte trotzdem weiter über Reubens Nulldekantierungsklausel. Wie weit verschiedene Behörden und Unternehmen unter dem Dach von COLIN gehen würden, um es durchzusetzen, sobald sie auch nur den Ansatz einer Chance sahen. Und das, ohne den üblichen Missbrauch durch den Beijing-Block zu berücksichtigen.

Ja, ja, ich weiß – alte Paranoia in großen, neuen Stiefeln. Aber die Sache ist die, dass es ein großes altes Sonnensystem mit vielen Versteckmöglichkeiten ist. Jede Menge Platz für vereinzelte Kryokap-Einrichtungen im Standby, verankert auf irgendwelchen katalogisierten und vergessenen Asteroiden oder kleineren Monden, sofern sie nicht in endloser eingestaubter Stille im freien Fall einem Orbit irgendwo außerhalb des Gürtels folgen. Kalt und fern und einsam, aber hey, du schläfst und wirst dafür bezahlt, also, worüber willst du dich beklagen?

Hätte nicht gedacht, dass man immer noch Kerle wie dich züchtet.

Hey, das tun sie wahrscheinlich gar nicht – es gibt so viele von uns, die eingekappt und an dunklen Orten verborgen sind, dass sie das gar nicht müssen.

Man könnte einen falschen Eindruck von einem Begriff wie *angenehmer Zellenaufenthalt* bekommen.

Die Zelle, die sie mir gegeben hatten, maß etwa vier mal fünf Meter, einschließlich der Nassnische mit Dusche und Latrine. Nirgendwo ein Fenster oder eine Verzierung, nur der Bildschirm aus Impaktplastik in der Wand und leuchtende Deckenkacheln. Die Koje war ein einziges Stück aus geformtem Polymer, an Wand und Boden geschweißt, überzogen mit einer unbeweglichen Memoryschaumschicht, die ganze drei Finger dick war. Düsen an einem Ende verteilten jeden Abend zehn Minuten lang, bevor das Licht ausging, ein Insulennetz – man hörte ein paar Sekunden vorher vom Generator ein Heulen als Vorwarnung, dann spritzte das Zeug wie graugrüne Zuckerwatte aus den Düsen. Es war so gedacht, dass man sich in perfekter Schlafhaltung hineinhüllte, um es jeden Morgen nach der Benutzung wieder wegzuspülen. Zumindest lautet so die Theorie. Hochwertige Insulene kriechen automatisch um den Körper herum und suchen nach Temperaturdifferenzialen, die Fasern schwellen an oder verdünnen sich entsprechend, bemühen sich, den gesamten Körper gleichmäßig warmzuhalten. Aber dieses Zeug war nicht hochwertig, und hauptsächlich klebte es nur unangenehm auf der Haut. Am Morgen hatte es sich bereits teilweise zersetzt.

Ich wollte ohnehin nicht schlafen, aber ich wusste, dass die Raumtemperatur in der Zelle um ein paar Grad sinken würde, sobald das Licht ausging. Als die Netzdüse ihre dürftige Spende von sich gab, legte ich mir das Zeug also wie einen Schal um die Schultern und setzte mich im Schneidersitz auf der Koje zurecht, um zu warten. Und mich zu fragen, ob irgendjemand mich beobachtete und was sie von mir erwarteten. Es ist eine häufige Fehlannahme, dass Leute wie ich am Aufwach-Ende des Zyklus keine Inaktivität ertragen, dass eine Gefangenschaft wie diese eine Art leichte Psychofolter für einen Overrider sein muss.

Ja, richtig.

Und das Abwarten in beengten Räumen?

Probieren Sie es mit neunzehn Stunden aus, die Sie in ein EVA-Modul gezwängt verbringen, das als Kom-Blister getarnt ist, darauf wartend, dass sich eins der Myriaden glimmender Sternenlichter unter einem endlich in das auflöst, was es ist – ein Gürtel-Marodeur, der gekommen ist, um nach seiner Beute zu suchen, die zuvor von einer Rakete getroffen und außer Gefecht gesetzt wurde.

Probieren Sie es mit einer ganzen Woche, die Sie im Cockpit eines Kurzetappenshuttles verbringen, während es seinem Ziel entgegenstürzt und die meuternde Besatzung herausfindet, dass sich die Bomben, die man im Navigationssystem und im Triebwerk angebracht hat, nicht umgehen lassen.

Probieren Sie es mit elf Stunden Guerillakampf allein in den engen Korridoren und Niedergängen eines Erzverarbeitungsfrachters, während Sie sich verstecken und zuschlagen und wieder verstecken, bis Sie Ihre Gegner auf einen Rest zusammengestutzt haben, der ausreichend gebrochen und verängstigt ist, um aufzugeben und wieder zu tun, was von ihnen verlangt wird.

Beengte Räumlichkeiten sind Teil unserer Arbeit – zumindest meiner ehemaligen Arbeit – und jeder Overrider, der sich in Gefangenschaft nicht in Geduld üben kann, wird auch nicht allzu lange durchhalten.

Die Leuchtkacheln in der Decke wurden gedimmt – Schlafenszeit im Knast. Ich verzog das Gesicht und bündelte die klebrige Hülle aus Insulen etwas fester um mich. Widmete dem Bildschirm wieder etwas mehr Aufmerksamkeit – im Kontrast zu der abgedunkelten Zelle wirkte er nun deutlich heller – und ließ mich vom Strom der Bilder berieseln wie von einem sich endlos entfaltenden visuellen Koan. *Bedenke, o Suchender, das sanfte und beruhigende Chaos einer Myriade individueller schartiger Signifikanzen, die zusammengeworfen werden, bis sich ihre Kanten abgeschliffen haben ...*

Standardtricks der Overrider – darin fühlte ich mich nun fast wieder zu Hause.

Und dann, *flacker-klick*, einfach so – sprang mir eine Änderung des Musters auf dem Bildschirm ins Auge. Eine Neuanordnung im endlosen Zyklus der Passagierfotos in der Nachrichtensendung über das Shuttle. Eine neue Bevorzugung von etwa einem halben Dutzend aus der Gruppe, Männer und Frauen in nüchternen Anzügen, die ihr geschäftliches Werbelächeln auf die Art präsentierten, wie man eine Glock im Schulterholster tragen würde. In der oberen linken Ecke des Bildschirms blinkte ein neues rot pulsierendes Versprechen ...

SONDERMELDUNG, SONDERMELDUNG ...

Im Dunkeln sprang ich von der Koje und wischte die Lautstärke hoch.

Genau im richtigen Moment – denn die Nachrichtencollage wurde ausgeblendet und durch ein in kunstvolle Düsternis getauchtes Studio ersetzt, mit einer ausgeleuchteten, nüchtern wirkenden Sprecherin im Vordergrund. Maßgeschneiderte Jacke, zwanglos sexuelle Bluse mit freiem Hals, tolles Haar und schöne

Augen. Hinter ihr hetzten hastig ein paar Studioarbeiter aus dem Bild. Die eilige Zu-jeder-vollen-Stunde-Titelmusik schwoll an und verebbte. Die Sprecherin blickte in die Kamera.

Doch unter der Maske ihrer On-Screen-Beherrschung sickerte der Stress sichtlich bis in ihre Augenpartie durch. Ihr Lächeln war weit unter den normalen Energiewert gedimmt, und ihre Hände flatterten an ihrem Kragen herum. Etwas *sehr* Großes musste gerade hereingekommen sein, um sie auf diese Weise zu erschüttern. Sie räusperte sich, bevor sie endlich sprach, um Pachamamas willen.

»Guten Abend, Sie sehen Valles Channel One. Die heutige große Nachricht kommt von dem gerade erst angedockten Erdshuttle zu uns, wo ein kürzlich dekantierter hochrangiger Vertreter der Colony Initiative folgende Grundsatzerklärung abgegeben hat.«

Ein Branengel leuchtete hell in den Tiefen des Studios hinter ihr auf. Die Kamera schwenkte, rauschte schräg auf Schulterhöhe an ihr vorbei, holte den Brel ins Vollbild. Irgendwo in einer Hotellobby hatte man ein Sprecherpodium aufgebaut. Dort stand eine Frau, deren Kleidung und Haltung vollkommen anders aussah als die der Nachrichtensprecherin. Ihr Haar war auf Stoppellänge rasiert, sie trug einen schlichten Bordoverall, der an einem Apparatschik der Sacranisten nicht deplatziert gewirkt hätte, und abgesehen von dem hohläugigen Blick einer kürzlich Dekantierten, wirkten ihre südasiatischen Züge emotionsloser als die eines frisch gerenderten InterFace-Empfangsassistenten, bevor er mit den interaktiven Protokollen gefüttert wurde. Nachrichtensprecher präsentieren sich üblicherweise als elegante und leicht verführerische Einladung, dranzubleiben und die Meldungen zu verfolgen. Diese Frau aber lud zu gar nichts ein und projizierte auch nichts, nur die simple Botschaft: *Hört zu, ihr Arschlöcher, denn ich werde es nur einmal sagen.*

Und sie war nicht hochrangig, wie Valles One automatisch vermutet hatte – zum einen war ihr Gesicht völlig frei von den Rangtattoos, die auf der Erde so populär waren, und sie vermittelte keinerlei Bedürfnis, irgendjemandem zu gefallen. Wer auch immer tatsächlich hinter dieser Ankündigung stecken mochte – und den wir wahrscheinlich bald zu sehen bekommen würden –, diese Frau war eine Soldatin und ein Sprachrohr, und sie würde Bedingungen übermitteln.

»Im Namen der Colony Initiative, des Earth Oversight Comitee und des Generalsekretärs Ngoebi Karlssen setze ich Sie hiermit in Kenntnis, dass die Stadt Bradbury und alle Außenbezirke der Kolonie Valles Marineris von nun an einem Sonderaudit unterzogen werden. Ab sofort ist Artikel achtzehn in Kraft, mitsamt allen legalen und sonstigen polizeilichen Provisorien. Allen kolonialen Bürgern erkläre ich: Bleiben Sie ruhig und gehen Sie Ihren gewohnten Tätigkeiten nach. Diese Vorgänge sollten Ihr alltägliches Leben in keiner Weise beeinträchtigen. Das Auditteam erwartet, die Ermittlungen ohne merkliche Unruhe und mit der uneingeschränkten Kooperation der existierenden Valley-Behörden durchzuführen.«

An diesem Punkt hatte ich meine gestaunten Bauklötze wieder eingesammelt und lachte schallend. Ich konnte wirklich nicht anders.

»Weitere Erklärungen und eine detaillierte Information der Öffentlichkeit werden folgen.«

5

Das Valley verfiel in krampfhafte Zuckungen.

Ich saß den Rest der Nacht in der Zelle aus und beobachtete, wie es überkochte. Unheilverkündende Szenen von Menschenmengen überall in der Stadt und in den größeren Siedlungen der Scharte. Wütende Stimmen aus dem Volk, aufgenommen an zahlreichen Straßenecken, in Fabriken und bei Arbeitslagerversammlungen. Noch keine tatsächliche Gewalt zwar, soweit ich erkennen konnte, aber in diesem Moment schliefen die meisten Leute auch noch. Niemand konnte sagen, wohin es sich entwickelte, sobald das übrige Valley aufgewacht war. In der Zwischenzeit lag das Erdshuttle friedfertig am Dock an der Spitze des Wells-Nanoracks, gemäß den letzten Quarantäneprotokollen weiterhin verriegelt. Und trotz der konstanten Wiederholung der Aufnahmen aus jedem erdenklichen Blickwinkel während der Nacht auf den unterschiedlichsten Feeds wies weder das Shuttle noch das Ausschiffungsmodul irgendein äußeres Anzeichen für eine Veränderung oder Aktivität auf. Welche Überraschungen auch immer darin ausgebrütet werden mochten, es würde noch eine Weile dauern, bis sie hervortraten. Im Gegensatz zu all der Mars-Zuerst-Rhetorik, die man hört, ist COLIN nicht wie ein Rudel Hyänen oder ein fresswütiger Schwarm Haie oder wie auch immer die stark eingefärbte Raubtiermetapher dieses Monats es beschreiben mochte – sie ist eher wie ein Dornenkronenseestern, der sich im glazialen Tempo an seine Beute anschleicht, um dann den Magen auszustülpen und sie in einem Stück zu verschlingen.

Auf ihre Art keinesfalls weniger raubtierhaft, aber sie bewegt sich *langsam* und *stetig*.

Vielleicht hatten Mulhollands Leute diesen Umstand im Kopf, als sie fast bis zur Morgendämmerung warteten, bis sie eine offizielle Stellungnahme herausgaben. *Oder,* dachte ich verdrossen, *vielleicht dauert es auch nur so lange, um den Scheißkerl zuschauergerecht auf Vordermann zu bringen. Bis man eventuelle hochklassige Straßenmädchen hinausgeworfen hat, die er sich in jener Nacht in den Gouverneurspalast bestellt hatte, bis man ihm ihre Körperflüssigkeiten vom Gesicht und die SNDRI-Reste aus den Augen gewischt und ihm wieder etwas Verstand in die verrührte Gehirnmasse geschüttelt hat. Ah, da ist er ja!*

»Bürger des Valley, meine Pionierkameraden.« Feierliche Pause. »Ich weiß, dass einige von euch wegen der Ankündigung von COLIN beunruhigt sind, die in dieser Nacht bekannt gemacht wurde. Aber es besteht kein Grund zur Besorgnis …«

Für die Sendung hatte man ihn leger gekleidet – Overallhose ohne irgendeinen Markennamen, ein weites dunkles Arbeitshemd mit hochgerollten Ärmeln. Er hatte sogar sein Headgear abgenommen, um besser ernst in die Kamera blicken zu können. Gouverneur Boyd Mulholland – der bodenständige Mann aus dem Volk, der gut gelaunte Vaterersatz für die Massen an der Frontier. Silbriges Haar, das heruntertrasiert worden war, aber noch einen Zentimeter oberhalb der Grenze zur militärischen Strenge, die Gesichtszüge zeigten genau die richtige Mischung aus Wettergegerbtheit und Postkartenschönheit. Hier ist ein Mann ohne die Allüren von Politikern oder Geschäftsleuten, ein Mann, der ein Bier mit dir trinkt, wenn die Schicht zu Ende ist, scheißegal, wer du bist, der sich den Schweiß von der Stirn wischt und gutmütig flucht, weil die Marssonne juckend auf deine und seine ungeschützte Haut brennt und weil das alles, zum Teufel, zu den

Beschwerlichkeiten eines Lebens als Bürger der Frontier gehört, das ihr beide ungeachtet eures Einkommens oder Standes genießt.

Hier ist ein Mann *genau wie du*. Hier ist ein Mann, dem du *vertrauen* kannst.

»Wir befürworten dieses Audit sogar, weil es uns die Gelegenheit gibt, den Leuten auf der Erde zu zeigen, wie viel wir erreicht haben.« Sich gemütlich zur Kamera vorbeugen. »Meine Pionierkameraden, wir haben nichts zu verbergen und viel zu gewinnen, wenn die Stärken und Schwächen unserer Kolonie neu bewertet werden. Dazu sind Audits da. Also möchte ich allen Menschen versichern, dass nichts verkehrt läuft, dass sich niemand Sorgen machen muss. Das Leben auf dem Mars geht wie gewohnt weiter, und auf dem Mars sind alle Geschäfte geöffnet. Ich möchte diese Oversight-Vertreter sogar willkommen heißen, und ich möchte, dass ihr alle es ebenso tut. Sie sollen sich anschauen, wie wir hier draußen an der Frontier Dinge erledigen, sie sollen erfahren, wie es sich am äußersten Rand der menschlichen Expansion lebt, denn am Ende …«

Ich grinste.

Man schickt kein Auditteam überstürzt durch 200 Millionen Kilometer interplanetaren Weltraum, nur weil man glaubt, jemand könnte ein paar gute Tipps zur Verwaltung einer Kolonie gebrauchen. Earth Oversight ist COLINs ureigener langer Arm des Gesetzes mit tiefen symbiotischen Brücken in die heimatliche Regierung und einem Strafverfolgungsmandat, das weit über den rein kommerziellen Bereich hinausgeht. Man führt sie nicht ins Feld, wenn irgendetwas an der High Frontier nicht ernsthaft aus dem Ruder gelaufen ist. Ein härteres Durchgreifen bahnte sich an, und das Wissen darum stand Mulholland deutlich ins Gesicht geschrieben. Er sah aus wie jemand, der gezwungen wurde, verdorbene Austern in Null-G hinunterzuschlucken.

Falls Nikki Chakana eine Menge Überstunden gemacht hatte, um die minderwertigen Straßen von Bradbury für diese letzte Shuttleladung mit Ultratrippern und neuen Qualpro-Rekruten aufzuhübschen, war es nichts im Vergleich zu der Arbeit, die man ihr jetzt auftischen würde. Earth Oversight hämmerte an die Tür wie ein Trupp Schläger von Indenture Compliance, die irgendein Basiscamp-Bordell auf den Kopf stellen wollten, Mulholland wurde aus dem Bett geholt und geriet in Panik, und jeder geschäftliche Drecksack von Eos bis zum Tharsis-Plateau bemühte sich verzweifelt, seinen unabgewischten Arsch in Sicherheit zu bringen. Jemand musste diese Scheiße in Ordnung bringen, und zwar schnell. Jemand musste den Hausputz erledigen. Und meiner Einschätzung nach würden die oberen Ebenen der BP sehr kurzen Prozess mit unserem geschätzten Gouverneur machen, falls er sich hilfesuchend an sie wandte. In dieser Stadt brachte man es nicht zum Commissioner, ohne darauf vorbereitet zu sein, bei ein paar Unregelmäßigkeiten beide Augen zuzukneifen, aber Peter Sakarian war grundehrlich. Das war seine Stärke und der Grund, warum er überhaupt auf diesen Posten katapultiert worden war. Er war ein zuverlässiger Mann, sodass Mulholland nicht jede Stunde des Tages und der Nacht die Augen offen halten musste.

Es war eine Taktik, die dem Gouverneur spektakulär um die Ohren geflogen war. Seit Sakarians Beförderung hatte der neue Commissioner kein Geheimnis aus seiner Verachtung für Mulhollands Methoden gemacht, und falls meine Quellen in der Behörde richtiglagen, waren die beiden Männer mehr als einmal hinter verschlossenen Türen aneinandergeraten. In Anbetracht *dieser* Scheiße würde Sakarian einen großen Schritt zurücktreten, die Arme verschränken und zuschauen, wie Earth Oversight den Gouverneur am ausgestreckten Arm verhungern ließ.

Damit blieb nur noch Nikki übrig.

Sie würde wie ein Ferritkäfer in einem Berg aus Rost herumwuseln, Mulhollands korrodierte Farce kolonialer Strafverfolgung Krümel für Krümel zerkauen und sie in das reine Erz korrekter Abläufe und tadellos frische Luft verwandeln. Undichte Stellen stopfen, unangenehme Beweise und Zeugen verschwinden lassen, Geschichten geradebiegen. Mit anderen Worten, ein Terraforming hiesiger Zustände in ein blitzblankes Scheinbild dessen, was die guten Menschen auf der Erde offenbar vom Mars erwarteten.

Viel Glück damit, Lieutenant.

Würde mein Schienbein nicht immer noch in hartnäckigem Schmerz pochen, hätte mir das Miststück vielleicht sogar leidgetan.

Es war eine lange Nacht, aber so sicher, wie man von Lobbyisten einen Blowjob bekommt, wälzte sich am Ende der Morgen heran, und die Deckenkacheln erwachten flackernd wieder zum Leben. Die Zellentür schob sich widerstrebend vierzig Zentimeter weit auf, und eine flotte kleine Drohne auf Rädern flitzte durch den Spalt herein, mit etwas, das einem Frühstück ähnelte. Sie fand mich, vermutlich anhand meiner Körperwärme, kam zur Koje herübergerollt, auf der ich im Schneidersitz hockte, und blieb dort wie ein erwartungsvoller Welpe stehen. Das Aroma von billig gedrucktem Schinkenspeck und gepfeffertem Reis wehte vom Teller zu mir herauf.

Ich zwang mich zum Essen – beugte mich herab, nahm eine Scheibe Speck mit Zeigefinger und Daumen auf und zerkaute sie. Dann noch eine. *Na los, Overrider, du brauchst die Kalorien.* Ich griff nach dem wachsartigen Plastikbehälter, der mit der Mahlzeit gekommen war, brach die Kappe ab und nippte von dem wässrigen koffeinierten Getränk darin. Ich glaube nicht, dass es Kaffee sein sollte.

Auf dem Bildschirm erkannte ich Sakarian wieder – in einem Korridor des Police Plaza von den Kameras eingefangen, in einem Hinterhalt zwischen verschiedenen Besprechungen, während er offensichtlich den Drang unterdrückte, den Fragestellern ins Gesicht zu schlagen. Er ist ein großer Kerl, wuchtig nach marsianischen Standards, grobe Züge ohne Glättung durch irgendein Gear oder eine Brille – er hat sein internes Gear aus seiner Zeit als Hochland-Marshal behalten – und er ist weiterhin sichtbar gefährlich, wenn man weiß, worauf man achten sollte. Doch heutzutage hat sein Rang ihn sozusagen an die Leine gelegt.

»Also gut, ich höre. Wer zuerst?«

»Commissioner Sakarian, ist Ihnen der ganze Umfang dieses COLIN-Audits bewusst? Ist Ihnen bewusst, dass Artikel achtzehn in Kraft ist?«

Sakarian starrte den Sprecher zu Boden, die Mundwinkel voller Verachtung verzogen, während er auf eine Frage wartete, die seiner Antwort würdig war.

Ein zweiter Journalist sprang hilfsbereit in die Bresche.

»Äh, Commissioner, wird die Bradbury-Polizei uneingeschränkt mit den Auditoren zusammenarbeiten? Und wenn ja, wie beabsichtigen Sie das durchzusetzen?«

»Auf die übliche Weise. Jeder, der nicht uneingeschränkt kooperiert, wird seine Dienstmarke auf meinem Schreibtisch zurücklassen.«

»Wie steht Gouverneur Mulholland dazu?«

»Warum fragen Sie ihn nicht danach?«

»Aber Sie hatten eine Besprechung mit …«

»Haben Sie die Erklärung des Gouverneurs heute früh gesehen?«

»Äh, ja, aber …«

»Dann wissen Sie genauso viel über die Gefühlslage des Gouverneurs wie ich. Ich bin kein Politiker, meine Aufgabe ist die Gesetzesvollstreckung. Und wir werden die Gesetze vollstrecken.«

»Was ist mit dem Hochland, Commissioner?«

Nur für eine Sekunde zauderte Sakarian.

Ich habe es gesehen. Habe mich fasziniert auf der Koje vorgebeugt. Der Journalist, der die Frage gestellt hatte, bemerkte es ebenfalls und holte zum Schlag aus.

»Wie werden Sie mit dem Zuständigkeitsproblem umgehen? Wird die Metro bei den regionalen Sheriffs ihre Autorität spielen lassen? Werden die Marshals als Verbindungspersonen fungieren?«

Sakarian hatte sich wieder gefasst. »Warum lesen Sie nicht in der Charta nach?«

»Die Charta erklärt, dass ...«

»Für weitere Fragen hat der Commissioner leider keine Zeit«, sagte ein überkorrekt wirkender Assistent, der sich elegant von der Seite hereindrängte. »Sir, Sie werden im fünfzehnten Stock gebraucht.«

Später zupfte dasselbe Nachrichtenteam noch einmal an diesem winzigen losen Faden, als es ein Pendant vom Hochland ausfindig machte – irgendeinen abgebrühten Hilfssheriff oben in Zubrin County, einen knallharten Gesetzeshüter, der entweder dumm genug war, seine Meinung zu sagen, oder dem es scheißegal war. Er war ein gefundenes Fressen für die Medien.

»Für die COLIN-Leute gibt es überhaupt keinen Grund hierherzukommen, soweit ich es einschätze.«

»Mit *hierher* beziehen Sie sich auf die Hochlandregion?« Ein wonniges Vergnügen schwang in der Stimme des Interviewers mit, als ihm klar wurde, was er an Land gezogen hatte. »Oder meinen Sie den Zuständigkeitsbereich aller Sheriffsdepartments?«

Der Hochlandpolizist schob ein Stück von irgendeinem Wachbleibkraut, das er kaute, von einer Seite des Mundes zur anderen. Er saugte die Luft durch die Zähne ein und beugte sich in den Bildschirm.

»Ich rede über den Mars«, artikulierte er sorgfältig. »Ich rede über den ganzen gottverdammten Planeten. Ist das klar genug für Sie?«

Der Interviewer ließ die Stille etwas länger anhalten, um des Effekts willen. Ich verdrehte die Augen.

»Damit wollen Sie also sagen …« – machen wir hier eine weitere theatralische Pause – »… dass COLIN nirgendwo auf dem Mars etwas zu suchen hat?«

»Nein. Das sage ich nicht. COLIN ist willkommen, hierherzukommen und zu ermitteln, genauso wie jeder andere. Auf dem Mars sind alle Geschäfte geöffnet. Die Leute können hier ihre Holdinggesellschaften gründen, ihre Werke und Forschungsprojekte betreiben, ihre Schiffskörper in Richtung äußeres System von hier aus starten, wenn sie wollen. Aber wir leben nicht mehr in der Siedlungszeit. Wir haben uns im Valley eingerichtet. Wir brauchen keine Erdleute, die hierherkommen und uns sagen wollen, wie wir hier was machen sollen.«

»Aber die Mars-Charta besagt ausdrücklich …«

»Die Charta wurde vor Jahrhunderten geschrieben. Sie wurde auf der Erde geschrieben, zum Nutzen der Erde. Warum sollte so etwas jetzt noch bindend sein?«

»Die Charta garantiert unsere Sicherheit.« Ein förmlicher Unterton schlich sich hier in die Stimme des Interviewers – er hatte seinen Spaß gehabt, und nun kehrte er in sicheres Fahrwasser zurück. »Unsere Sicherheit auf interplanetarer Ebene und genauso für den Fall eines feindlichen Übergriffs von Hellas.«

Der Hilfssheriff grinste. »Ich denke, wir kommen mit allem klar, was uns die Kraterkriecher vor die Füße werfen. Wir brauchen keine Flotte von der Erde, um solche Störungen zu beheben. Der Mars hat diese Möglichkeiten selbst. Das Valley hat die Erde jetzt seit über einem Jahrhundert nicht mehr gebraucht.«

Dann wurde der Stecker gezogen und der Bericht abgebrochen. Wahrscheinlich waren scharfe Worte aus dem Kontrollraum gekommen. *Womit zum Henker spielst du da? Gefällt dir dein Job nicht mehr? Was soll diese Scheiße mit der freien Meinungsäußerung von Arschlöchern?*

Ob irgendjemand ähnliche Worte an den Hilfssheriff gerichtet hatte, war schwerer einzuschätzen. Es wäre von seinem unmittelbaren Boss abhängig, von seiner Dienstakte, von seinem Ruf und den Kontakten, die er während seiner Laufbahn geknüpft hatte.

Und davon, wie groß derzeit die Personalknappheit war.

Hochlandgesetze. Da oben, jenseits der Stadtgrenzen von Bradbury, befindet sich wirklich eine ganz andere Welt.

6

»Wir sind nicht in strafender Funktion hier«, log Audit-Direktor Edward Tekele mit geübter COLIN-Souveränität in die Kameras. »Der Auftrag von Earth Oversight, sowohl in diesem Fall als auch ganz allgemein gemäß unserer Charta, ist die Qualitätssicherung von Systemen und Standards, die zum Wohl aller Bürger sowohl hier auf dem Mars als auch überall sonst im Bereich der Colony Initiative eingerichtet wurden. Das ist unsere einzige Mission.«

Auch sein Aussehen passte zu seiner Rolle – freundliche patrizische Züge in verwittertem Anthrazit, kurz geschnittenes lockiges Haar mit genau dem richtigen Grauanteil, um ihm die Würde eines Elder Statesman zu verleihen. Sie hatten sich bis zum Nachmittag zurückgehalten, bevor sie diesen Kerl aufboten, und wenn man danach ging, wie die Medien reagierten, hatte sich das Warten gelohnt. Nach seinen Worten schäumten Fragen auf, als wäre eine Champagnerflasche geöffnet worden.

»Wie viele Auditoren haben Sie mitgebracht?«

»Hat Earth Oversight Haftbefehle für irgendwelche hochrangigen COLIN-Mitarbeiter ausgestellt?«

»… geplant, mit den hiesigen Behörden zu kooperieren?«

»Steht der Gouverneur unter Verdacht?«

»… lange genug, um Resultate zu erhalten?«

»Welchen Ermittlungsansatz werden Sie …?«

Und plötzlich das klagende Kreischen einer Rückkopplung, als jemand, der für die Tonübertragung zuständig war, entschied, dass die freie Presse in ihrem eigenen Interesse etwas zu übermütig geworden war. Edward Tekele runzelte gutmütig die Stirn und wartete, bis es aufhörte.

Das Feedback verstummte. Er räusperte sich.

»Ich bitte Sie, die Fragen eine nach der anderen zu stellen, und da mein Headgear noch nicht mit dem lokalen Datenfluss gesynct wurde, werde ich Sie leider nach Ihren Namen fragen müssen. Vielleicht könnten wir mit, ja« – eine Geste in Richtung der ersten Sitzreihe – »mit Ihnen beginnen, Madame.«

»Wie groß – Verzeihung, Alex Rivera von *ValleyCat Vibe* –, wie groß ist das Auditteam, das Sie mitgebracht haben?«

»Wir sind insgesamt 117 Personen, mich selbst eingeschlossen.«

Ein tiefes Raunen der Bestürzung unter den Journalisten, die bei der Pressekonferenz tatsächlich physisch anwesend waren. Und eine Welle lief durch die Branengel, die im Hintergrund schwebten, als jene, die telefonisch präsent waren, sich neigten, um die Reaktion des Raums mitzubekommen.

Ganz vorn in der Mitte sammelte sich Rivera, nachdem sie ihren Schock größtenteils unterdrückt hatte.

»Das sind, äh – das sind eine Menge Leute, Direktor Tekele. Wollen Sie uns wirklich erklären, dass mit mehr als einhundert einsatzbereiten Auditoren keine Strafmaßnahmen beabsichtigt sind?«

»So ist es, junge Frau. Wie ich Ihnen bereits versprochen hatte, wird diese …«

»Direktor!« Der einschüchternde, überdramatische Tonfall, der Tekele unterbrach, ließ sich unmissverständlich mehr auf lokale Loyalität als auf die tatsächliche Stimme zurückführen. Ein männlicher marsgeborener Teenager, und man hätte fast mitsprechen können, was als Nächstes kam. »Werden Sie versuchen, die Valley-Charta und die Artikel zu widerrufen? Werden Sie bewaffnete Mitarbeiter auf marsianischem Boden einsetzen?«

Eine längere Pause. Tekele starrte auf den Fragesteller, als wäre das Licht im Konferenzraum plötzlich schummriger geworden.

»Und wer sind Sie, Sir?«

»Mein Name ist DeAres Contado, und wir sind Legion. Ich bin Zeuge für den *Mars First Intercept,* und ich frage im Namen des Provisorischen Bürgerrats, ob diese Einmischung in Valley-Angelegenheiten mit bewaffneter Gewalt durchgesetzt werden soll. Wie viele Ihrer Mitarbeiter haben eine militärische Ausbildung? Wie viele von ihnen tragen Waffen? Die Menschen auf dem Mars haben das Recht, dies zu erfahren.«

Ein betretenes Schweigen folgte. Jemand hustete. Man konnte beinahe spüren, wie die anderen Journalisten die Augen verdrehten.

Vielleicht bemerkte Tekele es. Er lächelte leicht.

»Sie verwechseln mich mit einem Admiral, Mr. Contado.« Vereinzeltes kurzes Gelächter aus dem Raum. Tekele wartete, bis es sich beruhigt hatte. »Und ich denke, dass selbst ein Admiral sich kaum zutrauen dürfte, mit nur einhundert Leuten die Kontrolle über die Valles Marineris zu übernehmen, ob sie nun bewaffnet sind oder nicht. Also, die Antwort auf Ihre Frage lautet: *Nein, natürlich nicht.* Wir sind nicht hier, um das Kriegsrecht auszurufen. Wir sind Auditoren und keine Soldaten, unser Anliegen ist nicht politischer Natur. Wir arbeiten im Verein mit den Strafverfolgungsmechanismen der Kolonie und werden eng mit ihnen kooperieren.« Eine wohlüberlegte Pause. »Kann ich jetzt noch jemanden hinsichtlich unserer nichtvorhandenen Invasionspläne beruhigen?«

Wieder Gelächter, doch genauso wie das erste klang es nervös und trocknete schnell aus – das gezwungene Lachen eines Publikums, das sich mit dem Entertainer nicht wohlfühlte und nicht wusste, welcher Witz als nächster kam und auf wessen Kosten er ging.

»Noch weitere Fragen?«

Eine Hand hob sich im Saal. »Mike Tamang, *Bradbury City Prowl*. Haben Sie bereits irgendwelche Haftbefehle für Funktionäre im Valley?«

»Nein.«

»Wann wird sich das Ihrer Einschätzung nach ändern?«

Tekele wirkte leicht entrüstet. »Ich erwarte, dass sich das ändern wird, Mr. Tamang, und zwar zu einem Zeitpunkt, wenn wir Beweise für individuelle Vergehen finden, die es rechtfertigen, einen Haftbefehl auszustellen. Zumindest zu Anfang sind wir hier, um Fakten zu ermitteln. Und die Fakten, die wir finden, werden entscheiden, wie es dann weitergeht.«

Ich schnaufte. *Klar, und wer das glaubt, für den habe ich hier ein Schaltkreisfossil der marsianischen Urkultur, das ich billig verkaufen kann.*

Auf dem Bildschirm nahm Tekele eine Frage von den Branengeln an.

»Elena Montalban, *Uplands Monitor*«, sagte das Bild einer Frau mit rasiertem Schädel und andinen Gesichtszügen. »Man hat uns vor mittlerweile fast drei Jahren ein umfassendes Audit versprochen, doch dazu ist es nie gekommen. Und jetzt sind Sie ohne jede Vorwarnung eingetroffen. Ist dies dasselbe Audit, das mit dreijähriger Verspätung durchgeführt wird?«

Wieder das gemessene COLIN-Lächeln. »Ich fürchte, diese Frage kann ich Ihnen nicht beantworten. Ich wurde vor sechs Monaten auf den Posten des Audit-Direktors berufen und habe meine Zeit damit verbracht, alles vorzubereiten, was wir *dieses* Mal brauchen. Das Audit von 95 und seine Aufhebung liegen außerhalb meines Verantwortungsbereichs. Ich kann Ihnen nur sagen, dass alle unsere Anliegen aktuell sind.«

»Davon bin ich überzeugt. Aber Sie haben doch bestimmt längerfristige Angelegenheiten aus der früheren Arbeit übernommen, bevor sie zu den Akten gelegt wurde. Wie steht es damit?«

»Ich kann mich an nichts dergleichen erinnern. Natürlich greift jede Auditierung auf eine Kontinuität von Daten zurück, aber was spezifische Überbleibsel der Arbeit vor drei Marsjahren betrifft – das ist eine Frage, die Sie an meine Vorgesetzten auf der Erde richten müssten.«

Pointierte journalistische Fragen, die durch mehrere Hundert Millionen Kilometer Weltraum abgefeuert wurden, um die Aufmerksamkeit der mächtigsten Organisation im Sonnensystem zu wecken. Viel Glück, wenn du dich in diese Schlange stellst, Elena Montalban.

Aber Montalban hatte die Signale entweder nicht verstanden, oder es war ihr egal.

»Direktor Tekele, Sie können doch nicht ernsthaft erwarten, dass wir glauben, dass Sie nicht mit der Geschichte vorheriger Ermittlungen vertraut …«

»Ich denke, wir gehen jetzt zu einer anderen Frage über. Ja, hier vorn.«

Die Kamera schwenkte bereits hastig zu einem neuen Ziel herum.

Aber nicht hastig genug, um das plötzliche helle Lichtflirren zu verpassen, als Montalbans Branengel kurzerhand frittiert wurde.

Im Allgemeinen und aus hartnäckigem Stolz versuche ich, mich durch nichts beeindrucken zu lassen, was COLIN tut. Normalerweise ist das nicht allzu schwierig. Scheiß auf sie und ihren Blödsinn mit den Hebammen der Menschheit im Weltraum. Die Zeit, die ich backstage mit Blond Vaisutis verbracht habe, trübte den Glanz dieses Liedes sehr schnell, und als ich zum Mars entsorgt wurde, verwitterte auch der letzte Rest von Wertschätzung, den ich noch übrig hatte. Das gesamte Valley ist eine schnelle

Lektion darin, was mit den guten Absichten großer Unternehmen passiert, wenn die Gewinnmarge unter Druck gerät.

Wie auch immer – ein 117 Köpfe starkes Auditteam verlangte unvermeidlich Respekt ab, sogar mir. Man schickte nur etwa 60 Leute zur Krise mit dem Titan-Oligarchen, und das wurde seinerzeit als ziemlich große Sache betrachtet. Jetzt hatten wir die doppelte Anzahl hier, mitten im schlagenden Herzen der Scharte. Tekele konnte behaupten, was er wollte, aber es war eine Invasionsarmee, und niemand, der einige Erfahrung hinter den Kulissen gewonnen hatte, würde irgendetwas anderes glauben.

Jedenfalls tat es niemand in Bradbury. Ich verbrachte den Rest des Tages damit, verschiedenen hochrangigen Funktionären der Stadt zuzusehen, von denen jeder seine eigene Version von zwei möglichen Routinen präsentierte – entweder Mulhollands Nummer mit dem Schlucken verdorbener Austern oder Sakarians schnippischer Übergang zur Tagesordnung.

Und das waren die Höhepunkte.

Der Rest war ein endloses Mediengesumme mit hübschen Infografiken, die zeigten, wie sich das Audit entwickeln könnte, nichtssagende Kommentare sprechender Köpfe, die erklärten, was das alles *bedeutete*, und sogar noch nichtssagendere – sofern nicht generell zensierte – Straßeninterviews mit Leuten in der Öffentlichkeit, deren Vorurteile solide und dumm genug für eine mediale Entblößung waren. Vermengt mit gelegentlichen Szenen tatsächlicher Straßenproteste, die jedoch zu schnell wieder vorbei waren, um mehr erhaschen zu können als ein paar Branengel-Slogans, und im Verhältnis zwei zu eins durchmischt mit Aufnahmen von begeisterten Mengen, die sich wegen irgendwelcher Ultratripper-Promis versammelt hatten, die das Shuttle diesmal mitgebracht hatte. Einige der Nachrichtensender warfen sogar ein oder zwei Regenparaden von letzter Nacht hinein, nur um für noch mehr Verwirrung zu sorgen. Das war die Mediencocktailspezialiät des Valley – lahmarschiger Journalismus, reduziert zu Soundbites und gesäubertem Schrott, gerade genug, um den Appetit des Publikums auf Input zu stillen. Bloßes Spektakel, in einen Mixer gestopft, von jedem brauchbaren Kontext oder tieferen Sinn befreit, um es dann ins kollektive Publikumsgesicht zu spritzen, wie eine endlose Abfolge von Cumshots.

Einen Moment noch, und wir geben Ihnen … na ja, ziemlich genau das, was ihr verdient habt, ihr Arschlöcher.

Und nichts davon konnte so richtig den kolossalen Mangel an Fakten verbergen, die der Medienmaschine zurzeit verfügbar waren. Vielmehr erinnerte es mich an das hohe, dünne Kreischen, mit dem Luft durch ein Leck im Rumpf ins Vakuum entwich.

Irgendwann blendete ich mich aus. Ging stattdessen einige dissoziative Gedankenspiele aus dem Ausbildungshandbuch von Blond Vaisutis durch. Mit den meisten war ich ein wenig eingerostet, weil es schon eine Weile her war, seit ich diese Techniken benötigt hatte. Justierte Opiate und Mark on Mars waren während der letzten paar Jahre meine bevorzugten dissoziativen Werkzeuge gewesen. Doch mit etwas Anstrengung kamen die alten eingefleischten Gewohnheiten tröpfchenweise zurück. Ich verlor mich im meditativen Sweetspot – und hätte fast das rostige Keuchen des Insulenspenders verpasst, als er sich bereit machte, meine Nachtdecke auszuhusten.

Wie es aussah, hatte ich es geschafft, mich durch den gesamten Tag zu brennen.

Einhändig griff ich an der Koje hinunter und sammelte die Umhüllung ein, während sie aus den Düsen wattiert wurde. Die psychosthenische Trance verflog, als ich mich in das Insulen wickelte und meine Aufmerksamkeit wieder zum Bildschirm wanderte. Irgendein einsamer Reporter verfolgte eine Frau in zügigem

Marschierschritt über die Straße, bedrängte sie mit Fragen, obwohl sie keine Anstalten machte, stehen zu bleiben und zu antworten. Es lag etwas Vertrautes in der Figur dieser Frau, in ihrer Schulterhaltung – oder vielleicht war es auch nur die Kappe aus kurz geschnittenem eisengrauem Haar. Ich hatte vor einer Weile die Lautstärke gedämpft, also musste ich von der Koje aufstehen und sie wieder aufdrehen, um hören zu können, was gesagt wurde.

»... dass Sie dieses Audit also vermutlich begrüßen?«

»Im Ernst?« Brüske Ungeduld in ihrem Tonfall, aber immer noch genug Platz für einen dicken Überzug aus ätzender Ironie. »Das vermuten Sie also?«

»Äh, nun ja, Sie haben gesagt, sogar schon viele Male, äh, dass *das Valley unter einem immer straffer werdenden Joch der geschäftlichen Ausbeutung leidet.*«

Also kannte ich sie natürlich. Ein Klick des Wiedererkennens und eine leicht einschränkende Traurigkeit. Wie jeder andere war sie gealtert, seit ich sie zuletzt gesehen hatte.

»Sie sind doch sicher erfreut«, hakte der Reporter nach, »dass endlich jemand gekommen ist, um diese Ausbeutung einzudämmen.«

»Wer sagt, dass sie gekommen sind, um irgendetwas einzudämmen?«

»Audit-Direktor Tekele hat soeben bekannt gegeben ...«

»Tekele ist ein bezahltes Sprachrohr für dieselben Interessen, die das Valley verwalten. Er wird nichts Nennenswertes ändern.«

Martina Sacran – die einzig wahre, keine Imitationen duldende Tochter des Mannes selbst, seit Jahren die rechtmäßige Erbin des Kampfes und nun die Gekrönte Königin im Exil hier auf dem Mars, wenn auch die Königin eines geschrumpften und atomisierten Reichs, dessen verletzte und besiegte Kohorten eine bittere Enttäuschung für ihren Vater gewesen wären. Im Laufe der

Jahre hatte ich ein- oder zweimal in ihren Hallen gestanden, und abgesehen von meiner Verbitterung war ich nicht übermäßig beeindruckt gewesen. Es gibt Orte im Sonnensystem, wo die politische Theorie der Mutualisten und der Tech-Sozialismus immer noch Mengen anlocken, aber die Scharte gehört nicht zu diesen Orten, und das war höchstwahrscheinlich die Absicht gewesen, als Sacran *fille* von der Erde hierher abgeschoben wurde, nachdem ihr Vater gestorben war. Sie hatte weitergemacht, sie hatte so viele Anhänger und Spender organisiert und aktiviert, wie sie zusammentrommeln konnte, aber hauptsächlich hatte sie bloß politischen Staub angesetzt. Äußerst tüchtig von diesem Kerl, dass er sie aufgespürt hatte, wirklich. Es war auf jeden Fall ein Aspekt, an den offenbar sonst niemand gedacht hatte. Und eine Garantie, dass dieser Bericht gesendet und unser furchtloser freiberuflicher Schlagzeilenjäger dafür bezahlt wurde, weil er zumindest etwas harmlosen Spaß aufgewirbelt hatte. Wie ich gehört hatte, stand Sacran inzwischen nicht einmal mehr auf einer Überwachungsliste.

»Also glauben Sie nicht, dass COLIN Earth an einer Verletzung der Valley-Charta interessiert ist?«, hakte der Reporter nach.

Martina Sacran lief schweigend weiter. Beschleunigte ihre Schritte ein wenig und bog um eine Ecke auf die Musk Plaza, wie ich nun wiedererkannte. Eine spärliche Versammlung von Gestalten war ein Stück voraus erkennbar. Mir dämmerte, dass sie offenbar auf dem Weg zu ihrer eigenen Demonstration war.

Der furchtlose Freiberufler ließ sich nicht abwimmeln und holte sie wieder ein.

»Sie wollen damit also sagen« – jetzt ein wenig außer Atem – »dass all die Millionen, die es kostet – um die Auditoren hierher zu bringen – all die Vorbereitungen – all der Aufwand – nichts als eine Vortäuschung sind? Lediglich Kosmetik?«

Etwas änderte sich in Sacrans Schulterhaltung. Ich glaube nicht, dass man es Entschlossenheit nennen könnte, denn dazu hing sie noch zu sehr durch. Aber sie blieb stehen und wandte sich ihrem Quälgeist zu. Ein hübsches, schmales Gesicht unter dem kurzen Haar. Ihr Vater lebte in den Wangenknochen und Augen und in der Kinnpartie weiter. Aber der lebenslange Aktivismus hatte dem Ganzen eine Schärfe verliehen, hatte jedes überflüssige Fleisch von den Knochen gerieben und ihr dafür die herben Züge und Krähenfüße und den starrenden Blick eines Pistolenlaufs gegeben.

»Hören Sie, Sie Idiot – ich habe keine Zeit, Ihnen einen Vortrag über Ökonomie zu halten, damit Sie verstehen, was hier wirklich abläuft. Aber versuchen wir es mit einer einfachen Einführung. Haben Sie auch nur den leisesten verdammten Schimmer, welche Summe an direkten Investitionen die Geschäftspartner von COLIN allein in den letzten zwei Jahren im Valley versenkt haben?«

»Ich, äh …« Natürlich wusste er es nicht.

»Die veröffentlichte Zahl liegt bei 128 Billionen Marin. Das heißt, mit Erfahrungswerten aus der Vergangenheit kann man die tatsächliche Summe ungefähr 40 Prozent höher ansetzen. Verstanden?«

Im Feed konnte man es nicht erkennen, aber offenbar nickte er. Sacran nickte zurück und schmierte sich ein dünnes Lächeln aufs Gesicht. Sie wusste, dass sie die Freakshow war, der Köder für den abgestumpften Zuschauerappetit, nur eine kleine saure Vorspeise auf dem Medienbuffet. Sie wusste, dass sie vermutlich in einen leeren Raum hineinrief. Aber sie nutzte diese Chance trotzdem. Ein Jahrzehnt im Exil, und sie wollte immer noch nicht aufgeben.

Vielleicht wusste sie gar nicht, wie.

»Gut. Nehmen wir also die berühmten paar Millionen, von denen Sie geplärrt haben, die angeblichen Kosten für die Ausstattung und Entsendung dieses Auditteams. Was glauben Sie, was diese Millionen im Vergleich zu mehreren hundert Billionen ausmachen? Die Antwort lautet: *gar nichts.* Sie sind eine Handvoll Regolith, die man einem Tharsis-Staubsturm entgegenwirft. Es spielt nicht mal eine Rolle, wie kräftig man wirft, wie hoch man zielt – es wird absolut gar nichts ändern.«

Wie um diesen Punkt zu unterstreichen, wurden nun die Deckenkacheln über meinem Kopf gedimmt. Das Rechteck des Bildschirms war im Zwielicht plötzlich wieder heller, das grimmige hübsche Gesicht, das daraus hervorstarrte, wirkte plötzlich wesentlich isolierter und intensiver. Als würden sich die Phantome aus Sacrans Vergangenheit versammeln und sie mit Dunkelheit umhüllen.

Unwillkürlich erschauderte ich vor Mitgefühl. Schlechte Politik ist nicht der einzige Weg, der hierher ins Exil führen kann.

»Wenn Sie mich jetzt entschuldigen würden«, sagte sie mit derselben Verzierung aus düsterer Ironie wie zuvor. »Ich muss da drüben vor einer Demonstration sprechen. Sehen Sie, selbst hier auf dem Mars verstehen einige von uns, wie tief diese Angelegenheiten verwurzelt sind. Selbst hier versuchen einige von uns, etwas auf einer Ebene zu verändern, die eine Rolle spielt. Kommen Sie doch mit und hören Sie zu, vielleicht können Sie noch etwas lernen.«

Keine Ahnung, ob unser unerschrockener Reporter dieser Einladung folgte – der Bericht endete mit einer Aufnahme, wie Martina Sacran davonging, dann kam Werbung. Ich brummte, während Erinnerungen wie aufgescheuchte Motten in meinem Kopf herumflatterten. Zu meiner Zeit hatte ich des Öfteren mit Sacranisten zu tun gehabt, noch vor Carla Wachowski – damals war politisch motivierte Piraterie ein Berufsrisiko für jeden Overrider, der im äußeren Sonnensystem unterwegs war. Schwieriger zu bewältigen als die entspannteren profitorientierten Fälle, aber das war nicht das …

Ein leises Klacken von der Zellentür.

Unter der klebrigen Hülle der Insulendecke richtete ich mich nur ein wenig auf. Ich glaubte nicht, dass mir in überwachtem Gewahrsam etwas zustoßen konnte, vor allem nicht jetzt – während rund um das Audit der Sturm hochkochte, war ich wahrscheinlich die geringste Sorge der Bradbury-Polizei. Aber der Laden blickte auf eine lange Geschichte der Zusammenarbeit mit privaten Sicherheitsfirmen wie MG4 zurück, womit die Artikel praktischerweise hinter die bürgerlichen Rechte juristischer Personen zurücktreten. Man konnte tief in die Grauzone stürzen, die sich durch diesen Scheiß auftat, und sich schlimm verletzen, wenn man auf den Boden knallte.

Blasses Licht sickerte an den Rändern der Luke herein. Die Deckenkacheln loderten plötzlich wieder auf, die Tür zog sich murrend in die Aussparung zurück und klemmte ein wenig. Ein Polizist in Uniform, den ich nicht kannte, warf einen Blick in die Zelle.

»Du. Veil. Beweg deinen Arsch hier raus. Du hast Besuch.«

7

Sie brachten mich hinauf zu den Verhörzimmern, flankiert von zwei stämmigen Zombie-Squad-Typen, gefolgt von einem dritten Kerl – im Abstand von mindestens sechs Metern – mit gezogener Schockpistole. Während meiner Einkerkerung hatte sich entweder jemand meine Akte angesehen, oder Nikki hatte die Warnung ausgegeben: *Achtet gut auf diesen Drecksack.*

»Wie läuft es mit dem Audit?«, fragte ich die Leute munter, als wir alle zusammen in den Lift stiegen.

Der Lauf der Schockpistole schlug mir kräftig hinters Ohr, ließ mich gegen die sich schließenden Türen stolpern. Ich musste mich mit beiden Händen daran abstützen, um nicht zu Boden zu gehen. Dunkle Lamettanadeln in meinem Sichtfeld, das Rauschen von Blut in meinen Ohren.

»Wollte er nach deiner Waffe greifen, Paco? Hab ich das grad gesehen?«

Der Polizist auf der linken Seite grunzte. »Könnte sein. Wär aber ziemlich blöd von ihm.«

»Richtig.« Der Kerl mit der Waffe stach mir den Lauf heftig ins Kreuz und beugte sich näher heran. »Danach könnte man leicht eine Woche lang Blut in der Pisse haben.«

»Wir müssen die Sicherheitskamera checken«, sagte Paco stur. »Um ganz sicher zu sein, meine ich.«

»Ja, anschließend. Aber du weißt doch, dass diese Systeme ständig ausfallen. Hab es selbst erlebt. So kann man viele Stunden

Aufzeichnungen verlieren.« Schnippte neben meinem Ohr mit den Fingern. »Einfach so.«

»Also hätte man dann nur unsere Aussagen.«

»Glaubt ihr alle, dass Nikki damit ein Problem hätte?«

»Kann ich mir auch nicht vorstellen.«

Grimmiges Glucksen um mich herum. Ich hob den Kopf und sah sie an, gespiegelt und verzerrt im verbeulten Aluminium der Lifttüren, wie Kreaturen, die sich aus irgendeiner anderen Dimension hereindrängen. Oder Menschen, deren Gestalten von brutalen Alienkräften verdreht worden waren.

»Hast du noch andere dringende Fragen, Veil?«

Ich sagte nichts. Der Lift pingte und hielt an. Vorsichtig erhob ich mich aus meiner abgestützten Stellung, nahm die Hände von der Tür, als sich die Hälften teilten. Die Zombiezwillinge führten mich hinaus und in den Korridor.

Wie die meisten modernen Gebäude in der Scharte war das Police Plaza himmelhoch aufragend gebaut worden, und die Verhörzimmer waren ziemlich weit oben. Wir standen beeindruckenden Fenstern vom Boden bis zur Decke gegenüber und blickten auf das Funkeln und Flackern der Lichter von Bradbury hinaus. Ein schneller Zugriff auf Landmarken – der COLIN-Turm in all seiner glitzernden nächtlichen Pracht, der Hayek Boulevard, der gerade wie ein Breitschwert im Stadtzentrum lag, die kolossale Tafel des Mineral Rights Building an der Sixty-Second Street – also schätzte ich, dass wir mehr oder weniger nach Süden schauten. Instinktiv suchten meine Augen nach dem Rand der Lichter, der dunklen Ebene mit der gewaltigen Talwand dahinter. Schwer zu sagen, ob man sie bei dieser Entfernung wirklich erkennen konnte oder ob die Augen dieses Detail nur ergänzten.

»Komm jetzt, Arschloch. Das hast du schon mal gesehen.«

Wie um das Gegenteil zu beweisen, flackerten ruckartig violette Aurorae auf und verschmierten sich über den Himmel – freie Photonen nahe dem UV-Ende, die aus irgendeiner energiereichen Justierung zwischen Lamina-Schichten hervordrangen. Ein paar Herzschläge lang standen wir alle gebannt da.

»Das muss vom Regen kommen, oder?«, murmelte Paco.

Der Moment brach ab. Der andere Zombie-Squad-Typ grunzte. »Könnte sonst was sein. Lamina-Technik. Wer weiß schon, was sie da oben zu jeder gottverdammten Tages- und Nachtstunde machen? Liefern wir jetzt dieses Stück Hib-Scheiße ab oder was?«

Den gekrümmten Korridor entlang, in schnellerem Tempo, fort von der Aussicht und in einen Durchgang mit mehreren gegenüberliegenden Türen. Neben jeder ein sanft schimmerndes Belegungsschild in Rot oder Blau. Wenn man nach der Anzahl von Rot und dem Rückstau im Korridor ging, schien in dieser Nacht viel los zu sein. Zwei Schläger von Identure Compliance standen vor einer Tür herum und kauten großindustrielle Mengen von Wachbleibkraut und lachten bellend über ihre schlechten Witze. Ich verspürte einen Stich der Erinnerung, so intensiv, dass es sich fast wie Nostalgie anfühlte. Ein Stück weiter rauschte eine tadellos gekleidete Anwältin an uns vorbei, zog teures Parfüm hinter sich her und sprach schnell in ihr Headgear. Sowohl der Glanz ihres Anzugs als auch ihre wunderbare blasse Haut schrien nach Molekularsystemen von Marstech, zweifellos irgendeine extrem teure neu erschienene Garnitur. Ein anderer Anwalt, weder so gut angezogen noch parfümiert, saß auf einer Bank vor einer anderen roten Tür, hatte das Headgear abgenommen, rieb sich den Nasenrücken und blinzelte aus blutunterlaufenen Augen, die vermuten ließen, dass er etwas von dem hätte gebrauchen können, was die IC-Typen gerade kauten.

Woran erkennt man einen Pflichtverteidiger?

Neun Türen weiter auf der rechten Seite hielten wir an, und Paco hielt seinen Siegelring vor die rote Tafel. Die Tür rollte auf, und sie schoben mich hindurch. Ein schmales Fenster auf der Rückseite, das einen Ausschnitt derselben Skyline zeigte, die ich bereits gesehen hatte. Ein ramponierter Metalltisch beanspruchte die Mitte des Raums, daneben ein paar billige Stühle aus Carbonfaser. Eine Chinesin im Anzug saß dort mit dem Rücken zur Aussicht, die Beine übereinandergeschlagen, die Hände im Schoß. Ihre Eleganz passte zu der kostspieligen Anwältin, die wir im Korridor passiert hatten, und vor ihr stand etwas auf dem Tisch – eine kleine flache Schüssel mit strahlenförmigen Rippen, in der Mitte ein stumpfer Knopf wie ein umgestülpter Pilz aus schwarzem Geschützmetall. Ein Resonanzscrambler, anscheinend eins der neuen Sennheiser-Modelle. Teure Technik.

Der Schockpistolenmann beugte sich hinter mir in den Raum. »Sie haben fünfzehn Minuten«, sagte er schleppend und war dann weg.

Die Tür schob sich zu.

»Das kommt unerwartet«, sagte ich. »Wie ich mich erinnere, sollten Sie nicht vor übermorgen hier auftauchen.«

Sie bedeutete mir mit einer Geste, mich zu setzen. Ihre Headgear-Linsen waren genauso undurchdringlich wie beim letzten Mal, als ich sie gesehen hatte, im blauen Zwielicht des Zwischengeschosses im Vallez Girlz. Ihr Gesicht sah genauso leidenschaftslos aus wie in dem Moment, als sie fortgegangen war und mir ihren Stuhl an Sals Tisch überlassen hatte. Trotzdem war etwas in der Art, wie sie da jetzt saß, das an den Rändern zitterte.

Und sie war zwei Tage zu früh.

»Was ist los?«, fragte ich, ohne mich zu setzen. »Haben Sie bei Sal alles gut aufgeräumt?«

»Es ist unter Kontrolle.« Der Scrambler tötete das Echo unserer Stimmen, verlieh allem etwas seltsam Dumpfes, als würde man zu jemandem sprechen, der in Watte gehüllt war. »Die Polizei hat Zeugenaussagen von meinen Leuten aufgenommen, die alle dieselbe Geschichte bestätigen. Eine maskierte Gestalt erschien aus dem Nichts, niemand ist sich ganz sicher, wie er ausgesehen hat. Sie haben mit der Schockpistole auf ihn geschossen, stattdessen aber die anderen getroffen. Sie haben versucht, ihn zu Boden zu ringen, jedoch ohne Erfolg, dann hat er Quiroga ermordet und ist wieder verschwunden.« Sie pausierte delikat. »Falls es überhaupt ein Er war. Auch in diesem Punkt ist sich niemand ganz sicher. Alle befanden sich im Zustand der Verwirrung, wurden von ihrem Headgear vor dem Erblinden bewahrt, aber dennoch sind sie von der Gewalt sehr verstört und erschüttert worden.«

»Von der Gewalt erschüttert. Gut. Nettes Detail.« Ich zog den Stuhl heraus. »Und was hat Sals Sicherheit zu all dem zu sagen?«

»Nicht besonders viel. Man hat sie davon überzeugt, dass es das Klügste wäre, ihre Aussagen an die des neuen Managements anzupassen.« Ein gleichgültiges Schulterzucken. »Jedenfalls wurden sie alle vom Blitz geblendet.«

Ich setzte mich. »Gut, das sollte durchgehen. Niemand wird es Ihnen abkaufen, aber es müsste reichen. Was ist mit meinem Geld?«

»Sie werden es tröpfchenweise im Laufe der nächsten paar Monate erhalten, während wir Quirogas Geschäft übernehmen und seine Einkommenskanäle sichern.«

»Das war nicht abgemacht.«

»Die Abmachung war zwangsläufig elastisch ausgelegt, Mr. Veil, wie Sie sich zweifellos erinnern. Ich fürchte, unser Cashflow wird zurzeit einer unvorhergesehenen Prüfung unterzogen.«

Das Audit, dieses verfickte Audit.

Und plötzlich fühlte ich mich gar nicht mehr so selbstgefällig angesichts Mulhollands amtlichem Unbehagen. Gut, dass das Oberarschloch und seine Kollegen in Panik gerieten, aber mir war nie in den Sinn gekommen, dass seine Probleme auch zu meinen werden könnten. Die Freuden des Trickle-down – ich vermutete, all die Kerle, nach denen man hier die Boulevards benannte, mussten schließlich doch irgendetwas verstanden haben.

»Unvorhergesehene Prüfung, wie?« Abrupt verkrampfte sich mein Bauch, als ich erkannte, worauf das hinauslaufen würde. »Lassen Sie mich raten – das wird unseren Zeitplan kippen, wie Sie mich hier herausholen wollen.«

Sie zögerte. »Der Anwalt, den wir beauftragt haben, ist der Ansicht, dass jede unangemessene Eile in dieser Angelegenheit nur Aufmerksamkeit erregen würde, die wir lieber vermeiden sollten. Er findet, dass wir die Sache aussitzen sollten, zumindest bis das ordentliche Gerichtsverfahren beginnt.«

»Das ordentliche …« Ich beugte mich vor. Kurbelte meine Stimme zu einem ätzenden Zischen herunter. »Wir hatten drei Wochen vereinbart, maximal einen Monat. Haben Sie eine ungefähre Vorstellung, wie hier ein ordentliches Gerichtsverfahren aussieht? Für einen Mord auf dem Strip? Und das, während alle hektisch versuchen, ihre Scheiße zu vertuschen, bevor Earth Oversight sie erschnüffeln kann? Ich könnte bis nächstes Jahr in einer verdammten Zelle sitzen, bevor sie ihren kollektiven Arsch gerettet haben und beschließen, den Rückstand abzuarbeiten.«

»Das ist ein Risiko, ja.«

»Besorgen Sie mir einen anderen Anwalt. Einen mit Arbeitsethik.«

»Wir haben nur diesen einen Anwalt. Und wenn wir jetzt einen neuen verpflichten, würde dasselbe Aufmerksamkeitsproblem entstehen.«

»Das ist nichts im Vergleich zu der Aufmerksamkeit, die sie bekommen werden, wenn ich es satthabe, hier drinnen die Wände anzustarren, und anfange, über unsere Vereinbarungen hinsichtlich Sal zu reden.«

Eine kurze eisige Pause. Als hätte ich einen ausgesprochen geschmacklosen Witz erzählt oder auf den Tisch gespuckt.

»Ich glaube nicht, dass Sie das tun werden«, sagte sie mit einer Gelassenheit, der jedoch ein Mikron bis zur Glaubwürdigkeit fehlte. »Sie ... haben genauso viel zu verlieren wie wir.«

»Nicht unbedingt.« Ich beugte mich noch näher an sie heran. »Erinnern Sie sich, wie ich Ihnen gesagt habe, als wir damals dieses Paket geschnürt haben, dass die BP bei einem Drecksack wie Sal nur ein Routineverfahren durchziehen wird? Also, das hätte hier eine nützliche Konsequenz. Denn es wird sie gar nicht so sehr interessieren, *wer* ihn ausgeschaltet hat, wenn sie für den Preis, mich laufen zu lassen, auch noch einen Laden der Kraterkriecher dichtmachen können.«

»Wir hatten eine Vereinbarung, Mr. Veil.«

»Ja, und ich bin es nicht, der sich nicht daran hält. Noch nicht.«

»Uns ist bewusst, dass die Situation ... unangenehm ist.«

Ich lächelte dünn und nickte. »Unangenehm. Hören Sie ... Hsu, ja? Das bedeutet ›allmählich‹, oder?«

»Ja.« Reserviert.

»Also, in diesem Augenblick würde ich sagen, dass der Name verdammt gut zu Ihnen passt.« Ich deutete auf den schmalen Ausschnitt der Bradbury-Skyline, der vom Fenster eingerahmt wurde. »Da draußen habe ich eine verpfändete Dyson-Kapsel, von der weniger als die Hälfte des Werts abbezahlt ist, und sie steht in einem Mietlager. Das ist nicht viel, aber es ist immerhin ein Zuhause, und für die Abzahlung werde ich bis zum Arsch unter Druck gesetzt. In etwas mehr als acht Monaten werde ich in diese

Kapsel kriechen und mich schlafen legen müssen. Und dann wache ich erst vier Monate später wieder auf.«

»Ihre Physiologie ist ... uns sind die Einschränkungen bekannt, die Ihnen dadurch auferlegt sind.«

»Sind sie das? Nun, eine dieser Einschränkungen besteht darin, dass ich *verdammt noch mal bezahlt* werden muss. Die Raten für die Kapsel, die Miete für den Lagerplatz, all das muss weiterlaufen, während ich außer Betrieb bin. Ich weiß nicht, wie Sie solche Dinge drüben in Hellas bewerkstelligen, aber hier? Wenn ich eine Rate verpasse, falle ich durch das verfickte Raster. Sagen Sie mir also, *Allmählich* – wie zum Henker soll ich mir den Fettspeicher verdienen, den ich für diese vier Monate brauche, wenn ich hier drinnen weggesperrt bin, nur weil Sie ein Cashflow-Problem und einen feigen Arschlochanwalt haben?«

»Natürlich bedauern wir ...«

Ich stand sofort auf. Der billige Carbonstuhl kippte unter der Wucht um. Sie zuckte zurück, hob die Hände, war bereit. Die meisten Leute dieser Krater-Triaden hatten etwas drauf. Ihr 489 würde sie nicht für Einsätze in der Scharte verpflichten, wenn er nicht glaubte, dass sie sich behaupten konnten. Also stand ich lange genug still, damit sie erkannte, dass es nicht auf einen Kampf hinauslaufen würde. Ich sprach bedächtig, strahlte eine Ruhe aus, die ich gar nicht empfand.

»Lügen Sie mich nicht an, Allmählich. Im Moment bedauern Sie einen Scheißdreck.« Ich beugte mich über den Tisch. »Aber Sie werden es, wenn ich nicht wie vereinbart in vierzig Tagen wieder auf der Straße bin. Ich habe nicht vor, die nächsten acht Monate untätig herumzusitzen, nur weil Sie und Ihre Leute wegen einer kleinen betrieblichen Komplikation den Schwanz einziehen. Und jetzt kehren Sie zurück und sagen das Ihrem 489, weil wir hier miteinander fertig sind.«

Ich drehte mich um. Ging zur Tür.

»Mr. Veil?«

Ich hielt inne, hatte bereits eine Hand zum Klopfzeichen erhoben. »Was?«

»Für diese Angelegenheit bin *ich* die 489.«

Ich ließ die Hand sinken, wandte mich ihr wieder zu. Sie sah mich an, durch Linsen, die plötzlich transparent geworden waren – mandelförmige Augen, hart und wachsam, aber ich konnte darin keinerlei Drohung erkennen. 489 – die traditionelle Triadenchiffre für einen Befehlshaber. Sie war mein entscheidender Kontakt zum Kraterteam gewesen, als ich vor vier Monaten alles für Sals Tod vorbereitet hatte, aber mir war nie in den Sinn gekommen, dass sie tatsächlich die Anführerin ihrer Soldaten sein könnte. Und nun hatte man sie hergeschickt, um sich zu entschuldigen. Ihre Entscheidung oder die von jemand Höhergestelltem in Hellas, was letztlich keine Rolle spielte. So oder so war dies eine Brücke, die ich lieber nicht hinter mir abbrechen sollte.

»Also gut«, sagte ich ruhig.

»Wir sind keineswegs respektlos gegenüber Ihnen oder Ihrer Mitwirkung. Wir werden Sie herausholen. Aber Sie müssen uns eine gewisse Flexibilität ermöglichen, um es elegant zu erledigen.«

Als hätte ich eine verfickte Wahl.

»Gut. Dann machen Sie weiter und erledigen Sie es elegant. Oder machen Sie es dreckig. Eigentlich ist es mir egal. Nur machen Sie es innerhalb der nächsten vierzig Tage.«

Ich hob noch einmal die Hand, um an die Tür hinter mir zu klopfen. Sie glitt fast im selben Moment zurück, brachte mich damit aus dem Gleichgewicht, und halb stolperte ich, halb fiel ich durch die Öffnung …

Mehr oder weniger in Nikki Chakanas Arme.

8

»Plötzlich hast du eine Menge neuer, exotischer Freunde, Veil. Was ist denn bloß los, hast du einen Geschmack für Kraterkriechermuschis entwickelt?«

Ich folgte ihr in ihr Büro. Blickte mich nach einem Stuhl um. »Bist du neidisch?«

Sie glitt hinter ihren Schreibtisch und setzte sich. Zog eine Flasche JD Red aus dem Müll auf dem Tisch hervor und öffnete sie. »Gläser im Reiniger. Da, hinter dem ... egal, wir werden diese benutzen. Nimm Platz.«

Ich zog einen Stuhl an den Schreibtisch heran und setzte mich. Vor dem Hintergrund einer anderen Skylineansicht im Fenster hinter ihr goss Chakana zwei schmuddelig aussehende Shotgläser voll, die ich im ganzen Krempel nicht bemerkt hatte. Sie wischte ein Gewirr aus Gurtzeug und weichen Weblar-Schutzpolstern auf den Boden und schob eins der Gläser über die freigeräumte Tischplatte zu mir herüber.

»Also.«

»Also«, stimmte ich ihr zu. »Worauf trinken wir?«

Irgendwo, in einem dieser idiotischen Lifestyle-Berichte, die einem an Orten aufgedrängt werden, wo man warten muss, haben Sie zweifellos schon einmal vom Ares Acantilado gehört. *Die Sieben Wunder der Schönen Neuen Welt* lautete vielleicht der Slogan. *Acht Technische Wunder, die Sie kaum glauben werden. Die Neun Luxuriösesten Hotels im Weltraum der Menschheit.* Etwas in der Art.

Und – impliziert, aber niemals in so vielen Worten tatsächlich ausgesprochen – *Zehn Verfickte Orte, an denen wir Ihren Scheißarmen Arsch Irrsinnig Gern sehen würden.* Wie das Grundkonzept der Markenpolitik von Marstech ist Exklusivität der Schlüssel, und das Ares Acantilado liefert bis zum Letzten. Es liegt fünfzig Kilometer westlich von Wells und der Nanorack-Dienstsiedlung, komplett mit Atmosphäre hängt es am oberen Rand der Südwand des Valley wie ein großes Bündel verspiegelter kubistischer Weintrauben. Durch die Bodenfenster auf dem Beobachtungsdeck und ganz zu schweigen von der transparenten Basis der drei Swimmingpools bietet das Hotel einen schwindelerregenden ununterbrochenen Blick neun Kilometer hinunter bis zum Talboden. Man kann auch verschiedene auf den Kopf gestellte Penthouse-Suiten mit dem gleichen Effekt bekommen, wenn einem nach so was ist, aber die meisten Unterkünfte zielen auf etwas weniger bedrohliche Aussichten ab – der Standard ist eine Panoramafensterperspektive über die Scharte auf nahezu Lamina-Höhe.

Man sagt, die Triggerwellen bei Sonnenauf- und -untergang sind wirklich beeindruckend.

Die überwiegende Mehrheit der zahlenden Gäste des Acantilado kommt direkt vom Wells-Terminal und der Shuttle-Dekantierung. Sie fahren mit einem klimatisierten Crawler mit Luxusausstattung und Bildschirmen statt Bullaugen, der sie direkt im Bauch eines Kundenerlebnisses abliefert, das sich wahrscheinlich gar nicht so sehr von ihrer alltäglichen superreichen Existenz auf der Erde unterscheidet. Geschmackvolle Inneneinrichtungen, dienstbeflissene, echt-menschliche Mitarbeiter, das Gefühl, dass man sich mit forschem Geschäftssinn um Sie kümmert. Die Wärme und Sicherheit und totale Isolierung von der realen Außenwelt setzen keine Sekunde lang aus.

Wir waren keine Gäste. Wir fuhren mit dem Dienstaufzug hinauf.

»Nette Aussicht.« Ich lehnte mich gegen das Geländer vor dem Fenster und blickte in den schäbigen Abgrund hinunter. Immer noch etwas beschwipst von Chakanas Whisky. »Hast du dich jemals gefragt, wie es wäre, hier oben zu leben, Nikki?«

»Nein. Warum setzt du dich nicht?«

Wir waren allein in der Liftkabine – Chakana hatte der Schlange aus Overalls hinter uns ihre Handfläche gezeigt, als wir einstiegen, ihnen unverblümt etwas von einer polizeilichen Angelegenheit erzählt und den Schließknopf für die Tür gedrückt. Jetzt hatte sie die Passagierbank für sich allein. Sie saß ausgestreckt mitten auf der schmutzigen ausgelaugten Nanofab-Oberfläche, zwei Meter von mir entfernt auf der anderen Seite der Kabine, kauerte sich um ihre Ermüdung herum und starrte finster in eine mittlere Distanz.

»Also gut.« Ich drehte mich zu ihr um, mit dem Rücken zum Abgrund und zur Aussicht. Hievte mich hoch und in eine prekäre Sitzposition auf dem Geländer. »Willst du mir vielleicht etwas mehr über diese Auditorin erzählen, die ich angeblich babysitten soll?«

Chakana verdrehte die Augen. »Wie ich dir gesagt habe, sie ist nur ein kleines Zahnrad in der großen Maschine von Earth Oversight. Reine B-Team-Sachen. Sie ist hier, um sich die Lotterieprotokolle und die Verbindung zu Vector Red Haulage anzusehen. Und sie will die Ermittlungen zu Pavel Torres wiedereröffnen.«

»Ist das unabhängig vom Haupt-Audit?«

»Ich *weiß* es nicht, Veil. Es ist ein verdammtes Audit. Glaubst du, diese Erdarschlöcher werden mir mehr sagen, als sie für absolut notwendig erachten?«

Wohl wahr. Ich rückte ein wenig auf dem Geländer zur Seite und blickte nach unten, während der Morgen im Valley voranschritt. Gewaltige Stürze und Halden überall entlang der Wand, die wir hinaufkrochen, jede wandelte sich langsam von einer Silhouette zur geröteten und texturierten Geomasse, während der Sonnenaufgang seine Finger tiefer in die Scharte hineinschob. Draußen im leeren Raum dahinter wurden trübe rotgetönte Nebel und frischgebackene Wolken an irgendeiner Inversionsgrenze, durch die wir bereits heraufgekommen waren, plötzlich strahlend erleuchtet, und darunter der langsame Rückzug der Dunkelheit über den Schuttboden des Valley, das ferne Schimmern der Lichter von namenlosen Städten, die noch auf das vorrückende Breitschwert der Dämmerung warteten.

Hauptsächlich machte ich mir Sorgen wegen Allmählich.

Sie hatte gesehen, wie ich auf dem Weg aus dem Verhörzimmer gegen Chakana gestolpert war. Sie hatte mich ohnehin genau im Auge behalten, und innerhalb einiger Stunden würde sie wissen, dass ich wieder frei herumlief. So, wie unser Gespräch verlaufen war, würde sie vermutlich einige hässliche Schlussfolgerungen aus diesen Tatsachen ziehen.

Eine Situation wie diese hatte keine gute Beständigkeit. Ich musste ein paar Anrufe tätigen und zwar bald. Aber mein Headgear war immer noch zu Hause, und mir ein Einwegset zu beschaffen war keine Option. Und Chakana machte nicht den Eindruck, als würde sie mich außer Sichtweite lassen, bis diese Sache – was auch immer es damit auf sich haben mochte – in Gang gebracht war und zu ihrer Zufriedenheit lief.

»Ärgert dich etwas, Overrider?«

»Eigentlich nicht.« Ich lehnte mich mit dem Hinterkopf gegen das Glas und täuschte ein Gähnen vor. Blickte hinauf, wo die näher kommende kubistische Masse des Hotels zwinkerte und im vollen Sonnenschein glänzte. Ich zeigte mit dem Daumen nach oben. »Siehst du, das habe ich gemeint. Man braucht – wie viel? – dreißig Mitarbeiter, um den Laden am Laufen zu halten. Vielleicht vierzig.«

Chakana sah mich an, die rot geränderten Augen hinter ihren Gearlinsen leicht zusammengekniffen, wovon ich nur hoffen konnte, dass es Gereiztheit war und kein Misstrauen. Damals hatten zu meiner Ausbildung bei Blond Vaisutis auch ein paar ziemlich heftige Gestalttarnungstechniken gehört, aber wie alles andere aus diesem Leben war es mit der Zeit angerostet. Ich wusste nicht, welche Hinweise auf meine Körpersprache und Elektrophysiologie möglicherweise von Chakanas hochmodernem Polizeigear gekennzeichnet wurden.

»Sagen wir, dreißig.« Ich machte weiter, sorgte für so viel Ablenkung, wie ich konnte. »Und sie leben die ganze Zeit eingekapselt – am Ende der Schicht fährt man einfach mit dem Bus zurück nach Wells zum Personalwohnheim, das auch nichts weiter als eine Blechdose ist, dazwischen bringt einen eine andere kleine Kapsel auf Rädern hin. Es muss so ähnlich wie das Leben in der Siedlungszeit sein.«

»Veil, das interessiert mich einen Scheißdreck.«

»Vielleicht wird es dich eines Tages mehr interessieren. Ich sage, wenn man zu lange eingekapselt lebt, verdreht es einem den Kopf. Das kann leicht in einer Psychose enden.«

Sie fabrizierte ihrerseits ein gewaltiges Gähnen. »Na, du musst es wissen, schätze ich.«

»Damals spielte es keine Rolle, weil die Siedlerteams rotierten. Aber niemand rotierte diese armen Schweine – sie haben nur Qualität, Auswahl und die Freiheit, ohne Arbeit zu sein, wenn ihnen die Bedingungen nicht gefallen.«

»Das bricht mir das Herz. Was ist los, gehörst du jetzt zu den Sacranisten?«

Ich verzog das Gesicht. »Ich will damit nur sagen, dass es aus polizeilicher Sicht eine tickende Bombe ist. Eines Tages wird sich bei jemandem hier oben der Druck entladen, und dann hast du es mit einem Haufen massakrierter Ultratripper oder einer Geiselnahme zu tun.«

»Das bezweifle ich.« Die Kabine kam langsam zum Stehen, ruckelte und klackte, als sie am oberen Ende der Strecke einrastete. Ein leises Zischen des Druckausgleichs. Chakana stand auf und streckte sich. »Hauptsächlich besaufen sie sich nur und schlitzen sich drüben in Wells an einem Freitagabend gegenseitig auf. Aber das ist nicht mein Problem, oder?«

Die Türhälften rollten zurück, offenbarten ernste Gesichter und MG4-Uniformen hinter einer Sicherheitskontrolle. Chakanas grimmige Miene und ihr hochgehaltenes Handflächenholo brachten uns in kürzester Zeit hindurch. Dann ging es mit einem weiteren Lift ein kurzes Stück zur Hauptlobby und zum Beobachtungsdeck des Hotels hinauf. Große gedämpfte Räume, Dekor in polierter Bronze und beigefarbenem Plüsch. Chakana durchquerte die Lobby mit ungeduldigen Schritten, nahm die zwei Stufen hinunter in die Lounge und blieb stehen, um sich umzuschauen. Die Ecken waren subtil ausgeleuchtet und sorgfältig gestaltet, um die Sicht nach unten nicht durch die Bodenfenster zu beeinträchtigen, um die herum große, weiche Sofas und Sessel angeordnet waren. Mit dem rötlichen frühmorgendlichen Licht, das durch das Glas heraufströmte, sah es auf den ersten Blick aus, als wären die Sitzgelegenheiten rund um mehrere Grilllagerfeuer arrangiert worden, die man demnächst entzünden wollte.

»Sind wir irgendwie in Eile?«, fragte ich.

»Ja. Nachdem ich dich abgesetzt habe, werde ich nach Haus und zu Bett gehen.«

»Wirst du mich vermissen?«

Sie schürzte die Lippen. Scannte weiter die Lounge. »Es nervt, es dir immer wieder erklären zu müssen, Veil. Ich werde dich erst ficken, wenn du der letzte lebende Mann auf dem Mars bist und ich keine Frau finde, die mir gefällt und mit einem Strap-on umgehen kann. Aha!«

Vor einer Wand saß eine dunkle Frau in blassgrauem Straßenanzug und blickte in den Raum. Nun stand sie auf, hob eine Hand zum Gruß. Chakana führte mich hinüber und machte uns miteinander bekannt.

»Ms. Madekwe. Lieutenant Dominica Chakana, Mordkommission der Bradbury-Polizei. Das ist Hakan Veil, der Spezialist, von dem ich Ihnen erzählt habe. Veil, das ist Madison Madekwe von COLINs Büro für Interne Systemkonformität, Abteilung Frontier Oversight.«

Wir schüttelten uns die Hände. Trockener, leicht schwieliger Griff der angebotenen schlanken Hand, entschiedene Kraft in ihrer Umklammerung. Das Gesicht, das mich ansah, war aufmerksam und intelligent, in den Zügen lag etwas vage Vertrautes. Im Wesentlichen afrikanische Herkunft – kantiges Kinn, langlippiger Mund, glänzende und gehobene Wangenknochen und Nase. Tintenschwarze Haut, nach der Dekantierung etwas ergraut, und weit auseinanderstehende dunkle Augen, wachsam hinter ihrem Gear. Etwas Lautloses und Helles schien zwischen uns zu geschehen, als ich ihren direkten Blick erwiderte, etwas, das scharf bis in meinen Bauch und die Eier hinunterstach. Madison Madekwe war groß, wie mir bewusst wurde, ungefähr meine Höhe, hatte eine volle Figur und passende lange Gliedmaßen und auch jene leichte Wuchtigkeit, die man an jedem bemerkt, der gerade von der Erde hereingekommen ist. Auf dem Mars wird es Monate dauern, all die Muskelmasse abzubauen, die sie mit sich herumtragen, selbst mit Hilfe der Codierfliegen. Breite Schultern und lange Hände, Brüste und Hüften, die mit angenehmen Rundungen gewichtet waren. Sie plätscherte wie eine Brandung gegen meine Augäpfel, und in diesem Augenblick hatte ich nur den einzigen Wunsch, von ihr zu kosten.

»Mr. Veil.« Kehlige und raue Stimme, doch andererseits kommt fast jeder so aus der Kryokap. Sie ließ meine Hand etwas abrupt los, denn auch sie hatte den plötzlichen bauchtiefen Stich gespürt. »Es ist, äh, sehr freundlich von Ihnen, sich auf diese Weise zur Verfügung zu stellen. Es tut mir leid, dass ich Sie zu einer so unsozialen Stunde habe kommen lassen.«

»Kein Problem.« Ich warf Chakana einen Blick zu. »Ich war sowieso wach.«

»Oh, das ist gut. Ich selbst muss mich leider noch an die Ortszeit gewöhnen. Und ich scheine jede Menge überschüssige Energie zu haben, sodass …« Sie breitete die Hände aus. »Arbeit ist das offensichtliche Ventil, nicht wahr?«

Ihr Haar war lang, streng in schmalen Cornrows zurückgezogen und mit Kandinsky-Purpur bestäubt, dann gewickelt und als Kugel fest an den Hinterkopf gepackt. Vor ihrer Stirn schwang sich ihr Headgear wie schlanke Möwenflügel in Gold herum, darunter war es mit einem ultraschmalen Streifen aus transparentem Glas bereift, sodass es wie eine Art umgekehrtes, tiefsitzendes Diadem aussah. Ein paar COLIN-Rangtats auf der rechten Wange, als wären kleine, schwarze Tränen aus diesem Auge gelaufen. Ihr Alter war schwer einzuschätzen, sie hatte den energischen Reiz einer erwachsenen jungen Frau, der wie winzige flackernde Flammen in meinen Eingeweiden juckte, aber es entsprach dem guten Aussehen höherer Gesellschaftsschichten, das sich praktisch unbegrenzt erhalten ließ, wenn man das nötige Geld hatte.

Die vage Vertrautheit klickte, stellte sich scharf ein, als ich sie aus den Shuttle-Aufnahmen wiedererkannte, die ich letzte Nacht in der Zelle gesehen hatte. Ihr Haar war dort zu einem glänzenden Strom ausgestreckt gewesen, der bis auf Schulterlänge hinabfiel, und sie hatte ein Lächeln gezeigt – der elementare geschäftliche Werbeshot. Doch die Knochen und die wachsamen dunklen Augen waren dieselben. Der direkte Blick hielt einen fest wie eine Waffe, wie eine Frage, die man nicht so einfach beantworten konnte. Es war eine ziemlich üppige Figur, die Madison Madekwe unter ihrem teuren maßgeschneiderten Straßenanzug verbarg, während ihre Augen herausfordernd darauf warteten, ob man es wagen würde, auch nur daran zu denken, die Augen nach unten zu richten.

Ich hielt ihrem Blick stand. »Also machen wir uns an die Arbeit.«

»Ja, natürlich. Die anstehende Angelegenheit. Ich gehe davon aus, dass Lieutenant Chakana Sie über die Notwendigkeit informiert hat, in dieser Sache unauffällig vorzugehen.«

Licutenant Chakana hatte es nicht getan.

Tatsächlich hatten Chakanas gesamte Anweisungen bislang nicht mehr beinhaltet als: *Hör zu, halt mir einfach für die nächsten paar Wochen diese Oversight-Schlampe vom Leib. Bring sie überallhin, wo sie sein möchte, zeig ihr, was sie sehen will, beantworte alle Fragen, die sie hat, und sorg dafür, dass ihr nichts zustößt.*

»Wir haben uns über die Logistik ausgetauscht«, sagte ich vorsichtig.

»Das freut mich zu hören. Wollen wir uns nicht alle setzen?«

Wir orderten ein Frühstück von einem Branengel-Menü, das schleierdünn vorbeischwebte. Ein tatsächlicher Islay Single Malt von dem tatsächlichen Islay auf der tatsächlichen Erde sprang mir vom Display entgegen, aber ohne mein Headgear hatte ich keine Möglichkeit, ihn zu bestellen. Wahrscheinlich besser so, da ich auch keine Möglichkeit hatte, dafür zu bezahlen, denn die Preisangabe war höher als die Summe, die für manche kompletten Asteroiden verlangt wurde. Also gab ich nickend meine mürrische Einwilligung, als Madison Madekwe ein gemeinschaftliches Mezze-Frühstückstablett und Kaffee vorschlug, und wir alle setzten uns wieder in die großen weichen Sessel, um über COLIN Oversight zu sprechen.

Sie wollte, sagte sie, Klartext reden. Die Geschäfte von Vector Red Haulage sollten einem generellen Audit mitsamt allem anderen unterzogen werden, und das schloss selbstverständlich auch die Lotterieprotokolle ein. Das war die Standardvorgehensweise, mehr nicht. Jedoch …

Sie hatte den Anstand, unbehaglich dreinzuschauen.

»Nun, wie Ihnen sicherlich bewusst ist, ist die Situation bei Horkan Kumba Ultra derzeit recht heikel.«

»Ja – es wäre eine Schande, wenn sie ihr Shuttle-Franchise nur ein Jahr nach der Bestätigung wieder verlieren würden.«

Chakana warf mir einen giftigen Halt-die-Klappe-Blick zu. Madekwe bemerkte es entweder nicht, oder sie war einfach nur höflich – und neigte den Kopf.

»Es freut mich, dass Sie die Konsequenzen zu würdigen wissen. Natürlich ist es unerlässlich, dass HKUs Portfolio auf dem Mars untadelhaft sind. Wie bei jedem anderen Traditionsunternehmen können selbst die Folgen eines geringfügigen geschäftlichen Fehlverhaltens massiv sein. Deshalb der Torres-Fall. Ich bin damit beauftragt, zumindest für den Anfang, Vector Reds generelle Systeme durch die Linse dieses speziellen Vorfalls zu untersuchen. Es handelt sich um eine offenkundige Anomalie, und für die Analyse muss ich ein klares Bild von Pavel Torres erstellen. Kurz gesagt, ich habe die Frage zu beantworten: Was für ein Mann holt sein Ticket nach Hause nicht ab?«

»*Ein Mann, der auf dem Mars glücklich ist*«, erwiderte ich staubtrocken.

»Ja, aber zweifellos …« Der Schaltkreis schloss sich – ziemlich schnell für jemanden, der erst vor einer Handvoll Stunden aus der Kryokap gekommen war. »Oh, ich verstehe. Ja, ich habe die Werbung gesehen. Sehr lustig, Mr. Veil.«

Ich zuckte mit den Schultern. »Es ist eine Gabe.«

»Machen wir *weiter*«, sagte Chakana streng. »Ms. Madekwe würde gern Torres' Kollegen und die bekannten Geschäftspartner für Gespräche ausfindig machen.«

»Dürfte nicht allzu schwierig sein.«

»Durchaus. Ich habe ihr erklärt, dass du der ideale Mann dafür bist, in Anbetracht der Tatsache, dass recht viele dieser Leute vermutlich draußen auf dem Hochland unterwegs sind.«

Ich blinzelte. »Zu freundlich von dir.«

»Ich habe gehört, dass Sie schon zuvor ausgiebig in Hochland-Situationen gearbeitet haben, Mr. Veil.«

Langsames Nicken. »Unter anderem, ja.«

Das Essen kam. Gebratener Schinkenspeck und Hühnchen in marinierten Streifen, Miso-Schüsseln, schwarze Oliven und gewürfelter weißer Käse, frisch gebackene Brötchen, von denen noch Dampf aufstieg, französische und spanische Omeletts, einige Gerichte, die ich nicht kannte. Kaffee mit vollem Duft, gekühlte Fruchtsäfte in Karaffen, ein riesiger Krug Wasser und schwere Stoffservietten. Wir warteten in diskretem Schweigen, bis der gepflegte junge Kellner alles arrangiert hatte, dann fragte er, ob wir noch irgendetwas anderes brauchten, verbeugte und entfernte sich. Madison Madekwe wies uns mit einer Geste auf die Auslagen hin, dann pflügte sie mit beiden Händen in die Fleischgerichte, und zwar mit einer Hingabe, die sie mir noch etwas sympathischer machte.

»Das ist wirklich besonders gut«, sagte sie, als sie zum Luftholen wieder auftauchte.

Ich nippte an einer Miso-Schüssel, duellierte mich mit strengen Blicken quer über den Tisch hinweg mit Chakana. Zu schade, dass mich das heißlaufende Ende des Zyklus noch für ein paar Tage nichts verspüren ließ, was tatsächlichem Hunger nahekam. Der Lieutenant bedachte mich mit einem grimmigen kleinen Lächeln, es sah nach einem gemeinsamen Geheimnis aus, und löste den Blickkontakt. Sie stocherte auf einem Teller mit spanischem Omelett herum, trank etwas Saft. Dann winkelte sie die Augen nach oben links an, als würde sie einen Anruf auf ihrem Headgear erhalten. Sie tupfte sich den Mund mit einer Serviette ab und stand auf.

»Bedauerlicherweise muss ich jetzt gehen. Vielen Dank für das Frühstück, Ms. Madekwe. Veil müsste die Sache von nun an übernehmen können. Aber wenn Sie noch irgendetwas anderes brauchen, zögern Sie nicht, Kontakt aufzunehmen.«

»Selbstverständlich.« Madekwe erhob sich ebenfalls und schüttelte Chakanas Hand. »Es war mir ein großes Vergnügen, Sie kennenzulernen.«

»Ebenso.«

Ich täuschte noch eine Weile Interesse an meinem Essen vor, bis Madekwe sich wieder gesetzt hatte und Chakana das andere Ende der Lounge erreicht hatte. Dann schnippte ich mit den Fingern, *Moment, da fällt mir plötzlich was ein*, und sprang auf.

»Tut mir leid, würden Sie mich kurz entschuldigen? Ich müsste noch etwas mit dem Lieutenant klären.«

Madison Madekwe nickte, während sie weiterkaute, entließ mich mit einem Wink, der den Anschein lockerer Unbekümmertheit erweckte. Aber da war etwas Seltsames in den dunklen harten Augen, als sie beobachtete, wie ich mich erhob. Ich speicherte es für später ab, lief Chakana mit langen Schritten hinterher und holte sie an den Aufzügen ein, weit außerhalb der Sichtweite meiner brandneuen Klientin.

»Nur eine verdammte Minute.«

Sie drehte sich mit bedächtiger Gelassenheit zu mir herum und zog eine Augenbraue hoch. »Schon jetzt Probleme?«

»Du hast mir gesagt, dass ich einen Auditor während seiner Tätigkeit in der Stadt babysitten soll. Was soll dieser Scheiß mit dem Hochland?«

Chakana zuckte mit den Schultern. »Torres hat hauptsächlich auf dem Hochland gearbeitet. Dort ist er verschwunden. Klingt doch ganz vernünftig, dass sich unsere erlauchte Auditorin dort umsehen möchte, nicht wahr? Was ist los, sind deine Lungen-Turbos nicht mehr auf dem neuesten Stand?«

Ich blickte mich um. Senkte die Stimme. »Willst du wirklich, dass ich sie da raufbringe? Abseits der offiziellen Touren, ohne Schutzgeländer, ohne Hochglanzbroschüre? Glaubst du, Mulholland wird das gefallen?«

»Mulholland steht gerade bis zur Unterlippe in seiner eigenen Scheiße. Er wird einfach ein paar Sachen laufen lassen müssen. Er hat für diesen Fall um einen Bewacher gebeten, um jemanden, der es unauffällig und inoffiziell macht, und dieser Jemand bist du. Und jetzt solltest du vielleicht zurückgehen und dir deine Haftentlassungsprivilegien verdienen, so wie wir es vereinbart haben.«

Der Lift traf mit einem leisen Ping ein. Ich nickte knapp.

»Also gut. Aber du könntest mir sagen, warum wir jetzt noch einmal durch einen Fall spazieren, der schon seit drei Monaten tot ist – die BP dürfte die ganze Sache inzwischen kleingehackt und eingelagert haben. Ich meine, als diese Sache hochging, da hat sich doch die Metro eingeschaltet, oder?«

»Wie wir es immer tun.« Die Müdigkeit in Chakanas Stimme klang knochentief.

»Richtig. Ein vermisster Lotteriegewinner – niemand überlässt den Ortsansässigen etwas so Explosives. Von ihnen würde man niemals das Ende der Geschichte erfahren. Nur ihr oder der Marshal Service könnten es machen, und die Marshals werden für irgendeinen minderwertigen Drecksack wie Torres keinen Finger rühren. Also übernimmt es die Vermisstenabteilung der Metro, und sie arbeiten selbst an dem Fall. Befragungen, Überwachungsaufnahmen, Hintergrundcheck – alles dokumentiert und aktenkundig. Selbst die Vermisstenabteilung würde so etwas nicht verpatzen, nicht wahr? Oder interessiert ihr euch einfach nicht für einen Kuli aus einem Hochland-Arbeitertrupp?«

Die Lifttüren gingen zu. Chakana schlug mit einer Hand dagegen, ohne sich umzublicken, stoppte die Bewegung, bevor sie richtig begonnen hatte. Einen Moment lang versuchte sie angepisst zu wirken, bis sie es aufgab. Zu müde, um sich die Mühe zu machen.

Sie seufzte. »Ich bin von der Mordpolizei, Veil. Das weißt du. Das war nie meine Sache. Keine Leiche, keine brauchbaren Verdächtigen, und du weißt auch, wie oft sich Idioten wie Torres da oben ausklinken. Völlig richtig, es wurde an die Metro weitergegeben. Tomayro hat den Fall übernommen, und er schien damit beschäftigt zu sein, erzeugte so lange die passenden Geräusche, bis das Geschrei verstummte und er ihn wie eine Abwurflast fallen ließ. Wenn ihr euch die Akten ansehen wollt, nur zu.«

»Ich habe nicht den Eindruck, dass unsere Ms. Kandinsky Cornrows herumsitzen und sich Akten anschauen will.«

Wieder ein patentiertes Chakana-Schulterzucken. »Dann finde eine andere Beschäftigung für sie. Mensch, Veil, muss ich dir ein Handbuch schreiben? Sie ist eine besorgte Bürokratin von der Erde, die auf dem Mars slumt. Führ sie auf dem Hochland herum, zeig ihr einen Ausschnitt des Abschaums. Zeig ihr was Nettes, wenn ihr danach ist, mir ist es wirklich egal. Hauptsache, du hältst sie mir eine Zeit lang vom Leib.«

Sie trat in die Liftkabine. Die Türen versuchten sich erneut zu schließen. Ich schlug mit der Faust seitlich gegen eine Türkante und stellte mich in die Lücke.

»Das ist Blödsinn, Nikki. Niemand lässt sich wegen eines Mannes wie Pavel Torres den weiten Weg von der Erde herüberschicken. Und *Mulholland* hat diese Ermittlung abgesegnet? Der Gouverneur, direkt aus dem Windward Office, und das alles nur wegen irgendeines zweitrangigen Vermisstenfalls?«

»Nein – das alles ist zum Schutz der Heimflug-Lotteriegesellschaft, von Vector Red Haulage und Horkan Kumba Ultras gutem Namen. Du hast gehört, was Madekwe dahinten gesagt hat. Traditionsunternehmen. Sie mögen es nicht, wenn sie sich blamieren.«

Ich schüttelte den Kopf. »Das ist es nicht. Hier geht noch etwas anderes vor sich, und du weißt das.«

»Dann finde heraus, was es ist, Overrider.« Chakana beugte sich vor, nahm meine Jackenaufschläge zwischen die Daumen und Zeigefinger und zupfte sie dezent gerade. »Finde heraus, was es ist, bring es zu mir, und wenn es etwas halbwegs Bedeutendes ist, bekommst du vielleicht einen Keks. Bis dahin bist du als Reiseführer verpflichtet. Und sei einfach dankbar, dass mein Laden zurzeit unterbesetzt ist, weil das der einzige verfickte Grund ist, warum du nicht mehr in der Zelle eingesperrt bist. Und jetzt nimm deine Hand von meiner Lifttür, und erfülle deinen Teil der Abmachung.«

Sie blickte auf meine Faust, bis ich sie entfernte. Der Lift pingte zum Aufbruch. Die Türen setzten sich wieder in Bewegung, küssten sich mit sanfter Präzision. Ließen mich zurück, sodass ich auf die Verkleidung aus polierter Bronze stierte und darin meine eigene Spiegelung sah.

Wie irgendetwas Dummes und Prähistorisches, das in Bernstein eingeschlossen war.

9

Ms. Kandinsky Cornrows wollte sich keine Akten anschauen. »Das ist etwas, worauf wir später noch zurückkommen können«, sagte sie mit der kleinen gepressten Grimasse von jemandem, der einen scharfen Schmerz höflich erduldet. »Ich habe bereits einen allgemeinen Überblick, was auch immer das bedeuten mag. Es ist nicht sehr viel, wie ich befürchte. Ich würde es vorziehen, zu diesem frühen Zeitpunkt noch nicht mit dem Finger auf etwas zu zeigen, aber es ist klar, dass die ursprünglichen Ermittlungen und die Nachuntersuchung schlecht gehandhabt wurden. Dieser letzte Ermittler, dieser« – eine Blickverschiebung unter dem Diadem-Headgear, eine kurze Pause – »Borgia Tomayro. Kennen Sie ihn?«

»Hauptsächlich vom Hörensagen.« Ich hob eine Fruchtsaftkaraffe vom Tisch, suchte nach einem Glas. Weiterhin nicht einmal annähernd hungrig. »Aber ich hatte schon ein- oder zweimal mit ihm zu tun, ja.«

»Ihr Eindruck?«

»Er wird seinem Ruf gerecht.« Goss behutsam ein. »Nachlässig. Bequem. Leicht korrupt.«

»Korrupt.« Als würde sie dieses Wort zum ersten Mal schmecken.

»Ja, aber nichts, was man nicht erwarten würde.« Ich lehnte mich zurück und nahm einen Schluck von dem Saft. Gestikulierte mit dem Glas. »Die Vermisstenabteilung ist der Parkorbit für solche Typen. Nicht begabt genug für den Job, um an einer nützlichen Stelle rangieren zu können, nicht inkompetent genug, um gefeuert zu werden.«

»Also würde Korruption allein nicht genügen?«

»Wie bitte?«

»Korrupte Polizisten werden auf dem Mars nicht gefeuert?«

Ich sah sie eine ganze Weile an, um mich zu vergewissern, dass sie es ernst meinte. Dann blubberte ein ungebetenes Lachen von meinem Bauch empor, riss meinen Mund zu einem Grinsen auf. Locker und entspannt, ohne jeden Spott. Es fühlte sich überraschend gut an.

Sie kniff die Lippen zusammen. »Ich erkenne hier keinen Grund für Humor, Mr. Veil.«

»*Willkommen an der High Frontier.*« Ich legte den ausdruckslosen Tonfall einer Quarantäne-KI in meine Stimme. »*Bitte machen Sie sich bewusst, dass Ihr Körper einige Zeit benötigen dürfte, um sich an die hiesigen Verhältnisse zu gewöhnen.* Ich fürchte, das gilt auch für Ihre Erwartungen, Ms. Madekwe.«

»Ich bin im Zuge eines Sonderaudits für COLIN Earth Oversight hier«, sagte sie steif. »Meine Erwartungen reflektieren die Instruktionen für die Mission, die ich auf der Erde erhalten habe und die, wie ich sagen muss, kein allzu schmeichelhaftes Bild gezeichnet haben. Also bin ich keineswegs schockiert oder auch nur überrascht. Ich hatte nur nicht erwartet, dass Sie diesen Punkt so offen eingestehen.«

»Ich gestehe gar nichts ein. Ich bin kein Polizist.«

»Lieutenant Chakana sagte, Sie wären mit der Polizei von Bradbury verbunden.«

»Der Lieutenant hat Sinn für Humor. Es sind bestenfalls sehr lockere Verbindungen, die ich mit der BP habe. Und da wir schon beim Thema sind, es ist nicht meine Entscheidung gewesen.«

Es folgte eine kurze Pause, während Madison Madekwe das verdaute. Schwer zu sagen – wenn ich mir ihr Gesicht ansah –, ob sie mit dieser Offenbarung zufrieden war.

»Ich verstehe«, sagte sie schließlich. »Na gut, vielen Dank für Ihre Aufrichtigkeit, Mr. Veil. Es tut mir leid, dass dieser Auftrag nicht nach Ihrem Geschmack ist.«

»Ich hatte schon schlimmere.«

»Ich kann jedoch nicht behaupten, dass ich beeindruckt bin. Darüber, dass die Polizeidienststelle keinen richtigen Polizisten für diese Aufgabe finden kann – oder vielleicht gar nicht daran interessiert ist.«

»Betrachten Sie es von der positiven Seite – hätten Sie einen richtigen Polizisten als Eskorte, würde er Sie vermutlich hassen.«

»Und Sie tun es nicht?«

Ihr Blick war eine Herausforderung von der anderen Seite des Tisches. Ich spürte wieder die kleinen flackernden Flammen in meinem Bauch und lächelte, um die Erregung zu kaschieren.

»Hass ist ein Luxus, den ich mir nicht oft erlaube, Ms. Madekwe. Er steht einem nur im Weg.«

Wieder wurde es still, während sie sich einen weiteren Kaffee einschenkte, Milch und Zucker hineinrührte, sich Zeit zur Neugruppierung verschaffte. Ich wartete das Ritual ab. Erwischte mich bei der Überlegung, ob es vielleicht doch eine Möglichkeit gab, diesen Islay Single Malt auf ihre Rechnung zu ordern, bevor wir gingen.

»Also gut, dann eine andere Frage.« Während sie weiter müßig ihren Kaffee umrührte. »Wenn die Bradbury-Polizei es sich zur Gewohnheit gemacht hat, ihre schlimmsten Mitarbeiter in der Vermisstenabteilung zu parken, wie wird dann jemals irgendeine als vermisst gemeldete Person wiedergefunden?«

Ich zuckte mit den Schultern. »Alle, die wichtig sind, verlassen sich nicht auf die Polizei. Die Regierung und die führenden

Unternehmen haben allesamt engagierte Sicherheitsteams. Die meisten Qualpros auf Besuch bekommen davon eine vertraglich vereinbarte Billigversion. Ansonsten wäre es schwierig, die Talente, die man braucht, zu überzeugen hierherzukommen. Außerdem ist es ein Produktivitätsproblem. Wenn irgendein qualifizierter Typ mit Dreijahresvertrag verschwindet, verliert COLIN einen beträchtlichen Teil ihrer Investitionen, solange er weg vom Schirm ist.«

»Torres ist schon seit fast siebzehn Monaten verschwunden. Müsste das nicht für irgendjemanden ein Produktivitätsproblem sein?«

»Das bezweifle ich. Es hängt natürlich von der Arbeit ab, die er zum Zeitpunkt seines Verschwindens gemacht hat. Aber wie ich von dem Lieutenant gehört habe, war er bestenfalls ein unterqualifizierter Arbeiter. Manchmal spürt Indenture Compliance solche Typen auf, um ein Exempel zu statuieren, sofern damit irgendein Nutzen verbunden ist. Aber wenn nicht ...« Ich breitete die Hände aus. »Und das auch nur, falls er überhaupt gearbeitet hat.«

»Ich dachte, alle auf dem Mars arbeiten.« Ihr Mund verzog sich – aber ich war mir nicht sicher, ob ich es als Lächeln bezeichnen würde. Ein paar Millimeter Ironie funkelten in ihren Augen wie eine halb gezückte Klinge. »Auf der Erde hören wir so viel darüber. *Die Erfordernisse der Frontier, die komplett engagierte Gesellschaft. Die menschliche Tatkraft, die sich den Herausforderungen einer neuen Welt und des Anbruchs eines neuen Zeitalters stellt.* Heißt es nicht so? Ich dachte, hier draußen *muss* jeder arbeiten.«

»Hier draußen muss jeder seinen Lebensunterhalt bestreiten. Das ist nicht dasselbe.«

Sie trank aus ihrer Kaffeetasse, hielt sie in beiden Händen und sah mich über den Rand hinweg an. »Und wie bestreiten *Sie* Ihren Lebensunterhalt, Mr. Veil?«

»In diesem Augenblick damit, dass ich Sie aus Schwierigkeiten heraushalte.«

Der Augenblick zog sich in die Länge, und wir starrten uns gleichermaßen schweigend an, bis es keinen Spaß mehr machte. Madison Madekwe stellte ihren Kaffee vorsichtig ab. Ihre Stimme klang eisig.

»Ich glaube, Mr. Veil, dass Sie sowohl Ihren als auch meinen Auftrag missverstanden haben. Ich hatte einen Führer und Berater von der hiesigen Polizei angefordert, mehr nicht. Ich erwarte nicht, *in* irgendwelche Schwierigkeiten zu geraten, und ich brauche gewiss niemanden, der mich beschützt.«

»Sie werden jemanden brauchen, wenn Sie beabsichtigen, sich auf dem Hochland umzuschauen und Fragen nach Männern zu stellen, die sich in dünne Luft aufgelöst haben. Das ist ein riskantes Hobby. Die Einheimischen da oben sind schon zu guten Zeiten nicht allzu freundlich, und derzeit herrschen alles andere als gute Zeiten. Sie werden so hervorstechen wie die Titten einer Clubtänzerin.«

»Ist das so?«

»Ich fürchte ja. Ihr Gesicht ist überall in den Feeds, Ms. Madekwe, zusammen mit allen anderen in diesem kleinen Wirtschaftsprüfungskommando, das COLIN da zusammengestellt hat. Und jetzt beobachtet jedes Augenpaar in der Scharte, was Sie als Nächstes tun. Ich habe Sie in weniger als einer Minute nach unserer ersten Begegnung von den Aufnahmen der Passagierliste wiedererkannt. Es gibt keinen Grund zu der Annahme, dass dies für andere Leute schwieriger sein könnte.« Ich beugte mich vor, war ein wenig überrascht, die Eindringlichkeit in meiner Stimme zu hören. »In der Zwischenzeit kann ich Ihnen garantieren, dass die Leute des Gouverneurs längst da draußen sind und die gute alte Verachtung der Pioniere für das aufrühren, was Sie und Ihre

Leute sind und woher Sie kommen. Wahrscheinlich lassen Sie die Frockers zum Rathaus marschieren, bevor Sie länger als einen Monat hier sind.«

»Frockers?« In scharfem investigativem Tonfall. »Wer ist das?«

Ich lehnte mich wieder in den Sessel zurück. »Die Frockers sind, äh ... das sind Hardliner für die Unabhängigkeit. 4Rock4 – für Fels vier. Der verrückte Flügel der Mars-Zuerst-Bewegung. Mulhollands Leute werden auf jeden Fall die Mars-Zuerst-Parole aufdrehen. *Ansprüche der Alten Erde auf bürokratische Einmischung; die Tote Hand einer Dekadenten Welt; die Tyrannei der Nutzlosen Milliarden.* Ich bin mir sicher, dass Ihnen diese Rhetorik nicht neu ist.«

»Ja, nun gut.« Sie wischte sich etwas Unsichtbares aus dem Schoß. »Das war bislang nicht die Parole des Gouverneurs.«

»Er macht die passenden Geräusche. Aber dabei zwinkert er seinen Anhängern zu. Er hat sie in der Hand, Ms. Madekwe. Sie glauben, Sie wären gekommen, um diese Menschen vor den Exzessen einer korrupten Verwaltung zu retten, aber für die meisten von ihnen sind Sie ungefähr so willkommen wie ein Curryfurz in einem Druckanzug.«

»Also raten Sie mir, mich nicht auf das Hochland zu begeben?«, fragte sie kühl. »Ist es das? Ich sollte die Vorstellung aufgeben, vor Ort zu ermitteln, mich stattdessen hinsetzen und Akten lesen? Mich genauso verhalten wie die Bürokraten, als die wir bereits verachtet werden?«

»Könnte nicht schaden.«

»Ich verstehe.« Ihre Stimme verhärtete sich nun zu tatsächlichem Zorn. »Wissen Sie, auf der Erde sind wir alle mit dieser Anpackermentalität der High Frontier vertraut, von der Ihre Leute so laut schreien. In Ihnen erkenne ich davon nicht allzu viel.«

»Na ja, ich bin auch nicht von hier.«

»Und von wo *sind* Sie denn, Mr. Veil? Wer sind Sie, *was* sind Sie, dass die Polizei Sie ins Spiel bringt, *locker verbunden*, und uns beide auf diese Weise zusammentut?«

An mehreren benachbarten Tischen zuckten Köpfe neugierig hoch. Madekwe sah es und presste die Lippen fest um ihre Verärgerung zusammen. Sie blickte auf den Tisch, als würde sie nach irgendeinem Makel in der Oberfläche suchen.

»Tut mir leid«, sagte sie etwas leiser. Sie schaute wieder auf, fand meinen Blick. »Ich hätte nicht so zu Ihnen sprechen sollen. Ich bin … der Dekantierungsprozess, die Eingewöhnung, all das fordert seinen Tribut. Ich leide unter Schmerzen und Müdigkeit, unter Konzentrationsmangel, ich kann nicht schlafen. Ich bin es *nicht* gewöhnt, mich so zu fühlen.«

Sie kam zum Stillstand, vielleicht weil es ihr unbehaglich war, wie viel sie offenbart hatte. Wieder presste sie die Lippen zusammen.

»Ich möchte nicht mehr, Mr. Veil, als anfangen und meine Arbeit machen. Können Sie zumindest das verstehen?«

Ich verstand es nicht nur, ich hatte es sogar für einen großen Teil meines Lebens als Glaubensbekenntnis mit mir herumgetragen. Ich seufzte.

»Hören Sie, Ms. Madekwe, wir sollten nicht auf dem falschen Fuß starten. Sie wollen Pablo Torres' Geist quer durch das ganze Hochland jagen, und das können wir schaffen. Aber es handelt sich um *das Hochland*, und Sie müssen verstehen, was das bedeutet. Erwarten Sie nicht, dass alles reibungslos läuft, denn das wird gewiss nicht« passieren. Und wenn diese Scheiße hochgeht und uns allen ins Gesicht spritzt, erwarten Sie nicht, dass Ihnen der Geschmack gefällt.«

Sie reckte das Kinn. »Ich habe einen recht kräftigen Magen, Mr. Veil.«

»Gut. Den werden Sie brauchen.«

Also gingen wir hinauf zu ihrer Suite im zweiunddreißigsten Stock. Geräumige Zimmer in Beige, harmlose Pixelnebelkunst in den Ecken, eingerahmte Valley-Landschaften an den Wänden. Durch eine halb offene Tür im Hauptwohnzimmer konnte ich ein großes ungemachtes Bett erkennen, das wie der Schauplatz eines recht gewalttätigen Kampfes aussah. Zerwühlte, zurückgerissene Decken, herumgeworfene und zerquetschte Kissen, eins, das den Eindruck machte, dass man es verärgert zu Boden geschleudert hatte.

Ich grinste. Kryokap-Tribut – früher oder später muss jeder ihn bezahlen. Klar, Fünf-Sterne-Dekantierungsprotokolle verhätscheln einen durch die Übelkeit und die meisten tatsächlichen Schmerzen. Doch am Ende kann man die eigenen Körperzellen nur für eine gewisse Zeit täuschen, ihre Empörung nicht auf ewig hinauszögern.

Dann kämpft man sich genauso wie alle anderen durch.

Ich verdrängte ein aufblitzendes Bild von Madison Madekwes langbeinigen Ebenholzkurven, wie sie sich rastlos auf dem Bettlaken wanden. Blickte stattdessen wieder in das Hauptzimmer und auf die Aussicht der Panoramafenster. Ich stand vor einem und schaute auf rasende blutergussfarbene Heftigkeiten hinab, die sich entlang der unsichtbaren Membranfläche der Lamina auf- und abspulten. Die Fenster mussten aus Druckglas nach Vakuum-Standard bestehen, undurchdringlich für Vibrationen, und hier oben war das, was noch an Atmosphäre vorhanden war, ohnehin viel zu dünn, um nennenswerten Schall leiten zu können. Doch irgendein tief verwurzelter Atavismus unserer Vorfahren bestand dennoch darauf, dass ganz schwach, an der untersten Hörschwelle, das gewaltige wütende Knistern und Prasseln dieses Partikelaustauschs durchkam.

»Ich dachte, Sie wären so etwas gewöhnt«, sagte sie, als sie mich auf dem Weg zu einer Workstation an der hinteren Wand passierte. »Das ist doch kein untypisches Wetter, oder?«

»Nein.« Ich hielt ein plötzliches scharfes Verlangen nach orbitalen Aussichten und Ferne zurück. »Sieht von oben allerdings ein wenig anders aus.«

Sie stieß gegen Dinge auf dem Schreibtisch. »Ich schätze, das macht mich umso neugieriger, es mir von unten anzusehen. So, es geht los.«

Ein Branengel löste sich vom Deckenspender und waberte in der Luft zwischen uns herunter. Madekwe berührte ihr Gear, rief ihre Zusammenfassung der Akten zum Torres-Fall auf und warf sie auf den Brel. Ich umkreiste ihn, um die Ablenkung des Panoramafensters hinter mir zu haben, blickte konzentriert auf das Display. Viel Text, nur wenig Visualisiertes – doch so ist es immer, wenn man keine tatsächliche Leiche und keinen Verbrechensschauplatz hat, mit denen man arbeiten könnte.

»Ich hatte erwartet, dass Sie Ihr eigenes Gear mitbringen«, bemerkte Madekwe. »Als ich sah, dass Sie keins tragen, war ich einfach davon ausgegangen, dass Ihre Linsen intern verlinkt sind.«

Nicht für allzu lange Zeit, nein. Sie reißen einem diese Scheiße raus, wenn man gefeuert wird.

»Zu teuer«, sagte ich einigermaßen wahrheitsgemäß. »Alles, was Schleimhautgewebe berührt, muss die Biocode-Upgrades berücksichtigen, und hier draußen wird dieser Scheiß ständig umgeschrieben. Man hat menschliche biologische Systeme, die permanent angetrieben werden, wie Rennpferde. Und es ist schon kompliziert genug, das zum Funktionieren zu bringen, ohne sich wegen Wetware-Interferenzen Sorgen machen zu müssen. Es ist ein ganz anderes Level von Immunsystem-Interfacing, Nebencode-Erweiterungen, bevorrechtigter Sequenzierung. Fast niemand kann sich all diese Optionen leisten, und die meisten, die es können, wollen sich nicht damit herumärgern.«

»Die meisten.« Wieder dieser eindringlich investigative Ton. »Aber nicht alle?«

»Nein, nicht alle.« Ich wollte nicht darauf eingehen, was mir wirklich angetan worden war – was fort war und was noch übrig war. Sie hatte diese Art von Vertrauen nicht verdient, würde sich wahrscheinlich nie dafür qualifizieren. »Einige der sehr hochstehenden Qualpros machen es aus Statusgründen. Und in hochwertigen Sicherheitsdiensten haben sie manchmal so etwas – das komplette *Red-Sands-Warrior*-Programm.«

»Red Sands Warrior?«

»Das ist eine Immie-Serie. Gibt es die auf der Erde nicht? *Auf dem Hochland hat ein Mann eine Linie im Sand gezogen. Überquere sie, und er kommt dir in die Quere.* Ich hätte gedacht, dabei würde sich das Publikum auf der Erde ins Höschen machen – all die Härte der High Frontier, all dieser Marstech-Porno.«

Ihr Mund zuckte. »Auf dem Mars produzierte Inhalte sind bei uns, äh ... so etwas führt immer noch eher ein Nischendasein. Niemand ist wirklich ... ähm ...« Sie räusperte sich. »Aber ich habe eine ungefähre Vorstellung.«

»Ja, nun, wie ich sagte – ich bin kein *Red Sands Warrior*. Ich bin nur jemand, den Chakana gelegentlich anruft. Ein externer Auftragnehmer. Und in diesem Augenblick erhält mein Gear gerade einige heftige Upgrades, also reichte die Zeit nicht aus, abzuwarten und es mitzunehmen, bevor wir uns auf den Weg machten.«

»Sie konnten nicht einfach eine Gestalt-Iteration aus dem Lagerschuppen holen? Und sie in ein Einweggear packen?«

»Sie vergessen, dass ich nicht der Bradbury-Polizei angehöre. Von mir liegt nichts in ihrem Schuppen herum.«

»Na gut.« Sie warf mir den Controller zu, mit dem sie hantiert hatte – energischer, als es streng genommen nötig gewesen wäre – postdekantive Irritation, die für einen kurzen Moment wieder von der Leine gelassen wurde. »Nur um auf die gute altmodische Weise darin eintauchen zu können, warum nicht? Ich werde mich umziehen. Ich will innerhalb der nächsten zwei Stunden unten am Bradbury Central sein. Vor allem anderen werden wir den Besuch bei Vector Red machen. Vielleicht können wir unterwegs Ihr heftig aufgerüstetes Gear abholen.«

Sie marschierte davon – ins Schlafzimmer. Ich sah ihr nach, ließ mich dann in ein Sitzkissen am Fenster fallen, zog den Brel hinter mir her und hellte ihn etwas auf, damit er mit dem Licht mithalten konnte. In Gelb hervorgehobene Stellen tauchten im Text auf – jemand hatte sich Notizen gemacht. Ich zoomte sie heran.

… Zusammenfassung der Ermittlungen (Hintergrund):
Pablo Karl Torres, geboren Adam Smith County 22/17/281 YC, gestorben mit 19 Mars-Standardjahren (entspr. 37 Erdjahre). Familie und Ausbildung in separater Datei angehängt. Genvater abwesend seit Alter von 14 Monaten, sporadische Kontakte zwischen 3 und 7, danach nicht mehr. Grunddiplom nicht bestanden, Verpflichtung als Kadett in Privatsicherheitsfirma Critical Infra Inc. 9/14/288 YC. Dreijährige Anstellung (detaillierte Zusammenfassung in separater Datei), keine Beförderung, Vertrag nicht erneuert.

Was in jedweder Hinsicht wenig bedeutete. Läden wie Critical Infra trieben sich ständig an den County-Schulen herum, schöpften die Leistungsschwachen massenhaft ab, weil sie sich kostengünstig ausbilden und einsetzen ließen. Manche fassten Fuß und blieben, aber viele andere nicht.

Nachfolgende Anstellungen sporadisch, wechselhaft; Leistungsbewertungen für gewöhnlich suboptimal, zahlreiche Disziplinarstrafen, Details in separater Datei …

Okay, so viel zum Thema im Zweifel für den Angeklagten.

Einige Zusatzqualifikationen, größtenteils zwecks Strafminderung vorgeschrieben, im virtuellen Format (Details anhängend) – ver-

folgte Aktivität in: Zubrinville; Cradle City; Burroughs; Bradbury Distrikt 7, Distrikt 18; Bürgerpositionssoftware für gewöhnlich deaktiviert / abgemeldet.

Nicht als nachsteuerpflichtig registriert.

Auch keine Überraschungen. Die Charta garantiert ihren Bürgern ausdrücklich das Recht auf Privatsphäre, jeder darf aus der allseits überwachten Gesellschaft verschwinden. Doch wer nachsteuerpflichtig ist, zieht üblicherweise keinen großen Nutzen aus diesem Privileg. Wenn man das Glück hat, es in diese Einkommensgruppe zu schaffen, arbeitet das System für einen – warum sollte man sich ihm also entziehen wollen?

Die Millionen, für die das System nicht arbeitet, haben ihre Gründe.

Vorstrafen (kombinierte Jurisdiktionen) – Körperverletzung in 11 Fällen; Erzwingung sexueller Dienstleistungen in 3 Fällen; Vertrieb unlizenzierter SNDRI-Substanzen in 15 Fällen; Hausfriedensbruch / Einbruch (auf Firmengelände) in 5 Fällen; Hausfriedensbruch / Einbruch (auf Privatgelände) in 19 Fällen; Hack und Diebstahl von Fahrzeugen in 8 Fällen. Alle Haft- und Strafdetails angehängt in ...

»Ein verdammter Musterbürger«, murmelte ich. »Und das sind nur die Sachen, bei denen du erwischt wurdest.«

... letzte Beschäftigung (Gerüchten zufolge) – Sicherheitskraft für Ground Out Crew, Ortsgruppe Cradle City (geschätzte Dienstzeit Mitte Rishabha – Anfang Geminy). Kollegen: Zip Sanchez, Tenzin Tamang, Milton Decatur, Jeff Havel, Nina Ucharima ...

Milton Decatur. Sofern es nicht nur eine Namensgleichheit war, kannte ich den Typen. Und wenn ich genauer darüber nachdachte, klang auch Tenzin Tamang vage vertraut. Andererseits ist Tamang der Name eines großen Clans des nepalesischen Kontingents auf dem Mars, und auch Tenzin ist nicht gerade ein ungewöhnlicher Vorname.

... letzte bestätigte / überprüfte Anstellung – Arbeitstrupp-Logistik für Sedge Systems Inc., eingesetzt im Morton Spread. Vertrag lief 18. Danus – 11. Rishabha, einvernehmlich gekündigt / Verzichtserklärung unterschrieben. Leistungsberichte anhängend ...

»Möchten Sie etwas zu trinken?« Madison Madekwes Stimme wehte aus dem Schlafzimmer herüber. Ich glaubte eine unterschwellige Bitte um Verzeihung im Tonfall zu erkennen.

»Gern«, rief ich zurück. »Ich nehme etwas von diesem Islay Malt vom Luxusmenü. Dazu ein wenig Wasser.«

Lange Pause. Sie streckte den Kopf und eine nackte Schulter durch den Türrahmen. »Das war eine ernsthafte Frage, Mr. Veil.«

»Und das war eine ernsthafte Antwort.«

Sie zögerte einen Moment. Ich wartete.

»Das werde ich nicht als Spesen verbuchen«, sagte sie kurz angebunden und verschwand wieder.

Na gut. Ich widmete mich noch einmal der Akte.

... letzter Aufenthaltsort und Tätigkeit / Datenpool-Verfolgung – Nacht des 3. Geminy / früher Morgen des 4.: von Straßenüberwachungskamera / Flugdrohne identifiziert auf Ostseite von Cradle City, 18 bestätigte Sichtungen (GPS / Details zur Datenabfrage anhängend), in Begl. v. Milton Decatur, Nina Ucharima, 2 weitere Nicht-Kollegen. Letzte bestätigte Beobachtung um 01:43, Ecke Payload und 11th, unterwegs in westlicher Richtung zum stillgelegten Hangar-Zentrum in Gingrich Field in Begl. v. Ucharima. Keine orbitale Korrelation, keine weiteren Spuren.

Cradle City. Ich verzog das Gesicht. Es war kein guter Ort zum Herumspazieren, wenn man seine Bürgerpositionssoftware abgemeldet hat. Ohne sie wurde man auf zufällige Umstände und Satellitenerfassung zurückgeworfen, die gnadenlos von den Partikelheftigkeiten der Lamina verpfuscht wurden. Und was Gingrich Field betraf ...

Ich kramte noch ein wenig in der Akte herum. Fand darin ein ID-Holo von Torres, die übliche Rundumansicht von Kopf bis Fuß. Wie es aussah, war es eine erkennungsdienstliche Aufnahme – sie hatten ihn bis auf die Shorts ausgezogen, und er wirkte nicht besonders sauber oder gepflegt. Ich holte Kopf und Schultern näher heran, ließ das Detail langsam rotieren. Finsteres gutes Macho-Aussehen unter unmodisch lang getragenem Haar, beeindruckende Oberkörpermuskeln, die schlank genug wirkten, um gleichzeitig schnell und kräftig zu sein, ein Haufen Narben und Verletzungsspuren an all den Stellen, wo Kämpfer üblicherweise getroffen werden.

Nichts, was das Hochland nicht schon Millionen Mal gesehen hätte.

Es gab eine eingebettete Aussage von Nina Ucharima mit zusammenfassendem Transkript, in dem sie behauptete, mit Torres nach Gingrich Field hinausgefahren zu sein, weil sie erwartete, heißen Sex an einer Hangarwand zu haben. Zu diesem Zeitpunkt waren beide voll auf TNC. Torres schwafelte von irgendeinem Scheiß, der Ucharima weniger als null interessierte, und sie hatte es größtenteils ausgeblendet, sagte sie. Spieler und ihre Pläne, ein kommender großer Gewinn, die üblichen Cradle-City-Prahlereien. Als sie recht weit auf das Feld vorgedrungen waren, ging es nicht mehr um heißen Sex, weil Torres beschloss, auf einen der Hangars zu klettern und durch das Dach einzusteigen. Ucharima hing dort noch eine Weile herum, klinkte sich auf Droge aus, wachte gelangweilt auf und ging nach Hause. Und hat ihn nie wiedergesehen.

Hmm.

Es hatte den dreckigen Geschmack einer Hochland-Wahrheit. Aber ohne die tatsächlichen Aufnahmen der Befragung zu sehen, ohne die physischen Scans zu verfolgen, ohne Nina Ucharima ins Gesicht zu blicken, während sie redete ...

Durch den trüben Schleier des Branengels und der Projektionen darauf sah ich, wie Madison Madekwe in den Raum zurückkam. Sie war in einen grauen Mantel mit hohem Kragen gehüllt, der gemütlich bis zur Mitte der Oberschenkel reichte, hatte sich einen leichten Wanderrucksack über eine Schulter geworfen und die Hände in die Taschen gesteckt. Ihre Beine waren bis zur halben Wadenhöhe elegant bestiefelt und darüber in eng anliegende schwarze Leggings gekuschelt. Sie wirkte wie die Agentin eines Modehauses, die als Modell die angesagte Marstech-Trekking-Ausstattung dieser Saison vorführte.

»Wir sind bereit«, sagte sie. »Ich habe einen unauffälligen Transport in die Stadt organisiert.«

»Unauffällig? Von hier aus?« Ich drückte den *Aus*-Kontakt. Zwischen uns sprödete der Brel und entflammte zu strahlender schwebender Asche und schließlich zu gar nichts. »Also, wenn Sie vorhaben, einen Dienstaufzug zu nehmen …«

»Auch die dürften überwacht werden. Wenn nicht von richtigen Feed-Haien, dann zumindest von Kameradrohnen. Ja, Mr. Veil, das war auch mir in den Sinn gekommen. Ich beabsichtige jedoch etwas Nuancierteres.«

Ich kam auf die Beine. »Jetzt haben Sie mich neugierig gemacht, Ms. Madekwe.«

»Gut.« Sie neigte den Kopf um ein winziges Stück, als könnte sie mich so besser in dem schräg durch das Fenster hereinfallenden Licht erkennen. »Dann werden wir vielleicht ein Stück vorankommen.«

10

Zurück in der Stadt fing ich wirklich an, mein Gear zu vermissen.

Die Abreise vom Acantilado lief einigermaßen schmerzlos ab. Das Hotel bot seinen Gästen alle paar Stunden Helikoptershuttles in die Stadt an. Man wurde am Bradbury Central oder auf Anfrage auch anderswo abgesetzt. Die meisten Hotelgäste nutzten den Dienst aus dem einfachen Grund, weil er kostenlos war. Die öffentlichkeitsbewussteren Ultratripper hatten sogar einen noch besseren Grund – die Paparazzi bekamen eine hübsche, große Zielscheibe, auf die sie sich ausrichten konnten, und eine lange Vorwarnzeit.

Madison Madekwes Plan baute direkt auf letzterer Tendenz auf. Wir bestiegen unseren Flug im Kielwasser irgendeines puppenhaft jugendlichen Ultratrippers mitsamt seinem Gefolge und nahmen leise ganz hinten Platz. Die eingeschränkte Pressepräsenz, der man erlaubt hatte, sich in der Nähe des Hotels aufzuhalten, war so sehr vom Licht des Ruhms geblendet, das von unserem Hauptpassagier ausgestrahlt wurde, dass niemand Madekwe oder mich eines zweiten Blickes würdigte.

Noch besser war, dass ich, sobald sich die Luke geschlossen und wir abgehoben hatten, nur neun Personen im Auge behalten musste. Keine erdenkliche Bedrohung ging von der Hauptattraktion selbst oder der schlaffen Handvoll Schmeichler aus, die sich um ihn herum sammelte, und die drei Aufpasser, die sie mitgenommen hatten, waren wegen mir viel nervöser als ich wegen ihnen. Ich tauschte ein mehrfaches professionelles Höflichkeitsnicken mit ihnen aus, und damit schien die Sache erledigt zu sein. Wir alle entspannten uns und blickten aus den Fenstern, und der Drehflügler spulte uns in die dunstigen rotgetönten Tiefen der Scharte hinunter – wie eine winzige Stahlspinne, die an ihrem Faden hinabfiel.

Doch am Bradbury Central herrschte eine völlig andere Sachlage. Abrupt war die nähere Umgebung voller dicht gedrängter potenzieller Gefahren – Bahnhofspersonal, in Uniform oder nicht, Boten in der Tracht von einem Dutzend verschiedener Franchises und Firmen aus der ganzen Stadt, vereinzelte ausreisende Gäste des Acantilado, weltläufig und unübersehbar in ihrer Marstech-Modehaus-Pracht und zum Teil in Begleitung ihrer persönlichen Abholer und Träger, eine schmale Menge aus ValleyVac-Kunden, die ankamen oder zu Zielen im Osten oder Westen der Scharte weiterreisten. Es war ein menschlicher Eintopf, reichhaltig gefüllt mit allen möglichen Risiken, die für mich allesamt nicht auf einfache Weise einzuschätzen waren. Kein Gear bedeutete keine Systeme – keine klinische Gestalt-Bildgebung, die erhöhten Puls oder schweißglänzende Haut registrierte, keine Sensoren, die unangemessene verborgene Hardware aufspürten, keine vorausschauende Modellierung, die Bewegung und Gestik analysierte.

Keine Osiris, die für mich alles zusammenfasste.

Und immer noch keine Gelegenheit, Allmählich anzurufen.

»Sind Sie wütend wegen irgendetwas, Mr. Veil?«, wollte Madison Madekwe wissen, als wir die überwölbte Ankunftshalle voller Schrittechos durchqueren, in umsichtigem Abstand hinter der ungeordneten Schar des Ultratripper-Gefolges.

»Nennen Sie mich einfach nur Veil.« Ich beobachtete zwei Hilfsarbeiter, die vorbeigingen und ihr Kostüm begafften. »Wir halten hier nicht viel von Höflichkeitsformen. Wenn Sie mich ›Mister‹ nennen, komme ich mir vor, als würde ich einen Kredit für einen Crawler beantragen. Und nein, ich bin nicht wütend. Ich versuche nur, meine Arbeit zu machen.«

Ein Stück voraus, am anderen Ende der Halle, klumpte sich eine kleine Horde von Paparazzi um die Sicherheitsgeländer und wartete zweifellos auf unseren knabenhaften Ultra-Kumpel. Fans mit privilegiertem Zugang wogten und drängten sich hinter ihnen, warteten gespannt auf einen Blick, vielleicht sogar auf eine leibhaftige Berührung. Eine lockere Kette von Sicherheitsuniformen der Hafenverwaltung hatte sich der Menge zugewandt, sodass sie mit dem schutzgepanzerten Rücken zu uns standen. Damals hatte ich einige Male als Aufseher für kleinere Prominente gearbeitet, und das sind recht unkomplizierte Dynamiken, wenn man weiß, wie man damit umgehen muss. Ich plante bereits eine Fluchtstrategie, fast ohne darüber nachzudenken. Streckte einen Arm aus, um Madekwes langbeinige, entschlossene Schritte zu verlangsamen.

»Wir sollten uns hier ein bisschen zurückfallen lassen, ja?«

Wir gingen entspannter, um den Abstand zur weiterlaufenden Ultratripper-Gruppe zu vergrößern. Die Aufseher fächerten sich auf, als sie sich dem Geländer näherten, der Ultra-Knabe blieb ganz vorn in der Mitte, hob die Arme zum Gruß, wie ein Priester, der die Bittsteller auffordert, sich zu erheben. Er trug kein Headgear – was vermutlich bedeutete, dass er intern verlinst war – und sein Haar bestand in einem üppigen honigblonden Gewirr bis zu den Schultern. Lose schwarze Baumwolljacke über bloßer breiter Brust, die Hose weit geschnitten und knöchelhoch, rund um lange muskulöse Beine flatternd und haftend, nackte Füße in Espadrilles gesteckt. Eine Woge ging durch die wartenden Fans und Gesichtsjäger – sie verschoben ihre Haltung, suchten nach einer neuen Position, hier und da hoben sich Hände zum Headgear, um noch einmal die Kamerasysteme zu justieren, die sie alle laufen ließen. Die Hafenverwaltung erlaubt keine fremden Drohnen irgendwo auf ihrem Gelände, verfügt sogar über einige nette codierte Abwehrmaßnahmen, die jede Drohne kurzerhand aus der Luft holen, um dann das Betriebssystem an der Quelle aufzuspüren und zu rösten. Das wirft Infiltrationsspezialisten jeglicher Couleur auf grundlegendere Methoden zurück, und die Paparazzi stellten in dieser Hinsicht keine Ausnahme dar. Sie reckten und schubsten sich, um eine Aufnahme zu bekommen, brüllten Fragen, drängten Fans mit den Ellbogen aus dem Weg, wurden im Gegenzug beschimpft und bedrängt. Die Reihe der Hafenverwaltungssicherheit stand regungslos wie Stahlpuppen da.

Der Ultra-Knabe nahm alles in sich auf. Er bewegte sich am Geländer entlang vor und zurück, posierte, grinste.

»Haben Sie irgendeine Ahnung, wer dieser Flachwichser da ist?«, fragte ich gereizt.

Madekwe nickte. »Sundry Charms. Er ist ein großer Name in Australien, auch im Pazifikraum. Musik, Tanz und Mindscape. Er ist hier, um irgendetwas an der Südwand zu machen.«

Klar, ohne Scheiß, sagte ich nicht. *Er und jedes andere Billigmarkengesicht, das es zum Mars schafft und nicht den Mumm hat, ins Freie zu gehen.* Eines Tages wird man die gesamte Planetenatmosphäre auf ungefähr Erdstandard hochgetrieben haben, und dann kriechen wir alle unter der Lamina hervor, und dann können sich diese Idioten vielleicht irgendeine andere marsianische Landmarke suchen, um ihr Ego daran zu messen.

»SNDRI Charms«, sagte ich stattdessen. »Sehr gut. Nie von ihm gehört.«

Sie zögerte einen Moment. »Wenn Sie eine Teenagertochter hätten, hätten sie vom ihm gehört.«

Wir schoben uns am Medienfressrausch vor dem Geländer vorbei, fanden einen Ausweg für uns zwischen zwei Typen von der Hafenverwaltung und durch eine gestaffelte Lücke in der Barriere dahinter. Ich warf mich ins Gedränge, öffnete einen Weg für uns, bemühte mich um ein lässiges Tempo – *hier gibt's nichts zu sehen, Leute, nur ein paar völlig unwichtige Büroangestellte aus Grokville, die in dieses Durcheinander hineingeraten sind und es eilig haben, Sie wissen schon, wenn Sie also einfach, danke, danke ...*

Wir hatten das lose Gewühl aus Körpern fast hinter uns gelassen, als alles zusammenbrach.

Irgendein ungewöhnlich aufgeweckter Geck – vielleicht einer von denen, die wirkliche Journalisten waren, bevor sich die Sache nicht mehr auszahlte – musste einen Blick auf Madekwe geworfen haben. Vielleicht war es die teure Kleidung oder der langbeinige Gang. Der Blick hakte sich fest, verharrte für einen weiteren fatalen Moment, und dann erkannte er sie schlagartig wieder.

»Ms. Madekwe!« Ich ortete die Stimme, sah, wie er sich durch die Menge schlängelte, ihr den Weg abschneiden wollte. »Madison Madekwe, hier drüben! Schauen Sie mich an! Hat COLIN schon ...?«

So lange brauchte ich, um zu ihm zu gelangen. Ich packte ihn an der Hand, mit der er winkte, warf ihn herum, damit er sich mir zuwandte, wie ein übereifriger Tangopartner. Nahe genug, um das Wachbleib in seinem Atem zu riechen, seinen rotädrigen starrenden Blick hinter den Linsen zu erkennen. Mit der freien Hand riss ich ihm das Headgear herunter, drückte ihm einen Daumen in ein Auge. Er schrie auf und versuchte zurückzuweichen. Ich zog ihn wieder heran, verpasste ihm einen kräftigen Kopfstoß ins Gesicht. Ließ ihn los und trieb einen heftigen Aufwärtshaken unter seine Rippen. Er gab ein hohles Pfeifen von sich und ging zu Boden, während ihm Blut aus der Nase strömte.

Sofort kniete ich mich neben ihm hin. Spürte eine bescheidene Menge, die sich hinter meinem Rücken sammelte.

»Hey, was ist da ...?«

»… nicht gesehen, was …«

»… einfach zusammengebrochen, glaube ich …«

»Jemand soll eine Ambulanz rufen«, stieß ich hervor, während ich verstohlen das Headgear zusammenfaltete und es in eine Tasche schob. »Ich glaube, es ist ein Upgrade-Versagen, er weist den neuen Code ab.«

Die Menge wurde dichter. Das hier war sogar im Vergleich zu den Mätzchen des Ultra-Knaben auf der anderen Seite des Geländers interessant. Es kam selten vor, dass sich von Codierfliegen übertragene Biotech schlecht mit dem existierenden Code von jemandem vertrug, aber wenn es doch passierte, konnte es dramatisch werden, und es war ein lustiger Anblick. Ausschlag, Fieber, Krämpfe – niemand konnte sagen, auf welche Weise die widerstreitenden Systeme ins Torkeln gerieten. Ich zog mich von dem kreischenden, in Fötalhaltung zusammengerollten Paparazzo zurück, überließ den anderen die Initiative. Schlüpfte unbemerkt durch das zunehmende Gedränge davon.

Ich fand Madison Madekwe ungefähr an der Stelle wieder, wo ich sie zurückgelassen hatte.

»Wollen wir?«, fragte ich und führte sie hinaus.

Draußen auf der Treppe vor dem Bahnhof war es hell und sonnig, was bedeutete, dass der Himmel aussah, als würde die Welt in Flammen stehen, während die Lamina hochenergetische Partikel einfing und zum Frühstück verspeiste. Die Luft fühlte sich für die Tageszeit ordentlich warm an, zumindest nach Marsstandards. Aber nicht so, dass man sich deswegen die Jacke ausziehen würde. Die Brise, die durch die Straße kam, war immer noch heftig und trockenkalt. Ich spürte, wie sie kühl über die taubheiße Stelle auf meiner Stirn wischte, wo ich den Paparazzo gestoßen hatte.

Ich fischte sein Gear aus meiner Tasche und probierte es an. Wahrscheinlich auf den User abgestimmt, aber einen Versuch war es wert. Daten sausten und schmierten für einen hoffnungsvollen Moment durch mein Sichtfeld, erloschen zischend. *Na gut.* Mit der Zeit und etwas Hilfe von Osiris würde es sich problemlos hacken lassen, aber es war eine Menge Aufwand, nur um den Anruf bei Allmählich zu beschleunigen, und jetzt war ohnehin kaum der richtige Zeitpunkt dafür. Wir mussten aus der näheren Umgebung verschwinden. Ich machte einen Schritt die Treppe h…

Madekwe packte meinen Arm, ließ mich innehalten.

»Nur einen Augenblick, Mr. Veil.« Die Stimme tief, angespannt und verärgert.

Ich kämpfte eine instinktive heißlaufende Reaktion nieder – die Bewegungsenergie des Griffs nutzen, ein kräftiger Schlag gegen das Brustbein – und drehte mich stattdessen entspannt zu ihr herum. Behutsam befreite ich meinen Arm von ihr, nahm das gestohlene Headgear ab und steckte es zurück in die Tasche.

»Ich sagte doch, einfach nur Veil«, erwiderte ich gelassen.

Ein flirrender Rundumblick, und wieder sehnte ich mich nach meinem Gear. Ein paar Meter tiefer auf der Treppe, wo wir stehen geblieben waren, hielt ein weiterer lockerer Kordon aus Sicherheitskräften einen großen Mob aus jungen Männern und Frauen zurück, die meisten in Sundry-Charms-T-Shirts. Einige Branengel-Poster schwebten über ihnen, Charms vage asiatisch-pazifisches hübsches Gesicht war mit Neonlinien in die Luft graviert. Seine Züge spulten eine stilisierte wiederholte Mimiksequenz ab, die einen ungestümen Schrei zu enthalten schien. Dabei kam ein winziges blau leuchtendes Mandala aus seinem Mund, wuchs sich zu einem geometrischen Netz über seinem Gesicht aus, bis es zerplatzte und verwehte.

In Anbetracht dessen wirkte die Menge relativ friedlich. Und niemand schenkte uns die geringste Aufmerksamkeit, soweit ich es beurteilen konnte.

Unter den goldenen Möwenflügeln ihres Headgears war Madekwes Blick zornig und konzentriert. »Ich habe Geschichten gehört, wie Polizeiarbeit auf dem Mars abläuft, Mr. Veil …«

»Veil.«

»… und ich habe nicht die Absicht, ein derartiges Verhalten während meines hiesigen Aufenthalts zu billigen. Ist das klar?«

Ich zuckte mit den Schultern. »Wenn Sie mit der Presse reden wollten, hätten Sie es mir sagen sollen.«

»Ich *wollte* nicht …«

»Nun, es ging wirklich nur darum, ob Sie sich auf ein Gespräch einlassen oder wir uns auf diese Weise aus dem Staub machen. So viel zur Unauffälligkeit, die Sie sich gewünscht haben.«

Sie nahm einen tiefen Atemzug. Hielt für einen Moment die Luft an.

»Wird er uns folgen?«

»Nicht in dem Zustand, in dem ich ihn zurückgelassen habe. Und ich bezweifle, dass er einen Exklusivbericht an irgendeinen seiner Aasfresserkollegen abtreten wird. Uns bleibt etwas Zeit. Aber nichts, was sich in die Länge ziehen ließe.«

Sie dachte darüber nach, etwa drei Herzschläge lang, nach meiner Zählung. Nickte.

»Also gut. Jetzt bringen Sie mich lieber hier raus.«

»Ja, Ma'am.«

Ich führte sie hinunter und an der wartenden Charms-Fangemeinde vorbei, um die Ecke, dann den Harriman Boulevard hinauf zum Gebäudekomplex von Vector Red Haulage. Auf dem Mars ist die Möglichkeit, nach draußen zu gehen und herumzulaufen, immer noch etwas, auf das die Kultur übermäßig stolz ist, und diesen Stolz sieht man auch recht häufig in der Architektur reflektiert. Bradbury Central hätte ein einziger allumfassender Monolith der Hafenverwaltung sein können, und auf der Erde wäre es das vermutlich auch gewesen. Hier im Valley ist es ein Campus, entlang weitläufiger sternförmiger Verkehrsstraßen ausgestreckt, mit dem Terminusgebäude im Herzen, besprenkelt mit sonnigen Eckchen und Plätzen und modifizierten Eisenholzakazien, die alle zwanzig Meter oder so scheckigen Schatten spenden. Wir liefen mit der Brise im Rücken und dem leisen Flüstern der Bäume über uns weiter.

»Es ist … nicht so, wie ich es mir vorgestellt hatte«, sagte Madekwe leise. »Ganz und gar nicht.«

Es war nicht klar, ob sie jetzt über den Himmel, die architektonische Gestaltung oder meinen zupackenden Umgang mit der lokalen Presse sprach. Ich rieb mir die Stirn, antwortete ihr mit einem unverbindlichen Grunzen.

»Zum einen dachte ich, ich würde die Schwerkraft mehr spüren.« Wieder stieg Verärgerung in ihrer Stimme auf. »Also – *weniger*, meine ich. Ich dachte, ich würde mich leichter fühlen. Weniger verankert.«

»Das ist die Kryokap. Man pumpt Sie unterwegs mit irgendwelchem Scheiß voll, um Ihr Muskelgedächtnis zu lockern. Die Anpassungsgeschwindigkeit Ihres Körpers zu verbessern. Es ist normal, sich so zu fühlen.« Ich machte eine kurze Pause. »Allerdings hüpfen Sie tatsächlich ein wenig, falls Sie das tröstet.«

»Keineswegs. Und ich bin *angeschlagen*, Mr. Veil. Ziemlich angeschlagen.«

»Veil. Auch das ist normal. Das wird sich geben.«

Wir gingen fast eine Minute lang schweigend weiter, bevor sie auf ihren eigentlichen Punkt zurückkam. »Wissen Sie, auf der

Erde kommen Sie nicht einfach davon, wenn Sie in der Öffentlichkeit einen Journalisten auf diese Weise angreifen.«

»Ich weiß. Eine ganz andere Welt, stimmt's?«

»Haben Sie keine solchen Gesetze auf dem Mars?«

»Wir haben kaum Journalisten auf dem Mars, ganz zu schweigen von Gesetzen, die sie schützen sollen.« Der nadeldünne Stich einer Codierfliege in meinem Nacken. Ich unterdrückte den Drang, danach zu schlagen. *Mann, wie viele verfickte Upgrades habe ich verpasst?* »Hier ist die High Frontier, Ms. Madekwe. Also nicht allzu viel Platz für Nettigkeiten.«

»Ja, das wird für mich immer offensichtlicher.«

Wir passierten einen Matestand, der unter dem Schirm einer Akazie aufgebaut worden war. Noch etwas früh für Kundschaft – eine zerstreute Gruppe von skelettartigen Carbonfaserstühlen mit niemandem darauf verteilte sich trist um leere Tische. Über dem Verkaufskarren glomm blass ein Brel in der Morgenluft – COLINAS DE CAPRI CHASMA: NUEVAS COSECHAS. Im Zuge der Werbung für die neue Ernte wurden billige Einweggearsets verscherbelt.

»Würden Sie mich für einen Augenblick entschuldigen, Ms. Madekwe?«

Ich hätte einfach eins der Wegwerfmodelle von dem gelangweilt wirkenden Andino-Jungen hinter dem Karren gekauft, aber das wollte er nicht zulassen. Entweder umsonst mit jeder Kaufsumme von mehr als zehn Marin oder gar nicht. Alles einkalkuliert und abgerechnet. Es würde mich meinen Job kosten, *señor*, wenn ich es bei Ihnen anders mache.

Wahrscheinlich sagte er in diesem Punkt sogar die Wahrheit.

Angespannt trat Madison Madekwe an meine Seite. Ich drehte mich zu ihr um, und plötzlich waren wir uns viel näher, als irgendjemand von uns geplant hatte. Ihre Augen weiteten sich. Ich bemerkte einen leichten Hauch von Anis in ihrem Atem.

»Problem?«, fragte sie etwas überhastet.

»Ganz und gar nicht.« Ich deutete auf die hängende Kette mit dem dreifachen C-Logo über uns. »Möchten Sie das probieren? Colinas de Capri Chasma. Die besten Kokabauern im östlichen Valley. Dürfte Ihren Kryokap-Blues lindern.«

»Tee?« Ihre Augenbrauen hoben sich. Ein Grinsen flackerte unsicher um ihren Mund. »Sie schlagen vor ... dass wir eine *Teepause* machen?«

»Klar. Warum nicht?«

Umständlich blickte sie sich auf dem Platz um, nutzte die Bewegung, ein Stück von mir zurückzutreten. Der Spaß verschwand aus ihrem Tonfall. »Sie machen sich keine Sorgen, dass unser Journalistenfreund uns einholen könnte?«

»Falls er es tut, glaube ich, dass er Abstand halten wird.«

»Gut. Aber ich habe hier noch keine Kreditlinie. Ich kann nichts ...«

Ich grinste sie an, ein wenig zu heißlaufend und breit. »Das geht auf mich. Ich werde es der Polizei in Rechnung stellen. Besetzen Sie einen Tisch für uns.«

Sie zögerte noch einen Moment, dann stimmte sie mit einem Schulterzucken zu und suchte sich einen Platz. Als ich ihr nachblickte, wurde mir bewusst, dass ich starrte. Und ich spürte den verwehenden Geist des Grinsens, das mein Gesicht immer noch nicht ganz verlassen hatte.

Ich riss mich zusammen. Wandte mich hastig um, wieder dem Karren und dem Andino-Jungen zu.

11

Ich bestellte große Mates vom Menü, fügte einen Teller mit süßem Kuchen aus Maispaste hinzu, um die Gesamtsumme über die magische Zehn-Marin-Schwelle hinauszutreiben, und streckte die Hand nach dem kostenlosen Gear aus. Der Junge fischte eins aus dem Karren und warf es in meine offene Handfläche, wo es wie ein winziger toter Oktopus lag, im Grün und Schwarz der Uniform von Colinas de Capri Chasma gefärbt, noch ein wenig feucht von der Lagerkapsel.

»Ich bringe Ihnen die Getränke hinüber«, sagte er.

Ich hielt die schlaffe Plastiformhülle des Sets eine Weile in der Hand und beobachtete, wie sie auf meine Körperwärme reagierte und sich ausformte und verfestigte. Ich bereute bereits den Impuls, der mich zum Kauf angespornt hatte. Schließlich konnte ich kaum einen Anruf an die Hellas-Triaden tätigen, während die reizende Madison Madekwe mich beobachtete und ich nicht wusste, mit welchem Grad an unterschwelliger Wahrnehmung ihr eigenes supermodernes COLIN-Gear frisiert war.

Ich stopfte das halb geronnene Gearset in eine Tasche und ging hinüber, um mich zu ihr in die Flecken blassen Sonnenlichts zu setzen, das durch das Blätterdach drang. Ich zwang mich zu einem Lächeln.

»Wird ein paar Minuten dauern.«

»Ja.« Ließ sich nicht zum Narren halten. »Mr. Veil, falls Sie ...«

»Veil.«

»Veil. Falls Sie irgendwelche Anrufe erledigen müssen, Veil, dann halten Sie sich meinetwegen bitte nicht zurück.«

»Es ist nichts, was sich nicht aufschieben ließe.«

Wir saßen eine Weile still da. Das Rauschen der Brise in der Akazie, das Zischen des gekochten Wassers und das Geschirrgeklapper des Jungen, der an dem Karren arbeitete. Eine Handvoll Fußgänger passierte uns auf verschiedenen Vektoren über den Platz. Keiner von ihnen blickte auch nur in unsere Richtung.

»Vermissen Sie die Erde?«

Ich blinzelte. »Wie kommen Sie darauf, dass ich von der Erde bin?«

»Die Art, wie Sie sprechen.« Ein Schulterzucken. »Wie Sie sich generell verhalten. Sie haben mir gesagt, dass Sie nicht von hier sind, Sie finden offensichtlich keinen Gefallen am Mars, und Ihre Geringschätzung würde nicht passen, wenn Sie von den äußeren Kolonien oder einem der O'Neills wären. Wie lange sind Sie schon hier?«

»Lange genug, um mich daran gewöhnt zu haben.«

Die Mates kamen in großen Schalentassen, die so ausgedruckt waren, dass sie wie handgedrehte Töpferware aussahen. Der Junge servierte die süßen Kuchen und eine Zuckerdose und ließ uns wieder allein.

»Sind Sie zum Arbeiten hergekommen?«

Ich war nicht in Stimmung für eine Beichte. Aber ich brauchte etwas, womit ich Madison Madekwe von meinem taktischen Patzer mit dem Headgear ablenken konnte, und wie es aussah, war es das.

»Mit Unterbrechungen, ja. Früher bin ich ein Overrider für Blond Vaisutis gewesen.« Ich sah, wie sie erstarrte, als ich das sagte. »Hauptsächlich Jobs im äußeren System. Es passiert oft, dass man hier abgesetzt wird, wenn der Vertrag erfüllt ist.«

Sie vertuschte ihre erste Reaktion mit einem konzentrierten Stirnrunzeln. »Blond Vaisutis. Ich kenne den Namen. Auch wenn ich nicht behaupten kann, genau zu wissen ...«

»Nein, das können Sie auch nicht wissen. Der Laden hat kaum ein öffentliches Profil. Biotech und Postorganik für Sicherheitskräfte, planetare Anlagenverwaltung und Logistik. Solche Sachen.«

Sie nickte langsam. »Interessanter Arbeitgeber.«

»Kann man wohl sagen.«

»Und dann gab es ... ein Problem?«

»Es gibt immer ein Problem, Ms. Madekwe. Man weckt mich nicht auf, wenn alles glattläuft.«

Ich bemerkte den Tempuspatzer zu spät, verfluchte mich selbst als hoffnungslos nostalgisches Arschloch. Aber ich war mir nicht sicher, ob auch Madison Madekwe es bemerkt hatte.

»Natürlich«, sagte sie vorsichtig. »Ich wollte damit sagen – Sie wurden entlassen. Haben Sie den Vertrag mit denen verloren?«

»Ich habe eine Fracht und eine Besatzung verloren. Und infolgedessen meinen Vertrag und meine Vergünstigungen, ja.«

Sie rührte langsam einen Löffel Zucker in ihre Matetasse. Immer noch stirnrunzelnd. »Könnten Sie nicht einen anderen Arbeitgeber finden? Mit jemand anderem wieder hinausgehen?«

»Blond Vaisutis hat mir meine Betriebslizenz entzogen.« Ich strengte mich an, die Verbitterung aus meiner Stimme herauszuhalten. »Das übliche Prozedere.«

»Wie lange hatten Sie für sie gearbeitet?«

»Seit der Zeugung.« Ich dachte kurz nach. »Zumindest seit dem zweiten Trimester. Meine Mutter meldete uns beide für das Lokale Spezialausbildungsprogramm an, etwa zu dem Zeitpunkt, als sie wusste, dass sie schwanger war.«

»Sie sind ein *Variant*?« Ihre Augen weiteten sich ein wenig.

»Hibernoid. Viele Overrider sind das. Der natürliche menschliche Code verträgt sich nicht allzu gut mit den ständigen Kryokap-Phasen. Also ja. Mutter spaziert durch die Tür zur Provinzzentrale von Blond Vaisutis, die seinerzeit Hibernoide brauchte, und so wurde ich optimiert. Eigentlich kann ich es ihr kaum zum Vorwurf machen. Wo sie herkam, war das SAP so ziemlich die einzige Perspektive für eine alleinstehende Mutter. Entweder das, oder man mietet ein Zimmer im Obergeschoss und sagt den Kerlen, dass sie sich in eine ordentliche Schlange auf der Treppe einreihen sollen.«

»O Gott«, hauchte sie.

»Der nahm keine Anrufe entgegen. Genauso wenig wie der vagabundierende Drecksack, der die andere Hälfte meines Startcodes beisteuerte. Also …«, ich zuckte mit den Schultern, »was soll man machen?«

Sie war eine Weile still. Wir tranken langsam die Mates, stocherten ohne allzu großes Interesse in den süßen Kuchen herum.

»Erzählen Sie mir von Ihrer Tochter.«

»Hm?« Sie blickte auf. »Oh. Adanya. Ja, sie ist jetzt fünfzehn. Macht ihrem Vater bestimmt Schwierigkeiten, während ich fort bin.«

»Passiert das oft?«

»Dies ist mein erster interplanetarer Trip, obwohl ich auch auf der Erde recht oft geschäftlich unterwegs bin. Adanya hat sich inzwischen daran gewöhnt.«

»Wie kam es zu der Veränderung? Haben Sie sich freiwillig gemeldet?«

»Ja. Woher wussten Sie das?«

Weil alles, was du sagst, deine tiefe Überzeugung von der Leistungskultur und von COLINs Mission für die Menschheit verrät. Ich schüttelte den Kopf. »Zufallstreffer. Gehörten Sie auch der vorherigen Mission an, bei der COLIN den Stecker gezogen hat?«

»Nein. Das war vor sechs Jahren – Erdjahren, meine ich. Adanya war noch so jung. Ich, ähm, ich habe damals versucht, so wenig wie möglich zu reisen, wissen Sie. Es war eine andere Zeit für uns alle.«

Etwas in der Art, wie sie das sagte. Ohne Osiris als Hilfe stürzte ich mich wahllos in die Richtung, die dieser Kommentar anzudeuten schien. »Sie sagen, Adanya hätte sich daran gewöhnt. Was ist mit ihrem Vater?«

»Er hat damit kein Problem.« Schmallippig.

»O-kay.«

»Wir sind geschieden. Inzwischen seit neun Jahren.« Sie sah mich direkt an, borgte sich meinen Tonfall von vor wenigen Augenblicken aus. »Was soll man machen?«

Die Mimikry war sehr genau, gut beobachtet. Ich lachte. »Also gut.«

»Also gut«, stimmte sie mir zu.

Vector Red Haulage umfasste fünf einzelne Gebäude, die sich rund um einen großen, von Eisenholzbäumen beschatteten Innenhof mit einer Statue von Erica Horkan im Zentrum gruppierten. Sie hatte den Kopf zurück- und etwas zur Seite gelegt, eine Pose, die vermutlich ausdrücken sollte, dass sie zu den Sternen aufblickte. Andererseits war die Geschäftsverwaltung im oberen Segment eines hoch aufragenden schwarz glänzenden Turms genau vor ihr untergebracht, und laut Firmenlegende war sie die treibende Kraft bei der Sicherung des Transportmonopols gewesen. Also schaute sie vielleicht nur zur Kommandoebene auf und zwinkerte den Leuten zu. Wir stiegen eine bescheidene Treppe vom Wasserbecken des Hofs hinauf und gingen durch hohe Türen, die sich mit weniger Geräusch teilten, als der Wind in den Akazien machte. Ich ließ Madison Madekwe vorausgehen, schaute zur Sicherheit noch einmal zurück und folgte ihr dann hinein.

Das Interieur war ungefähr das, was man erwarten würde – selbstbewusste Huldigungen an die Siedlungszeit, aber ohne all die rauen Kanten. Regenerierter Fels als Boden, allerdings durch codierte Staubmilbenimitate auf Hochglanz poliert, oben eine brutal schwere Wölbung, die jedoch das verräterische Schimmern aktiver Nanofabrikation aufwies, in den Ecken liefen körnige Weltraumaufnahmen von frühen Kolonie-Shuttles, jedoch auf so supermodernen Branengeln, dass sie wie leere Luft aussahen. Über allem fiel Licht von der feurigen Lamina durch schräge Dachfenster und erzeugte schmale rosige Säulen in der heiligen Stille.

Ein Rezeptionsbrel trieb auf uns zu. Sehr hübsch, sehr hochaufgelöst. Strenge Overall-Couture passend zum Dekor, andines gutes Aussehen. Eine gepflegte Augenbraue hob sich.

»Haben Sie einen Termin?«, fragte er uns.

»Nein, wir haben keinen. Ich bin Madison Madekwe von COLIN Earth Oversight. Ich bin hier, um mit dem Lotterie-Kontaktdirektor zu sprechen.«

»Ich fürchte«, sagte das Bild freundlich, »ohne Terminvereinbarung wird Mr. Deiss Sie ... jetzt sofort empfangen. Bitte nehmen Sie den Aufzug am Ende der Lobby.«

Es hatte fast keine Unterbrechung gegeben, als sich die Subroutine einschaltete, ausgelöst entweder durch Madekwes Namen oder einfach durch die Macht in den Worten *COLIN Earth Oversight*. Der Brel driftete ein paar Schritte weit zurück, die Frau, die auf die monomolekulare Oberfläche gemalt war, bedachte uns mit dem steifen Lächeln einer Rezeptionistin und deutete elegant zur Seite. Eine Lifttür öffnete sich im Zwielicht weiter hinten, legte eine sanfte Zunge aus Licht auf den polierten Felsboden – wie einen Willkommensteppich.

Ich zog das Headgear des Paparazzo aus der Tasche und hielt es hoch. »Haben Sie hier unten zufällig eine Flash-Pan?«

»Ist Ihr Gear unwiederbringlich beschädigt?«

»Ja, es geht nicht mehr. Ich glaube, es war ein Kraterkriechervirus.«

»Neben dem Aufzug.« Die gleiche elegante Geste, und ein schmaler horizontaler Schacht öffnete sich etwa auf Hüfthöhe in der Wand. Bernsteingelbe Flecken aus Warnlicht liefen um die Ränder der Öffnung herum, als glitten sie auf Öl dahin. »Bitte achten Sie auf Ihre Finger.«

Ich warf das Headgear in den Spalt, beobachtete, wie die Flash-Pan zuschnappte, dann trat ich in den Lift und wartete, dass sich Madison Madekwe zu mir gesellte. Der Branengel der Rezeptionistin driftete noch für einige Augenblicke halbherzig in den Bereich, den wir soeben durchquert hatten, als würde er nach weiterer Kundschaft Ausschau halten. Dann flammte er auf und zerschrumpfte zu nichts.

»Kraterkriecher?«, fragte Madekwe, als sich die Türen schlossen.

»Chinesen. Sie leben drüben im Hellas-Kraterbecken. Die einzige andere Region auf dem Planeten, wo sich Lamina-Systeme betreiben lassen, um die Luft zusammenzuhalten – zweitausenddreihundert Kilometer weit und sieben tief. Funktioniert nicht so gut wie im Valley, wie ich gehört habe. Aber sie kommen klar.«

»Und haben sie die Angewohnheit, feindliche Viren gegen COLIN einzusetzen? Ich dachte, es gäbe einen Friedensvertrag.«

Ich grinste. »Sagen wir einfach, das ist eine beliebte Paranoia in dieser Gegend. Eine gute Bank, wenn man ernst genommen werden möchte.«

»Ich verstehe.«

Der Lift pingte sanft und öffnete sich zum absoluten Minimum eines Warteraums, eher eine stilistische Hommage an uralte Gepflogenheiten als ein tatsächlich zweckmäßiger Raum. In diesem Zeitalter würde kein Unternehmen, das seinen Aktienkurs wert ist, auch nur davon träumen, jemanden, der hinaufgekommen ist, *warten* zu lassen. Die Tür zum Büro dahinter war bereits offen.

Dort stand ein Mann in einem teuren Anzug – in den Mars-Zwanzigern, ordentlich frisiertes ergrautes Haar, leicht hagere europäische Züge, in einer erstklassigen Werkstatt überarbeitet, um ihm eine nichtssagende korporative Attraktivität zu verleihen. Martin Deiss – der Deiss Man, leibhaftig. Ich kannte ihn natürlich aus den Ride4Free-Publicityfilmen, diese verfickte Werbung läuft überall. *Meine Damen und Herren, begrüßen Sie den Deiss Man. Und nun lassen wir die Würfel rollen!* Aber heute war nichts von dem großen geschäftlichen Plastiklächeln zu sehen. Stattdessen zuckte er im Türrahmen wie eine in die Enge getriebene Ratte, hatte eine offensichtliche SNDRI-Gewohnheit und kam gerade schlimm mit den Nerven runter.

»Madison Madekwe – das ist, äh, ein unerwartetes Vergnügen.« Man brauchte kein Gestaltsystem eines Headgear, um diese Lüge zu erkennen – es war ihm deutlich anzusehen wie in der Endrunde eines Bodenkämpfers. Sein Blick huschte in meine Richtung. »Ich hatte noch nicht, äh …«

»Das ist Veil«, sagte Madekwe schroff. »Die Bradbury-Polizei hat ihn zu meinem Schutz abgestellt.«

»Richtig … äh, nun.« Er schniefte und konnte gerade noch dem Drang widerstehen, sich die Nase zu reiben. Brachte stattdessen etwas geschäftsmännischen Hochmut auf. »Guten Tag, Officer. Ähm, es dürfte sich um eine Diskussion unter Geheimnisträgern handeln, und ich bin mir nicht sicher, ob es wirklich angemessen ist, wenn Sie, äh … Wenn Sie vielleicht, äh, anderswo warten könnten, während wir, äh …«

Ich holte dasselbe Grinsen hervor, das ich bereits im Lift verwendet hatte. »Das bleibt tatsächlich allein Ms. Madekwe überlassen.«

»Das dürfte sicherlich kein Problem sein«, sagte sie geistesabwesend und blickte sich kaum zu mir um. »Vielleicht könnten Sie sogar gehen und Ihr Gear holen und sich später wieder hier mit mir treffen. Ich rechne damit, dass Deiss und ich den Rest des Tages benötigen werden. Wir können uns nach Dienstschluss kontaktieren. Sie haben ja meine Nummer.«

Ich hielt ein kleines, unerwartetes Beben der Verärgerung zurück. »Ich habe sie im Kopf. Ich werde anrufen, sobald ich eingeklinkt bin, und Sie können die Verbindung speichern.«

»Ausgezeichnet.« Jetzt sah sie mich erwartungsvoll an. »Vielen Dank, Veil.«

»Ist alles im Service inbegriffen.«

In Wirklichkeit war es ausgesprochen sinnvoll. So konnte ich gut die Zeit nutzen, und es gab mir die Möglichkeit, Allmählich anzurufen. Schließlich war es nicht nötig, dass ich Madison Madekwe in einem Konzernturm bewachte, in den man nur mit militärischer Ausrüstung uneingeladen hineinkam. Letztlich …

Letztlich besteht überhaupt kein Anlass für dieses Ärgernis, Hak. Du verlierst dein Fingerspitzengefühl. Und was auch immer zwischen dir und dieser Erdfrau los ist, es hat nichts mit deinem oder ihrem Job zu tun. Wenn sie es niederhalten kann, kannst du das auch. Wir wollen uns am Riemen reißen, ja?

Ich trat in die Liftkabine zurück und drückte den Nachunten-Knopf. Sah die Erleichterung über Martin Deiss' Gesicht fließen wie Wasser aus einer warmen Dusche. Ganz allein mit Madison, gemütlich und COLIN-befugt, während die Unbefugten und Ungewaschenen kurzerhand auf die Ebenen zurückgeschickt wurden, auf die sie gehörten. Ich nickte ihm säuerlich zu, *bis bald, Arschloch*, dann versperrten mir die geschlossenen Türhälften die Sicht. Die Kabine fiel unter meinen Füßen ab, sauste zur Lobby zurück. Das feine Gefühl, dass alles irgendwie falsch war, auch wenn ich es nicht auf den Punkt bringen konnte. Ich spürte einen schreckhaften heißlaufenden Muskel in meinem Gesicht zucken.

Ich flashte zu Chakana zurück, stand in einem anderen hinunterfahrenden Lift, drüben im Hotel. Das vorsichtige Gesprächsduell, das wir hatten.

Das ist Blödsinn, Nikki. Niemand lässt sich wegen eines Mannes wie Pavel Torres den weiten Weg von der Erde herüberschicken …

Der kleine harte Kieselstein der Überzeugung.

Hier geht noch etwas anderes vor sich, und du weißt das.

Dann finde heraus, was es ist, Overrider. Finde heraus, was es ist, bring es zu mir, und wenn es etwas halbwegs Bedeutendes ist, bekommst du vielleicht einen Keks.

Bis dahin bist du als Reiseführer verpflichtet.

Reiseführer würde ich bleiben. Scheiß auf Chakana und ihren schludrigen Mangel an Interesse. Scheiß auf Earth Oversight und ihre elitären Technokratenallüren. Scheiß auf das Hintergrundrauschen.

Es wird Zeit, dein eigenes Leben in Ordnung zu bringen, Overrider. Die Uhr tickt.

12

Wie die meisten seiner Art war das Einweggear ungefähr das wert, was ich dafür bezahlt hatte. Gut für ein paar Stunden einfacher AR innerhalb der Stadtgrenzen und einhundert Anrufe im Bereich des Valley, aber das AR-Feld war vollgestopft mit unwichtigen Positionsmarkierungen für Markenartikel-Verkaufsstellen und hochwertige Dienstleistungen, und für jeden Anruf, den man tätigte, musste man sich zunächst mit neunzig Sekunden Firmenwerbung berieseln lassen.

Qualität, Auswahl, Freiheit, wie es in der Charta heißt. Was soll man machen?

Trotzdem setzte ich mir das verdammte Ding auf und warf es an. Keine Chance, dass die Systeme leistungsfähig genug waren, um mich mit Osiris zu verbinden. Ich tippte Allmählichs Nummer manuell ein und wartete. Ich wartete nicht lange.

»TKS Holdings«, sagte eine vorsichtige männliche Stimme.

»Hier ist Veil. Stellen Sie mich zu Allmählich durch.«

Die Stimme verschwand, ließ mich mit Stille und dem kaum wahrnehmbaren Hintergrundtrillern eines Scrambler-Algorithmus allein. Ich stand auf dem Platz unter der Geschäftsverwaltung von Vector Red und blickte hin und wieder mürrisch zu den Penthouse-Etagen hinauf.

Fünfzig Fabelhafte Heimkehr-Gewinner jedes Jahr!
Aber du musst spielen, um zu gewinnen!

Dasselbe ließe sich auch über jene von uns sagen, die hierbleiben mussten.

»Mr. Veil.« Allmählichs gleichmäßiger Tonfall träufelte in mein Ohr. Kein Bild, nur Ton – komprimierter Content zur Minimierung aufspürbarer Übertragung. »Was kann ich für Sie tun?«

»Ich bin ohne Ihre Hilfe aus dem Gefängnis gekommen. Vielleicht haben Sie schon davon gehört.«

»Ja, es ist von unseren Quellen gemeldet worden. Wir haben Sie beobachtet.«

Ich ignorierte die verschleierte Drohung, unterdrückte das leichte Zittern, das sie in meinem Nacken auslöste. »Es ist nicht, was Sie denken.«

»Was ist es dann, Mr. Veil?«

»Nichts, was ich per Telefon besprechen werde. Sagen wir einfach, die Vereinbarungen, die getroffen wurden, haben nichts mit Ihnen oder unseren gemeinsamen geschäftlichen Interessen zu tun.«

Sie ließ die Stille ein paar Sekunden lang in meine Ohren sickern, bevor sie antwortete.

»Das ist … bemerkenswert vorteilhaft, Mr. Veil. Und ist der Lieutenant von der Mordkommission, der Sie aus dem Verhörzimmer geholt hat, gleichermaßen an unseren Aktivitäten desinteressiert? Vor allem an der Auflösung des Mordfalls desinteressiert, aufgrund dessen Sie verhaftet wurden?«

»Wie gesagt – nicht über eine offene Verbindung.«

»Diese Verbindung ist nicht offen, wie Ihnen zweifellos bewusst sein dürfte.«

»An diesem Ende ist sie es, glauben Sie mir. Ich benutze das billigste Scheißgear, das Sie jemals gesehen haben.« Heißgelaufene Erregbarkeit stieg in meiner Stimme auf. »Das verdammte Ding wurde wahrscheinlich in einem Ausbeuterladen in Hellas zusammengebaut.«

»Warum?«

»Ein böser historischer Witz. Sie da drüben ...«
»Nein, warum benutzen Sie ein minderwertiges Gearset?«
»Lange Geschichte, und im Augenblick habe ich wirklich nicht die Zeit dazu. Je länger ich dran bin, desto höher wird die Chance, dass jemand hineinhorcht.«
»Dann sollten Sie lieber zu uns herüberkommen.«
Mist.
»Dafür habe ich wirklich keine Zeit. Ich bin ...«
»Jetzt.« Der Einsilber hatte die ganze Wucht eines Urangeschosses. »Sie sollten lieber jetzt sofort zu uns herüberkommen. Wir werden auf Sie warten. Einen guten Tag, Mr. Veil.«
Ich nahm das Einweggear ab und betrachtete es, unterdrückte den Drang, es in meiner Faust zu zerquetschen. Ziemlich sinnlos – mit bloßen Händen kann man keinen Schaden an Plastiform anrichten, ganz gleich, wie stinksauer man auch ist. Das verdammte Zeug ist wie Mulhollands Ansehen bei den Wählern – nichts hinterlässt eine Delle, nichts kratzt auch nur an der billigen Lackschicht, und wie auch immer es durch Missgeschicke verunstaltet wird, es kommt gleich wieder in die alte Form zurück.
Man muss sich seine Kämpfe aussuchen.
Mist.
Eine Codierfliege wimmerte an meinem Ohr vorbei. Biss mich in die Wange und war wieder weg.

Man nimmt den Overground ostwärts, durch das superdichte Gewirr von Sparkville und in den Ventura Corridor dahinter. Es geht nur so – in früheren Zeiten gab es dort nichts außer dünner Luft und Sand, also hat man das alte Vac-System der Stadt nie bis in diese Gegend erweitert. Und als die Ausbreitung von Bradbury schließlich so weit hinausrollte, waren großmaßstäbliche, öffentlich finanzierte Infrastrukturprojekte inzwischen aus der

Mode gekommen. Stattdessen rückten private Unternehmen an, hungrig nach dem weichen Fleisch kommunaler Finanzierung. Und auf dem Mars kann man eine Over-Linie für etwa ein Hundertstel der Kosten pro Kilometer langweiliger Vac-Tunnel bauen. Also bekamen die neuen Distrikte den Overground.

Zumindest hat man eine Aussicht.

Ich bekam einen Fensterplatz im letzten Wagen, saß und starrte hinaus. Oben hatte die Lamina ihren feurigen frühmorgendlichen Schein aufgegeben und eine Transparenz wie schmutziges Fensterglas angenommen. Man konnte hinaufschauen und den Marshimmel so sehen, wie er wirklich war – eine verwaschene safrangelbe Kuppel, hier und da mit verlorenen Schwadronen hoher TF-Wolken bespickt und im Osten durchstochen von dem fahlen Glanz einer spielzeuggroßen Sonne.

Die High Frontier. Großer Jubelschrei.

Der Vorteil war, dass ich durch Sparkville und bis nach Ventura fahren konnte, ohne gebissen zu werden. Es fühlte sich an, als ließe der Ansturm endlich nach. Oder vielleicht lag es auch nur daran, dass Codierfliegen nicht so gut in öffentlichen Verkehrsmitteln zurechtkamen – dieser Klatschimpuls ist schwer zu unterdrücken, die meisten von uns geben ihm einfach nach. Und in einem geschlossenen Raum erhöht sich die Chance gewaltig, die kleinen Mistviecher zermatschen zu können.

Ein halbes Dutzend Stationen weiter und am Anfang des Korridors rollte der Zug an einer grellen LCLS-Tafel vorbei, die die Dienste irgendeines Bordells an der Peripherie anpries. Ich starrte ein paar Sekunden lang mit leerem Blick darauf, dann fummelte ich das Einweggear heraus und setzte es wieder auf. Tippte eine Nummer ein und wartete eine ewig lange Variation der Werbung von Particle Slam ab, die ich letzte Nacht am Himmel gesehen hatte. Hörte endlich das Telefon am anderen Ende klingeln.

Prinzip verstanden.

Hallo – hier ist Ariana. Im Moment nehme ich keine Anrufe an. Mädchen brauchen auch mal Freizeit, weißt du. Aber hinterlass mir trotzdem irgendwas – wenn's gut klingt, melde ich mich vielleicht zurück.

Toll.

Sie konnte nicht mehr bei der Arbeit sein, nicht zu dieser Morgenstunde – sofern sie nicht zum Ende ihrer Nachtschicht im Maxine's eine lukrative Privatnummer an Land gezogen hatte, worauf sie dann mit dem Klienten nach Hause gegangen wäre. Andererseits war da all die Aufregung über Vallez Girlz sechs Türen weiter, sodass sie vielleicht noch mit einigen anderen Tänzerinnen irgendwo auf dem Strip war, um Tratsch auszutauschen.

Ich drückte die Enttäuschung aus meiner gesubbten Stimme, bemühte mich um Optimismus.

Hey, Ari – hier ist dein Overriderkumpel von nebenan. Hab an dich gedacht. Ruf mich zurück, wenn du das hier hörst.

Ich suchte nach etwas Geistreichem, mit dem ich mich abmelden konnte. Erfolglos. Zog das Gear herunter und stopfte es verärgert in die Tasche zurück. Starrte dann wieder durch das Fenster hinaus.

Der Ventura Corridor in all seiner staubigen Pracht: endlose billige Betriebsstätten und ein leicht zugängliches Straßenraster für den Verkehr, südwestwärts ausgerichtet wie eine riesige Mosaikzunge aus Schaltkreisen, die kreuzweise aus dem Mund der Stadt heraushing. Kein Hinweis auf die zahllosen hochqualifizierten jungen Köpfe, die in diesen Stätten arbeiteten, oder auf den tief verkabelten Fluss von Deimos-Risikokapital, das sie ernährte. Aber irgendwo in diesem Teppich aus niedrig errichteter Architektur zu niedrigen Kosten wurde langsam, aber sicher die nächste Generation von großen Marstech-Unternehmern geboren.

Eine Schande, dass man nicht auf der statistischen Wahrscheinlichkeit dessen aufbauen und die Overground-Linie erweitern kann, während der Korridor expandiert. Ich stieg in Viking's Rest aus, weil man keine andere Wahl hatte, weil es das verdammte Ende der Linie war. Es waren immer noch ein paar Kilometer bis zu Allmählich, aber ein Empfangskomitee zum Bahnhof zu schicken wäre eine zu offensichtliche Triadenaktion gewesen. Mindestens eine Versammlung, wenn nicht eine Verstümmlung. Es wäre auf jeden Fall das gewesen, was ich an ihrer Stelle getan hätte.

Ich lief mit misstrauischer Vorsicht die Treppe zur Straße hinunter.

Aber niemand wartete auf dem Bahnsteig oder am Fuß der Treppe auf mich, und niemand glitt zwischen den Nanobetonpfeilern hervor, die den Bahnhof trugen. Falls Allmählich mich beobachten ließ, blieb es mir verborgen. Die einzigen sichtbaren menschlichen Aktivitäten breiteten sich in Vollansicht vor mir aus, unter der angehobenen Masse der Station. Hier in den schrägen blassen Strähnen des marsianischen Sonnenlichts, das oben durch die Lücken in der Konstruktion fiel, hatte eine Gruppe schlanker Pedicab-Fahrer einen Kartentisch aus einer ausgemusterten Kabeltrommel improvisiert und mit umgekippten Versandkisten als Sitzgelegenheiten umringt. Fünf von ihnen spielten eine Runde Jhyap, ein paar andere reckten sich über die Schultern ihrer Kollegen und erteilten kluge Ratschläge. Ihre Rikschas waren auf der anderen Straßenseite in einer unordentlichen Reihe geparkt.

Ich weckte ihre Aufmerksamkeit, und eine der schlanken Gestalten warf ihr Blatt ab, stieg vom Kistensitz und lief zu mir herüber. Er war jung, aber seine himalayanischen Züge hatten eine raue felsige Selbstsicherheit, die zu einem wesentlich älteren Mann gehörten.

»Wohin, Gusch?«

»TKS Holdings, 11328 Doriot Broadway.«

Kurz strich ein Schatten über sein Gesicht, aber er gab keinen Kommentar ab – zuckte nur mit den Schultern und deutete über die Straße auf die geparkten Pedicabs. Ich beließ es dabei, folgte ihm zu seinem Fahrzeug und duckte mich unter das Dach auf den Sitz. Als er sich dann auf die Pedale stellte, um uns in Gang zu setzen, fragte ich ihn beiläufig: »Waren Sie schon mal da draußen?«

Er grunzte mit dem Tritt nach unten. »Ich kenne es. Hauptsächlich Kraterkriecher, ja? Haben Sie da Freunde?«

»Ich würde sie nicht als Freunde bezeichnen.«

Wieder ein Grunzen. Wir legten etwas Tempo zu, bogen auf die Wirbelsäule der Hauptverkehrsstraße von Ventura ein. Leichter Verkehr kam um uns herum auf, in erster Linie andere Pedicabs. Ich beobachtete eine Weile das angestrengte Auf und Ab, das der Rücken des Fahrers machte. Glaubte einen Mangel an Konversation zu bemerken, der unter der Norm lag.

»Also keine gute Fuhre für Sie?«, sondierte ich.

»Nö, ich bring Sie überallhin, Gusch.« Er blickte sich nicht um. Seine Stimme nahm den Takt seiner Pedaltritte an. »Aber ich hasse diese Scheißer. Verstehen Sie, mein Volk – wir sind Bhotia, seit Urzeiten – kam während des Oktober-Übergangs nach Nepal. Bis zur Grenze hatten die Leute die VBA im Nacken. Belästigungen, Nötigungen – solche Sachen. Das vergessen wir nicht.«

»Nein, das kann ich mir vorstellen.«

Mein Wissen über die Geschichte der Himalaya-Region war bestenfalls bruchstückhaft, aber auf dem Hochland hatte ich oft genug mit nepalesischen und tibetanischen Kollegen zu tun gehabt, um die Grundzüge des Übergangs mitzubekommen. Breit gefächerte soziale Unruhen in ganz Tibet lösten ein wesentlich härter durchgreifendes Kriegsrecht aus, um den reibungslosen

Betrieb der chinesischen Mars-Präpcamps zu gewährleisten. Zahlreiche kategorische Verhaftungen, exzessive Polizeimaßnahmen, willkommene Unfalltode in der Haft und außerhalb, anschließend ein Exodus. Komplette Dörfer leerten sich, die Straßen waren mit Menschen verstopft, die ihre Kinder und ihre wenigen Habseligkeiten trugen, so viel, wie sie glaubten, bewältigen zu können. Der Winter kam in jenem Jahr früh zum Himalaya, und er schlug hart zu – selbst für eine Bevölkerung, die an die Bedingungen angepasst war, wurde es brutal kalt. In die Zange genommen vom Wetter und dem scharfen Ende einer Volksbefreiungsarmee, die von der Leine gelassen wurde, erlitten die Flüchtlinge die üblichen Verluste – die Alten und Gebrechlichen, die Neugeborenen und jene, die hitzköpfig und wütend genug waren, um knurrend ihre uniformierten Folterer anzugreifen.

Und die Megafone der Sacranisten-Straßeninfanterie erzählen einem – wenn man lange genug stehen bleibt, um ihnen ausreichend Zeit dazu zu geben –, dass die COLIN-Unternehmen die Wurzel allen Übels sind.

Man stelle sich vor!

Vielleicht wurde mein Fahrer von ererbtem Zorn angetrieben, als er den Rest der Strecke bis zu TKS in Rekordzeit und völligem Schweigen zurücklegte. Er fuhr an eine Bordsteinecke und gestikulierte.

»Okay für Sie?«

Ich erhob mich und sah mich um. Wir waren jetzt ganz unten am letzten Ende des Korridors – die billigsten, jüngsten Mieteinheiten, simple Nanofab-Bauten, die aus den nackten Regolith-Grundstücken sprossen, zu beiden Seiten von Zugangswegen, denen an manchen Stellen sogar noch die Pflasterung und Beleuchtung fehlte. In einigen Fällen waren die Fabs noch ohne Strukturen, da die Fenster und Türen erst später ausgeschnitten wurden, wenn die individuellen Anforderungen bekannt waren. Anderswo waren die Strukturen vorhanden, aber niemand war zu Hause, und das verkettete Doppel-O-Symbol war bereits grell auf die gekrümmten Wände gesprüht worden. *Option Offen* – ein Zeichen für früh abgestürzte und verbrannte Opfer im Wettrennen um den Marstech-Code-Reichtum. Wieder Platz in den Reihen für Neueinsteiger. *Kaum benutzte Räume! Günstige Preise! Rufen Sie jetzt an!*

11328 Doriot fügte sich bestens ein. Ein bescheidener zweistöckiger Fab in unscheinbarem verschmiertem Cremeton mit roten Verkleidungen, ausgestattet mit einer Handvoll rauchig reflektierender grauer Glasscheiben in vertikalen Fensterstreifen. *TKS Holding* stand zwanglos in roter Glanzfarbe auf der Vorderwand geschrieben, mit mannsgroßen Buchstaben, die aussahen, als wäre die Arbeit von jemandem in Eile ausgeführt worden, der eigentlich Besseres zu tun hatte. Ein übliches Marstech-Start-up, übertrieben langweilig und unverfänglich – das perfekte Profil für das, was es darstellen sollte.

»Das genügt mir völlig«, sagte ich.

»Ist der Standardfahrpreis. Ohne Extras.«

Ich blickte auf den Zähler, der an den Rahmen des Rikschadachs epoxidiert war, nickte und griff nach dem intelligenten Carbonpatch an der Seitenstrebe, bevor ich mich hinaushievte. »Runden Sie das auf glatte zwanzig auf, ja? Die Fahrt war ziemlich schnell.«

Er bedankte sich grunzend, und die Ziffern auf dem Zähler änderten sich. Ich hielt mich an der Strebe fest, bis die Bezahlung abgeschlossen war und das Gerät piepte.

»Passen Sie da drinnen auf sich auf«, sagte er schroff, als ich ausstieg. »Das sind keine guten Menschen.«

Vielleicht hätte ich ihn aufklären können, dass seine rassische Missbilligung das Ziel um ein oder zwei astronomische Einheiten verfehlte. Ich hätte ihm erklären können, dass die Volksbefreiungsarmee drüben in Hellas oder auf der Erde das Team von Allmählich etwa genauso liebevoll behandeln würde, wie sie es seinerzeit mit den vertriebenen Vorfahren dieses Typen gemacht hatten.

Eigentlich hätte ich mich sogar vorstellen und ihm erklären können, dass sich ein BV-Overrider gar nicht so sehr von einem VBA-Schläger unterschied – dass man sich sehr anstrengen müsste, um eine semantische Haarspalterei in die Lücke zwischen den beiden ökonomischen Systemen zu quetschen, dass eine Faust eine Faust ist und dass es am Ende keine große Rolle spielt, was für eine Uniform den Arm umhüllt, der den Schlag ausführt.

Zeitverschwendung. Außerdem kam die Warnung von Herzen, und er lag damit nicht falsch.

»Hier treiben sich viele böse Menschen herum«, stimmte ich ihm zu. »Ich werde vorsichtig sein.«

Ich beobachtete, wie er eine weite Kehrtwendung auf der Straße machte und in gemächlichem, fahrgastlosem Tempo in Richtung Norden davonradelte. In diesem winzigen Moment ertappte ich mich dabei, wie ich ihn beneidete – die muskulöse Unmittelbarkeit der Arbeit, die schnelle Bargeldentlohnung ohne weitere Verpflichtungen. Die Einfachheit einer Existenz, die ohne angepisste Geschäftspartner von den Hellas-Triaden auskam, ohne ungesunde Beziehungen zu den Polizeibehörden von Bradbury und ohne eine zu prüfende Mordanklage, die über meinem Kopf tief herunterhing.

Ja – hättest aus dem BV-Vertrag aussteigen sollen, um stattdessen Rikschatreter zu werden.

Oder Riffwächter. Wie in dieser Werbung, die du mit sechs gesehen hast.

Komm schon, Overrider. Reiß dich verdammt noch mal zusammen!

Der Neid verflackerte. Ich warf meinen Frust neben den Bordstein, lief über den nachlässig angelegten Regolithweg bis zur Vordertür von 11328 und drückte auf den Summer.

Sie warteten auf der anderen Seite auf mich, in einem Lobbyraum, der immer noch schwach nach Nanofab-Harzen und Plastik roch. Ich vermutete, sie hatten mich seit meiner Ankunft im Bahnhof per Drohnenkamera beobachtet und das Empfangskomitee dann entsprechend vorbereitet. Unter irgendeinem generischen Markensymbol, das aus chinesischen Zeichen gestaltet worden war, die ich mir von Osiris nicht übersetzen lassen konnte, stand Allmählich anscheinend ganz entspannt da, links und rechts flankiert von mächtigen, teilnahmslosen Schlägern in Gears mit undurchsichtigen Linsen, die genauso aussahen wie die von Allmählich. Es waren große Kerle, auch wenn sie zu Marsnorm verschlankt waren. Sie mussten ziemlich effektive Waffenscanner in diesen Linsen haben, und Allmählich vermutlich ebenfalls, aber der rechte Muskelprotz trat dennoch mit einem Handgerät vor. Ich hielt gewissenhaft still, während er den kleinen Scanner an meinem Körper auf und ab bewegte und auf die Anzeige blickte. Er zog sich zurück, tauschte mit Allmählich ein paar kurze Worte auf Chinesisch aus. Keine Osiris, die mir ins Ohr übersetzte, aber im Wesentlichen war klar, worum es ging.

Allmählich drehte sich herum und sah mich direkt an. Ihre Linsen wechselten langsam von ausdruckslos spiegelndem Schwarz zu höflicher Transparenz.

»Sie sind unbewaffnet, Mr. Veil.«

»Ich bin hier, um zu reden.«

Sie neigte den Kopf. »Das ist auch das, was wir tun möchten. Folgen Sie mir, bitte.«

Hinaus aus der Lobby und hinein in die Eingeweide des Gebäudes, in diskretem Abstand von den Schlägerzwillingen gefolgt. Allmählich führte mich durch harzig duftende Korridore und Gangkreuzungen, an Türen mit echten Scharnieren vorbei, die grob mit chinesischen Schriftzeichen in Glanzfarbe bekritzelt waren. Einige davon gehörten zur landläufigen Nomenklatur, sodass ich die Worte ganz allein entziffern konnte – PERSONAL, BETRIEBSMITTEL-ZUTEILUNG, RECHTSABTEILUNG. Die Standardportale aller Start-ups in Ventura. Wir stiegen eine kleine Treppe hinauf, und das Gebilde war erst vor so kurzer Zeit an die Wand gefabbt worden, dass ich die leichte Nachgiebigkeit jeder Stufe spürte, wo die Kontaktkulturen an den Rändern noch gärten und langsam in den Ruhezustand aushärteten. Weitere Türen auf dieser Ebene, noch mehr generische Beschriftungen – LAB 1, LAB 4, ZUSATZPRÜFUNGEN. Das Ganze hatte etwas Loses, einen Mangel an Festigkeit der Gebäudetextur, die genauso verräterisch war wie die gummiartige Weichheit der Treppe, die wir soeben heraufgekommen waren. Keine Türen standen offen, keine Stimmen drangen aus den Labors, kein Kommen und Gehen dazwischen. Keine stehen gelassenen Kaffeebecher auf den Getränkemaschinen, keine zertretenen Reste von Regolith, die an sorglosen Stiefeln hereingetragen und in den Teppich gedrückt worden waren. Nichts Verschüttetes, keine Geräusche, kein Leben. Alles um mich herum fühlte sich oberflächlich und gefälscht an.

»Was stellen Sie hier angeblich her?«, fragte ich sie.

»Hautcremes«, sagte sie kurz angebunden.

»Das ist originell.«

Hautschutztechnik ist das Erdgeschoss mit den Sonderangeboten, die für jeden machbare Startpaketoption für so ziemlich jedes aufkeimende Codierunternehmen auf dem Planeten. Es ist der Biotech-Einsatz für ein Spiel, dessen letztlicher Jackpot die Anerkennung auf der Erde als hochwertige Marstech-Marke und die tosende Kaskade aus Einkünften von gutgläubigen Konsumenten ist, die ein solcher Elitestatus unvermeidlich eröffnen wird. Man sagt, jeder siebte Marin, der auf dem Mars verdient wird, hängt direkt oder indirekt mit menschlicher Epidermismodifizierung zusammen. Die Haut ist einer der wenigen elementaren Aspekte der humanen Physiologie, der für die Massenkonsumenten auf der Erde einen leichten imaginativen Transfer darstellt. *Ja, das Leben auf dem Mars – für deine Haut muss es verdammt hart sein, oder?*, setzt das mutmaßliche interne Narrativ an. *Dann sollte ich wohl lieber losgehen und diesen irrsinnig teuren zellulären Reparaturkomplex kaufen, den sie da draußen getestet haben, auf der Oberfläche des Roten Planeten! Ich weiß, dass ich eine Menge für die Skintech bezahle, aber hey – es kommt vom Mars! – es ist High-Frontier-Tech! – es ist das Beste, was ein Mensch bekommen kann!*

Und so weiter.

Schließlich erreichten wir eine Tür, die mit GESCHÄFTSFÜHRUNG gekennzeichnet war. Allmählich schlug auf die Klinke und öffnete sie, ein minimales Nicken zu unserer Eskorte, die sie draußen stehen ließ. Der Raum dahinter war in etwa das, was man erwarten würde – Stühle, die in einem losen Ring um eine leere Mitte verteilt waren, unter einem hochwertigen Branengel-Spender. Rohe graue Wände, kein Dekor.

»Setzen Sie sich«, sagte sie zu mir, dann schloss sie die Tür.

»Nach Ihnen.«

Ich wartete, bis sie auf einem Stuhl Platz genommen hatte, dann erst griff ich mir einen, drehte ihn herum, setzte mich rittlings darauf. Ich schoss ein dünnes Lächeln zu ihr hinüber.

»Da wären wir also.«

»Ja. Danke, dass Sie gekommen sind.«

»Ich hatte nicht unbedingt den Eindruck, dass ich eine freie Wahl hatte.«

»Wir haben uns Sorgen gemacht …«

»Dass ich Sie an Nikki Chakana verraten habe, um früher freigelassen zu werden. Klar. Typisch für den garstigen Argwohn der Kraterkriecher.«

»Es ist mehr oder weniger das, womit Sie gedroht hatten.«

»Ja, wenn sie mich nicht innerhalb des vereinbarten Zeitrahmens herausholen. Aber das waren vierzig Tage, und wir stehen immer noch bei Tag eins. Also war das etwas voreilig von Ihnen. Und *wenn* ich geplaudert hätte, können Sie mir glauben, dass Sie inzwischen alles darüber wüssten. Die Bradbury-Mordkommission trödelt nicht herum. Chakana hätte meine Aussage als hinreichenden Verdacht eingestuft, eine Razzia im Morgengrauen organisiert und hier alles in Schutt und Asche gelegt. Wahrscheinlich ohne Sie und Ihre Leute vorher rauszuholen.«

»Während Earth Oversight zusieht?« Bei Allmählichs gesittetem Tonfall ließ sich schwer sagen, ob ich gerade angezweifelt, verspottet oder nach näheren Kenntnissen abgefragt wurde. Ich nickte weise.

»*Insbesondere* während Earth Oversight dabei zusieht. Es wäre genau die Art von Ablenkung, die Mulhollands Leute jetzt nur zu gern auftischen würden – *Wie kann es sein, dass Sie zu uns kommen und sich um irgendwelchen juristischen Quatsch sorgen, der doch niemanden interessiert, während wir in Hellas von den Mächten des Bösen angegriffen werden? Hier ist die High Frontier, hier haben wir es mit* realen *Problemen zu tun, und hier haben wir einfach keine Zeit für all diese bürokratischen Schiebungen, die Sie Erdtrottel für so wichtig halten.*« Ich breitete die Hände aus. »Das würde Mulholland unverzüglich eine Wagenburg-Mentalität verschaffen, mit der er arbeiten könnte und die er bestimmt auch bis zum letzten Rest ausschöpfen würde. Etwas in der Art, und er könnte wahrscheinlich sogar das gesamte Audit zum Stillstand bringen. Glauben Sie mir! Wenn ich geplaudert hätte? Man hätte Sie längst in die Zelle geworfen, sofern Sie sich nicht der Verhaftung widersetzt hätten und dabei praktischerweise ums Leben gekommen wären.«

»Hm.« Hinter den klaren Linsen wurde ich konzentriert von ruhigen dunklen Augen beobachtet. Und höchstwahrscheinlich überprüfte mich gerade ein Gestaltscan-Programm in ihren Gearsystemen auf die verräterischen Symptome einer Lüge.

»Dann erklären Sie es mir, Mr. Veil«, sagte sie leise. »Wenn alles so ist, wie Sie ausgeführt haben, warum hat Lieutenant Chakana Sie dann so schnell freigelassen? Was tun Sie für sie? Was haben Sie mit ihr vereinbart?«

»Das werde ich Ihnen nicht verraten, Allmählich. Diese Angelegenheit geht Sie nichts an.«

»Dann werden wir sie zu unserer Angelegenheit machen.« Ihre Haltung auf dem Stuhl veränderte sich leicht, ihr Blick wurde härter. »Und ich schlage vor, dass Sie kooperieren. Möchten Sie dieses Gebäude wieder verlassen?«

Ich schnaufte. »Wollen Sie dies tatsächlich zu dem letzten Ort machen, an dem ich lebend gesehen wurde? So blöd sind Sie bestimmt nicht. Haben Sie sich wirklich genau angehört, was ich über Nikki Chakana und die Bradbury-Mordkommission gesagt habe?«

Schweigen – ein kurzer Moment der Stille, während sie sich rekalibrierte.

»Sie arbeiten jetzt für sie.«

»Ich würde sagen, dass zumindest das offensichtlich sein dürfte, nicht wahr?«

»Es hat etwas mit dem Besuch durch Earth Oversight zu tun.«

»Gut – jetzt verhalten Sie sich wieder wesentlich intelligenter. Steht Ihnen viel besser.«

Sie sog den Atem ein, hielt ihn kurz an. »Sie sind ein äußerst unverschämter Mensch, Mr. Veil. Sie sollten Ihren Wert für uns nicht überschätzen.«

»Wir hatten eine stark begrenzte geschäftliche Vereinbarung, und abgesehen von der kleinen Sache mit meinem Honorar, *das Sie mir weiterhin schuldig sind*, ist diese Vereinbarung zum Abschluss gekommen. Sal Quiroga ist tot, Sie haben die Mehrheitsbeteiligung an Vallez Girlz – und noch einiges mehr –, und ich bin aus dem Gefängnis raus. Aber wenn Sie über Unverschämtheiten sprechen möchten, sollten wir diskutieren, wie lange Sie mich noch auf mein Geld warten lassen wollen.«

»Sie werden bezahlt. Ich habe bereits …«

»Ja, ich weiß. Wir hatten ein Honorar nach Erfüllung vereinbart, aber Sie können mich jetzt noch nicht bezahlen. Wir hatten auch einen Zeitplan vereinbart, wann Sie mich aus dem Gefängnis herausholen wollen, aber Sie konnten ihn nicht einhalten. Wir hatten ebenso vereinbart, uns gegenseitig zu vertrauen, doch schon beim ersten Anzeichen einer operativen Komplikation geraten Sie in Panik und zerren mich hierher, um melodramatische Drohungen auszustoßen. Sagen Sie mir, Allmählich – kategorisiert man die Triaden drüben in Hellas als *organisierte* Kriminalität?« Ich machte eine Pause, um die Beleidigung wirken zu lassen. »Denn hier in der Scharte ist es so, dass jemand, wenn er innerhalb der *familias andinas* so verfickt desorganisiert wäre wie Sie, sich keine zehn Minuten halten könnte. Möchten Sie einen kleinen kostenlosen Rat zu Ihrem verlängerten Zahlungsziel? Wenn Sie sich in dieser Gegend noch etwas länger behaupten wollen, *sollten Sie Ihren Scheißladen ganz schnell auf Vordermann bringen.*«

Diesmal hielt die Stille länger an.

»Es gibt da ein Problem«, sagte sie schließlich.

»Ich weiß, dass es ein verficktes Problem gibt. Ich stehe an seinem scharfen Ende und kann es ausgesprochen gut erkennen.«

»Es geht dabei nicht um Ihr Geld. Sondern um etwas anderes.« Sie verschob sich minimal auf ihrem Stuhl, dies schien mir der leiseste Hinweis auf Unbehagen zu sein. »Es handelt sich um ein Problem, bei dem wir Ihre Hilfe benötigen.«

13

Ich ging nach Hause.

Allmählich hatte den Anstand, eine weitere Rikscha für mich zu bestellen und die Fahrtkosten zurück nach Viking's Rest zu übernehmen. Angesichts dessen, was sie erledigt haben wollte, war es so ziemlich das Mindeste, was sie mir als Friedenszweig anbieten konnte. Ich sagte dem Rikscha-Typen, dass er in die Pedale treten sollte, hatte am Bahnhof Glück mit dem Fahrplan und erwischte einen Zug zurück. Ich fuhr durch den Ventura Corridor und bis nach Sparkville Central, wo ich durch eine geschickte Umsteigeaktion, für die ich sprinten musste, zehn Minuten später mit einem Metrozone-Vac in Richtung Süden unterwegs war. Eine Handvoll dunkler Zwischenhalte danach landete ich in der Station Ceres Arc, ehemals der Verteilerknoten für das fraktale Gewirr der Straßen auf der Southside, die man auch als den Strudel bezeichnet.

Ich stieg aus in das verlassene Nanobeton-Zwielicht, nahm einen leeren Lift zur Oberfläche. Selbst zu den besten Zeiten herrscht hier nicht allzu viel menschlicher Verkehr, denn der Strudel besteht hauptsächlich aus automatisierten Fabrikkomplexen und verschieden gearteten Großlagern. Die Straßen sind bizarr und kontraintuitiv angelegt, damals – als alle das anscheinend noch für eine gute Idee hielten – von N-Djinn designt. Es hat etwas leicht Unheimliches, wie sie sich endlos zu etwas hin krümmen, das man gar nicht sehen kann, und es ist ein Albtraum, dort zu Fuß unterwegs zu sein. Hier wohnt niemand, der sich etwas anderes leisten könnte. Und zu diesen Stunden waren nicht einmal jene, die dennoch hier zu Hause waren, draußen auf den Straßen. Sie waren entweder schon vor Langem in die Stadt zu ihren beschissenen Jobs in der reibungsfreien Wirtschaft aufgebrochen, oder sie schliefen in ihren Kapseln, um sich von der Nachtschicht zu erholen.

Ich machte mich auf den Weg über den Ceres Arc bis zu der Stelle, wo er seine erste Tochter-Avenue austrieb. Der Switch-Head-Obdachlose an der Verzweigung von Ceres Drive 4 war das einzige Anzeichen von Leben in jeder Richtung – auch wenn *Anzeichen von Leben* eine äußerst wohlwollende Bezeichnung war. Er kauerte wie gewöhnlich in seiner Nische, klebte in einer kleinen antrocknenden Pfütze, die aus seiner eigenen Pisse und der Scheiße auf dem Straßenbelag bestand, lehnte sich nahe an die Wand der Fabrik heran, deren Energieversorgung er per Telehack angezapft hatte. Eine alte Induktionskappe aus Plastiskin für Piloten war mit Klebebandschnipseln an seinem Kopf befestigt, und er hielt lose ein brutal passend gemachtes Masterboard mit schlaffen Händen im Schoß.

In einem harten Winter hätte man gerade noch die Wölkchen aus gefrostetem Atem von seinen Lippen aufsteigen sehen können. Bei so mildem Wetter wie jetzt brauchte man ein Gear, um zu erkennen, ob er noch am Leben war.

Man sagt, früher wäre er ein erstklassiger Irgendwas gewesen.

Aber so etwas hört man oft in der Scharte. Das gesamte beschissene Tal ist von den Hinterlassenschaften ehemaliger Anstrengungen und besserer Tage übersät. Zumindest, wenn man den Straßenpoeten und gefeuerten Historikern Glauben schenkt, die unten am Strip in Bars oder hinter Verkaufskarren arbeiten. *Heutzutage*, erzählte mir einer an einem extrem langweiligen Abend, *ernähren wir alle uns von dem gespeicherten Fett eines verdorbenen Traums.*

Wollen Sie dazu etwas Sojasoße?

Overrider haben nicht allzu viel Gepäck.

Schwer zu sagen, ob das an der Genetik oder nur am Job liegt. Wenn man lange Abschnitte des Lebens träumend in einem Kasten im freien Fall Millionen Kilometer außerhalb der Reichweite irgendeiner menschlichen Gesellschaft verbringt, entwickelt man nicht so leicht eine emotionale Bindung an eine Lieblingskaffeetasse. Gegenstände nehmen einen rein funktionalen Aspekt an – man wacht auf, schaut sich um, was verfügbar ist, und benutzt es eben. Man erledigt den Job mit dem vorhandenen Werkzeug. Hier draußen funktioniert einfach kein anderer Ansatz. Vielleicht hat man es vorausgeahnt und im Embryonalstadium entsprechend modifiziert, oder vielleicht kommt es einfach mit dem Territorium, und man gewöhnt sich daran.

Wie auch immer, die Gewohnheit schwappt über ins Leben nach der Entlassung. Typen wie ich brauchen nicht viel Platz, weil wir nichts haben, was wir hineintun könnten. Die Dyson/Santona-Kapsel, in der ich schlafe, misst 6 mal 2,8 Meter, einschließlich Feuchtnische, und ist gerade hoch genug, um sich darin auf der Mittelachse aufrichten zu können. Von außen ähnelt sie auffallend einer schmucklosen Weltraum-Rettungskapsel, auf deren Grundchassis sie auch aufgebaut ist. Sie ist etwas klobiger als die Standard-Wohnkapseln in den anderen Fächern des Gerüsts, aber das betrifft hauptsächlich die Verkleidung. Man würde den Unterschied kaum erkennen, wenn man nicht darauf achtet, und etwa zwanzig Meter tiefer auf der Straße verblassen selbst die kleinsten Variationen, werden durch eine rautenförmige Uniformität ersetzt. Das gesamte Gerüst ragt bei 1009 Ceres Drive 4.7 wie ein riesiges verschnörkeltes Lagersystem für ausgemusterte Nuklearsprengköpfe auf. Staubige Treppenkäfige und Gitterlaufstege ermöglichen den Zugang, geschmückt mit schwarz-gelben Stromkabeln vom Umfang einer Riesenpython, drapiert mit den nachlässigen Schlaufen schlanker, farbcodierter Plastikrohre, blau für Wasser und rot für Abwasser. Die Arschenden der Kapseln in der ersten Reihe ragen alle einen halben Meter oder so über die Straße hinaus, wie ein Apartmentblock voller Bewohner, die der Öffentlichkeit gleichzeitig den blanken Hintern zeigen.

Ich trat auf Bodenniveau mit dem Bewohnercode ein, lief zügig die acht Treppenfluchten bis zum vierten Stock hinauf. Mein Puls war kaum beschleunigt, als ich oben ankam. Der Kraftaufwand für die Treppe fühlte sich wie ein Aperitif für etwas wesentlich Gewalttätigeres an, das noch kommen sollte. Ich schüttelte den Kopf über diese Empfindung, konnte sie aber nicht ganz vertreiben.

Für den unwahrscheinlichen Fall, dass sie zu Hause war, aber keine Anrufe entgegennahm, ging ich bis zum Ende des Laufstegs und drückte den Türsummer von Arianas Kapsel. Ich machte mir keine großen Hoffnungen – ebenso wie viele andere Tänzerinnen auf dem Strip verpasste sich Ari gewohnheitsmäßig nach einer Schicht eine Tiefendosis von irgendeiner ermäßigten Träumsüß-Biotech, die gerade bei der Arbeit gehandelt wurde. Sie mochte sich mitten in dem weichen Mutterleib der Traumlandschaft eines Melatonincocktails befinden und würde eine nukleare Explosion draußen auf dem Laufsteg gar nicht bemerken, ganz zu schweigen von einem armseligen harten Schwanz, der an ihre Eingangstür pochte.

Ich summte noch ein paarmal und gab es dann auf. Kehrte mit meinem armseligen Ständer über den Steg zurück zum Dyson, verschaffte mir mit meiner Stimme Zugang. Setzte mich an die Workstation und sackte für eine Minute zusammen. Mein Gear lag dumpf schimmernd auf der Tischplatte neben der Halbliterflasche Mark. In der oberen rechten Ecke der linken Linse blinzelte mir ein kleines grünes Licht das ALLES-FERTIG-Signal zu. Ich starrte eine Weile darauf. Bei Vector Red hatte ich Madison

Madekwe versprochen, dass ich es aufsetzen würde, damit sie meine Nummer hatte, aber scheiß drauf, dieser Anruf konnte warten. Und genauso Allmählichs unerwarteter Botengang. Eins nach dem anderen – ich wollte mich unter eine Dusche stellen, mir die vergangenen vierundzwanzig Stunden abspülen und zuschauen, wie die Überreste durch den Abfluss davonströmten.

Doch jemand hatte andere Vorstellungen. Ich war gerade seit fünf Minuten nass, als ein hartnäckiges Läuten durch den Innenraum der Kapsel hallte. Ich hob den Kopf im Geträufel der Brause, lugte durch die Wolken aus Dampf. *Das darf doch wohl nicht wahr sein!* Aber über der Workstation leuchtete der Bildschirm ganz klar in blassen Grau- und Blautönen. Die lakonische Identifikation durch meine Kontaktliste blinkte an und aus – CHAKANA.

»Verfickte *Scheiße*.« Ich trat aus dem Duschstrom, harkte mir Wasser aus dem Haar und stapfte in Reichweite des Telefons. »Ja, was willst du?«

Auf dem Bildschirm sah sie mich blinzelnd an, verlorener Schlaf war unter ihren Augen verschmiert wie das Make-up vom Vorabend. »Vielleicht ein Handtuch um deine Hüfte. Das wäre ein Anfang.«

»Ich war unter der Dusche, Nikki.«

»Aber jetzt nicht mehr. Also zieh dir was an, verdammt.«

In dem Haufen aus zerknüllter Wäsche neben der Workstation suchte ich nach einem Handtuch. »Ich dachte, du wolltest ins Bett gehen.«

»Da war ich auch, für etwa vier Stunden. Es gibt etwas zu erledigen, Veil.«

»Dann erledige es.« Ich zog ein Handtuch aus dem Haufen, verstreute dabei alles andere über den Boden, schlang es mir fest um die Hüfte. »Jetzt zufrieden?«

»Wo ist Madison Madekwe?«

»Ich habe sie in der Geschäftsverwaltung von Vector Red zurückgelassen, wo sie mit dem Deiss Man spricht. Bin nach Hause gegangen, um mein Gear zu holen. Warum?«

Chakana blickte mich finster aus dem Bildschirm an. »Weil du sie *beschatten* solltest, darum! Sie *beschützen*. Wie willst du das machen, wenn du am anderen Ende der Stadt mit nackten Eiern unter einer Dusche stehst?«

»Hm, mal überlegen.« In böswilliger Absicht rieb ich mir durch das Handtuch die Eier. »Ich bin mir ziemlich sicher, dass Martin Deiss sie nicht in Stücke hacken und in seine Flash-Pan werfen wird. Das wäre gar nicht gut für sein Profil, etwas in der Art. Und man würde schon ein taktisches Einsatzkommando benötigen, um unbefugt in dieses Gebäude einzudringen. Was also könnte passieren?«

»Es könnte passieren, du Genie, dass sie einen Spaziergang macht, während du dich drüben im Strudel im Spiegel bewunderst. Es könnte passieren, dass sie ohne dich im falschen Teil der Stadt den falschen Leuten die falschen Fragen stellt und man ihr eine Sondiernadel in den hübschen kleinen Schädel rammt.«

»Sie könnte auch spazieren gehen, während ich schlafe.«

»Aber du schläfst nicht, Veil. Nicht an diesem Ende des Zyklus. Das war der eigentliche Grund, warum du darauf angesetzt wurdest.«

Ich verzog das Gesicht. »Danke. Ein nettes Gefühl, wegen etwas wertgeschätzt zu werden.«

»Ich würde es nicht als Wertschätzung bezeichnen. Aber damit das klar ist – wenn du weiterhin frei bleiben möchtest, dann solltest du Madison Madekwe von nun an nirgendwo ohne dich hingehen lassen.«

»Ja, das sagt sich so leicht für dich. Irgendwie glaube ich nicht, dass sich Ms. Earth Oversight für die Idee erwärmen könnte, einen Abstecher hierher in den Kapsellagerhimmel zu machen, nur damit ich meine Sonnenbrille holen kann. Und wenn du mir gemäß meiner Bitte erlaubt hättest, das Ding heute früh vor dem Treffen zu holen, wäre es gar nicht nötig gewesen, es jetzt zu tun. Ach, was ist jetzt so verfickt witzig?«

Ihre Lippen zuckten wieder. »Kapsellagerhimmel. Passt wunderbar zu diesem fraktalen Dreckloch, in dem du lebst. Was ist das, neuer Southside-Slang?«

»Sagt man auf der Erde. Du wüsstest es, wenn du dort gewesen wärst.«

»Fick dich.« Sie beugte sich vor. »Zieh dich an, Veil, setz dein Gear auf und schaff deinen mageren, auf Bewährung entlassenen Arsch rüber nach Vector Red, bevor ich anfange, über alternative Möglichkeiten nachzudenken. Sorg dafür, dass ich dich nicht noch mal anrufen muss.«

Ihr Bild flimmerte gereizt und verschwand – KONTAKT BEENDET wurde in bedauernden Pastelltönen auf den Schirm gelettert.

Für einen Moment blickte ich nachdenklich auf die Buchstaben. Ich sah nach der Uhrzeit.

Es war ein paar Stunden her, seit ich den Komplex von Vector Red verlassen hatte, mindestens drei, und ich hatte definitiv weniger als zehn Minuten geduscht. Und irgendwie hatte Nikki Chakana bereits innerhalb dieses Zeitrahmens gewusst, dass sie mich zu Hause anrufen und zusammenstauchen sollte, weil ich nicht mehr an Madekwe festgetackert war.

Das ergab keinen Sinn.

Im Acantilado hatte sie mich entlassen wie eine unwichtige erledigte Aufgabe, hatte den Eindruck erweckt, dass sie Madison Madekwe fast genauso schnell entließ. Ein zweitrangiges Ärgernis in einem Berg aus Kummer, den das Audit vor ihrer Tür abgeladen hatte, geschickt weitergereicht an einen gewesenen Ex-Unternehmenssicherheitsmitarbeiter ohne wirkliche Kosten für ihre Dienststelle. Nicht mehr ihr Problem.

Und jetzt war es plötzlich wichtiger als der Schlaf, den sie dringend brauchte – wichtiger als irgendeine der Arschrettungsgegenmaßnahmen, die sie für Mulholland mikromanagte –, wichtig genug, um mir persönlich Dampf zu machen und zu checken, wie ich vorankam.

Verfickter Mulholland.

Er hat für diesen Fall um einen Bewacher gebeten, um jemanden, der es unauffällig und inoffiziell macht, und dieser Jemand bist du.

Ich trocknete mich vollständig ab, fand ein paar frische Sachen im Haufen auf dem Boden. Geistesabwesend zog ich mich an, kaute alles noch mal durch.

Angenommen, jemand in Mulhollands Maschinerie überwachte die Angelegenheit. Hochfliegende Drohnen oder – falls das zu riskant erschien, falls es zu schwierig war, in diesen paranoiden Tagen des Audits dafür die Genehmigung zu bekommen – vielleicht nur ein Sack voller Aerowanzen. Hirschkäfer-Chassis mit verbesserten Flugeigenschaften und doppelter Feedcam-Kapazität anstelle der Geweihstangen, so etwas würde völlig ausreichen. Die Bradbury-Obrigkeiten haben sowieso Tausende davon zu jeder Tages- oder Nachtstunde im Einsatz, kein Problem, ein paar zum Campus der Hafenverwaltung zu dirigieren. Natürlich müsste der Überwacher wissen, wann Madekwe und ich das Acantilado verlassen hatten und wie. Aber was wäre dazu nötig – eine maschinelle Verfolgung von Shuttlestarts, abgefangene Aufnahmen der Sicherheitskameras des Hotels? Vielleicht sogar etwas so Steinzeitliches wie ein bezahlter Tipp von jemandem aus dem Personal? Unzählige Möglichkeiten, es zu machen, wenn es wichtig genug war.

Angenommen, es war wichtig genug. Angenommen, es wurde von Anfang an im Auge behalten.

Warum?

Man macht sich nicht so viel Mühe wegen eines zweitrangigen Ärgernisses.

Apropos zweitrangige Ärgernisse ...

Es wurde Zeit, Allmählichs Drecksarbeit zu erledigen.

Ich ging zum Bett und griff darunter. Die gekürzte taktische Heckler & Koch wohnt fünf Zentimeter hinter der Kante, an der Unterseite des Rahmens befestigt wie irgendein Feldeffektkatalysator für nostalgische Träume. Man konnte sich bücken und sie innerhalb eines Herzschlags lösen, das gesamte Magazin mit mehreren Schüssen leeren. Aber ein Deckbesen ist keine gute Waffe für die verdeckte Arbeit auf der Straße, auch nicht gekürzt, und er war gewiss nicht für die Aufgabe geeignet, die ich für Allmählich erledigen sollte. Also griff ich tiefer unter den Rahmen und zog stattdessen die ramponierte Werkzeugkiste von Blond Vaisutis hervor. Tippte auf den Daumenabdruck-Verschlussöffner und hockte mich davor hin, während der Deckel mühelos aufschwang.

Die Raumbeleuchtung des Dyson glimmerte und schimmerte über das Sammelsurium darin, hinterließ Schattenlücken zwischen den gepolsterten Flanschen, in denen die Waffen angeordnet waren. Nicht alles war von BV genehmigte Ausrüstung – doch was sie offiziell genehmigen und das, wobei sie ein Auge zudrücken, wenn man es mit sich herumträgt, sind immer zwei ganz unterschiedliche Dinge – und einiges davon war sogar auf dem Mars streng genommen illegal. Aber von den Kampfhandschuhen aus Erstickungsfolie und dem Mikrominen-Renderstaub bis hinauf zu dem glänzend schwarzen Carbonmetallklotz der Cadogan-Izumi

VacStar war so ziemlich alles für jede Gelegenheit und jeden Geschmack vorhanden.

Ich hob die VacStar heraus und wog sie in der Hand. Für eine Handwaffe war es eine verdammte Kanone, ein idiotisch übertriebenes Stück Hardware, das ursprünglich für die EVK-Teams der Navy gebaut wurde und gut geeignet war, um Menschen mit einem einzigen Schuss unter harten Vakuumbedingungen oder in irgendeiner anderen Atmosphäre zu töten, ob atembar oder nicht. Komplett versiegelte Systeme, gedämpfter Rückschlag, anzugbrechende Munition als Standard. Blond Vaisutis hatte die Patente von Cad-Iz geleast, sobald die Embargoklauseln für die Navy außer Kraft getreten waren, und als Zugabe kaufte man dann gleich das ganze Unternehmen. Damit übernahmen sie so etwas wie eine Legende des Vakuumkampfs. Schnall dir eine VacStar von Cad-Iz um, und du bewaffnest nicht nur dich selbst – du machst außerdem eine Ansage für jeden, der auch nur ein klein wenig Ahnung von Kampfhardware hat.

Ich nahm das Schulterholster mit Geckohaftung heraus und verstaute die Waffe unter dem Arm. Nicht gerade unauffällig, aber mir ging es auch nicht um Feingefühl. Die Männer, mit denen ich mich treffen würde, waren dumm und gewalttätig, und Protzen war eine Sprache, die sie verstanden.

Trotzdem …

Ich kramte im Durcheinander aus diverser Ausrüstung am Boden der Kiste und fand einen alten Favoriten – das ABdM-Stoßmesser aus Morphlegierung, beim Poker von einem betrunkenen Sergeant des Filipina Comando Vacio gewonnen, während wir alle nach der Aquino-Dos-Meuterei abhingen, eingeschlossen in einem Kometoiden mit totem Triebwerk und abwartend, ob irgendjemand sich die Mühe machen würde, uns zu bergen. Im Ruhezustand tarnt sich die in Manila produzierte Waffe als vier mit hässlichen Schädeln verzierte Eisenringe, und höchstens eine gründliche Molekularanalyse würde ein anderes Ergebnis liefern. Aber wenn man die Finger zusammendrückt und die Ringe kräftig reibt, zerschmelzen sie und vereinigen sich zu einem festen Schlagring und einer elf Zentimeter langen zweischneidigen Klinge, die einem wie von Zauberhand aus der Faust wächst. Die Schneide aus Morphlegierung durchschneidet Knochen, als wären sie gar nicht vorhanden.

Ich steckte die Ringe an meine linke Hand, betrachtete die Finger und spannte sie ein paarmal an. Dann stellte ich die Werkzeugkiste weg, holte mein Headgear vom Tisch und schob es mir über die Augen. Eine plötzliche ungewohnte Umschließung, als die Systeme aktiviert wurden – ich ließ mich entspannt hineinsinken, konzentrierte mich auf die kühlblauen wogenden Felder dahinter und auf das, was dort auf mich wartete.

Hallo, sagte Osiris in meinem Kopf, wie dunkler Honig, der über Sandpapier floss. *Hast du mich vermisst?*

»Lass das.« Meine Stimme klang in der leeren Kapsel überlaut. Nach vier Monaten im Hib-Koma und drei Tagen wach und größtenteils ohne Gear hatte ich die Gewohnheit der Subvokalisierung verloren. Ich räusperte mich. *Lass das.*

Es sind deine Parameter. Gib mir die BV-Missionsstimme zurück, wenn es dir lieber ist.

Es ist mir nicht lieber.

Dann beklag dich nicht.

Hab eine Nummer, die du anrufen musst. Ich subbte die Ziffernfolge, die Madison Madekwe mir gegeben hatte, wartete den Wählvorgang ab. Die Verbindung wurde hergestellt, nur Audio.

»Madekwe«, sprach sie mir spröde ins Ohr.

»Veil hier. Meine versprochene Rückmeldung. Von nun an erreichen Sie mich unter dieser Nummer.«

»Ja, vielen Dank.«

»Kein Problem. Hören Sie, ich müsste mich in der Stadt noch um ein paar Dinge kümmern. Wann planen Sie den Heimweg anzutreten?«

»Sie müssen sich wirklich keine Sorgen machen, Veil. Ich werde hier bis spät in die Nacht beschäftigt sein, und Martin Deiss hat mir versprochen, mich von einer HKU-Sicherheitseskorte zum Hotel zurückbringen zu lassen, wenn wir fertig sind. Sie können sich dort morgen früh mit mir treffen.«

»Morgen?« Visionen von Chakanas voraussichtlicher Wut rauschten durch meinen Kopf. »Ms. Madekwe, ich bin Ihre zugeteilte Sicherheitseskorte für die gesamte Dauer der ...«

»Und ich bin mir dessen sehr wohl bewusst.« Abrupt wurde ihr Bild sichtbar. Der generische pastellfarbene Hintergrund verriet, dass es eine Headgear-Darstellung war, aus vorgefertigten und animierten Elementen gesyntht, sodass sie ihrer Stimme und ihrem Tonfall entsprach. »Aber es besteht keine Notwendigkeit, dass wir uns heute noch einmal treffen.«

»Geben Sie mir Deiss.«

»Ich wüsste nicht, was ...«

»Ich habe nicht vor, mit Ihnen darüber zu diskutieren, Ms. Madekwe. Geben Sie mir Deiss, oder ich komme jetzt sofort rüber.« Krisensubroutinen aktivierten sich in meinem Blut wie bei einer Kampfvorbereitung. Selbst in der Gesichtssimulation stutzte sie leicht über die Änderung meines Tonfalls. Das Display hüpfte und verschwamm, als sie Martin Deiss dazuschaltete.

Er hatte sich wieder vom Sundry bedient oder vielleicht irgendeine Anti-Runterkomm-Substanz genommen, um das Verlangen zu dämpfen. Sein nichtssagend attraktives Bildschirm-Image war jetzt fest eingerichtet, das Lächeln ein unzerbrechlicher elfenbeinweißer Schild und Köder. Die Hände unten, weit genug weg vom Kitzel und Reiz der Nase. Als er den Mund öffnete, um die berühmte volltönende Stimme herauszulassen, erwartete ich fast, dass er mit *Meine Damen und Herren, lassen wir die Würfel rollen!* loslegte.

Aber er tat es nicht.

»Ja, hallo, Officer«, begann er weltmännisch. »Ich denke, wir beide können uns darauf einigen ...«

»Ich bin kein Polizist, Deiss. Geben Sie sich keinen Illusionen hin.«

Er stockte minimal. »Ah. Gut ...«

»Ich bin nur ein Helfer von Nikki Chakana. Mit allen Befugnissen, ohne alle Hemmnisse.«

Er täuschte ein verständnisvolles Glucksen vor. »Das ist sehr g...«

»Ja, lachen Sie nur.« Ich beobachtete, wie sich das Grinsen verflüchtigte. »Am Ende der heutigen Spielrunde werde ich kommen und Madison Madekwe abholen. Wenn Sie sie zum Acantilado zurückschicken, bevor ich aufkreuze, werden Sie ein Problem bekommen. Habe ich mich deutlich genug ausgedrückt?«

Er räusperte sich. »Ja. Obwohl die private Sicherheit von Horkan Kumba Ultra mit Platinwertung eingestuft und ...«

»Dann können Sie die Leute mitschicken, damit sie uns Gesellschaft leisten. Lassen Sie mich noch einmal mit Madekwe reden.«

Das Bild wechselte erneut, zurück zu Madekwe, jetzt real und in Echtzeit, entnervt und mit finsterem Blick.

»Das ist wirklich nicht nötig, Veil.«

»Vielleicht nicht, aber trotzdem werden wir es so machen. Ich würde es vorziehen, wenn Sie mit der Bradbury-Polizei zusammenarbeiten und nicht gegen sie.«

Sie zeigte ein mattes Lächeln. »So lauten unsere Anweisungen.«

»Ja, hören Sie auf jemanden, der sich damit auskennt. Wir alle wären erheblich glücklicher, wenn Sie sich an Lieutenant Chakanas Drehbuch halten.«

»Wenn Sie es sagen.«

»Ich sage es. Langjährige Erfahrung. Rufen Sie mich eine halbe Stunde vorher an, wenn Sie Feierabend machen wollen – dann werde ich da sein.«

»Also gut.« Ihr Bild verschwand.

Sie wirkt nett, sagte Osiris.

Du hältst die Klappe. Ich blickte auf und nach links, mit einem ununterbrochenen Blick auf die Kapselwand. *Hey – wo ist die Zeit geblieben?*

Ziffern leuchteten in sanftem Blau in meinem oberen linken Sichtfeld auf. *Da.*

Hast du die Anzeige ausgeschaltet?, subbte ich verwundert.

Das ist ein Upgrade. Jetzt werden die visuellen Displays zur tageszeitlichen Sinneseinstimmung ausgelagert. Firmeneigene Technik von SomaSystems, von COLIN geleast. Du wirst die Zeit jetzt instinktiv wissen, auf die Minute genau. Soll ich es einschalten?

Nein, lass den Scheiß. Ich will die Ziffern sehen können.

Ein Blick ist langsamer, als es einfach zu wissen.

Aha? Was ist das, der Werbetext von SomaSys?

Das ist eine physiologische Tatsache.

Lass die Ziffern, wo sie sind. Und fahr die situativen Systeme hoch – wir gehen nach draußen.

14

»Jetzt sehen wir es klar und deutlich, meine Brüder und Schwestern!! Jetzt sehen wir es in seiner Gesamtheit!«

Ich hatte 'Ris und eine veraltete Trackerroutine von HappeningCity benutzt, um diese Leute zu finden, doch zwei Blocks vorher hatte ich die Sache ausgeschaltet und auf die Umstände verzichtet. Ab jetzt brauchte ich nur noch meine Ohren. Die einschüchternde männliche Stimme, mit sorgsam einstudierter Empörung angespannt, war unverkennbar. Dröhnende Echos jagten sich gegenseitig durch die kalte trockene Luft des Stadtzentrums, prallten von den schlanken reflektierenden Flanken der Wolkenkratzer ab, wiederholt von quietschendem Feedback und einem schrägen Bassglucksen deformiert, das aus einem krächzenden Lautsprechersystem drang, dessen Präferenzen nicht auf die herrschenden Bedingungen eingestellt waren. Die verfickten Frockers – selbst in ihren besten Zeiten hatten sie nur wenig Sinn für Details.

»Und nun, meine Brüder und Schwestern, nun erleben wir die gepanzerte Faust der Oberherrschaft, die lange im Samthandschuh der normalisierten asymmetrischen Machtverhältnisse zwischen zwei Welten verborgen war!!«

Wie es sich anhörte, hatten sie auch an ihrer Rhetorik in jüngster Zeit nichts verbessert. Wie ich schon zu Allmählich gesagt hatte: dies würde keine allzu große Herausforderung darstellen.

Ich bog nach links zwischen die gläsernen Canyonwände ab, surfte auf einem spärlichen Strom von Gaffern, die von dem Lärm angelockt wurden. Hundert Meter weiter ergossen wir uns auf einen weiten Platz. Auf der einen Seite stapelten sich niedrige Stufen, die zu einer zweiten Ebene und der Fassade irgendeines Einkaufszentrums hinaufführten. Auf halber Höhe der Treppe drängte sich ein kleines Knäuel kahlgeschorener junger Männer und Frauen unter einem zerfledderten Branengel-Banner mit dem Schriftzug 4ROCK4 – WO STEHST **DU**?

Die meisten Leute standen in zurückhaltender Zuschauerdistanz, sodass Mitglieder der Demo gezielt hinausgingen, um die Lücke zu überbrücken und sich unter die Menge zu mischen. Sie nahmen sie wie Ziele ins Visier, dozierten lebhaft, deuteten auf Content, den sie auf schnellgespreizten Minibrels in der linken Hand erscheinen ließen. *Noch nicht überzeugt, was? Ich möchte Ihnen hier etwas zeigen. Ich glaube, das wird Ihre Meinung ändern. Sie werden nicht glauben, welche Daten Ihnen vorenthalten werden – uns allen. Die Lügen, die man auf der Erde erzählt, die Hintergründe. Schauen Sie – schauen Sie hier ...*

Manche, die auf diese Weise in ein Gespräch verwickelt wurden, zogen sich hastig vor der ungewollten Belehrung zurück, doch die meisten blieben, auch wenn sie vielleicht nur auf die hellen abgespulten Bilder starrten, die das Öffentlichkeitsteam auf die Branengel-Schirme zauberte, die sich wie Luftschlangen aus ätherischer Rotze zwischen ihren gespreizten Fingern und der Handfläche spannten. Es war grellbuntes provokantes Zeug, wenn ich nach meiner bisherigen Erfahrung ging, und es riss die Aufmerksamkeit an sich, ganz gleich, wo man selbst politisch stand.

Das machte es recht einfach für mich, unbemerkt durch die Menge weiterzukommen und auf Position zu gehen.

Ich näherte mich einer erbitterten, aber zarten jungen Frau am hinteren Rand der Versammlung – sie sah aus, als wäre sie leicht zu überwältigen und einzuschüchtern –, als ich in der Gafferhorde ein Gesicht erspähte, das ich kannte. Er war in sein Verkaufsgespräch vertieft, als ich ihn sah, und seine Aufmerksamkeit schoss zwischen der Schaulustigen, zu der er predigte, und dem strahlenden Brel hin und her, den er ihr in seiner Hand zeigte. Doch dann, fast als würde er das Gewicht meines Blickes spüren, schaute er sich in meine Richtung um und bemerkte mich, und der evangelistische Eifer auf seinem Gesicht ging aus, als hätte ihn jemand mit einem Eimer Wasser gelöscht. In seiner Tirade kam er sichtlich ins Stolpern. Hinter seinen Linsen rauften sich Furcht und Wut um die Vorherrschaft in seinen Augen. Ich seufzte und trat zu ihm.

»Hallo, Eddie.«

»Was hast du … verdammt …«

Ich riss seine Linsen herunter. Warf der Schaulustigen einen Blick zu. »Würden Sie uns für einen Moment entschuldigen?«

Nur allzu gern tat sie es und zog sich vor uns zurück, mit der Bereitwilligkeit von jemandem, den die Polizei vom Schauplatz einer Razzia vertrieb. Ich packte Eddie Valgart am Kragen, als er ihrem Beispiel folgen wollte. Ich dirigierte ihn wieder zu mir, trat ganz nahe heran. Lächelte liebenswürdig.

»Wohin gehst du, Eddie? Möchtest du das alles nicht auch vor mir ausbreiten, die Ungerechtigkeiten der Weitreichenden Tyrannei der Erde? Ich bin ganz Ohr.«

»Du *bist* von der Scheißerde«, zischte er mir zu. »Und wenn du nicht …«

Ich zog meine Jacke zur Seite, zeigte ihm die VacStar im Holster.

»Wir wollen keine Szene machen, ja?«

Er wurde bleich. »D… du würdest das niemals hier draußen benutzen.«

»Du weißt, dass das nicht stimmt, Eddie. Denk zurück.« Ich riss ihn unsanft zum hinteren Rand der Menge herum. »Und jetzt machen wir einen kleinen Spaziergang, damit ich dir erklären kann, was ich von dir möchte.«

In mehr als zwanzig Jahren als Overrider hatte ich nur ein einziges Mal mit einer von den Frockers inspirierten Krise zu tun gehabt, und es war vom Anfang bis zum Ende eine Farce gewesen. Sie starteten die Kaperung, bevor das Schiff den Marsorbit verlassen hatte, sendeten eine Liste von unzusammenhängenden Forderungen auf dem allgemeinen Kanal und lehnten sich zurück, anscheinend in Erwartung des Beifalls. Der Endkunde koppelte umgehend per Fernsteuerung das Triebwerkssegment vom Schiff ab, versiegelte die Frachtdecks und schaltete die Lebenserhaltung aus. Offensichtlich waren die Frockers auf keine dieser Eventualitäten vorbereitet. Sie hatten keinen Axtschwinger mit den technischen Fähigkeiten dabei, der irgendeine der – eigentlich recht vorhersehbaren – Abwehrmaßnahmen aufheben konnte, und sie waren auf keinen Fall für eine EVA ausgestattet, um das Triebwerkssegment zurückzuholen. Blond Vaisutis hatte einen ziemlich geradlinigen Spielplan für solche Situationen – die Empfehlung ihrer Krisenberatung lautete *geduldig abwarten*, und der Endkunde stimmte zu. Als man mich aufweckte, war die Innentemperatur an Bord auf minus zehn oder fünfzehn gesunken, der Sauerstoffgehalt war auf 16 Prozent runter, und die meisten der Separatisten hatten die Nase voll.

Ich ließ meinen Job im Wesentlichen zu einer Formalität werden. Ich musste einen der kampflustigeren Typen auf der Brücke erschießen – er hatte angefangen, Reden zu schwingen, er hatte eine Beretta-Polizeiflinte, die aussah, als könnte er sie trotz allem benutzen wollen – danach aber war die Sache für die Separatisten erledigt.

Ich weiß nicht genau, warum sie so verdammt untauglich sind. Reuben Groell meinte einmal – grummelig, betrunken –, dass alles auf die Genetik hinausliefe, dass jedem, der hinreichend intellektuell eingeschränkt war, um das kompromisslose Separatistenpaket zu schlucken, definitionsgemäß die nötige Lichtstärke fehlte, um mehr auf die Reihe zu kriegen. *Wir haben hier also die offizielle Parteimaschine von Mars Zuerst,* argumentierte er, *die auskundschaftet und jeden abschöpft, der tatsächlich über Talent oder Intelligenz verfügt, jeden, der kein totaler Versager ist. Was bleibt also übrig?*

Rhetorische Frage – damit blieb 4Rock4 ein dysfunktionales Steißbein, eingetaucht in eine tiefer liegende menschliche Gülle aus Tribalismus und zusammenhangloser dumpfer Wut. Doch andererseits hatte Reuben niemals hier unten in der Scharte leben müssen. Er sah das alles aus einer orbitalen Perspektive und während einer Handvoll flüchtiger Besuche. Und Rubes politische Ansichten gingen selten tiefer, als eine billige Lackschicht maß, die auf den rohen metallischen Körper einer soliden Hingabe an seine Arbeitgeber und ihre Interessen geklatscht worden war, vielleicht in dem Versuch, es netter aussehen zu lassen.

Als jemand, der hier unten lebt und dem Ganzen etwas näher ist, frage ich mich, ob politische Gruppen auf Straßenniveau – wie die Frockers – genau diese Art von dumpfem Tribalismus ansprechen müssen, um sich über Wasser halten zu können. Schließlich konkurrieren sie mit den Straßengangs und der organisierten Kleinkriminalität um Rekruten und Ressourcen, sie haben keinen Zugang zu respektablen Einkommensquellen. Also überrascht es vielleicht auch nicht, dass sie am Ende den Kriminellen ähneln, mit denen sie in Echtzeit konkurrieren, und nicht den politischen Entscheidern, zu denen sie aufstreben.

Entsprechend sah das Kapitelhaus an der Schiaparelli Street aus, ein ausgemusterter vierstöckiger Bau ohne Aufzug, schon vor Langem aus der städtischen Instandhaltung entlassen und deshalb nicht einmal mit Antispraykulturen versehen, um die herbe Patina aus Graffiti auf der Nanobetonverkleidung zu beseitigen. 3z<4; FickErdReg; LEINEN KAPPEN; CONNAUGHT NICHT VERGESSEN; 0.4 – STOLZ AUFSTEHEN; SANCHEZ LEBT … und so weiter. Wie es aussah, gingen die ungeschrubbten Schichten Jahrzehnte zurück. Antike Fensterläden, die meisten teilweise geschlossen oder schräg nebeneinanderhängend, was jeder Öffnung das Aussehen eines schlaffen Auges nach einem Betäubungsschuss verlieh – und dem gesamten Haus eine Aura sabbernder Geistesgestörtheit. Die Metalltür am oberen Ende der Treppe war zerschrammt und eingedellt, die Sicherheit beschränkte sich auf eine einzige sichtbare Kamera.

Ich hatte Läden von Bikergangs auf dem Hochland gesehen, die mehr Elan hatten.

Wir stellten uns für die Kamera im Anschein von Kameradschaft auf, was zu funktionieren schien. Eine gelangweilte Stimme krächzte aus dem Gitter.

»Was zum Henker machst du hier, Eddie? Wer ist das?«

Eddie räusperte sich. »Ich muss mit Sempere sprechen. Der Kerl hier hat ein Angebot, das er sich anhören sollte.«

Er deutete auf mich. Ich neigte einnehmend den Kopf zur Kamera. Ich hatte meine Linsen auf fast vollständige Transparenz gedrosselt, stand so unbedrohlich da, wie es mir möglich war. Die Stimme räusperte sich gewichtig.

»Sempere ist, wie sagt man, indisponiert.« Eine Pause, ein Glucksen. »Rosanna ist grade hier. Du weißt, was dann los ist.«

Valgart warf mir einen panischen Blick zu. Ich hatte klargestellt, was passieren würde, wenn er mich nicht reinbringen konnte. Seine Stimme ging einen Halbton nach oben.

»Ist das dein verdammter Ernst, Mann? Ich komme hier mit einer verdammten bedeutenden Einnahmequelle, und Sempere kann sich nicht den Schwanz abwischen und seine Hose anziehen, um es sich anzuhören?«

Die Stimme klang nun eingeschnappt. »Gut, dann gehst du rüber und hämmerst an seine verdammte Tür. Weil *ich* es nicht tun werde.«

Die schartige Metallplatte spaltete sich in der Mitte, und die zwei Hälften der Tür schürften geräuschvoll über einem Bodenbelag zurück, der aussah, als wäre er seit Monaten nicht von Staub gereinigt worden. Unsere Stiefel knirschten, als wir eintraten.

Das Innere war früher einmal von einer gewissen Pracht gewesen – die gewölbte Decke glich einer stillen architektonischen Verbeugung vor den alten dunklen Bunkertagen, Basreliefs an den Wänden stellten frühe Forscherlager dar, die Oberfläche eines nanokultivierten Bodens in Marmoreffektkristall sollte ausdrücklich die rötlichen Wirbel eines marsianischen Staubsturms imitieren. Der weite Bogen einer balustrierten Treppe aus irgendeiner hellen Legierung, mit der Zeit schmutzig und schmierig geworden, führte zu einem ähnlich ausgestatteten Galerieniveau hinauf, wo ganz oben eine große Doppeltür sichtbar war. Damals, als dieser Stil populär gewesen war, hätte alles einen glatten Nanotech-Schimmer gehabt – ein Widerspruch zu den ungehobelten kolonialen Ursprüngen, denen das Ganze eigentlich huldigen sollte. Nun lag echter Staub auf den Bodenplatten mit Sturmmuster, und die Basrelief-Darstellungen der Marsforscher waren fast genauso sehr mit Graffiti überzogen wie die Außenfassade. Zwielicht klebte in den Ecken wie das Rohmaterial für einen Pixelnebelkünstler, der dann doch nie vorbeigekommen war.

Schläger zählen – drei gelangweilt wirkende Frockers, alle jung genug, um das Glaubensbekenntnis unkritisch zu übernehmen, und vor allem, um die dazugehörige Gewalttendenz der Bewegung noch um ihrer selbst willen genießen zu können. Einer von ihnen lümmelte langbeinig auf den unteren Stufen der Treppe, die anderen lehnten sich etwas weiter oben mit betonter Trägheit gegen die Balustrade. Alle trugen Hochland-Arbeitskleidung oder billig gedruckte Imitationen irgendeines Modehauses, allen war das Haar unordentlich auf Kinnhöhe gekappt worden, alle hatten identische hauchdünne tiefgetönte Sonnenbrillen aufgesetzt. Und alle hatten das DeAres-Contado-Tat unter dem linken Auge. Anhand der Körperwärme markierte Osiris ihre Waffen für mich, ließ in meinem Sichtfeld jedes Stück in kühlblauen Umrissen aufleuchten und wieder verblassen. Nichts, weswegen ich mir Sorgen machen müsste.

»Das ist deine verdammte Einkommensquelle?« Die auf der Treppe sitzende Frau bedachte mich mit einem vernichtend gemeinten Blick. »Sieht aber nicht besonders hochwertig aus.«

Die anderen beiden glucksten. Einer von ihnen richtete sich auf und kam die Treppe herunter, als wollte er sich die Sache genauer anschauen.

»Ich würde ihn nicht gegen eine halbe Stunde mit Rosanna eintauschen«, bemerkte er, als er an der Sitzenden vorbeikam.

»Richtig.«

Er ließ die unterste Stufe aus, beschrieb einen Halbkreis um mich, musterte den Besucher. Wachsame Augen senkten sich hinter den getönten Linsen. Er war wuchtig auf die straff-muskulöse marsianische Art, ein wenig größer als ich, wesentlich jünger, und er hatte eine chemische Ruckhaftigkeit, die mir nicht so gut gefiel. Möglicherweise ein schwieriger Fall, wenn man ihn zu nahe an sich heranließ.

»Hör auf damit, Olivier«, sagte der andere, der auf der Treppe geblieben war. Er gähnte und streckte sich. »Kein Grund, grob zu werden – noch nicht. Eddie hat uns noch nie verarscht. Stimmts?«

Unterdrücktes Lachen oben und unten auf der Treppe. Neben mir erstarrte Valgart.

»Huh, wenn ihr ein verdammtes Problem mit mir habt, könnt ihr …«

»War'n Witz, Eddie«, sagte die Frau ohne die leiseste Spur von Belustigung. »Was ist mit deinem Sinn für Humor passiert?«

»Dieser Typ …«

»Dieser Typ kann warten«, sagte Olivier und neigte den Kopf zur Seite, versuchte mich Auge in Auge herauszufordern.

»Dieser Typ kann uns genauso gut diese Kanone aushändigen, die er bei sich trägt, während er wartet«, sagte der andere auf der Treppe. Er schien hier das Sagen zu haben. Dann zuckte er mit den Schultern, legte mir ein Lächeln hin, das er gar nicht meinte. »Hausregel.«

Ich gab ihm das Lächeln zurück, begleitet von einem Nicken. Ich zog die VacStar hervor und schoss Olivier damit unters Knie. Ein fetter Knall hallte durch das verstaubte Foyer. Die anzugbrechende Kugel traf Olivier auf mittlerer Schienbeinhöhe, zertrümmerte die Knochen und riss ihm den Fuß ab, als wäre es ein achtlos weggeworfener Stiefel. Er brach seitwärts auf dem Marmoreffektboden zusammen und schrie. Ich spürte, wie mich ein paar Blutspritzer vom Rückprall an der Wange und auf der Stirn befleckten. Die Frau am Fuß der Treppe sprang fluchend auf und tastete unter der Jacke nach ihrer Waffe. Sie schaffte es, sie halb zu heben, als sich der Lauf der VacStar einen knappen Viertelmeter entfernt auf ihr Gesicht richtete.

»Seien Sie klug«, sagte ich zu ihr. »Lassen Sie das fallen. Keine Bewegung.«

Die Waffe polterte auf den Boden. Olivier wälzte sich in Fötalhaltung, kreischte lautstark und umklammerte seinen zertrümmerten Beinstumpf. Blutflecken auf dem staubigen Boden und ein paar Lachen, wo er hingestürzt war – und irgendwie erwarte ich dann immer, dass sich Tropfen und Blasen bilden, während das Ganze in einem feinen Nebel herumtreibt, wie es in einer Schiffsumgebung geschieht. Im Gegensatz dazu lassen die Auswirkungen der Schwerkraft vergossenes Blut aber seltsam zahm erscheinen. Ein Stück seitlich lag Olivers Fuß im Stiefel auf der Seite wie etwas Fortgeworfenes, bewegungslos und am abgetrennten Ende blutverschmiert.

Ich hörte, wie sich Eddie Valgart hinter mir erbrach.

Hauptsächlich konzentrierte sich meine Aufmerksamkeit auf Mr. Hausregel. Er hatte mit ähnlichen Absichten gezuckt wie seine Kollegin, aber er schien weniger engagiert zu sein, aktiv zu werden. Ich stellte einen ernsten Blickkontakt her.

»Ihr Freund braucht eine Aderpresse. Wenn Sie das Zeug an Ihrem Gürtel loswerden, können Sie runterkommen und ihm helfen.«

Er befeuchtete seine Lippen. »Sind Sie *völlig verrückt* geworden? Sie können doch nicht …«

»Ich *verblute* hier, verdammt!«, schrie Olivier. »*Hilf mir, du Arschloch!*«

Hausregel wankte noch eine Sekunde lang, dann sackte er wie eine abgeschaltete Drahtgitterpuppe in sich zusammen. Er zog seine Waffe aus dem Gürtel und warf sie auf die Treppe. Sie prallte ab und purzelte noch ein paar Stufen weiter nach unten, bis sie liegen blieb. Er folgte ihr, ging mit einem widerwilligen Schritt daran vorbei. Sein Gesicht sagte, dass er nicht fassen konnte, was gerade geschah.

Ich schob mich zur Seite und schickte die Waffe der Frau mit einem Fußtritt in eine Ecke. Sie sauste wie ein Puck übers Eis. Hausregel erreichte Olivier, ging neben ihm in die Knie, streckte die Hände zitternd aus, wagte es aber nicht, seinen Freund an der Stelle zu berühren, wo sich die zerfleischte Masse unterhalb des

Knies befand. Ich wackelte mit dem Lauf der VacStar vor der Frau herum.

»Sieht aus, als könnte er etwas Hilfe gebrauchen.«

Sie schoss einen hasserfüllten Blick in meine Richtung, doch dann stand sie auf und ging zu Olivier hinüber. Ich sah, wie sie würgte, als sie den Schaden begutachtete, den die Kugel der VacStar angerichtet hatte. Sie griff vorsichtig nach dem Knie, und Olivier zuckte schreiend zurück. Sie fluchte leise. Neben ihr verfiel Hausregel in einen Schockzustand – sein Gesicht war grau, er bewegte den Kopf minimal hin und her. Er sah fast schlimmer aus als Olivier.

Eddie würgte immer noch, über die Knie und einen angespannten Arm gebeugt.

»Das ist eine EVK-Kugel von Cadogan-Izumi«, erklärte ich ihnen. »Wo sie herkam, gibt es noch siebenundzwanzig weitere. Ich werde jetzt zu Sempere hinaufgehen. Machen Sie keine Dummheiten, solange ich oben bin.«

Ich ließ sie zurück, während sie versuchten, irgendeinen modisch verfehlten Patronengurt um Oliviers Oberschenkel zu wickeln, und stieg die Treppe hinauf. Ich war schon fast oben, als Osiris eine Bewegung am Schloss der Doppeltür markierte.

Eine Wärmespur, murmelte sie mit einem tiefen Kitzeln im Knochen hinter meinem Ohr. *Eine Person. Keine aktivierten Waffen, auch nicht viel Kleidung.*

Ich grinste. Sprang schnell die letzten paar Stufen hinauf und hielt die VacStar auf Kopfhöhe, als sich die Türhälften teilten. Dann kam Francisco Sempere herausgestürmt, in einem dünnen Bademantel, den er immer noch zu schließen versuchte. Ohne Linsen, mit zerzaustem Haar, mit bösartiger Wut auf dem leicht verschwitzten Gesicht und einem Exerzierplatzschrei, der in seiner Kehle erstarb, als er mich sah.

»*Was zum T...*«

»Meine Schuld, Paco.« Ich stieß ihm die Mündung der VacStar gegen die Stirn. »Ich habe es eilig.«

Der Schlag mit der Waffe warf ihn zurück. Er ruderte mit den Armen, um sich aufrecht zu halten, der Bademantel bauschte sich um ihn wie unbrauchbare Flügel. Ich folgte ihm über die Schwelle hinein, mit einem einzigen langen und schnellen Schritt, die Pistole erhoben, und knüppelte ihn mit dem Griff kräftig gegen die Nase. Ich spürte das Knirschen beim Aufprall, durch die Waffe bis in meine Hand. Blut spritzte. Sempere heulte auf und brach zusammen.

Tiefer im Raum schrie jemand. Ich scannte den Raum schneller, als es für einen Menschen nützlich war. Aktionreflex eines Overriders. 'Ris suchte für mich die Einzelteile zusammen.

Keine Angriffsgefahr. Das ist vermutlich Rosanna.

Das muss sie sein. Ich beugte mich über Sempere, packte ihn an der Kehle und schleifte ihn seitlich aus dem Türrahmen, setzte ihn vor einen passenden Wandabschnitt. Blut floss aus seiner gebrochenen Nase, vermischt mit Rotz, und sammelte sich in den Stoppeln auf seiner Oberlippe. Ich zog ein Stück vom Bademantel hoch und hielt es ihm hin.

»Mach dich sauber, Paco – wir müssen reden.«

Ein weiterer Schrei aus der Ecke, diesmal etwas halbherziger. Ich blickte hinüber und erkannte die Quelle, sah ein billiges Plastikrahmen-Feldbett, auf dem eine junge Frau in voller Hurenkriegsbemalung, aber sonst mit kaum etwas kauerte. Ihr Mund war halb geöffnet, doch sie schloss ihn, als sich unsere Blicke trafen, so schnell, dass ich fast das Zuschnappen hörte. Ich nickte wohlwollend, wandte mich wieder Sempere zu, der sich den zusammengeknüllten Stoff des Bademantels auf die untere Gesichtshälfte drückte. Die Augen darüber hatten sich noch nicht geschlagen gegeben.

»Du weißt, wer ich bin?«, fragte ich ihn mit leiser Hoffnung. Er schüttelte betäubt und wortlos den Kopf.

Ich seufzte. »Auch gut, egal. Was nicht egal ist, ist die Tatsache, dass du deine Jungs heute früh zu Vallez Girlz geschickt hast, um Befreiungssteuern von der neuen Geschäftsführung zu kassieren. Das war ziemlich schnelle Arbeit, Paco. Ich bezweifle, dass Sals Leiche bereits vollständig ausgekühlt ist. Also, was soll das? Hast du zu hohe Fixkosten? Ist Rosanna teurer, als sie aussieht?«

Er wischte sich energisch das Gesicht ab, spuckte etwas Blut aus. Der kleine Funke Widerstand entfachte erneut. »Was zum Teufel hat das mit dir zu tun?«

Ich schlug ihn noch einmal mit der Pistole, diesmal heftig gegen die Kopfseite. Mit einem Schrei stürzte er seitwärts hin.

»Du hörst mir nicht aufmerksam genug zu, Paco. Jetzt setz dich auf und lass es uns noch einmal versuchen.«

Langsam, widerstrebend richtete er sich auf. Er hielt sich den Kopf, wo ich ihn geschlagen hatte, blickte mich erstaunt an. Aber nun stand Angst in seinen Augen, und seine Stimme klang ächzend. »Worum zum Teufel geht es, Mann?«

»Freut mich, dass du danach fragst, Paco. Worum es geht? Ich bin ein Wahrsager. Und ich werde dir die Zukunft offenbaren, völlig kostenlos. Und es sieht folgendermaßen aus: Du wirst bei Vallez Girlz keine Befreiungssteuern kassieren. Sal hat dir niemals einen verbogenen Marin gezahlt, und diese Leute werden es auch nicht tun. Also mach dir nicht die Mühe, dort noch einmal vorstellig zu werden.«

»Es sind verfickte Kraterkriecher!«

Ich schnalzte tadelnd mit der Zunge. Rammte ihm die VacStar gegen die Kehle, sodass er ein paar Zentimeter an der Wand emporgehoben wurde. »Was würde Ares Sanchez davon halten? *Marsgeboren heißt Freigeboren*, stimmt's? Das große Ganze, der globale Kampf? Unsere Hellas-Brüder in Knechtschaft? Klingelt da was?«

Er würgte unter dem Druck des Laufs an seiner Luftröhre. »Der Kampf ... muss finanziert werden ...«

»Aha? Gut, dann finanziere ihn woanders. Unsere geschätzten Investoren im Unterhaltungssektor aus Hellas sind nicht interessiert. Es mag dir wie ein Kleingewerbe vorkommen, Paco, aber sie haben mehr Freunde in der Scharte, als du glaubst.«

»Freunde wie dich?«, spuckte er aus.

»Nein. Die meisten sind nicht so zurückhaltend wie ich.« Ich hielt die VacStar vor ihm hoch, damit er sie besser in Augenschein nehmen konnte. »Hast du so etwas schon mal gesehen?«

Er wurde ein wenig ruhiger. Diese verdammte Waffe ist wesentlich berühmter, als ich es jemals sein werde.

»Bist du von der Navy?«, fragte er. Und als ich nicht antwortete: »Ex-Navy?«

»Es spielt keine Rolle, was ich bin. Du solltest dir nur die Frage stellen, ob du mich noch einmal wiedersehen möchtest.«

»Du kannst nicht einfach ...«

»Ich kann, und ich habe es gerade getan. Geh runter und rede mit deinem heulenden Handlanger. Was ihm passiert ist, kann genauso schnell auch dir passieren. Halte deine kleinen Steuereintreiber von Vallez Girlz fern, dann wird dies das letzte Gespräch sein, das wir führen müssen. Andernfalls werde ich hierher zurückkommen und dir diese Waffe so tief in den Arsch rammen, dass sie dir die verfickten Zähne ausschlägt. Ist das klar?«

Er hielt meinem Blick für eine anerkennenswerte Dauer stand. Zuckte schließlich zurück.

»Gut.« Ich tippte ihm unsanft mit dem Lauf der VacStar an den Schädel. »Das ist der Kampfgeist, mit dem der Mars erobert wurde.«

Ich erhob mich aus der Hocke, sah mich aus beruflicher Gewohnheit ein letztes Mal im Raum um. Rosanna, immer noch still, war aufs Bett zurückgesunken, wartete auf irgendein Stichwort. Ich steckte die VacStar sorgfältig und demonstrativ wieder ein.

»Wir alle sind jetzt hier fertig«, sagte ich zu ihr. »Und du auch.«
Ich ging durch die Tür hinaus und wieder nach unten. Mission erfüllt, Gefälligkeit erwiesen, und mal sehen, ob Allmählich ihre Scheiße jetzt gründlich in Ordnung bringen konnte, damit ich sie vom Hals hatte und sie vielleicht sogar eine Möglichkeit fand, mir zu zahlen, was sie mir schuldig war.

Im Foyer hatten sie es geschafft, Olivier eine Aderpresse anzulegen, aber dabei war er ohnmächtig geworden. Sein abgetrennter Fuß lag immer noch dort, wohin die EVK-Kugel ihn mitgenommen hatte, aus seinem Stumpf tröpfelte Blut auf den schmutzigen Boden, und er zuckte und stöhnte wie jemand, der einen schlimmen Albtraum hatte. Seine Kollegen starrten mich wie verängstigte Kinder an, als ich die Treppe herunterkam, als wäre ich von Pachamamas ureigenster Himmelsleiter zu ihnen herabgestiegen – irgendein dunkler Geist, zu sehr durch Sünde befleckt und verdorben, um nach oben zu kommen. Zuvor hatten mir die Torwächter des göttlichen Inti den Zugang verwehrt, nachdem sie mich als gewissenlos und mangelhaft eingeschätzt und mich aus dem Paradies zwischen den Sternen wieder hinuntergeworfen hatten.

15

Martin Deiss' HKU-Sicherheitsteam mit Platinwertung war fünf Köpfe stark, in funktionales Identikit-Schwarz gekleidet, und jeder Millimeter an ihnen entsprach der Einstufung. Der Teamleiter gab sich alle Mühe, mich nicht von oben herab zu betrachten.

»Sie waren ein Overrider, was? Ein harter Job.«

»Nur wenn man aufgeweckt wird.«

Ich wurde mit einem flüchtigen, schnell verblassenden Lächeln von den anderen Mitgliedern seiner Gruppe bedacht. Für mehr waren sie zu aufgedreht, selbst hier im Helikopter, und es gefiel ihnen überhaupt nicht, dass ich bewaffnet war. Sie gingen mit keinem Wort auf die VacStar ein, als ich auftauchte, um Madison Madekwe abzuholen, aber ich sah, wie sie sich ganz leicht anspannten, als sie die Waffe bemerkten. Dann führten sie uns mit tadelloser Sorgfalt über den Campus der Hafenverwaltung, aufgefächert und lässig in der einsetzenden Dämmerung, operative Poesie in Bewegung. Hätte man den Aufbruch nicht mitbekommen, hätte man wahrscheinlich vermutet, dass nur zwei von ihnen irgendwie mit uns in Verbindung standen. Es war völlig klar, dass sie auch mich im Auge behielten, dass ich ein signifikanter Teil ihrer Risikoeinschätzung war. Am Abflug brachten sie uns in einen firmeneigenen HKU-Drehflügler und achteten darauf, dass Madekwe und ich getrennt saßen. Sie verloren nichts von ihrer hartgesottenen Wachsamkeit, sobald sich die Luke geschlossen hatte und wir in der Luft waren.

»Für wen haben Sie gearbeitet?«, fragte die Frau, die mir gegenübersaß. »Einen der großen?«

»Für die meisten, immer nur zeitweise. Ich hatte einen Einsatzvertrag mit Blond Vaisutis.«

Madison Madekwe mochte dieser Name unbekannt sein, aber diese Leute wussten Bescheid. Jemand pfiff leise. Ich spürte die erhöhte Konzentration in den Blicken hinter den umgeschnallten Linsen.

»Und jetzt sind Sie für die Eskortabteilung der Bradbury-Polizei tätig.« Der Tonfall der Frau besagte, dass sie sich in ihrer Zukunft keinen Wechsel in den öffentlichen Sektor vorstellen konnte. »Muss sich eigenartig anfühlen. Ich schätze, für diese Auditscheiße werden jetzt alle Register gezogen. Ich denke ...«

Der Teamleiter warf ihr einen Blick zu. Vermutlich zusammen mit einer schnellen Nachricht an ihr Headgear – *Erinnerst du dich, wer hier der Klient ist, Gusch?* –, wenn ich danach ging, wie sie plötzlich dichtmachte. Falls Madekwe es bemerkte, zeigte sie es nicht. Sie verbrachte den gesamten Flug schweigend, starrte aus dem Fenster, während die Scharte unter uns vorbeizog. Einmal blickte sie auf und erwischte mich dabei, wie ich sie beobachtete. Wir tauschten ein Lächeln aus, meins reflexartig, ihres nervös und zerstreut, dann wandte sie sich ab und sah wieder aus dem Fenster.

Am Acantilado versuchte sie, Deiss' Team in der Ankunftslounge zu entlassen. Doch davon wollten sie nichts wissen.

»Wir wurden beauftragt, Sie bis zu Ihrer Suite zu bringen, Ms. Madekwe.«

»Aber ich werde *nicht* zu meiner Suite gehen«, sagte sie mit zunehmender Schroffheit im Tonfall. »Ich beabsichtige, zuvor etwas in der Lounge zu essen. Ich habe mit Mr. Veil noch ein paar Tagesordnungspunkte für morgen zu besprechen.«

Davon hörte ich zwar zum ersten Mal, aber ich spielte mit. Freundlich nickte ich dem Teamleiter zu.

»Hier ist alles gut. Sie können gehen.«

»Dann muss ich Rücksprache halten«, sagte der Leiter grimmig. »Sie warten so lange.«

Madison Madekwe loderte auf wie ein harter Wiedereintritt.

»Nein, wir werden *nicht* warten! Commander ... Grant, nicht wahr? *Sie* wurden *mir* von Martin Deiss zur Verfügung gestellt, Commander Grant. Nicht andersherum. Ich entlasse Sie hiermit. Danke für Ihre Dienste. Sie dürfen jetzt *gehen*.«

Grant stand eine ganze Zeit erstarrt da, leidenschaftslos hinter seinen Linsen – vermutlich hielt er Rücksprache und bekam eine gepfefferte Antwort vom Deiss Man –, dann neigte er den Kopf. Er wandte sich seinem erwartungsvollen Team zu.

»Ihr habt die Lady gehört.« Die Verärgerung in seiner Stimme war unter die menschliche Hörschwelle gedrosselt, aber Osiris markierte sie für mich. »Mission beendet. Lasst uns von hier verschwinden, Leute.«

Ich folgte Madekwe nach oben in die Lounge. Wir nahmen uns einen Tisch vor einem der großen Aussichtsfenster, bestellten Cocktails und eine warme Mezze-Platte vom Abendmenü. Draußen verknäuelten sich gewaltige violette Wellenfronten quer über die Lamina, wie sich paarende Schlangen. Das Tal lag zehntausend Meter tiefer in sanftem Zwielicht.

»Vielen Dank«, sagte sie in die kontemplative Stille zwischen uns.

»Wofür?«

»Dass Sie da unten meinen Hinweis aufgegriffen haben. Ich hätte es wirklich nicht ertragen, zu meinem Zimmer eskortiert zu werden, als wäre ich irgendeine skandalträchtige Z-Prominenz.«

»Ich glaube, Sie hätten mich gar nicht gebraucht, um diese Leute loszuwerden.«

Wieder das gedankenverlorene Lächeln. »Vielleicht nicht. Aber es hat die Angelegenheit definitiv einfacher gemacht. In meinem Metier kann Einfachheit zu etwas werden, nach dem man sich wie nach einer Droge sehnt.«

»In meinem ist es normalerweise die Standardeinstellung.«

»Das glaube ich Ihnen gern.« Abrupt nahm sie ihre Linsen ab und legte sie vorsichtig auf den Tisch. Sie ließ sich tiefer in ihren Sessel sinken und musterte mich mit offenem Interesse. »Ist das etwas, das Sie vermissen?«

Wenn jemand in einem Kontext wie diesem das Headgear abnahm, wurde es als unhöflich betrachtet, wenn man nicht dasselbe tat. Es ist eine Einladung zur Vertraulichkeit, eine Befreiung von den alltäglichen Normen und Belastungen. Ich verstaute die Linsen in meiner Jacke und setzte ein liebenswürdiges Lächeln auf. Wieder die sanfte geräuschlose Explosion, als sich unsere nackten Blicke trafen. Diesmal sah ich, wie sich beim Aufprall ihr Mund zu einem Schmunzeln verzog.

»Meine Arbeit ist fast genauso«, sagte ich und erinnerte mich an die Schiaparelli Street. »Ich werde nur nicht so gut dafür bezahlt.«

Sie ließ die Bemerkung einen Moment lang auf sich wirken, wie den ersten Schluck eines interessanten Weins. »Ich verstehe. Also gibt es keine Aussicht auf … einen Karrierefortschritt?«

»Nein, nicht wenn man vier von zwölf Monaten schläft. So bin ich ein Nischenunternehmer. Und, offen gesagt, habe ich mein Verkaufsdatum inzwischen überschritten.«

»Das tut mir leid. Das muss hart sein.«

Ich zuckte mit den Schultern. »Man gewöhnt sich daran. Hatten Sie wirklich irgendwelche Tagesordnungspunkte zu besprechen?«

»Hmm, eigentlich nicht.« Es klang beinahe schläfrig, doch dann schien sie sich wieder zu konzentrieren. »Es ist so, dass ich noch ein paar Tage bei Vector Red brauchen werde, bevor wir tatsächlich vor Ort mit der Ermittlungsarbeit beginnen können. Also noch jede Menge Zeit, um bis dahin über die Sicherheitskonsequenzen zu sprechen.«

»Ich dachte, Sie wollten nicht so viel Zeit damit verbringen, Akten zu wälzen.«

»Ja.« Ihr Blick wurde ausweichend. »Allerdings haben sich heute einige Aspekte ergeben, die darauf hindeuten, dass ich mich in diesem Punkt getäuscht haben könnte. Zum einen scheint Martin Deiss Ihren Einschätzungen hinsichtlich des Hochlands beizupflichten. Wenn wir zunächst hier die Vorarbeit leisten, bevor wir uns hineinstürzen, ist das offenbar die bessere Strategie.«

»Wie ich gesagt habe.«

»Nun … dann tut es mir leid, dass ich daran gezweifelt habe.«

»Diesmal lasse ich es Ihnen noch durchgehen.«

Ihr Blick schoss wieder zu mir, rastete ein. Ich lächelte, jedoch etwas raubtierhafter als zuvor.

Ein angespanntes Schweigen legte sich über uns. Von hier aus gab es einen nächsten Schritt, aber er war kein Gesprächsthema, und wir beide wussten es. Wir schauten uns nach dem bestellten Essen um, erkannten jedoch kein Anzeichen für baldige Rettung. Madison Madekwe räusperte sich verlegen.

»Ich habe nachgedacht. Über Ihre Situation vis-à-vis Blond Vaisutis.«

Der Moment entschärfte sich wie ein Torpedo, der während des Zielanflugs deaktiviert wurde. Ich beobachtete, wie er harmlos außer Sichtweite davondriftete, und seufzte. »Ich selbst versuche, nicht zu viel darüber nachzudenken.«

»Ja, aber … schauen Sie, es ist zwar nicht mein Fachgebiet, aber ich bin mir ziemlich sicher, dass Ihre aberkannte Lizenz revidiert werden könnte.«

»Sind Sie Anwältin?«

Sie rührte sich unbehaglich. »Nein, nicht im eigentlichen Sinn. Aber ...«

»Ich hatte eine Anwältin engagiert.« In mir stieg eine Wut auf, die ich nicht wollte und die Madison Madekwe nicht verdient hatte. Ich bemühte mich, sie zu zügeln. »Eine ziemlich gute, wenn ich danach gehe, was sie mich gekostet hat. Sie hat eine Menge teurer Nachforschungen angestellt, und es kam nichts Gutes dabei heraus. Wissen Sie, es geht nicht nur darum, dass ich gefeuert wurde. Ein großer Teil der verbliebenen Wetware, die ich in mir trage, ist firmeneigene Technik von BV, ohne Fälligkeitsklauseln. Die Aberkennung meiner Lizenz schützt ihre Patente. Selbst wenn ich die Entscheidung aufheben lassen könnte, müsste jeder, der mich wieder als Overrider einstellen möchte, jedes Mal Lizenzgebühren an Blond Vaisutis überweisen, wenn er mich in den Einsatz schickt. Damit wäre ich auf dem Markt unbezahlbar.«

»Oh.«

»Ja.«

Wir beide starrten eine Weile auf den Tisch.

»Ich werde jetzt gehen.«

»Nein.« Sie streckte eine gespreizte Hand aus, als wollte sie mich in den Sessel zurückdrücken. »Bitte. Bleiben Sie wenigstens noch für die Drinks. Wir können uns ein anderes Gesprächsthema suchen.«

Ich deutete auf die vereinzelten Hotelgäste in der Lounge. »Ich bin mir sicher, dass hier Kollegen von Ihnen sind, die liebend gern mit Ihnen speisen würden. Schließlich sind hier einhundertsiebzehn von Ihnen untergebracht.«

»Ja.« Sie sah mich an. »Aber ich bitte Sie darum.«

Ich spürte, wie der Torpedo wendete und sich wieder näherte. Doch er war noch zu weit weg, um zu erkennen, ob er für einen weiteren Versuch scharf gemacht wurde. Ich bemerkte eine flüchtige Bewegung aus dem Augenwinkel, sah die eintreffenden Drinks auf einem schicken kleinen Silbertablett, das von einem grazilen jungen Ding forsch gehalten wurde, mit breitem Lächeln und straff bekleideter Muskulatur. Ich zuckte mit den Schultern.

»Also gut. Und etwas anderes. Sie könnten mir sagen, warum COLIN Oversight sich so große Sorgen wegen irgendeines geborenen Kapsellager-Versagers macht, der es geschafft hat, kurz nach dem größten Glückstreffer seines bisherigen Lebens zu Tode zu kommen.«

»Ist das nicht offensichtlich?«

Das junge Ding servierte die Drinks – einen klassischen Mojito für Madekwe, einen North Wall Banger für mich. Das Essen, sagte er uns, wäre auch gleich da. Ich nahm mein Glas, hob es in Madekwes Richtung und kippte die obere Hälfte hinunter. Ein langes, süßes Brennen der vermengten Spirituosen wanderte meine Kehle hinunter bis in den Bauch. Ich lehnte mich auf dem Sessel zurück, aufgelockert und sinnierend.

»Offensichtlich? Hm, schauen wir mal. Wenn ich raten müsste, würde ich sagen, Sie machen sich Sorgen, dass irgendwer eine Möglichkeit gefunden hat, die Lotterieprotokolle zu knacken, worauf Torres entsorgt wurde, um Platz für einen anderen Namen mit Hackerfreunden in höheren Kreisen zu schaffen. Es geht Ihnen eigentlich gar nicht um Torres, sondern nur darum, ob die Systeme von Vector Red angegriffen wurden, wie groß das Leck ist und ob es ein permanentes Problem bedeutet.«

»Ärgert Sie das?«

»Es überrascht mich nicht allzu sehr. Typen wie Torres sind nie das Hauptthema für irgendwen, ob auf dem Mars oder sonst wo. Sie sind höchstens ein Symptom.«

»Ein Symptom wofür genau?«

»Spielt keine Rolle. Für die Sacranisten sind sie Sinnbilder für Fehlfunktionen im Klassensystem und heroische Geister des Kampfes, wenn sie tot sind. Mulholland und seine PR-Arschlöcher verwandeln sie in mythischen Treibstoff für das Narrativ der High Frontier. Polizisten nehmen sie in die Statistik auf, die Machthaber nutzen sie für politische Intrigen und die Haushaltsplanung der Polizeibehörden. Feeds machen sie zu Sündenböcken oder Musterbeispielen oder verallgemeinern ihren Fall, um auf die Tränendrüsen zu drücken. Und jetzt wollen Ihre Leute diesen Kerl benutzen, um Fehler im Zentralrechner der Unternehmensverwaltung zu lokalisieren.«

»Ich verstehe.« Sie setzte sich ein wenig auf. »Spüre ich hier eine gewisse Solidarität, Mr. Veil? Sitzengelassene Mutter, praktisch kein Vater. Ärmliche Herkunft. Können Sie sich ... mit Torres identifizieren?«

Ich schnaufte. »Ms. Madekwe, ich wurde in einer Krippe von Blond Vaisutis auf der Erde geboren und war bereits für erstklassige Funktionalität modifiziert. Ich habe meine gesamte Kindheit damit verbracht, in unternehmensfinanzierter Großzügigkeit zu schwimmen. Torres und ich – wir gehören kaum derselben Spezies an.«

Sie machte eine elegante Handbewegung. »Also?«

»Also nichts. Ich weise nur auf das Offensichtliche hin, wozu Sie mich ja aufgefordert hatten.«

»Ihnen missfällt, dass ich Torres lediglich als Startpunkt für weitere Ermittlungen benutze?«

»Verdammt, nein – toben Sie sich aus. Aber ich denke, Sie sollten auf die Möglichkeit vorbereitet sein, dass es nicht viel aufzuspüren gibt. In vierzehn Tagen verbrennen hier zehn Leute wie Torres beim Wiedereintritt. Die Scharte ist mit ihren Leichen nur so übersät.«

»Aber seine wurde nie gefunden.«

»Auch das ist nicht so ungewöhnlich. Wenn Torres niemals in der Lotterie gewonnen hätte, wäre es sogar zweifelhaft, ob sich irgendjemand die Mühe gemacht hätte, nach ihm zu suchen. Und die Metro-Vermisstenabteilung hätte sich schon gar nicht um den Fall gekümmert.«

»Was auch immer das genützt hat.«

»Na ja, es ist der Gedanke, der zählt. Das ändert nichts an der Tatsache, dass der Start den Orbit bestimmt, und Torres hatte einen Start ins Leben, der ihn von Anfang an auf eine niedrige und absinkende Bahn brachte. Man muss nur abwarten und den Himmel beobachten.« Ich hob einen Zeigefinger und zeichnete eine abschüssige Flugbahn in die Luft zwischen uns. Ich machte ein Geräusch wie Öl in einer Pfanne. »Auf Nimmerwiedersehen, Torres.«

»Selbst mit einem Lotteriegewinn in der Tasche?«

»Das ist nur Treibstoff für den Vektor. Glückliche Zufälle bringen diese Typen auch nicht weiter als schlechte. Die Luft, die sie atmen, ist schlecht. Wenn gute dazukommt, versaut das nur die Mischung. Wenn sie eine größere Summe kriegen, werden sie sich wahrscheinlich überdosieren oder sich bei einem Unfall mit einem Luxuscrawler zerlegen, für den sie ihr ganzes Geld verbraten haben.« Ich dachte darüber nach. »Oder sie stolzieren einfach nur in die falsche Richtung davon, pissen den falschen organisierten Kriminellen an und enden in einem Regolithgrab.«

»Glauben Sie, dass so etwas passiert ist?«

Ich breitete die Hände aus. »Hey, ich bin kein Detektiv. *Sie* führen die Ermittlungen durch. Ich werde nur herumstehen und dafür sorgen, dass niemand versucht, Sie an Ihrer Arbeit zu hindern.«

»Aber Sie kennen das Hochland. Dieses … Cradle City. Waren Sie schon einmal dort?«

»Ja, ich kenne die Wiegenstadt. Sie ist ein Unterhaltungszentrum für die Schelf-Gemeinden im West End. Wenn man für Indenture Compliance arbeitet, verbringt man eine Menge Zeit an solchen Orten. Bei jedem zweiten Grokville-Greg ist klar, dass man ihn schließlich aus dem Bett irgendeiner Hure aufscheuchen muss, von der er glaubt, dass er sich in sie verliebt hat. Es gibt eine Menge Prostituierte in der Wiege. Ein Unterhaltungszentrum, wie ich schon sagte.«

»Ich verstehe. Und haben Sie dort noch Kontakte – in Cradle City?«

»Das wird sich zeigen. Aber wir könnten Glück haben – in diesem Bericht von der Metro-Vermisstenabteilung, den Sie mir gezeigt haben, ist der Name eines Kollegen von Torres in der Cradle als Milton Decatur angegeben. Vor ein paar Jahren arbeitete ich bei IC mit einem Typen zusammen, der genauso hieß. Decatur ist kein besonders weit verbreiteter Nachname, in der Scharte bin ich ihm nur dieses eine Mal begegnet, also ist es vermutlich derselbe Gusch.«

Sie wollte nach ihrem Headgear greifen, überlegte es sich dann aber offenbar anders. Sie lehnte sich wieder zurück und nippte stattdessen an ihrem Drink. »Das ist sehr interessant. Könnte sich als nützlich erweisen.«

»Ja, vielleicht, aber machen Sie sich noch keine zu großen Hoffnungen. Es könnte derselbe Typ sein oder auch nicht. Und wie ich sagte, es liegt schon ein paar Jahre zurück.«

Der junge Typ kam wieder und balancierte ein neues Tablett, das ungefähr die Größe und Form eines elliptischen Orbits um den Jupiter hatte. Er stellte es schwungvoll ab, und die Düfte, die davon aufstiegen, jagten einen Kick in meinen Magen, obwohl er vom Heißlauf geschrumpft war. Hinter ihm teilte ein anderer Kellner zwei kleine Teller und entsprechendes Besteck mit der

Schnelligkeit und Präzision eines erstklassigen Blackjack-Croupiers aus. Dann zogen sich die beiden mit erwartungsvollem Lächeln zurück und überließen uns die Mahlzeit. Ich nahm mir einen niedlichen kleinen Spieß mit etwas Dunklem und knabberte daran. Beobachtete ein wenig neidisch, wie Madekwe ihren Teller belud.

»Wenn wir annehmen«, sagte sie geistesabwesend, den Blick mehr auf das Essen konzentriert als auf mich, »dass dieser Decatur dieselbe Person ist, hatten Sie ein gutes Verhältnis zueinander?«

»Hab ihn einmal davor bewahrt, dass ihm der Schädel eingeschlagen wird, hab mir bei einer Angelegenheit seinetwegen eine Kugel eingefangen.« Damit hatte ich unverzüglich wieder ihre Aufmerksamkeit. Ich gestikulierte mit dem Spieß. »Es ist ein harter Job bei Indenture Compliance. Man raubt verzweifelten Menschen die Fluchtfantasien, wenn man sie an ihre vertraglichen Verpflichtungen erinnert. Niemand ist besonders erfreut, einen zu sehen.«

Jemand näherte sich uns. Mein Umgebungssinn hatte die Präsenz registriert, aber ich hatte es auf den jungen Typen oder einen seiner Helfer geschoben, die mit weiteren Speisen kamen. Jetzt blickte ich auf und sah, dass ich mich getäuscht hatte. Die gleiche hübsch muskulöse Tänzerfigur, aber mit einem ganz anderen Gesicht obendrauf.

»Ich kenne Sie. Sie beide.«

Sundry Charms – in seiner jugendlichen und offenbar nicht ganz nüchternen Leibhaftigkeit. Er schwankte ein wenig über dem Tisch, schaltete mit seinem rotäugigen Blick zwischen uns hin und her.

»Sie essen.«

Ich nickte. »Gut beobachtet. Bitte fallen Sie nicht hinein.«

Er hielt sich etwas aufrechter, hob den Zeigefinger in meine Richtung. »Sie waren heute Nachmittag beide in meinem Kopter. Ich habe Sie gesehen.«

»Gehört dem Hotel.«

»Wa?« Er blinzelte, getränkt von den Kryokap-Nachwehen und … was auch immer er zu sich genommen hatte, um den Abend interessanter zu machen. »Washamsie gesacht?«

»Es war nicht unser Kopter. Er gehört dem Hotel. Deshalb sind wir mitgeflogen.«

Das schien bei ihm ein Reset auszulösen. Charms musterte mich mit etwas mehr Aufmerksamkeit. Er bedachte mich mit einem langsamen, weltläufigen Lächeln, das offenbar zeigen sollte, wie sehr er hinter den jugendlichen Zügen und dem Haar eine *alte Seele* war.

»Sie wissen, wer ich bin?«

Ich zuckte mit den Schultern. »Weiß nicht. Vielleicht jemand von der Erde, der auf dem absteigenden Ast ist und versucht, seiner abstürzenden Karriere mit einer draufgängerischen Mars-Reputation einen Neustart zu verpassen? So etwas erleben wir hier oft.«

»Veil …«

Ich sah sie an und schüttelte den Kopf. »Schon gut. Alles in Ordnung mit uns.«

Was genau genommen nicht ganz der Wahrheit entsprach. Der Heißlauf ist die unvermeidliche Folge einer turboaufgeladenen Kryokap-Dekantierung, und sie strotzt vor Schattenseiten. Man möchte seine Overrider schnell aus der Verpackung holen, bereit, eine hässliche Bordkrise im Handumdrehen in Ordnung zu bringen? Man will superschnelle situative Reflexe, hochgezüchtete Risikoeinschätzungsintelligenz, hundertprozentige Kampf-oder-Flucht-Biochemie? Gut – aber für diese Optionen bezahlt man einen happigen Preis in Form antisozialer Tendenz. Man erschafft nicht gerade Musterbürger, und ich war immer noch viel zu gereizt von der Machtprobe mit den Frockers und der erforderlichen Zurückhaltung. Von Charms brauchte ich jetzt nicht mehr als wenigstens eine kleine Entschuldigung.

Madison Madekwe bedachte ihn mit einem diplomatischen Lächeln. »Im Augenblick sind wir, ähm, etwas beschäftigt.«

»Richtig.« Entweder entging Charms der Hinweis, oder er legte ihn unter *mir scheißegal* ab. »Damit beschäftigt, zusammen mit all Ihren Kollegen auf diesen armen kolonialen Scheißern rumzutrampeln. Wie ist das bisher für Sie gelaufen? Ich habe heute eine Menge wütender Reden in der Stadt gehört. Ich würde die Fangemeinde nicht mit Ihnen tauschen wollen, das steht fest. Ich weiß nicht, warum Sie und Ihre COLIN-Leute nicht aufs Ganze gehen und es ein verficktes solares Imperium nennen. Denn letztlich läuft es darauf hinaus. Sie sind Sklaventreiber auf der Ekliptik.«

Madekwe lächelte weiter. »Genauso wie in dem Song, nicht?«

»Genauso wie in dem Song. Hab ihn nicht ohne Grund geschrieben, wissen Sie.«

»Wirklich? Und ich hatte gedacht, Sie hätten ihn geschrieben, um im Zuge dieser großen Welle der Anti-COLIN-Mode in den chilenischen Küstenclubs Geld scheffeln zu können.«

»Hey – wenn mir so viele Leute zuhören, scheine ich etwas Wahres zu sagen.«

Ich brach in schallendes Gelächter aus, lauter, als ich im kultivierten leisen Stimmengewirr der Lounge beabsichtigt hatte. Die Leute an den Nachbartischen blickten auf. Charms fuhr mit einer hässlichen Entschlossenheit zu mir herum, die ihm unter anderen Umständen eine Deckbesenladung in die Brust eingebracht hätte.

»Was ist so scheißwitzig?«, presste er hervor.

»So ziemlich alles, was aus Ihrem Mund kommt.« Ich sah ihn aufmerksam an. »Haben Sie damit irgendein Problem?«

»Veil, ich denke, ich werde jetzt auf mein Zimmer gehen.«

Es klang überstürzt, und Madison Madekwe erhob sich bereits, während sie es sagte, wischte in derselben geschmeidigen Bewegung ihr Headgear vom Tisch. Ich beobachtete, wie sie sich elegant aufrichtete, und spürte ein plötzliches raubtierhaftes Jucken im Kieferwinkel.

Sie sah mich bedeutungsvoll an. »Kommen Sie mit?«

Ich ließ die Unterhaltung mit Charms wie ein benutztes Handtuch fallen.

Vielleicht bemerkte er die Veränderung. Falls er interne Linsen hatte, würden sie die Anzeichen registrieren – die Hauterwärmung, während das Blut, das sich soeben in wichtige Muskelgruppen zurückgezogen hatte, wieder zur Oberfläche hinaufsickerte, Pupillen, die sich vom erweiterten Krisenmodus zu einer allzwecktauglicheren Weite beruhigten, eine Körperhaltung, die nicht mehr durch Kampfvorbereitung definiert war. Eine halbwegs vernünftige Gestaltsoftware würde diese Daten verarbeiten und ihm sagen, was es bedeutete. Er machte mir gerade genug Platz, dass ich aufstehen konnte. Bedachte mich mit einem spöttischen Grinsen.

»Sie gehen schon? Ich hatte das Gefühl, dass ich Sie gerade erst kennenlerne.«

»Passen Sie an dieser Steilwand gut auf sich auf«, sagte ich milde. »Darauf, dass Ihnen die niedrige Gravitation nicht zu Kopf steigt. Sie wären überrascht, wie schlimm man sich auf dem Mars verletzen kann.«

Dann ging ich an Madison Madekwes Seite hinaus.

16

Ich stieg wie eine dritte Person zu uns in den Lift. Wir hielten Abstand, um ihr genug Freiraum zu lassen, aber sie ließ sich nicht täuschen. Sie wand sich unruhig in der engen Kabine, umwirbelte uns wie Rauch, prickelte, wo sie uns berührte. Madison Madekwe starrte demonstrativ in eine obere Ecke des Lifts, als wäre sie von der Innenausstattung des Hotels gefangen genommen.

Die Stille spannte sich bis zum Zerreißen.

»Ich habe das getan, um Sie da rauszuholen«, sagte sie.

»Ich weiß.«

»Eine heftige öffentliche Keilerei mit einer soeben eingetroffenen Prominenz von der Erde ist nicht das Profil, das ich mir für diesen Job wünsche. Falls Sie sich nach dem Grund gefragt haben sollten.«

»Sie wäre nicht heftig geworden.«

Sie riss sich herum, um mich anzustarren. »Sie – was ist nur mit Ihnen los, Veil? Haben Sie ein *Begehren* nach dieser Art von Gewalt?«

»Ja. Es wurde mir im dritten Trimester eingepflanzt, sagte man mir.«

»Nun, im Augenblick ist Ihr Begehren nicht ...« Sie blickte ausdruckslos auf das Liftdisplay. »Warum dauert das so lange?«

»Weil ich den Stopp-Knopf gedrückt habe.«

Ihre Augen weiteten sich. Sie trat unvermittelt an mich heran, eine Bewegung wie im Kampf, doch das war es nicht. Etwas ließ ihre Augen von innen heraus leuchten. Eine Hand kam hoch, den Zeigefinger von den anderen abgespreizt, wie eine Ermahnung, wie ein Minimum an Zurückhaltung. Ich sah das Erbeben am unnachgiebigen Rand der Geste. Ihre Stimme war ein tiefes Knurren, das nicht unbedingt freundlich klang.

»Was wollen Sie von mir, Veil?«

»Ist das nicht offensichtlich?«

Sie knurrte erneut, nun wortlos, tief in der Kehle. Sie rückte grob an mich heran, Mund auf Mund, ihre Zunge heiß mit dem würzigen Geschmack des Essens. Wir schauderten ein paar Schritte zurück und prallten gegen die Wand. Die weiche Masse ihrer Brust drückte gegen meine, Hüften rieben aneinander. Ich ließ eine Hand zur Kurve ihres Arschs fallen, wo die Leggings ihn umschlossen, hielt ihn, zog sie fester gegen mich. Presste sie gegen die Schwellung an meiner Leiste. Sie gab einen warmen, anerkennenden Laut von sich, neigte ihre Hüften aufwärts. Dehnte den Hals zurück, nahm den Mund von meinem und blickte mir in die Augen.

Schlagartig senkte sich etwas über ihre Augen – wie Metallrollläden.

»Nein«, sagte sie.

In diesem Tonfall lag nichts Spielerisches mehr, er hatte die ganze erotische Energie eines Pistolenschusses. Ich nickte langsam, nahm die Hände von ihr, hielt sie offen hoch. Sie räusperte sich, trat schnell zurück, außer Reichweite. Schüttelte den Kopf.

»Nein. Das werden wir nicht tun.«

Ich blickte demonstrativ hinunter – auf ihre Brüste, die enge Schnürung ihrer Taille, die Weitung ihrer Hüften. Das Territorium, das wir nun doch nicht erkunden würden. Ich nahm einen tiefen, stabilisierenden Atemzug.

»Verständlich.«

Ich fand das blinkende rote Stoppzeichen auf der Liftschalttafel, berührte es und brachte uns wieder auf den Weg. Sekunden angespannter Stille, während Madison Madekwe ihre Kleidung um Winzigkeiten zurechtrückte, die sie nicht nötig hatte, und meinen Blick um jeden Preis vermied. Der Lift kam kaum wahrnehmbar ruckend zum Stehen, öffnete die Türen auf die dichte, vom Teppichboden gedämpfte Stille des Korridors dahinter. Man konnte die Tür zu Madekwes Suite ganz am Ende gerade noch hinter der Biegung nach rechts erkennen. Niemand in Sicht, und kein Geräusch hinter den anderen Türen, die den Gang säumten.

Wir beide standen eine Zeit lang da, blickten auf das Potenzial dieser abgeschiedenen Zwanzig-Meter-Wegstrecke hinaus. Dann trat Madekwe entschieden in den Korridor und drehte sich um, betrachtete mich aus sicherer Distanz. Sie atmete immer noch ein wenig schneller.

»Danke, Veil«, sagte sie förmlich. »Es war … ein guter erster Tag. Ich warte morgen um sechs in der Lobby auf Sie.«

Ich nickte. Beobachtete, wie sie sich abwandte. Hielt den Lift geöffnet und blickte ihr nach, wie sie den Weg bis zu ihrer Tür zurücklegte. Vielleicht keine kluge Idee – jedenfalls trug es nicht dazu bei, den Druck in meiner Leiste oder in meinem Kopf zu erleichtern.

Aber Madison Madekwe von Earth Oversight erwies sich als eine Frau, von der sich nur schwer der Blick abwenden ließ.

Ich überlegte kurz, ob ich in die Lounge zurückgehen und meinen Streit mit Sundry Charms dort fortsetzen sollte, wo wir ihn abgebrochen hatten. Und hatte es bereits als schlechte Idee verworfen, als der Lift den Boden erreichte. *Ja, bewundernswerte Zurückhaltung, Hak.* Ich setzte meine Linsen wieder auf, schaute in der Lobby nach den Kopterabflugzeiten und sah, dass es keine innerhalb der nächsten Stunde gab. Damit blieb nur noch der Dienstaufzug, in dem ich mit Chakana heraufgekommen war.

Ich machte mich auf den Weg zur Serviceetage, bluffte mich an der MG4-Sicherheitskontrolle vorbei – ohne Schwierigkeiten, weil sie ankommende Personen checken sollten und sich kaum für den Verkehr in die andere Richtung interessierten – und teilte mir eine Kabine mit einem Trupp Datenfluss-Verbindungsingenieure, die den Tag offensichtlich damit zugebracht hatten, die Valley-Systeme mit denen des Audit-Einsatzteams von Earth Oversight zu harmonisieren. Ich fragte sie beiläufig, wie es lief, und bekam eine Reihe von verletzten Blicken zur Antwort. Eine Frau schüttelte den Kopf.

»Ein richtig aggressiver Code, das kann ich Ihnen gratis sagen.« Sie runzelte die Stirn und spannte die Schultern, hob die Arme über den Kopf, setzte neben mir einen schlanken jungen Körper in ein prägnantes Profil. Sie rieb sich lebhaft das stopplige Schädeldeckenhaar mit einer Hand. »Mistah Erdmann macht keinen Scheiß. Da sind Bohrkopfprotokolle drin, die man nicht glauben würde.«

»Ja«, stimmte einer ihrer männlichen Kollegen düster zu. »Diese blonde COLIN-Schlampe in der Präsentation lässt sich endlos über die Handshake-Systeme aus, aber mir kommt es eher wie eine verfickte Kreuzigung vor. Gib mir jetzt deine Hand, oder ich werde ein großes verficktes Loch für dich hineinbohren. Sie lassen diesen Scheiß hier massiv von der Leine, und die Hälfte der Systeme in Bradbury werden noch vor dem Ende der Woche bluten.«

Jemand anderer schniefte. »Eine verdammte Invasion, was auch immer sie sagen.«

Ich starrte in die verdunkelte Spalte hinunter, in die wir hinabsanken. Nächtliche Städte und Transitstationen schimmerten auf dem Talboden wie phosphoreszierende Tiefsee-Lebensformen, ballten sich korpuskular, zogen die geißeldünnen Antennenglieder der Straßen hinter sich her, bevor sie in der Dunkelheit verschwanden, wo der Verkehr versiegte und die Beleuchtungssysteme in Reaktion darauf schlafen gingen. Vierhundert Kilometer hinter allem war Bradbury eine grelle Monstermedusa, die über die Linie des Horizonts heraufsickerte.

»Fahren Sie in die Stadt zurück?«, fragte ich die Leute müßig.

»Nein, sie haben uns in Luthra Cross einquartiert. Verkürzt den Arbeitsweg.« Ich hörte, wie ein einladendes Grinsen ihre Stimme kräuselte. »Außerdem, Sie wissen schon – Gemeinschaftsunterbringung. Macht es einfacher, uns alle nach Feierabend zu holen, wenn irgendwas losbricht. Sie?«

»Ich?« Ich wandte mich von der Aussicht ab und erwiderte das Grinsen. »Ich drifte dorthin zurück, aber ich habe die ganze Nacht Zeit.«

»Ach, wirklich? Wollen wir was essen?«

»Klingt gut.«

Obwohl es eigentlich gar nicht gut klang. Hunger war ein Begehren, das mir meine heißlaufende Maschinerie nicht erlaubte, und die Begehren, die ich hatte, waren entweder unzulässig oder durch den Geschmack von Madison Madekwe auf meiner Zunge blockiert, vom Sinneseindruck ihres Körpers, der sich im Lift gegen meinen gepresst hatte, und vom Schwung ihres unerreichbaren Hinterns, als sie durch den Hotelkorridor fortgegangen war. Hinzu kam, dass Luthra Cross ein armseliges, kleines Spinnennetz aus Hostels und Läden ist, wie die glitzernden Scherben eines zerbrochenen billigen Glases in die Lücken rund um die Kreuzung gefegt, an der sich zwei größere ValleyVac-Linien treffen. Es ist ein Ort, dessen Name genauso gut *Auf der Durchreise* lauten könnte, und nichts, was man dort tut, wird sich jemals so anfühlen, als wäre es in der realen Welt geschehen oder als würde es für einen selbst oder irgendwen sonst eine besondere Rolle spielen.

Ich bemühte mich eine Weile, all das mit dem Herumgealber und der eingeschworenen Kameradschaft meiner neuen Gefährten zu übertönen, aber es wollte nicht klappen. Ich gehörte nicht zu ihrem Team, verstand die meisten Insiderwitze nicht, und mein Herz war nicht in Stimmung, etwas vorzutäuschen. In langsamen, aber unvermeidlichen Etappen zerfloss ihre Ausgelassenheit um mich herum zu weißem Rauschen, vermengte sich mit der lärmenden Musik des Restaurants – anscheinend irgendeine Mars-Metal-Band aus Eos – und bildete schließlich eine Klanglandschaft ohne jede Bedeutung. Es passte ausgezeichnet zu meiner Stimmungslage. Vor mir kühlte die Mahlzeit auf meinem Teller ungegessen aus, und auf der anderen Seite des Tisches erstarrte allmählich das Grinsen der Codiererin, die mich an Bord eingeladen hatte. Schließlich stand sie auf, kam auf meine Tischseite und hockte sich neben mich.

»Keinen Hunger, was?«, rief sie über den Lärm hinweg.

»Um ehrlich zu sein, ich hatte vorher schon gegessen.«

»Willst du lieber tanzen?« Sie legte den Kopf schief. »Ein Laden auf der anderen Straßenseite. Gute Musik, besser als diese Trash-Scheiße.«

Ich zwang mich zu einem Lächeln, ließ mich vom Tisch wegzerren und durch die Tür hinaus. Wie überquerten die Straße auf einer Diagonalen, gejagt von einem kalten Valley-Wind, und huschten hinein, unter der Säulenhalle eines Clubs mit dem Namen – im Ernst! – The Dome. Schwere stampfende Beats drangen durch die Wand nach draußen, Licht entwich an den Rändern des Eingangs. Es gab keine Schlange.

Dann waren wir drin.

Sie tanzte gut und ging großzügig damit um, legte lange geschmeidige Bewegungen um mich, die meine eigenen Bemühungen besser aussehen ließen, als sie waren. Sie kam ein paarmal näher, und ich reagierte, so gut ich konnte. Doch zehn Minuten später trafen sich unsere Blicke, während sie vorüberglitt, und wir beide gaben uns geschlagen. Sie neigte den Kopf und wandte sich von mir ab. Ich griff nach ihr und fing sie mit dem Arm um die schlanke Taille auf, legte den Mund nahe an ihr Ohr, um mich in dem alles auslöschenden Beat verständlich zu machen.

»Tut mir leid. Ist irgendwie schlechtes Timing. Hat nichts mit dir zu tun.«

»Scheiße, ich kenne das«, rief sie zurück. »Mach dir deswegen keine Sorgen, du hast nichts kaputt gemacht. Tu mir nur einen Gefallen.«

»Klar.«

»Geh nicht so bald auf die andere Straßenseite zurück. Das würde meinen Stil versauen.«

Ich nickte erleichtert. »Alles klar!«

Ich ließ meinen Arm von ihrer Hüfte gleiten, beobachtete, wie sie sich durch das lockere Gedränge von Körpern davonschob, die Arme hoch erhoben, während ihre Hände die laserbeleuchtete Luft über ihrem Kopf formten. Sie tanzte sich nach rechts und zur Tür hinaus. Ließ mich regungslos dastehen, mit der Frage, was eigentlich mein verdammtes Problem war.

Du weißt, was dein verdammtes Problem ist, Veil. Es hat sich vor ein paar Stunden durch einen Hotelkorridor von dir entfernt.

Schließlich wurde ich oft genug von den Tanzenden um mich herum angerempelt, um den Hinweis zu verstehen. Ich ging auf die Straße hinaus und stand eine Weile in dem frostigen Wind. Blickte zu einer größtenteils stillen Lamina und den Sternen dahinter hinauf. Im Süden schnitt eine hoch aufragende Schwärze den Himmel ab wie Pachamamas vorzeitiges Ende aller Dinge. So nahe an der Wand verliert das menschliche Auge jede interpretative Kompetenz, verweigert sich der Aufgabe zu verstehen, was es sehen kann. Für seine Bemühungen erhält man nur das Gefühl eines drohenden Untergangs. Ich erschauderte ein wenig und schlug den Kragen meiner Jacke hoch.

Schau mal, ob du mir Ariana geben kannst, subbte ich.

Im Protokoll heißt es, dass du bereits mit dem Einwegheadgear, das du heute eine Weile getragen hast, eine Nachricht hinterlassen hast. Sie müsste wissen, dass du versucht hast, sie zu kontaktieren.

Vielleicht hat ihr die Nummer nichts gesagt, weshalb sie die Nachricht gelöscht hat.

Das glaubst du doch selber nicht.

Es hatte keinen Sinn, sich mit Osiris zu streiten. Standardmäßig lässt sie kontinuierlich eine Gehirn-MEG und Hormonauslastungsanalyse laufen. Sie kennt meine Biochemie und meine synaptische Landkarte, wie eine Mutter das Gesicht ihres eigenen Kindes kennt. *Wie auch immer. Ruf sie trotzdem an.*

Nur die Maschine ging ran.

Ein Stück die Straße hinunter fand ich eine Bar in diskretem Abstand von dem Restaurant, in dem die Codierer feierten. Bestellte mir einen North Wall Banger und erstickte fast an dem, was man mir vorsetzte. Hier befanden wir uns weit unter Ares-Acantilado-Niveau.

Sie scheint dir unter die Haut gegangen zu sein.

Ariana? Ich nippte etwas vorsichtiger am Cocktail. *Nein. Es ist nur etwas Gutnachbarliches.*

Wir beide wissen, dass ich nicht über Ariana rede.

Dazu sagte ich nichts. Über der Theke drehten sich die Zeiger auf einer antiken Uhr, die aussah, als könnte sie mit Luthras ursprünglicher Besatzung auf den Mars gelangt sein. Ich verfolgte, wie es Mitternacht wurde und der Tag auf null ging. *Ein guter erster Tag, Veil.* Ja, absolut.

Ein VV nach Bradbury fährt in siebenunddreißig Minuten ab, sagte Osiris hilfreicherweise. *Du wärst vor ein Uhr früh zurück in der Stadt.*

Ja, und um sechs wieder zurück zum Acantilado. Darin sehe ich keinen Sinn.

Hier betrunken herumzusitzen ist keine optimale Strategie für dich in Hinsicht auf biochemisches Wohlergehen und Gestaltfunktion.

Ich versenkte einen weiteren Klumpen des Cocktails und verzog das Gesicht. *Genauso wenig wie eine zehnminütige Fahrt im ValleyVac, um anschließend durch die Straßen von Bradbury zu streifen, bis es wieder hell wird.*

In diesem Stadium des hibernoiden Zyklus brauchst du Ziele und Aufgaben. Ein Ortswechsel könnte hilfreich sein. Und Bradbury bietet mehr Gelegenheiten für sinnvolle Aufgabenerfüllungen als ... dieser Ort.

Wieder zuckten meine Lippen, diesmal mit einem Grinsen. Ich hatte Jahrzehnte mit Osiris in meinem Kopf gelebt, aber es passiert nicht häufig, dass ich ein solches Ausmaß an Verachtung in ihrer Stimme höre.

Aufgabenerfüllung? Okay, wie wär's, wenn wir einen Fortschrittsbericht abliefern? Ruf Chakana an. Nimm die Nummer, auf der sie in der Kapsel angerufen hat.

Wenn du darauf bestehst.

O ja, ich bestehe darauf.

Das Telefon klingelte eine Weile, bevor abgenommen wurde. Was auch immer Chakana gerade tat, es war viel wichtiger als ich. Darin fand ich eine seltsame Art von Befriedigung. Trotz aller juckenden Instinkte, die mir das Gegenteil sagten, wollte ich weiter daran glauben, dass dies genau der minderwertige Hausmeisterscheißjob war, der er angeblich war.

»Ja, was?« Nur Audio – ihre Stimme kam schläfrig schleppend herüber, doch die Unkonzentriertheit verflüchtigte sich wie Morgennebel, als sie die Nummer sah und erkannte, wer es war. »Verdammte Scheiße, Veil. Läuft in deinen Overridersystemen keine Zeitanzeige?«

»Aber sicher. Nur dass ich wie gesagt an diesem Ende des Zyklus nicht schlafe. Ich dachte mir, dass du in diesen Tagen auch nicht viel Schlaf findest.«

»Darauf kannst du einen lassen – schau mich an! Ich spreche mit abgewrackten Psychos, die mich mitten in der verfickten Nacht ohne irgendeinen guten Grund anklingeln. Was willst du?«

»Wir werden noch nicht zum Hochland rauffahren.«

Ein leises Grunzen, als sie sich vermutlich im Bett aufsetzte. »Was?«

»Ich dachte mir, du hättest vielleicht gern einen Fortschrittsbericht. Unsere erlauchte zweitrangige Oversight-Ermittlerin hat beschlossen, lieber noch ein paar Tage in der Stadt zu verbringen, bevor sie sich in die Nähe des tatsächlichen Tatorts des Verbrechens begibt.«

»Ich habe noch keine Beweise gesehen, dass überhaupt ein Verbrechen begangen wurde«, grummelte Chakana.

»Also der Schauplatz des Vorfalls«, räumte ich ein. »Es kommt mir allerdings etwas seltsam vor. Heute früh war Madekwe noch ganz heiß darauf, *cuanto antes* zum Hochland aufzubrechen, dann kehrt sie von einem einzigen Treffen bei Vector Red zurück und ist ganz und gar damit zufrieden, zunächst hier in Bradbury Akten zu wälzen. Ich meine, Deiss kommt in der Werbung recht nett rüber, er sieht gut aus und so, aber er kam mir nie wie jemand vor, der intelligente Menschen dazu bringen könnte, in irgendeinem Punkt ihre Meinung zu ändern.«

Chakana grunzte erneut. »Fall nicht auf die Oberfläche rein. Du weißt, dass er dieses komplette Würfelrollen-Ding ganz allein als Fremdkonzept aus dem Nichts aufgebaut hat. Dann hat er es mit sich selbst als Showrunner an Vector Red verkauft. Kam an einem Tag vor fünf Jahren mit seiner Präsentation durch die Tür herein, irgendein unbekannter Texter aus dem Nichts, und bastelte sich ein komplettes kleines Subimperium rund um die Show.«

»Hast ihn genauer im Auge behalten, was?«

Das ließ sie auf sich beruhen. »Bist du wieder in der Stadt?«

»Luthra Cross.« Falls sie irgendeine einfache Möglichkeit und den Ansporn hatte, es zu überprüfen. Lügen sind ein kostbares Zahlungsmittel – man sollte sich genau überlegen, wie und wo man sie ausgab. »Um sechs soll ich wieder im Acantilado sein und werde bis dahin hier herumhängen.«

Ich hörte das Grinsen in ihrer Stimme. »Luthra Cross, wie? Viel Spaß!«

»Ja, danke.« Der Barmann kam herüber und bot gestisch einen weiteren Drink an. Er entfernte sich schnell, als ich ihm einen kurzen Blick zuwarf. »Hör zu, Nikki – bevor du auflegst, könntest du mir vielleicht noch eine juckende Stelle kratzen, okay?«

»Wüsste nicht, warum ich das tun sollte. Ist nicht meine Schuld, dass du in dieser Nacht am Arschende der Scharte gelandet bist, oder? Wenn du Telefonsex willst, wirst du genauso dafür bezahlen wie jeder andere.«

»Ich bezweifle, dass ich mir deine Preise leisten könnte. Aber zurück zu dem, was ich eigentlich meinte – beantworte mir einfach nur eine Frage.«

»Welche Frage?« Plötzlich reserviert.

»Als du mich heute aus der Dusche geholt hast, woher wusstest du, dass ich ohne Madekwe in den Strudel zurückgekehrt war?«

»Ich habe magische Kräfte«, sagte sie knapp und unterbrach die Verbindung.

Ich verließ die Bar und den Rest meines schlecht konstruierten Cocktails. Spazierte hinaus in die Nacht von Luthra Cross und fand schließlich, wonach ich suchte – eine schmutzige, sinnlose Rauferei an einer Straßendealerecke. Ganz leicht, etwas in die Wege zu leiten. Der Chemiebaukasten hier schien aus ihrem eigenen Vorrat zu stammen, und die resultierende Trübung hatte in etwa die Nebenwirkungen, die man erwarten würde. Sie warfen nur einen Blick auf mich und schätzten mich als auswärtiges Talent ein, das sich hineindrängen wollte.

Ich unternahm nichts, um es ihnen auszureden.

Als der Kampf vorüber war, stand ich keuchend zwischen den Körpern am Boden und beobachtete ungläubig, wie das blutige ABdM-Stoßmesser an meiner Faust von der ausgefahrenen in die inaktive Form zurückschmolz.

Bist du jetzt glücklicher?, wollte Osiris wissen.

Ich berührte das Blut von einer langen, oberflächlichen Schramme auf meiner Stirn, betrachtete meine feuchten Fingerspitzen. *Eigentlich genauso wie vorher. Irgendein Anzeichen für Polizei?*

Auf den Standardkanälen ist nichts. Warum, möchtest du auch noch einen Kampf mit den lokalen Ordnungshütern?

Ich zuckte mit den Schultern. *Könnte eine gute Übung für Cradle City sein.*

Doch dann könntest du dich zu deiner Verabredung mit Madison Madekwe verspäten. Vor der du übrigens, wie ich finde, eine Apotheke aufsuchen solltest. Du wirst nicht durch die Hotelsicherheit des Ares Acantilado kommen, wenn du so aussiehst.

Wohl wahr. Ich blickte mich um. *Also gut, ich glaube, wir sind hier fertig.*

Der eine da rührt sich noch.

Ich verfolgte das Stöhnen und die leisen Flüche zu einem Körper zurück, der versuchte, sich auf Händen und Knien von dem müllübersäten Pflaster aufzuraffen. Als ich näher herantrat, fuhr sein Gesicht zu mir herum – gebleckte Zähne, die Augen voller Wut, die immer noch nicht gelöscht war. Der Geist, der den Mars eroberte. In der Anspannung seiner Schultern konnte man sehen, dass er es wieder auf die Beine schaffen würde.

»Du bleibst unten, Kumpel.« Sorgsam hielt ich die Bewunderung aus meiner Stimme heraus, sprach ausdruckslos und kalt. »Der Kampf ist vorbei.«

Er knurrte mich mit einer Art Grinsen an, Blut zwischen den Zähnen. Ich brachte mich für einen Fersentritt gegen den Kopf in Stellung, doch dann überlegte ich es mir anders.

Nicht dass der Chemiebaukasten an allem schuld gewesen wäre. Sie verkauften nur ihren minderwertigen Scheiß zu erhöhten Preisen an die allgemeine Bevölkerung, und falls das moralisch falsch war, würde vermutlich jeder Drecksack, der auf dem Mars im Geschäft war, zur Hölle fahren. Schlimmstenfalls hatten sich diese Typen der Jugendlichkeit und des schlechten Urteilsvermögens schuldig gemacht. Die Zeit würde zumindest eine Hälfte davon für sie in Ordnung bringen, und wenn sie unterwegs gut genug aufpassten, konnten sie vielleicht auch an der anderen Hälfte arbeiten. Man konnte eine hellere Zukunft für sie erkennen, wenn man angestrengt blinzelte. Es ließ sich auch als Lernkurve bezeichnen.

Ich begnügte mich mit ein paar brutalen Tritten unter die Rippen, um Zeit zu gewinnen, mich zu entfernen, warf den Dealer atemlos und würgend auf das Pflaster zurück.

Dann suchte ich mir eine Apothekenkabine, um meine eher körperlichen Wunden zu versorgen.

17

»Was ist mit Ihrer Hand passiert?«, fragte sie mich, als der Kopter mit uns ins Vordämmerungszwielicht des Valley hinuntertrudelte.

Ich blickte auf die Knöchel meiner rechten Hand. Die Gewebeschweißladungen, die ich mir dafür besorgt hatte, waren billig gewesen – es würde eine Weile dauern, bis die aufgerissene Haut vollständig verheilt war. Etwas mehr hatte ich für die Schramme an meiner Schläfe bezahlt, eingedenk 'Ris' Warnung wegen der Hotelsicherheit, und es schien die Prüfung bestanden zu haben.

»Lange Geschichte«, sagte ich. »Nicht sehr interessant.«

»Ich verstehe.«

Danach hatten wir nicht mehr viel miteinander zu reden. Im Bradbury Central führte ich sie durch eine größtenteils leere Ankunftshalle über den Campus der Hafenverwaltung hinaus, während die Unterhaltung nie über einsilbige Plattitüden hinausging. Sie hatte im Gehen die Arme um ihren Oberkörper geschlungen, als wäre ihr kalt, was in dem kühlen frühmorgendlichen Wind durchaus möglich war. Wir passierten den Teestand von Colinas de Capri Chasma, der zu dieser Uhrzeit noch zusammengeklappt und unbemannt war. Ich glaube, ihr Blick ging kurz zur Seite, als wir vorbeiliefen, aber sie gab keinen Kommentar von sich, und dann wandte sie sich schnell wieder ab, als sie sah, dass ich sie beobachtete.

Ich brachte sie zu Vector Red und bis zum Lift. Als ich mich zum Gehen umdrehte, beugte sie sich in der Kabine leicht vor. Ich hielt inne.

»Ja?«

»Veil, ich, äh … Wir sind doch beide Profis, nicht?«
»Früher war ich einer.«
»Richtig.« Wieder zusammengepresste Lippen. »Hören Sie, wegen gestern Abend. Ich glaube wirklich nicht, dass es nötig ist, dass Sie …«
»Reden Sie mit Chakana«, sagte ich kategorisch. »Wenn Sie sie dazu bringen können, mich von diesem Auftrag abzuziehen, okay, dann bin ich weg. Darüber wäre niemand glücklicher als ich. Ansonsten fürchte ich, dass Sie mich weiter ertragen müssen, Ms. Madekwe, und wir werden uns nach Spielschluss wiedersehen, genauso wie gestern.«
Ich hatte gehofft, dass sie daraufhin irgendwie zusammenzuckte, aber ich hatte kein Glück. Ihr Gesicht blieb leidenschaftslos, und der Aufzug fuhr mit ihr davon.
Ich drehte mich um und ging zu den Türen zurück.
Reden Sie mit Chakana – das nächtliche Gespräch mit dem Lieutenant schoss mir kurz durch den Kopf, das lässige Ausweichmanöver, der Rückzug – *ja, viel Glück damit.*
Trotzdem …
Und da war es. Angespornt durch irgendeinen aufgewühlten Cocktail aus Emotionen, heraufgeholt und mir von dem frostigen Wind ins Gesicht geweht, als ich draußen unterwegs war. Die Entscheidung.
Zeit, ein paar Betriebsparameter zu ändern.
Zeit, den Ziegengott zu besuchen.

Im harten Licht des Tages ähnelt der Mariner Strip am ehesten einer herben und steinigen Kritik an seiner eigenen nächtlichen Existenz.
Ich suchte mir einen Weg zwischen den Flecken auf der abgewetzten und rissigen Verkehrsstraße, machte große Schritte, um

den farbigeren Spritzern auszuweichen, wo sich jemandes überladener Magen in der wirbelnden neongetränkten Dunkelheit erleichtert hatte, um kürzlich aufgenommene Inhalte abzugeben, damit spätere Passanten sie verschmieren und wiederholt durchqueren konnten. Anderswo bemerkte ich Essensstücke, die es nicht einmal in einen Verdauungstrakt geschafft hatten, bevor der Käufer das Interesse an ihnen verloren und sie fallen gelassen hatte. All das gewürzt mit den allgegenwärtigen winzigen Ampullen, wechselweise zu Scherben und Pulver zertreten oder letal und unzerbrechlich über den Boden rollend. Ich sah ein paar städtische Reinigungsbots, die hier und dort am Abfall schnupperten wie kleine rechteckige Hunde, und einmal bemerkte ich am Rand einer Pfütze aus Erbrochenem das verräterische Schimmern einer Entsorgungsnanobenkolonie, die sich an die Arbeit machte. Aber es würde noch eine ganze Weile dauern, bis die Systeme mit dem Ausmaß dieser Sauerei sichtliche Fortschritte machen würden.

Ein paar unermüdliche Feiernde waren immer noch wach und auf den Beinen, zu aufgedreht oder versunken, um nach Hause zu gehen. Sie schlurften ziellos den Strip hinauf und hinunter wie die Überlebenden einer gewaltigen Bombenexplosion in der Nähe oder standen in Gruppen um schließende Verkaufskarren herum, die Gesichter durch das Runterkommen und die Kälte taub geschlagen und verdummt. Ich wich einigen der stärker Realitätsbehinderten aus und ging zu der Stelle hinüber, wo der Dozen Up Club an einer unscheinbaren Gebäudeecke kauert, genau unter einer der riesigen Fahrtreppen am Strip, fast so, als würde er sich dort verstecken.

Was vielleicht sogar stimmte. Jedenfalls gab es hier nichts, was auch nur entfernt an Werbung erinnerte, selbst nicht auf der glattschwarzen Doppeltür, die in der Fassade auf der Strip-Seite einen Eingang vermuten ließ – *zum Eintritt auffordern* wäre eine zu generöse Beschreibung. Es gibt ein Schild über dem Eingang, aber man kann es nur sehen, wenn man auf seinem Gear eine leistungsfähige Dechiffrierroutine laufen lässt. Und es wird erzählt, dass sie an Freitagen und Samstagen manchmal Infraschall aus verborgenen Lautsprechern einsetzen, nur um das vorbeiziehende Nachtleben auf Abstand zu halten. Es gab keine Warteschlange für das Dozen Up. Wenn man nicht innerhalb weniger Sekunden, nachdem man sich vor der Clubtür gezeigt hat, hineingelassen wird, kommt man überhaupt nicht hinein.

»Morgen, Veil«, sagte die Tür süffisant, als ich sie erreicht hatte. »Du bist früh wach.«

»War noch gar nicht im Bett. Lässt du mich rein?«

Die mattschwarze Oberfläche spaltete sich entlang gezackter Linien, die wie eine eingeschlagene Glasscheibe aussahen. Die Teile trennten sich reibungslos voneinander, zogen sich auf allen Seiten in die Wand zurück. Wie ich hörte, können sie den Trick auch ganz schnell umkehren, wenn sie wollen, und hatten es einmal vor Jahren wirklich getan. Ein Möchtegern-Hightech-Türhacker wurde auf seinem Weg durch die Öffnung aus sechs unterschiedlichen Richtungen aufgespießt. Es passierte vor meiner Zeit, sofern es überhaupt passierte, aber wie bei so vielen anderen Dingen hier lebt die Legende weiter.

Ich trat zügig hindurch und lief einen langen, schwach erleuchteten Korridor entlang auf eine freundlichere Helligkeit zu als jene, die der Morgen draußen anzubieten hatte. Hörte das *Klick-Zisch-Klack* der Türhälften, die sich hinter mir wie ein wohlerzogener Seufzer der Erleichterung verriegelten. Ich folgte dem Licht auf die Haupttanzfläche hinaus, warf einen Blick zu den glitzernden verrückten Kronleuchtern hinauf, die sie da oben an der zehn Meter hohen gewölbten Decke aufgehängt hatten. Sie verfehlten meinen Geschmack um ein paar astronomische

Einheiten, aber man konnte schon erkennen, was sie damit beabsichtigt hatten – die unzähligen Sterne! Das Himmelsgewölbe des Weltraums! Und irgendwie ist es ihnen sogar gelungen. Wenn man es nie in echt gesehen hatte, musste es ziemlich beeindruckend sein.

Selbst kurz vor Ladenschluss.

Hinter dem polierten Bogen der Theke auf der rechten Seite hielt eine hübsche ebenholzhäutige Frau Gläser ins Licht, eins nach dem anderen, unterzog sie einer misstrauischen Prüfung und stellte sie dann weg. Gedämpfte Rauswerfmusik walzte den Raum, sanft und leicht fröhlich, laut genug, um danach zu tanzen, leise genug, um sich darin unterhalten zu können, wenn man wollte. Altmodische Reinigungsroboter polterten zwischen den leeren Tischen herum, winzige leuchtende Feuchtigkeitskäfer drängten sich auf Tischplatten und nährten sich von Verschüttetem. Im Zentrum des Ganzen, nahe genug und genau unter einem der Kronleuchter, tanzte ein einziges glamourös wirkendes Paar in langsamer Umklammerung. Sie hatte das Gesicht in seine Schulter gedrückt, er die Wange an ihren Kopf gelegt, den Blick versonnen in mittlere Entfernung gerichtet.

Ich ging zur Theke. Die Frau, die die Gläser verstaute, nickte mir geistesabwesend zu und machte mit ihrer Arbeit weiter.

»Hannu?«

Sie zuckte mit den Schultern. »Wenn er dich reingelassen hat, wird er wohl runterkommen. Möchtest du was?«

»Mark on Mars, mit etwas Eis?«

»Alles klar.«

Sie schenkte mir den Drink ein, stellte ihn vor mir ab und widmete sich wieder ihrer Arbeit. Ich drehte mich herum, lehnte mich gegen die Theke und beobachtete eine Weile die Tanzenden.

»Ach, schau mal einer an, Tess«, sagte eine tiefe, melodische Stimme von der Theke. »Der Overrider höchstpersönlich und leibhaftig. Ich hätte gedacht, du wärst immer noch in sicherem Gewahrsam, Veil.«

»Geht mir genauso.« Ich nippte von dem Drink. »Was glaubst du, warum ich zugelassen habe, dass sie mich einbuchten?«

»Ja, das sieht dir gar nicht ähnlich.« Ich hörte das feine metallische Scharren seiner Schritte, die entlang der Theke näher kamen. Spürte, wie er an meiner Seite aufragte und wie eine Klippe über mir hing. »Aber es ergibt durchaus Sinn, denke ich. Von den Straßen wegbleiben, bis Sals verschiedene Freunde und Feinde irgendeine Vereinbarung ausgehandelt haben, bis alle ihr kleines Ego beruhigt haben. Wie kommt es also, dass du schon wieder draußen bist?«

»Eine komplizierte Geschichte.« Ich musterte meinen Drink. Ignorierte standhaft die knochentiefen Affeninstinkte, die mir zuschrien, dass ich mich umdrehen und ihm ins Gesicht blicken sollte. »Ich möchte dich nicht langweilen.«

»Ja, das wäre ganz furchtbar. Wie geht es dir?«

Ich gab auf, drehte mich zu ihm herum. »Sag du es mir, Hannu. Dein Gestaltscan läuft, oder? Du schaltest diesen Scheiß doch nie ab.«

Er grinste auf mich herab – eine beängstigende Erfahrung, wenn man nicht daran gewöhnt war. »Also gut, schauen wir mal. Ich habe hier leicht erhöhten Puls, Spuren von Kampf-Flucht-Pheromonen und einen Haufen von ziemlich abgefahrenen MEGs. Aber weißt du was? Ich würde das nach drei Tagen wach als normal bezeichnen – für einen Black Hatch.«

»Fünf Tagen«, sagte ich abwesend. »Normal, was? Das ist gut, wenn es von dir kommt.«

Ich wusste nicht, wie groß Hannu Holmstrom war, bevor er mit dem privat angeheuerten Schlachtschiff *Weightless Ecstatic II* ins Ophir Chasma gepflügt ist, aber ich denke, man kann davon ausgehen, dass er jetzt größer ist. Dafür hat seine Prothesenauswahl gesorgt. Bewusst altertümliche Laufkufen aus Metall und Kampfpanzerverkleidungen erhoben seinen stramm trainierten Körper einen guten halben Meter höher, als es die ersetzten Beine jemals hätten schaffen können. Außerdem hatte man ihm das Aussehen einer mechanisierten Inkarnation irgendeiner antiken mythischen Ziegengottheit verpasst – ein Eindruck, der durch die unheimlichen grünen Augen mit geschlitzter Iris und die LED-geschmückten Piercings in Nase, Ohren und Lippen noch enorm verstärkt wurde, die kryptisch blinkende Lichtsequenzen auf seine elfenblassen Züge und die tief verwurzelten Dreads mit Eisenperlen zeichneten.

Er ließ eine schwere Hand auf meine Schulter fallen. Leckte sich die Lippen – ein Flackern und Funkeln der dreifach gespickten Zunge – und grinste schon wieder.

»Weißt du, ich denke, deshalb mag ich dich, Veil.«

»Weil ich abnormal bin?«

»Weil du der einzige Gusch bist, den ich kenne, der kein Problem damit hat, neben mir zu stehen und mich ins Gesicht zu beleidigen.«

Ich kippte einen weiteren Schluck meines Drinks hinunter. »Freut mich, dir behilflich sein zu können.«

»Die üblichen Verdächtigen haben natürlich einfach nur Angst vor mir«, sinnierte er und ließ den Blick zu dem Paar mitten auf der Tanzfläche wandern. »Was vollkommen gut und schön ist. Ein wenig Angst ist nie verkehrt, wenn man einen solchen Laden führt. Aber die anderen, die die Geschichte kennen, die meine Beine betrachten, worauf das Mitleid aus ihrem Gesicht hervorkriecht, als hätten sie schwere Blähungen ...« Etwas geschah in den feinen Fältchen seiner Augenwinkel. Er schniefte. »Wie auch immer. Ich vermute, dies ist kein Freundschaftsbesuch. Was kann ich für dich tun?«

»Zwei Sachen. Wenn ich dir ein paar Namen in Cradle City gebe, alle nur auf Straßenniveau, könntest du sie für mich scannen und checken?«

»Kein Problem. Was ist die andere Sache?«

Ich zögerte. »Die andere ist schwieriger, Hannu. Ich möchte, dass du dich in die Datenstacks von COLIN auf der Erde einklinkst.«

Er schürzte die Lippen zu einem lautlosen Pfiff. »COLIN Earth.«

»Ja.«

»Du verlangst nicht viel, was, mein Lieber?«

»Hey, wenn mein Kredit hier ausgeschöpft ist, dann sag es mir einfach.«

Eine kurze, beißende Stille. Holmstrom sah mich mit vorwurfsvollem Blick an. Wir reden nicht über diese Scheiße, wir redeten *niemals* über diese Scheiße. Und ich hätte nicht ausrasten sollen.

Du läufst heiß, Hak. Komm runter.

Ich besänftigte meinen Tonfall. »Ich frage nicht so oft, Hannu.«

»Nein, das ist wohl wahr. Also gut, wie tief soll ich einsteigen?«

»Nicht tief. Nur ein Personalprofil aus der Oversight-Abteilung, und alles andere, was damit verbunden ist. Höchstens auf dem Niveau interner Memos. Das meiste von dem, was ich brauche, ist wahrscheinlich sowieso irgendwo in der Public Domain. Ein flacher Absprung aus dem Parkorbit, Hannu. Das schaffst du, während du einen Kopfstand machst.«

»Hmmm.« Sein Blick richtete sich in die Ferne. »Ob flacher Absprung oder nicht, ich werde etwas Zeit brauchen, um es hinzukriegen. Etwas auf COLIN-Level hacken ist Arbeit, sogar hier auf dem Mars. Es auf der Erde zu machen, über eine Kommunikationsverzögerung von einer Viertelstunde, ist allerdings viel mehr Arbeit. Es würde mindestens ein paar Tage dauern, all die invasiven Virals in Position zu bringen. Und ich müsste mir die ganze Nacht freinehmen, um es laufen zu lassen. Das geht erst nach dem Wochenende. Kannst du so lange warten?«

»Klar! Was ist mit Cradle City?«

Die geschlitzten Augen schienen in einem etwas tieferen Grün zu brennen. Er neigte den Kopf ein Stück weiter zu mir vor.

»Das kann ich gleich erledigen, wenn du dir deinen Drink nachschenken lässt und hier noch ein wenig abhängst.«

Also machte mir Tess einen weiteren Drink, und ich gab Holmstrom meine Liste mit Namen und den Hintergrund. Dann entfernte er sich. Das hieß, er blieb an meiner Seite stehen und plauderte geistesabwesend mit mir darüber, wie es dem Dozen Up Club in letzter Zeit ergangen war, über das COLIN-Audit und die Scheiße, in der Mulholland deswegen jetzt steckte, über Pebble Rodriguez und den Unterschied zwischen einer echten Wandratte und jemandem, der es für die Feeds vortäuschte, und ein paar andere Neuigkeiten, die ich seit dem Aufwachen noch nicht mitbekommen hatte. Würde man ihn nicht kennen, könnte man glauben, er schenke einem seine ganze Aufmerksamkeit.

Aber ich kannte ihn. Ich wusste, was der leicht getrübte Blick in seinen Augen zu bedeuten hatte. Ich wusste, dass ich mich mit einer Subroutine unterhielt.

Auf der Erde wäre er vermutlich illegal. Dort findet man es gar nicht gut, wenn demobilisiertes Navy-Personal mit weiterhin aktiver Kampf-KI zur Tür hinausspaziert, und es gelten einige ziemlich strikte Separationsprotokolle, die das verhindern sollen. Hier draußen an der High Frontier ist das System jedoch etwas lockerer – neben der raueren Unternehmensdynamik hat man eine affenähnliche Art von neugierigem Laissez-faire, die viel weniger an der Durchsetzung von Regeln interessiert ist als daran, zu beobachten, was im wilden Hinterland ohne Regulierung geschieht. Wenn die richtigen Umstände gegeben sind – und Pachamama weiß, dass ich hart gearbeitet und Blut vergossen habe, um diese Umstände für den Ziegengott zu schaffen –, zwinkert man Kerlen wie Hannu Holmstrom zu, sie werden mit einem Nicken durchs Tor und größtenteils in Ruhe gelassen. Wenn sie schließlich die falsche Korporation anpissen, gibt es genügend Mittel der Schadensbehebung auf Straßenniveau, die besagte Körperschaften anwenden können.

Wenn sie gewöhnlicheren Bürgern zu viel Schaden zufügen, dann, na ja, so ist das Leben auf dem Mars. Komm damit klar.

»Ja, sieht für mich nach dem üblichen Grokville-Schlamassel aus«, sagte er, als er wiederauftauchte. »Siehe da, ein Haufen halbintelligenter Schläger in den Schelf-Gemeinden lassen ihre Geschäfte über die dortige Stadtverwaltung und ihren eigenen handzahmen Bürgermeister laufen! Wer kann sich so etwas hier an der Sturmspitze der High Frontier vorstellen?«

Ich unterdrückte ein Grinsen. »Hey – auf dem Mars sind die Geschäfte geöffnet, oder?«

»Auf jeden Fall. Und dein Cradle-City-Mob bildet keine Ausnahme. Hab hier ein paar halbherzige Vereinbarungen mit den *familias andinas*, Bestechungen der Polizei, damit alles freundlich bleibt, solche Sachen. Dein Pablito Torres schaut arbeitslos vorbei, um sich mit einer alten Flamme zu treffen, mal sehen, ob er sie um der alten Zeiten willen noch einmal flachlegen kann …«

»Handelt es sich dabei um Nina Ucharima?«

»Genau die. Sie und Torres waren dort immer wieder präsent. In den Daten kleben sie aneinander wie Taschentücher auf dem Boden einer Stripteasekabine. Aber mir scheint, dass Torres etwas mehr im Sinn hatte als einen Nostalgiefick. Wenn ich die Muster interpretiere, würde ich sagen, er hat unsere Nina dazu gebracht, dass sie ihn in großem Stil mit ihren OK-Kumpels weiter oben in der Hierarchie bekannt macht. Durch ihre Spur lässt sich seine Beziehung zu ihr vordatieren. Vielleicht war es sogar das, was er die ganze Zeit im Sinn hatte. Ach ja, und du hattest recht mit diesem Decatur, du kennst ihn wirklich. Derselbe Gusch, mit dem du vor vielen Jahren bei Indenture Compliance zusammengearbeitet hast.«

Ich verzog das Gesicht, als ich mich erinnerte. »Ist er immer noch bei IC?«

»Nicht soweit ich feststellen kann. In der Zwischenzeit scheint es ihm sogar recht gut ergangen zu sein. Ich sehe eine Menge Luxusartikel, die er sich gekauft hat, selbst einige Marstech der letzten Saison. Heute wohnt er in einem Hotel an der Hauptgeschäftsstraße. The Crocus Lux.« Holmstrom blinzelte ernst mit den geschlitzten Augen. »*Sehr* nobel.«

»Und Tenzin Tamang?«

Er schüttelte den Kopf. »Nein, ich habe im allgemeinen Datenfluss nach irgendwelchen Verbindungen zu dir gesucht, bin zurückgegangen und habe noch mal von deinem Ende aus angefangen. Ich bin mir ziemlich sicher, dass der Tenzin, den du meinst, vor einigen Jahren drüben in Burroughs erstochen wurde. Diesen kennst du nicht.«

»Vermutlich plausibel. Er hatte dort Familie, redete immer wieder davon, nach Hause zurückzukehren.« Ich verspürte eine berechtigte Erleichterung. Je weniger Vorgeschichte daran hing, desto besser würde es laufen. »Was ist mit den anderen? Glaubst du, Ucharimas Geschichte ist wasserdicht?«

»Eine Taxifahrt hinaus aufs Field, um dort heißen Sex mit ihm zu haben, um ihn dann im TNC-Rausch zu verlieren und nach

Hause zu gehen? Klingt durchaus nach einem ziemlich normalen Grokville-Samstagabend, nicht?«

»Durchaus.«

Auf der Tanzfläche rührte sich das Paar, als hätten die beiden uns gehört. Sie lösten sich voneinander und hielten sich für einen Moment auf Armeslänge. Dann lachten sie – reumütige, gesittete Heiterkeit aus nach unten gezogenen Mündern.

»O je«, glaubte ich ihn sagen hören. »O je, o je ...«

Sie drehte sich in unsere Richtung. Eine atemberaubend natürliche Schönheit oder eine sehr gute Imitation dessen, ein wenig durch Chemie und Schlafmangel verwischt. Sie konnte nicht älter als dreizehn oder vierzehn Jahre sein, Marszeitrechnung. Sie lächelte, aber nicht zu mir.

»Hey, Hannu«, sagte sie schwach.

Holmstrom reckte sich vollständig aufrecht, kam auf zweieinhalb Meter plus. »Selber hey, Schätzchen. Zeit, nach Hause zu gehen?«

»Oh.« Sie zog einen Schmollmund. »Heißt das, wir sind länger geblieben, als wir willkommen sind?«

»Du, mein Schatz? Niemals. Das Dozen Up wird immer für dich da sein.« Holmstrom hüstelte vorsichtig. »Aber nun ist es schon seit mehreren Stunden hell. Ich möchte nicht daran denken, wem du zu dieser Tageszeit über den Weg laufen könntest, wenn du mit deinem verbotenen Beau über den Strip trippelst.«

Der Schmollmund zerschmolz zu einem engelsgleichen Lächeln. An ihrer Seite drückte sie die Hand ihres Partners.

»Wir werden den Wagen rufen«, sagte sie. »Kannst du uns zur Nebentür herauslassen?«

»Die Nebentür – welch ein herrlich verrufenes Ende dieser Nacht.« Holmstrom deutete die Theke hinunter und in die

Schatten auf der Rückseite des Clubs. »Du erinnerst dich ohne Zweifel an den Weg nach draußen.«

»Ohne Zweifel«, pflichtete sie ihm bei und hob lässig die freie Hand. »Danke, Hannu. Du bist ein prima Kerl.«

Zum Abschied wackelte sie mit den Fingern, murmelte ihrem Rendezvous etwas zu und zerrte ihn ins Zwielicht davon. Wir standen da und schauten ihnen nach.

»Gute Kunden?«, fragte ich.

Holmstrom wirkte ehrlich verblüfft. »Du *weißt* nicht, wer das war?«

»Offensichtlich nicht. Wer war es denn?«

»Ohhhh, nein. Wenn du sie nicht erkannt hast, werde ich auf gar keinen Fall aus der Schule plaudern. Wahrscheinlich kennst du nicht einmal ihren Namen. Du bist schon ein ziemlicher Ikonoklast, wenn es um den gesellschaftlichen Wirbel geht.«

»Hey – du sprichst mit dem Mann, der gestern früh mit Sundry Charms im selben Drehflügler geflogen ist. Und der ihn gestern Abend während des Abendessens fast zusammengeschlagen hätte. Weißt du, wer Sundry Charms ist, Mr. Schickeria?«

»Natürlich. Er ist vergangene Woche mit dem Shuttle mitgekommen, gesegnet seien seine straffen Bauchmuskeln. Der ureigenste chemisch assistierte unübertreffliche Schwarm des Pazifikraums. Der Letzte der unglückseligen Star-Crossed Crew – selbst du dürftest schon von ihnen gehört haben, oder?«

Das hatte ich wirklich – ein netter, superschlanker Haufen aus fröhlichen jungen Dingern, bekannt und geliebt für ihre vage rhythmisch und/oder riskanten Aktionen, ihre Körper vor den unterschiedlichsten Hintergründen, real und virtuell. Auch einige Töne, Sachen, die man großzügig als melodisch bezeichnen könnte, selbst wenn ich mich nicht erinnerte, dass irgendeiner von ihnen auch nur in der Nähe eines tatsächlichen Musikinstruments gestanden hätte. Ohnehin war es ausschließlich ein Phänomen der Erde, aber mit diesem zuckersüßen menschlichen Reiz – das Leben ist ein Club auf der ganzen Ekliptik. Ein paar von Arianas Tänzerfreundinnen waren vor einigen Jahren Fans von ihnen gewesen. Ich nickte wissend.

»Star-Crossed Crew, richtig.«

»Ja, und nun ist unser Sundry-Junge selber zum Star geworden. So sehr, heißt es, dass er so ziemlich alles in den Schatten gestellt hat, was sie jemals als Gruppe durchgezogen haben, bis hin zu und einschließlich all ihrer jugendlichen, chemisch assistierten Launen und Nahtoderfahrungen, wie es scheint.« Holmstrom sah mich mit einem verzückten Lächeln an. »Er ist hier, um Wall 101 zu machen, nicht wahr? Eine neue Ausrichtung seines Profils nach altehrwürdiger Ultratripper-Art?«

»Du hast das alles überflogen, oder? Grade eben.«

»Schau mir in die Augen, Overrider. Ich bin hier bei dir.«

Ich blickte zu den schlitzäugigen Pupillen hinauf und musste ihm recht geben. Holmstrom bog ein wenig die Maschinenknie durch und kam wieder auf meine Höhe herab. Er bedachte mich mit einem liebenswürdigen Grinsen.

»Was du nicht verstehst, Veil – bei mir ist es nicht nur die Konfiguration und die Aufmerksamkeit für Details. Ich *interessiere* mich für Menschen. Ich *mag* sie als Spezies.«

»Du Glücklicher.«

»Siehst du? Und genau das ist der große Unterschied zwischen uns, nicht der siebenundfünfzig Kilo schwere KI-Kern, den ich im Obergeschoss aufbewahre. Das ist nur *Kapazität*, das ist nur das Mittel zum Zweck.«

»Fühlte sich damals nach mehr als siebenundfünfzig Kilo an.«

»Davon bin ich überzeugt.«

Wir beide schwiegen ein paar Sekunden, während wir uns erinnerten. Natürlich hatte die Navy nach ihrer Hardware gesucht, das tut sie immer. Es gab nicht viel, was Hannu dagegen hätte tun können, so kurz nach dem Crash in Eos, halbtot auf der Intensivstation einer Klinik in Bradbury. Aber der Kern war weiterhin aktiv und wurde von der Reserveenergie derselben verstärkten Landekapsel versorgt, die Holmstrom das Leben gerettet hatte, und auf halbbewusstem Niveau unter seinem strahlungsinduzierten Delirium kommunizierten sie immer noch miteinander. Ich war mir nie ganz sicher, ob es der Kern selbst war, der mich fand und engagierte, oder Hannu oder irgendeine verstümmelte Gestaltkombination der beiden. Damals interessierte es mich kaum. Es war Arbeit, dafür wurde ich bezahlt.

Aber es war kein einfacher Job – diese Bergungsagenten der Navy sind ein harter Brocken. Sie haben kein Problem damit, wenn es blutig wird, und sie lassen sich nicht so leicht unterkriegen.

Ich hob mein Glas und blickte hinein. Der letzte Rest des geschmolzenen Eises und etwa ein Finger aus verdünntem Mark blickten zu mir herauf. Wenn ich noch einen wollte, müsste ich mich selbst darum kümmern – Tess war schon vor einer Weile gegangen, war mit einem knappen Nicken zum Abschied und einem Papierbuch in den langen, schlanken Fingern hinausspaziert. Jetzt hingen nur noch ich und der Ziegen-Cyborg unter den Kronleuchtern ab.

Ich räusperte mich. »Was vermutest du also, Hannu? Torres gewinnt in der Lotterie – wie es in der Werbung heißt, *muss* es jemand sein – dann zieht er aufgepumpt stolzierend los, verärgert den falschen Cradle-City-Hai und wird gefressen?«

Der Ziegengott nickte, den diffusen Blick auf die Tanzfläche des Clubs gerichtet. »Also gut. Und dann?«

»Der Hai versteckt die Leiche oder löst sie auf, denn man weiß ja, wie das läuft – keine Leiche, kein Mord; kein Mord, keine Mordkommission. Es wird an die Vermisstenabteilung der Metro weitergereicht, irgendein nutzloser fauler Ermittleridiot fährt mit dem ValleVac raus, um nachzuschauen, stochert ein bisschen herum, geht nach Hause und legt den Fall auf Eis. Ende der Geschichte. Klingt das plausibel?«

»Hmm.«

»Dir gefällt das nicht? Wo sind die offensichtlichen Löcher? Weil ich sie nicht sehe.«

Holmstrom zuckte mit den Schultern. »Wegen der Personalakten. Torres kündigte einen sehr guten Job, und zwar mindestens zwei Monate bevor er hätte wissen können, dass er in der Lotterie gewonnen hat. Das kommt mir seltsam vor.«

»Nicht wenn man sich seine Beschäftigungsdaten ansieht. Der Typ war ein ständiger Versager. Wahrscheinlich dachte er, sein Vorgesetzter würde ihn komisch angucken, und dann wurde er grob. Oder sie haben ihn wegen einer ähnlich blöden Sache rausgeworfen.«

»Nachdem er fast zehn Monate lang gespurt hat? Komm schon, Veil. Er war seit Anfang Frühling dort. Das ist eine lange Zeit für einen Gelegenheitsarbeiter auf dem Hochland. Er hatte sogar ein paar kleinere Beförderungen, und er hatte noch mehr in der Pipeline, wenn ich richtig zwischen den Zeilen lese. Ich werde dir alles in deinen Cache schicken, damit du es selbst überprüfen kannst. Aber Sedge Systems ist ein guter Arbeitgeber, sie halten sich an die Charta, haben eine humane Einstellung zu medizinischer Versorgung und Freizeit, ihr Markenkern in Dermalmodifikation ist solide, sie schränken ihre Entwicklung auf nicht zu ausgefallene Sachen ein, haben eine ausgewogene Bilanz. Alte Schule. Torres macht in den Akten einen durchaus klugen Eindruck, und er scheint eine gute Sache erkannt zu haben, wenn er sie gesehen hat. Warum ist er also einfach so ausgestiegen?«

»Und es war definitiv vor dem Lotteriegewinn? Bist du dir ganz sicher?«

Er bedachte mich mit diesem Blick. »Er kündigt seinen Job, ohne irgendetwas anderes in Aussicht zu haben, er gewinnt den großen Heimflug, er verschwindet spurlos. In der Navigationsdatenverarbeitung haben wir das als Anomalienhäufung bezeichnet. Es *muss* nichts bedeuten – manchmal ist es nur das Universum, das uns verarscht, einfach nur dumme Zufälle. Aber jeder Navigationsanalyst, der sein Gear wert ist und eine solche Anomalienhäufung auf seinem Bildschirm auftauchen sieht, löst sofort die Sirene aus. Denn in neun von zehn Fällen bedeutet es *wirklich* etwas, und meistens bedeutet es, dass sich *ein großer Haufen Scheiße nähert*. Es bedeutet, dass irgendwo da draußen im weiten Weltraum *irgendetwas näher kommt*.«

Unwillkürlich verspürte ich den Hauch eines kalten Schauers auf dem Rücken. Ich leerte mein Glas, um den Schauer zu überspielen, und stellte es sorgfältig auf die Theke zurück.

»Vielleicht.«

»Ja, vielleicht. Willst du mir sagen, worum es hier eigentlich geht?«

»Sie nehmen die Ermittlungen im Fall Torres wieder auf«, sagte ich ökonomisch. »Hat mit dem Audit zu tun.«

»Kommt mir wie eine seltsame Prioritätensetzung vor. Während Mulhollands Eier weit raushängen und sein Schwanz tief im prallen Arsch der Charta steckt.«

»Das hat nichts mit Prioritäten zu tun. Man hat mich nur zum Dienst als Eskorte für eine Anzugträgerin aus dem zweiten Team verdonnert, die man damit beauftragt hat.«

»Deren Profil ich für dich auf der Erde ausgraben und durchschütteln soll, um zu sehen, was herausfällt.« Die grün leuchtenden Augen mit den geschlitzten Iris fixierten mich. »Gut geraten?«

»Gut geraten.«

»Also hat Chakana dich deshalb verfrüht zum Spielen nach draußen gezerrt. Sie hat die Scheiße weiterdelegiert, weil sie glaubt, sie wäre unwichtig.«

»Etwas in der Art.«

»Und du glaubst, dass sie doch wichtig ist. Weshalb sollte ich sonst auf der Erde nachbohren?«

Ich betrachtete die leere Tanzfläche, die Stelle, die soeben von den schönen Menschen verlassen worden war, als könnte ich irgendwelche nützlichen Antworten finden, die in ihrem Kielwasser trieben. Doch stattdessen stand dort die Erinnerung an Madison Madekwe – langbeinig und selbstsicher, die Hände zwischen die Falten ihres schenkellangen Mantels gesteckt, durchtriebener dunkler Blick, fragender Gesichtsausdruck. Der Geschmack ihres Mundes auf meinem, der Druck all des – vom Erdmetabolismus gewärmten – Fleisches an meinem Körper. Die treibende Kraft der Umklammerung, bis hinunter in den Bauch und die Leisten …

»Ich weiß nicht, was ich glaube«, sagte ich gereizt. »Ich habe einen Scheißjob zu erledigen, und ich versuche nur alle Ansätze zu berücksichtigen.«

18

Ich ließ Holmstrom mit den Einzelheiten für die Nachforschungen auf der Erde zurück, entlockte ihm das Versprechen, dass er anrufen würde, sobald es erledigt war, und machte mich dann auf den Weg nach Hause. Duschen, Kleidung wechseln, ein paar Anrufe aus der Privatsphäre der Kapsel tätigen. Mich bei Allmählich zurückmelden, mich vergewissern, dass Semperes Frockers nun wie empfohlen auf die Eintreibung ihrer Revolutionssteuer bei Vallez Girlz verzichteten. Vielleicht sollte ich auch noch einmal bei Chakana wegen ein paar Antworten nachhaken, die erklärten, was wirklich vor sich ging.

Vielleicht noch einmal Ariana anrufen.

Ich war gerade dabei, den letzten halben Kilometer von der Station Ceres Arc zu Fuß zurückzulegen, als Osiris einen Anruf meldete. Ein kleiner grinsender Totenschädel mit gekreuzten Knochen schwebte in meinem linken Sichtfeld hinauf, der Länge nach von einem roten Fragezeichen aufgespießt. *Unbekannter Kontakt.* Ich blinzelte ihn trotzdem auf. Ja, in neun von zehn Fällen ist es ein Algorithmus, der einem einen teuren Arbeitscomputer oder irgendein neues Gear-Upgrade verkaufen will, das man eigentlich gar nicht braucht. Aber der zehnte Anruf erweist sich dann als ein nervöser potenzieller Klient, der anonym zu bleiben versucht. Und Klienten waren etwas, das ich mir so früh in dieser mageren Saison nicht entgehen lassen konnte. Ich aktivierte einen gespeicherten Gesprächsavatar von mir, beobachtete, wie sich die Verbindung öffnete.

»Mr. Veil?«

Es war eine persönliche Interface-Assistentin, eine einfache Ausführung, bei der man die Probleme mit der besser als realen Auflösung um die Augen und in den Mundwinkeln sehen konnte. Die sexuellen Reize waren weit über alles Subtile hinaus verstärkt – tiefer, schattierter Brustansatz, Raubtier-Make-up, schönes, dunkles Haar wie gerade aus der Dusche gekommen, auf Unterkieferlänge geschnitten. Man kann sie pro Minute von den meisten KI-Providern in Bradbury mieten. Billig, anonym, effizient. Ich unterdrückte den neuen heißen Schwall hormonellen Verlangens, den sie bei mir auslöste.

»Ja, ich bin Veil«, sagte ich knapp. »Kann ich Ihnen irgendwie helfen?«

»Mein Auftraggeber möchte wissen, ob Sie heute Nachmittag für eine Beratung zur Verfügung stehen können.«

»Über diese Verbindung?«

Die perfekt modellierten Lippen trafen sich zu einem Lächeln. »Zu einem persönlichen Treffen. Kennen Sie das Plurry Slunge an der Sixty-Seventh Street?«

»Die Schlammreiter-Bar? Klar, aber sie wird frühestens um ...«

»Mein Auftraggeber wird sich um zwei Uhr *vor* dem Plurry Slunge mit Ihnen treffen. Bitte seien Sie pünktlich.«

»Da wäre noch die kleine Frage nach meinem Honorar. Normalerweise berechne ich ...«

»Eine Anzahlung wurde überwiesen. Bitte schauen Sie auf Ihrem Konto nach. Wenn Sie die Vergütung nicht behalten möchten, würde ein Nichterscheinen zum Treffen zur Rückbuchung der Anzahlung führen. Haben Sie noch irgendwelche Fragen?«

Ich hatte nichts außer Fragen – was ich jedoch vorsichtshalber verschwieg. »Nein, alles in Ordnung. Ich werde da sein.«

»Ausgezeichnet. Vielen Dank für Ihre Aufmerksamkeit.« Sie zeigte ein verführerisches Lächeln.

Ich blieb einen Moment lang auf der endlosen, öden Krümmung des Ceres Arc Drive stehen, blinzelte den allgemeinen Screen herbei. 'Ris geisterte in mein Bewusstsein.

Du hast gerufen?

Geh bitte in mein Hauptkonto und schau nach den jüngsten Transaktionen.

Eine kurze Pause während der Sicherheitssequenz, fast als würde Osiris sich räuspern. *Ja, da ist etwas. Eine neue Überweisung vor sieben Minuten. Diskret über ein Deimos-Nummernkonto geleitet – genau sechshundert Marin. Keine Transaktionsgebühr, kein Steuerabzug.*

Mondscheingeld.

So nennt man es hier auf der Straße, eine zutreffende Umschreibung der Herkunft, der Überweisungsmethode und vielleicht auch des Reizes der nächtlichen Verstohlenheit. Doch immer wenn ich diesen Begriff höre, erinnere ich mich an die glänzenden Silbermünzen in diesem Kindermärchen, das uns die KI des Horts oft erzählt hat. Münzen, die klirrend und klingelnd in einem magischen silbrigen Strom vom Mond herabrieseln – vom richtigen Mond, dem hellen, nicht von etwas, das wie ein Stück versteinerte Kacke im Orbit aussieht. Sie landen in der Stille der frühen Morgenstunden am Fuß des Bettes und wecken das Kind. Sie kennen keinen Besitzer, hinterlassen keine Spur und bringen dem Kind ein unabwendbares Abenteuer irgendwo da draußen in der duftenden Wüstennacht.

Ich starrte eine ganze Weile auf die pulsierenden Ziffern.

Genau sechshundert.

Eine ganze Menge, um an einer Straßenecke zu stehen und sich einen Plan anzuhören.

Andererseits, falls es eine Falle war, wären sechshundert als Köder völlig verrückt. Ich wäre auch für ein Fünftel dieses Vorschusses rundum zufrieden zur Sixty-Seventh Street hinübergegangen. Jedem, der mich kannte, müsste das eigentlich klar sein.

Ich seufzte.

Okay, danke, 'Ris. Du kannst es wieder schließen. Der Kontostand verschwand. *Ruf mir ein paar Straßenpläne auf die Konsole der Kapsel. Plurry Slunge, Sixty-Seventh Street, drei Kilometer Umgebung. Oberfläche und Untergrund, Infrastruktursysteme, Verkehrsbewegungen am Nachmittag. Und stell ein paar Bewaffnungsratschläge für das Treffen zusammen. Bis jetzt vertraue ich diesen geheimnisvollen Geldscheißern ungefähr genauso weit wie Mulholland mit einer jugendlichen Praktikantin.*

Zurück im Dyson, geduscht und umgezogen, saß ich an der Konsole und ging das Treffen im Kopf durch. Ich holte aus meinem Gedächtnis, was ich über diesen Teil der Sixty-Seventh Street wusste, dann rief ich die Karten auf, die 'Ris für mich vorbereitet hatte, und frischte meine Erinnerungen auf. Ich stellte mir Entfernungen und Winkel vor, die Risiken, die ich möglicherweise einging.

Man konnte diesen Scheiß auch komplett von Maschinen erledigen lassen, wenn man mochte. Aber wenn man es wirklich verinnerlichen wollte, musste man wie mit allem anderen ein bisschen eigene Synapsenaktion einbringen. Und wenn man den Spielplan intus hatte, konnte das manchmal den Unterschied ausmachen, ob man unversehrt nach Hause ging oder als kalte, langsame Kometenwolke in der Leere endete.

»Nun zu den Bewaffnungsratschlägen«, sagte Osiris über das interne Lautsprechersystem der Dyson-Kapsel.

Ich höre. Ich räusperte mich – Subben war schön und gut, aber es war auch nett, von Zeit zu Zeit tatsächlich die Stimme zu benutzen. »Ich höre.«

»Die Cadogan-Izumi VacStar wird dir als Hauptausstattung akzeptable Dienste leisten. Sie ist unauffällig genug, um den Anforderungen in einer Straßensituation am Tag zu genügen.«

»Ja, genau das hatte ich mir gedacht. Darin übertrifft sie die HK.«

»Außerdem wird sie schon auf größere Entfernung leicht von einer Waffenscan-Hardware registriert. So zieht sie Aufmerksamkeit auf sich und macht Eindruck. Sie gibt dir eine Reichweite von achtzig Metern und wird jedes menschliche Ziel, ob mit Schutzpanzerung oder ohne, mit einem einzigen Schuss ausschalten. Sie ist jedoch nicht ideal für Nahkampfsituationen, wenn du in der Unterzahl bist. Ich rate zur …«

»Balustraad, stimmt's?«

»… zur Balustraad Shredder mit Standardmunition, versehen mit Dreißig-Zentimeter-Annäherungszünder. Plus zwei Pakete mit Antipersonentüchern von Webb M-Systems, für einen Notfallrückzug.«

»Und das Stoßmesser behalte ich?«

»Und das Stoßmesser behältst du.«

Ich ging zum Bett und zog die BV-Werkzeugkiste erneut hervor. Kramte die Balustraad unter einem Haufen anderem Zeug hervor und pustete den Staub von dem minimalistischen Gehäuse. Für den Schaden, den sie anrichten kann, ist es eine erstaunlich schlanke Waffe. Man kann sie sich unter den Gürtel stecken und fast vergessen, dass sie da ist, auch wenn man dafür mit einem massiv eingeschränkten neunschüssigen Magazin bezahlt. Man kann nur hoffen, dass man gar nicht so viele Schüsse braucht. Schließlich ist es eine durchschlagende Feuergefechtswaffe, für den Reflexeinsatz mit Ziehen, Zielen und Zurückstecken, gut für bis zu zwanzig Meter, weil die schwer beladenen Patronen danach ins Trudeln geraten. Aber wenn man in den magischen Dreißig-Zentimeter-Radius um das Ziel hineinkommt, wird die patentierte Clustermunition der Balustraad alles Menschliche in blutige Fetzen zerreißen. Man kann auch spezielle Patronen mit weiter eingestelltem Annäherungszünder kaufen, aber ich halte mich lieber an den 300-Millimeter-Standard, weil, mal ehrlich, wenn ich aus so großer Nähe nicht das treffe, worauf ich ziele, welchen verdammten Sinn hätte es dann überhaupt? Dann bin ich wahrscheinlich sowieso schon tot.

Die Webb-Tücher sind eine wesentlich subtilere Sache. Man zieht sie aus der Packung, drückt sie sich harmlos und unsichtbar auf die Kleidung, wo auch immer, und sie legen sich mehr oder weniger unbegrenzt schlafen. Dann kann man sie losreißen und sofort einem Gegner ins Gesicht werfen, und ihre Beschichtung aus Supersäure wird in Mikrosekunden aktiviert. Webb Tech wurde für Null-G-Kampfsituationen und mit wesentlich größeren Membranenflächen konzipiert, aber die kleineren funktionieren auch in einer Gravitationssenke ganz gut, und auf dem Mars hängen sie mindestens einige Minuten lang wie Federn in der Luft, bevor sie auf dem Boden landen. Selbst am helllichten Tag fallen sie höchstens durch einen leichten Seifenblasenschimmer auf, bis es zu spät ist, und sie verätzen so ziemlich alles, womit sie in Kontakt kommen. Ich wüsste nichts Besseres, um einen hastigen Rückzug zu decken.

Ich blicke von den Webb-Paketen auf meiner Handfläche zur Schwarmpistole in meiner anderen Hand. An den Fingern hatte ich die Stoßmesserringe, die VacStar steckte im Holster unter meinem linken Arm. Allmählich fühlte sich das alles nach Overkill an.

Aber das waren die Worte eines Heißgelaufenen.

Und übermäßiges biochemisches Selbstvertrauen hatte schon mehr Menschen getötet, als jemals durch explosive Dekompression gestorben waren.

Um etwas Zeit totzuschlagen, ging ich Holmstroms Datensammlung zu Cradle City durch und rief den Teil über Milton Decatur auf. Der Ziegengott hatte recht: Seit unserer Zusammenarbeit bei Indenture Compliance hatte er es weit gebracht.

… Gründer / Geschäftsführer / Mehrheitsaktionär Tharsis Gate Security Solutions (seit 294 YC).

… weiterhin Sicherheitsberater für Polizei von Cradle City PD und Sheriffs des Adam Smith County.

… stellvertretender Schatzmeister der Handelskammer von Cradle City.

… ehrenamtlicher Sekretär des Unterstützungsfonds der Polizei von Cradle City.

… Sicherheitskoordinator der CC-Bürgermeisterwahlkampagne von Raquel Allauca, 293 YC Kandidatin der Prosperity Party, anschließend Allaucas Sicherheitschef für zwei Amtsperioden 93–95, 95–97 … Video angehängt …

Ich überflog die Aufnahmen, auch wenn mir einige der Sachen von '95 vage vertraut vorkamen. Inzwischen lag es eine Weile zurück, aber ich erinnerte mich, wie ich Allaucas Wiederwahl damals in den Feeds verfolgt hatte. Flüchtiges Interesse flackerte auf, nostalgische Empfindungen bei den Eröffnungsszenen in Cradle City. Ich wusste nicht mehr viel über die eigentliche Geschichte, außer dass es eine dreckige, böse Kampagne gewesen war. Haufenweise Groll und Schuldzuweisungen wegen der vorherigen Amtszeit, viele Vorwürfe flogen hin und her. Trotzdem hatte sie es geschafft. Auch Mulholland gehörte zu Prosperity, also hatte sich vermutlich die gesamte Parteimaschinerie quer durchs Valley gewehrt. Freigiebigkeiten und schwere Stiefel, um Vorwürfe zu ersticken, Groll zu beschwichtigen, Gerüchte zum Verstummen zu bringen. Dasselbe alte Scheißlied.

Der Rest von Decaturs Lebenslauf bestand aus Sachen, die ich größtenteils bereits wusste – die Dienstzeit bei IC, davor bei verschiedenen kleinen Sicherheitsfirmen. Wie ich mich erinnerte, hatte Decatur auch von einigen erzählt, bei langweiligen Überwachungsjobs oder während der kameradschaftlichen Erschöpfung, wenn wir Bars belegt oder wilde Partys veranstaltet hatten, um einen lukrativen Erfolg zu feiern.

Diese Stellen übersprang ich.

Doch an die allgemeinen Daten war ein weiterer Bericht von einer Polizei-KI angeheftet. Interessante Lektüre.

Keine Vorstrafen zum aktuellen Zeitpunkt. (Siehe unten.)

Angeblicher Capo für Ground Out Crew (Ortsgruppen im West End). Polizeiliche Ermittlungen wegen Rechtsverletzungen der Charta, Erpressung, Fälschung unerlaubter Biotech und Menschenhandel, angeordnet von Hochland-Marshal Anil Lamichhane 28/15/295. Mehrere Ermittlungsansätze verfolgt.

Verfolgung des Falls nach Marshal Lamichhanes Tod im Einsatz am 19/16/295 eingestellt. Nachfolger Marshal Sixto Maura entschied, die Ermittlungen nicht zu reaktivieren, aus Mangel an Sachbeweisen und glaubwürdigen Zeugen.

Alle weiteren Hypothesen basieren auf Indizienbeweisen, mit Datenstandsextrapolierungswerkzeugen (CrimKit 9.4; Diamond Inference 14.1; 4th Degree Systems; Amber Suite) neu evaluiert und daher im Fall eines Gerichtsverfahrens den üblichen eingeschränkten Verbindlichkeitsparametern unterliegend; außerdem ist die eingeschränkte Rechtsgültigkeit spezifischer Algorithmusoperationen zu beachten (siehe Anhang).

… mutmaßliche Beteiligung an Lieferketten für illegale Marstech-Werkstätten im West End und im Tharsis Corridor …

… verwickelt in das Verschwinden des im Adam Smith County bekannten Gangsterbosses Jackson Gurung …

… behauptete Verbindung mit Biocode-Hacking und Lizenzdiebstahl bei Subeti Resistant Strains Biotech, die zu Konkursverfahren und feindlicher Übernahme führten …

… vermutlich verantwortlich für …

… angebliche …

Alles sehr schillernde Sachen, und viele verschiedene Verben wurden benutzt, aber sowohl *verhaftet* als auch *angeklagt* glänzten durch ihre Abwesenheit. Milton Decatur war äußerst gerissen, und er hatte schon immer das Glück eines Heiligen von Eos Chasma gehabt.

Veil, Mann, ich sage dir – das gesamte West End, bis hinauf zum Tharsis Gate, ist eine verdammte gesetzlose Zone. Eines Abends sind wir davon eigenartig begeistert, während wir draußen vor einer Tanzbar in Burroughs auf ein Trio von Grokville-Gregs mit mittelhohem Kopfgeld warten. Leute wie wir sollten den verdammten Moment nutzen und uns hier draußen ein Imperium aufbauen, statt diesen lahmen Scheiß zu machen.

Dieser lahme Scheiß bezahlt unsere Miete. Und es ist leichte Arbeit.

Ja, aber denk nur mal eine Minute lang drüber nach. Zunehmende Intensität in seiner Stimme. Ich werfe ihm einen neugierigen Seitenblick zu. Sehe das Licht von etwas wie Inspiration in seinen Augen. Oder vielleicht sind es nur die Straßenhalogenlampen. Warum ist es so verdammt einfach? Weil diese Typen geborene Verliererarschlöcher sind, genauso wie all die anderen. Das gilt für neunzig Prozent der Bevölkerung hier oben. Damit bleiben die zehn Prozent übrig, die alles im Griff behalten müssen, und es ist ihnen scheißegal, solange die Maschine im Leerlauf ist und sie es bequem haben. Schau dir Allauca an – es interessiert sie nicht, wie wir diese drei schnappen oder in welcher Verfassung sie sind, wenn sie sie zurückbekommt. Sie will nur das Problem gelöst haben, die Arbeitsdateien in Ordnung bringen und keine Anrufe spät nachts.

Raquel Allauca ist ein verfickter Giftsack auf Beinen.

Nenn mir irgendeinen Compliance-Manager, der das nicht wäre.

Das ist mein Punkt, Veil. Wie man hier oben die Dinge betrachtet, solange der Profit nicht verletzt wird, ist kriminell nur ein anderes Wort für billiger, schneller und macht weniger Lärm.

Das ist Compliance. Wenn man sich mit den Marshals anlegt – wie Carvalho es gemacht hat, weißt du noch? –, entwickelt sich daraus eine ganz andere Geschichte.

Ahh, die verdammten Marshals. Eine weite, zupackende Geste mit einem Arm. Sein Kaffeesatz schwappt aus dem Becher, flüssiges Schwarz unter dem grellen Halogenlicht, und spritzt weit über das rissige Nanobetonpflaster. Er wirft den Becher hinterher. Sie sind dünn gesät, Gusch. Wie viele sind es, fünf Dutzend, die das gesamte West End abdecken?

Trotzdem haben sie Carvalho gekillt.

Er wurde nachlässig. Zu verfickt gierig, zu sehr von sich selbst beeindruckt. Decaturs Tonfall entspannt sich, wird geduldig und nachdenklich. Die Sache ist die, Veil. Die Marshals tauchen nur dann auf, wenn die Scheiße schon stinkt. Wenn man die Scheiße gar nicht erst macht, werden sie woanders sein, irgendeinen anderen Drecksack killen.

Ja – bin mir ziemlich sicher, dass ich diese Worte vor einigen Monaten während einer Besprechung von Allauca gehört habe.

Er zuckt mit den Schultern. Nun ja, sie ist ein kluger kleiner Algo.

Sie ist eine Fotze.

Auch das. Aber wart's nur ab. Eines Tages wird sie die Bürgermeisterin von einem dieser Scheißlochstädte sein.

Na so was.

Ich hatte das Hochland im folgenden Jahr verlassen, um mir in Bradbury etwas bessere Arbeit zu suchen. Bin nie zurückgekehrt. Decatur und ich hielten eine Weile sporadischen flussabhängigen Kontakt, nicht viel mehr als Grüße zu Weihnachten oder Martes Challa und das gelegentliche *Schau-dir-diese-schäbige-Scheiße-an*-Video. Einmal tauchte er in Bradbury auf, um sich vor irgendeinem Tumult zu verstecken, den er im West End ausgelöst hatte. Ich litt damals recht schwer unter dem Ende des Zyklus, war groggy und dumpf von den Substanzen zur Koma-Einleitung, knapp bei Kasse, und ich hatte nur noch ein paar Wochen übrig, um mir einen sicheren viermonatigen Hafen für den Absturz zu suchen. Ich erinnere mich, dass ich ein paarmal mit ihm betrunken war, dass wir geredet haben, aber ich kann nicht mehr abrufen, worüber. Falls er damals bereits auf dem Weg zu besseren Dingen war, während er für Allauca schuftete, hielt er es entweder nicht für nötig, es zu erwähnen, oder ich hatte gerade nicht aufgepasst. Er war immer noch in der Stadt, als ich in den Hibernoid-Schlaf ging, aber als ich dann vier Monate später wieder zum Vorschein kam, war er weg, und seitdem habe ich nichts mehr von ihm gesehen oder gehört.

Ich verzog das Gesicht. Vielleicht war es etwas, das ich gesagt hatte.

Ich ließ die Verbindung von Osiris herstellen, wartete, während es laut genug klingelte, um zu beweisen, dass keine Maschine am anderen Ende war.

»Crocus Lux Hotel«, sagte ein richtiger Mensch freundlich, als abgenommen wurde. »Wie kann ich Ihnen helfen?«

»Ich würde gern mit einem Ihrer Gäste sprechen.«

»Selbstverständlich, Sir. Ich werde schauen, ob ich Sie durchstellen kann. Welcher Name?«

»Milton Decatur. Sagen Sie ihm, es ist Veil.«

Er stockte. »Ich, äh … Milton Decatur, ja. Ähm. Mr. Decatur nimmt eigentlich keine … nun ja, äh … einen Moment bitte. Mister …?«

»Veil.«

»Ja, natürlich. Mister Veil. Einen Moment, bitte.«

Ich grinste. Es ist das Markenzeichen gehobener Hotels, menschliches Personal einzusetzen, wo der Rest der Menschheit ein Konstrukt benutzen würde. Aber man muss schon wirklich gehoben sein, damit diese Menschen genauso reibungslos funktionieren wie die Maschine, die sie angeblich ersetzen sollen. Bis jetzt schien das Cradle City Crocus Lux ein wenig hinter seinen Ansprüchen zurückzubleiben.

Der Rezeptionist kehrte zurück und wirkte nun etwas beherrschter. »Ich fürchte, Mr. Decatur ist zurzeit nicht abkömmlich. Ich habe Ihre Nachricht weitergeleitet, und …«

»Gut. Er kann mich zurückrufen. Unter dieser Nummer, sobald er Zeit dazu hat.«

Ich trennte die Verbindung.

Starrte eine Weile nachdenklich in die wogenden Ruhemuster des Bildschirms und war mir nicht ganz sicher, was ich gerade getan hatte oder warum.

19

Schlammreiter – die echten, nicht die Warenzeichen-Nachahmer, die es für alle anderen versauen – sind im Großen und Ganzen ein renitenter Haufen. Ich schätze, wenn man bis zu sechs oder sieben Kilometer hohe Abwasserfallsysteme zum Spaß und für nicht viel Profit hinunterfährt, macht das irgendetwas mit jeder natürlichen Tendenz zur Hochachtung, die man vielleicht einmal besessen hat. Das Clubhaus der Bradbury Slushers stand an einer Straße voller Maklerfirmen für Abbaurechte und hochpreisige Immobilienanwälte, gekrönt von einem Pixelnebelbild der tosenden braunen Güllepracht, die auch als Ausfluss Zehn von Fonseca bekannt ist. Es sieht eigentlich nur wie ein stetiger Strom aus flüssiger Scheiße aus, der sich aus dem zwanzigsten Stock endlos auf den Boden entleert. Es gibt ein passendes tiefes Gurgeln von sich, löst unterschwellige Geruchsreaktionen aus, sodass man meint, den Ausfluss riechen zu können, und wenn man in den Club will, muss man mitten hindurchtreten.

Genauso wie jeder, der auf dieser Seite die Sixty-Seventh Street hinauf- oder hinuntergeht.

Ich traf dort ein paar Minuten vor zwei Uhr ein, ging vor einer Nachbarfassade in Position und verbrachte eine Weile damit, zuzuschauen, wie die lokalen Advokaten überwiegend die Straßenseite wechselten, statt sich in die Nähe des Gülleeffekts zu wagen. Es war kindisch und wurde schnell langweilig, aber es lenkte meinen Geist von der Empfindung ab, dass ich dort mit einer auf die Brust gemalten Zielscheibe herumstand.

Links von mir und fünf Straßen weiter ragte das COLIN Mineral Rights Building hinter der Architektur dazwischen auf wie der Grabstein eines gefallenen Gottes. Der ungeheure Schatten, den es warf, legte einen rechteckigen Block aus Zwielicht über die Sixty-Seventh Street, und während ich wartete, schob sich der Rand dieser Düsternis wie eine unausweichliche Flut über die Straße auf mich zu.

Was meinst du?, subbte ich beiläufig. *Dableiben oder rumlaufen? Nach menschlichen Maßstäben sind sie gar nicht so spät dran. Vergiss nicht, du läufst heiß. Ungeduld ist ein übliches Symptom.*

Wohl wahr.

Es war 14:22 Uhr laut Zeitanzeige in meinem Augenwinkel, und ein stählerner grau-grüner Limousinencrawler mit blickdichten Fenstern schlich sich zwei Blocks weiter um die Ecke. Er blieb auf der Kriechspur, kam in meine Richtung die Straße herauf und hielt geisterhaft vor mir an. 'Ris präsentierte ungefragt die Daten – gepanzerter Bugatti Mariner 420 oder eine sehr gute illegale Kopie davon. Meine gesamte Muskelanspannung versickerte – ob echt oder nicht, der Crawler war ein kostspieliges Gefährt. Wer auch immer das sein mochte, wenn sie mich kaltmachen wollten, hätten sie es von einem Fenster neunzig Stockwerke die Fassade des MRB-Hochhauses hinauf erledigen lassen können. Diese Leute waren wirklich gekommen, um zu reden.

Die Fahrzeugtür brach auf und senkte sich um eine Handbreite. Ein besorgtes Angestelltengesicht lugte zu mir heraus. Das Kinn mehrere Tage lang unrasiert, ein zweckmäßig hässliches Geargestell über schlaflose Augen geklappt. Offenbar bekam in diesen Tagen niemand allzu viel Schlaf. »Hakan Veil?«

»Höchstpersönlich. Sie haben mich vorher nicht gescannt?«

»Wie hoch war Ihr Honorar?«

»Ich glaube, das hatten wir noch gar nicht besprochen.«

Sein Tonfall wurde schnippisch. »Was haben wir Ihnen bezahlt, damit Sie hierherkommen?«

»Sechshundert.«

Die Tür rollte reibungslos auf Bodenniveau herunter. »Also gut, steigen Sie ein.«

Ich duckte mich und trat in den luxuriösen Innenraum. Der Angestelltentyp bedeutete mir, neben ihm Platz zu nehmen, entgegen der Fahrtrichtung.

»Er ist bewaffnet«, sagte er tonlos.

Jemand schnaufte, als hätte er gerade einen schlechten Witz erzählt. Ich setzte mich, musterte die anderen zwei Insassen – überflog die Frau, verbarg die plötzliche Steigerung meines Pulses, als ich den schlanken Mann mit den harten Zügen an ihrer Seite erkannte. Doch ich nickte ihm hinreichend freundlich zu und ließ mich tiefer in die intelligente Polsterung des Wagens sinken. War höflich und schaltete meine Gearlinsen auf transparent, damit wir Blickkontakt aufnehmen konnten. Die Tür rollte wieder hoch, und wir fuhren so sanft an, dass ich es kaum spürte.

»Genauso mühelos hätte ich den Weg ins Stadtzentrum nehmen können«, sagte ich. »Commissioner.«

Er blickte grimmig durch den luxuriösen Innenraum zu mir herüber. »Sie sind also Veil. Nette Ringe haben Sie da.«

Darauf schien er keine Antwort zu erwarten. Ich schwieg weiter, während Peter Sakarian einen Blick mit der neben ihm sitzenden Frau austauschte. Die Stille hielt an.

»Veil«, sagte die Frau schließlich. »Das ist aber nicht Ihr richtiger Name, oder?«

»Auf diesem Planeten ist er es.«

Sie war ziemlich eindeutig erdansässig – dieselben Muskelmassen an Gliedmaßen und Rumpf, die ich bei Madison Madekwe auch bemerkt hatte, ein paar identische COLIN-Gesichtsstats, die hier stärker mit der blassweißen Haut kontrastierten. Elegante hartknochige Züge, die modifiziert oder echt sein mochten, wachsame dunkle Augen hinter unscheinbarem Gear mit Metallrahmen. Sie trug ihr Haar kurz und seitlich gekämmt – was seinerzeit als Pilotenmütze bezeichnet wurde – streng gesträhnte Töne von Blond mit krass differenzierten Spitzen in Purpur, die über ihren linken Wangenknochen und bis auf die Stirn ausstrahlten. Dieses Kandinsky-Ding sah allmählich nach einer Mode aus. Ich schätzte sie auf etwa fünfzig, Erdstandard.

Sakarian bemerkte, wie ich sie ansah. Brummte.

»Das ist Auditsicherheitsinspektorin Astrid Gaskell von COLIN Earth Oversight. Und Sie wissen, wer ich bin, also denke ich, dass wir anfangen können. Wie viel bezahlt Mulholland Ihnen?«

Unter einem unhöflichen Grinsen vergrub ich eine Reaktion. »Ich kann nicht mit Ihnen über meine Klienten diskutieren, Peter. Das wissen Sie.«

»Also geben Sie zu, dass Sie für ihn arbeiten?«, warf Gaskell ein.

»Das habe ich nicht gesagt.«

»*Arbeiten* Sie für ihn?«

Ich lächelte ihr leicht zu.

»Sie wurden bezahlt«, sagte Sakarian scharf. »Und zwar ziemlich gut, würde ich sagen – für einen gefeuerten abgehalfterten Ex-Firmensicherheitsmitarbeiter. Wenn Sie das Geld behalten wollen, sollten Sie lieber anfangen, unsere Fragen zu beantworten.«

»Sie haben mich bezahlt, damit ich hier aufkreuze – was ich getan habe – und damit ich zuhöre, was ich immer noch tue. Niemand hat etwas über meine Klientenliste gesagt. Das sind Daten, die ich nicht weitergeben werde.« Ich hielt kurz inne, sah die beiden nacheinander an. »Genauso wie ich niemand anderem von *dieser* gemütlichen kleinen Plauderei erzählen werde. Das ist alles, was Sie sich mit Ihren sechshundert bisher erkauft haben. Was kann ich sonst noch für Sie tun?«

Der Commissioner reagierte gereizt. Er ist kein kleiner Mann, seine große schlanke Figur enthält eine Menge straff verkabelter Muskeln, und er hat sie nicht wie Mulholland im Alter und in der höhergestellten Position schlaff werden lassen. Sakarian hat sich auf die harte Tour hinaufgearbeitet – mehrere Anstellungen als Hochland-Marshal, ein halbes Dutzend Mal ausgezeichnet und im Dienst mindestens genauso oft verwundet worden, bevor der Wind des öffentlichen Beifalls ihn zurück in die Scharte wehte, um die Metro-Mordkommission zu leiten. Der dunkle Blick hatte alles gesehen, die hartknochigen Züge waren von den Erfahrungen zerschrammt und geknautscht worden. Wenn er wütend war, wusste man es sofort.

»Sie sind ein Idiot, Veil. Glauben Sie, Chakana wird Sie abschirmen, wenn dieser Sturm losbricht? Glauben Sie, sie würde es überhaupt versuchen?«

»Ein heftiger Regen wird kommen, wie? Sie klingen wie diese Arschlöcher von Particle Slam.«

Sakarian stieß ein kehliges Geräusch aus. Astrid Gaskell hob eine beschwichtigende Hand. »Wir wollen … nicht auf dem falschen Fuß loslaufen, Mr. Veil. Das Ziel von Oversight besteht darin, institutionelle Vergehen aufzuspüren und zu bestrafen, an Beifang sind wir nicht interessiert. Aber wenn Sie uns in die Quere kommen, werden wir Sie genauso ausweiden und über Bord werfen.«

Sinneserinnerungen an den Ozean wehten im Gefolge dieser Metapher durch mein Bewusstsein – die Karibik nahm unter dem zügig dunkler werdenden Himmel eine plötzliche düstergraue Färbung an, der kalte Papiergeschmack von Regen hing bereits in der Luft. Einheimische, dominikanische Fischerskiffs, die draußen auf dem gewellten Metall wie Spielzeuge unterwegs waren, krängten im harschen Windgewühl. Hinter mir auf dem Strand verströmte ein hastig gelöschter und zurückgelassener Grill den dichten vermischten Geruch nach Fischöl und Rauch, und meine Finger waren vom Essen immer noch leicht versengt und fettig. Gleich hinter der Palmenreihe einen leicht ansteigenden Pfad hinauf betrieb Blond Vaisutis einen Traumaerholungskomplex. Der Weg wäre selbst in meinem Zustand nicht weit gewesen, doch irgendetwas hielt mich dort auf dem Strand zurück, um auf den Ausbruch des Sturms zu warten.

»Schön zu wissen, dass sich auf der Erde nichts verändert hat«, sagte ich milde. »Läuft immer noch alles mit billigen Drohungen und Zusicherungen ab, wie?«

Kaum eine Reaktion, sie hatte ziemlich fest dichtgemacht. Aber ich sah, wie ihre Augen aufleuchteten. Sie versuchte es zu verbergen, drehte sich umständlich zur Seite und Sakarian zu.

»Sie haben mir nichts davon gesagt, dass wir es mit einem … einem *Frocker* zu tun haben – so werden Sie doch genannt, oder?«

Sakarian starrte mich an wie etwas, das er gerade ausgehustet hatte. »Wer weiß?«

Der Wagen fuhr über eine Bodenwelle, nahm eine Ecke etwas enger, als man es mit so weicher Polsterung erwarten würde. Ich kalkulierte einen menschlichen Fahrer hinter der Wand in meinem Rücken ein. Was bedeutete, dass dies ein inoffizielles Fahrzeug war – in Bradbury laufen sämtliche Dienstwagen mit KIs, die von der Stadt genehmigt sind. Wie es schien, drückte sich unser geschätzter Commissioner diese Sache ziemlich fest an die Brust.

Zum ersten Mal fragte ich mich, wie sauber Sakarian wirklich war, wie lange er schon mit COLIN Earth Oversight unter einer Decke kuschelte.

Und wohin diese Fahrt gehen mochte, falls ich mich nicht so aufführte, wie sie es wollten.

Fast geistesabwesend ging ein kalter, dunkler Teil von mir die Logistik durch. Es war leicht genug, die drei Menschen zu töten, die hier saßen, dafür trug ich drei verschiedene Optionen bei mir, meine bloßen Hände noch gar nicht mitgerechnet. Aber durch diese Wand zum Fahrerraum führte kein einfacher Weg.

Ich atmete langsam aus.

»Ich habe nicht gesagt, dass ich glaube, dass hier irgendetwas besser ist. Der Mars ist ein Scheißloch, das wissen wir alle. Aber ich mache mir auch keine Illusionen über die Zustände zu Hause.«

Ein verärgertes Zucken in Sakarians steinerner Miene. Er war vielleicht kein bezahlter Mars-Zuerst-Spinner, aber er war hier geboren, und die Bemerkung musste ihn getroffen haben. Neben ihm nickte Astrid Gaskell nur gedankenverloren, als würde sie diesen Punkt eingestehen. Hinter ihrem Gear waren die Augen beschäftigt – gingen nach rechts oben, um etwas hinunterzuscrollen.

»Das ist sehr interessant, Mr. Veil.« Ihr Tonfall sagte jedoch, dass es das eigentlich gar nicht war. »Ich finde es beinahe rührend, dass Sie von *zu Hause* sprechen, wenn man bedenkt, wie lange Sie schon hier auf dem Mars leben. Und in Ihrer Akte heißt es, dass Sie hier unter, sagen wir, erzwungenen Umständen gelandet sind. Overrider-Vertrag gekündigt, fristlose Entlassung, geblacklistet und, ah, mehr oder weniger hier *verkippt*. In praktischer Hinsicht verbannt. Würden Sie das gern kommentieren?«

»Eigentlich nicht.« Wenn sie durch diese Firewalls kam, brauchte sie meinen Kommentar nicht. »Es ist, wie es ist.«

»In der Tat.« Ihr Blick ließ die Daten los, schaltete wieder auf zentral und außen, nagelte mich fest. »Also gut, Mr. Veil – wie möchten Sie gern nach Hause zurückkehren?«

Man rechnet nicht mehr nach.

Ich meine, schon klar – sieben Jahre und etwas mehr, nach Marsstandard. Einfach genug, einfach nur die Jahreszeiten abzählen. Doch dann muss man diese Zahl mit nicht ganz zwei multiplizieren, um den irdischen Gegenwert zu erhalten, nach dem ich immer noch mein Alter berechne. Und dann sollte man genau genommen auch einen recht hohen Anteil der vier Monate von allen zwölf berücksichtigen, die ich im Tiefschlaf verbringe, mitsamt all den heruntergefahrenen zellulären Prozessen, die das mit sich bringt. Wenn meine Biosysteme zweimal in jedem Marsjahr auf diese Weise zurückgedreht werden, schneidet das etwa 20 bis 30 Prozent der gelebten Gesamtzeit ab. Rechnen Sie das alles mal durch, wenn es Sie interessiert – dann haben Sie am Ende irgendeine Zahl.

Ich hatte schon vor langer Zeit aufgehört, gedankliche Energie dafür aufzuwenden.

»Haben Sie gehört, was ich gesagt habe, Mr. Veil?«

Ich wahrte sorgsam eine leidenschaftslose Miene. »Ich höre Ihnen zu.«

»Im Verlauf dieses Audits werden wir Verhaftungen vornehmen und wichtige Zeugen identifizieren. Wenn wir fertig sind, werden diese Häftlinge und Zeugen mit dem Shuttle zur Erde zurückgebracht.« Astrid Gaskell lächelte mich dünn an. »Wir haben weitreichende Vollmachten und sehr viel Kryokap-Platz zur Verfügung.«

»Es freut mich, das zu hören. Wenn Sie vorhaben, den Abschaum aus der Scharte einzukisten, brauchen Sie einen Gefrierschrank von der Größe des Mineral Rights Building da drüben.«

Sakarian grinste höhnisch. »Sagt der Black-Hatch-Auftragsmörder.«

»Ich habe nicht behauptet, dass ich mich von der Masse unterscheide«, erwiderte ich mit einem Schulterzucken. »Andererseits sind Sie die Leute, die versuchen, mich anzuheuern.«

»Ja.« Gaskell beobachtete mich aufmerksam. »Das tun wir. Meine Frage ist nun, ob wir damit Erfolg haben.«

Mit dem *nach Hause* hatte sie mich gepackt, und wahrscheinlich wusste sie es durch die Gestaltscanner ihres Headgears, falls nicht durch bloße Beobachtung und Intelligenz. Ich setzte zu einem weiteren Schulterzucken an, bemühte mich, es lässig wirken zu lassen.

»Es ist ein attraktives Paket. Normalerweise würde ich die Betriebsausgaben draufschlagen.«

»Das klingt vernünftig.«

»Sie haben bereits sechshundert bekommen«, knurrte Sakarian. »Fordern Sie Ihr Glück nicht heraus. Wenn Sie einen Platz in diesem Shuttle wollen, sollten Sie ab sofort kooperieren.«

»Kooperation funktioniert nur beidseitig, Commissioner. Ich brauche zunächst irgendeine eindeutige Garantie, bevor wir irgendetwas unterschreiben.« Ich bedachte beide mit einem liebenswürdigen Lächeln. »Ich traue weder COLIN noch der BP weiter, als ich jeden von Ihnen werfen könnte.«

Sakarian beugte sich vor, die Augen hinter seinem Gear hart wie Antipersonenmunition. »Sie verwechseln mich mit irgendeinem anderen Arschloch, Veil. Ich *bin* die Bradbury-Polizei. Wenn ich sage, dass wir Sie zurück zur Erde kryokappen, dann wird es passieren, und wenn ich Sie persönlich in Eis einlegen muss.«

»Bei der Finanzausstattung Ihrer Abteilung müssen Sie das vielleicht sogar.« Ich sah Astrid Gaskell an. »Ich würde lieber hören, was die Erdfinanzen dazu sagen.«

Sie nickte. »Welche ... anderen Garantien würden Sie akzeptieren, Mr. Veil?«

»Die offensichtlichen. Die Initialisierungsdaten für eine Kryokapsel, die auf meinen Gencode geeicht ist, offiziell bei Vector Red gespeichert. Ich denke, danach würde es Sie mehr kosten, die

Kapsel zu stornieren, als Ihr Wort zu halten. Denn die Sache, der ich vertraue, ist Ihre Gewinnorientierung.«

Kurzes, angespanntes Schweigen. Sakarian schnaufte erneut.

»Ein kleines Arschloch mit Moral, wie?«

»Das frage ich mich auch.« Gaskells Augen hatten einen nachdenklichen Ausdruck. »Ob Moral oder nicht, Mr. Veil, Sie sollten uns vielleicht lieber nicht an den Standards Ihrer früheren Arbeitgeber messen.«

»Warum nicht? Als ich das letzte Mal nachgesehen habe, war Blond Vaisutis immer noch ein zahlendes COLIN-Mitglied. *Die Colony Initiative verspricht, alle ihr zur Verfügung stehenden Mittel einzusetzen, um den Vorstoß der Menschheit zu den Sternen zu finanzieren und zu sichern.* Und wir wollen bei unseren Mitarbeitern nicht zu genau hinschauen, welche Mittel sie einsetzen und woher das Geld kommt, weil es letzten Endes keine Rolle spielt.«

»Dann ist es schwer zu erklären, was wir hier als Auditoren machen.«

»Lippenbekenntnisse ablegen, Ms. Gaskell. *Eine Zahnaufhellung bei einem Komododrachen,* wie Sacran sagt. Aber wenn Sie an etwas glauben wollen, das mehr Ihren Missionszielen entspricht, dann machen Sie einfach weiter. Sie wären nicht die Erste.«

»Mein gesamtes Team glaubt an die Missionsziele, Mr. Veil. Oversight vertritt eine serviceorientierte Kultur. Das ist die Basis, auf der wir arbeiten.«

»Klar. Ich auch, von Zeit zu Zeit. Heutzutage bin ich unten im Strudel, ohne Missionsziel, und bemühe mich nur, meine Miete zu verdienen.«

Ein fragender Blick zu Sakarian. »Strudel?«

»Ein richtig beschissener Stadtteil. Veil hat ein paar Jahre gebraucht, um sein Niveau zu finden, aber er hat es geschafft.«

In diesem Moment dachte ich finster daran, ihn zu töten. Im Ernstfall wäre er sowieso immer als Erster dran, weil er der bei Weitem gefährlichere Teil der Gleichung war. Aber das war reine Logistik. Ich ließ das hartnäckige heißlaufende Surren durch meine Augen und die Handflächen heraufkommen, ich ließ zu, dass ich es mit uneingeschränktem Hunger wollte. Dann sah ich ihn lächelnd an.

»Na ja, nicht jeder von uns kann sich allein mit Raffinesse und einer hohen Anzahl von Todesopfern in Grokville in hochrangige Polizeiposten hinaufarbeiten, nicht wahr, Commissioner?«

Er spannte sich an. »Halten Sie Ihre verdammte Klappe.«

»Sherpa's Gap? Sanguinello? Hochlandgeborene Verlierersäcke der Reihe nach abknallen, ich meine, wie schwer kann so was sein?«

Es mag eine komplexe und größtenteils unfaire Beleidigung gewesen sein – Sakarian war von jeder Schuld am Massaker von Sherpa's Gap freigesprochen worden, und er war nie in der Nähe von Sanguinello gewesen, aber im Herzen des Ganzen lag eine brutale Hochland-Wahrheit. Die Marshals waren eine ernst zu nehmende Macht, und manchmal lief diese Macht aus dem Ruder. Ich vermute, es war diese Wahrheit, die ihn kalt erwischte. Er zuckte auf dem Sitz vor.

»Das führt *nirgendwohin*, meine Herren.« Ein scharfer, tadelnder Tonfall in Astrid Gaskells Stimme und gleichzeitig ein Befehl. Die entstehende Konfrontation kollabierte. »Mr. Veil, es tut mir leid, dass Ihr Vertrauen in COLIN und die lokalen Polizeibehörden so gering ist. Aber ich fürchte, vorläufig müssen Sie mich beim Wort nehmen. Zumindest haben Sie eine Gear-Aufzeichnung dieses Gesprächs, und ich hoffe, dass es Ihnen vorläufig als Sicherheit genügt. In der Zwischenzeit werde ich die Kryokap-Codierung in die Wege leiten. Ich gehe davon aus, dass die Bradbury-Polizei Ihre Gendaten gespeichert hat …«

»Von diesem Drecksack? O ja!«

Sie warf Sakarian einen entnervten Blick zu. Er sagte nichts mehr, aber sein Blick blieb auf mich gerichtet.

»Also dürfte das die Angelegenheit beschleunigen. Aber es wird trotzdem einige Zeit dauern, die Kapsel mit Ihrem Code zu sichern.«

Ich breitete die Hände aus. »Nehmen Sie sich so viel Zeit, wie Sie brauchen. Ich werde nirgendwohin abhauen.«

Sie bedachte mich mit einem dünnen Lächeln. »Genau genommen werden Sie innerhalb der nächsten Tage nach Cradle City gehen, in Begleitung meiner Kollegin Madison Madekwe. Wir sind uns nicht ganz sicher, warum *Sie* geschickt wurden, warum dieser Lieutenant … Chakana Sie für diesen Auftrag ausgewählt hat. Vielleicht könnten Sie uns über diesen Punkt aufklären.«

»Vielleicht weil sie denkt, dass dafür kein richtiger Polizist nötig ist?«

Astrid Gaskell kniff die Augen zusammen. »Das hat sie Ihnen gesagt?«

»Dazu hat sie mir gar nichts gesagt, Ms. Gaskell. Sie hat mich für diesen Job engagiert, und ich habe keine Fragen gestellt. Wie ich schon sagte, ich versuche mir meine Miete zu verdienen.«

»Das Logbuch des Police Plaza besagt, dass Sie vorletzte Nacht in Gewahrsam gehalten wurden.« Sakarian, immer noch mit hartem Blick und unversöhnlich. »Als Hauptverdächtiger in einem OK-Mord auf dem Strip. Zwei Tage später laufen Sie wieder auf der Straße herum. Haben wir vielleicht eine Gefälligkeit mit Unserer Lieben Frau der Ewigen Bestechlichkeit ausgehandelt?«

»Ich glaube, es war ein Fall von Identitätsverwechslung«, sagte ich ruhig. »Lieutenant Chakana war so freundlich, die Falten zu glätten und meine Freilassung zu forcieren.«

»Sie steht kurz vor dem Absturz, Veil. Das wissen Sie, nicht wahr?«

»Was, wie Mulholland '95, meinen Sie? Ich wette, sie zittert schon am ganzen Leib.«

Ich sah, wie Gaskell eine schnelle mentale Kalkulation anstellte, um die Marsjahre mit dem Erdkalender abzugleichen, oder vielleicht rief sie auch nur die Referenz mit ihrem Gear ab. Sie verzog das Gesicht, als sie die Daten hatte.

»Das war ... bedauerlich«, sagte sie. »Damals gab es einen Mangel an politischem Willen und viel zu viele andere Probleme.«

In Bradbury hatte ich zwei Bekannte gehabt, die still und leise verschwunden waren, weil sie sich 95 während des Anlaufs zum geplanten Audit als Informanten angeboten hatten und ihr Zeugenschutz nach dem Abbruch der COLIN-Mission geplatzt war. Gerüchte aus zuverlässiger Quelle besagen, dass beide zwei Meter tief im Regolith des Hochlands irgendwo außerhalb von Keplerville ihr Ende gefunden hatten, die Hände hinter dem Rücken gefesselt und lebend begraben. Und wie ich hörte, mangelt es ihnen dort vermutlich nicht an Gesellschaft.

Bedauerlich. Ja, so könnte man es ausdrücken.

Vielleicht bemerkte Astrid Gaskell etwas davon in meinen Augen. Sie räusperte sich.

»Wie ich es verstanden habe, war die Vorbereitung des Audits ein Schnellschuss und offen gesagt ziemlich schlampige Arbeit. Überhastet, voller Löcher und fehlerhafter Grundannahmen, haltloser Vorwürfe und moralischem Eifer. Es hieß, dass man damit niemals durchgekommen wäre. Hätte COLIN es damals nicht abgebrochen, wären wir für eine öffentliche Katastrophe verantwortlich gewesen. Indem wir uns auf diese Weise zurückgehalten haben, bis wir für den Kampf bereit sind, haben wir uns vor einem sehr realen Glaubwürdigkeitsproblem bewahrt.«

»Gut für Sie.«

Sie beugte sich vor, und ihre Stimme verschärfte sich mit der Intensität einer wahren Gläubigen. »Diesmal ist es ernst, Mr. Veil. Täuschen Sie sich nicht. Wir sind hier, um Mulholland ein für alle Mal zu stürzen, und jeder, dem wir nachweisen können, dass er sich unter seiner Schirmherrschaft mitschuldig gemacht hat, wird mit ihm stürzen.« Ein tiefer Atemzug – sie musste sich sichtlich zwingen, sich wieder zurückzulehnen und eine eingeübte Ruhe in ihren Tonfall zu legen. »Was der Grund ist, warum ich keine lokale Einmischung in die Feldarbeit meiner Agenten dulden werde. Ich werde Sie nicht mehr nach Lieutenant Chakanas Anweisungen fragen, weil es mich offen gesagt gar nicht mehr interessiert. Sie haben jetzt einen neuen Auftrag, von mir, von COLIN Earth Oversight, von ganz oben. Sie sollen Madison Madekwes Leben schützen, als wäre es Ihr eigenes ...«

Womit sie allerdings nicht besonders sicher wäre, dachte ich verdrossen.

»... und Commissioner Sakarian regelmäßige Statusberichte über Ihre Fortschritte schicken, sobald Sie in Cradle City eingetroffen sind. Sie werden allen Anweisungen folgen, die wir Ihnen während dieses Zeitraums geben, bis hin zur und einschließlich der Rückführung von Ms. Madekwe nach Bradbury, ob sie selbst es nun für angemessen hält oder nicht. So werden Sie Ihr Heimflugticket bekommen. Habe ich mich klar ausgedrückt?«

»Sehr. Ist sich Ms. Madekwe dieser rührenden Sorge um ihre Sicherheit bewusst? Oder muss sie nichts von dieser Unterhaltung erfahren?«

Das brachte mir ein etwas großzügigeres COLIN-konformes Lächeln ein. »Madison Madekwe ist eine couragierte und talentierte Ermittlerin, aber sie ist dafür bekannt, dass ihre Courage dazu neigt, in die Bereitschaft zu unangebrachten Risiken umzukippen. Und sie ist nicht allzu empfänglich für Kompromisse oder Zurückhaltung im Einsatz. Also ja, wir bitten Sie darum, Diskretion walten zu lassen.«

»Erzählen Sie es ihr, und Ihr Ticket nach Hause hat sich erledigt«, fügte Sakarian hinzu, falls mir noch irgendein Rest von Zweifeln geblieben war.

Ich ging nicht auf ihn ein. »Warum sagen Sie ihr nicht einfach, dass sie bleiben soll, wo sie ist? Dass sie ihre Ermittlungen von Bradbury aus führen soll, dass sie sich ganz vom Hochland fernhalten soll? Sie sind doch die Sicherheitschefin. Sie müsste sich eigentlich an Ihre Befehle halten, oder?«

»Sie glauben, das Hochland wäre der einzige Ort, an dem sie nicht in Sicherheit wäre?«

Ich tauschte einen Blick mit Sakarian aus, spürte darin eine plötzliche ungewollte Verbundenheit. Wir beide hatten dort oben genug Zeit verbracht, um Bescheid zu wissen.

»Nicht der einzige Ort, nein, aber es ist ein guter Anfang. Sie haben meine Frage nicht beantwortet, Ms. Gaskell. Warum befehlen Sie Madekwe nicht, sich nicht von der Stelle zu rühren?«

Sie zögerte – die Antwort, die sie sich zurechtlegte, war noch nicht ganz fertig. Ich wartete darauf, dass sie ihre Gedanken zusammenfügte.

»Sie sind früher ein Overrider gewesen«, sagte sie. »Ein interplanetarer Agent. Wenn Sie an Madekwes Stelle wären, würden Sie dann einen solchen Befehl befolgen, einen Befehl, *sich nicht von der Stelle zu rühren*?«

»Wenn es missionskritischen Zielen dienen würde, ja.«

»Und wenn das – nach Ihrer Vor-Ort-Einschätzung – nicht der Fall wäre?«

Ich nickte langsam. »Verstehe.«

»Nutzlastkosten, Mr. Veil. Ich bin mir sicher, dass ich Ihnen das nicht erklären muss. Genauso wie bei den Korporationen, die wir beaufsichtigen, haben wir nicht die Gewohnheit, Totlasten mit uns herumzuschleppen. Um auf interplanetarer Ebene eingesetzt zu werden, müssen unsere Auditoren definitionsgemäß hochrangige Mitarbeiter sein. Sämtliche Mitglieder des Auditteams sind bewährt, belastbar, erfinderisch, beharrlich ... und selbstständig. Keiner von ihnen würde angesichts einer Herausforderung auf Nummer sicher gehen oder Befehlen gehorchen, die ihnen sagen, dass sie es tun sollten. Und ganz gleich, was Sie in den nächsten paar Wochen bei öffentlichen Anlässen von mir hören werden, ich möchte es in Wirklichkeit nicht anders haben.«

»Verstanden.« Ich schätzte den Moment als gut und wahrhaftig entschärft ein. »Würden Sie mir eine weitere Frage beantworten, Ms. Gaskell?«

»Wenn ich kann.«

»Was ist so verfickt wichtig an Pavel Torres?«

Das Zögern währte nur einen Herzschlag lang, aber es war da. Ich sah den Druck, den es auf Gaskell und Sakarian ausübte, während sie sich bemühten, sich nicht anzusehen. Ich spürte, wie sich der Angestelltentyp an meiner Seite auf sehr unangestelltenhafte Weise versteifte.

Mir gegenüber wurde Gaskell plötzlich bedacht lässig.

»Soweit mir bewusst ist, ist an Torres persönlich nichts ausgesprochen wichtig. Er ist eigentlich nur ein Indikator, ein Anzeichen, dass irgendwo in den Sicherheitsprotokollen des Lotteriesystems etwas nicht stimmen könnte.« Sie bedachte mich wieder mit dem weltläufigen Lächeln. »Aber letztlich sind mir nicht allzu viele Einzelheiten in dieser Angelegenheit bekannt. Auditoren arbeiten größtenteils autonom an den Fällen, die ihnen zugewiesen werden, und die Überprüfung der Lotterie ist nicht mein Fall. Danach sollten Sie lieber Madison Madekwe selbst fragen.«

Sie war gut. Sie hätte ein Gestaltwarnsystem aus einem Allerweltspaket täuschen können, vielleicht sogar einiges von dem Zeug vom teureren Ende des Marktes. Die meisten dieser Systeme lassen sich austricksen, wenn man weiß, was man tun muss – und genug eingedrillte Disziplin hatte, um dieses Wissen auch anwenden zu können. Aber selbst die hochgezüchtete Gestaltsoftwaresuite einer erstklassigen Marke ist nur ein schwacher Abklatsch der restriktierten Militärtechnik, auf der sie basiert. Und Osiris benutzt einen großen Teil dieser Technik als Standard.

Ich betrachtete Astrid Gaskell von COLIN Earth Oversight durch meine Linsen, als sie mich anlächelte. Genauso gut hätte sie die Inschrift *LÜGNERIN* in zentimeterdicken roten Markerbuchstaben auf der Stirn tragen können.

20

Sie ließen mich an einer Ecke irgendwo südlich von Charter Row aussteigen – es war noch nicht ganz der Strudel, aber ich schätze, man musste ihnen Punkte dafür geben, dass sie so nahe herangefahren waren. Vor ein paar Jahren hatte ich in der Gegend einige Arbeiten erledigt und erkannte die unschönen Straßen wieder – mit den Fassaden automatisierter Pensionen, Ausgabestellen für Arbeitskleidung und vereinzelten billigen Restaurants mit Glasfronten, die sich nach dem Mittagsgeschäft längst geleert und noch nicht auf das Abendessen eingerichtet hatten. Eins war so billig, dass man einen Menschen bezahlte, der den Boden aufwischte.

Abgesehen von der Putzkraft, bemerkte ich keine weiteren Anzeichen für Leben. Keinen Fahrzeugverkehr, keine Passanten – also insgesamt eine ziemlich gute Stelle zum Aussteigen. Der insomnische Angestellte kam mit mir nach draußen und zeigte die Straße hinauf.

»Da geht's lang«, sagte er nicht sehr umgänglich. »Sie können von hier aus laufen.«

»Ja, ich weiß.«

Ich beobachtete, wie er wieder in den Wagen stieg, der losfuhr und an der nächsten Kreuzung scharf nach Norden abbog, als könnte er es gar nicht abwarten, in ein besseres Stadtviertel zurückzukehren. Ich drehte mich in die entgegengesetzte Richtung und lief los.

Ein Anruf, sprach mir Osiris ins Ohr. *Es ist das Mädchen von nebenan.*

Okay.

»Hey, Overrider.« Die Stimme fast genauso kehlig wie die, die ich Osiris gegeben hatte, und doppelt so verlockend – ich spürte einen Stich, der durch uralte Protokolle in meinen Lenden ging. »Wo bist du? Versuche dich seit einer geschlagenen Stunde anzurufen.«

»Ja, tut mir leid – hab während einer Besprechung alle Anrufe ausgesperrt. War beschäftigt. Was kann ich für dich tun, Ari?«

»Hey, *du* hast *mich* angerufen, weißt du noch?«, knurrte sie. »Willst du mich oder nicht? Bin grad von der Billigschicht zurück und hätte Zeit. Wie steht's?«

»Eigentlich gar nicht. Eher geschrumpelt und unansehnlich, wenn du schon so fragst.«

»Soll ich rüberkommen und das für dich in Ordnung bringen?«

»Ist das eine Fangfrage?«

Sie lachte. Ich stellte mir vor, wie sie den Kopf zurückwarf, ihre lange gebräunte Kehle zeigte. »Wie kommt es, dass ich dich nicht sehe, Gusch?«

Weil 'Ris mich auf bloße Audioübertragung herunterschaltet, wenn ich unterwegs bin. Eine Black-Hatch-Arbeitsgewohnheit, erhöht die Konzentration, blendet alle Hintergrundhinweise auf den eigenen Aufenthaltsort aus. Bleib vorsichtig, bleib am Leben. Und wie mit so vielem aus diesen längst vergangenen Tagen war ich nie dazugekommen, diese Präferenz zu ändern.

»Du kannst mich sehen«, sagte ich, während sich meine Schritte aus eigenem Antrieb beschleunigten. »Bin in einer halben Stunde da.«

»Ich werde warten.«

»Tu das.«

Ich schaffte es in etwas über siebzehn Minuten bis zu Ceres Drive 4. Zügiger Gang, pumpendes Blut, leichter Schweiß, als das Kapselgerüst in Sicht kam. Es macht schon einen Unterschied, wenn man ein Ziel hat, zu dem man läuft. Ich tippte den Zugangscode ein, bremste mich auf der Treppe, schaltete meine Hast auf ein bedächtigeres Tempo herunter, versuchte, mit einem Quäntchen der Killergelassenheit einzutreffen, wie sie es so gern mochte.

Sie wartete gegen die Flanke des Dyson gelehnt, gehüllt in einen Hochland-Wintermantel mit geschlossenem Sturmkragen. Ohne Headgear, aber noch mit der Medusa-Spange von der Arbeit im Haar – dichte, dunkle Locken, die sich langsam um ihr Gesicht wanden, als würden sie in gespenstischer Ehrerbietung den Formen ihrer Wangenknochen und Lippen folgen. Einen Stiefelabsatz erhoben und gegen die Krümmung der Kapseloberfläche gesetzt. Sie tat, als würde sie mich nicht bemerken, als ich durch das Gerüst heraufkam, musterte stattdessen konzentriert ihre Fingernägel. Ich näherte mich, schob einen Daumen in den statischen Saum, der den Mantel zusammenhielt. Nahm mit der anderen Hand mein Gear ab, stopfte es in meine Jacke, versuchte ihren Blick zu finden. Sie drehte den Kopf weg, machte damit weiter, ihre Nägel zu bewundern, als wär ich gar nicht da. Summte jetzt eine kleine Melodie, während ein ansteckendes Grinsen ihren Mund spaltete. Der Mantel öffnete sich unter meiner Hand, hing zur Seite, offenbarte den trainierten, drainierten Tänzerinnenkörper.

Darunter trug sie kaum mehr als auf der Bühne des Maxine's. Meine Augen griffen nach den Details wie ein armer Mann, der stolpernd ein paar verlorene hochwertige Lebensmittel aufsammelte – das von Tattoos umrissene Dekolleté, das subkutane Stütznetz, das die vollen Brüste hoch und weit anhob, die straffe, gebräunte Taille darunter und die langen, muskulösen Schenkel. Ich atmete schwer ein, nahm den Hauch von schalem Parfüm und Schweiß wahr, der von ihrer Haut aufstieg. Ich drückte eine Hand flach auf ihren Bauch, sodass die Fingerspitzen die Stelle berührten, wo sich ihr Oberschenkel mit dem dünnen Streifen aus schwarzem Netzstoff traf, der sie umspannte. Ein schlecht unterdrücktes Glucksen stieg aus ihrem Brustkorb empor, brach tief und schmutzig hervor. Unter meiner Berührung fühlte sich ihre Haut leicht klebrig vom Tanzschweiß und den Pheromonaerosolen an, die im Maxine's versprüht werden. Sie bog die Hüften unter dem Druck meiner Hand hoch, drehte sich, grinste, lachte mir Minzatem ins Gesicht. Die Pupillen immer noch etwas geweitet vom letzten billigen Sindree, in das sie sich gepackt hatte, um die Arbeit zu überstehen. Ich schloss die letzte Lücke zwischen uns, legte meine andere Hand auf eine Brust. Es fühlte sich ein wenig an, als fiele ich.

»Frag mich jetzt, wie es steht«, sagte ich gepresst.

Sie drückte einen Schenkel zwischen meine Beine. Legte den Mund über mein Ohr. »Rhetorisch, Schätzchen«, murmelte sie. »Willst du mich hereinbitten, oder was?«

Ich wies den Dyson an, sich zu entriegeln, musste den Befehl ein zweites Mal aussprechen, weil meine Stimme keuchte und zitterte, während sie mir in den Nacken biss. Die Luke schwang auf, wir stürzten hindurch, wären fast hingefallen. Schafften es stolpernd, mit verhedderten Gliedmaßen und Kleidungsstücken, halbwegs bis zum Bett, bevor sie mich zurückstieß. Sie schüttelte den Wintermantel von einer Schulter nach der anderen und ließ ihn zu Boden gleiten. Sie stand mit schräg gestellter Hüfte da, in Stiefeln und schwarzem Netzslip, das rastlose dunkle Medusahaar auf den nackten Schultern. Sie reckte das Kinn zu mir herauf.

»Ist es das, was du willst?«

»Ist das eine Fang…?«

Sie warf sich gegen mich, legte die Finger auf meinen Mund. »Du hältst die Klappe. Du hältst jetzt die Klappe, Overrider. Du benutzt diesen Mund jetzt für etwas anderes.«

Dann drückte sie mich langsam hinunter, an den vorstehenden traumfeuchten Brüsten vorbei, am schwachen, gesammelten Duft ihres Körpers in der tattooschattierten Mulde dazwischen, die angespannte Muskelwand ihres Tänzerinnenbauchs und dann in den dichten, schwarzen Netzstoff am Treffpunkt ihrer Schenkel, wo es vor Erregung schon feucht war. Ich rieb meinen Nasenrücken tief in die Falte, kostete von ihrem wirklichen Geruch, legte die Hände an den Slip, zog ihn zur Seite.

Drang tief mit der Zunge ein.

Sie erschauderte, grub die Fingernägel in meine Kopfhaut, zog mich näher heran. Eine Weile bearbeitete ich beharrlich das geteilte Fleisch, vor- und zurückgedrängt von ihren Händen, schließlich hinaufbewegt, sodass ich ihre Klitoris fand, sie einsaugte, mit meiner Zunge rundherum spielte, so wie sie es mochte. Sie stieß einen einzigen obszönen erstickten Fluch aus, und ich spürte, wie ihre Knie einknickten. Ihre starre Domina-Haltung lockerte sich, sie brach kichernd auf dem Boden zusammen, rollte sich auf dem Mantel ein, öffnete und schloss langsam die Schenkel wie die Kiefer eines unentschlossenen Fangeisens. Ich hockte mich neben sie.

»Komm schon.« Sie griff nach meiner losen Hose, zerrte sie runter.

Ich wand mich hinaus, pulsierte hart wie eine geballte Faust – vier Monate tiefe Träume machen so etwas mit einem – und sie packte mich wie ein Polizist, der seinen Schlagstock zückt. Sie rieb meine Schwanzspitze über ihre Brüste vor und zurück, grinste, beobachtete, wie ich beobachtete, zog mich näher heran, rieb sich die Eichel über das Gesicht, immer wieder um die geteilten Lippen herum, drückte ihn sich schließlich in den Mund und saugte fest daran.

Die Macht der Empfindung ließ mich beinahe zusammenklappen. Sie nahm meinen Schwanz wieder aus dem Mund, sah mich schelmisch mit hochgezogenen Augenbrauen an.

»Nein? Zu viel?«

Ich gab ein leises, knurrendes Geräusch von mir, drückte meine Hüften gegen sie. Sie stupste meinen Schwanz mit der Nase an, ließ die Zunge hervorschießen und leckte daran.

»Sag bitte.«

»Scheiße, bitte!«

»Ach, warum hast du das nicht gleich gesagt?« Sie legte den Mund wieder um die Eichel, hielt meine Eier in der freien Hand. Wir legten uns in behaglicher Gewohnheit aneinander. Ich hebelte ihre Schenkel auseinander. Sie wand sich näher heran, ihre Brüste drückten und rieben flach über meinen Bauch, die Nippel wie sanft tastende Fingerspitzen. Sie beugte ihren Unterkörper zu mir.

»Um die Wette«, sagte ich und vergrub mein Gesicht wieder in all den feuchten Falten und ihrer drängenden Hitze.

Anschließend lagen wir entleert Kopf an Bauch auf den Falten ihres Mantels, ohne etwas zu sagen, und sie summte eine gesättigte kleine Melodie vor sich hin, um das Schweigen zu füllen. Verglichen mit anderen Nachbarn, gab es kaum etwas an Ari auszusetzen, aber sie kam wirklich nicht gut mit Stille zurecht.

»Hast einige Zeit gebraucht«, sagte ich, um etwas zu sagen.

Nach vier Monaten im Hibkoma war ich in ihrem Mund explodiert, lange bevor ich es schaffte, sie hochgehen zu lassen. Und ich bilde mir gern ein, in dieser Angelegenheit nicht unbegabt zu sein. Sie gluckste.

»Ja, du warst vorhin *ziemlich* erregt. Schon eine Weile her, was?«

»Seit wir es das letzte Mal gemacht haben. Und du?«

»Nun, ja, auch schon eine Weile. Aber – du weißt ja.« Sie hob eine Schulter gegen meine Hüfte. »Die Kotzbrocken im Club. Braucht manchmal etwas Zeit, das alles abzuschütteln. Auch die Tageskunden geben ums Verrecken kein Trinkgeld, sind ein paar richtige Arschlöcher dabei. War insgesamt ein verfickter Scheißtag. Woher hast du diese Ringe?«

»Beim Poker gewonnen. Warum, gefallen sie dir?«

Sie verzog das Gesicht in Richtung Decke. »Ungefähr genauso wie diese Kanone, die du dir unter den Arm geschnallt hast. Die übrigens scharfe Kanten hat. Wenn du bei jedem unserer Techtelmechtel so aufkreuzen willst, sollten wir dich beim nächsten Mal vielleicht richtig ausziehen.«

»Hab nicht mehr dran gedacht. Hast du gehört, was im Vallez Girlz passiert ist?«

»Hm-hm.«

»Wird darüber geredet?«

»Willst du mich verarschen?« Sie stemmte sich auf einem Ellbogen hoch, um mich anzusehen. Ihr Haar hing jetzt glatt und unbeweglich um ihr Gesicht, nachdem sie die Medusa-Spange abgeschaltet hatte – was sie seltsam verletzlich aussehen ließ. »Es wird *nur darüber* geredet, Hak. Die Mädchen reden sich backstage den Mund fusselig, als würde ihre Meinung plötzlich besser bezahlt werden als ein Blowjob.«

»Das möchte ich erleben.«

»Ja, klar.« Sie hob ein Bein, spannte ihren Fuß an und beäugte kritisch die abgewetzte Stiefelspitze. »Wenn du mich fragst, sollten sie sich lieber zurückhalten. Wer so redet, während Sal Quirogas Leute den Strip nach Antworten abgrasen, hat eine gute Chance, wie Synthia zu enden.«

Ich sagte nichts. Sie bemerkte das Schweigen, sah mich an und ließ abrupt ihr Bein zurückfallen.

»Damit wollte ich nichts sagen, Hak. Ich weiß, dass du dein Bestes für Syn gegeben hast. Ich hätte sie niemals zu dir gebracht, wenn ich gedacht hätte, dass Quiroga auf diese Weise völlig durchdreht. Du warst spät im Zyklus, also war es ...«

Ich berührte besonders sanft ihr Gesicht. »Lass das. Sie war deine Freundin, Ari, sie brauchte deine Hilfe. Du wusstest, in welchem Bereich ich arbeite. Du hast nichts falsch gemacht.«

»Aber sie ...« Sie presste die Lippen fest zusammen, die vom Sindree erweiterten Pupillen starrten verloren, blickten der trostlosen Wahrheit ins Gesicht, wo sie ihr Leben verbrachte. »Diese Wichser ... was sie mit ihr *getan* haben ...«

Es blitzte in meinem Kopf auf, mit vorgestellten entsetzlichen Details. Ich habe die Leiche nie gesehen. Die BP tütete sie als üblichen Mariner-Strip-Zwischenfall mit Todesfolge ein, und ich hatte keine offizielle Befugnis, mir die Sache aus der Nähe anzuschauen. Aber Sal hatte Wert darauf gelegt, dass ein paar Tänzerinnen des Vallez Girlz einen Blick auf das erhaschen konnten, was in jener Nacht im Büro vor sich gegangen war, und man entsorgte die Überreste auch nicht allzu weit vom Strip entfernt. Die Geschichte wurde weitererzählt – gebührend unterstützt und begünstigt von einem rastlosen Medienrachen, der wie immer hungriger nach Effekt und Sensation war als nach irgendetwas, das Ähnlichkeit mit tatsächlichem Journalismus hatte. *Tänzerin brutal vergewaltigt und verstümmelt aufgefunden, wir haben Aufnahmen vom Tatort, gleich nach den Nachrichten von unseren Sponsoren.*

»Ich bin so *froh*«, sagte Ariana vehement. Es presste ihr Tränen aus den Augenwinkeln, ließ sie plötzlich sehr jung aussehen. »Ich bin so verdammt *froh*, dass Sal Quiroga tot ist. Er war ein Stück Scheiße. Ich wünschte nur ...«

Als ich sie betrachtete, spürte ich, wie auch hinter meinen Augen etwas schmolz, ein wenig. Als ich so heftig gekommen war, hatte es mir das heißlaufende Surren ausgetrieben. Sicher, es würde zurückkommen, aber nicht so schnell. Ich hebelte mich in eine sitzende Position, nahm sie in die Arme.

»Hey, Ari. Lass es los.«

Sie blickte mir ins Gesicht, schien darin etwas zu sehen, das ich hinausschlüpfen ließ. »Hak ...«

»Ja?«

»*Du* warst es doch nicht, oder? Diese Scheiße letzte Nacht? Quiroga auf diese Weise fertigzumachen?«

»Ach, komm schon. Ich bin vor – was?, zwei Tagen – aus dem Tank gekommen.« War mir nicht ganz sicher, warum ich log, außer dass es sich wie eine Schutzmaßnahme für einen von uns oder vielleicht auch für uns beide anfühlte. »Das ist irgend so eine territoriale Sache, Ari. Nur ein Zerwürfnis zwischen den *familias andinas*. Oder irgendeine andere Gruppe versucht sich in Sals Geschäft zu drängen. Halt dich einfach da raus, halt den Kopf unten, und du wirst sehen. Es wird vorbeiziehen.«

Sie schniefte leise. »Ja, wahrscheinlich.«

»Zündest du immer noch diese Kerzen für Syn an?«

»Ich weiß nicht ... ja, manchmal.«

Sie schniefte wieder, diesmal stärker, als würde sie etwas hochziehen. Ungeduldig wischte sie sich die Tränen weg. Die alte Reserviertheit breitete sich wieder in ihr aus, eine zunehmende Anspannung, die fast sichtbar war. Sie stemmte sich entschieden hoch und aus meiner Umarmung, setzte sich ein kleines Stück von mir entfernt hin, drückte die Knie an die Brust. Ihre Körpersprache war unmissverständlich – für ihre innere Ausgeglichenheit hatte sich gerade etwas zu nackig vor mir gemacht.

»Ein paar der Mädchen aus dem Vallez meinten, an dem Abend damals wären Kraterkriecher im Club gewesen.« Nun hatte sie wieder den Tonfall distanzierter Konversation. »Sie sagten, sie wären in den letzten paar Monaten oft da gewesen, aber nicht als Kunden. Besprechungen und so.«

»Na bitte.« *Komm von diesem Vektor runter, Veil. Wechsle das Thema.* »Hey, hast du gesehen, wer vom Shuttle in die Stadt katapultiert wurde?«

»Ja, klar.« Ein plötzlicher Anfall von Gereiztheit im Sindree-Absturz. »Ein Haufen bescheuerter Erdbürokratenschnüffler, die uns sagen wollen, was wir tun und lassen sollen.«

»Davon abgesehen.«

Sie schüttelte den Kopf. *Nein, ist mir auch scheißegal.*

»Sundry Charms.« Keine Reaktion – nur der Ansatz eines entrückten Runterkommstarrens. Ich gab mir mehr Mühe. »Du weißt schon, der Typ von der Star-Crossed Crew. Du bist doch auf ihre Sachen abgefahren, nicht wahr? Den Sommer, als ich für Maxine die Tür gemacht hatte.«

»Nicht so richtig. Das war Chami, die du meinst.« Sie kam abrupt auf die Beine, zerrte an einem Ärmel ihres Wintermantels. »Du sitzt auf meinem Mantel.«

Ich rollte mich wortlos zur Seite, stützte mich auf die Ellbogen. Sie hob den Mantel auf und streifte ihn wieder über.

»Muss jetzt gehen, Hak.«

»Hey, nein, musst du nicht. Bleib, trink noch was. Ich will ein Rückspiel.«

Sie fixierte ihren Mund zu einem kleinen strahlenden Lächeln. Sammelte Medusa-Spange und Slip vom Kapselboden auf und stopfte beides in eine Manteltasche.

»Nein, wir beide haben bekommen, was wir wollten. Wir sehen uns.«

»Gut.« Ich suchte nach einer Möglichkeit, die plötzliche Kühle zu vertreiben. »Erzähl Chami, wenn du sie siehst, dass ich gestern vom Ares Acantilado hergeflogen bin und ihrem Kumpel Charms gegenübergesessen habe.«

»Das wird sie nicht interessieren, Hak. Sie kann ihn nicht mehr ausstehen, seit er sich von Star-Crossed getrennt hat.«

»Oh.«

»Ja. Als sie die Feeds von seiner Ankunft gesehen hat, sagte sie mir, dass er nur noch ein billiges Fake ist. Er hat so viel an sich machen lassen, dass er kaum noch wie dieselbe menschliche Person aussieht. Typisch Erde. All die verdammte Gravitation, die an allem zerrt, all die Eitelkeit, um es wieder in Ordnung zu bringen. Dekadente, verfickte Totgewichte. Warum lassen sie uns nicht einfach in Ruhe?«

Sie ging zur Luke. Per Stimmbefehl öffnete ich sie ihr, sah, wie sie mir einen halbherzigen Kuss zuhauchte und sich hinausduckte. Mit einem Seufzer legte ich mich wieder auf den harten Kapselboden, drückte mir die Handballen in die Augen und beugte den Rücken durch, eine ganze Weile, wie es mir vorkam.

Dekadente verfickte Totgewichte von der Erde. Richtig.

Madison Madekwe – das heiße Anisaroma ihres Mundes auf meinem, der Druck ihres Körpers an mir im Lift …

Ja, schon gut – aber jetzt reicht es.

Und tief in den Fasern meiner hibernoiden Konstitution kehrte auch schon das erste langsame heißlaufende Kribbeln zurück.

Sie sind ein Idiot, Veil.

Sakarians Worte hallten wieder durch meinen Kopf. Ich verzog das Gesicht, versuchte mir einzureden, dass er sich irrte. Ich zog meine Hose von den Fußknöcheln wieder herauf. Kam auf die Beine. Stieß auf dem Weg nach oben fast mit dem Schädel gegen die niedrige Krümmung des Kapseldachs. Komm schon, Overrider! Genug von diesem postkoitalen Scheiß – reiß dich zusammen. Ich griff mir unter den Arm, zerrte die Cadogan-Izumi und das Schulterholster mit Geckohaftung hervor. Das verdammte Ding hatte sich während der Feierlichkeiten schmerzhaft in meine Seite gebohrt. Ich warf es auf meinen Schreibtisch und rückte gereizt den Rest meiner verworrenen Kleidung zurecht. Ging hinüber, um mir Aris Säfte vom Gesicht zu waschen.

Glauben Sie, Chakana wird Sie abschirmen, wenn dieser Sturm losbricht? Glauben Sie, sie würde es überhaupt versuchen?

Ich hob den Kopf vom Becken. Wischte mir das Wasser aus dem Gesicht und erwiderte meinen eigenen Blick im Spiegel.

Welcher Sturm?

Das Audit? Dieser Sturm war bereits losgebrochen, soweit ich erkennen konnte. Mulholland ging in Deckung, Chakana kümmerte sich für ihn um Schadensbegrenzung, und das Team von COLIN Earth Oversight breitete sich von Wells und dem Ares Acantilado aus wie ein schläfriger, aber *sehr* hungriger Oktopus mit sich windenden und tastenden Tentakeln, die nach krimineller Beute suchten ...

Welchen Sturm hatte Sakarian also gemeint?

Er glaubte, ich wüsste es, das war völlig klar. Andererseits glaubten er und Astrid Gaskell offensichtlich auch, dass ich alle möglichen Dinge wusste, die ich nicht wusste.

Ich kehrte zurück und setzte mich mit dem Rücken zum Bettgestell auf den Boden, die Arme locker um die Knie gelegt, starrte auf die pastellfarbenen Geflechte der Bildschirmkunst auf dem Schreibtisch mir gegenüber.

Chakana heuert dich an, um Madison Madekwe zu beschützen, als wäre es keine große Sache, Madekwe kann dich gar nicht schnell genug loswerden, Chakana erfährt im Nullkommanichts davon.

Madekwe will möglichst früh zum Hochland aufbrechen, und dann will sie es plötzlich nicht mehr. In der Zwischenzeit heuert COLIN Earth Oversight dich insgeheim noch einmal an, um den Job zu erledigen, den du bereits von Chakana bekommen hattest.

Hannu Holmstroms Anomalienhäufung baute sich langsam um mich herum auf, genauso wie bei Pablito Torres, kurz bevor er sich auf dem Hochland in dünne Luft auflöste.

Das alles fühlte sich immer ...

Ein plötzlicher scharfer Glockenton unterbrach meine Gedanken wie eine abgestürzte Navigation. Die Pastellfarben auf der Workstation erloschen, wurden durch schnelle schematische Muster in Schwarz und harschem Orange ersetzt. Linien trafen und glichen sich an, Rautensymbole leuchteten auf.

»Externe Gefährdung registriert«, sagte das Hüllensystem des Dyson in kühlem, mütterlichem Tonfall. »Externe Gefährdung registriert.«

21

Als ich vor vierzehn Jahren auf dem Mars angeschwemmt wurde, lebte ich eine Zeit lang eher von der Hand in den Mund. Damals gab es auf der Erde eine Art von systemischer Cashflow-Drosselung, und die Marstech-Märkte drehten genauso durch wie praktisch alles andere auch. Niemand in der Scharte hatte Geld für irgendetwas, und erst recht nicht, um mich anzuheuern. Während meiner ersten paar Saisons als Marsianer hing die sichere Hibernation davon ab, ob ich Gefälligkeiten von Aufsehern eingemotteter Forschungseinrichtungen, von Wachleuten in Massenlagern oder Managern von billigsten Kapselhostels überall im Valley einfordern konnte. Alle acht Monate nach Erdrechnung legte ich mich schlafen und wusste, dass ich zum Opfer von gezielten oder wahllosen Einbrüchen, Vandalismus, plötzlichen Ausverkäufen oder Personalumstrukturierungen werden konnte. Genauso möglich waren simple Meinungsänderungen bei den Männern und Frauen, denen ich in den meisten Fällen nur begrenzt vertrauen durfte.

Etwas musste sich ändern.

Ich kaufte die Dyson-Kapsel aus der Insolvenzmasse einer Gruppe von zweitrangigen Stripperinnen auf dem Reagan Boulevard. Wie die meisten ihrer Art hatten sie keine Ahnung, was die Sachen, die durch ihre Hände gingen, wirklich wert waren. Das auf die Luke geprägte Firmenlogo – Zahnräder und Sterne, generisch und unscheinbar, völlig irrelevant – sagte ihnen nichts, und sie hatten wahrscheinlich auch noch nie vom Steuerparadies am

Lagrange-Punkt gehört, wo das Unternehmen registriert war. Alles, was sie in ihrer ungezügelten Marktunschuld wussten, war das, was ihre Bezugspersonen ihnen erzählten – irgendein interplanetares Unternehmen musste überstürzt aus dem Transportgeschäft aussteigen, entlud seine Langstreckenhardware, um seine rapide einbrechende Bilanz zu stützen, und wollt ihr ein Stück von dem verdammten Ausverkauf haben oder nicht? Sie kamen nie darauf, sich zu fragen, warum ein solcher Geschäftszweig so schnell aufgelöst werden musste oder warum ihre Hardware-Vermögenswerte so gründlich aufgeteilt und in alle Winde des Kommerzes verstreut werden sollten.

Oder was diese Vermögenswerte tatsächlich wert sein mochten.

Ich wusste keinen Grund, warum ich sie auf den aktuellen Stand hätte bringen sollen.

Ich forderte ein paar Gefälligkeiten ein, übernahm einige Aufträge, auf die ich lieber verzichtet hätte, bekam aus dubiosen Quellen etwas Kredit, um den Rest zu finanzieren. Ich holte den Dyson auf einem Flachbettcrawler dort heraus, fand im Strudel eine Möglichkeit, ihn noch am selben Tag anzuschließen. Ich machte darin sauber, verkabelte ihn, brachte die Beleuchtung wieder in Ordnung und lud die Schlafphasenbatterien auf. Die Art von Beziehung, die ich für das Ding empfand, war verwirrend.

Endlich hatte ich ein Zuhause.

Und gleichzeitig ein militärisches Hüllensystem im Wert von etwa 50 Millionen.

Danach schlief ich wesentlich besser.

»Drei Personen, bewaffnet«, erklärte mir dieses sehr teure Hüllensystem jetzt. »Unterschiedliche Entfernung. Kartiert und gescannt.«

Schon war ich auf den Beinen. »Lass mal sehen.«

Die Alarmanzeige des Bildschirms zerfiel in schwarze und orangefarbene Fragmente, ordnete sich zu einem graustufigen Drahtgittermodell der unmittelbaren Umgebung des Dyson an. Drei Etagen unter uns stieg ein blauer Drahtgittermensch den Treppenkäfig hinauf, mit einem roten Fleck an der rechten Hand. Das Hüllensystem zoomte näher heran, griff sich den rot markierten Klecks, entpackte ihn zu einem Verifikationskubus und warf ihn in eine obere Ecke des Bildschirms. Daten quollen aus der dargestellten Waffe hervor.

»Glock Sandman, zweite Generation«, mutmaßte der Dyson. »Die Spektralreflexion deutet auf lokale Produktion der Legierung unter Marslizenz hin.«

»Damit kommt er hier nicht rein, wenn das alles ist, was er hat, egal, wo das Ding produziert wurde. Was ist mit den anderen?«

Die Bildschirmansicht zog sich zurück, gab mir einen größeren Kontext. Zwei weitere Drahtgittermenschen näherten sich mit zügigen Schritten über die Straße. Rot in den Armen der führenden Gestalt und in der Achselhöhle der zweiten. Und ein großer roter Klecks auf der Schulter von Nummer zwei, in Rucksackgröße.

»Was zum Teufel ist das?«, wollte ich wissen und zeigte darauf.

»Panzerbrechende Vakuumsubmunition von Ng Systems, für den verborgenen Einsatz entkleidet und mit Timer versehen.« Der Bildschirm griff nach dem warmen Glühen des Rucksacks, drehte ihn herum und legte ihn für mich in einem anderen Kubus auf den Rücken. Dichte spinnendünne Angaben sprossen rundherum. Die anderen beiden Waffen folgten. »Vollautomatischer Kampfkarabiner von Smith & Wesson, Spektralreflexion deutet auf ...«

»Die verdammten Appetithäppchen interessieren mich nicht! Was kannst du gegen die PVM machen?«

»Abwehrmaßnahmen laufen.«

Ich beugte mich zum Bildschirm vor, während mein Puls eine Stufe höherging. Die beiden auf der Straße schienen noch etwa dreihundert Meter entfernt zu sein, und der Scout hatte bereits das Sicherheitstor für sie geknackt. Sie konnten in weniger als fünf Minuten hier oben sein und die Ladung scharf machen. Schwer einzuschätzen, wie viel Kapazität dem Subsprengkopf blieb, nachdem er von seinem Transportsystem abgekoppelt war, aber selbst mit einer Optimalleistung im einstelligen Prozentbereich würde es genügen. Als Komplettsystem ist die PVM ein Raumschiffkiller mit automatischer Zielsuche. Sie lässt sich von irgendeinem Punkt in bis zu einhunderttausend Kilometer Entfernung starten, jagt dann ihre Beute und verwandelt sie im Handumdrehen in einen Haufen Weltraumschrott. Würde man sie per Hand auf Minimaldistanz an der Hülle des Dyson ablegen, würde die Submunition einfach die Verkleidung durchschlagen und das Innere in einen ultraheißen Feuersturm aus zerrissenem Schrapnell verwandeln. Jeder, der sich darin aufhielt, würde gleichzeitig gebraten und zu Hackfleisch zerfetzt werden.

Also nicht abwarten, was passiert. Falls die Abwehrmaßnahmen nicht halfen, falls die altertümliche Hackitektur des Dyson nicht in das Raubtiergehirn des Sprengkopfs hineinkam, musste ich hinausgehen und mich diesen Arschlöchern im Nahkampf stellen.

Ich blickte finster auf die Drahtgitterprozession. Sie bewegten sich mit der Geschwindigkeit verdeckter Aufklärer, hielten sich an die fraktal gekrümmte Seite des Ceres Drive, überprüften während des Vorrückens jede Kreuzung. Was vermuten ließ, dass sie in diesem Teil der Stadt fremd waren. Selbst wenn sich irgendwelche Leute auf den Straßen aufgehalten hätten, hatten die Bewohner des Strudels nicht viel für Gemeinschaftsaktionen übrig.

Das schienen diese Typen nicht zu wissen, und es ließ sie langsamer werden.

Ja, aber ob langsam oder nicht, sie werden bald hier sein, Hak.

Es ging um ein paar Minuten mehr oder weniger. Und noch etwa dreißig Sekunden, bis der Kundschafter mit der Glock meine Tür erreichen würde und ich in der Falle saß.

Zeit für Entscheidungen.

Ich warf einen Blick zum Bett, zur Kante, unter der die Heckler & Koch befestigt war.

Scheiße, Scheiße, Scheiße ...

»Was ist mit den verdammten Abwehrmaß...«

Auf dem Bildschirm erblühte plötzlich eine zinnoberrote Blume. Die zwei Drahtgittermenschen auf der Straße wurden im Herzen der Blüte für immer ausgelöscht. Einen Sekundenbruchteil später rollte die Schockwelle heran und schlug leicht gegen die Seite der Kapsel. Ich spürte es durch meine Fußsohlen. Auf einer tieferen Gerüsteebene sah ich das Drahtgitter des Kundschafters ein wenig auf der Treppe schwanken.

»Abwehrmaßnahmen ausgeführt«, verkündete der Dyson.

Ich war bereits in Bewegung, riss die HK hervor, stürmte zur Luke.

»*Tür!*«

Die Luke schwang auf, und ich zwängte mich hindurch, sobald die Öffnung weit genug war. Hörte auf der Treppe unter mir Stiefel klappern, die sich entfernten. *Verfickter Hasenfuß.* Ich rannte zur Treppe hinüber. Hatte einen flüchtigen Blick auf schwarze Kleidung, als die Gestalt um eine Ecke bog und die nächste Treppenflucht nach unten nahm. Ich pflügte die Stufen hinunter, warf mich in die Ecke des umgitterten Treppenschachts, wieder ein flüchtiger Blick, riss die HK hoch und feuerte.

Ein dumpfer Knall. Die Antipersonen-Schredderladung pingte und splitterte überall vom Metall ab. Ich glaubte einen Schrei zu hören. Hatte ihn vielleicht gestreift, vielleicht auch nicht. Ich sprang ihm hinterher, nahm jetzt drei Stufen auf einmal. Kam um die nächste Ecke, beugte mich zum Schuss vor …

Etwas krachte scharf zu meinen Füßen.

Dichter weißer Rauch kochte auf, kam schnell um meine Beine herum hoch, hüllte mich wie plötzlicher Nebel ein. Die Nickhautmembranen in meinen Augen schlossen sich schneller, als ich bewusst denken konnte. Aber ich holte Luft, bevor ich den Impuls unterdrücken konnte. Spürte, wie das Gas ätzend in meiner Kehle kratzte, und würgte. Ich feuerte aus Prinzip durch den Rauch, hörte wieder denselben dumpfen Knall, dieselbe klingelnde Zerstreuung der Metallladung. Konnte *überhaupt nichts* sehen, nur einen trüben gelben Membranschleier. Aber mir war alles klar. Ziel verloren. So was spürt man. Ob getroffen oder nicht, dieser spezielle Hasenfuß war weg.

Ich ließ den Kopf hängen, schüttelte ihn hin und her, presste die Augenlider zusammen. Keine Chance. Das Gas sickerte trotzdem hindurch, stach mit scharfen Nadeln in meine Augen.

Und in einer Minute würde ich wieder atmen müssen.

Ich machte ein raues knurrendes Geräusch in meiner Kehle. Wankte die Treppe wieder hinauf und raus aus dem schlimmsten Rauch. *In Bewegung bleiben, Hak, sieh zu, dass du von diesem Scheiß wegkommst.* Zwei weitere Treppenfluchten hinauf, während ich mich bei jedem Schritt am Geländer festhielt, und meine Lungen waren am Ende. Ich ließ mich Luft holen, röchelnd und heftig hustend, drehte mich oben herum und brach sitzend zusammen. Der Puls in meinen Schläfen – wie Fäuste, keuchender Brustkorb. Ich hustete wie verrückt, bis mir Tränen aus den Augen liefen und meine Rippen wie nach einer Schlägerei schmerzten.

Endlich lockerte sich der Krampf. Ich hockte da, atmete pfeifend, während die HK auf meinen Knien lag, der gekürzte Lauf immer noch warm. Unter mir verdünnte sich der träge Rauch und wehte davon, erlaubte mir einen Blick hinunter durch das Gerüstgitter mit den Kapselreihen. Mit den Membranen und den tränenden Augen war es schwer zu erkennen, aber ich glaubte, dass sich da unten niemand mehr herumtrieb.

Trotzdem behielt ich einen Finger am Abzug der HK.

Paco Sempere, dafür ziehe ich dir ganz langsam die Eingeweide heraus.

Ich packte die Vorstellung sofort wieder weg, mochte sie auch noch so verlockend sein. Semperes Frocker-Truppe hätte so etwas niemals auf die Beine stellen können, selbst wenn ihr Leben und ihre Separatistenträume davon abhängen würden. Sie waren kaum in der Lage ...

Schritte auf dem Steg hinter mir.

Ich fuhr herum, hob die HK.

»Mann, Hak! *Ich* bin's!« Ariana stand ein paar Dutzend Meter entfernt in einem billig gedruckten Pyjama. Sie trug immer noch eine verschmierte Hälfte ihrer Kriegsbemalung, war zusammengezuckt und erstarrt, als sie sah, wie die Waffe auf sie gerichtet wurde. »Was zum *Henker*? Was ist hier los?«

Ich legte die HK weg. Deutete unbestimmt auf die Straße. »Hatte einige Besucher, aber sie haben sich selbst in die Luft gejagt. Hör zu, die Polizei wird bald hier sein. Hast du Mellow da?«

Sie blinzelte. »Ja, hab vor einigen Abenden etwas Pillow Bomb von Pete gewonnen. Warum, willst du was?«

»Nicht für mich.« Ich drückte Daumen und Zeigefinger in meine feuchten Augen, wischte einen Teil der Tränen ab. »Aber an deiner Stelle würde ich sofort zurückgehen und eine Dosis nehmen. Um keinen unangemeldeten Besuch zu bekommen, und damit du nicht zu einer ausführlichen Zeugenvernehmung in die Soujourner Street gebracht wirst.«

Sie ließ die Schultern hängen. »Sie könnten einfach die Tür eintreten, Hak.«

»Nicht ohne hinreichenden Verdacht und vernünftiges Werkzeug. Und beides dürften sie jetzt noch nicht dabeihaben. Wahrscheinlich werden sie irgendwann mit dir reden wollen, aber das könnte Tage dauern. Vielleicht sogar noch länger, während diese Earth-Oversight-Scheiße weitergeht.«

»Aber ...« Sie zögerte, wandte sich halb zum Gehen. »Alles in Ordnung mit dir? Wirst du ...?«

Ich winkte ab. »Geh. Meine Party, ich werde alles aufräumen.«

Sie ging.

Doch sie blickte sich unterwegs noch zweimal um. Das brachte mich zum Lächeln.

Meine Augen brannten immer noch, als Chakana auftauchte.

Ich lehnte mich gegen das Geländer am Ende des Stegs und blinzelte, bis mein verschwommenes Sichtfeld wieder etwas klarer wurde, als sie sich unten auf der Straße aus dem Crawler schwang. Lakonische Begrüßungen wurden mit dem Team ausgetauscht, das dort in der anbrechenden Dämmerung wartete. Köpfe wurden für einen Augenblick zusammengesteckt, dann deutete jemand nach oben auf das Gerüst, und sie legte den Kopf in den Nacken, um hinaufzuschauen. Sie schien genau in meine getrübten, brennenden Augen zu starren.

Ich hob langsam einen Arm zum Gruß.

Keine Erwiderung. Sie marschierte zügig auf die Treppe zu. Zur Vorbereitung drückte ich mir die langsam versiegenden Tränen aus den Augen.

»Bist ein ziemlich beliebter Typ, was?«, sagte sie, als sie mich erreicht hatte, nur leicht außer Atem, nachdem sie die acht Treppenläufe hinaufgestiegen war. »Wäre es vielleicht möglich gewesen, irgendetwas für die Gerichtsmedizin übrig zu lassen? Die Leute da unten haben große Schwierigkeiten, auch nur ein halbes Dutzend organischer Moleküle zu finden, die noch zusammenhängen.«

»Frag den Dyson.«

»Wozu? Wir kommen nicht an ihn ran.« Mit einem letzten schweren Atemzug hatte sie sich wieder erholt. »Verdammte Hausverteidigungsgeschütze. Falls ich jemals Commissioner werde, fliegt diese Scheiße auf den Müll.«

»Hey, meine Stimme hast du.«

»Sei kein Arschloch, Veil. Was ist hier wirklich passiert?«

Ich zuckte mit den Schultern. »Wie ich deinem Sergeant erklärt habe. Drei Typen, ein panzerbrechender Vakuumsubsprengkopf. Ein Kundschafter und zwei im Trägerteam. Der Dyson hat die PVM gehackt und das Team erledigt, und den Scout habe ich entkommen lassen.«

»Sieht dir gar nicht ähnlich.«

»Was soll ich dazu sagen? Mit dem Alter werde ich milder.«

Ein plötzlicher Stich in meinem linken Auge, und es tränte wieder. Ich grunzte, fluchte, drückte einen Handballen fest gegen den Schmerz.

»Ach ja, davon sprachen sie.« Etwas kroch in Chakanas Stimme, und vielleicht war es tatsächlich eine Art Mitgefühl. »Du wurdest von einem Weepy getroffen, oder?«

Ich grunzte erneut, streckte den Kopf nach hinten, um zu versuchen, den Schmerz abzuwehren.

»Komm – lass mich mal sehen.« Sie legte beide Hände fest um meinen Kopf und zog ihn herunter. »Nein, nicht so ...«

»Alles okay mit mir, Chakana.«

»Nimm verdammt noch mal für einen Moment deine Hand weg … lass mich einfach …«

»Ich sagte, mit mir ist alles okay.«

»Ja, völlig klar.« Sie nahm meinen Unterarm, hebelte meine Hand behutsam von meinem Gesicht weg. Aus irgendeinem Grund ließ ich es zu. »Dieser Scheiß kann dir die Netzhaut versengen, wenn du es nicht ausspülst. Welchen Nutzen hättest du noch für mich, wenn ich zulasse, dass du blind wirst?«

Sie starrte mir konzentriert durch die Gearlinsen in die Augen und zog den Rand meines unteren Lids mit einer Fingerspitze nach unten.

»Die Leute von der Spurensicherung hatten mir schon ein Spülset gegeben«, sagte ich zu ihr. »Alles in Ordnung. Das sind nur Reste, die vielleicht unter der Nickhaut hängen geblieben sind.«

»Ja, gut.« Sie wandte ihre Aufmerksamkeit meinem anderen Auge zu. »Wir sollten lieber auf Nummer sicher gehen. Konntest du diesen Scout genauer erkennen, den du hast entwischen lassen?«

»Dunkle Kleidung. Schnelle Bewegungen.«

»Gut, kurz und bündig. Das geben wir als Fahndung raus, dann haben wir ihn wahrscheinlich bis zum Abend verhaftet. Also gut, du weist keine Schädigungen auf, soweit mein Gear das feststellen kann.« Sie ließ meine Hand los, stupste dagegen. »Allerdings stinkst du nach Möse. Selbst für eine Schlampe wie dich ist das schnelle Arbeit, falls es sich um unsere Madison handelt.«

»Nein.«

Sie sah mich nachdenklich an. »Wenn du es sagst. Wo ist sie?«

»Was glaubst du? Bei Vector Red, genauso wie gestern.«

»Ich dachte, ich hätte dir gesagt …«

»*Jetzt halt mal kurz die Luft an, Nikki!*«

Das schien anzukommen. Sie nickte grimmig. »Also gut, das klären wir später. In der Zwischenzeit könntest du mir einen Namen für die Möse geben, in die du heute Nachmittag deine Nase gesteckt hast.«

»Warum?«

»Warum? Der ist echt gut. Wie wäre es mit: *Weil wir mit den Ermittlungen in einem verdammten Mordversuch gegen dich beschäftigt sind und weil es eben so abläuft?* Ist das für dich ein guter Grund?«

»Du verschwendest deine Zeit. Eine Prostituierte, die nichts damit zu tun hat.«

»Nobel.« Chakanas Gesicht sagte mir, dass sie kein Wort davon glaubte. »Na gut, wer auch immer es war, hast du mal darüber nachgedacht, dass sie der Grund sein könnte, warum du so, äh, *milde* gegenüber diesem Scout warst, den du nicht erwischt hast?«

Ich selbst hatte während der letzten halben Stunde tatsächlich darüber nachgedacht. Ich überspielte es mit einem säuerlichen Grinsen. »Du solltest wirklich etwas gegen diese Eifersucht machen lassen, Nikki.«

»Und gegen meine gewalttätigen Neigungen, weshalb du lieber die Klappe halten solltest.« Sie beugte sich neben mir über das Geländer und blickte auf die Straße hinunter. Schweigen hing zwischen uns, fast auf kameradschaftliche Art. Ich wartete. Schließlich rührte sie sich wieder. »Also. Abgesehen von erzürnten Ehemännern, kannst du dir vorstellen, wer so stinksauer auf dich sein könnte?«

»Aus dem Stegreif? Nicht mehr als ein paar Dutzend Typen kreuz und quer im Valley. Aber das ist eigentlich gar nicht der Punkt, stimmt's?«

»Nein? Und was ist der Punkt?«

»Der Punkt ist, dass ich niemanden kenne, der über diese *Kapazitäten* verfügt. Ein taktischer militärischer Sprengkopf? Die meisten der Leute, die mich töten wollen, haben kaum genug Geld für ein brauchbares Messer. Das hier ist nichts von der Straße, das wurde von sehr weit oben runtergereicht.«

Chakana schnaufte. »Von wo oben? Alle da oben sind im Moment viel zu sehr damit beschäftigt, in Deckung zu gehen, um sich wegen Leuten wie dir Sorgen zu machen.«

»Ich glaube nicht, dass es hier um mich geht.«

»Nicht um dich? Du bist im Alter wirklich milde geworden.«

»Komm schon, Nikki – hier geht es um Madekwes Pablito-Kreuzzug, der uns in den Rücken fallen wird. Ich habe dir bereits gesagt, dass hier noch etwas anderes vor sich geht, aber du wolltest es nicht hören.«

»Immer noch nicht. Glaubst du, ich hätte nicht genug andere Sachen zu erledigen?« Sie warf mir einen Seitenblick zu. »Außerdem sehe ich nicht, warum es Madekwe beeinträchtigen sollte, wenn man dich ermordet. Sie kann sich jederzeit einen anderen Reiseführer besorgen. Warum sind sie hinter dir her?«

»Danke.«

»Niemand ist unersetzlich, Veil.« Mit einem Seufzer stieß sie sich vom Geländer ab. »Das weißt du. Jetzt komm schon. Du lässt mich einen Blick in den Speicher des Dyson werfen, ja? Du wirst mich doch nicht zwingen, einen Durchsuchungsbefehl zu beantragen, oder?«

»Sundry Charms.«

Sie war bereits auf dem Weg über den Laufsteg. Sie blieb stehen und drehte sich um. »Sandra was?«

»Sundry Charms. Ein Ultratripper aus dem Shuttle, großer crossmedialer Star im Pazifikraum auf der Erde. Ich bin mit ihm geflogen. Er ist unersetzlich.«

Sie musterte mich misstrauisch. »Was hat er damit zu tun?«

»Nichts. Ich sage es nur. Charms *ist* unersetzlich. Er ist …« Ich gestikulierte mit beiden Händen. »Ein lebender Markenartikel. Wie menschliche Marstech. Es ist sein Job, Sundry Charms *zu sein*. Niemand anderer kann das übernehmen. Ergo ist er unersetzlich.«

»Ja. Faszinierend. Veil, was zum Henker faselst du da?«

Ich zögerte. »Ich weiß nicht. Aber gestern früh zerrst du mich aus dem Gefängnis und gibst mir einen Aufpasserjob für Madison Madekwe. Und jetzt stehen wir hier, keine achtundvierzig Stunden später, und jemand mit einer *sehr* guten Ausrüstung hat versucht, mich umzubringen. Glaubst du wirklich, dass das ein Zufall ist?«

»Es muss keiner sein. Vielleicht ist es einfach nur eine Koinzidenz. Es gab einen Grund, warum du im Gefängnis warst. Vielleicht ist es ein Nachbeben. Vielleicht sind es deine Kraterkriecherkumpel, die ein paar offene Probleme lösen wollten. Schon mal daran gedacht?«

»Warum …« Ich bremste mich. Setzte noch einmal etwas vorsichtiger an. »Warum sollte irgendjemand aus Hellas mich töten wollen?«

»Nun, schauen wir mal.« Sie lief zu mir zurück, bis wir auf Schlagdistanz waren. Nahe genug, dass ich den Kaffee in ihrem Atem riechen konnte. »Vielleicht weil du Sal Quiroga für sie gekillt hast und du jetzt möglicherweise darüber reden wirst? Weil du ohne ihre Hilfe aus dem Gefängnis freigekommen bist und sie glauben, du hättest dein Herz ausgeschüttet, um einen Deal zu bekommen? Weil ihnen am Ende das Leben irgendeines Valley-Wichsers scheißegal ist, der dumm genug war, sich hier als Werkzeug für die Triaden anheuern zu lassen, und weil dieses Werkzeug jetzt nur noch eine überflüssige Belastung darstellt?

Und wenn wir schon dabei sind, könnte es auch jemand aus Quirogas Umfeld gewesen sein. Ich meine, Gerüchten zufolge haben sich die höherrangigen *familias* vor Jahren von Sal entfreundet, aber dennoch dürften sie nicht besonders glücklich über diese kleine Machtverschiebung sein, die du für Hellas in die Wege geleitet hast.«

Ich sagte nichts. Ich wusste, dass ich derzeit keine überflüssige Belastung für die Kraterkriecher war, weil ich erst gestern das Problem mit den Steuereintreibern für sie in Ordnung gebracht hatte. Und ich bezweifelte sehr, dass die *familias andinas* auch nur den kleinen Finger heben würden, um Sal Quiroga zu rächen. Ich hatte meine Hausarbeiten zu diesem Thema gemacht, als ich damals zusammen mit Allmählich seinen Tod geplant hatte.

Chakana gestikulierte ungeduldig. »Hat irgendwas davon eine Form, die du wiedererkennst? Oder liege ich völlig falsch?«

»Nein, da könnte tatsächlich etwas dran sein – das heißt, sofern ich es gewesen wäre, der Quiroga getötet hat.«

Sie verdrehte die Augen. »Ich versuche gerade, dir hier rauszuhelfen, Veil.«

»Wirklich? Hast du jemand Bestimmten beauftragt?«

»Was soll das nun wieder heißen?«

»Willst du wissen, was für Hardware dieser Scout dabeihatte?« Ich hatte damit gespielt, es ihr nicht zu verraten, aber nun würde sie es sich sowieso aus dem Speicher des Dyson holen. Also konnte ich genauso gut ihr Gesicht mustern, während sie es erfuhr. »Eine Glock Sandman.«

Sie wurde still. Das Schulterzucken kam spät, viel zu spät für meinen Geschmack. »Und? Eine ziemlich beliebte Waffe, soweit mir bekannt ist.«

»Ja. Und die standardmäßige Dienstwaffe der Polizei, soweit mir bekannt ist.«

»Hör auf, Veil! *Was?* Du glaubst, ich hätte jemanden gegen dich losgeschickt? Glaubst du, *ich* hätte dich die ganze Zeit im Auge behalten?«

»Ich glaube, dass irgendwer es getan hat.«

»Jeder in dieser verfickten Stadt könnte eine Sandman besitzen, und das weißt du. Jeder, der …«

Sie verstummte ganz plötzlich, dabei hob sie eine Hand, damit auch ich schwieg. Ihr Blick zuckte hinter dem Gear. Ein Anruf.

Ich seufzte, drehte mich wieder zum Geländer um und lehnte mich dagegen, während sie telefonierte.

Unten auf der Straße schien die Spurensicherung fertig zu sein. Die Leute packten die Scanner und die genommenen Proben auf den Laster, mit dem sie gekommen waren, klappten die situativen Dorn-Lampen zusammen, blafften sich gegenseitig gereizt an, deuteten auf die Stellen, die sie mit sanft blinkenden Pixelnebel-Tatortmarkern gekennzeichnet hatten. Ich fragte mich, ob sie auch die abschalten oder hier zurücklassen würden, bis irgendein Gang-Graffitikünstler aus der Gegend vorbeikam, die Bildgebungscodes hackte und die Marker in etwas Straßentauglicheres verwandelte – zum Beispiel in einen riesigen Kackhaufen in der Polizeiuniform von Bradbury oder in die Leiche eines grausam abgeschlachteten Streifenpolizisten. Das waren die üblichen Themen. Und in dieser Umgebung würde es …

Unvermittelt spürte ich Chakanas Blick, der auf meinen Rücken drückte wie die Kraft einer heißen Sommersonne auf der Erde.

Was auch immer telefonisch besprochen worden war, es war gewiss nicht gut, und es hatte irgendetwas mit mir zu tun. Ich wandte mich mit übertriebener Vorsicht vom Geländer ab, spürte, wie die Welt ganz leicht unter mir wegkippte, als ich mich bewegte. Ahnungen erhoben sich wie Staubteufel vom Werkstattboden meines Geistes, nahmen fast erkennbare Gestalt an. Eine plötzliche Leichtigkeit in meinem Bauch. *Jetzt kommt's, Hak.* Hannu Holmstroms großer Haufen Scheiße näherte sich.

Ich drehte mich zu ihr um. Sah den rotgeränderten schlaflosen Blick, die zusammengepressten Lippen, die vor Wut angespannten Muskeln an ihrem Unterkiefer.

»Was?«

Aber die Wahrheit lautete, dass ich es längst schon wusste.

22

Sie schnappten sie am Bahnhof, nutzten die Menge in der Halle als Deckung, bis sie nahe genug herangekommen waren, um ihr Sicherheitskommando niederzuschlagen. Sie ließen es aussehen, als wäre es ganz einfach gewesen.

Sie hatte mich übergangen, war früher von Vector Red aufgebrochen, eskortiert von Grant und seinem Platinteam. Und das hatte nicht ausgereicht. Die Angreifer, wer auch immer sie waren, setzten Schockpistolen und im Nahkampf brutale Gewalt ein, traten so hart und schnell in Aktion, dass Grants Leuten keine Zeit zum Reagieren blieb. Sie kamen nicht einmal dazu, ihre Waffen zu ziehen. Die meisten Passanten im Bahnhof bemerkten gar nicht, was geschah, bis es schon fast vorbei war. Und ein Quintett aus strategisch platzierten Pixelnebelbomben, die in der Halle gezündet wurden, hatten die individuellen Headgear-Speicher so gut wie nutzlos gemacht.

Zuvor wurde die Gebäudeüberwachung gründlich lahmgelegt. Durch irgendein billiges und fieses unspezifisches Virus, das sechs Minuten vor dem Zugriff in die Feedprotokolle geschickt wurde. Als Grants Leute getroffen wurden, hatte die virale Invasion ihren Höhepunkt erreicht, und sämtliche Kameras im Bahnhof waren durchgebrannt. Die verstümmelten Bilder, die sich rekonstruieren ließen, sahen wie Schatten aus den PTBS-Albträumen einer misshandelten Geisel aus – klobige unscharfe maskierte Gestalten, von Geisterbildern überlagert, von statischem Rauschen verschneit, im Feed immer wieder durch induzierten Schluckauf in schneller Abfolge verbogen und verzerrt.

»Könnte sonst wer gewesen sein, könnten sogar verfickte Aliens gewesen sein, wenn man davon ausgeht«, sagte Chakana angewidert. Sie stand eisig erstarrt vor dem weiten Hufeisen aus Bildschirmen in der Sicherheitszentrale der Hafenverwaltung und beobachtete die Bescherung in Dauerschleife. »Diese Arschlöcher wussten genau, was sie taten. Aus diesem Scheiß können wir nicht einmal eine kinetische Signatur herausholen.«

Der wachhabende Bahnhofschef und sein Assistent tauschten Blicke aus, aber keiner der beiden wagte es, eine Meinung zu äußern. Sie sahen schlank, jugendlich und innendienstlich aus, was Bände sprach, wie oft sich die Hafenverwaltung wegen gewalttätiger Übergriffe Sorgen machen musste, und die plötzliche Veränderung des Status quo schien sie schwer erschüttert zu haben. Der wachhabende Chef griff vorsichtig an Chakana vorbei und zeigte in das Menüfeld, wischte die Bilder weg, um neue aufzurufen.

»Da ist noch, äh, das hier … von ihrem Fluchtweg.«

Ein langer Panoramaschwenk durch Tunnelgänge, wie die Phalanx der Angreifer Madekwe zügig zum perspektivischen Fluchtpunkt fortschleppten. Aber die Bilder waren genauso hoffnungslos verdorben wie der Rest, Details wurden verdunkelt und ständig auseinandergerissen. Ich glaubte, sechs Gestalten einschließlich Madekwe zu zählen, aber ich hätte es nicht beschwören wollen. Und man kam nur durch Logik darauf, dass die Person in der Mitte Madekwe sein musste. Mit allen sichtbaren Einzelheiten hätte es auch irgendeine andere große und dunkle Person sein können. Selbst Geschlechtsmerkmale deuteten sich in den frakturierten Aufnahmen kaum an. Was die anderen betraf …

»Auch das ist nutzlos«, blaffte Chakana. »Es könnte immer noch sonst wer sein.«

Ich nickte. »Klar. Jeder, der ohnehin wusste, dass Madekwe bei Vector Red war, könnte zum Zeitpunkt ihres Aufbruchs spontan in Aktion treten und hätte zufällig auch ein halbes Dutzend Spezialeinsatzschläger zur Hand, während die Uhr läuft.«

Das brachte mir einen reservierten Blick ein. Die Frage hing ungestellt zwischen uns in der Luft und erwartete eigentlich gar keine Antwort – *Wer verfügt über diese Art von Manpower? Wer hat diese Art von Observationskapazität?*

Wer trägt eine Glock Sandman als Dienstwaffe mit sich herum?

Der Sicherheitschef des Bahnhofs räusperte sich. »Sie haben die Evakuierungstunnel benutzt, so viel lässt sich erkennen. Sie kamen auf den ValleyVac-Bahnsteigen für die Züge in Richtung Osten heraus. Der Dawnfinder war arretiert und stand zum Einsteigen bereit. Aus den rekonstruierten Daten können wir immer noch nichts mit Sicherheit schließen, aber …« Sein Schulterzucken war einem Zusammenzucken ähnlicher. »Wie es aussieht, sind sie auf diese Weise rausgekommen.«

Chakana sagte nichts. Sie kochte. Ich blickte auf die Zeitangaben in den verstümmelten Aufnahmen, glich sie mit der Uhrzeit in meinem Augenwinkel ab. Bis auf ein paar Minuten war es der gleiche Moment, als mich meine Freunde mit dem Sprengkopf im Strudel besucht hatten. Simultane Aktionen. Und nun standen wir hier, knapp neunzig Minuten später, und schauten zu, wie sie davonkamen.

»Sie sind längst über alle Berge, Nikki«, sagte ich leise.

»Ach, meinst du?«

Der ValleyVac-Transit – das Juwel in der Krone von COLINs Infrastruktur auf dem Mars. Er fährt *richtig* schnell, wie es in der Werbung heißt, und ausnahmsweise ist das sogar die Wahrheit. Die Valles Marineris sind 4000 Kilometer lang, und der ValleyVac kann die gesamte Strecke theoretisch in etwas mehr als einer

Stunde zurücklegen. Dieser *theoretische* Wert wird ernsthaft durch die unbequeme Tatsache eingestaucht, dass es Stationen entlang der Route gibt und einige der mitfahrenden Leute dort aussteigen wollen. Aber selbst wenn man sichere Verzögerungsphasen, die Arretierung im Bahnhof, Einstiegszeiten, die Entarretierung und erneute Beschleunigung berücksichtigt, müsste der Dawnfinder neunzig Minuten nach Abfahrt von Bradbury Central bereits auf halbem Weg zum Eos Gate sein.

»Sie haben mit der VV-Zentrale gesprochen«, hakte Chakana nach. »Bitte bestätigen Sie mir wenigstens das. Sie haben erreicht, dass der Zug gestoppt wird.«

»Ja, selbstverständlich. Er wurde bei Rand Junction arretiert.« Der wachhabende Chef fuhr sich mit einer nervösen Hand durch einen Pony, der dringend zurückgeschnitten werden musste, damit er ihm nicht über die Gear-Linsen fiel. »Es, äh, man sagte mir, so lange hätte es gedauert, die KI zu überreden, ohne dass ein Protokoll einer lebensbedrohlichen Gefahr an Bord vorlag.«

»Und?«

Er breitete die Hände aus. »Keine Spur. Derzeit geht ein Forensikteam durch die Abteile, und man ruft die Daten der Bordüberwachung ab. Aber die Aufnahmen sind genauso verdorben wie diese. Und alle, die in Rand ausstiegen, würden überprüft. Wer auch immer diese Leute sind, sie müssen den Zug zu einem früheren Zeitpunkt verlassen haben.«

»Wir lassen die anderen Stationen von den lokalen Polizeibehörden überprüfen«, warf der Assistent ein.

Chakana brummte. *Was uns keinen verdammten Millimeter weiterbringen wird,* besagte ihr Gesichtsausdruck.

Rand Junction – sieben größere Bahnhöfe weiter auf der nach Osten führenden Linie, ein paar Kulanzzwischenstopps in Bradbury nicht mitgezählt, bevor der Zug das eigentliche Stadtgebiet verließ. Wahrscheinlich auch ein paar beschissene Schlafstädte dazwischen, die ich vergessen hatte. Eine ganze Menge Optionen, wo auch immer man ansetzte, und kein Hinweis darauf, welche Station sie benutzt hatten, welche Art von Weitertransport dort auf sie wartete, in welche Richtung sie mögliche Verfolger abschütteln wollten.

Sie hatten die gesamte mittelöstliche Tranche der Scharte als unser Suchgebiet abgezirkelt.

»Haben Sie schon mit jemandem vom Escort-Team gesprochen?«, fragte ich.

Der Sicherheitschef schüttelte den Kopf. »Alle haben mehrfache Schocktreffer erlitten, einigen wurde außerdem kräftig gegen den Kopf geschlagen. Die Sanitäter haben sie nach Santa Yemaya gebracht.«

»Hat sonst jemand etwas Brauchbares gesagt?«

»Wir haben ein paar frühe Zeugenaussagen. Bislang nichts Konkretes. Es sind Zivilisten, und die meisten sind zu verstört, um sich in diesem Augenblick an Genaueres erinnern zu können.« Er sah selbst wie ein Zivilist aus, als er das sagte, die Augen immer noch vor schockierter Fassungslosigkeit leicht geweitet. »Einige Leute sagten, sie wären schwarz maskiert gewesen, andere sprachen von Gesichtern, die wie Wasser aussahen, und eine Frau sagte aus, sie hätte sie aus dem Fernsehen wiedererkannt, nur dass *alle genau das gleiche Gesicht hatten*. Und in noch einer anderen Aussage heißt es, sie alle hätten wie *Dämonen* ausgesehen.«

Ich nickte. »Iterative Masken in schnellem Zyklus. Ergibt durchaus Sinn – sie jagen Deiss' Sicherheitsleuten einen Schreck ein, verschaffen ihnen im Gefecht einen Vorteil von einem Sekundenbruchteil, und sie sind gleichzeitig getarnt, falls die Logikbombe im Überwachungssystem nicht hochgeht.«

Der Sicherheitschef sah mich benommen an, als wäre ich selbst soeben mit einer iterativen Maske durch die Decke gekracht. Er redete weiter, fast auf Autopilot, wie mir schien. »Was wir wirklich wissen, ist eigentlich nur, dass da unten das totale Chaos herrschte. Der Wahnsinn. Jemand sagte, die Angreifer wären herumgerannt und hätten irgendeinen Pistaco-Scheiß gebrüllt, dass sie den Leuten die Leber aus dem Leib reißen werden.«

»Die Leber?«, fragte Chakana todernst.

»Ja, Ma'am. Es wurde von drei verschiedenen Zeugen bestätigt, und wir haben das hier, äh, aus dem Audio-Feed herausgeholt.« Er zeigte wieder in das Menüfeld – einige der Bilder wichen einem schematischen Mischpult – kalte blaue Linien zogen sich verworren durch die Grafik, zitternde mehrfarbige Messanzeigen. Eine Tonspur schlängelte sich zischend und knisternd durch die Luft um uns – zerquetschte Geräusche, die wie Donner und Unterwasserschreie klangen, und mittendrin eine hervorgehobene Phrasierung.

»... anc ... eh ... a ... o ...«

Das Ganze war nicht deutlicher als die verdorbenen Aufnahmen, die die Bildschirme zuvor gezeigt hatten. Bestenfalls konnte man heraushören, dass der Tonfall spanisch klang.

»In diesem Moment ist es nur Murks«, räumte der Sicherheitschef ein. »Aber die Prognosesoftware interpretiert es so.«

Der Hintergrundlärm wurde ausgeblendet. Eine akzentlose männliche Stimme sprach in die plötzliche Stille hinein.

»*Arrancales el hígado.*«

Chakana warf mir einen Blick zu. Ich zuckte mit den Schultern.

»Es passt zu den Zeugenaussagen«, sagte der Sicherheitschef trotzig. »'Reißt ihnen die Leber heraus.' Wir arbeiten noch daran, den Invasionscode herauszuputzen, um eine authentischere Stimme zu bekommen.«

Ich bemerkte seinen leisen enthusiastischen Unterton – mit dieser Arbeit kannte er sich aus, darin war er gut, damit konnte er sich nützlich machen. Ich vermute, man konnte ihm nicht verübeln, dass er sich daran klammerte.

»Ja«, sagte Chakana mit gefährlich gesüßter Ruhe. »Und können Sie mir sagen, ob irgendeinem der Verletzten tatsächlich Lebergewebe fehlt?«

Der Sicherheitschef presste für einen Augenblick die Lippen zusammen. »Nein, natürlich nicht, aber ...«

»*Warum zum Teufel verschwenden Sie dann Maschinenzeit auf so etwas?*« Es war nicht richtig gebrüllt, eher ein verdichtetes Knurren, aber sie fuhr wie ein Geschützturm zu ihm herum. »Wir haben es hier mit einer VIP-Entführung zu tun, einer verdammten COLIN-Ultratripper-Bürokratin, die genau vor der Nase der Hafenverwaltung weggeschnappt wurde und jetzt spurlos verschwunden ist, wir haben nichts als geschredderten Müll von den Überwachungssystemen, und Sie wollen sich auf *diesen* Voodoo-Blödsinn stürzen?«

»Ich ... wir dachten ...«

»Nein, verdammt, genau das bezweifle ich ganz entschieden.« Chakana gab sich erkennbar Mühe, sich zu beherrschen. Sie gestikulierte, machte mit einer Hand eine hackende Bewegung. »Stoppen Sie das. Sofort. Wir haben nicht genug Zeit oder Prozessorkapazität, die wir auf irgendwelche billigen Andino-Einschüchterungstaktiken vergeuden könnten, mit denen diese Idioten da unten um sich geworfen haben. Ich will ihre *Gesichter*. Ich will *Namen*. Ich will wissen, *wo zum Teufel sie in diesem Augenblick sind!* Darauf werden Sie Ihre Maschinenzeit verwenden, damit werden Sie die nächsten zehn Stunden verbringen, und Sie werden nicht schlafen, bevor es erledigt ist. Habe ich mich klar genug ausgedrückt?«

Der Chef nickte und schluckte. Seine Augen zuckten bereits hinter dem Gear hin und her, feuerten die entsprechenden Befehle ab. Chakana starrte ihn noch einen Moment lang wortlos an und wandte sich dann ab. Verhärtete Stille übernahm den Raum.

»Wurde da unten sonst noch jemand verletzt?«, fragte sie schließlich. »Irgendwelche Zivilisten?«

»Ja.« Eine dumpfe Wut dellte nun die Verlegenheit des Sicherheitschefs ein. »Auf dem Weg nach draußen haben sie etwa zwei Dutzend Unbeteiligte angeschossen. Ohne Grund, ohne Muster. Die Opfer sind alle möglichen Leute, von Kindern unter fünf Jahren bis zu einem alten Kerl im Mobilanzug. Wir haben mit Zeugen gesprochen, und sie sagten, dass es anscheinend wahllos passierte.«

»Dann war es wahrscheinlich auch so.« Ich blickte auf die Wiederholungsschleife der maskierten Phalanx, die sich durch den Evakuierungstunnel zurückzog. »Eine gute Fluchtstrategie – breitgefächerte Panik und Menschen am Boden. Schlau.«

Keine Reaktion – ich blickte mich um und sah, dass sowohl der Sicherheitschef als auch sein Assistent mich verbittert anstarrten.

»Zwei von diesen Kindern sind gestorben«, sagte der Chef gepresst. »Das Herz eines zweijährigen Mädchens blieb stehen, als die Ladung ihr ZNS traf. Ein anderes Kind erlitt einen Schock und erstickte. Man hat den alten Mann nach Yemaya gebracht, aber sie glauben nicht, dass er es schaffen wird.«

Die Stille verhärtete sich wieder, wie eine Wunde in kalter Luft. Chakana schien sich aus einer Trance wachzurütteln.

»Sie zwei verschwinden von hier. Ich möchte mit Veil reden.«

Sie entfernten sich eilfertig, froh, dem Auge des Sturms entkommen zu sein, der sich unter der leidenschaftslosen Ruhe des Lieutenants zusammenbraute. Chakana wartete sorgfältig ab, bis die Tür zur Zentrale zugeglitten war. Eine kribbelnde, bedeutungsschwangere Pause, dann fuhr sie zu mir herum.

»Ich sollte dich sofort wieder in die Zelle werfen«, sagte sie gepresst. »Du *blödes* Arschloch! Ich habe dir *gesagt*, dass du sie nicht alleinlassen sollst.«

»Ach, du glaubst, ich hätte das verhindern können?« Ich deutete ungeduldig auf die wiederholten zerrissenen Aufnahmen auf den Bildschirmen. »Dein Vertrauen in mein Können als harter Kerl wärmt mir das Herz. Ich bin ein Scheiß-Overrider im Ruhestand, Nikki, aber nicht der fleischgewordene Red Sands Warrior.«

»Du solltest sie *beschützen*!«

»Ja, und dasselbe sollte ein Sicherheitsteam mit Platinwertung tun. Ich habe diese Typen gestern Abend getroffen. Wenn fünf von ihnen nichts gegen diese Angreifer ausrichten konnten, was glaubst du, was ich dann hätte machen können? Und sie hätten es um ein Haar geschafft, mich unten im Strudel zu töten. Oder willst du immer noch behaupten, dass es irgendeine Kraterkriecheraktion gegen meine dunkle Seite war?«

Chakana blickte mich finster an und sagte nichts.

»Wer ist sie, Nikki?«

»Wovon zum Teufel redest du?«

»Madison Madekwe. Wer ist sie wirklich?«

»Ich habe dir schon erklärt, wer sie ist.«

»Ja, eine Anzugträgerin aus dem zweiten Team mit überaktiver Arbeitsethik. Versuchst du *immer noch*, mir diese Scheiße zu verkaufen? *Niemand* treibt einen solchen Aufwand, um das zweite Team auszuschalten. Und Mulholland kommt nicht von seinem Adlerhorst herunter, um für Unterligaspieler einen Spezialleibwächter anzuheuern.«

»Spezialleibwächter? Du?«

»Wir werden hier verarscht, Nikki, und du weißt es!«

»*Wir?*« Sie hustete ein ungläubiges Lachen aus. »Es gibt kein verficktes *wir*, Veil. Ich habe dir einen einfachen Auftrag erteilt, und du hast ihn verpatzt. *Wir* sind miteinander fertig.«

Ich wartete ein paar Herzschläge ab, um zu sehen, wie es weiterging und ob ich mich nun tatsächlich auf dem Weg zurück in die Zelle befand. Aber sie wandte sich nur von mir ab. Starrte auf das Gewimmel der zerrissenen Bilder vor ihr. Für einen Moment stand ich kurz davor, ihr von Astrid Gaskell und Sakarian zu erzählen – einerseits, um sie wieder herumzureißen und ihren Gesichtsausdruck zu sehen, andererseits aus praktischen Gründen.

Vielleicht doch nicht. Mit Gaskells Heimkehrplan bei guter Führung hatte ich immer noch viel zu viel zu verlieren.

Ich räusperte mich.

»Hör mal – Madekwe ist noch nicht tot. Sie haben aus gutem Grund Schockpistolen benutzt. Nichttödliche Waffen. Wenn sie sich im Getümmel einen Streifschuss eingefangen hat, wäre es keine große Sache. Man wollte sie lebend haben. Für Lösegeld vielleicht oder auch für etwas anderes, etwas Politisches. Sie zu einem gesendeten Widerruf zwingen, um die Gegensätze zu verschärfen, um eine Reaktion von Earth Oversight zu provozieren.«

Keine Antwort. Chakana drehte sich nicht um, ihr Blick wandte sich nicht von den Bildschirmen ab. Ich verzog das Gesicht und stieß weiter vor.

»Wie auch immer ihr Spielplan aussehen mag, Nikki, es wird einige Zeit dauern, ihn in Bewegung zu setzen. Also gibst du eine Standardpresseerklärung raus – terroristischer Angriff, noch keine Spuren, die Polizei verfolgt alle Ermittlungsansätze. Du hältst Madekwes Entführung raus, erwähnst sie überhaupt nicht, zwingst sie, zuerst aktiv zu werden, falls es ihnen um Publicity geht. In der Zwischenzeit ...«

Sie wirbelte zu mir herum, abrupt wie eine Kampfbewegung, scharf wie ein Wind aus Tharsis.

»Bist du endlich damit fertig, mir zu erklären, wie ich meinen Job machen soll?«

»Das ist nicht ...«

»Weil ich nämlich damit fertig bin, dir zuzuhören.« Sie hob die Stimme, kam in Fahrt. »Falls es dir noch nicht aufgefallen ist, ich habe es hier mit der Organisation einer Verbrecherjagd im gesamten Valley zu tun. Also, warum verpisst du dich nicht einfach und lässt mich meine Arbeit machen?«

»Du begehst einen Fehler, Nikki. Ich kann immer noch ...«

Sie warf mir einen Blick zu, der so rotglühend und wild war, dass ich verstummte.

»Du bist hier fertig, Veil«, sagte sie tonlos. »Und jetzt hau ab, bevor ich mich entscheide, dass ich gerade ein bisschen Zeit erübrigen könnte, um dich wieder einzusperren.«

Ich hielt ihrem Blick für einen Moment stand, aber gegen diese mordlustigen unausgeschlafenen Augen kam ich nicht an. Ich zuckte mit den Schultern, machte mich auf den Weg zur Tür.

Hielt noch einmal auf der Schwelle inne.

»Weißt du, Nikki – vielleicht habe ich diese Sache wirklich verpatzt. Aber so einfach ist es nicht. Earth Oversight zieht da mit Madekwe irgendein Spiel durch, und du weißt es. Du kannst ihnen nicht vertrauen.«

»Ich vertraue ihnen auch nicht. Ich habe es nie getan. Ich habe *dir* vertraut, Veil.«

Sie wandte sich von mir ab und starrte wieder auf die Bildschirme und die versauten Aufnahmen, die ständig wiederholt wurden.

Ich ging hinaus, während ihre letzten fünf Worte in meinem Kopf auf dieselbe Weise in Dauerschleife abgespult wurden.

23

Ich verließ das Bahnhofsgebäude durch denselben Ausgang, den ich am Vortag mit Madison Madekwe genommen hatte. Stand für einen stillen Moment auf der Treppe, fühlte mich gewichtslos und kalt. Über mir tränkte die Lamina den Himmel mit Wärmeaustauschauroren in sanftem Blau und Grün, hinter denen die Sterne verblassten. Die Abenddämmerung vereiste die Luft um mich herum, wetzte die Schneide des Windes. Ich klappte den Kragen hoch und starrte grimmig über die verstreuten Lichter des Hafenverwaltungscampus und versuchte die letzten sechsunddreißig Stunden zu verstehen – und das, was sie enthielten. Was mir entgangen war, welche Fehler ich begangen hatte, wo ich Mist gebaut hatte.

Ich habe dir *vertraut, Veil.*

Ich zog eine Grimasse. *Na ja, Ihr Fehler, Lieutenant. Erpressen Sie beim nächsten Mal einen besseren abgehalfterten Overrider.*

In den Worten lag eine gewisse verbitterte Genugtuung, als würde man auf verletztes Zahnfleisch beißen. Aber letztlich half es nicht. Am Ende des Tages war mir ein böser Fehler unterlaufen, und ich hatte eine COLIN-Auditorin und damit auch ein Kryokap-Ticket nach Hause verloren. Und dank des Showdowns mit Chakana war ich nun von allen nutzbaren Polizeiressourcen abgeschnitten, die mir hätten helfen können, sie wiederzufinden.

Ganz zu schweigen von der Tatsache, dass ich nicht den leisesten Schimmer hatte, was zum Teufel hier eigentlich ablief.

Und bloß herumzustehen und Trübsal zu blasen wird nichts davon in Ordnung bringen.

Ich ließ mich von dem kühlen Wind von der Bahnhofstreppe wehen. Lief die Stufen leichtsinnig schnell hinunter, nahm drei oder vier auf einmal. Die marsianische Gravitation eignet sich gut für solche Kunststücke, aber der Aufprall bei der Landung enthält herzlich wenig Befriedigung, nachdem es sich zuvor wie Schweben angefühlt hat. Als ich unten ankam, war die rastlose Wut immer noch in mir, ein greifbarer eiserner Klumpen in meiner Brust, und der heißlaufende Hintergrundbeat, den er dort gefunden hatte, um sich von ihm zu ernähren, war auch nicht hilfreich.

Ich versuchte, etwas davon durch Laufen abzubauen – ließ die Kristallumineszenz der Masse des Bahnhofs hinter mir, machte lange, energische, ungeduldige Schritte über wahllose Wege durch den Campus, und als das nicht funktionierte, steuerte ich das hell schimmernde Nachtgewirbel des Stadtzentrums dahinter an.

Noch immer kein Anruf von Gaskell oder Sakarian. Das war seltsam.

Nicht seltsamer als jedes andere verdammte Detail in diesem Chaos.

Reißt ihnen die Leber raus, Jungs.

Ich hörte wieder die Maschinenstimme, die ton- und affektlose Aufforderung – *arrancales el higado!* Die Drohung war durchaus gängig, aber hier klang sie bizarr und ohne Kontext. Chakanas *Voodoo-Blödsinn*-Ermahnung brachte es auf den Punkt. Die andinen Arbeitskräfte, die einen so großen Anteil an COLINs frühen Vorstößen auf den Mars gehabt hatten, brachten ihre eigenen Mythen, Glaubensgrundsätze und Legenden mit, die im Laufe der Zeit zusehends umgerüstet und an ihre neue Heimat angepasst wurden. Und ein hervorstechendes Beispiel dafür ist der

Pistaco, ein großes, humanoides Geschöpf mit blassem Gesicht und einem schrecklichen Messer. Es kommt des Nachts und schleift schlafende Andinos fort, um sie an einsamen Orten zu schlachten und an ihre Fettreserven und Organe heranzukommen.

Als ich damals auf dem Hochland arbeitete, waren diese Erzählungen unter den Nachkommen ebendieser Arbeiter weiterhin im Umlauf. Es gibt eine modifizierte Spezies des Steppenfuchses, der da oben frei herumläuft, eingeführt im Zuge des Fundamentale-Fauna-Programms, als den Leuten solche Sachen noch wichtig gewesen waren. Die Laute, die diese Tiere während der Paarungszeit von sich geben, jagen einem garantiert einen kalten Schauer über den Rücken, wenn man sie zum ersten Mal hört – es klingt, als würden kleine Kinder gefoltert. Aber man findet viele Hochlandbewohner, die behaupten, es wären gar nicht die Füchse, die man da draußen hört, sondern die Geister der Opfer des Pistaco, die noch einmal die Todesqualen unter dem Messer durchleben, jede Nacht aufs Neue, bis Pachamama in ihrer Gnade das Ende der Zeit herbeiführt.

Nicht wenige der Sicherheitsleute, mit denen ich in den Hochlandcamps zu tun hatte, nutzten den kulturellen Grusel, den eine Erwähnung des Pistaco auslösen konnte. Drohungen, *dir das Fett von den Knochen zu schneiden, wenn du nicht löhnst* oder *dir die Leber durch den Rücken herauszuschneiden*, hatten – mündlich ausgesprochen – einen besonders düsteren Klang. In den meisten Fällen fielen tatsächliche Bestrafungen jedoch wesentlich prosaischer aus – wer hat schon Zeit für *so* komplizierten Scheiß? Aber ich hatte von ein oder zwei Lehrbeispielen gehört, die die gesamte Palette abdeckten, als das Delikt für hinreichend ernsthaft erachtet wurde.

Doch es ist nichts, was man willkürlich mitten in einem Feuergefecht brüllt.

Zumindest nicht, wenn man die Sicherheitssysteme der Hafenverwaltung bereits reibungsloser ausgetrickst hat als ein Fick in einer Wanne voll Nanogleitgel. Nicht, nachdem man einen engagierten Sicherheitstrupp ausgeschaltet hat, ohne dass ein einziger Gegenschuss abgefeuert wurde. Nicht, wenn man offenbar auf Abruf Zugang zu frisierter Militärtechnik hat, nur um einen abgehalfterten Leibwächter auszuschalten, der sich fünf komplette Stadtviertel von der Frau entfernt aufhält, auf die er eigentlich aufpassen sollte.

Typen, die so gründlich planen und so gut ausgerüstet sind, trommeln sich nicht auf die Brust und beschwören keinen *kulturellen Grusel* herauf. So etwas haben sie nicht nötig.

Ein verfickter PVM-Sprengkopf, um Pachamamas willen! Nur für den unwahrscheinlichen Fall, dass ...

Plötzlich kam ich zum Stillstand, auf einem neonbestrahlten Platz irgendwo südlich der Hayek und Tenth. Suchte dort nach Straßenschildern, um mich zu orientieren. Ließ mich von meinen Gedanken und meiner Wut einholen.

Für welchen unwahrscheinlichen Fall?

Sie kannten meine relative Position zu Madekwe. Sie wussten, dass ich zu weit entfernt war, um irgendwie intervenieren zu können, als sie am Bahnhof zuschlugen. Sie wussten, dass sie längst fort sein würden, wenn ich dort eintraf.

Was zum Teufel war also derart beängstigend an diesem abgehalfterten Leibwächter, dass sie das dringende Bedürfnis verspürten, mich dennoch zu atomisieren?

Ich fand einen Al-Packers-Laden in einer Seitenstraße der Hayek – es herrschte ein reges Geschäft, als ich dort ankam, und ich musste mich anstellen. Die Gäste vor mir warteten zumeist schweigend, gegen die Kälte zusammengekauert. Billige unförmige Kleidung, das verräterische Markenzeichen für Armut, und Wolken aus gefrostetem Atem. In den wenigen gemurmelten Gesprächsfetzen, die ich mitbekam, ging es nur um das Shuttle und die vor Kurzem offenbarten Passagiere. *Verfickte Earth Overlordsight. Was glauben diese Arschlöcher, was sie hier verloren haben? Wir leben nicht mehr in der verfickten Siedlungszeit.* Und so weiter. Es gab ein paar Witze, grob und grausam, das hassgesteuerte Kennzeichen der Besitzlosen. Die meisten hatte ich schon ein paar hundert Mal gehört. *Wie nennt man eine Erdfrau mit guten Titten? Ein Erdmann steigt aus dem Shuttle und sieht, wie ein Müllkäfer ihn ansieht. Drei Leute von der Erde gehen in ein Bordell und fragen nach dem besten ...*

Als ich an der Ausgabe an der Reihe war, tippte ich auf das Mager-und-mickrig-Menü und aß es im Stehen direkt aus der Verpackung. Dampf stieg von dem billig codierten Fleisch auf, scharfe Sauce brannte in meinem Mund. Ich verspürte immer noch keinen Hunger, aber das war nicht der Punkt. Ich würde den Treibstoff brauchen. Der Chili hatte meine Geschmacksnerven ohnehin nach drei Bissen abgetötet, was sich im Nachhinein als Segen erwies, denn der Geschmack von diesem Zeug kommt einem Alpaka etwa genauso nahe, wie eine Mundspülung nach Whisky schmeckt. Schlimmer als eine Bordmahlzeit, und das will etwas heißen.

Ich bin froh, dass du dich ausnahmsweise über deine sensorischen Impulse hinweggesetzt, sagte 'Ris aus heiterem Himmel. *Steht uns eine Mission bevor?*

Ich hörte für einen Augenblick auf zu kauen. Das war eine gute Frage.

Ich bin gerade gefeuert worden, subbte ich durch das billige Essen, das ich noch im Mund hatte. *Hast du es nicht mitbekommen? Und Madison Madekwe ist längst über alle Berge, wurde irgend-*

wohin in Richtung Osten geschleift, und viel Glück mit der Suche nach ihr. Nein, uns steht keine Mission bevor.

Warum isst du dann?

Ich zerkaute den Rest des letzten Bissens und schluckte ihn hinunter.

Keine Ahnung, gestand ich ein. *Irgendwas stimmt nicht.*

Ohne die Ratio als Mediator anzuwenden, folge deinem ersten Impuls. Was wäre das?

Mit Holmstrom reden.

Warum?

Er wollte für mich nach Daten über Madekwe suchen. Nein, Moment, er wird erst nach dem Wochenende etwas für mich haben.

Warum willst du dann mit ihm reden? Was hat er sonst noch für dich getan?

Ich schlang den Rest des Mager-und-mickrig-Menüs hinunter, um mir etwas Bedenkzeit zu verschaffen. Das Unterbewusstsein nach nützlichen Hinweisen abzugrasen ist eine Standardfunktion der Osiris-Protokolle, aber dadurch fühlt es sich nicht weniger lästig und zudringlich an.

Er hat für mich ein paar Daten über Cradle City abgerufen, subbte ich schließlich. *Bekannte von Pavel Torres. Wie sich herausstellte ...*

Und ich spürte das Klicken, lange bevor es tatsächlich Sinn ergab. Ich wusste, dass ich eine Antwort hatte, bevor ich genau wusste, wie diese Antwort lautete.

Das Gespräch mit Chakana auf dem Laufsteg vor meiner Wohnkapsel:

Außerdem sehe ich nicht, wie es Madekwe beeinträchtigen würde, wenn man dich ermordet. Sie kann sich jederzeit einen anderen Reiseführer besorgen.

Niemand ist unersetzlich.

Und meine intuitive, unzensierte Erwiderung.

Sundry Charms.
Es ist sein Job, Sundry Charms zu sein. Niemand anderer kann das übernehmen. Ergo ist er unersetzlich.
Niemand anderer kann das übernehmen.
Meine eigene Bescheidenheit kurz zuvor kam mir wieder in den Sinn: *Ich glaube nicht, dass es hier um mich geht.*
Aber es ging um mich.
Fragmente der Unterhaltung mit Hannu Holmstrom hallten durch meinen Kopf, prallten mit der plötzlich gewonnenen Bedeutsamkeit laut wie Squashbälle von den Wänden meines Gedächtnisses ab.
Ach ja, und du hattest recht mit diesem Decatur, du kennst ihn wirklich. Derselbe Gusch, mit dem du vor vielen Jahren bei Indenture Compliance zusammengearbeitet hast.
Ist er immer noch bei IC?
Nicht soweit ich feststellen kann. In der Zwischenzeit scheint es ihm sogar recht gut ergangen zu sein. Ich sehe eine Menge Luxusartikel, die er sich gekauft hat, selbst einige Marstech der letzten Saison. Heute wohnt er in einem Hotel an der Hauptgeschäftsstraße.
Mit dem MEG und der Hormonauslastungsanalyse bemerkte Osiris den Durchbruch praktisch im selben Moment, als er in meinem Kopf erblühte.
Ohne die Ratio als Mediator anzuwenden, hatte sie gesagt, *folge deinem ersten Impuls.*
Ich zerknüllte die Essensverpackung und warf sie auf den Boden, rieb meine Finger aneinander, um wenigstens einen Teil des Fetts loszuwerden.
Besorg mir einen Platz im nächsten ValleyVac heute Abend von Bradbury bis nach Cradle City. Stauraum für leichtes Gepäck, Einstieg irgendwo außer Central. Nimm einen der Kulanzstopps im Westen der Stadt. Anonyme Bezahlung, diskret umgeleitet, sodass sie

schwer nachzuverfolgen ist. Ach ja, und buch mir was Billiges zum Übernachten, sobald wir da sind – eine günstige Kapsel, nicht zu weit vom Stadtzentrum entfernt.

Erledigt. Buchungsdaten krochen für einen Augenblick wurmartig durch mein Sichtfeld, um dann zusammenzuschrumpfen und zu verschwinden. *Abfahrt in zwei Stunden und siebenunddreißig Minuten. Du bist für die Mansions of Luthra gebucht, Niederlassung Musk Plaza. Willst du in Cradle City nach Madison Madekwe suchen? Dürfte ich dich daran erinnern, dass der Zug, mit dem ihre Entführer sie fortgebracht haben, von Bradbury nach Osten gefahren ist?*

Ich grinste säuerlich. *Ach, wirklich?*

Du vermutest einen Versuch der Irreführung. Aber es gibt keinen statistischen Grund ...

Pavel Torres verschwand in Cradle City. Madison Madekwe verschwindet, weil sie nach Cradle City gehen wollte, um dort nach einer Spur zu suchen. Und zufällig habe ich selbst eine einzigartige Verbindung zur Wiege – früher war ich als IC-Überwacher mit einem der Typen verkumpelt, der den Laden dort inzwischen übernommen hat. Das ist mein Sundry-Charms-Marktwert, das ist es, was mich unersetzlich macht. Sie haben mich heute Abend nicht angegriffen, um mich davon abzuhalten, Madekwe zu beschützen, sondern um mich daran zu hindern, ihre Spur zu verfolgen und für Unruhe in der Mafia von Cradle City zu sorgen.

'Ris brauchte einen Moment, um den Bewusstseinsstrom zu verarbeiten, den sie in mir ausgelöst hatte, die Daten zu sortieren und sie dann ihrer eigenen schonungslosen Analyse zu unterziehen.

Das bedeutet nicht, dass Madekwes Entführer sie jetzt nach Cradle City bringen werden – oder an irgendeinen anderen Ort in den Schelf-Gemeinden.

Das spielt keine Rolle, subbte ich verbittert. *Ob sie jetzt da oben ist oder nicht, Cradle City ist auf jeden Fall der Schlüssel. Dort werde ich anfangen, ein paar Dinge loszutreten.*

Und bist du mit genügend Feuerkraft für das Hochland ausgestattet?

Sie ist ein Krisenmanagementsystem von Blond Vaisutis, also kann man es ihr eigentlich nicht zum Vorwurf machen. OSIRIS – Onboard Situational Insight and Resource Interface Support. Sie wurde überwiegend zu dem Zweck konstruiert, kritische Konfliktsituationen zu planen und zu überwachen, und damit ist eine implizite Kampfbegeisterung verbunden. Ich sage »implizit«, weil irgendwo in den 11 000 Metern des dicht verwobenen und gebündelten postorganischen Prozessorfilaments, das so gründlich in mein Nervensystem und Gehirn eingefädelt ist, dass es mich in Hackfleisch verwandeln würde, wenn man es herausnehmen sollte, tatsächlich ein paar Protokolle verborgen sind, die für die Minimierung von Verlusten an Menschenleben sorgen sollen. Nach Möglichkeit wird eine Osiris es vorziehen, Verletzungen von hochrangigem Personal zu vermeiden – schließlich handelt es sich dabei um die Vermögenswerte eines Unternehmens – und manchmal sogar von Menschen ganz allgemein, weil sie versteht, dass eine große Zahl von Todesopfern zu einer Katastrophe für das öffentliche Image führen kann.

Doch die Parameter von *nach Möglichkeit* kreisen im Orbit um eine Zentralmasse der *missionskritischen Zielvorgaben,* und die Fluchtgeschwindigkeit solcher Bedenken ist nicht mal der Rede wert. Wenn es hart auf hart kommt, wird Osiris Mord und Totschlag immer den Vorzug gegenüber einem Misserfolg geben.

Ich stelle mir gern vor, dass ich etwas anders gestrickt bin, aber tief drinnen hege ich den Verdacht, dass das nicht stimmt.

Die Feuerkraft, über die ich verfüge, dürfte genügen. Ich möchte da oben ein paar Fragen stellen und keinen Krieg anzetteln.

Davon bist du selbst nicht überzeugt, gab sie wenig hilfreich zu bedenken. *Wirst du Lieutenant Chakana über dein Vorhaben informieren?*

Warum sollte ich das tun?

Es könnte sich als nützlich erweisen, ein wenig Rückendeckung von der Polizei im Valley zu haben, falls deine Fragen nicht so gut ankommen, wie du unerklärlicherweise zu glauben scheinst.

Ich dachte nach. Rückendeckung ist etwas, womit Overrider normalerweise nicht arbeiten, denn während 99 Prozent der Zeit hat man eine solche Option gar nicht. Man ist ganz allein mit dem Problem, weswegen man geweckt wurde, um es zu lösen, und man stürzt unaufhaltsam durch das kalte schwarze Vakuum darauf zu. Ein solcher Kontext hat eine eisige und isolierende Mathematik, die durch die Konditionierung reflektiert wird, die sie einem mitgeben. Entweder man bringt etwas allein in Ordnung, oder man scheitert.

Außerdem war da immer noch dieses Arschloch mit der Glock vor meiner Kapseltür, das ich berücksichtigen musste. Es *musste* kein Bulle sein, in diesem Punkt hatte Chakana schon recht. Aber ihr Gesichtsausdruck hatte mir überhaupt nicht gefallen, als ich ihr davon erzählte.

Keine Rückendeckung, entschied ich. *Wir machen es im Verborgenen. Je weniger Leute wissen, wo ich in diesem Augenblick bin, desto besser.*

Aber mit der Feuerkraft könntest du recht haben.

Ceres Arc und ihre Tochterstraßen bei Nacht – von Maschinen erträumte architektonische Vorsprünge und Erhebungen, die harten Kanten besänftigt durch die Dunkelheit, in die sie versunken waren, und endlos gebogene Pfade in das unheimliche Zwielicht dahinter. Im Strudel werden die Wohngebiete minimal beleuchtet, maßgeschneidert für die Maschinensysteme, die den Großteil der vermieteten Flächen ausmachen. Man kann mit einer spärlichen Anzahl von wartungsarmen Markern rechnen, mit Leuchtfarbe, die auf Oberflächen neben den Zugangsleitern und Luken gemalt wurde, auf die sie hinweisen, während sie die Gebäude in der Umgebung mit ihrem mattroten Schein beflecken. Und hier und dort erkennt man vielleicht den Glanz einer Firmenwerbung auf einem Dach hoch oben, klettersicher und stabilisiert, das einen mickrigen Bruchteil des Schimmerlichts auf die Straßen herabrieseln lässt.

Davon abgesehen ist man auf sich allein gestellt.

Die menschlichen Bewohner des Strudels haben sich damit arrangiert. Sie sind klug genug, um zu wissen, dass die Stadt nichts tun wird, um die Situation zu verbessern – ein Headgear verfügt doch über Nachtsichtoptionen, nicht wahr, worüber beklagen sich diese Leute? Und sie trösten sich mit der alten Hymne über die *Rauen Menschen der Frontier, die klarkommen*. Sie markieren die Gebäude selbst mit billiger Leuchtfarbe in Blauweiß oder Gefahrengelb, mit Pfeilen und Adresshinweisen und Graffiti, was in Anbetracht der Umstände offen gesagt recht wenig ist. Sie schaffen an oder betteln oder stehlen, um die Software und zusätzliche Batteriekapazität zu bekommen, die für die ziemlich energiehungrigen Nachtsicht-Add-ons ihrer Billiggears nötig sind. Viele von ihnen denken sich, dass es die klügste kurzfristige Lösung ist – schließlich werden sie nicht für immer im Strudel gestrandet sein, nicht wahr? Irgendwas wird sich ergeben, irgendwie wird es weitergehen. Immerhin heißt es: *Die High Frontier ist eine sich ständig verändernde Matrix der Gelegenheiten, mit denen motivierte Menschen vorankommen können.* Arbeite hart, arbeite klug, und die Belohnung ist praktisch garantiert. Und fast jeder hier draußen stammt von jemandem ab, der aus eigenem Entschluss zum Mars gekommen ist, statt im bürokratischen Stillstand auf der Erde zu stagnieren. Dieser Pioniergeist liegt in ihren Genen, wie könnten sie also versagen?

Ein paar weniger blauäugige Typen machen sich auf den Weg zum Strip, um sich für eine längerfristige Lösung zu verpfänden – schnellwachsende Netzhautmodifikationen, angeblich aus kultiviertem Genmaterial von Eulen oder Haien, aber angesichts des Preises wahrscheinlich eher dem endlosen Vorrat streunender Katzen entnommen, die die Stadtstraßen zu bieten haben. Es dauert ein paar Wochen, bis die Tapetum-lucidum-Kristalle hinter der Retina voll ausgewachsen sind – was schmerzhaft und mit Komplikationen verbunden sein kann, aber hey, es heißt, die optimierten Zäpfchen und Stäbchen funktionieren praktisch schon am nächsten Tag.

Ich bekam meine Haiaugenmodifikation dank Blond Vaisutis an einer Kandidatenförderungsklinik in Exmouth, als ich etwa sechs Wochen alt war. Da versuchte mein kleinkindliches Gehirn noch herauszufinden, wie es mit dem Sehvermögen umgehen sollte, mit dem ich aus der Gebärmutter geplumpst war. Anscheinend ist es der ideale Zeitpunkt, um die Add-ons einzubetten. Ich kann mir nicht vorstellen, dass diese Prozedur ein Vergnügen für ein Neugeborenes ist, aber der Vorteil liegt darin, dass ich diese Sichtfähigkeit mein ganzes Leben lang nutzen konnte. Ich bin mit der gleichen Aufmerksamkeit durch die verdunkelten Straßen des Strudels geglitten, als würde ich den Hayek Boulevard am helllichten Tag entlangspazieren. Der schwachblaue Überzug des Haisichtschimmers lag auf allem, in perfekter Klarheit.

Die Pixelnebel-Tatortmarkierungen vor 1009 Ceres Drive 4 waren immer noch vorhanden, bislang unverwüstet, und eine einsame kleine Wachdrohne der Spurensicherung kroch spinnbeinig durch die Dunkelheit. Sie scannte mich mit rotem Flackerlicht, als ich mich näherte, und entschied, mich passieren zu lassen. Ich widerstand dem Drang, ihr einen Tritt zu verpassen, als sie beiseitehuschte. Jedes Mal, wenn ich wieder aus dem Koma erwache, sind diese Dinger besser bewaffnet, und die Einsatzparameter der Bradbury-Polizei sind seit der letzten Runde der 4Rock4-Unruhen ziemlich unerbittlich geworden. Wenn es sich nicht mehr lohnt, sich die städtische Polizei zum Feind zu machen – und ehrlich gesagt hat es sich noch nie gelohnt –, gilt das erst recht für ihre KI.

Ich stieg den vergitterten Treppenschacht hinauf und stieß oben auf die wartende Ariana. Der gleiche billige Pyjama, das Gesicht nun vollständig ohne Kriegsbemalung und von Schläfrigkeit verschleiert. Ein unsicheres Lächeln verzog meinen Mund.

»Hast du es dir mit dem Rückspiel anders überlegt?«

»Mach keine *Witze*, Hak. Ich hab mir Sorgen um dich gemacht, verdammt. Hab mir nur eine Viertelkapsel eingeworfen, grad noch nachweisbar, falls sie mich in die Mangel nehmen, weil ich die Tür nicht geöffnet habe.«

»Raffiniert.«

Sie bedachte mich mit einem säuerlichen Blick, der so viel besagte wie: *Sei nicht so verdammt gönnerhaft zu mir, du Arsch.* Ich räusperte mich.

»Hör mal, Ari, warum kommst du nicht wenigstens für einen Absacker herein? Ich könnte …«

»Jemand war hier«, sagte sie ungeduldig, »und hat nach dir gesucht.«

Ich machte ihr trotzdem einen Drink, einen langen, süßen Cocktail mit viel Rum, so wie sie ihn mochte. Sie saß auf der Kante des Bettgestells und hielt das Glas ungetrunken im Schoß, während ich die Außenüberwachungsaufnahmen des Dyson für die letzten Paar Stunden abspielte. Die erfolglose Verfolgung auf der Treppe, der plötzliche weiße Blitz der Tränengasgranate, ich, wie ich wie ein Trottel daraus hervorwanke, ich, wie ich hustend und keuchend dahocke und mir die Augen reibe, ich und Ariana, dann ich allein, dann ich und die Polizei, dann ich und Chakana.

Dann: *Exeunt omnes.*

»Bin vor etwa einer Stunde aufgewacht«, sagte Ariana, um die Stille zu vertreiben. »Da war ein Polizei-Link in meiner Mailbox und piepte die ganze Zeit. Kontaktieren Sie die Station an der Sojourner Street, wenn Sie irgendetwas Ungewöhnliches im Zeitraum bla bla bla bemerken. Sieht nicht so aus, als hätten sie sich die Mühe gemacht, von Tür zu Tür zu gehen.«

»Nein«, sagte ich abwesend, den Blick auf die flackernden Überwachungsaufnahmen gerichtet. »Sie sind wegen einer größeren Sache abgezogen worden.«

»Arschlöcher.« Sie sagte es ohne allzu große Gehässigkeit. Wie alle Bewohner des Strudels weiß Ariana nur zu gut um ihre relative Bedeutung im großen Plan der städtischen Polizeiarbeit. »Also, wie auch immer, ich stehe auf und checke die Türkamera, weißt du, mache einen Scan, nur um zu schauen, ob wirklich alle gegangen sind. Und da ist dieser Typ, der draußen genau vor deiner Kapsel auf dem Steg herumhängt und überall herumkriecht.«

»Ja, und da ist er«, murmelte ich. Der Bildschirm zeigte mir eine nichtssagende Gestalt, unförmige Kleidung, die unvermeidliche Kapuze und undurchsichtige Linsen. Ich glaubte, etwas Vertrautes in der unteren Gesichtshälfte zu erkennen, aber es reichte nicht für eine Identifizierung aus. Und die verstohlenen Blicke, die er um sich warf, halfen mir auch nicht weiter. »Der Scheißer kennt seine Observationsregeln.«

Ariana gähnte, drängte das Melatonin zurück. »Du glaubst, er gehört zu den Typen, die sich selbst in die Luft gejagt haben? Oder ist es vielleicht ein Bulle, der wegen irgendwas zurückgekommen ist?«

Ich legte die Kapuzengestalt auf Dauerschleife, schaltete etwas Infrarot und Spektralreflexion dazu. Kein Anzeichen für eine Waffe. Und die Körpersprache passte auch nicht zu professioneller Gewalt. Weswegen auch immer dieser Kerl hergekommen sein mochte, es sah nicht nach einem weiteren Mordversuch aus.

Vielleicht überdachte jemand noch mal seine Strategie.

Ich spürte einen Muskel unter meinem Auge zucken. Ich packte die Wut sorgsam weg und hob sie mir für später auf, wenn sie vielleicht von Nutzen für mich war.

»Hör zu, Ari, ich werde die Stadt für eine Zeit lang verlassen. Wenn du irgendwelche anderen Leute in der Nähe meiner Tür herumlungern siehst, während ich fort bin, geh ihnen aus dem Weg. Mit diesen Typen möchtest du nichts zu tun haben.«

»Klar.« Eine Tänzerin in einem Nacktclub – sie hatte jeden Tag ihres Arbeitslebens mit Typen zu tun, mit denen sie nichts zu tun haben wollte. Sie nahm einen Schluck von dem Drink, den ich ihr gemacht hatte. »Geht es zu einem netten Ort?«

Sie war marsgeboren, und es war nicht als Witz gemeint.

»Ein paar Wochen am Meer«, antwortete ich trocken, während ich weiter die Gestalt auf dem Bildschirm anstarrte. »Ein bisschen an meiner Surftechnik arbeiten.«

»Was?«

»Egal.« Plötzlich fühlte ich mich gemein und dreckig. »Wie ich gesagt habe, pass einfach nur gut auf dich auf. Ist schon schlimm genug, dass diese Scheiße auf mich herabstürzt. Ich will nicht, dass auch du Kollateralschäden einsteckst.«

Sie grinste und lehnte sich auf dem Bett zurück. »Manchmal bist du süß, Hak. Weißt du das?«

»Ich werde es in meinen Lebenslauf schreiben.«

Unter dem billig gedruckten Pyjama neigte sie die Hüften, bewegte die Schenkel lasziv zusammen. »Du müsstest schon etwas mehr als nur das tun.«

Ich atmete tief ein und blickte auf sie herab. »Ist das so?«

»So ist das, Overrider.«

»Bist du mit diesem Drink fertig?«

Erstaunt betrachtete sie das hohe Glas in ihrer Hand, das immer noch zur Hälfte mit Eis und hellem Cocktail gefüllt war. Sie hob es an, als wollte sie mir zuprosten, sah mich mit einer hochgezogenen Augenbraue an. Dann goss sie den Inhalt langsam und bedächtig über ihrem Pyjamatop aus. Er machte ihre Brüste nass, legte den billigen Druckstoff um ihre Form, zog die Nippel durch die Kälte straff hoch. Sie ließ das leere Glas aus der offenen Hand und auf den Boden rollen. Drückte ihr Kinn auf den Brustkorb, um ihr Werk zu begutachten, schien es ein paar Herzschläge lang ernst zu mustern, dann blickte sie wieder auf und grinste mich an.

»Ich bin fertig«, sagte sie kehlig. »Und nass und klebrig.«

24

Sakarian rief mich auf dem Weg zum ValleyVac an. Ich stand in der Ecke eines Overground-Waggons und beobachtete müßig, wie die nächtliche Skyline von Bradbury vorbeizog, und fühlte mich glücklicher, als mir von Rechts wegen zustand. Lebhafte Szenen meines Rückspiels mit Ariana zogen mir durch den Kopf, die gepackte Tasche stand zu meinen Füßen, das Gefühl des heißlaufenden Antriebs in meinen Adern. Das freudige Pulsieren von Bewegung und Einsatzbereitschaft.

»Veil, wo zum Teufel sind Sie?«

»Ich fahre mit dem Over. Warum?«

»Ich gehe davon aus, dass Sie wissen, was heute Nachmittag am Bradbury Central geschehen ist.«

»Es ist mir bekannt.«

»Sie sollten auf sie aufpassen, Veil.«

»Ja, aber stattdessen war ich damit beschäftigt, in einem Wagen herumzufahren und mit Ihnen und Astrid Gaskell zu plaudern. Es ist schwierig, sich an zwei Orten gleichzeitig aufzuhalten, Commissioner, selbst für mich.«

Die Verbindung war nur Audio, aber ich hörte, wie er seinen ersten Kommentar hinunterschluckte. Und schwer atmete, während er darüber nachdachte.

»Gaskell ist sehr unglücklich«, sagte er schließlich. »Falls Madekwe auf einer Bahre zurückgebracht wird, können Sie sich von diesem Kryokap-Platz verabschieden.«

»Sakarian, bitte sagen Sie mir, dass Ihre motivierenden Drohungen damals auf dem Hochland wesentlich besser waren. Sie ruinieren meinen Respekt vor den Marshals.«

»Soll ich auch Ihre Freiheitsprivilegien ruinieren? Ich habe Ihre Verhaftungsdaten gecheckt, Sie Arschloch. Chakana wird nachlässig. Wenn ich auch nur einen Finger in Richtung Innenrevision hebe, werden Sie so schnell wieder im Gefängnis landen, dass Sie davon ein Schleudertrauma bekommen.«

»Da würde Gaskell vielleicht gern ein Wörtchen mitreden. Es wird mir schwerfallen, Madison Madekwe wiederzufinden, wenn ich in einer Zelle hocke.«

Erneutes Zögern. »Sie haben eine Spur?«

»Es gibt ein paar Leute, mit denen ich reden muss. Wie es danach weitergeht, wird sich zeigen. Aber eins ist mir jetzt klar: Madison Madekwe hat es auf viel mehr abgesehen als nur auf ein paar mutmaßliche Löcher im Lotterieprotokoll. Und ich wette, dass Astrid Gaskell wesentlich mehr darüber weiß, als sie Ihnen gegenüber zugibt.«

Sakarian schnaufte. »Was ist das, Frocker-Paranoia? Hören Sie sich doch selbst zu, Veil. Sie klingen wie einer dieser DeAres-Contado-Klone. Großes böses bürokratisches Earth Oversight, das gekommen ist, um unsere Seelen zu rauben. Wahrscheinlich derselbe Opferrollenscheiß, auf den die Idioten abgefahren sind, die sich Madekwe geschnappt haben.«

»Sie sollten sie nicht als Idioten abhaken, bevor Sie den Bericht gelesen haben, Sakarian. Die Nummer wurde verdammt reibungslos durchgezogen. Sie haben einen erfahrenen HKU-Sicherheitstrupp ausgeschaltet, die Überwachungssysteme im Central unbrauchbar gemacht und sind dann spurlos verschwunden. Fast gleichzeitig hatten sie es drüben in der Southside auf mich abgesehen, und zwar mit taktischer Militärhardware. Klingt das für Sie nach irgendwelchen Leuten mit einem Opferrollenkomplex?«

Er schwieg. Man konnte fast hören, wie seine Gedanken auf Hochtouren liefen, als er versuchte, alles zu verarbeiten.

»Das waren Sie? Dieser Bombenanschlag?«

»Das war beinahe ich. Und es war keine Bombe, es war ein modifizierter panzerbrechender Sprengkopf. Wie ich sagte, unterschätzen Sie diese Typen nicht.«

»Und die Leute, mit denen Sie reden wollen?«

»Auch die würde ich lieber nicht unterschätzen.«

»Das habe ich nicht gemeint. Mit wem wollen Sie sich treffen? In welchem Teil der Stadt?« Plötzlich schien ihm ein Gedanke zu kommen. »Hat sich Ihre Personenlokalisierung ausgeklinkt?«

»Ich habe gar keine. Vergessen Sie nicht, dass ich nicht von hier bin.«

»Pachamama und all ihre verdammten leidenden Heiligen. *Man hat Ihre Einbürgerung ohne die Implantate bewilligt?*«

»Das passiert.« Insbesondere, wenn man einen erheblichen Anteil des dürftigen Abfindungspakets darauf verwendet, dass es passiert.

»Das gefällt mir nicht, Veil.«

»Qualität, Auswahl und Freiheit, Commissioner. Ich nehme nur meine Rechte wahr, gemäß der Charta, genauso wie jeder andere.«

»Ja, schon gut, und während Sie damit beschäftigt sind, sollten Sie vielleicht mal darüber nachdenken, was geschieht, wenn den Leuten, mit denen Sie reden wollen, die Fragen nicht gefallen, die Sie ihnen stellen möchten.« Ganz plötzlich verschwand der Spott aus seiner Stimme und ließ etwas zurück, das vielleicht aufrichtige Besorgnis war. »Wollen Sie mir sagen, wo Sie sich aufhalten werden? Ich kann Ihnen ein paar Augen mehr mitgeben, vielleicht ein Einsatzkommando, das Sie herausholt, wenn es ernst wird.«

Siehst du?, warf 'Ris ein. *Nicht nur ich.*

»Ich glaube nicht, dass das funktionieren wird, Sakarian. Ich werde auf eine einigermaßen heikle Beziehung zurückgreifen. Mit vielen Vertrauensfragen und Unsicherheiten. Wenn Sie in der Nähe eine Phalanx Ihrer besten und härtesten Türeintreter in Stellung bringen, wird es jemand bemerken. Damit würde ich den letzten Rest von Wohlwollen verspielen, den ich vielleicht noch erwarten kann.«

»Aber wenigstens würden Sie überleben.«

Ich dachte an einige Dinge, die ich im Hochland als Zeuge beobachtet hatte. »Vielleicht nicht. Es würde davon abhängen, wie schnell Ihre harte Truppe die Tür eintreten und mich herausholen kann.«

»Die Schnellreaktionsteams der BP sind …«

»Ja, ersparen Sie mir die Werbesprüche. Lassen Sie es einfach sein, okay? Ich werde mich bei Ihnen und Gaskell zurückmelden, sobald ich etwas Brauchbares anzubieten habe. Und bis dahin – passen Sie gut auf, was Earth Oversight unternimmt. Wie auch immer das tatsächliche Spiel aussieht, das hier durchgezogen wird, weder Sie noch ich sind bisher in die Regeln eingeweiht worden.«

Während er weiterprotestierte, unterbrach ich die Verbindung.

ValleyVac-Transit – es wird nie langweilig.

Man sollte meinen, wer davon lebt, mit kaum vorstellbarer Schnelligkeit durch den interplanetaren Weltraum zu stürzen, wäre von jeder Bewunderung für Hochgeschwindigkeitstransportmittel geheilt. Aber der Weltraum ist eine ganz andere Sache – da draußen nimmt man die Eigenbewegung auf keine sinnvolle Weise wahr, und die Orte, zu denen man reist, sind im Allgemeinen ziemlich weit entfernt. Die anfängliche Beschleunigung, die gelegentliche übermäßig scharfe Kurskorrektur oder belastungsstarke taktische Manöver – das sind die einzigen Momente, in denen man überhaupt bemerkt, dass etwas außerhalb der Hülle um einen herum passiert, und selbst dann fühlt es sich meist weniger wie Bewegung an, sondern eher wie eine körperliche Qual ohne vernünftigen Zweck. Die übrige Zeit ist alles von träger, endloser Stille durchdrungen, und es macht gar nicht den Eindruck, dass man irgendwohin unterwegs ist.

Der Einstieg in die schmuddeligen, elektrostatisch riechenden, doppelt gestapelten Waggons eines VV-Transportzylinders im Ruhezustand ist das genaue Gegenteil davon – es lässt einen glauben, man würde in die Kammer einer kolossalen, in Kürze abgefeuerten Kanone verladen werden.

Was bis zu einem gewissen Grad sogar stimmt.

Auch wenn das Dekor abgenutzt und veraltet, die Sitze aufgedunsen und reaktionsträge waren, stand man dennoch kurz davor, mit einer Geschwindigkeit von bis zu tausend Metern pro Sekunde durch das Rohr des Valles Marineris Vakuumtransitsystem geschleudert zu werden. Und selbst wenn man die Zwischenstopps berücksichtigte, konnte man das Tharsis Gate in weniger Zeit erreichen, als man benötigt, ganz Bradbury mit der Overground zu durchqueren. Blieb man für die gesamte Fahrt an Bord, stieg man schließlich am untersten Ende des menschlichen Siedlungsgebiets auf dem Mars aus, und um sich diesen Ortswechsel zu verdienen, musste man nicht mehr tun, als ein paar Stunden lang auf dem Sitz zu dösen.

Doch Dösen war für mich eigentlich keine Option – trotz Aris eifriger Bemühungen, mein System mit Endorphinen zu übersättigen, lief ich schon wieder heiß, bevor wir die Stadtgrenzen von Bradbury verlassen hatten. Und wenn ich auf die Aussicht neben meinem Sitz blickte, die ein Fenster vortäuschen wollte, fühlte es sich nur falsch an. Das Einzige, was sich außerhalb der Waggonwand und der äußeren Zylinderhülle eines fahrenden VV-Zugs befindet, ist ein protokollaktiver polierter Nanobetontunnel, der mit Hunderten von Metern pro Sekunde in totaler Finsternis vorbeisaust – was die Passagiere garantiert nicht beruhigen würde. Also hat sich die Transitverwaltung für Bildschirme entschieden, die stattdessen generische marsianische Landschaftsporträts zeigen, die animiert mit sanften sechs Prozent des Echtzeittempos vorbeirollen, durchsetzt von häufigen Produktwerbungsunterbrechungen. Die ausgewählten Bilder stehen in keiner geografischen Relation zu dem, was man tatsächlich sehen würde, wenn man sich an der Oberfläche über der Linie der ValleyVac-Tunnel befände. Aber schließlich haben auch die Werbespots keinen allzu engen Bezug zur Wirklichkeit. Wie bei so vielen anderen Dingen, die in der Scharte ablaufen, ist das Ziel nicht die Wahrheit, sondern die Konsumentenzufriedenheit.

In dem Waggon boten meine Mitpassagiere nur wenig Ablenkung. So spät abends waren es nicht mehr viele, und ich hatte einen allgemeinen Personencheck durchgeführt, als ich an Bord gegangen war, zum einen aus Gewohnheit, zum anderen aus realer Sorge, dass ich möglicherweise beschattet wurde. Ich konnte hinter dem Gear die Augen schließen und mir ohne große Mühe die Gesichter und Sitzplätze aller siebenundzwanzig ins Gedächtnis rufen. Für eine Weile machte ich es sogar als abstrakte Übung und spielte das alte Spiel mit 'Ris.

Der große grauhaarige Typ an der Tür – Schlammreiter im Ruhestand, ernährt sich mühsam von Werbeauftritten und Gewebeschweißverträgen.

Ich glaube kaum, dass sich irgendein Schlammreiter, ob im Ruhestand oder nicht, mit einem solchen Headgear zeigen würde.

Stimmt auch wieder. Okay, die Frau sechs Reihen hinter uns – eine Qualpro, wegen Zuwiderhandlung aufgeflogen, Bußgeld aus Ersparnissen bezahlt, für die Hälfte ihres bisherigen Gehalts wieder einge-

stellt, steht vor einem Leben auf dem Mars oder einem Jahrzehnt in Armut, bevor sie nach Hause zurückkehren kann.
   Das klingt plausibel. Obwohl sie vielleicht nur Kopfschmerzen hat.
Und so weiter.
   Um etwas Sinnvolleres zu tun, entschied ich irgendwann, Holmstrom anzurufen. Ich sah einen netten kleinen surrealistischen Avatar, der aus Kügelchen und Kabeln zusammengesetzt war, mit einem passenden schnippischen Tonfall.
   »Veil. Ich hatte dir doch gesagt, dass ich diesen Tauchgang für dich erst nach dem Wochenende unternehmen kann. Also versuch gar nicht erst, mir früher etwas entlocken zu wollen, weil ich mich darauf nicht einlassen werde.«
   »Deswegen rufe ich gar nicht an. Ist dir zufällig eine Explosion drüben in der Southside heute am frühen Abend aufgefallen?«
   »Jetzt fällt sie mir auf«, sagte er griesgrämig. »Mal sehen, 1009 Ceres Drive 4 – das ist direkt vor deiner Bude, nicht wahr?«
   »Ja.«
   »Ich vermute, jede Überlegung, ob es etwas mit dir zu tun haben könnte, wäre töricht.«
   »Ich nehme an, man hat versucht, mich wegen meiner neuen Freundin von Earth Oversight umzubringen. Die man ungefähr zur gleichen Zeit aus Bradbury Central entführen konnte. Die Feeds haben diese Information wahrscheinlich noch nicht. Ich schätze, die BP hat stattdessen eine vage Presseerklärung über einen terroristischen Zwischenfall herausgegeben.«
   »Ja, ich schau gerade nach. Noch keine Namen – *ein gewalttätiger terroristischer Anschlag, dessen Hintergrund noch unklar ist,* Zitat Ende. Keine Erwähnung von Madekwe oder COLIN. Also haben sie diesen ganzen Aufwand betrieben, um diese Frau aus dem Rennen zu nehmen? Wie äußerst peinlich für alle Beteiligten. Solltest du nicht an ihrer Seite sein?«

»Eigentlich sollte *sie* nicht ohne mich herumspazieren«, presste ich hervor. »Sie hat sich vorzeitig aus einer Besprechung abgesetzt, ohne mich anzurufen, und sich mit einem ausgeborgten Sicherheitstrupp auf den Heimweg gemacht. Mit Platinwertung.«

»Ich verstehe. Man hat keine Kosten und Mühen gescheut.«

»Ja, was auch immer es genützt haben mag. Diese Kerle haben sie gefickt wie Supay einen armen Sünder. Das Überwachungssystem von Central ausgeschaltet, um ihre Flucht zu decken. Ach ja, und das Team, das mich ins Visier nehmen wollte, hatte zu diesem Zweck einen modifizierten PVM-Sprengkopf von Ng Systems dabei.«

Er verstummte für einen Moment. »Das ist ja äußerst schmeichelhaft.«

»Nicht wahr? Glaubst du, du könntest ein oder zwei Subroutinen erübrigen, um nachzuforschen, ob so ein Scheiß während der letzten paar Monate aus Militärbeständen verkauft wurde? Um zu schauen, ob in den Daten etwas Passendes auftaucht?«

»Bist du dir sicher, dass es etwas mit Earth Oversight zu tun hat, Veil? Weil das nicht die Art von Hardware ist, die man sich mal eben schnell unter den Arm klemmt. Wenn man das Ding gezielt für den Anschlag gegen dich beschafft hat, muss es jemand sein, der diesen Plan schon lange vor dem dramatischen Auftritt unserer Audit-Freunde gefasst hat.«

Ich verzog das Gesicht. Damit hatte er nicht unrecht. »Schau einfach mal, ob du eine Spur findest, ja?«

»Dein Wunsch ist mir Befehl, Overrider. Ich bin schon dran.« Ein gruftiges Echo hängte sich in böswilliger Absicht an die Stimme und verhallte dann langsam. »Ein erster Durchgang zeigt nichts Bemerkenswertes an – keine Munition aus Militärbeständen, die an einem Ort den Besitzer gewechselt hat, wo es nicht passieren sollte. Genau genommen haben solche Artikel in den letzten paar Wochen nirgendwo auf dem Mars den Besitzer gewechselt, soweit ich erkennen kann. Es sieht ganz danach aus, dass alle hiesigen Schwadronen so etwas in ihrem Bestand haben.«

»Was, *alle*?«

Der Mars ist bestens mit privaten Vertragsunternehmen für das Militär ausgestattet. In den frühen Tagen der Scharte drängten sie sich um die großen Militärwerften bei Wells und schnappten sich alles, was die Flotte widerstrebend an Subunternehmer abgeben wollte. Aber nachdem das Gingrich-Kartell die Legislativen auf der Erde mit der Sense der Deregulierung gestürmt hatte, breitete sich die Tendenz zur Privatisierung aus, als sei es unbehandelter Badezimmerschimmel. Außerhalb der von der Lamina geschützten Valley-Region wimmelt es auf den Hochlandflächen des Planeten von Schlachtschiffstartsilos und geheimen Nachrüstungsstationen.

»Ja, alle«, sagte der Ziegengott kurz und bündig.

»Wie sieht es drüben in Hellas aus? Siehst du auch dort nach?«

»Dazu wäre ein Hack nötig. *Noch* ein Hack. Soll ich ihn in die Schlange hinter den ersten stellen, den du bereits von mir geschnorrt hast?«

Ich grimassierte. »Äh, nein. Vermutlich nicht.«

»Du vermutest korrekt.« Pause. Seine Stimme wurde etwas sanfter. »Hör mal, Veil, rechne einfach mal nach – mehr als dreißig Prozent von allem Menschengemachten im Weltraum wird heutzutage von Chinesen gebaut. Ng Systems liefert an Klienten auf der gesamten Ekliptik. Die Hälfte aller Waffensysteme an Bord der *Weightless Ecstatic* war mit ihrem Stempel versehen. Ich glaube sogar, dass die Firma gar nicht mehr in chinesischem Mehrheitsbesitz ist, ein vietnamesisches Management-Buyout am Ende des vergangenen Jahrzehnts, wenn ich mich recht entsinne. Und selbst wenn irgendein korrupter VBA-Militärkommandant tatsächlich einen ausgebauten Sprengkopf an irgendein zwielichtiges privates Killerkommando oder ihre Zwischenhändler weitergegeben hat, müssten sie ihn immer noch von Hellas zur Scharte bringen, und das wäre im Datenfluss an diesem Ende genauso auffällig wie ein Ständer in einem Stringtanga.«

»Bist du dir sicher?«

Ein umständlicher Seufzer. »*Ich* sage es, Veil.«

»Also gut.« Obwohl ich mich bemühte, kam es widerwillig heraus. »Trotzdem danke.«

»Keine Ursache. Ich werde dich Anfang nächster Woche anrufen. Bis dahin müsste ich irgendetwas Interessantes über dein Earth-Oversight-Playmate für dich haben.«

»Gut.«

Ich starrte auf die fabrizierte Marslandschaft hinaus, verlor mich für eine Weile darin. Ich hatte schon zahlreiche Demonstrationen von Holmstroms Treffsicherheit mit Datenflussanalysen erlebt. Es gab wirklich keinen guten Grund, ihn anzuzweifeln.

Und das hieß …

Verbinde mich mit Allmählich, subbte ich.

Das verräterische Trillern eines arbeitenden Scramblers an der Hörschwelle. Der reduzierte Audiokanal und dann Allmählichs gemessener Tonfall.

»Mr. Veil?«

»Fortschrittsbericht – Ihre Steuerangelegenheit wurde beigelegt, zumindest vorläufig.«

Ich glaubte zu hören, wie sich ihre Stimme um einen winzigen Bruchteil entspannte. »Vielen Dank, Mr. Veil. Wir werden Ihre Unterstützung bei diesem Problem nicht vergessen.«

»Das ist gut, weil Sie mir als Gegenleistung einen Gefallen tun könnten. Heute hat jemand versucht, mich umzubringen. Die Leute kamen bis an meine Tür.«

»Das ist … beunruhigend.«

»Auf jeden Fall beunruhigt es mich. Diese Typen waren Spitzenklasse. Sie sind mit einem entkleideten PVM-Sprengkopf zu mir gekommen. Wissen Sie, was das ist?«

Sie war für einen Moment still.

»Ich habe diese Terminologie schon einmal gehört«, sagte sie schließlich. »Das ist eine Militärwaffe, nicht wahr?«

»Ja. Diese wurde von Ng Systems gebaut.«

»Sie wollen eine Verbindung zu uns implizieren? Die Hälfte aller Weltraumtechnik ist heutzutage chinesischer Herkunft. Angesichts Ihres beruflichen Werdegangs dürfte Ihnen das nicht unbekannt sein.«

»Ich will gar nichts implizieren. Aber mich würde sehr interessieren, ob irgendjemand in Hellas kürzlich einen ausgemusterten PVM-Sprengkopf von Ng Systems an einen externen Klienten geliefert hat. Glauben Sie, dass Sie das für mich überprüfen könnten?«

Wieder eine längere Pause. »Wir könnten … dieser Sache nachgehen. Aber es wird einige Zeit dauern.«

»Ja, gut, aber lassen Sie sich nicht zu viel Zeit, denn diese Typen werden es wahrscheinlich noch einmal probieren. Es wäre mir lieber, keine Leiche zu sein, wenn Sie dazu kommen, mich zurückzurufen.« Ein sanfter Glockenton hallte durch den VV-Waggon. »Ich muss jetzt Schluss machen, Allmählich. Geben Sie mir Bescheid.«

Wieder der Ton, diesmal gefolgt von einer sanften männlichen Stimme.

»Meine Damen und Herren, Bürger und Besucher, wir werden in Kürze Cradle City erreichen. Bitte kehren Sie zum Andocken auf Ihre Sitze zurück. Nächster Halt: Cradle City.«

Außerhalb der Waggonhülle setzte das leise Wimmern der Bremssysteme des Zylinders ein. Auf dem Sichtschirm verlangsamte sich die vorbeiziehende Marslandschaft gemäß der anhaltenden Illusion und kam schließlich vor einer angenehm hübschen Aussicht auf niedrige Felsen unter einem stillen Nachthimmel zum völligen Stillstand. Ich spürte den kaum wahrnehmbaren Schubs, als der VV-Zylinder im Tunnel anhielt. Eine Abfolge von entfernten klackenden Geräuschen wanderte den Zug von einem Ende zum anderen entlang, als wir am Verschlusssegment der Station arretiert wurden. Dann kam schließlich der harte Trägheitsruck am Boden, als der äußere Zylinder kurzerhand ins Dock gerollt wurde und der Doppeldeckerwaggon drinnen in seinem geschmierten Kragen rotierte, damit er in der Waagerechten blieb. Die Deckenbeleuchtung wurde heller, während die Ausstiegsluken an beiden Enden des Waggons aufglitten.

»Cradle City, meine Damen und Herren, Bürger und Besucher«, sagte die freundliche KI-Stimme. »Willkommen in Cradle City. Es ist jetzt elf Minuten nach ein Uhr nachts, die derzeitige Temperatur an der Oberfläche beträgt minus drei Grad und wird bis Sonnenaufgang voraussichtlich auf minus siebzehn fallen. Leichter Wind aus westlicher Richtung, Luftfeuchtigkeit bei neun Prozent. Bitte nehmen Sie Ihr gesamtes Gepäck mit, wenn Sie den Waggon verlassen, und seien Sie vorsichtig, wenn sie nach draußen auf den Bahnsteig treten.«

Im Waggon waren die Leute bereits von ihren Sitzen aufgestanden, zwängten sich unbeholfen in den Gang, drifteten ungeduldig zu den Ausgängen. Ich blieb sitzen und beobachtete sie, heißlaufend und gereizt, nachdem das reibungslose Bewegungsmoment, das mich seit Bradbury angetrieben hatte, seltsamerweise plötzlich abgestorben war.

Schau dir diese verdammten Trottel an. Als hätten sie Tickets für einen Vergnügungspark da draußen oder so. Als hätten sie die Heimflug-Lotterie gewonnen, und dies wäre die Erde. Ich meine –

es ist Cradle City, Leute, die verfickten Schelf-Gemeinden. Wozu die Eile?
Vielleicht warten ihre Familien auf sie.
Du hältst die Klappe.
Ich schnappte mir meine Tasche aus dem Gepäckfach und hängte sie über eine Schulter, folgte den letzten fröhlichen Heimkehrern zur nächsten Tür und durch den Ausstiegstunnel. Unterwegs checkte ich beiläufig die VacStar unter dem Arm und die Balustraad im Kreuz. Reine Berufsgewohnheit – abgesehen von den üblichen Taxischleppern und Hotelzuhältern rechnete ich nicht damit, dass da draußen irgendjemand auf mich wartete. Auf jeden Fall niemand, der mir irgendwie gefährlich werden konnte.
Aber man sollte nie die Hoffnung verlieren.

Zwei Minuten später wurde mein Wunsch erfüllt. Als ich auf dem unterirdischen Bahnsteig stand, die Tasche zu meinen Füßen, und mich ausgiebig streckte, um einige Verspannungen der Reise aus meinen Rückenmuskeln zu lockern, bemerkte ich ein Flackern im Augenwinkel. Ich vermied sorgsam eine Reaktion, und ohne den Kopf zu drehen, löste ich mich langsam aus der gestreckten Haltung.
Hast du das mitbekommen, 'Ris?
Falls du auf die Irisreaktion und Fokussierung an deinem äußersten linken Blickfeld anspielst, dann ja, ich habe es mitbekommen.
Ich bückte mich und hob meine Tasche auf, warf sie mir erneut lässig über die Schulter. *Gut. Sichtfeld teilen, noch einmal abspielen und ihn im Auge behalten. Mal sehen, womit wir es hier zu tun haben.*
In einem Ausschnitt oben links sah ich eine verlangsamte Wiedergabe dessen, was ich gerade bemerkt hatte. Die Ausstiegstunnel von den oberen und unteren Waggons eines VV-Zylinders

ergänzen sich gegenseitig in ordentlich elegantem Wechsel, der untere entleert sich am einen Ende, der obere durch eine breitere Luke in der Mitte. Es war im langsamen Tröpfeln der Passagiere aus der Röhre im oberen Deck, wo ich ihn entdeckte. Durchschnittliche Größe, drahtig, unauffällige Kleidung und Kapuze, doch dann verpatzte er alles mit der Art, wie er erstarrte, als er in mein Sichtfeld kam. Wäre diese plötzliche Bewegungslosigkeit nicht gewesen, hätte ich ihn wahrscheinlich völlig übersehen.

Zügig lief ich über den Bahnsteig zu den berghohen Aufzuggerüsten am Ende, bestieg die Plattform für den langen Weg hinauf zur Oberfläche. Einige Sekunden nach Beginn der Fahrt drehte ich mich beiläufig um, als wollte ich die kolossale Architektur des Tunnelgewölbes und den Blick nach unten bewundern. Osiris scannte und markierte den unscheinbaren Kerl in der Menge, während er mir folgte, kennzeichnete ihn in Gelb, kartierte seine Bewegungen und warf die Analysedaten ins Augenwinkelfenster. Falls mein Verfolger durch meinen Rundumblick beunruhigt war, ließ er es sich auf bewundernswerte Art kaum anmerken. Er führte die Beschattung nach dem Lehrbuch durch, nahm einen parallelen Aufzug, um mir nicht direkt nach oben zu folgen. Doch da war es schon zu spät. Er war aufgeflogen.

Derselbe Typ wie draußen vor dem Dyson, oder?

Mit hoher Wahrscheinlichkeit ja. Sein hiesiges Bewegungsspektrum weist zu wenig Ähnlichkeit mit dem in den Aufnahmen des Dyson auf, um eine sichere Identifikation bestätigen zu können, aber mit hinreichender Bestimmtheit lässt sich vermuten, dass es dieselbe Person ist.

Merkmale?

Männlich, Anfang vierzig, Erdstandard, keine erkennbare Kampffunktionalität ...

Gut zu wissen.

Ich bin noch nicht fertig. Ich sagte erkennbar. *Spektralreflexion deutet auf eine nicht lange zurückliegende Gesichtsverletzung und die Anwendung von Gewebeschweißung hin, also liegt die Kampfkompetenz vielleicht in einem unbekannten kinetischen Stil oder ist einfach nur gut verborgen.*

Oder es ist gar keine allzu große Kompetenz. Er ist derjenige mit der Verletzung.

Kompetenz ist nicht dasselbe wie Unverwundbarkeit – jetzt wirst du kindisch. Derzeit ist es unmöglich, das Gefahrenpotenzial dieser Person einzuschätzen.

Erneut drehte ich mich auf der Standfläche des Aufzugs um, zurück in meine Bewegungsrichtung. Die erste Böe frostiger Nachtluft wehte von dem oberen Tunnelausgang herab, strich mir übers Gesicht und schlang sich um meinen Hals wie ein untoter Tentakel, der meine Tauglichkeit als Beute erspürte. Ich unterdrückte ein unerfreuliches Grinsen.

O doch, es ist möglich, subbte ich. *Das Gefahrenpotenzial wird sich jeden Moment zeigen.*

Und wir fuhren reibungslos durch den riesigen Aufzugtunnel zur kalten und unerbittlichen Umarmung des Hochlands hinauf.

2. TEIL
AUF DEM SCHELF

Solange Sie die sogenannte High Frontier nicht tatsächlich erlebt haben, mit eigenen Augen die unzähligen Kosten und das Elend gesehen haben, persönlich mit den zermürbten, sich abmühenden Bewohnern gesprochen haben, sollten Sie sich nicht anmaßen, mir zu erzählen, wie sie unsere Spezies veredelt. Nach meiner Erfahrung sind die Kräfte, die an einer Frontier – an jeder Frontier – entfesselt werden, alles andere als nobel. Was ich in elf Jahren als Gouverneurin auf dem Mars gesehen habe, ist nichts Nobles, sondern eine unersättliche Masturbationsfantasie der territorialen und technologischen Bereicherung, getragen von Arbeitspraktiken, die nur wenig besser als Sklaverei sind, durchgesetzt mit halblegalen oder absolut kriminellen Gewaltmethoden und auf jeder Ebene von ungezügelter Korruption durchdrungen.

Also sollen die Dokumente beweisen, dass mein einziges Verbrechen darin bestand, diese Fantasie nicht zu unterstützen; sie sollen beweisen, dass ich nicht von bewaffneten Männern meines Amtes enthoben wurde, weil ich mich geweigert hätte, meine offiziellen Pflichten zu erfüllen oder juristischen Anweisungen von der Erde zu gehorchen; sie sollen beweisen, dass ich stattdessen aufgrund meiner Weigerung abgesetzt wurde, den verderblichen, politisch nützlichen Mythos gutzuheißen – darüber, was hier angeblich geschieht; und weil ich die Wahrheit ausgesprochen habe über das, was diese neue koloniale Realität mit sich bringt.

Ex-Gouverneurin General Kathleen Okombi
Eröffnungsplädoyer vor dem COLIN-Untersuchungsgericht
(unredigierte Fassung – nicht für die Öffentlichkeit freigegeben)

25

Das Crocus Lux in Cradle City hatte zwar keine Swimmingpools mit Glasboden und Blick nach unten in einen 10 000 Meter tiefen Abgrund zu bieten, aber es gab ein paar nett riechende Blumengestecke in den Vasen am Empfangstresen. Ich stand neben einem solchen und atmete die Duftmischung aus Flieder, Sandstern und Hochlandrose ein.

»Ich möchte zu Milton Decatur«, sagte ich dem Rezeptionisten. »Mein Name ist Veil.«

Er machte ein leises Geräusch in der Kehle und sah mich mit einem Lächeln an, das ein wenig zu breit war. »Ach ja – Sie werden erwartet, Mr. Veil. Einer unserer, äh, Concierges wird Sie in die Olympus Lounge hinaufbringen.«

»Machen Sie sich meinetwegen keine Umstände. Wahrscheinlich würde ich sie auch allein finden.«

»Nein, nein – das ist ... kein Problem.« Er bremste seine hastige Erwiderung. Hinter höflich transparenten Linsen schossen seine Augen hin und her. Er räusperte sich, rief etwas aus dem Handbuch ab. »Im Crocus Lux sind wir stolz darauf, all unseren Gästen individuellen menschlichen Service zu bieten.«

»Eigentlich wohne ich gar nicht bei Ihnen.«

»Nein, aber, äh ... als Besucher sind Sie, ähm ... ah, Gustavo.« Spürbare Erleichterung strömte nun in seine Stimme, als eine wuchtige Gestalt an meiner Seite auftragte. »Vielen Dank. Würden Sie bitte Mr. Veil zur Olympus Lounge bringen?«

Gustavo brummte. Er war größer als zwei Meter und trug die Uniform des Crocus Lux wie eine Schlange ihre Haut kurz vor dem Abwerfen. Seine Linsen waren undurchdringlich schwarz. Ich grinste hinein und hob die Arme locker zur Seite.

»Ich bin nicht bewaffnet, Gus.«

Er überprüfte mich trotzdem mit seinen Linsen, dann ruckte er den Kopf wortlos nach rechts. Ich folgte ihm in diese Richtung, durch die kuppelförmige und nur spärlich bevölkerte Lobby, dann durch eine Doppeltür, die vollkommen lautlos zurückschwang, um uns passieren zu lassen, einen leeren Korridor mit Marmorwänden entlang, und dann eine enge Wendeltreppe hinauf, die, wie mir auffiel, sehr leicht gegen unerwünschte Eindringlinge zu verteidigen wäre.

Ganz oben gab es einen Wassergarten.

Keine so große Sache wie zweifellos damals, als die Crocus-Lux-Kette ihre charakteristische Luxusnote erstmals von Blumen zu *Wasser*blumen änderte, aber die Aura unverschämter Maßlosigkeit wirkte dennoch nach. Wir liefen zwischen weiten Zierteichen hindurch, unter einer angestaubten Glaskuppel, deren gefiltertes Licht die aberwitzig großzügigen Flächen offenen Wassers metallisch blau färbten, in unterschiedlicher Höhe angelegt, sodass die Bäche und Rinnsale, die dazwischen verliefen, für einen konstanten plätschernden Geräuschhintergrund sorgten und kleine Wellen auf den Oberflächen erzeugten. Lotus und Wasserhyazinthe drängten sich in strategischen Intervallen aneinander, aber nirgendwo so sehr, dass sie den Fluss störten. Irgendeine modifizierte Art von Weide oder Mangrove war entlang der Ränder und auf den höher gelegenen Hängen des Gartens gepflanzt worden und warf kunstvolle Schatten. Helles, süßes Vogelgezwitscher kontrapunktierte den Klang des Wassers, und als ich aufblickte, sah ich ein paar echte Vögel, die unter der Kuppel hin und her flogen. Wir schienen sie aufgescheucht zu haben, als wir die Treppe heraufgekommen waren.

»Veil? Bist du das, Drecksack?«

Ich grinste. Ich konnte nicht anders. »Wer will das wissen? Hast du eine *richterliche Anordnung*, Drecksack?«

Gelächter aus tiefstem Bauch von den beschatteten Felsen und Teichen auf der oberen Ebene, wie irgendein liederlicher Kultgott, der sich an einem neuen Schwung Tempeljungfrauen ergötzte. Eine Gestalt ragte über uns auf, in einem Licht, das durch die Bäume gebrochen wurde, zur Silhouette verdunkelt. Er hielt einen Moment zwischen sorgsam angeordneten Steinen inne, über denen irgendein Zen-Gärtner wahrscheinlich Monate gebrütet hatte, dann sprang er von dort herunter. Dabei stieß er einen Stein aus der Reihe, rückte ihn unbeholfen wieder ungefähr an die Stelle, wo er schon gelegen hatte. Und trat vollständig ins Licht.

Die Jahre seitdem hatten ihn kaum beeinträchtigt – er war dunkler als ich jetzt, das Vermächtnis des Aufenthalts auf dem Hochland, während ich mich in den tieferen Canyonstraßen von Bradbury versteckt hatte und verblasst war. Die Muskelmasse des Körpers und die ungebeugte Größe waren immer noch da. Er hatte seine gebrochene Nase nie in Ordnung gebracht – *weiß nicht, Hak, ist auch eine Botschaft, oder?* – und kam nun auf mich zu, die Arme in einer lockeren Boxerdeckung erhoben. Er täuschte einen Schlag mit der Rechten an, grinste, als ich einfach hineintrat, packte mich und zerquetschte mich in einer festen Umarmung, die nicht viel von der Kraft verloren hatte, an die ich mich noch erinnern konnte. Ich bemühte mich, genauso fest zuzudrücken.

Als wir damit fertig waren, trat er auf Armeslänge zurück und betrachtete mich. Schlug mir mit beiden Händen auf die Schultern und nickte anerkennend.

»Ziemlich gut in Form – zumindest für jemanden, der sich nach Bradbury abgesetzt hat. Hast du abgenommen?«

»Bin gerade aufgewacht.«

»Ach ja, richtig – diese leidige Scheiße.« Grinsend nahm er seine Linsen ab. »Trotzdem siehst du gar nicht schlecht aus. Mann, was hast du die ganze Zeit gemacht? Und warum zum Teufel bist du in dieses Scheißloch zurückgekehrt?«

Ich zuckte mit den Schultern. »Ich suche nach einer Frau.«

»Einer Frau? Was, musst du für einen Fick inzwischen den weiten Weg hier raufkommen?«

»Es ist schon ein bisschen komplizierter.«

Als ich ihm alles dargelegt hatte, war er ernüchtert. Wir saßen zusammen ohne Linsen auf breiten flachen Steinen in einer kitschigen Meditationslaube unter einer der Weiden. Nachdenklich starrte er in das lotusgesprenkelte Wasser des Teichs vor uns.

»Und du glaubst wirklich, dass sie noch am Leben ist?«, fragte er.

»Hätten sie sie töten wollen, hätten sie ihr am Bradbury Central einfach eine anzugbrechende Kugel in den Kopf jagen und sich eine Menge Ärger ersparen können.«

»Ja, also wollten sie sie lebend haben. Könnte aber auch sein, dass sie inzwischen alles aus ihr herausgeholt haben, was sie wissen wollen, und sie bereits mit dem Gesicht nach unten im Regolith liegt.«

»Fühlt sich für mich nicht so an.«

Er sah mich durch zusammengekniffene Lider an. »Oder du willst es nicht so.«

»Ich glaube kaum, dass sie sie ausquetschen wollen, Milt. Weil sie überhaupt nichts weiß. Schließlich geht es genau darum – sie ist hier, um herauszufinden, was mit Torres passiert ist. Um etwas von anderen Leuten zu erfahren. Sie kam erst vor drei Tagen aus der Kryokap. Vor ein paar Monaten ist sie noch auf der Erde gewesen. Was für Geheiminformationen könnte sie schon haben?«

»Gut, sie wollen sie also nicht ausfragen, und sie wollen sie auch nicht töten. Was bleibt übrig? Lösegeld? Wollen sie das Auditteam vertreiben? Könnten die Frockers sie geschnappt haben?«

Ich schnaufte. »Diese Arschlöcher? Sie könnten keinen Finger voll Rotz aus ihrer eigenen Nase entführen. Nein, ich glaube nicht, dass die Frockers sie haben. Ich glaube eher, es sind irgendwelche bestens organisierten Drecksäcke mit einer sehr speziellen lokalen Agenda, und Pablito Torres ist ihr Ground Zero.«

Decatur schüttelte den Kopf. Er warf mir einen verwunderten Seitenblick zu.

»Trotzdem scheint es etwas weit hergeholt, davon auszugehen, dass sie sie nach Cradle City gebracht haben, Hak. Ich meine, wenn hier wirklich ihr Ground Zero ist, würden sie sie eher *ganz woanders* hinbringen. Und du hast gesagt, dass sie mit dem VV nach *Osten* gefahren sind.«

»Das könnte nicht mehr als Lametta für die Polizei gewesen sein. Oder wegen eines praktischen Zwischenhalts.«

»Oder auch nicht.«

Ich nickte. »Oder auch nicht. Mit VV-Geschwindigkeit könnten sie inzwischen sonst wo in der Scharte sein.«

»Richtig.«

»Aber trotzdem will ich hier die Spur aufnehmen. Torres ist hier verschwunden, und wenn ich mich tief genug in diese Sache hineingrabe, werde ich auch herausfinden, warum Madison Madekwe verschwunden ist. Außerdem geht es um dich.«

Er sah mich wieder an, diesmal intensiver. »Um mich?«

»Ja. Dich. Vor zwei Tagen hat jemand versucht, mich umzubringen, Milt, und der einzige plausible Grund, der mir einfällt, ist der, dass wir Freunde sind. Als ich vor ein paar Tagen versucht habe, dich hier im Lux anzurufen – worauf du dich nie zurückgemeldet hast ... Der Anschlag passierte am gleichen Tag. Eine Sache von wenigen Stunden.«

Ich beobachtete ihn genau, während ich sprach – wenn auch ohne Linsen – und sein Schock schien echt zu sein. Er drehte sich vollständig zu mir herum, die Gesichtszüge vor Wut angespannt.

»Jemand, den ich kenne, *soll einen verdammten Anschlag gegen dich ausgeführt haben*? Jemand, den ich verdammt noch mal kenne?«

»Vielleicht auch nur jemand, der über dich Bescheid weiß«, räumte ich ein. »Sie wollten mich zum gleichen Zeitpunkt ausschalten, als sie sich Madekwe schnappten, und deswegen haben sie einen Riesenaufwand betrieben. Ich befand mich auf der anderen Seite der Stadt, Lichtjahre vom Schauplatz entfernt, stellte keine Gefahr für ihren Zugriff oder ihre Fluchtroute dar. Das alles ergibt nur dann Sinn, wenn sie glaubten, ich *könnte* anschließend für sie hier oben zu einer Gefahr werden. Und die einzige Verbindung, die ich zu diesem Ort habe, abgesehen von Madekwe und Torres, bist du.«

»Ahh ...« Decatur breitete die Hände aus. »Jesus, Inti und Supay, Hak. *Das* ist deine beschissene Schlussfolgerung? Vielleicht sind sie nur im Datenfluss auf dich aufmerksam geworden, haben dich als hartnäckigen missionsgeleiteten Drecksack eingeschätzt – der du wirklich bist – und sich gedacht, dass du nicht lockerlassen wirst. Womit sie recht behalten haben, nicht wahr?«

»Milt, sie sind mit einem verfickten ausgemusterten Militärsprengkopf zu mir gekommen. Niemand hat so große Angst vor mir, nicht mal Leute, die mich gut kennen.« Ich schaltete einen Gang runter, entspannte meinen Tonfall. »Aber ich denke, ja, du hast recht – sie haben mich im Datenfluss bemerkt, und sie haben ihre Vorsichtsmaßnahmen ergriffen. Und sie haben sich keine Sorgen gemacht, dass ich hier oben nach Madekwe suchen könnte, weil das ein einfaches Problem wäre. Verdammt, es ist doppelt so einfach, mich hier verschwinden zu lassen, als in Bradbury. Nein. Ich glaube, sie haben sich Sorgen gemacht, dass ich hierherkomme und *du* ihnen im Weg sein könntest, wenn sie versuchen, mich auszuschalten.«

Stille umwehte uns wie der Duft von den Lotusblüten im Teich. So saßen wir eine ganze Weile da, wie es mir vorkam. Auf einem tieferen Hang des Gartens bemerkte Gustavo das Schweigen und zuckte in unsere Richtung. Ich sah, wie Decatur kaum merklich den Kopf schüttelte, und Gus wandte sich ab wie ein Hai, dem man einen Schlag auf die Nase verpasst hat. Decatur räusperte sich.

»Also hast du ein Anliegen, Hak? Willst du mich um Hilfe bitten?«

»Ich weiß noch nicht, ob ich sie brauchen werde. Aber wenn, dann bist du der Mann, an den man sich wenden sollte, wie ich gehört habe. Du hast jetzt das Sagen in der Stadt, stimmt's?«

Er lachte, aber mit weniger Heiterkeit als zuvor. »Ich habe hier nicht das Sagen, Hak. Das hat Raquel Allauca. Hast du nicht die Brels gesehen?«

»Ja, überall in der Stadt. Dritte Amtszeit, ungebrochen. Anscheinend lieben die Bewohner sie sehr.«

Decatur brummte. »Wenn sie wissen, was gut für sie ist, dann ja.«

»Also hat sie sich nicht geändert.«

»Hast du dich geändert?« Sein Tonfall wurde schärfer. »Es ist eine ziemlich gute Maschine, die wir hier oben am Laufen halten, Hak. Du wirst mir doch hoffentlich keinen Sand ins Getriebe streuen, oder?«

»Hey, ich will nur ein paar Fragen stellen. Wenn du weißt, dass sich jemand darüber ärgern wird, sag es mir einfach. Damit würde ich eine Menge Zeit sparen.«

Wieder dieses Grinsen ohne Heiterkeit. »Okay, ich werde dir eine Menge Zeit sparen. Pavel Torres war ein gescheiterter Staubteufel, seit er aus dem Schoß seiner Mutter fiel. Er starb genauso, wie er gelebt hatte – gescheitert und unaufmerksam. Es spielt keine Rolle, wen du fragst, hier werden dir alle dasselbe sagen.«

»Auch Nina Ucharima?«

Er sah mich an. »Hast deine Hausarbeiten gemacht, was? Ja, selbst Nadel-Nina. Sie würde dir genau dasselbe sagen. Ich meine, sie haben gefickt und so, aber sie ist ein kluges Mädchen. Sie konnte es ebenso wie alle anderen sehen. Er hätte es sich auch gleich auf die Stirn tätowieren können. Ein geborener Scheißverlierer.«

»Wusste sie, dass Torres den Heimflug gewonnen hatte?« Ich nahm ihn in die Zange und wünschte mir, es gäbe eine höfliche Möglichkeit, meine Linsen aufzusetzen. »Wusstest *du* es?«

»Nicht bevor die Metro-Vermisstenabteilung herkam und die Bettlaken ausschüttelte. Und falls Torres Nina davon erzählte, hat sie mir gegenüber nichts davon erwähnt.«

»Sollte sie das tun?«

Er hustete einen Lacher aus. »Du hast Nina Ucharima nie kennengelernt, nicht wahr?«

»Ich habe die Akte gelesen.«

»Du hast die Akte gelesen.« Er seufzte. »Hör mal – erinnerst du dich an diesen stellvertretenden Marshal, der uns damals oben in Hayek County über den Weg gelaufen ist? Die Doppelverhaftung bei Babyglow's House of Lights, die Sache mit dem Synacralon-Deserteur?«

»Was – diese kleine Furie?« Selbst jetzt noch verzog die Erinnerung meine Lippen zu einem leichten Lächeln. »*Du bleibst dort und blutest, Arschloch. Verdirb mir nicht die Laune. Das* ist Ucharima?«

»Nein. Das wäre aus Ucharima geworden, wenn sie jemals so dumm gewesen wäre, einen Job im Sicherheitsdienst anzunehmen. Stell dir also eine solche Frau vor, nur noch schärfer, noch straffer gespannt. Klingt das nach einer Person, die mich über eine alte Flamme auf dem Laufenden hält?«

»Klingt nicht so, als würde sie sich überhaupt für einen gescheiterten Staubteufel interessieren. Aber anscheinend doch.«

Decatur zuckte mit den Schultern. »Darüber müsstest du schon mit ihr selbst reden.«

»Ja, das habe ich vor.« Ich starrte für ein paar stille Momente auf das Wasser hinunter. Blickte abrupt auf und ihm in die Augen. »Komm schon, Milt – um der alten Zeiten willen. Klär mich auf. Warum zum Teufel hat sich Torres in Cradle City rumgetrieben, während er ein Rückflugticket in der Arschtasche hatte? Er hätte den VV nach Bradbury nehmen können, um sich dort auf Kosten von Vector Red eine große Hotelsuite zu nehmen und die Pressearbeit zu machen, während er dort bis zum Ladetermin Hof hält. Aus der Akte hatte ich den Eindruck gewonnen, dass er genau der Typ ist, der so was liebend gern mitgemacht hätte. Was ist schiefgelaufen?«

»Du fragst *mich*? Er war nicht *mein* Kumpel.«

»Aber du hast ihm einen Job gegeben.«

Decatur schüttelte bedächtig den Kopf. »Nein. Jeff Havel gab ihm einen Job, und das auch nur, weil Nina ihn darum gebeten hatte. Mit ihnen musst du reden. Ich habe nichts mit der Ground Out Crew zu tun, noch nie. Falsche Seite des Zauns.«

»Gut. Und ich vermute, auch Havel ist nicht dein Kumpel.«

Ein dünnes Lächeln. »Es ist bekannt, dass ich gelegentlich mit ihm trinke. Jagdausflüge oben im Valley, solche Sachen.«

»Ja. Ist auch bekannt, dass du gelegentlich mit ihm Wahlen hingebogen hast?«

Das Lächeln flatterte wie ein unentschlossener Schmetterling auf seinen Lippen. »Das ist ein haltloser Vorwurf, Mr. Veil.«

»Milt – es interessiert mich nicht, okay? Ich bin kein verdammter Kreuzritter, das weißt du. Aber sie haben Madekwe während meiner Wache geschnappt. Ich möchte wissen, warum, und ich möchte wissen, wer, und ich möchte ihnen persönlich gegenübertreten.«

Er gestikulierte. »Damit du sie töten kannst.«

»Dazu muss es nicht kommen.«

»*Wer den Overrider weckt*, was?«

»Ach, komm schon – das war ein verdammter Immie. Mit saumäßigem Produktionswert. Ich habe mir einmal nur aus Interesse einige Eps angetan. Stunden meiner Lebenszeit, die ich nicht zurückbekommen werde. Ich möchte nur ein paar klare Antworten bekommen und Madekwe in einem Stück wiederhaben. Wenn das passiert, gibt es keinen Grund, dass irgendwer zu Tode kommen muss.«

»Und wenn Madekwe nicht mehr in einem Stück ist? Was tust du dann?«

Ich blickte auf die Oberfläche des Teichs hinunter, fand eine dunkle und leicht verzerrte Reflexion von mir, die aus dem leicht gewellten Wasser zu mir zurückstarrte. Ich sagte nichts. Decatur seufzte.

»Ja, genau das habe ich mir gedacht«, sagte er.

Gustavo führte mich hinaus und gab sich keine besondere Mühe, ein herzlich professionelles Misstrauen zu verbergen. Als ich die Lobby durchquerte, bemerkte ich das Flackern einer ausgelösten Wiedererkennungsroutine in meinen Linsen. Mein anhänglicher mitreisender Freund vom Bahnhof beugte sich über den Rezeptionstresen und unterhielt sich intensiv mit jemandem vom Personal. Er vermied es mit so großer Gelassenheit, in meine Richtung zu blicken, dass ich ihm applaudieren wollte, als wir vorbeigingen.

»Und hat Milt euch hier rund um die Uhr um sich?«, fragte ich meine Eskorte.

Gustavo warf mir einen missbilligenden Blick zu, ohne langsamer zu werden. »Ich denke, er würde dir solche Scheiße erzählen, wenn er wollen würde, dass du es weißt.«

»Wohl wahr.«

»Brauchst du ein Taxi?«

Ich schüttelte den Kopf. »Ich wohne in den Mansions of Luthra, einmal quer durch die Stadt. Ich werde zu Fuß gehen.«

»Mansions of Luthra. Gut.« Er verzog kaum die Lippen, als er es sagte, aber man konnte in seinem Gesicht erkennen, wie etwas Verachtung durchsickerte.

Wir erreichten die breite Lobbytür – kaskadierende Krokusbeetmotive in Buntglas – und traten hindurch in das blasse pergamentgefilterte Licht des Marstages. Ein stiller Mittag auf der Hauptstraße unter einem stillen Himmel. Der Verkehr jagte auf der Straße in Kleinstadtdichte vorbei, vereinzelte Fußgänger eilten mit der matten Sonne im Gesicht über den Gehweg. Über der Tür schütteten die Luftbefeuchter des Hotels warme Wolken aus Wasserdampf träge über uns aus, nahmen der trockenen Hochlandluft die Schärfe. Eine geduldige Codierfliege, die sich in der feuchtwarmen Wolke herumtrieb, erkannte ihre Chance und schoss herab, summte an meinem Ohr vorbei und erwischte mich an der Wange.

Ich schlug auf die Einstichstelle, spürte das befriedigende Knirschen, als das Exoskelett des kleinen Mistviehs von meiner Handfläche zerdrückt wurde. Die Schwüle schien sie verlangsamt zu haben. Unterdessen sprang Gustavo einen ganzen Meter von der Bewegung zurück, riss schützend die Hände hoch, das Gesicht zu einem entrüsteten Ausdruck verzogen. Ich warf ihm einen müden Blick zu.

»Codierfliege.« Ich zeigte ihm meine Hand, den schwarzen blutfleckigen Klecks auf der Haut. »Wenn ich dir etwas tun wollte, würdest du es niemals kommen sehen.«

Verlegen ließ er die Arme sinken und schnaufte. »Harter Kerl, was?«

»Harte Genetik«, sagte ich geistesabwesend, während ich die Spuren des postorganischen Massakers von meiner Hand an den Türpfosten wischte. »Du bist ein großer Mann, Gus, und du bist ziemlich gut in Form. Aber bei mir ist schon alles auf dem Helix-Level darauf angelegt.«

Ich bedachte ihn mit einem freundlichen Nicken, verließ die Reichweite des Befeuchters und trat auf die Straße. Um mich herum erhob sich die Bonsai-Innenstadt von Cradle City, eine kleine Ansammlung von Türmen in bescheidener Höhe, viele von ihnen neuere Erweiterungen des ursprünglich niedrigen Bestands aus der Siedlungszeit. Ein paar an Luftschiffe angeleinte Branengel schwebten, aber sonst kein erkennbarer Flugverkehr. Raquel Allaucas Gesicht hing gemalt in westlicher Richtung hundert Meter hoch über der Straße, mütterlich ernst und mit aufdringlicher Kriegsbemalung. Eine rotgeletterte Beschriftung zog sich über ihren diskret präsentierten Brustansatz – WAS IN DEN SCHELF-GEMEINDEN PRODUZIERT WIRD, GEHÖRT DEN SCHELF-GEMEINDEN. Das rotlippige Lächeln lud einen ein, sich an den Esstisch zu setzen, die harten Augen sagten einem, dass sie sehen wollte, wo man seine Hände hatte.

Eine Windböe sauste vorbei, hinterließ mir eine Patina aus feinen Sandkörnern auf den Zähnen.

Ich vergewisserte mich einmal, ob ich verfolgt wurde – falls ja, gaben mir weder meine Sinne noch Osiris einen Hinweis darauf –, dann drehte ich mich um und fädelte mich in den stetigen Strom der Passanten ein, machte mich unter Allaucas wachsamem Blick auf den Weg durch die Stadt.

26

Nina Ucharima lebte in einem kürzlich aufgekeimten Wohnblock am westlichen Rand der Stadt, aber dort wollte sie sich nicht mit mir treffen. Stattdessen einigten wir uns auf ein Pfeifenhaus für Lamina-Geeks, das sie kannte. Das war ein schäbiger, schlecht beleuchteter Laden auf dem Beobachtungsdeck eines renovierten Sturmüberwachungsturms. Dröhn dich zu, begaff die große alte Lichtshow am Himmel. Ich traf dort eine halbe Stunde früher ein, musterte den Grundriss und die frühabendlichen Gäste, bemerkte nichts Beunruhigendes. Ich suchte mir einen Balkontisch und machte es mir mit einer Pfeife voll Genmod-THC mit Kirscharoma bequem. Ucharima tauchte etwa zwanzig Minuten zu spät auf und belog mich von Anfang an.

»Diese ID-Aufnahme, die Deck mir geschickt hat, ist völlig veraltet«, sagte sie brüsk, als sie sich aus einer abgewetzt aussehenden Hochlandjacke schälte, sie auf den Tisch warf und sich auf den Sitz mir gegenüber fallen ließ. »Viel mehr Fleisch auf Ihrem Gesicht als zu der Zeit, als die Aufnahme gemacht wurde, und Sie wissen schon, das Haar weniger grau.«

»Danke.«

»Weshalb ich mich verspätet habe.« Sie gestikulierte, dass ich ihr das Pfeifenmundstück rüberreichen sollte. »Bin hier zweimal herumgerannt, um mir Gesichter anzusehen, bis ich Sie endlich erkannt habe. Veil, ja?«

Ich nickte, ging nicht auf die Lüge ein – ich hatte alles im Blick gehabt, wusste, dass sie nicht schon einmal am Balkonfenster vorbeigekommen war – und gab ihr die Pfeife. Ich beobachtete, wie sie daran zog, während 'Ris zur Bestätigung im linken Feld meiner Linsen einen Schnappschuss von ihr aufrief und eine Gestaltanalyse laufen ließ. Wie auch Pavel Torres war Nina Ucharima eine Variation des Hochland-Klassikers – jung, langbeinig und schlank, gekleidet, um sich zu präsentieren, in Arbeitsshorts, die knapp unter dem Schritt abgehackt waren, eine dünne, schwarze Strumpfhose und klobige Stiefel mit flachen Absätzen. Unter einem weiten silbern getönten T-Shirt waren ihre Schultern breit, und harte Arme mit schlanken Muskeln zeigten sich unter den hochgeschnittenen Ärmeln. Ihr Haar war chemisch geschwärzt, durchsetzt mit Farben, die einem heftigen Energieaustausch in der Lamina entlehnt waren, und die verworrene Masse ballte sich um ihr Gesicht, auf eine Weise, die den Eindruck der harten andinen Wangenknochen, des Schlitzmundes und des vorspringenden Kinns entschärfen sollte. Hinter großen Piratenklappenlinsen blickten Augen lebhaft und wachsam mit grüner Iris, in den Winkeln konstant gerunzelt, nachdem sie auf dem Hochland immer wieder andere niedergestarrt hatte. Auf der Vorderseite ihres T-Shirts bildeten feste, hohe und wahrscheinlich vergrößerte Brüste vielversprechende Wölbungen unter einem Logo, das ich nicht kannte, eine große grimmige Gestalt, die Staubwolken wie einen Umhang hinter sich herzog, mit der krakeligen Unterzeile *GASH HELL CONDEMNED – STORM'S COMING*.

Die Verdammten der Höllenscharte kündigten den Sturm an.

»Also«, sagte sie gepresst und ließ eine lange Rauchwolke aufsteigen. »Deck meinte, Sie wollen über Torres reden. Was möchten Sie wissen? Ob ich ihn gefickt habe?«

»Wir könnten mit dem Warum anfangen. Sie scheinen ziemlich selbstbewusst zu sein, und im Polizeibericht kommt er als komplettes Arschloch rüber.«

»Als komplettes Arschloch.« Sie blickte in die Reste des Pfeifenrauchs zwischen uns, als würde sie darin ihren Ex-Lover projiziert sehen. »Ja, ich würde sagen, das ist zutreffend. Aber gleichzeitig auch irgendwie süß. Dazu ein *sehr* großer Schwanz und viel ... Redseligkeit. Sie wären überrascht, was ein Mädchen in anderen Bereichen tolerieren kann, wenn das gut läuft.«

»Gut zu wissen. Ist er jemals dazu gekommen, Ihnen zu erzählen, was er hier oben gemacht hat?«

Sie sah mich grinsend an, legte einen Oberschenkel über die Armlehne des Stuhls und ließ sich tiefer auf den Sitz sinken. »Sie haben das mit der *Redseligkeit* nicht ganz verstanden. Eigentlich haben wir gar nicht viel miteinander geredet.«

»Ist er nach Cradle City gekommen, um nach Ihnen zu suchen?«

»Hat er gesagt.« Sie zuckte mit den Schultern. »Aber die meiste Zeit hat er einen Sack voll Scheiße gelogen, also kann man nie wissen. Ich bin hier oben nicht seine einzige Bekanntschaft gewesen. Er hatte eine ganze Menge ... Freunde.«

»Irgendwelche, mit denen er sich oft getroffen hat?«

Wieder das Schulterzucken. »Jeff Havel hat ihm einen Job gegeben, also musste er sich mit ihm treffen. Sie zogen gemeinsam um die Häuser, solche Sachen. Über die anderen weiß ich nichts.«

Der Zweck ihrer anfänglichen Lüge wurde offensichtlich. Nina Ucharima wollte auf alles so ausweichend wie möglich antworten, und als sie mich gleich zu Beginn angelogen hatte, wurde ihre Unehrlichkeit als Gestaltstandard festgesetzt. Im allgemeinen somatischen Geräuschpegel wäre es für 'Ris nun schwierig zu erkennen, in welchen Punkten sie unverblümt log.

»Sie sagten im Polizeibericht, dass er über irgendeinen großen Gewinn faselte, den er sich zusammenfantasierte. Ist auch das zutreffend?«

Sie nippte wieder an der Pfeife. Blickte mich darüber hinweg an. »Sie sind nicht von hier, stimmt's?«

»Hängt davon ab, wie Sie das meinen. Hab früher mal mit Decatur für IC diesen Teil des Valley bearbeitet.«

»Ja, das hat er erwähnt. Aber ursprünglich kommen Sie von der Erde, oder?«

»Über einige Umwege.«

»Ja, gut, wenn Sie nämlich von hier wären, wüssten Sie, dass der nächste große Gewinn« – eine kurze Andeutung von Taiko-Getrommel mit den Händen – »das Einzige ist, über das alle in dieser Stadt sprechen. Ob sie noch eine Chance haben oder nicht.«

»Also war es nur Gerede?«

»Woher zum Teufel soll ich das wissen? Wie gesagt, ich war nicht zum Quatschen mit ihm zusammen.«

»Er hat Ihnen nicht gesagt, dass er das Heimflugticket in der Tasche hatte?«

Sie schüttelte den Kopf – etwas vehement, wie ich dachte. Ich bohrte stärker nach.

»Klingt aber seltsam, nicht wahr? Ein großer Gewinn würde reinen Tisch machen. Eine Berühmtheit in der ganzen Scharte in weniger als einem Monat, noch vor dem Ende des Sommers auf dem Weg zur Erde. Glauben Sie, er wollte vielleicht nicht preisgeben, dass er fortgehen wird? Um Ihre zarten Gefühle nicht zu verletzen?«

Sie warf mir einen mitleidigen Blick zu, grinste schief. Ein seltsamer trotziger Stolz schwang in ihrer Stimme mit, als sie mich fertigmachte.

»Auf welchem Planeten leben Sie, Gusch? Glauben Sie, Typen wie Torres würden die zarten Gefühle eines Mädchens auch nur einen flüchtigen Furz interessieren? Glauben Sie, man könnte einen solchen Kerl festhalten, wenn man, weiß nicht, über die *gemeinsame Beziehung* und solche Scheiße labert? Hätte er den Heimflug in der Tasche gehabt, hätte ich es gewusst. *Alle* hätten es gewusst – er hätte es von den Dächern gebrüllt.«

»Oder von einem Hangardach draußen in Gingrich Field?«

Das Grinsen verblasste. »Hören Sie, ich weiß nicht, warum er da raufgestiegen ist. Wie ich diesem Bullen von der Metro-Vermisstenabteilung schon erklärt habe, waren wir beide damals ziemlich breit.«

»Und danach haben Sie ihn nie wiedergesehen?«

Sie seufzte übertrieben. »Richtig. Genau, wie ich der Metro erzählt habe.«

»Sind Sie sich ganz sicher?«

»Ach, Sie glauben, es wäre mir entfallen?« Sie zog erneut am Mundstück der Pfeife, blies mir Rauchwolken entgegen. »Hören Sie, geht es wirklich darum? Noch einmal alles durchkauen, was ich schon den Bullen erzählt habe, für den Fall, dass ich beschließe, es diesmal anders zu erzählen? Das wird irgendwie langweilig, wissen Sie.«

Sie lenkt ab, sagte mir 'Ris ins Ohr. *Schon seitdem sie hereingekommen ist, aber das hier scheint der Knackpunkt zu sein. Ich schlage vor ...*

Ja, ich weiß.

Ich ließ locker und streckte die Hand nach der Pfeife aus. »Okay, Nina, ich möchte Sie natürlich nicht langweilen. Also beantworten Sie mir stattdessen folgende Frage. Sie sagen, Torres hätte weder Ihnen noch sonst wem in Cradle City von dem Heimflug erzählt, und Sie meinen, dass dies bedeutet, er hätte dieses Ticket nie gehabt. Wollen Sie damit sagen, dass Vector Red gelogen hat? Dass es irgendein Beschiss war? Dass Torres gar nicht in der Lotterie gewonnen hat?«

Sie beugte sich vor, als sie mir das Mundstück reichte, kam mir näher als nötig. Und ließ wieder das harte, kleine Grinsen aufblitzen.

»Was ich damit sagen will, Gusch, ist, dass Pablito Torres die verfickte Heimflug-Lotterie in seinem ganzen Leben niemals auch nur *gespielt* hat.«

Über uns lief eine gezackte grüne Wellenfront von Ost nach West durch die Lamina. In ihrem Gefolge rieselten Nachentladungen in Gold und Silbergrau heraus. Gemurmel erhob sich wie aufgeschreckte Vögel von den Tischen um uns herum. Der Himmel hatte schon den ganzen Abend lang ähnliches Zeug abgelassen, aber dies hier stellte die vorherigen Spektakel noch in den Schatten. Ein paar Raucher standen auf und zeigten nach oben, jemand jauchzte sogar. Ucharima blickte nicht einmal auf. Hinter ihren Linsen waren die grünen Augen auf mich gerichtet, beobachteten meine Reaktion. Ich erwiderte ihren Blick, während ganz schwach das Geräusch der Entladung über uns hinwegrollte wie das Flüstern eines nächtlichen Regens.

»Wollen Sie nun rauchen oder was?«

Ich blinzelte, betrachtete das Mundstück der Pfeife, das ich in meiner Hand vergessen hatte. »Ich setze eine Runde aus. Hören Sie, wenn das stimmt ...«

»Warum ich es dann den Bullen nicht gesagt habe?« Sie streckte die gekrallten Finger nach der Pfeife aus. Ich gab sie ihr und beobachtete, wie sie einen tiefen Zug nahm, gönnte ihr den Moment. Sie blies ein paar perfekte kleine Rauchringe zu mir, hob und senkte verspielt die Augenbrauen und entließ den Rest des Rauchs als Wolke über dem Tisch.

»Hab es nie den Bullen von hier *oder* der Metro erzählt«, sagte sie leicht schleppend, »weil, scheiß drauf, okay? Korrupte Arschlöcher, die ständig der Bürgermeisterin, Deck oder Havel und Crew die Hand hinhalten. Und nur so tun, als ob. Und dieser schimmernde verfickte Pissstrahl aus Bradbury, Tomatin, Tamora oder wie auch immer sein Scheißname war ...«

»Tomayro.«

»Ja, der. Tomayro.« Sie nippte erneut an der Pfeife, gestikulierte ausladend mit dem Mundstück. »Verdammter Billiganzugidiot. Hat während der ganzen Vernehmung nur meine Beine abgecheckt. Pablo oder irgendwas anderes von dem, was hier abgeht, hat ihn einen Scheißdreck interessiert. Konnte seinen auf Spesenrechnung gedruckten Schinken-Bocadillo riechen.«

»Passt zu ihm. In Bradbury nennt man ihn Titten-hoch-Tomayro.«

Sie sah mich blinzelnd an, grinste langsam. »Titten ... hoch ...«

»Weil die meisten seiner Fälle so enden.« Ich grinste zurück, richtete beide Zeigefinger auf die Decke. »Wirklich. Dafür ist er bekannt.«

Sie kicherte, was sich zu einem ausgewachsenen THC-Lachanfall steigerte. Es ließ sie plötzlich sehr jung wirken. Ich hatte deutlich weniger geraucht und 'Ris damit beauftragt, die Wirkung dessen zu unterdrücken, was ich inhaliert hatte, fügte aber meinerseits ein lockeres Lachen hinzu, um Ucharima Gesellschaft zu leisten. Es war gar nicht schwer. Ich nahm ihr die Pfeife ab und wartete, bis ihr Gekicher vorbei war.

Vielleicht bemerkte sie es. Sie setzte sich im Sessel auf und war plötzlich wieder ernst.

»Also gut, hören Sie«, sagte sie. »Ich kannte Pablo Torres, seit wir als ärmliche Kinder zusammen in Sombra aufgewachsen sind. Ich habe Erinnerungen an ihn, die bis zum Alter von drei Jahren und jünger zurückreichen. Also noch in der Zeit, bevor er mit diesem Blödsinn anfing, sich Pavel zu nennen, als wäre er dann anders als all die anderen Pablos. Ich habe *Pablo* Torres gefickt, als wir beide noch in der Highschool waren, wir beide können nicht älter als sieben oder acht gewesen sein. Wir haben zusammen in der Landgewinnung für EduKredits gearbeitet, bis wir gekündigt haben, dann folgte eine gemeinsame Ausbildung in vertikalem Ackerbau am Rand des Tith Chasma für AresAg und die Forge Group. Danach sind wir zwar getrennte Wege gegangen, aber wir haben uns immer auf dem Laufenden gehalten, Sie wissen schon. Alle paar Jahre fielen wir zusammen ins Bett, als hätten wir nichts Ernsteres laufen. Und ich sage Ihnen, dass er nie den Heimflug gespielt hat. Das interessierte ihn nicht. Er fand, dass es was für Irre und Trottel war. *Was glauben diese Leute, was sie auf der Erde finden werden, abgesehen von noch mehr verfickter Schwerkraft, die den Schwanz nach unten zerrt?*, sagte er immer wieder. *Wir sind Marsianer, verdammt noch mal, das ist kein Heimflug, das ist ein verfickter Trip nach Scheißdorf.*«

»War er politisch?«

»Sie meinen die Frockers?« Sie schnaufte. »Das kann nur ein beschissener Witz sein, okay? Ich weiß noch, wie sie einmal hier raufkamen und rumschrien, dass wir die Ketten der Alten Erde brechen müssen. Pablo sagte zu einem, dass er ihm seine Hand geben sollte. Der Blödmann dachte, er wollte sie schütteln, und streckte sie aus, aber Pablo griff danach und drehte sie herum, *streichelte* sie sozusagen.« Sie hob ihre schlankfingrige Hand mit der Innenfläche nach oben und demonstrierte es. Ihre Augen blickten mich im matten Licht der Tischlampe funkelnd an. »Sie war total weich, okay? Ein Bradbury-Schlappschwanz. Also packt Pablo die Finger und biegt sie zurück, bis der Idiot schreit und zu Boden geht. Pablo beugt sich über ihn und sagt: *Du hast es dir nicht verdient, hier raufzukommen und uns zu belehren, Arschloch. Nimm deine weichen Pamphletschreiberhände und deine Möchtegernklassenheldenvorträge und verpiss dich zurück in die große Stadt, wo sie sich deinen Quatsch gefallen lassen, weil wir hier oben nicht dazu bereit sind.* Dann zieht er ihn auf die Beine, klopft ihm den Staub ab und tätschelt seinen Kopf, als wäre er ein verdammter Hund. Ja.« Sie nickte und gluckste, während sie die Geschichte erzählte. »Der Wichser stand einfach nur da und blinzelte, wusste nicht, ob er danke sagen oder heulen sollte, und Pablo, ja, er verpasst ihm diesen gewaltigen Tritt in den Arsch, wirft ihn fast wieder zu Boden, bellt ihn an: *Wir sind jetzt fertig, Arschloch!* Und tritt ihn noch einmal, Sie wissen schon, um ihm über die Straße zu helfen. Und dieses Arschloch aus der Stadt mit den weichen Händen – er ist losgerannt, als wär ihm der verdammte Pistaco auf den Fersen.«

Sie beruhigte sich etwas, nachdem ihr Gelächter während der Erzählung recht hart und schrill geworden war und noch ein wenig länger anhielt. Ich glaubte, eine Spur von Tränenschimmer in ihren Augen zu sehen.

»Geben Sie mir die Pfeife, okay?«

Ich reichte sie ihr. Sinnierte ein wenig über Torres' politische Raffinesse nach. So etwas würde man nicht erwarten, nachdem man die Polizeiakte gelesen hatte – viele ärmliche Hochlandbewohner sind eingefleischte Separatisten, und selbst unter denen, die es nicht sind, herrscht eine gleichgültige Verachtung für ganzheitlichere politische Überzeugungen vor.

Aber so sind Menschen nun mal – man kann sich einfach nicht darauf verlassen, dass diese durchgeknallten Drecksäcke den Stereotypen gerecht werden, die man ihnen zuschreibt.

»Also mochte er die Frockers nicht. Was ist mit den Sacranisten? Die sind hier immer noch aktiv, oder?«

Sie schniefte. »Ja, sie sitzen da drüben über der Kante, im alten Observatorium. Manchmal, als er noch jünger war, ist er hingegangen. Eher wegen der Pussys als wegen der Politik, wenn Sie mich fragen. Er hat jedes Mal eine gevögelt, kam immer mit irgendwelchen Geschichten zurück. Diese linkssozialen Schlampen tun praktisch alles, um von einem gesellschaftlich benachteiligten Schwanz kosten zu können.«

»Und in letzter Zeit? Kurz bevor er verschwand?«

»Auch da.« Ich sah den leisen Schmerz in ihrem Gesicht, als sie es sagte. »Er ging ein paarmal rüber, erklärte, er wollte sich einige von ihren Vorträgen anhören, aber hey« – ein angespanntes Schulterzucken –, »es war so, wie es war. *Er* war so, wie er war. Nicht dass ich ihn nicht gekannt hätte, dass ich nicht gewusst hätte, was alles zu dem Paket dazugehörte. Er ging sogar rauf, als diese Wieheißtsienochgleich, Sie wissen schon, die Tochter, da war. Sagte immer, sie wäre schon ziemlich heiß, falls man das glauben kann.«

»Martina Sacran?«

»Ja, die, Martina.« Sie atmete aus, verzog das Gesicht. »Ich meine – ernsthaft? Manchmal glaube ich, er wollte mich mit dieser Scheiße nur verarschen.«

»Vielleicht hatte er einfach bloß Spaß an einer Herausforderung. Er muss sehr lange gewartet haben, bis Martina Sacran ihm auf den Schwanz gesprungen ist, das steht fest.«

»Ach ja?« Ein Rest von Loyalität zu Torres färbte ihren Tonfall, knapp unter der Grenze zur Feindseligkeit. »Haben Sie sie *gekannt* oder so?«

Ich schüttelte den Kopf. »Ich kannte nur eine ihrer Geliebten.«

»Oh.« Ucharima blinzelte benommen durch ihren THC-Dusel. »So eine?«

»Ja. So eine.«

»Sie haben's probiert und wurden weggeschubst, was?« Sie beugte sich vor und grinste anzüglich. »Sie Armer – voll eingeseift und niemand, der Sie abspült. Harte Männer wie Sie ertragen einen solchen Zustand nicht besonders gut, stimmt's?«

»Ich erinnere mich nicht, behauptet zu haben, ein harter Mann zu sein.«

»Deck sagte mir, Sie wären früher ein Overrider gewesen.« Wieder beugte sie sich vor, diesmal nahe genug für eine Berührung. »Viel härter geht es kaum, oder?«

Ich deutete ein Lächeln an und versuchte, den unvermittelten Blutfluss in meinen Schwanz zu ignorieren. »Sie sollten nicht alles glauben, was Sie in den Immies sehen.«

»Unter Höllenqualen aus der Dekantierung aufwachen, keine Schmerzmittel, weil Sie schnell funktionieren und aufmerksam sein müssen.« Ihre Lippen blieben geteilt, während sie innehielt. Ihre Zungenspitze zuckte in der Lücke, berührte ihre Oberlippe. »Kampf/Flucht-Reflexe von null hochgefahren, Blutversorgung der Hauptmuskelgruppen als Standard, Missionsziel fest einprogrammiert ...«

»Klingt, als hätten Sie mein Betriebshandbuch gelesen.«

Was tust du da?

Ich folge einem Anhaltspunkt, oder wonach sieht es für dich aus?

Offen gesagt? Es sieht danach aus, dass du versuchst, diese Schlampe anzubaggern, weil sie gute Beine hat und cool ist und alles ficken würde, von dem sie glaubt, es könnte gefährlich sein.

Im Moment ist diese Schlampe *der einzige Anhaltspunkt, den wir haben, und wir wissen, dass sie uns hinhält. Was schlägst du vor?*

»Hey, Overrider – ich bin hier.« Ucharima schnippte mit den Fingern zu mir herüber. »Alles in Ordnung mit Ihnen?«

Ich nickte zur Pfeife. »Starkes Zeug. Ja, alles okay.«

Ich würde vorschlagen, dass du mit den Psychotropika aussetzt, bis ich deine Funktionalität wieder auf ein annähernd vernünftiges Maß gebracht habe, und danach können wir die Sache mit klarerem Kopf einschätzen.

Keine Zeit für so was, 'Ris. Ich spürte den Ansatz eines Schmunzelns in den Muskeln unter meinem Gesicht. Ich arbeitete daran, es zurückzuhalten. *Die Missionsuhr tickt. Das muss ich hier und jetzt durchziehen.*

Das glaubst du doch selber nicht.

»Wissen Sie«, sagte ich ein wenig zu laut. Ich stockte, senkte die Stimme. Zeichnete mit beiden Händen einen Rahmen in die Luft. »Dieser Tisch. Ich habe das Gefühl, dass er … im Weg ist.«

Nina Ucharima neigte den Kopf. Leckte sich erneut über die Oberlippe, diesmal deutlich offensichtlicher. »Ja, irgendwie schon. Wollen Sie irgendwohin gehen, wo weniger Möbel sind?«

»Klingt … machbar.«

Wir beide standen ruckhaft auf, in unheimlicher Gleichzeitigkeit, als würden wir von demselben inständigen Marionettenfaden gezogen. Ucharima schwankte ein wenig unter dem überschüssigen Schwung. Reflexhaft streckte ich eine Hand aus, schlang sie um die straffen Muskeln ihres Oberarms. Sie grinste, spannte den Arm etwas an und lehnte sich in den Griff. Ich bewegte mich um den Tisch herum und hielt sie von hinten. Sie verschränkte die Arme tief vor dem Bauch und drückte meine Arme an sich. Sie ließ sich ein Stück zurücksinken, rieb ihren Arsch an meinem Schritt.

Wie du meinst, erklärte 'Ris schnippisch. *Aber gib nicht mir die Schuld, wenn sie dich irgendwann auffordert, in einer entscheidenden Situation an ihrem Haar zu ziehen, und sagt, dass du es bei dem, worauf es ankommt, nicht mit Pablo Torres aufnehmen kannst.*

27

Wie auch immer das THC modifiziert war, es hatte meine BV-patentierten Systemfilter überfordert. Wahrscheinlich hatte die Technologie Fortschritte gemacht. Auf dem Weg zu Ucharimas Wohnung schienen wir wie Schleier aus Seide in leuchtenden Farben zu sein, die sich ineinander verschlungen hatten und von stärker werdenden Windböen durch mehrere öde dunkle Gassen geweht wurden. Im Eingang zu ihrem Block hielten wir schwebend inne, die Hände aneinander, die Zunge im Mund des anderen, glitzernde Schulen silbriger Jungfische huschten davon, als sich unsere Gesichter näherten. Ich blickte einmal zu den verdunkelten Flächen der Architektur über uns hinauf und hätte schwören können, dass sie an den Rändern von Protokollen wimmelten, die noch nicht abgeschlossen waren oder hypersensitiv auf den Wind von Tharsis Gate reagierten. Ucharima drehte sich in meinen Armen herum und drückte auf ein Handflächenschloss, ließ uns hinein, führte mich eine dunkle Treppe hinauf, die mir endlos vorkam, dann durch eine weitere Tür, die sich für uns eher aufzulösen als zu öffnen schien, und in einen weiten, schwach beleuchteten Wohnraum dahinter.

Sie wandte sich mir zu, kam wieder näher und zog meine Linsen ab. Ich hörte, wie sie irgendwo über den Boden davonsprangen. Sie schmolz sich aus ihrer Kleidung, trat die Stiefel weg, warf die Jacke wie eine alte Haut ab, das T-Shirt über den Kopf und weg. Darunter hohe Brüste und verhärtete Nippel. Die Augen nun von Lust defokussiert, die Hände griffen rastlos nach meiner Taille.

»Okay, *harter* Mann – mal sehen, was du hier für mich hast …«

Falls sie vergleichsweise enttäuscht war, ließ sie es sich nicht anmerken. Wir durchquerten den Raum, traten durch einen Durchgang, fielen irgendwo dahinter auf ein Bett, doch selbst in der leichten THC-Verschwommenheit fühlte es sich bereits ein wenig wie ein Ringkampf an – zwei Körper, die nicht ganz dasselbe wollten, zwei schlecht zusammenpassende Skripte, die um Systemdominanz wetteiferten. Ich bemühte mich unbeholfen, ihr die Strumpfhose auszuziehen, während sie aufgeregt in meine Zähne lachte, mir mit den Nägeln über Rücken und Schultern kratzte und zischte, ich sollte sie zerfetzen. Schließlich tat ich es, riss sie mit beiden Händen auseinander, um Zugang zu bekommen, und gleichzeitig warf ich sie körperlich auf alle viere. Nun keuchte Ucharima erregt vor mir, das Gesicht ins Laken gedrückt, hob auffordernd den Hintern …

Sie hielt inne, blickte sich um. »Was machst du da?«

»Ich, äh … dich an den Haaren ziehen …«

»Lass das, verdammt noch mal! Einfach … fick mich einfach, Overrider. Fick mich mit diesem großen Schwanz, mach, dass ich komme!«

Und so weiter.

Schließlich schafften wir es, während die Drogen etwas dämpften, was unter anderen Umständen vielleicht eine recht nervöse Begegnung hätte sein können, aber gleichzeitig verlängerte es die Dauer, was eigentlich keiner von uns beiden wollte. Endlich rollten wir auf dem Bett auseinander, entkoppelt und keuchend, den Blick zur Decke gerichtet, ohne uns zu berühren. Kaum ein Viertelmeter Platz zwischen uns, aber durch das nachlassende THC fühlte es sich wie eine Kluft an, und die Luft klirrte ärgerlich.

Ucharimas Haus-KI hatte irgendwann brutale Mars-Metal-Hintergrundmusik in den Raum geleitet, während wir ineinander verstrickt waren, dann brauchte sie eine Weile, bis sie merkte, dass wir aufgehört hatten, und regelte den Lärm wieder herunter. Wofür ich dankbar war. Stille wäre jetzt viel schlimmer gewesen.

Dann schlich sie sich immer mehr ein und *war* schlimmer.

»Danke«, sagte sie schließlich, vielleicht zur Beruhigung.

»Es war *mir* ein Vergnügen.« Ich griff das Gespräch begierig auf, von Arianas gewohnheitsmäßigen postkoitalen Bedürfnissen geschult. *Pachamama und all ihre kleinen verfickten Heiligen, ich wünschte, du wärst jetzt hier, Mädchen.* »Was war das, was wir da gerade gehört haben?«

»Gash Hell Condemned – *Live at Wall 101*. Nicht so begeistert, was?« Sie gluckste ohne allzu viel Humor. »Ja, auch Hidalgo konnte diese Scheiße nicht ausstehen. Lokal anerzogener Geschmack, vermute ich.«

Ich setzte mich auf der Bettkante auf, blickte dorthin zurück, wo sie lag. »Dürfte ich dich vielleicht etwas Persönliches fragen?«

Sie lachte, diesmal laut und heftig. Stützte sich auf die Ellbogen und sah mich mich hochgezogenen Augenbrauen an. »Du hattest gerade meine Zunge in deinem Arsch und deinen Schwanz in meinem Mund. Ich würde sagen, inzwischen sind wir schon etwas über *persönliche* Sachen hinaus, was meinst du?«

Ich zwang mich zu einem kleinen Lächeln. »Wenn du meinst.«

»Also frag einfach.« Sie ließ sich wieder auf den Rücken fallen und starrte hinauf. Ihre Brüste wölbten sich auf ihren Rippen mit elastisch verstärktem Reiz, doch die Nippel hatten sich bereits von jeder Erregung enthärtet, die sie vor Kurzem verspürt haben mochte. »Deswegen bist du doch hier, oder? Zielfokus? *Wer den Overrider weckt.* Deck sagte, du wärst ein missionsgeleiteter Drecksack, und ich glaube, das stimmt.«

»Ich, äh … ich hatte hier meinen Spaß, Nina.« *So ungefähr.*

»Ja, ich auch.« Die Augen immer noch auf die Decke gerichtet. »Ein bisschen kratzen, wo's juckt. Na los – stell deine scheißpersönliche Frage. Es wird wieder langweilig.«

»Glaubst du, Pablo Torres könnte irgendwo da draußen noch am Leben sein?«

Plötzliche Erstarrung des trägen Körpers vor mir. Ich wünschte, ich hätte meine Linsen wieder aufgesetzt, aber die Signale waren auch so recht klar. Ich suchte nach dem Tränenschimmer, bemerkte den winzigen Glanz im schwachen Licht.

»Nein«, sagte sie kategorisch. »Pablo ist tot.«

»Und woher weißt du das?«

Sie setzte sich wieder auf, ihr Gesicht verhärtete sich zu einer Maske. »Weil ich eine verfickte Straßenlogistikkämpferin sowohl für Deck als auch für Havel bin, und weil ich weiß, wie es hier oben abläuft. Mit seinem großen Gewinn hat Pablo Torres gegenüber den falschen Leuten den Mund zu voll genommen, weil er sich für ein großes Schwanzwedelarschloch hielt, und darüber ist er gestolpert. Ende der ach so traurigen Geschichte. Und jetzt solltest du lieber gehen.«

»Sein großer Gewinn, der nichts mit dem Heimflug zu tun hatte?«

»Das hatte ich bereits gesagt.«

»Und du weißt nicht, wer diese falschen Leute sind, und du bist nicht interessiert, es herauszufinden. Du, eine Straßenlogistikkämpferin für die Ground Out Crew, die vermutlich über die Mittel verfügt, Pablos Mörder mit dem Gesicht nach unten in ein Regolithgrab zu werfen, während sie noch schreien – falls du sie schneller als die Polizei erwischen kannst. Hast du deshalb nicht mit der Metro kooperiert?«

Sie fabrizierte ein grobes Lächeln. »Du solltest nicht alles glauben, was du in den Immies siehst.«

»Etwas macht dir zu schaffen, Nina. Du kannst es nicht verbergen, und du kommst mir nicht wie jemand vor, der sich leicht einschüchtern lässt. Also solltest du wissen, dass ich mit starker Rückendeckung hier bin. Von der Erde. Was auch immer es ist, es lässt sich bewältigen.«

Sie lachte höhnisch. »Black Hatch Erdmann wird Armes Kleines Gutes Mädchen auf der Schiefen Bahn vor Großem Übel retten, was? Hab diese zuckersüße Immie-Scheiße schon viel zu oft gesehen, Erdmann, und ich mag keine Happy Ends.«

»Ich dachte mir, nur für den Fall, dass du dich für die Siegerseite entscheiden möchtest«, sagte ich milde. »Solange du noch die Möglichkeit dazu hast. Ich werde herausfinden, warum Torres getötet wurde, und ich werde den oder die finden, die es getan haben. Und dabei dürfte es blutig werden. Es gibt keinen Grund, warum du ins Kreuzfeuer geraten musst, wenn das passiert.«

Wir starrten uns gegenseitig für ein paar Sekunden lang an. Dann rollte sie sich vom Bett, von mir weg, und kam geschmeidig auf die Beine.

»Zieh dich an und verschwinde, Overrider. Du bist hier fertig.«

»Du machst einen Fehler.«

»Es war ein Fehler, dich überhaupt hierher mitzunehmen.« Sie legte die Hände an die Hüften, mit dem forschen Selbstvertrauen von jemandem in vollständig bekleideter Haltung, legte den Kopf schief, um mich im schwachen Licht besser sehen zu können. »Weißt du, du fickst nicht mal halb so gut wie Pablo, aber in vielen anderen Punkten bist du genauso wie er.«

Sitzengelassene Mutter, praktisch kein Vater. Ärmliche Herkunft. Im Hinterkopf hörte ich, wie Madison Madekwe die Liste abspulte. *Können Sie sich ... mit Torres identifizieren?*

»Ich bin überhaupt nicht wie Pablo Torres, Nina. Das wirst du bald herausfinden, genauso wie die, die ihn kaltgemacht haben.«

Sie schüttelte den Kopf. »Nein, du bist wie er. Zum einen gibst du genauso an. Und hast dieselbe blödsinnige Überzeugung, dass hinter der nächsten Kurve ein Happy End auf dich wartet. Willst du über die Siegerseite reden? Das hier ist Cradle City, Black Hatch Man, das Hochland. Hier oben gibt es keine Siegerseite, hier geht es nur darum, am Leben zu bleiben und den anderen voraus zu sein. Torres hat nicht ...« Plötzlich bekam ihre Stimme etwas Scharfes. Sie duckte den Kopf weg, blinzelte schnell. Doch dann kam sie sofort zurück, mit rauem Tonfall und glitzernden Augen. »*Verpiss dich* einfach, okay? *Geh* einfach. Du hast Antworten auf deine Fragen bekommen, du hast einen Fick bekommen. Was willst du sonst noch? Geh nach Hause! Sag Deck, dass ich kooperiert habe – huuuh, und wie verfickt ich kooperiert habe! Und lass mich verdammt noch mal in Ruhe.«

Es dauerte eine unbehagliche Weile, meine verstreute Kleidung zusammenzusuchen und mich anzuziehen.

Als es albern wurde, dazustehen und mich dabei zu beobachten, faltete sich Ucharima wieder auf einer Seite des Betts zusammen, kramte in einem danebenstehenden Schrank und holte eine Schachtel mit Air Rated heraus. Sie schüttelte einen Spliff in gelbem Papier heraus, entzündete ihn beim Ziehen und rauchte in bedrücktem Schweigen, während ich mich ankleidete. Sie hockte schweigend in der Wolke aus süß riechendem Rauch, als ich fertig war, ein Knie angezogen, das Kinn daraufgelegt, und starrte in eine Ecke des Zimmers, die Air Rated zwischen den Fingern einer hängenden Hand vergessen und stetig zu einem Stummel herunterbrennend. Ich setzte meine Linsen auf, zögerte. Etwas Unfertiges, etwas, das ich übersehen hatte, nagte an mir ...

Sie bemerkte mein Zögern selbst durch die aufgefrischte Benommenheit des Rauschs in ihrem bestenfalls peripheren Sichtfeld. Sie sah mich nicht an, blickte nicht auf. Aber sie hob den

Spliff und zog kräftig daran. Ein winziges Knistern in der großen Stille, die den Raum beherrschte, das Aufleuchten des glühenden Endes. Der Ton der Stimme war fast genauso klein und trocken:
»Welchen Teil von *verpiss dich* hast du nicht verstanden, harter Mann?«
Ich verpisste mich.

Und wie hast du dich geschlagen?
Du hältst die Klappe.
Ich stand für einen Moment in dem beengten Foyer des Erdgeschosses von Ucharimas Wohnblock und spürte das Zwielicht. Ein schwacher Schein von hoch angebrachten Flächen strömte herab, zeigte mir raue Nanobetonwände, die noch mit dem mikroporösen frischgrauen Meringue-Look des kürzlichen Aufbaus getüpfelt waren. Ein Stück zurück die Treppe hinauf fiel mir eine Kritzelei in hellerem Gelb ins Auge, wie Pisse in dampffleckigem Schnee – auf dem Weg nach unten hatte ich es übersehen, während sich die Lampen bemühten, mit meinem Abstieg in gereiztem Tempo mitzuhalten. Einen knappen Meter über den Treppenstufen hatte sich dort jemand hingehockt und ein Vertragsbindungs-Klagegedicht mit einem Gegenkulturspray in die Oberfläche geätzt.

DIE HIGH FRONTIER IST VERFICKT KRASS.
BIN NIE GESCHWOMMEN, HATTE NIE SEX IM GRAS,
VOM SOMMERREGEN ERGRÜNT, DAS KANN ICH
   VERGESSEN.
DIE SCHULDEN UND DAS BLUT, DAS ICH GAB,
VON CRADLE CITY BIS ZU MEINEM GRAB,
AUF FREMDER WELT VON BLASSEN PISTACOS
   GEFRESSEN.

Die Schrift war an den Rändern zerrissen, wo die Aufbauprotokolle versucht hatten, sie anzufressen, aber bislang hatten sich die gelblichen Gegenkulturen dagegen behauptet.

»Nicht das Werk unseres Pablo«, murmelte ich. »Er hat hier verdammt gern gelebt, wie es scheint.«

Das ist nicht ganz das, was sie gesagt hat.

Aber nahe genug dran.

Er war nicht an der Erde als Reiseziel interessiert. Du solltest nicht davon ausgehen, dass alle benachteiligten Marsianer vom selben Fluchtweg träumen wie du.

Ich bin kein verfickter Marsianer.

Ich wollte gegen die Tür treten, um rauszukommen, aber sie zog sich reaktionsschnell zurück, bevor ich sie berühren konnte. Ich trat auf die Straße hinaus – eisig trockene Luft schnitt in meine Nasenlöcher – und machte mich daran, den Rückweg zum Pfeifenhaus zu finden. Es dauerte länger als erwartet. Der Navigationsinstinkt ist eine der Fähigkeiten, die vom Overrider-Programm im dritten Trimester getestet und dann in verschiedenen Phasen der Konditionierung optimiert werden. Man lebt davon, sich inner- und außerhalb der labyrinthischen Architektur eines Raumschiffs zurechtzufinden, sich in der schwerelosen schwarzen Leere zu orientieren, in der das Schiff schwimmt, und man macht sich nicht oft Sorgen, dass man sich verirren könnte. Aber die Ware des Pfeifenhauses hatte diesen Routinen einen kräftigen Arschtritt verpasst. Erst nach einer ganzen Weile sah ich den Sturmüberwachungsturm in einer Lücke zwischen zwei Blöcken und konnte mich wieder auf Kurs bringen.

Von dort aus lief ich zurück zu meiner Kapsel in den Mansions of Luthra. Es gab ein rudimentäres Untergrundbahnsystem in Cradle City, aber es wurde nur sporadisch betrieben und hatte in dem eingeschränkten Angebot keine Station, die halbwegs in der

Nähe der Musk Plaza gelegen hätte. Das öffentliche Crawlernetz an der Oberfläche war noch viel schlimmer – vage Routen mit wenigen offiziellen Stopps und ein äußerst dürftiger Service, sobald die Nacht anbrach. Auf welcher Grundlage auch immer sich Raquel Allauca hier regelmäßig wiederwählen ließ, dabei schien es sich jedenfalls nicht um Investitionen in die Infrastruktur zu handeln.

Ich schüttelte diese Gedanken ab – der Spaziergang würde mir guttun. Einen klaren Kopf bekommen, etwas nachdenken. Diese Scheiße verdauen, dass Torres gar nicht an der Lotterie teilgenommen hatte.

In vielerlei Hinsicht, sagte 'Ris geschwätzig, *ist das gesamte Konzept des Heimflugs ein Anachronismus. Es ist ein Rückfall in die Zeit, als nur eine kleine Handvoll Bürger auf dem Mars geboren wurden und die Besiedlung im Wesentlichen ein Prozess war, der von zögerlichen Freiwilligen, Außenseitern und verbannten Kriminellen getragen wurde, alle beaufsichtigt von einer Kaste aus qualifizierten Fachkräften und Verwaltungsbeamten mit befristetem Aufenthalt. Verzweiflung, ein Ausweg und eine hohe finanzielle Vergütung waren der Hauptantrieb der Migration, und das Angebot einer möglichen Fluchttür der kostenlosen Rückkehr mit Glanz und Gloria appellierte an die gleichen Anreize. Wie bei allen Lotterien war es ein Versuch, die arbeitende Klasse mit irrationalen Hoffnungen abzulenken und zu schwächen.*

Ich brummte. Der Druck des Runterkommens baute sich langsam auf und machte sich irgendwo schräg hinter meinem linken Auge bemerkbar. Über den Dächern der Hochhäuser, an denen ich vorbeikam, fügte die Lamina blutrote und violette Kontrapunkte hinzu. 'Ris plapperte weiter.

Außerdem war die Rückkehr selbst in dieser Ära eher ein Medienevent für die Gewinner sowie für das Publikum auf Erde und Mars. Heute, nachdem mehrere Generationen hier geboren wurden und aufgewachsen sind, ist die Unterstellung, die Bevölkerung würde sich nach einer Rückkehr an den Busen der Erde sehnen, bestenfalls überholt und schlimmstenfalls kontraproduktiv für ein Verständnis der soziopolitischen Dynamik des Valley.

Die Blödmänner kaufen die Tickets immer noch millionenfach.

Tatsächlich sind die aktuellen Verkaufszahlen sogar geringer, als du dir möglicherweise vorstellst. Nach der letzten Zählung waren es etwa 17 400 000 Tickets pro verfügbarem Liegeplatz, deutlich weniger als bei anderen vergleichbaren Lotterien mit konventionelleren Preisen.

Das sind immer noch eine Milliarde Tickets pro Jahr!

Etwas weniger – aber ja, das Spiel ist weiterhin recht populär. Obwohl du nicht vergessen solltest, dass der Gewinn während der vergangenen neununddreißig Jahre eher ein Rundreiseangebot war, da es ein verfügbares Rückflugticket enthielt, sollte der Gewinner gar nicht den Wunsch verspüren, auf der Erde zu bleiben. Viele Valley-Bürger spielen nicht, um dauerhaft ihre Heimat verlassen zu können, sondern um die Chance, zu einem umgekehrten Ultratripper zu werden.

Ja – sofern sie nicht den Kopf verlieren.

Ich hatte einmal einen Vortrag von Martina Sacran über das Thema gehört, *kaltblütige Konzernmanipulation niedriger Bildungsstandards und proletarisches Versagen bei verzögerter Belohnung, bla bla bla stöhn*. Es gab eine Auslaufklausel für die Rückflüge, die Aktivierung musste innerhalb einer begrenzten Frist erfolgen, sonst wurde man ausgezahlt gegen einen – angeblich niedrigen – Prozentanteil der tatsächlichen Kosten eines Kryokap-Platzes. Sacrans Kritik lautete, soweit ich mich erinnerte, dass das Aktivierungsdatum so berechnet war, dass es vor dem durchschnittlichen Ende der Medienorgie lag, mit der die Heimflug-Gewinner üblicherweise gefeiert wurden. Und selbst ein geringer Prozentsatz der Kosten eines Kryokap-Tickets zum Mars sah nach einer Menge Geld aus, wenn es in bar gestapelt und ohne weitere Bedingungen angeboten wurde. Wie man hört, verpassten die meisten Gewinner die Aktivierung, nahmen stattdessen das Geld, und Vector Red vermietete die subventionierte Kryokap still und leise zum vollen Preis an irgendeinen reisewilligen Qualpro oder so. Es war, wie Sal Quiroga vielleicht gesagt hätte, wenn ich ihm letzte Woche nicht das Rückgrat gebrochen hätte, *ein netter kleiner Mechanismus.*

Davon abgesehen, und 'Ris zögerte kurz, *gibt es immer noch einige Probleme mit der Vorstellung, dass Pavel Torres gar nicht an der Heimflug-Lotterie teilgenommen hat.*

Ach, meinst du?

Ja ...

Was – wie zum Teufel hat er es geschafft, dass seine DNS doch auf dem Gewinnerticket codiert war? Oder falls er es nicht getan hat – wer hat gelogen und es stattdessen gemacht?

Zum Beispiel das. Geduldig. Aber auch – was war der große Gewinn, den er sich angeblich organisiert hat, wenn es nicht der Lotteriegewinn war?

Die Schlägerschlampe meinte vorhin, es wäre nur Angeberei und nichts Handfestes gewesen. Sie sagte, alle harten Burschen hier prahlen auf solche Weise herum, und ich hatte den deutlichen Eindruck, dass sie weiß, wovon sie redet.

Davon bist du nicht überzeugt. Und ich bemerke einen kürzlich hinzugekommenen Groll. Konntest du es in einigen entscheidenden Punkten also doch nicht mit Torres aufnehmen?

Ich musste säuerlich grinsen. *Du hältst die Klappe. Anscheinend bin ich ihm sehr ähnlich.*

Ich wiederhole – du bist nicht überzeugt.

Eine Zeit lang lief ich schweigend weiter. Blickte zur Lamina hinauf, die sich anscheinend beruhigt hatte und vorläufig transparent war. Mein Blick wurde unwillkürlich von einem matten

Fleck hoch oben zwischen den Sternen angezogen. Es war gar nicht nötig, ihn ausfindig zu machen, denn die Sehnsucht, die ihn für mich lokalisierte, war uralt und knochentief.

Ohne die Ratio als Mediator anzuwenden, folge deinem ...

Ja, ja, bin schon dabei. Ich dachte über Ucharima nach, die letzten gereizten Minuten in ihrer Wohnung, mit dem bitteren Bodensatz unserer gescheiterten Verbindung unter der Konfrontation und den noch tiefer liegenden Strömungen. Ich suchte nach der Panne, dem Teil, das nicht passte. Etwas war ...

Tränenschimmer.

Ich blieb stehen.

Glaubst du, Pablo Torres könnte irgendwo da draußen noch am Leben sein?

Nein. Pablo ist tot.

Der steinharte Tonfall des unzweifelhaften Verlusts.

Mit seinem großen Gewinn hat Pablo Torres gegenüber den falschen Leuten den Mund zu voll genommen, weil er sich für ein großes Schwanzwedelarschloch hielt, und darüber ist er gestolpert.

»Er hatte wirklich einen großen Gewinn.« Ich sagte es laut, kostete den Geschmack dieser neuen Einsicht, verwirrte damit ein paar Passanten auf der fast leeren Straße. »Sie wusste es, und sie wusste, dass es ihn getötet hat. Diese *Alle-sind-Angeber*-Scheiße war nicht mehr als eine Nebelwand. Er hat einen Gewinn erwartet. Und es ist sehr gut möglich, dass auch sie wusste, was es war.«

Warum sollte sie dieses Wissen der Polizei verschweigen?

Ich lief weiter, mit neuer Energie in den Schritten. *Wer weiß? Vielleicht wartet sie auf einen günstigen Zeitpunkt für ihre private Vergeltung, vielleicht hat sie zu viel Angst, um der Sache nachzugehen, vielleicht wurde sie an diesem Deal beteiligt, als Gegenleistung, dafür dass sie die Klappe hält. Mehr lässt sich im Moment nicht dazu sagen.*

Eine weitere und eindringlichere Befragung könnte ...

Nein.

'Ris hielt eine ganze Weile inne, während selten benötigte Subroutinen zu ungewohntem Leben erwachten. *Deine Reaktion kommt mir ... erstaunlich zimperlich vor.*

Ja, das ist sie auch. Ich bin erstaunlich zimperlich, wenn ich mir vorstelle, ohne guten Grund auf Milton Decaturs Türschwelle zu scheißen. Er war einmal ein guter Freund, und er könnte es wieder werden, wenn ich es richtig anstelle. Wer auch immer versucht hat, mich zu töten, er wird sich Sorgen gemacht haben, dass Milt und ich bei dieser Sache zusammenarbeiten könnten, dass wir vielleicht auf derselben Seite stehen, wovon auch immer. Und vielleicht werden wir das ja auch tun. Das möchte ich nicht einfach so verspielen.

Ist das wirklich der einzige Grund, warum du ...

Oh, schau mal – wir sind da. Die Mansions of Luthra funkelten uns in all ihrer kitschigen Minarettpracht von der gegenüberliegenden Seite des spärlich bevölkerten Platzes an, den wir soeben betreten hatten. Das generische lebensgroße Modell des Mars-Landers stand stur zwischen den vier Minaretten, zu beiden Seiten eingerahmt von unglaubwürdig symmetrischen Gestalten in Druckanzügen. Einer fehlte ein triumphierend erhobener Arm, knapp unter dem Ellbogen abgebrochen, und eine andere hatte den größten Teil eines Beins verloren – entweder durch billige Druckqualität und Erosion durch Wind oder Sturm oder vielleicht durch Brechstangen, die von denselben gelangweilten Vandalen geschwungen worden waren, die furchtbare Cartoongesichter auf die blanken Oberflächen der Druckanzughelme geschmiert hatten.

Die ersten Menschen auf dem Mars – der Ruhm lebt weiter!

Eine einsame Gestalt lungerte nicht weit vom Eingang herum, bemühte sich, zwanglos und unbeschäftigt zu wirken. Schnaufend schluckte ich einen Lacher hinunter und änderte meinen Kurs, steuerte eine überdachte Lieferantengasse auf einer Seite des Platzes an. Ein paar Dutzend andere Leute tummelten sich auf dem Platz, hauptsächlich schlendernde Pärchen. Eine laut herumalbernde Bande Jugendlicher hielt sich an der abstrakten Skulptur im Zentrum auf und ärgerte die Passanten, und einige schlurfende Switch-Heads arbeiteten sich an den Wänden entlang, auf der Suche nach einer leicht zu hackenden Energiequelle. Laut 'Ris' kinetischer Analyse schenkte mir oder meinem anhänglichen Freund niemand größere Aufmerksamkeit.

Ich schlängelte mich in gemächlichem Tempo durch das lockere Gewühl der Nachteulen und schlüpfte in die Gasse. Ich hatte sie am Vortag inspiziert und als idealen Schlupfwinkel und Privatarena designiert – offenes Ende, wo sie in eine andere mündete, ein kleinerer Platz ein paar Ecken weiter, die Überdachung sicher gegen alles außer einer äußerst hochwertigen Luftüberwachung. Strenge Warnaufkleber entlang der Gasse verkündeten Hochspannungsladungen gegen Herumlungern auf Knöchelhöhe in den Wänden, was den Durchgang von Obdachlosen, Switch-Heads oder Pärchen ohne andere Gelegenheit zum Ficken frei halten würde. Ich ging an einer kurzen Reihe geparkter Autoabfalleimer vorbei, duckte mich in eine passende schattige Lücke dazwischen.

Ich musste nicht lange warten.

Er hetzte an den Eimern vorbei, die Kapuze immer noch über den Kopf gezogen, während jede Bewegung seine Unruhe verriet. Die Gewebeschweißspur, die 'Ris am Bahnhof bemerkt hatte, war noch da, weiterhin in der Wärmesignatur erkennbar, obwohl sie verblasste, während die Wunde unter der Schweißung verheilte. Ich ließ ihn bis an mein Versteck herankommen, dann trat ich heraus und packte ihn heftig. Er schrie auf und hob abwehrend die Hände. Ich ließ los, trat zurück, stand grinsend da.

»Ach du Scheiße, Veil«, knurrte er. »Soll das vielleicht witzig sein? Wo zum Teufel sind Sie *gewesen*?«

28

Sein Name war Seb Luppi, und trotz seiner Sünden hielt er sich naiverweise immer noch für einen Journalisten. Ich brachte es nicht übers Herz, ihn auf das Offenkundige hinzuweisen, dass Berichte über die Eskapaden von Ultratrippern für ein geiferndes Fandom oder darüber, wer wen in der Schickeria von Bradbury fickte, diese oder jene Berufsbezeichnung rechtfertigen mochten – vielleicht Mistkäfer oder Öffentlichkeitseinluller –, aber *Journalist* zählte ganz klar nicht dazu. Das wäre so, als bezeichnete man die Tänzerinnen, die in den Hinterzimmern des Vallez Girlz dreiminütige Handjobs anboten, als *Nirwanaspenderinnen*.

Aber ich ließ es auf sich beruhen – schließlich hatte ich keinen operativen Anreiz, Luppi zu verärgern. Wenn es Teil des Jobs ist, an Bord eines rasenden Behälters voller verschütteter Scheiße im Weltraum aufzuwachen, lernt man die Umgebung schnell einzuschätzen – und dann mit dem zu arbeiten, was man zur Hand hat. Das schließt auch die anwesenden Personen ein. Luppi hatte sich selbst mitten in diesen Schlamassel geworfen – was einen gewissen Mumm bewies, wenn man die Kopfnuss bedachte, die ich ihm am Bradbury Central verpasst hatte –, und ich hatte entschieden, dass er mir nützlich sein konnte. Es klang verlockend, den Deckel über seiner offensichtlichen Selbstverachtung aufzureißen, ihn in den Brunnen seiner persönlichen existenziellen Reue zu werfen und dann zu beobachten, wie er darin ertrank, aber das brachte mir am Ende keinerlei Nutzen ein.

Es wäre viel besser, diese Selbstverachtung als Druckmittel zu verwenden und ihn an die Arbeit zu schicken.

Ich führte ihn in die gefriergetrocknete Dunkelheit der Landezone des Bahnhofs, einige Minuten nachdem wir unter der Haube der Aufzüge aus den Tiefen der VV-Bahnsteige heraufgekommen waren. Es war ein absichtliches Prozedere – 'Ris hatte ihn als im Kampf verletzt und potenziell gefährlich gekennzeichnet, und ich dachte mir, dass der Vorteil, den ich in der offenen Luft des Hochlands hatte, sein möglicherweise vorhandenes Geschick wettmachen könnte. Ich checkte in meinem peripheren Sichtfeld, ob er mir immer noch folgte, suchte nach anderen Ansätzen, um meine Chancen zu verbessern.

Man hatte Lufttransporter geschickt, um einige der Neuankömmlinge abzuholen, und nun gingen sie in einer Traube aus grellen Lichtern und schreienden Turbinen nieder, wobei sie vom Zentrum des Feldes einen kleinen Staubsturm aufwirbelten. Wahrscheinlich war es eine lokale Firma, die Vertragsarbeitskräfte zurück aus dem Urlaub mitnahm, um sie vor den Versuchungen der Taxi-und-Kapselpuff-Betreiber zu retten, die die Routen in die Stadt bedienten. Ich machte einen weiten Bogen um das Licht und den Lärm, steuerte eine dunklere Ecke des Feldes an, die nun im Vergleich zur Transporterbeleuchtung noch finsterer geworden war. Meine Augen schalteten in den sanftblau schimmernden Haimodus. Luppi folgte mir in diskretem Abstand, bis ihm verspätet dämmerte, dass es auf dieser Seite gar keinen Ausgang gab, nur eine gewundene Barriere aus Drähten unter Strom – von einem Meter Höhe und drei Metern Breite.

Ich spürte, wie sich seine Schritte hinter mir verzögerten, und fuhr herum. Er war etwa zwanzig Meter entfernt, hielt langsam an, und seine Haltung zeigte weder Kampfbereitschaft, noch war irgendeine Waffe in Sicht. Ich rannte genau auf ihn zu, die Linke zur Faust geballt, um die Klinge aus Morphlegierung zu aktivieren. Er zuckte zusammen, stolperte, drehte sich um und rannte los. Schaffte ein Dutzend Schritte, bevor ich von hinten gegen ihn knallte, ihn in den frostigen Staub warf und ihn herumdrehte. Im Licht der Transporterlandescheinwerfer war sein Gesicht eine mit Regolith beschmierte, plappernde Maske des Entsetzens ohne Linsen. Die Gewebeschweißung war deutlich auf der Nase und der Wange zu erkennen – sehr billige Arbeit, hastig ausgeführt. Sein Atem dampfte in der Kälte, als er tief, keuchend und panisch nach Luft schnappte. Ich rammte ihm das ABdM-Messer unter das Kinn, aber mit weniger Kraft, als ich ursprünglich beabsichtigt hatte. Ich hatte den Eindruck, dass ich ihn allmählich bereits erkannte.

»Und wer zum Teufel sind Sie?«

»Ich ... ich ... ich bin Luppi ... Sebastian Luppi. Ich ... ich bin Ihnen gefolgt.«

»Ja, kein Scheiß.« Ich durchsuchte ihn grob nach Anzeichen für irgendwelche Waffen, fand aber nichts. Musste im Turbinengeheul des Transporters lauter sprechen. »Und warum sind Sie mir gefolgt?«

»Sie ...« Eine Spur von Selbstgerechtigkeit kroch in seine Stimme, verlieh ihm einen seltsamen Hauch von harter Entschlossenheit, die vorher nicht da gewesen war. »Sie haben mir das verdammte Gesicht gebrochen, Sie Erdarschloch. Und Sie haben meine Linsen gestohlen. Sie arbeiten verdeckt für COLIN und das Audit, kuscheln mit Madison Madekwe, stecken mit Dominica Chakana und der Bradbury-Polizei unter einer Decke. Glauben Sie, ich wäre so verpeilt, dass ich eine solche Story nicht riechen kann, wenn sie mir ihre dreckige, ungewaschene Fotze unter die Nase reibt?«

Der Lufttransporter erhob sich kreischend in einer neuen Staubwolke und drehte dann westwärts ab. Ich nahm die Klinge von seinem Kinn weg.

»Ich kenne Sie, nicht wahr?«

»Sie waren verdammt schnell, mich auszuschalten, als Sie dachten, ich hätte Sie durchschaut, ja.« Er versuchte sich aufzurappeln, zitterte immer noch von der Reaktion. Der Lärm des Transportertriebwerks ließ nach. In der folgenden Stille klang seine Stimme halb lachend, bebend und verbittert. »Was ist los, bemüht sich COLIN, eine Nebenvereinbarung mit Mulholland abzuschließen? Oder vielleicht mit unserem Pachamama geweihten Commissioner mit den ach so sauberen Händen?«

Ich schüttelte die Fingerknöchelringe, um die Morphlegierungsklinge einzuziehen. »Woher zum Teufel sollte ich das wissen? Wenn Sie diesen Leuten schmutzige Geschäfte nachweisen können, warum verfolgen Sie dann mich?«

»Wollen Sie damit sagen, dass Sie kein Undercoveragent von der Erde sind?«

»*Undercoveragent von der Erde* – wer sind Sie, irgendein Verschwörungsidiot von den Frockers? Ich lebe seit vierzehn verfickten Jahren hier. Das ist nicht undercover, das ist *tief begraben*.«

»Sie sind seit acht Jahren hier«, erwiderte er trotzig. »Ich habe über Sie recherchiert.«

»Ja – vierzehn *Erd*jahre. Siebeneinhalb Marsjahre. Glauben Sie wirklich, COLIN würde so weit vorausplanen?«

»Sie setzen Undercoveragenten ein – sowohl COLIN als auch die Navy. Das haben wir auf Titan gesehen.«

»Sie meinen, Sie haben es in irgendeinem blödsinnigen Immie über die Titan-Oligarchen gesehen. Wann waren Sie jemals anderswo als auf dem Mars?«

»Ich rede nicht von anderswo«, sagte er beleidigt. »Ich rede von genau hier in der Scharte. Vor zehn Jahren hatte ich meine Quellen, Mann, richtige Quellen, und sie ...«

»Ach, hören Sie doch damit auf! *Quellen!*« Ich stand auf, machte mich bereit, ihn dort in der Kälte und im Staub zurückzulassen. »Wissen Sie, was blöde, verfickte Verschwörungsarschlöcher wie Sie einfach nicht kapieren? *Niemand ist so gut organisiert.* Es gibt keinen bösen Staat im Staat, kein Komplott der Erdkonzerne, um die Menschheit zu versklaven. Es geht nur um einen Haufen kollidierender Interessen, die überall zu einem verfickten Chaos führen. Das ist auf dem Mars nicht anders als anderswo.«

»Wenn das stimmt, was machen Sie dann hier draußen?«

Ich beugte mich näher zu ihm herab, beobachtete, wie er sich bemühte, nicht zusammenzuzucken. »Was ist los mit Ihnen, Glamourfliege? Warum gehen Sie nicht zurück und berichten wieder über die Extravaganten Eskapaden von Sundry Charms und seinen Freunden? Das ist doch Ihr Job, nicht wahr?« Ich zeigte auf ihn. »Oder sind *Sie* ein Undercoverjournalist, der sich nur als Paparazzo ausgibt? Wie lange läuft diese Mission schon?«

Er wandte den Blick ab, während sich hinter seinem Gesicht etwas losriss. Ich grinste grimmig. »Ja. Und jetzt verpissen Sie sich zurück in Ihre kleine glitzrige Glamourfliegenwelt und versuchen nie wieder, sich an mich anzuschleichen, weil ich beim nächsten Mal vielleicht nicht in so verfickt guter Laune bin.«

Ich wandte mich zum Gehen. Er lag einfach im marsianischen Staub da, machte keine Anstalten aufzustehen oder sich auch nur das Gesicht abzuwischen. Ich zögerte.

»Sie waren mal Journalist?« Ich drehte mich wieder um. Ließ meine Stimme weniger hart klingen. »Ein richtiger?«

Er nickte ruckhaft, blickte in die Ferne auf Dinge, die ich nicht sehen konnte.

»Kommen Sie.« Ich streckte ihm eine Hand hin. Er blinzelte vom Boden herauf. »Stehen Sie auf, na los. Ich gebe Ihnen einen Drink aus.«

Wir fuhren mit einem KI-Crawlertaxi in die Stadt, schalteten seine Zuhälterroutinen aus, sobald sie einsetzten, und saßen schweigend da, bis wir das Stadtzentrum erreichten.

Such mir eine halbwegs anständige Nachtbar, in fußläufiger Entfernung zur Musk Plaza, subbte ich in der Zwischenzeit an 'Ris. *Gib dem Taxi die Adresse. Und wenn die KI versucht, uns zu einem von Sponsoren empfohlenen Fleischgeschäft umzuleiten, verpass ihr einen Stich, dass es wehtut, und klau ihr dann den Fahrpreis.*

Die Mansions of Luthra haben eine Bar, auf die die Beschreibung »halbwegs anständig« zuzutreffen scheint.

Nein, ich brauche räumliche Trennung. Such was anderes.

Wir kamen durch den niedriger gebauten Vorstadtring, überall kauernde Gebäude mit Buckeldächern, umgebaute ehemalige Lagerschuppen und Hangars zwischen spärlich verstreuter städtischer Beleuchtung mit geringer Lichtstärke wie die Glut eines fast erloschenen Feuers. Die Skyline hatte sich kaum verändert, seit Cradle City in der Vor-Lamina-Zeit zunächst der Auffangpunkt für riskantes Massengut gewesen war, das aus dem Orbit abgeworfen wurde. Als all das vorbei war und die Auffanglager aus der Scharte umziehen mussten, rückten hungrige neue Subunternehmer hinter experimenteller Marstech-Kultivierung und Humangenom-Upgradeprüfungen an. Sie waren dreist und druckmächtig und hatten keinen Grund gesehen, Zeit oder Startkapital für Neubauten zu verschwenden. *Die Menschheit der High Frontier schafft das!* Ihr habt jetzt einen kompletten neuen Himmel über dem Kopf, Leute, und Luft zum Atmen! Erfreut euch eurer neu entdeckten Freiheit! *Also, an die Arbeit!*

Und so weiter.

Vor uns schimmerten die Lichter der Bonsai-Innenstadt wie ein kürzlich gelandetes Raumschiff eroberungslüsterner Aliens. Das Taxi schwankte an einer Kreuzung – vielleicht stritten sich die Sponsorenprotokolle der Navigations-KI ein paar vergebliche Sekunden lang mit Osiris' BV-Kampftechnik –, dann brummelte es weiter und setzte uns an einem schmuddelig wirkenden Ecklokal namens Payload Blue ab. Das Taxameter hatte sich abgeschaltet und bestätigte mein Misstrauen – 'Ris hatte sich hineingehackt und das Taxi lahmgelegt. Ich sah, dass auch Luppi es bemerkte, worauf er es mit dem zusammenfügte, was er über meine Vergangenheit wusste, und zu einer journalistisch scharfsinnigen Schlussfolgerung gelangte. Seine Miene gab zwar keinen Hinweis, aber ich hoffte, dass er beeindruckt war.

Wir gingen hinein, ignorierten die starrenden Blicke der Einheimischen in verschiedenen Stadien des Rückzugs aus der Realität, setzten uns an einen Tisch im gemütlichen Zwielicht im Hintergrund. Ich bestellte zwei Shots JD Red und einen Krug mit lokal gebrautem *chicha* bei der blassen und müde wirkenden Spätschichtkellnerin.

»Waren Sie schon mal in Cradle City?«, fragte ich Luppi, während wir warteten.

»Nein, aber an ähnlichen Orten.«

Die Drinks kamen. Ich nahm meinen Shot und kippte ihn hinunter, stellte das Glas zurück auf den Tisch und blickte Luppi in die Augen.

»Also«, sagte ich.

»Also hatten Sie recht mit Ihrem Kumpel Decatur«, sagte er und blickte sich nervös in der engen Gasse um. »Weniger als eine Stunde, nachdem Sie das Crocus Lux verlassen hatten, tauchte

Raquel Allauca in Schlabbersachen mit Kapuze auf. Keine große Frisur, keine High Heels, kein Anzug. Und kein Gefolge, nur ein paar unauffällige Leibwächter. Sie marschiert quer durch die Lobby, unbeirrt. Ich bezweifle, dass dort irgendjemand außer mir überhaupt bemerkt hat, dass sie es war. Aber echt, Mann, wenn Blicke töten könnten, wäre Decatur jetzt eine verdammte Leiche.«

»Nicht unbedingt. Vergessen Sie nicht, dass sie zu ihm gekommen ist. Wie lange war sie dort?«

»Keine Ahnung – ich bin etwa vierzig Minuten später abgehauen. Als die Hotelsicherheit genug davon hatte, dass ich die Gäste mit diesem blödsinnigen Fragebogen löcherte.«

»*Auf einer Skala von eins bis zehn, wie bewerten Sie das derzeitige Erdaudit? Wird es Ihre Einstellung zur Unabhängigkeit des Mars beeinflussen?* Mann, das ist gar keine schlechte Tarnung für eine spontane Aktion, wie Sie selbst gesagt haben. Verglichen mit allem, was *Sie* in den letzten zehn Jahren gemacht haben, kommt es journalistischer Arbeit zumindest näher.«

Ich sah die Verärgerung in seinem Blick, aber es war nicht wie das Zusammenzucken bei unserer ersten Begegnung. Etwas war seit unserem letzten Treffen in Seb Luppi entfacht worden, entweder waren es die Rhythmen der Arbeit oder eine plötzliche Überzeugung, dass es eine Rolle spielen könnte, was er machte. Er reckte das Kinn in meine Richtung.

»Und was ist mit Ihnen? Werden Sie jemals aufhören, in *Erdjahren* zu rechnen wie irgendein deprimierter Qualpro, der traurig zu den Sternen aufblickt und die Tage bis zum Vertragsende zählt?«

»Fünf Jahre«, korrigierte ich mich. »Fünf lange, kalte, verfickte Marsjahre. Zufrieden? Was haben Sie sonst noch für mich?«

»Nicht viel. Ich habe bei den lokalen Bullen nachgehakt, wie es mit der Gerichtsbarkeit aussieht und wie sie sich mit einer

Aufsicht durch die Erde fühlen, verglichen mit einer Aufsicht durch, sagen wir mal, Bradbury. Damit konnte ich mich so nahe wie möglich an den Torres-Fall herantasten, ohne dass es zu offensichtlich wurde. Sie erwähnten ihn beiläufig, aber es kam keine Reaktion, die man als bedeutsam bezeichnen könnte. Das Thema beunruhigte sie nicht, aber es interessierte sie auch nicht sonderlich.«

»Gut, und was genau haben sie dazu gesagt?«

Luppi zuckte mit den Schultern. »Dass niemand diesen Torres vermissen wird, weil er ein vaterloser Versager war, der noch lange nach seinem Verfallsdatum herumgelaufen ist. Dass er wahrscheinlich nur zugeknallt irgendwohin spaziert ist, wo er in einen offenen Güllekanal gefallen und in ätzendem Industrieabwasser ertrunken ist. Sie sagten auch, die Metro-Vermisstenabteilung hätte absolut gar nichts getan, um ihn zu finden, und das ist doch immer so, nicht wahr? In dieser Gegend wird die Bradbury-Polizei fast reflexhaft gehasst – und ganz besonders hasst man die Metro –, aber wenn ein Team von Earth Oversight die Alternative wäre, würde man beide mit offenen Armen empfangen. Ich beneide niemanden von den Leuten, die schließlich herkommen, um die Bescherung aufzuräumen.«

Ich verzog das Gesicht. »Er sitzt vor Ihnen.«

»Ich meine, wen auch immer COLIN schicken wird, Ihre neue Freundin Madekwe oder sonst wen. Das kann nicht mehr lange dauern, oder? Edward Tekele hat den systemweiten Ruf, dass er Scheiße erledigen kann, das habe ich nachgeprüft. Ich kann mir nicht vorstellen, dass er Sie und die Leute hier einfach so alleinlässt.«

Ich grübelte darüber nach, über Astrid Gaskell und ihre trauliche Beziehung zu Sakarian, und fragte mich, inwieweit Edward Tekele an dieser speziellen Subroutine beteiligt sein mochte oder nicht. Wie die meisten modernen dynamischen Systeme war COLIN gründlich dezentralisiert und übermäßig modular aufgebaut – auf interplanetarer Ebene kann man es eigentlich gar nicht anders machen. Behördliche Organisationen wie Earth Oversight dienten bestenfalls als straff gespannte Begrenzungsmembran, die die Module zusammenhielt und unzumutbare Lecks verhinderte. Schlimmstenfalls, na ja – um es wieder mit Sacran senior zu sagen, der es recht gut auf den Punkt gebracht hatte: *eine Zahnaufhellung bei einem Komododrachen.* PR und Schadensbegrenzung für die Unternehmen. Und wenn sich so viel Modularität im Sack drängelte, wäre es doch naiv, allzu viel einheitliche Zielsetzung zu erwarten.

»Machen Sie sich keine Sorgen um Tekele oder Madekwe«, sagte ich. »Konzentrieren wir uns auf den aktuellen Fall.«

Ich war ziemlich sparsam mit dem gewesen, was ich Luppi erzählt hatte – er dachte, ich würde undercover für die Bradbury-Polizei arbeiten, er hatte mich mit Chakana gesehen, zwei und zwei zusammengezählt und war auf dreieinhalb gekommen. Ich ließ ihn in diesem Glauben. Ich war hier, um die Wahrheit über Torres herauszufinden, weil COLIN in dieser Frage erstaunlich obsessiv war, keine Ahnung warum, und weil Chakana Antworten haben wollte. Ende der Geschichte, Schlusszeile – eine Exklusivstory von Seb Luppi, hoffte er. Und solange die BP und COLIN den Deckel auf Madekwes Entführung draufhielten – und die unspezifische Meldung eines terroristischen Angriffs schien sich in den Feeds zu halten –, sollte sich Luppi mit dem zufriedengeben, was ich ihm hinwarf. Er würde die Torres-Spur exklusiv verfolgen, was auch immer dabei herauskommen mochte.

Doch dahinter stand die Wahrheit, die ich ihm nicht verraten hatte: dass ich mindestens genauso viele vorgeschaltete unbeantwortete Fragen zu Madekwe hatte – wer sie wirklich war, warum

Astrid Gaskell sie beobachten ließ, weshalb Mulholland so sehr daran interessiert war, dass sie von einem Leibwächter begleitet wurde –, wie ich es in dem Fall getan hatte, in dem sie ermittelt hatte, als sie verschwand.

»Ich konzentriere mich ganz auf den Fall«, sagte Luppi, als er sich in seiner wiederentdeckten journalistischen Integrität gekränkt fühlte. »Und ich sage Ihnen, was auch immer es ist, die lokale Polizei kümmert sich nicht darum. Eins der Mädchen, mit denen ich gesprochen habe – ein Detective Sergeant, seit sechs Jahren dabei. Das sind für Sie sechs *Mars*jahre. Einigermaßen hochrangig. Ich bezweifle, dass in ihrem Revier allzu viel passiert, von dem sie nichts weiß. Aber als wir über Torres sprachen, klang sie etwa so interessiert, als hätten wir über Schichtrotationen diskutiert. Wissen Sie, es könnte etwas an dieser Güllekanalsache dran sein. Dort tauchen letztlich viele im Hochland vermisste Personen wieder auf.«

»Ja, genauso wie Mordopfer, die man hineinschubst, um sich zu entlasten. Selbst wenn Torres tatsächlich dort sein Ende gefunden hat, hilft uns das bei der Frage nach dem Warum kein Stück weiter. Und hinter dieser Geschichte steht ein verdammt großes Warum, glauben Sie mir.«

»Wenn Sie es sagen. Wollen Sie mir verraten, wo Sie die ganze Nacht lang waren?«

Ich sah ihn an. »Was? Sind wir verheiratet?«

»Ich habe mich da draußen fast vier Stunden lang wie ein verfickter Idiot herumgetrieben. Das ist kein gutes Ermittlungsprozedere. Ich möchte nicht in Ihrer Nähe bemerkt und registriert werden.«

»Ich war beschäftigt«, erklärte ich ihm. »Mehr müssen Sie nicht wissen. Haben Sie schon mit irgendjemandem von Sedge Systems gesprochen?«

»Hab für übermorgen einen Termin mit ihrem hiesigen PR-Manager. Ich musste sie als Teil einer Sequenz aufreihen. Bin morgen früh bei einem hochmodernen Laden namens Shelf County Dawn, diese Leute überschlagen sich vor Begeisterung, wenn es um irgendeine Art von Publicity geht, und am Nachmittag bei Allaucas ehemaliger Firma, Khadka Sanchez Labor Logistics. Hab für alle die gleichen grundsätzlichen Fragen, äh, mal sehen« – er las sie von seinen Linsen ab –, »vertragliche Ge- und Verbote, möglicher Missbrauch, ist das System zielführend? Machen Sie sich Sorgen, dass potenzielle gekränkte Angestellte zu Earth Oversight laufen und aus dem Nähkästchen plaudern könnten? Damit kann ich bei Sedge System zu Torres überleiten – berühmter Fall, Heimflug-Gewinner, der seinen Flug verpasst hat, Pablito-Unruhen in Bradbury, wir sind alle sehr neugierig, er scheint Sedge mysteriöserweise verlassen zu haben, bevor er wusste, dass er den Heimflug gewonnen hatte. Irgendein Kommentar? Das ist ungefähr der Bereich, ich den ich mich vorwagen werde.«

Ich nickte. »Gut. Lassen Sie es mich wissen, falls dabei irgendetwas herauskommt. In wirklich dringenden Fällen können Sie vorbeikommen und eine Nachricht in meine Kapsel im Hotel eintippen. Ich werde den Speicher mindestens einmal pro Tag checken. Ansonsten treffen wir uns übermorgen, aber später, irgendwann nach Mitternacht. Nutzen Sie diesmal die Bar – Payload Blue. Tisch ganz hinten.«

»Okay.« Fast konnte ich das nervöse Klicken in seiner Kehle hören, als er schluckte. »Glauben Sie, dass man uns beobachtet? In diesem Moment, meine ich.«

»Sie meinen Decaturs Leute? Oder Allaucas?«

»Entweder oder.« Er bemühte sich um ein lässiges Schulterzucken, das gründlich misslang, weil er das unterschwellige Zittern nicht verbergen konnte. »Vielleicht sogar beide?«

»Hier drinnen ist keiner von ihnen.« Ich deutete auf das Dach der Gasse, legte eine Zuversicht, die ich gar nicht empfand, in meinen Tonfall. »Zumindest nicht mit üblichen Mitteln. Und ich habe Systeme, die Überwachungswanzen in nächster Nähe oder gerichtete Abhörstrahlen erkennen, aber bislang wurde nichts bemerkt. Ich glaube nicht, dass sie mich besonders intensiv verfolgen, weil ich mich im Moment gar nicht vor ihnen verstecke. Vielleicht haben sie eine hochfliegende Drohne im Einsatz oder lassen das Hotel von einem gemieteten Satelliten beobachten.« Ich zuckte mit den Schultern. »Es ist ein gewisses Risiko. Wenn jemand nach einer Verbindung zwischen uns sucht, wird man sie finden. Wir verlassen uns einfach darauf, dass man erst gar nicht danach sucht.«

Luppi schluckte erneut. »Okay.«

»Was ist los, bekommen Sie kalte Finger?«

»Ich denke nur ... wenn sie hinter mir her sind ...«

»Dann rennen Sie«, sagte ich eindringlich. »Sobald Sie glauben, dass diese Sache ins Kippen gerät, rufen Sie kreischend Nikki Chakana von der BP an, und dann schnappen Sie sich den nächsten VV und verpissen sich zurück nach Bradbury.«

Trotz seiner Bemühungen erschauderte er. »Ich habe so etwas schon mal gemacht, wissen S...«

»Ja, vor mindestens zehn Jahren, wie Sie selbst zugegeben haben. Dazwischen ein Jahrzehnt lang Nachtclubs besuchen und Unternehmensbosse und Prinzessinnen aus Gründerclans ausspionieren zählt nicht.«

Der Stachel traf ins Ziel. Meine Linsen nahmen wahr, wie er im Zwielicht errötete. »Hören Sie, ich könnte – falls sie mich schnappen – einfach sagen, dass ich Sie beschattet habe, dass Sie aber nichts darüber wissen. Aufnahmen aus dem VV würden das bestätigen, und ich könnte ...«

»Zu freundlich von Ihnen.« Ich legte die Hände auf seine Schultern. »Und jetzt vergessen Sie's. Diese Leute sollte man nicht verarschen, Luppi. Das ist etwas anderes, als sich backstage an das Gefolge von Sundry Charms anzuschleichen. Man würde Sie nicht nur ein bisschen aufmischen, man würde Ihnen das verdammte Gesicht abschneiden und Sie vergraben. Und wenn Sie Glück haben, erschießt man Sie vorher.«

Ich starrte ihn an, bis er einknickte. Er nickte krampfhaft, wandte den Blick ab, und ich zog die Hände zurück. Er nahm einen tiefen, beruhigenden Atemzug. »Okay. Und was jetzt?«

»Jetzt? Ich gehe nach hinten raus. Geben Sie mir die Chance, wieder ins Freie zu treten, damit, falls jemand an mir dran ist, er mich weiter verfolgen kann, dann kehren Sie auf dem Weg zurück, den Sie gekommen sind. Haben Sie eine gute Ausrede, warum Sie hier drinnen waren?«

Luppis Adamsapfel hüpfte sichtlich in dem schwachen Licht. »Ja. Schlechtes Essen, zu viel Suff. Musste mir eine Stelle zum Kotzen suchen.« Er hielt ein paar Finger hoch. »Und ich werde eine Spur hinterlassen.«

»Alte Schule. Gut für Sie.« Ich klopfte ihm kräftig auf die Schulter. »Wir sehen uns in ein paar Tagen.«

Während ich fortging, hörte ich, wie er hinter mir loslegte und wiederholt in der Enge der Gasse würgte, die Finger tief in die Kehle gesteckt, bis sein Magen schließlich nachgab und erbrach, was er enthielt.

Ich hoffte, es war kein Omen.

29

Die Straßen am anderen Ende der Gasse waren ein unansehnliches, aber zweckmäßiges Gewirr, nicht unähnlich dem, durch das ich mich von Ucharimas Wohnblock zurücknavigiert hatte. Keine Überraschungen – trotz der blitzblanken neuen Innenstadt ist Cradle City eigentlich überall recht unansehnlich. Ich trieb mich ein bisschen an Kreuzungen herum, besuchte ein paar Bars und saß vor Drinks, die ich gar nicht wollte, und wartete, dass irgendjemand, den Decatur oder Allauca auf mich angesetzt hatte, meine Spur wiederfand. Erinnerungen an Missionen aus meinen Jahren mit Decatur bei IC klappten in meinem Hinterkopf hoch wie Zielscheiben im virtuellen Training – manche davon offensichtlich, vorhersehbar, einfach zu erwischen und wegzustecken, andere schwer zu fassen, im verblassenden THC-Nebel versteckt, während einige völlig aus dem Nichts auftauchten, mit der Schockwirkung eines Clowns mit Schreckensmaske, der hinter einer Ecke hervorspringt.

Wie ist das also passiert?

Decatur, der zur Heckler & Koch hin nickt, die zwischen uns auf dem Billardtisch liegt, neben all der anderen Missionshardware, die wir vorbereitet haben.

Wie ist was passiert?

Der Schaden, Mann! Er deutet, Zeige- und Mittelfinger wie eine Pistole zusammengelegt, auf das zerschrammte Metall an der unteren Schiene und am Verschluss der HK. Im Schein der tief hängenden Deckenleuchten ist der Schaden, von dem er spricht, hell und auf der matten Legierung deutlich zu erkennen. Sieht wie ein ziemlich frontaler Schlag aus.

Monofil-Schneider. Ich zucke mit den Schultern. Hab jemanden zu nahe rangelassen.

Er sieht mich mit hochgezogener Augenbraue an, während er seine Flinte von Remington Red mit nichttödlicher Munition lädt, ein regolithtrockenes Klicken nach dem anderen. Er ist heute der Hauptschütze und die Stimme der IC-Vernunft. Ich bin die Rückversicherung, der stumme Pistaco mit dem grimmigen Gesicht, falls etwas schiefläuft. Es ist die Anfangszeit unserer Partnerschaft, wir sind noch dabei, uns gegenseitig zu sondieren. Grenzen austesten, das Territorium erkunden.

Nicht gerade typisch Black Hatch, Gusch. Ich hoffe, du lässt solche Sachen nicht zu oft passieren.

Ich schüttle den Kopf. Nur das eine Mal.

Warum lässt du es nicht reparieren? Eine Legierungskultur aus der Werkstatt, ein paar Stunden, wieder so gut wie neu. Kostet dich praktisch nichts, und dann kannst du es vergessen.

Ja – es würde mich davor bewahren, deswegen ständig von neugierigen Arschlöchern wie dir ausgequetscht zu werden.

Er grinst breit und angespannt vom Adrenalin des kurz bevorstehenden Einsatzes. Du hast es verstanden.

Dann könnte ich mal drüber nachdenken.

Nein, das wirst du nicht. Sein Blick ist nach unten auf den offenen Patronenzubringer der Remington gerichtet, aber seine Konzentration ist immer noch da. Man kann die Energie spüren, die ihn umschwebt. Kannst du mir sagen, warum?

Ich brauche einen Moment für die Entscheidung zum Loslassen. Ich hebe die HK einhändig auf, berühre das vernarbte Metall mit der anderen Hand. An manche Fehler sollte man sich erinnern. Dies war definitiv ein solcher Fehler.

Ich griff nach meinem derzeitigen ungewollten Drink und nippte daran, die Stirn über die unerwartete Flut von Erinnerungen gerunzelt, auf denen ich gerade surfte. Ich kreidete es dem Pfeifenhaus-THC an. Ich blickte mich in der Bar um, sah nichts, was mich potenziell von den ruhelosen Gedanken an vergangene Fehlleistungen ablenken könnte. Um mich herum hatte sich der Kundenrhythmus des Ladens zu frühabendlicher Trägheit verlangsamt. Ein diffuses Gefühl der Verzögerung hüllte alles ein, wie langsam reagierender toxischer Staub, der sich auf die Schultern der noch anwesenden Gäste legte. Nichts geschah, außer dass die marsianischen Stunden vergingen.

Ein Anruf vom Ziegengott, sagte 'Ris munter.

Na gut. Ich griff danach. *Stell ihn durch.*

»Das wird dir nicht gefallen, Veil.« Etwas Seltsames in Holmstroms Stimme, ein Tonfall, den ich nicht gewohnt war. Ich runzelte die Stirn.

»Ja, na gut, warum sollte ich von dir etwas anderes hören als von allen, mit denen ich heute gesprochen habe. Was hast du für mich?«

»Was ich für dich habe, Schätzchen, ist so gut wie nichts. Ich habe vor etwa einer Stunde deine kleine Ausgrabung auf der Erde gestartet, und ich muss dir sagen, dass es nicht gut gelaufen ist.«

Jetzt wurde sein seltsamer Tonfall klar – es war Verärgerung. Holmstrom mochte es nicht, wenn er bei irgendwas versagte.

»Ich dachte, du hättest gesagt, es wäre ein Parkorbit.«

»Nein, das hast *du* gesagt. Ich sagte, dass über eine Kommunikationsverzögerung von mehr als einer Viertelstunde gar nichts einfach ist, und ich habe recht behalten. Aber das ist nicht der Punkt. Weißt du, ich hatte meinen Infiltrationsstachel gemütlich im Personalspeicher von Oversight in Stellung gebracht und haufenweise allgemeinen Mist über das gesamte Auditteam reinbekommen, von Edward Tekele bis nach ganz unten – nebenbei bemerkt scheint er ein ziemlich netter Mann zu sein –, doch in dem Moment, als ich auf deine Spielgefährtin Madekwe stieß, wurde von hier bis Pachamamas Thron und zurück Alarm geschlagen. Und ich rede hier über *ernsthafte* Abwehrmaßnahmen, Veil. Ich bin kaum rechtzeitig rausgekommen, als ein Gegenstachel in der Größe von Supays Schwanz am Jüngsten Tag abgefeuert wurde.«

Ich saß in der erlöschenden Bar und starrte mich selbst im Spiegel hinter den Flaschen an. Ließ es sacken. Wie ich zu Chakana im Lift gesagt hatte, war es mir die ganze Zeit über klar gewesen. Eine Anomalienhäufung, immer neue schlechte Nachrichten.

»Bist du dir sicher, dass es nicht nur die Zeitdauer war?«, erwiderte ich reflexartig. »Hat es so lange gedauert, bis die AM-Systeme bemerkt haben, dass du eingedrungen bist?«

»*Ich* habe es gemacht, Veil.«

Ich rieb mir eine Hand über das Gesicht. »Okay. Also ist sie definitiv keine Anzugträgerin aus dem zweiten Team.«

»Das kann ich mir nicht vorstellen.«

»Hast du überhaupt irgendwas über sie herausbekommen? Bevor du aussteigen musstest.«

»Nur Fragmente.« Die Verärgerung schwang wieder in seiner Stimme mit. »Und selbst die passen nicht zusammen. Hattest du nicht gesagt, dass sie Familie hat?«

»Ja. Jugendliche Tochter und Ehemann, geschieden.«

»Nicht das, was ich hier habe. In der Header-Datei, die ich erwischen konnte, steht, dass sie Single ist, keine Unterhaltsberechtigte.«

»Also …« Ich suchte im Bodensatz des THC-Turkeys nach irgendeinem Sinn. »Das kann doch nur eine Tarngeschichte sein, oder? Eine Sicherheitsmaßnahme.«

»Klar. Oder dass sie dir erzählt hat, sie hätte eine Familie. Entweder oder.«

»Wie kann es ihr Sicherheit geben, wenn sie eine Tochter und einen geschiedenen Mann für mich erfindet, Hannu? Ich bin fünfzig Millionen Kilometer davon entfernt, einem der beiden zu begegnen. Welchen Sinn hätte die Lüge? Welchen verdammten Sinn hat es, überhaupt darüber zu sprechen?«

»Vielleicht hat sie dir nicht vertraut und beschlossen, auf Nummer sicher zu gehen. Vielleicht macht es ihr einfach nur Spaß, Männer zu belügen. Vielleicht hat sie auf gut Glück gelogen, damit du sie nicht durchschauen kannst. Ich weiß es nicht. Aber sie ist irgendeine Art Undercoveragentin – darauf deuten die Abwehrmaßnahmen hin, mit denen ihre Daten gesichert sind –, weshalb es für sie selbstverständlich ist, Tarngeschichten zu erzählen. Vielleicht dachte sie, wenn sie sich als geschiedene Mutter darstellt, würde sie dadurch in deinen Augen sanfter erscheinen. Auf diese Weise könnte sie deine Abwehr unterlaufen.«

Glaubst du, sie hat deine Abwehr unterlaufen, Veil?
Du hältst die Klappe.

Ich räusperte mich. »Ist das alles, was du hast? Madison Madekwe – Single, keine Kinder, erzählt Lügen?«

»Und sie ist siebenunddreißig Jahre alt, nach Erdzeitrechnung.«

»Ah – gut zu wissen!«

Es folgte eine längere Pause, lange genug, dass ich schon glaubte, Holmstrom könnte aufgelegt haben. »Dürfte ich dich fragen, wo du bist, Veil?«

»In einer billigen Bar.«

»Darauf wäre ich auch von selbst gekommen. In einer billigen Bar wo?«

»Spielt das eine Rolle?«

»Wenn ich mir die Varianz in diesem Signal ansehe, würde ich raten, dass du bereits die Stadt verlassen hast und auf dem Hochland bist. Bist du auf der Jagd nach Madison Madekwe und ihren Entführern?«

Ich starrte finster in meinen unausgetrunkenen Drink. »So in etwa.«

Wieder eine Pause. Diesmal klang Holmstroms Stimme angestrengt. »Folgst du irgendeinem unverzüglichen Handlungsablauf?«

»Nein. Ich stochere nur herum.«

»Dann geh im Moment bitte nicht darüber hinaus. In Anbetracht derartiger Abwehrmaßnahmen bist du definitiv über etwas Ernsthaftes gestolpert. Ich habe meinen Terminkalender für das Dozen Up freigeräumt. Ich beabsichtige, morgen ein zweites Mal auf Madekwes Daten zuzugreifen ...«

»Danke, Hannu, aber du musst dir nicht ...«

»Doch, ich *muss* es tun. Ich lasse mich nicht einfach so aus irgendeinem beschissenen *zivilen* Datenspeicher aussperren, nur weil die Kommunikationsverzögerung zufällig eine Viertelstunde beträgt! Als ich die *Weightless Ecstatic* geflogen habe, habe ich Datengefechte über die doppelte Entfernung ausgetragen und gewonnen, ohne dass mir der Schweiß ausgebrochen ist!« Er beruhigte sich wieder etwas. »Und ich werde dich da auf dem Hochland nicht ohne missionskritische Daten herumspazieren lassen, die dir helfen könnten, keinen Schaden davonzutragen. Du hältst dich bereit, Veil. Ich werde mich melden.«

Er verschwand, ließ mich mit meinem Spiegelbild hinter der Theke allein.

Ich habe es dir gesagt, Nikki. Verdammt, ich habe es dir gesagt. Zweites Team, so ein Scheiß!

Du redest nicht mit mir?

Ist dein Name Nikki?

Nein. Aber Lieutenant Chakana ist hier weder körperlich noch elektronisch anwesend, wie sehr du sie auch immer vermissen magst ...

Unglaublich witzig!

... und es gehört zu meinen Aufgaben, deine mentale Stabilität zu überwachen und nach Möglichkeit zu verbessern, also ...

Mit meiner mentalen Stabilität ist alles bestens.

Ja – jetzt sprichst du mit mir, und nicht mit Leuten, die gar nicht hier sind.

Aha? Ich stand auf und kippte den Rest meines Drinks hinunter. *So, und jetzt kannst du die Klappe halten und mir ein Taxi nach Gingrich Field besorgen. Zum Sandeko-Hangarkomplex.*

Glaubst du, ein Besuch des Ortes, wo Pablo Torres verschwunden ist, wäre in deinem aktuellen Zustand produktiv?

Ich glaube, das ist etwas, das mir noch zu tun bleibt. Besorg einfach das Taxi.

Erledigt. Unterwegs, in drei Minuten hier.

Ich griff nach der Zahlleiste unter dem Tresen und beglich die Rechnung, legte ein bescheidenes Trinkgeld drauf. Am anderen Ende der Theke blinzelte der graubärtige Barkeeper weg, was auch immer er sich mit seinen Linsen angesehen hatte, schaute zu mir auf und nickte bestätigend. Hinter dem verdunkelten Gear sah er wie ein blindes altes Orakel aus, gelehrt und kundig in den Wegen Pachamamas und der Welt, wie er mich weise ermutigte, weiter meinem Weg der Erleuchtung zu folgen.

Verdammtes modifiziertes THC.

Als ich damals noch für Indenture Compliance in den Schelf-Gemeinden gearbeitet hatte, waren die mehr als fünftausend Hektar mit aufgegebenen Hangars und Silos und Industrieanlagen bei Gingrich Field etwas, das für die weltlichen Einheimischen einem Lagerhaus aus urbanen Legenden am nächsten kam. Ich bezweifelte, dass sich die Sache nennenswert geändert hatte, seit ich von hier fortgegangen war. Das Leben auf anderen Welten schien irgendeinen hartnäckigen Aspekt unserer Neigung zum Aberglauben auszulösen – als hätten wir unsere Monster und heldenhaften Retter viel nötiger, wenn wir uns unter fremden Himmeln aufhalten. Eine BV-Psychotechnik-Spezialistin, mit der ich in Exmouth während der Induktion eine Affäre hatte, meinte, es wäre die unterschiedliche Schwerkraft, die man auf zellulärer Ebene spürte, rund um die Uhr und ohne Pause, die tiefe Ängste triggerte, die von den Rhythmen und Härten der Erde normalerweise gedämpft wurden. *Und diese Fremdweltenexistenzangst,* hatte sie gesagt, während sie entschieden auf meinen nackten jugendlichen Oberkörper klatschte, *ist wie ich, Hak, sie muss gefüttert werden.* Wenn es einem die Ausbildung oder der gesunde Menschenverstand nicht erlaubte, an den Pistaco oder den Tharsis-Predator oder Intis fleischgewordene Protokollengel zu glauben, keine Sorge! Man konnte sich immer noch über die Horrorgeschichten gruseln, die man über Gingrich erzählte.

Wir machten es am Horizont aus, als das Crawlertaxi die niedrigen Gebäude der östlichen Peripherie von Cradle City im Schein der Vordämmerung hinter sich ließ – Ansammlungen skelettartiger Kräne vor dem Himmel, erstarrt wie Dinosaurier im fernen Blitz des Ground Zero in Chicxulub, die buckligen Walrücken von Lagerhallen, die sich im vorrückenden Licht aneinanderkauerten, korrodierte Silos, die wie die Finger eines lebend begrabenen Propheten des Verderbens himmelwärts stachen. *Hier hat man die Großen Alten gelandet und eingelagert,* wird geflüstert. *Man fand sie da draußen gefroren in der Oortschen Wolke dahintreibend, leinte sie an und schleppte sie her, zu wer weiß welchem wahnsinnigen Zweck. Man konnte nicht riskieren, sie ganz bis zur Erde zu bringen, weißt du, aber man wollte sie studieren, und näher als bis hierher mochte man sie nicht heranlassen.*

Zu esoterisch, zu atavistisch für Sie? Dann probieren Sie es mit den schlurfenden Missgestalten der Toxin-Zombies von Cradle Seventeen – das Überbleibsel eines Trupps von Arbeitern, die grässlich vernarbt und mutiert wurden, als eine tödliche biologisch gefährliche Ladung, die versehentlich nicht gekennzeichnet wurde, aus Unachtsamkeit vom Kran fiel und aufbrach, sich schäumend und dampfend über die bedauernswerten Arbeiter in der Umgebung der Cradle ergoss. Firmenkillerkommandos rückten an, massakrierten jene, die sie aufspüren konnten. Doch in der Dunkelheit und im schreienden Chaos konnten viele entkommen, flüchteten durch die Lagerschuppen und überdachten Wege auf dem Gelände, versteckten sich als Plünderer und *Kannibalen,* und irgendwann, so wurde geflüstert, *zeugten sie ihre eigene grässliche Nachkommenschaft.*

Zu sehr Grand Guignol? Was ist mit den trauervollen Geisterintelligenzen einer vor Äonen untergegangenen marsianischen Urkultur? Unbeabsichtigt von Archäologen der Erde freigesetzt, als bei einem streng geheimen Grabungsprogramm uralte Maschinen in den Höhlen unter der Südwand entdeckt wurden und man zu spät erkannte, dass die Kreaturen, die diese Maschinen erbaut hatten, in einer verminderten geisterhaften Form weiterhin daran hafteten, wer weiß, vielleicht als Wächter gegen einen furchtbaren Missbrauch. Wandeln Sie einfach mal in einer Nacht, die dem Kalender dieser Urkultur heilig ist, zwischen den Hangars von Gingrich Field herum, und selbst wenn bislang kaum jemand etwas von ihnen gesehen hat, werden Sie sie hören, wie sie in den Gassen und auf den Cradle-Plätzen all das bejammern und beweinen, das vor einer Million Jahre verschwunden ist.

Das Taxi jagte zwischen den ersten Gebäudeausläufern auf das Feld, die Reihen der Hangars und Cradles lagen noch vage in der zurückweichenden Finsternis – oben über der Lamina und der Südwand würde bereits der Marstag dämmern. Hier unten dauerte es ein wenig länger, aber ich hoffte, die Dunkelheit würde sich größtenteils verzogen haben, wenn wir unser Ziel erreicht hatten. Es war schon schlimm genug, sich auf Verdacht in einem zerfallenen Hangarkomplex umzusehen, ohne sich dabei auf Haimodussicht verlassen zu können.

Vielleicht würde man mich mit einem Geist verwechseln.

Oder mit einem Mitglied des – und das war meine Lieblingshorrorgeschichte von Gingrich – sagenhaften *Verlorenen Black-Hatch-Kommandos*.

Ja, genau die.

Kaum noch menschliche postorganische Cyborg-Overrider, im Tank herangezüchtet für den Einsatz im Fall eines Versuchs des Freien Volkes auf dem Mars, die Ketten der Unterdrückung durch die Erde abzuschütteln. In Vorbereitung auf diesen Tag waren sie draußen auf dem Feld in dichten Reihen von Kryokapseln eingelagert. Danach weichen die Versionen voneinander ab: In einer gingen die Positionscodes für ihre Kapseln verloren – klar, ich meine, wem ist es noch *nicht* passiert, dass man soeben eine Kryokap-Ladung von Supersoldaten schlafen gelegt hat und dann vergisst, wo das noch gleich war? Und sie blieben so lange verborgen, bis irgendwelche Kinder darüberstolperten und versehentlich die Aufweckprotokolle auslösten, worauf sie erwachten, die Kinder töteten, das Feld bei Nacht heimsuchten und so weiter.

Oder – suchen Sie sich was aus – sie erwachten, fühlten sich den Kindern zu Dank verpflichtet, dienten ihnen eine Zeit lang und zogen schließlich davon – falls Sie selbst über sie stolpern, können Sie sie um ritterliche Gefälligkeiten bitten. Weil es nichts in der Welt gibt, das wir Overrider mehr lieben als unbezahlten Heldenquatsch.

Noch besser – das gesamte Verlorene Black-Hatch-Kommando ist in Wirklichkeit gar nicht verloren, sondern wurde irgendwo sicher zwischen den endlosen Reihen verlassener Hangars in Gingrich verstaut. Dort schlafen sie immer noch, alle, und als Relikt einer irrtümlichen Subroutine in ihrem Gencode wurden sie zu unbeugsamen Kriegern der Ehre, die in der größten Stunde der Not für die Menschheit ausziehen.

Au ja!

Was ich noch nicht gehört habe, ist die Variante, nach der sie ziemlich heruntergekommen in Kapseln unten im Strudel schlafen und jeden schmutzigen Exekutivjob übernehmen, um über die Runden zu kommen.

Das Taxi bog scharf nach links ab, so abrupt, dass man einen menschlichen Fahrer erwarten würde. Ich blickte durch das Seitenfenster, während mein Puls schneller ging.

Was zum Teufel war das, 'Ris?

Wir wurden gehackt. Die Instabilität war ein Resultat meines Widerstands. Versuche nun, die Steuerprotokolle wieder unter meine Kontrolle zu bringen.

Drecksäcke. Kannst du erkennen, wohin wir jetzt fahren?

Acht Komma sieben Kilometer südöstlich. Eintausendneunhundert Meter nördlich des Sandeko-Hangarkomplexes. Ein kartografischer Abgleich deutet auf die Nähe eines Landeplatzes hin. Unser neuer Freund dürfte auf dem Luftweg eintreffen.

Ja, und vermutlich ist das ihr Plan, wie sie uns ausschalten wollen. Anscheinend möchte sich jemand verdammt dringend mit uns unterhalten. Das Taxi ließ nicht erkennen, dass es langsamer wurde oder vom Kurs abwich. *Wirst du diesen Hack neutralisieren können, 'Ris?*

Mit hoher Wahrscheinlichkeit nicht. Die Umleitung wurde in den Kernprotokollen generiert – also wurde der Hack an der Besitzer/Betreiber-Quelle ausgelöst. Auf sehr hoher Ebene. Ich könnte allerdings für einen Kurzschluss sorgen und die komplette Navigationsintelligenz zerstören, worauf das Fahrzeug zwecks Reparatur blind und in sicherem Kriechtempo zum Herkunftsort zurückkehren würde.

Nein. Ich setzte mich auf und spürte jetzt die volle Woge des Heißlaufs. *Tu das nicht. Wenn sie auf einem Landeplatz eintreffen, haben sie einen Drehflügler, und damit könnten sie uns verfolgen. Schlag zu, bevor wir ganz vom Feld runter sind. Wie wäre es mit einem kompletten Kurzschluss – kannst du uns abrupt zum Stehen bringen, bevor wir sie erreichen?*

Dazu wäre eine totale Zerstörung der Systeme nötig. Danach besteht keine Möglichkeit mehr, die Navigation zu kontrollieren, ein Zusammenstoß ließe sich nicht nicht abmindern. Und wir bewegen uns ziemlich schnell.

Ich blickte erneut aus dem Fenster. Die niedrigen Lagereinheiten und Hangars sausten vorbei – wie es aussah, wurden wir sogar noch schneller. *Lässt sich irgendwie sicherstellen, dass wir nach dem Aufprall aus diesem Ding herauskommen?*

Ich könnte die Türschlösser zwingen, sich zu öffnen, aber ...

Tu es, gab ich zurück. Totale Zerstörung. *Tu es jetzt!*

Ausführung.

Der Crawler vibrierte, wankte auf der Straße – plötzlicher Gestank nach schlagartig durchgebrannter Elektronik im Innenraum. Bizarres Maschinengebrabbel vom Datenkopf hinter der Konsole. Eine Inspektionsklappe flog über mir auf, hing an fadendünnen Kabeln, spuckte blaues Feuer wie etwas Lebendes. Der Crawler schwankte, diesmal noch heftiger. Der Datenkopf schrie.

Mach dich auf den Aufprall gefasst, sagte 'Ris völlig ruhig.

Ich spürte, wie die Bremsen des Crawlers griffen. Wir taumelten seitlich von der Straße und rollten wie der Würfel eines wütend gewordenen Spielers. Eine weitere Klappe wurde aus dem Dach gesprengt, traf mich am Kopf. Dunkelheit füllte ein Fenster aus – ich fuhr herum und sah eine Hangarwand, die auf uns zukam wie der Kühlergrill eines hundert Meter hohen Autocrawlers ...

Licht aus.

30

Ich wachte in Staub und mattrotem Zwielicht herumgewirbelt auf. Den Mund voller Regolith – *diesen* beschissenen Geschmack vergisst man nie wieder –, mit dröhnendem Kopf, das rechte Auge zugeklebt.

»Stat …« Ich hustete und spuckte einen Teil des Drecks aus. *Status. Sag mir, dass wir nicht tot sind, 'Ris. Sag mir, dass ich mir nichts gebrochen habe.*

Wir beide sind intakt. Die Crawler-KI ist tot.

Ich war mir ziemlich sicher, einen befriedigten Unterton in 'Ris' Stimme gehört zu haben. Mit dem funktionierenden Auge blickte ich mich benommen im Zwielicht um. Ich brauchte keinen Haimodus oder sonstige Unterstützung durch die Linsen, die ich – gerade noch so – um den Kopf trug. Ein rot pulsierender Schein verbreitete sich von sechs identischen Notbeleuchtungsrauten im Innenraum, gedämpft durch eine weiterhin dahindriftende Suppe aus ultrafeinem Staub. Wir waren umgekippt, wurde mir klar, und ich lag zerknautscht auf der vorderen Konsole unter einer Menge Dreck, wie es sich anfühlte. Auf meiner Seite waren die Fenster zertrümmert – offenbar waren wir mit dieser Seite durch den Boden gepflügt und hatten eine Furche in den Regolith gegraben –, aber die andere Seite des Taxis schien unversehrt zu sein. Ich hob meine Linsen an, rieb mir das rechte Auge, konnte wieder etwas Sehvermögen herstellen. Meine Finger waren klebrig feucht. Es sah wie Blut aus, aber in diesem Licht würde alles so aussehen. *Was für eine Scheiße ist das denn?*

Du hast dir kurz vor dem Aufprall einen oberflächlichen Schnitt in der Kopfhaut zugezogen, dann einen weiteren während der Kollision, worauf dir das Blut ins Auge gelaufen ist. Nichts von Bedeutung.
Kommen sie zu uns?
Ja. Ich habe den SOS-Sender des Taxis unterdrückt, also müssen sie blind nach uns suchen. Aber sie kommen.
Gut. Ich rückte meine Linsen wieder zurecht, versuchte mich aufzusetzen. Ich brauchte mehrere Anläufe, und es schmerzte dumpf an verschiedenen Stellen. Ich brummte und checkte meine Waffen – die VacStar steckte noch im Holster, aber die Balustraad war im Chaos verloren gegangen. Unter mir tastete ich danach.
Kannst du die Notausgänge aufsprengen?
Nein, der Systemschaden ist zu umfassend. Wieder diese kämpferische Befriedigung. *Aber die Türen sind entriegelt. Du müsstest sie aufdrücken können.*

Ich fand die Balustraad und verstaute sie wieder hinter meinem Rücken, dann stieß ich kräftig mit beiden Händen gegen den Notöffnungsriegel der nächsten Tür. Das Gewicht des Dings drückte kurz gegen mich zurück, dann hob es sich bis zum Kipppunkt, und die Tür schwang mühelos hinauf – für mich tatsächlich zur Seite – und offenbarte ein klareres Dämmerungszwielicht. Ich zerrte mich durch die Lücke hinauf, balancierte für einen Moment wacklig auf der Türschwelle und sprang dann hinunter.

Das trockene Knirschen meiner Stiefel im Staub, eingehende Meldungen von aufflammenden Schmerzen an geprellten Stellen, über meinem ganzen Körper verteilt. Ich blickte finster und sah mich um.

Die Wand des Hangars, gegen die wir gestoßen waren, verlief schräg vor uns, mit den Spuren der Dellen und Schrammen, die wir in der alten Metallfläche hinterlassen hatten. Der Crawler war abgeprallt, durch eine enge Ladegasse gerollt und mit dem Arsch nach oben vor einer Kranplattform daneben liegen geblieben. Das skelettartige Gerüst ragte vielarmig über mir auf wie ein erstarrter Eisenkrake aus dem schlimmsten Albtraum eines Retrotech-Geeks, wie der Schrein irgendeines tentakligen Robot-Gottes.

Als wollte er im nächsten Moment einen gewaltig knarrenden Wutschrei von sich geben, um steif mit Gelenkarmen auf menschliche Höhe hinunterzugreifen und alles zu zerreißen, was lebte.

»Also gut«, murmelte ich ihm wie ein verstohlener Anbeter zu. »Dann wollen wir mal diese Grokville-Arschlöcher killen.«

Sie kamen zu Fuß in einer lockeren Gruppe, ein Unterstützungsfahrzeug rollte weit genug hinter ihnen, um in nichts verwickelt zu werden, falls es zu Schwierigkeiten kam. Ich zählte sechs Agenten, lässig gekleidet, ohne offensichtliche Bewaffnung oder taktische Optik. Ein paar trugen langläufige Waffen, die aussahen, als wären es entweder magnetisch betriebene taktische Flinten oder Sturmgewehre. Die übrigen hatten entweder Handwaffen oder gar keine. Das brachte ein freudloses Lächeln auf meine Lippen. Die naheliegende Schlussfolgerung lautete, dass sie nicht damit gerechnet hatten, mich auf diese Weise jagen zu müssen. Es war ein Entführungskommando, in kürzester Zeit zusammengetrommelt – und eigentlich stellte sich nur die Frage, wer sie zusammengetrommelt hatte und warum.

Osiris schaltete mich direkt in ihren Kommunikationskanal.

»… ist nur, wie zum Teufel dieser Typ es geschafft hat, die Systeme eines Autocrawlers zu knacken. Ich dachte, er ist irgendein IC-Schläger im Ruhestand.«

»Er *hat* für IC gearbeitet«, sagte eine andere, etwas geduldigere Stimme. »Aber davor kam er von der Erde. Irgendein Vakuumkampf-Ninja, wie diese Typen, die von der Navy in Hab Nine eingesetzt wurden. Ist wahrscheinlich bis zum Arsch mit Technik vollgestopft.«

»So ein Quatsch, Sammy. Vakuumkampf, lutsch mir die Eier! Der Typ war ein Overrider.«

Gelächter, das über den gehackten Kanal blechern klang.

»Du hast gar keine Eier, Jesika.«

»Bloß eine Redensart. Jetzt hört auf zu labern und bringt euch in Stellung. Ich bekomme eine Wärmesignatur und schwache Elektroaktivität herein, von da unten an diesem Hangar auf elf Uhr. Sieht aus, als hätte er dort die Straße verlassen.«

Schweigen spannte sich zwischen ihnen. Jemand schaltete auf dem Dach des Unterstützungscrawlers eine Flutlichtbatterie ein. Der Strahl schnitt ein Rechteck aus hartem blauem Licht in das Zwielicht. Einer der Fußsoldaten pfiff leise.

»Die Straße verlassen ist gut, Jesika. Schau dir diese verdammten Furchen an! Er muss ein ordentliches Tempo draufgehabt haben, bevor er den Kasten einfach umgeworfen hat.«

»Auch Glassplitter«, meldete jemand anderer. Zweifellos hatten jetzt alle ihre Linsen aktiviert und für Nahaufnahmen und genauere Analysen unterteilt. »Überall auf der Straße, die Spur führt in diese Richtung. Vielleicht hat uns der Arsch einigen Ärger erspart und sich beim Unfall das Genick gebrochen.«

»Hoff es lieber nicht«, erklärte ihnen Jesika grimmig. »Chand wird schon angepisst genug sein, weil es überhaupt zu diesem Schlamassel gekommen ist. Er wollte einen unauffälligen Zugriff und keine Menschenjagd im vollen verfickten Tageslicht. Wenn wir diesen Gusch nicht lebend nach Hause bringen, kannst du sämtliche Prämien vergessen, die du in diesem Jahr angesammelt hast.«

»Hey, vergesst die Prämien.« Das war Sammy, der Geduldige. »Ich kenne Chand, ich bin schon in Louros zu ihm gestoßen.

Wenn wir das hier vermasseln, werden wir alle eine Zeit lang oben in Morton versiegelte Silos bewachen. Nehmt euren verdammten Gesichtsschutz und ein paar Aufnahmen eurer Kinder mit. Ihr könnt euch glücklich schätzen, wenn ihr sie zweimal pro Jahr zu Weihnachten und Martes Challa seht. Heilige verfickte Scheiße, schaut euch das an!«

Sie hatten den umgekippten Crawler gefunden.

»Halt!«, rief Jesika. »Sammy, Zhang, bleibt zurück. Verteilt euch, gebt uns Deckung, falls er noch da drin ist. Valdivia, Chetry – ihr seht euch die Sache genauer an, wenn ich es euch sage. Ericsson, wo ist das verdammte Flutlicht? Zieht euch zurück, und zeigt mir dieses Chaos!«

Sammy und Zhang – das langläufige Kontingent. Sie trennten sich und bildeten einen weiten Winkel für jeden, der versuchen könnte, aus dem Wrack des Crawlers hervorzuschießen. Als Reaktion veränderte ich ebenfalls so zügig wie möglich meine Position. Gesicht und Finger waren fast taub und zitterten in der Kälte. Es musste bald passieren.

Leises Brummen, als sich ihr Crawler heranmanövrierte, um den Schein des Flutlichts vollständig auf die Unfallstelle zu richten, auch wenn es in der immer heller werdenden Dämmerung kaum noch einen Unterschied machte. Valdivia und Chetry näherten sich vorsichtig der Tür, durch die ich herausgekommen war und die ich danach zugeschlagen hatte. Chetry war der Größere der beiden, er griff nach den verbogenen und eingerissenen Rändern der Tür und machte sich bereit, sie wieder aufzuhebeln.

Jetzt!

Ich ließ den eisigen Metallrahmen des Kranarms los, auf dem ich hockte, sprang ab und stürzte, die Zähne in lautlosem Knurren gebleckt. Ein kalter Luftzug, schwindelerregende Momente des freien Falls, einsatzbereit heißlaufender Puls. Etwas mehr als zwanzig Meter, so weit, wie ich mich hinaufgewagt hatte, um nach dem Aufprall auf den Beinen zu bleiben. Die Marsgravitation ist nachsichtig, insbesondere unter der Lamina, wo ein nennenswerter Luftwiderstand herrscht – aber sie ist auch nicht allzu nachsichtig. Ich traf Sammy mit beiden Fersen an Kopf und Nacken, brach ihm dabei vermutlich das Genick. Er gab nicht mehr als ein leises Grunzen von sich, als er zu Boden ging. Ich glaube, die anderen bemerkten es im ersten Moment überhaupt nicht. Ich traf auf und rollte mich auf bewährte Weise neben ihm ab, landete in der Hocke, etwa ein Dutzend Meter von Zhangs linker Flanke entfernt. Ich ignorierte die verlorene Langwaffe – eine blitzblanke neue AK-Variante, ziemlich sicher personalisiert – und zog die VacStar und zielte. Zhang wurde sich gerade der Tatsache bewusst, dass etwas passiert war, blitzartig sah ich sein schockiertes junges Gesicht, als er sich zu mir herumdrehte.

Ein dumpfer Knall, der von den Hangarwänden zurückhallte und die Stille des Hinterhalts verjagte.

Die Anzug brechende Ladung durchschlug Zhang auf Brusthöhe, stanzte ein Loch in ihn, durch das ich hindurchschauen konnte, ließ ihn auf der Stelle zu Boden gehen. Ich schwang die VacStar bereits zum nächsten Ziel herum. Diesmal feuerte ich den Schuss überhastet ab, erwischte ihn auf der linken Seite. Er wirbelte heftig herum, brach in einer Staubwolke zusammen, als hätte er sich plötzlich angewidert abgewendet und wäre dabei gestolpert. Heißlaufende Nerven – *verdammt, reiß dich zusammen, Veil!*

»Sammy – Zha...« Jesikas Stimme, schrill vor Schock, die es verspätet bemerkt hatte. »Er ist hier, verdammt, er ist ...«

Genug von dieser zweihändigen Schusspositionsscheiße – ich zog die Balustraad aus dem Kreuz, pirschte weit um den zertrümmerten Crawler herum, fasste Valdivia und Chetry ins Auge. Beide drehten sich, die Waffen erhoben – aber beide waren zu langsam. Linkshändig pumpte ich drei Balustraad-Kugeln in sie, während ich mich weiterbewegte und etwas zu weit entfernt war. Blut spritzte auf den Panzer des Crawlers hinter ihnen, in breit gemalten Streifen und Fleischstückchen, die klein genug waren, um kleben zu bleiben. Beide gingen schwer verletzt und schreiend zu Boden.

Ein einzelner Schuss sauste neben meinem Kopf durch die Luft, nahe genug, um meine Kopfhaut zu versengen.

Ich fuhr herum und sah Jesika in zweihändiger Schussposition, nur etwas mehr als acht Meter entfernt. Ein zweites Mal würde sie nicht danebenschießen. Ich feuerte reflexhaft mit der VacStar aus der Hüfte, erwischte sie irgendwo tief am Oberschenkel, was genügte, um sie von den Beinen zu reißen, und sie mit anderen Dingen versorgte, um die sie sich Gedanken machen musste.

Klar, dass Ericsson versuchen würde, mich zu überfahren.

Ich hörte, wie der Motor des Crawlers aufbrüllte, über den Ladehof raste, zum Hangar auf der anderen Seite hinüber. Das Gefährt pflügte über den Regolithboden auf mich zu und schlitterte heftig. Für so etwas war das Ding nicht gemacht – und Ericsson aller Wahrscheinlichkeit nach auch nicht. Ich stellte mich mit dem Rücken zum Hangar auf, ließ die Balustraad fallen und hob die VacStar mit beiden Händen.

Acht Schüsse, gleichmäßig über die reflektierende Windschutzscheibe verteilt. Das Material, was auch immer es war, konnte EVK-Munition nicht standhalten. Es splitterte und riss Löcher in Faustgröße. Donnernde Echos. Der Crawler schlingerte wild, raste ein paar Meter an meiner rechten Hüfte vorbei, krachte frontal in die bereits schwer mitgenommene Hangarwand. Der

Aufprall hebelte ihn hoch, die Vorderreifen hingen für einen Moment in der Luft, dann sackte er wieder ab, während die Antriebsturbine weiterheulte. Ich rannte nahe an das Seitenfenster heran, glaubte drinnen die Andeutung einer Bewegung zu bemerken und pumpte sicherheitshalber zwei weitere Anzugbrecher durch die Scheibe. Ein gepresster Schrei, ein dumpfer Stoß gegen die Tür, und die Bewegung hörte auf. Die Turbine verlangsamte sich zu einem tiefen Murmeln und verstummte schließlich ganz, vermutlich von irgendeiner Sicherheitssubroutine abgeschaltet, die endlich bemerkte, dass es einen Unfall gegeben hatte.

Stille trieb wie Rauch über den Hof.

Ich senkte die VacStar Stück für Stück und checkte meine Umgebung. Die Stille war nicht so absolut, wie ich gedacht hatte – hinter mir schrie nach wie vor jemand, aber nur noch schwach. Ich blickte mich um, brachte das Geräusch mit einem der geschredderten Balustraad-Opfer in Verbindung und zoomte mit meinen Linsen näher ran. Ein gebrochener Unterarm zuckte schlaff am Boden, ein halb gehäuteter blutiger Kopf versuchte sich in meine Richtung zu drehen. Beide Augen waren zerfleischte Löcher – wer auch immer es sein mochte, konnte nur noch nach Gehör arbeiten. Und keine Bewegung von Jesika – als ich ihre zerknautschte Gestalt fokussierte, wurde mir klar, dass Ericsson sie unabsichtlich überfahren hatte, als er auf mich zugehalten hatte. Ich atmete schwer aus, um das Adrenalin zu reduzieren.

Mein Gott, was für eine verdammte Sauerei.

Ich probierte die Crawlertür. Sie war verriegelt.

Kannst du das hacken?

Bin dabei.

Die Tür klappte hoch, und was noch von Ericsson übrig war, purzelte heraus. Er hing da wie eine weggeworfene Lumpenpuppe, die halb in einer Spielzeugkiste klemmte. Seine Beine steckten noch im Crawler fest. Er war jung und wirkte äußerst verängstigt, riesige dunkle Augen in einem himalayanischen Gesicht, das vor Schock pergamentbleich geworden war. Er blutete stark aus einer zerschmetterten rechten Hand, die nun aufgerissen und gespalten war wie die Klaue irgendeines Aliens, und er hatte ein großes Loch in der rechten Seite des Brustkorbs. Als er zu sprechen versuchte, gurgelte er wie ein verstopfter Abfluss.

»Kl-kli... Klinik ...«

»Du machst Witze, ja?«

»War ... war nicht ... Absicht ...« Er hustete Blut, sein Mund füllte sich damit, ertränkte seine Stimme. Er musste es wieder hinunterschlucken. »Dass es ... so kommt ...«

»Das ist es in deinem Alter nie.« Eine unbestimmte Wut flammte in mir auf. »Ihr jungen Leute sterbt immer so verdammt überrascht.«

»... nicht versucht ... dich zu töten ...«

»Aha?« Ich steckte die VacStar ein. »Sah für mich nicht danach aus.«

»Befehle ... die Befehle lauteten ...« Wieder ertrank die Stimme in Blut. Diesmal hatte er nicht die Kraft, es auszuhusten. Er würgte und röchelte. Die Augen blickten flehend. Ich zog eine Grimasse, packte ihn, hob ihn an und drehte seinen Kopf zur Seite. Dickes rotes Blut lief ihm aus dem Mund und sammelte sich im Staub zu meinen Füßen in einer Lache.

»Gut, weiter. Befehle.«

»Befehle«, murmelte er schwach. »Sollten dich ... lebend mitbringen ...«

»Ja, ich kann mir vorstellen, wie viel Spaß wir danach gehabt hätten. Willst du mir sagen, wer euch geschickt hat?«

»Kann nicht ...«, flüsterte es traurig aus ihm heraus. »Ver... deckte ... Ak...«

»Wie du meinst.« Ich ließ seinen Kopf los und richtete mich auf. »Genieß den Sonnenaufgang.«

Ich sah mich um und fand die Balustraad, wo ich sie fallen gelassen hatte. Entstaubte und verstaute sie. Die kraftlosen Schreie vom Autocrawler hatten sich zu Gestöhn abgeschwächt, in diesem Bereich bewegte sich jetzt nichts mehr.

»... bitte ...«

Kaum hörbar, wie Blasen, die in einer Güllepfütze platzten. Ich blickte mich zu ihm um, sah wieder die Augen, die ungläubig flehende Verzweiflung. Seine Lippen waren kirschrot von Blutspritzern. Er sah wie gerade mal verdammte zwölf Jahre aus.

Oh Mann, um Pachamamas willen ...

Ich kehrte zu ihm zurück, hob noch einmal seinen Kopf an, versuchte das Blut aus seiner Kehle laufen zu lassen. Jetzt machte es keinen großen Unterschied mehr. Ich richtete ihn wieder auf dem Sitz im Crawler auf, wollte mich gerade abwenden, als er mit der unversehrten Hand krampfhaft gegen meinen Arm stieß. Er sah mich nicht an, starrte geradeaus durch die Windschutzscheibe mit den sternförmigen Einschusslöchern, und für einen Moment fragte ich mich, ob er überhaupt wusste, dass ich noch da war. Doch dann ging sein Blick seitlich zu mir, von Entsetzen erfüllt, als würde er nicht wagen, das anzusehen, was neben ihm herangekrochen war. Wieder stieß er mit der Hand gegen mich, beharrlich, wie das Flehen eines hungrigen Hundes.

Ich seufzte und nahm seine Hand. Er sagte nichts, nickte nur ganz leicht, zuckend, saß da und keuchte behutsam, starrte auf das, was kam. Ich lehnte mich gegen den Türrahmen, blickte auf das Blutbad, das ich angerichtet hatte, und wartete mit ihm, während sein Atem immer langsamer ging und sich sein verschwitzter Griff lockerte, dann panisch wieder fester wurde und sich erneut lockerte ...

Blasse Schatten glitten die Hangarwand hinter uns hinunter. Die spielzeuggroße Sonne ging auf, verwaschen und fern. Allmählich machte ich mir wegen eines möglichen Nachfolgetrupps Sorgen.

»…algo…«

Ich sah ihn an, war mir nicht sicher, warum seine Äußerung meine Aufmerksamkeit so heftig geweckt hatte. Ich drückte seine Hand.

»Hey, Ericsson – was war das?«

Er warf mir einen weiteren Seitenblick zu. Seine Luftröhre machte ein rostiges Kratzgeräusch, als er für eine letzte, wichtige Botschaft Luft zu holen versuchte.

»Sag Mom«, stieß er hervor. »Hidalgo. Wir müssen … ihn aufhalten. Für den *Mars*!«

»Hidalgo?«

Wieder ein winziges, ruckhaftes Nicken. Plötzlich lagen seine Finger erschlafft in meinem Griff.

»Sag … Mom …«, gurgelte er, dann verstummte er für immer.

Ich checkte die anderen Leichen, stellte fest, dass Sammy doch nicht tot war, trotz des ungewöhnlichen Winkels, den sein Hals infolge unseres Zusammenstoßes angenommen hatte. Schwer zu sagen, ob er bei Bewusstsein war, aber ich registrierte einen Puls und flüsternden Atem aus seinem offenen Mund. Nachdem die Sonne aufgegangen war, wollte ich mit weiteren Schüssen vorsichtig sein, also benutzte ich das ABdM-Messer, um ihm die Kehle durchzuschneiden.

Alle anderen waren längst hinüber.

Wie zu erwarten war, ließ sich niemand identifizieren. Wer auch immer diese Aktion auf die Beine gestellt hatte, war zumindest halbintelligent vorgegangen.

Hidalgo.

Es nagte an mir, irgendeine winzige Vertrautheit, die ich nicht festnageln konnte. Ich gab mir noch eine letzte Minute zwischen den Leichen und den Wracks, aber ich kam nicht drauf. Schließlich schüttelte ich es mit einem Schulterzucken ab. Überblickte noch einmal die Umgebung.

Habe ich irgendwas übersehen, 'Ris?

Du warst bewundernswert gründlich. Mit etwas mehr Zeit könnten wir vielleicht eine der personalisierten Waffen hacken und zusätzliche Erkenntnisse gewinnen. Aber wenn wir eine davon mitnehmen, gehen wir das mögliche Risiko ein, dass sie außerdem von Satelliten getrackt werden.

Ja. Darauf lassen wir uns nicht ein.

DNS-Proben sind mit einem ähnlichen Risiko verbunden. Wir haben keine sichere Einrichtung, in der wir sie testen lassen könnten, es sei denn, du hast das Gefühl, dass du deinem Freund Milton Decatur uneingeschränkt vertrauen kannst.

Ich hustete einen Lacher aus. Es war noch etwas früh, um paranoid zu werden, andererseits war dies aber Decaturs Territorium, und er war einer der äußerst wenigen Menschen, die wussten, dass ich in der Stadt war.

Uneingeschränkt? Nein.

Wie ich mir dachte. Also keine sichere Einrichtung.

Ja, und wenn ich diese Scheiße von einem ungesicherten Labor untersuchen lasse, wird jeder Sicherheitsalarm von hier bis Tharsis Gate und zurück losgehen. Ich seufzte. *Also gut, verschwinden wir von hier.*

Ein leises, hartnäckiges Piepen von irgendwo. Ich fuhr herum, erkannte, dass es aus Ericssons Crawler kam. Ich lief zurück und beugte mich über seine Leiche hinein. Die Kommunikationskonsole zeigte ein einsam pulsierendes Licht. Ich drückte auf

Annehmen. Eine wütende männliche Stimme krachte in die Fahrerkabine.

»Wird auch Zeit, verdammt! Ericsson, was zum Teufel ist da draußen los?«

»Ericsson ist tot.«

Zischendes Schweigen auf dem Kanal.

»Alle sind tot«, sagte ich. »Valdivia, Chetry und Jesika, einige von ihnen in leicht zu transportierenden Stücken. Wenn Sie weitere Leute zu mir schicken, werden sie auf dieselbe Weise enden.«

»Wer ist da?«

»Sie wissen, wer ich bin. Wenn Sie Fragen an mich haben, hätten Sie selbst kommen und sie mir höflich stellen sollen. Sie sind Chand, nicht wahr?«

Wieder Schweigen. Ich spürte, wie meine Mundwinkel zuckten.

»Wenn ich Sie wäre«, sagte ich zu ihm, »würde ich auf öffentlichen Plätzen von nun an häufiger einen Schulterblick riskieren.«

Ich ließ den Komkanal in der kalten Morgenluft weiterkrächzen, suchte mir eine Richtung aus, die den Eindruck machte, sie könnte mir einigermaßen Deckung gegen Luftüberwachung bieten, und lief in strammem adrenalisiertem Trab los. Ich wusste nicht, wie viele Leute man mir vielleicht hinterherschickte, mit welcher Ausrüstung und Kompetenz sie kommen würden, aber das alles schien genau in diesem Augenblick keine große Rolle zu spielen. Die Appetithäppchen waren vom Tisch geräumt, das Hauptgericht war serviert, und ganz tief unten in den Fasern meines Muskelgedächtnisses, tief unten im Bauch flüsterte der Heißlauf freudige vorsteinzeitliche Hymnen an eine blutrünstige Raserei, die mein Puls viel zu sehr liebte. Chand konnte so viel Verstärkung nach Gingrich Field schicken, wie er wollte, aber es würde nicht den geringsten Scheißunterschied machen.

Wenn man als Overrider geweckt wird, besteht der Hauptjob darin, das Schiff zu retten. Diese Aufgabe kann auf einen feinfühligen, langwierigen und komplizierten Prozess hinauslaufen.

Am Leben zu bleiben und Menschen zu töten ist der leichtere Teil.

31

»Mein Gott, Hak – musstest du sie *alle* töten?«

Ich schnippte einen Kieselstein vom Ufer in den lotusgesprenkelten Teich. Winzige braune Torpedokonturen sprengten um den Platscher auseinander. »Streng genommen habe ich das gar nicht. Ihre Teamleiterin ist gestorben, als der Fahrer sie mit ihrem Crawler überrollt hat.«

»Oh, sehr gut«, knurrte Decatur. »Das ist natürlich ein enormer Unterschied!«

»Wahrscheinlich wäre sie sowieso verblutet. Um ehrlich zu sein, Milt, selbst wenn das nicht passiert wäre, hätte ich sie töten müssen. Sie machte einen recht kompetenten Eindruck. Ich durfte nicht riskieren, sie am Leben zu lassen, damit sie Bericht erstattet und dann vielleicht bis zum Stehkragen mit Groll aufgeladen zurückkehrt.«

»Ahh, *bei Pachamamas verfickten Titten!*«

Decatur stand auf und stürmte von mir weg, die Fäuste geballt, auf der Suche nach etwas, auf das er gefahrlos einschlagen konnte. Eine huschende Bewegung auf der unteren Ebene des Gartens – Gustavo streckte den Kopf vom Ausgang herein, wo er Wache hielt, doch anscheinend sah er nichts, was ihm Sorge bereiten müsste, und zog sich wieder zurück. Entweder hatte Decatur mit ihm gesprochen, oder er hatte sich einfach nur an die Dynamik gewöhnt. Ich fragte mich müßig, ob sich sein Boss oft so verhielt oder ob ich es war, der den alten, hartgesottenen IC-Geist in ihm weckte.

Ich blickte wieder auf, um zu sehen, was der Geist machte.

Decatur stand vor der nächsten Weiden-Mangroven-Variante. Viel Glück, wenn er darauf einprügeln wollte. Doch der schwer zu erreichende schlanke Zentralstamm des Baumes schien ihn mit seiner Unzugänglichkeit ein wenig beruhigt zu haben. Ich sah, wie er mit einer gelockerten Faust eine verärgerte wegwerfende Geste machte. Er blickte sich um und sah mich an. Seine Stimme senkte sich wieder auf fast normale Lautstärke.

»Hak, ich dachte, wir hätten vereinbart, dass du mir keinen Sand in meine Maschine hier oben schaufelst.«

Ich zuckte mit den Schultern. »Sag das den Toten, die versucht haben, mich auszuschalten. Bislang habe ich nicht mehr getan, als in der Stadt herumzuspazieren und ein paar nette Momente mit Nina Ucharima zu verbringen.«

»Ja, hab davon gehört.« Er kam an den Teichrand zurück und setzte sich wieder hin. Ein Grinsen zuckte in seinem Mundwinkel. »Sie hat es dir nicht einfach gemacht, was?«

»Hab schon Schlimmeres erlebt.«

Er brummte. »Das bezweifle ich nicht, Bruder. Zum Beispiel diese verrückte Schlammreiterschlampe drüben in Keelsville. Erinnerst du dich?«

»Ich versuche sie zu vergessen.«

Das Grinsen breitete sich auf seinem eingetrübten Gesicht aus. »Hab immer noch dieses Bild im Kopf. Wie du dich am nächsten Morgen aus diesem Wohnwagen geschleppt hast.«

Ich bemerkte, wie ein reflexhaftes Grinsen über meine Züge glitt, aber es war nur kurzlebig. Ich spürte immer noch den tätowierten Schmerz der Spielrunde mit Jesikas Team auf meinen Rippen und Gliedmaßen und die gepflasterten Schnitte in meiner Kopfhaut. Ich hatte fast fünf Stunden damit verbracht, in Gingrich Field herumzuschleichen, bis 'Ris meinte, dass ich nicht verfolgt wurde und es sicher war, ein weiteres Taxi zu rufen, das mich in die Stadt zurückbrachte. Doch sogar dann noch war ich während der gesamten Fahrt angespannt und heißlaufend aufgedreht gewesen, weil ich auf einen neuen und besser geplanten Überfall wartete, der niemals kam. Nichts davon hatte sich seitdem verflüchtigt. Ich war nicht in Stimmung, mit Decatur in Erinnerungen zu schwelgen.

»Du weißt, dass eine gewisse Wahrscheinlichkeit besteht, dass Ucharima sie auf mich angesetzt hat, nicht wahr?«

Er schüttelte den Kopf. »Nein, nicht Nina. Sie würde mir nie auf diese Weise in den Rücken fallen. Und sie würde eher in ein seichtes Grab im Regolith gehen, als sich an die Konzerne zu verkaufen, und erst recht nicht, wenn der Laden irgendwas mit Torres' Verschwinden zu tun hätte. Egal, was für ein knallhartes Hochland-Psychoschlampengesicht sie aufsetzt, sie trauert immer noch um ihn. Das mit Torres war etwas Besonderes.«

»Auf jeden Fall – sie hat mir alles darüber erzählt. Gut bestückt wie Supay in Ekstase.«

»Das habe ich nicht gemeint.«

»Sie erzählte mir auch – und ich glaube nicht, dass sie es eigentlich wollte –, Torres soll an irgendeinem großen Treffer gearbeitet haben, der *nichts* mit dem Heimflug zu tun hatte. Du weißt nicht zufällig irgendwas darüber, oder?«

Bewusst hatte ich für diesen Besuch meine Linsen nicht abgenommen. Decatur, dessen Gesicht bereits nackt gewesen war, hatte nichts dazu gesagt, hatte nur gekränkt reagiert. 'Ris registrierte für mich die Anzeichen, markierte, wie mein Partner den Blick abwandte, um mich überzeugend anlügen zu können.

Aber er tat es nicht. Er gab auf, setzte sich und starrte stattdessen mürrisch in den Teich.

»Und du bist nicht zufällig näher mit jemandem namens Sandor Chand bekannt, oder?« Es war überraschend einfach für 'Ris gewesen, den Kerl für mich ausfindig zu machen. Sie musste nur ein paar leistungsschwache Firmen-Firewalls aufreißen, um zu ihm zu gelangen. »Ist als beratender Sicherheitschef bei Sedge Systems gelistet. Dasselbe Unternehmen, das Pablo Torres beschäftigt hat, bis er plötzlich entschieden hat, nicht mehr für sie arbeiten zu wollen, und sich verabschiedete, zwei Monate vor seinem angeblichen Lotteriegewinn.«

»Also gut.«

»Chand, der ein Überfallkommando zu mir schickte, um mich zu befragen und danach vermutlich schnell in einem Güllekanal verschwinden zu lassen …«

»Ja, schon gut …«

»In *deinem Scheißterritorium, Milton.* Ich meine, was für ein beschissener Gangsterboss bist du eigentlich? Hat dein Wort hier oben irgendeinen Wert, oder hat jetzt nur noch die Fotze Allauca das Sagen?«

»*Ich sagte, schon gut!*«

Er war wieder aufgesprungen, hatte die Fäuste geballt, aber diesmal suchte er nicht nach einem Baum, den er schlagen konnte. Ich blieb im Schneidersitz auf der Bank hocken. Es schien mir das Sicherste zu sein. Ich warf einen weiteren Stein in den Teich, verjagte wieder dieselben Fische. Man sollte meinen, dass sie dazulernen.

»Mich rausschmeißen würde keins der Probleme lösen, Milt«, sagte ich ruhig.

»*Das weiß ich!*« Er sackte wieder auf seinem Sitz auf dem flachen Steinhaufen neben mir zusammen. Blickte auf seine immer noch geballten Fäuste, als wären sie Werkzeuge, die plötzlich auf unerklärliche Weise nicht mehr funktionierten. »Glaubst du, ich wüsste das nicht?«

»Ich glaube, du bist im Widerstreit. Und ich wüsste gern weswegen, bevor im Nachbeben weitere Firmenschlägertrupps zu mir geschickt werden.«

Er warf mir einen Seitenblick zu. »Glaubst du, Chand hat dich schon in Bradbury angegriffen?«

»Nein. Seine Bande wollte mich auf den Kopf stellen und in Erfahrung bringen, was ich weiß. Das Bradbury-Team wollte mich einfach nur atomisieren. Und ich habe allmählich das Gefühl, wenn es die Bradbury-Truppe gewesen wäre, die mich heute früh bei Gingrich erwischen wollte, würdest du jetzt nicht mit mir sprechen. Das sind zwei verschiedene Häuser, zwei unterschiedliche Zielsetzungen und zwei *sehr* unterschiedliche Kompetenzebenen.«

»Nett, so begehrt zu sein, was?«

Das war ein alter Spruch aus der Zeit unserer Partnerschaft, mit dem wir die von IC gejagten Opfer veräppelten, nachdem wir sie zur Strecke gebracht hatten. Ich setzte erneut ein kurzes, anerkennendes Lächeln auf, nahm meine Linsen ab und legte sie sorgfältig in das gestutzte Gras neben mir. Dann rieb ich mir die Augen.

»Darauf könnte ich gut verzichten, um ehrlich zu sein. Na los – wusstest von Torres' großem Gewinn oder nicht?«

Er nickte. »Ja, ich wusste davon. Jeff Havel erzählte mir, dass er irgendwas hatte und ein direktes Treffen mit Allauca wollte, um es ihr anzubieten. Er wollte nicht verraten, was es war, bis er mit ihr sprechen konnte, aber er schwor, dass es uns alle reich machen würde.«

Ich deutete auf die Umgebung. »Für mich sieht es so aus, dass du bereits reich bist.«

»Noch viel reicher, sagte er zu Havel. Erheblich reicher.«

»Wirklich? Schwer vorzustellen, dass jemand wie Torres mit so großen Zahlen rechnen kann.«

Decatur warf mir einen Blick zu, den ich nicht deuten konnte.

»Er konnte ungefähr genauso gut rechnen wie wir alle, Hak. Der Punkt ist, dass er von einem Vermögen auf Ultratripper-Niveau sprach. Unbegrenzt.«

»Und du bist niemals auf die Idee gekommen, es könnte sich lohnen, ihm zuzuhören? Ich bitte dich!«

»Wie ich dir gesagt habe – er wollte nur mit Allauca reden. Also organisierte ich ein Treffen, und Allauca wälzte es ab. Ich vermutete, dass es die übliche Schelf-Gemeinden-Prahlerei war, und habe nicht weiter darüber nachgedacht. Ich hatte damals auch ziemlich viel zu tun, weißt du? Die Stadt läuft nicht von selbst.«

»Deine neu entdeckte Ethik im Dienst der Öffentlichkeit macht mich demütig. Und was war, als Torres verschwand? Hast du auch darüber nicht weiter nachgedacht? Oder als die Pablito-Unruhen losgingen und die Metro-Vermisstenabteilung hier herumtappte? Oder als ich gestern aufgekreuzt bin? Du hättest mir schon da von dieser ganzen Scheiße erzählen können, weißt du.«

»Du willst wissen, warum ich dir das alles nicht verraten habe? Weil es dich scheißverdammt nichts angeht, okay? Ich arbeite mit Allauca zusammen. Wir sind seit einer Ewigkeit Geschäftspartner, ich muss Ireni dabei ...« Er unterbrach sich, setzte noch einmal an. »Wir haben eine Vorgeschichte, Hak, und das bedeutet etwas. Ich werde Allauca nicht in die Schusslinie bringen, nur weil du irgendeinem gescheiterten Staubteufel wie Torres hinterherschnüffelst, der nicht gewusst hat, wann er sich hätte zurückhalten sollen.«

»Willst du damit sagen, Allauca hat ihn kaltmachen lassen?«

»Sie sagt, sie hätte es nicht getan.«

»Oh, und natürlich würde Raquel Allauca niemals lügen! Ist sie inzwischen zu einem Jesus-Freak des Valley geworden?«

»Ich habe Linsen getragen, als ich mit ihr gesprochen habe, Hak. Für wie blöd hältst du mich?« Decatur senkte mit sichtlicher Anstrengung die Stimme. »Ich habe sie ganz offen gefragt, damals, als die Metro hier herumgestochert hat, und ich hatte Linsen mit einem hochwertigen Gestaltscan-Paket. Sie sagte mir, sie wüsste nicht, was mit Torres passiert ist. Als sie ihn das letzte Mal gesehen hat, war er noch am Leben, und der Deal, den er für sie hatte, war Blödsinn, eine Enthüllung ohne jeden Nutzen. Also sagte sie ihm, dass er sich verpissen sollte. Ich habe keinen Grund, an irgendwas davon zu zweifeln.«

»Vielleicht abgesehen von einem Vermögen auf Ultratripper-Niveau, das sie nicht teilen wollte.«

»Wenn ja, wo ist es dann? Ich bin für die Sicherheit aller Konten der Stadtverwaltung verantwortlich, ich segne alle Ausgaben ab, die über die normalen alltäglichen Sachen hinausgehen. Es gab keine ungewöhnlichen Bewegungen, weder damals noch in der Zeit seitdem. Und ich werde dir noch etwas anderes sagen, Hak. Du magst Allauca nicht, aber sie ist KI-schlau, und sie kann einen guten Deal auf hundert Kilometer Entfernung in einem Tharsis-Sandsturm riechen. Wenn Torres etwas gehabt hätte – überhaupt irgendwas –, das auch nur ein Zehntel davon wert gewesen wäre, hätte sie sich sofort darauf gestürzt. Ich sage dir, ich hatte meine Linsen auf, als ich mit ihr gesprochen habe, und ich habe gesehen, dass sie auf Torres stinksauer war. Aber sie hat nicht gelogen.«

Ich sah ihn an, beobachtete seine Augen. Ich brauchte keine Linsen.

»Also gut.« Ich seufzte. »Was ist mit diesem Arschloch Chand? Kennst du ihn?«

»Hab von ihm gehört. Hat den gleichen IC-Hintergrund wie wir, aber ich glaube, er hat hauptsächlich drüben in Eos gearbeitet. Er kehrte in die Stadt zurück, während Jeff und ich alles für

Allaucas erste Kandidatur vorbereiteten, und wollte vertraglich an Bord kommen. Sie mochte ihn, wir nicht, also wurde nichts draus. Wie ich höre, hat er sich seitdem in der Stadt nützlich gemacht.«

»Im Datenfluss wird er als beratender Vertragsarbeiter für Sedge genannt. Ist das eine Absicherung?«

»Könnte sein. Aber wahrscheinlich haben sie nur keine Lust auf diese verdeckte Agentenscheiße, also heuern sie ihn zeitweise an, wenn das Wetter umschlägt und sie zum Handeln gezwungen sind. Ich sag dir was, Hak – Sedge ist in Wirklichkeit ein verdammter altmodischer Haufen.« Er schüttelte matt den Kopf. »Eine verfickte Traditionsfirma. Goldgerändete Aktien, Wurzeln in der Siedlungszeit, alte Schule. Ich kann nichts mit ihnen anfangen. Sie missbilligen so ziemlich alles, was passiert ist, seit die verdammte Kathleen Okombi nach Hause gegangen ist.«

»Das ist über ein Jahrhundert her, Milt. Ich meine, mindestens fünfzig Marsjahre.«

»Mehr. Wie ich sagte – eine verfickte Traditionsfirma. Diese ganze Unternehmensspionage und Aktieneinflussscheiße machen sie nicht mit. Die Wichser tun so, als wären sie über all das so was von erhaben.«

»Sie waren eher nicht so über alles erhaben, als sie versucht haben, mich heute früh auf dem Feld zur Befragung mitzunehmen. Oder meinst du, Chand ist derzeit vielleicht gar nicht unter Vertrag? Hat er ihre Ressourcen genutzt, um seine eigene Scheiße zu erledigen?«

»Wir sind hier auf dem Hochland, Hak. Er könnte so gut wie alles Mögliche machen, solange es Gewinn abwirft und er damit keinen der etablierten Spieler ärgert. Für sich selbst, für Sedge, für sonst jemanden mit Geld. Aber ich habe einige von meinen Leuten zu einem Rundflug über den Koordinaten geschickt, die du mir gegeben hast, und da ist nichts. Keine Leichen, keine Crawlerwracks, kein Blut, gar nichts. Falls es so passiert ist, wie du sagst ...«

»*Falls?* Ein verficktes *falls?*«

»Schon gut, lass deinen Schwanz im Anzug. Ich will damit nur sagen – auf wessen Rechnung Chand das auch immer gemacht hat, ob für Sedge oder für jemand anderen, sie haben genug Ressourcen, um innerhalb weniger Stunden ein Aufräumkommando hinzuschicken, und sie stehen hoch genug, um sich einen Scheißdreck dafür zu interessieren, dass die Sache unter Verschluss bleibt.«

Ich saß einen Moment lang da, um das zu verdauen. Erinnerte mich, wie ich drei fröstelnde Stunden lang unter dem Gitter eines stillgelegten Abwasserkanals irgendeiner namenlosen verfallenden Nutzlastabfertigungsfabrik draußen auf dem Feld gekauert hatte, während Osiris den Äther nach irgendwelchen Anzeichen absuchte, dass wir gejagt wurden, ohne etwas zu finden.

Wer zum Teufel sind sie also?, hatte ich zu jenem Zeitpunkt elegant erwidert.

Vielleicht ist es für sie wichtiger, ihre gefallenen Kameraden zu bergen und ihre Spuren zu verwischen, als die Aktion unverzüglich fortzusetzen.

Heißt das, wir können jetzt gehen?

Nein, noch nicht.

»Du weißt, dass ich diese Sache nicht auf sich beruhen lassen werde, nicht wahr, Milt?«

»Ja, warum solltest du mich auch überraschen?« Er grübelte eine Weile, und ich wusste, dass ich ihn dabei nicht stören sollte. »Hör mal, Hak – gib mir wenigstens etwas Zeit, mir einen Überblick zu verschaffen. Was ich jetzt gar nicht gebrauchen kann, das wärst du im vollen Overrider-Modus auf den Straßen von Cradle City. Du sagst, ich bin im Widerstreit, und damit liegst du nicht falsch. Das ist ein Stress, den niemand haben möchte. *Niemand.* Jeff Havel und ich haben Allauca hier raufgeholt, und sie hat geliefert, Hak, für die Stadt und für den Schelf. Sie glaubt an ihre Aufgabe, und sie hat keine Angst davor, Mulholland den Arm zu verdrehen, um für die Menschen an diesem Ende der Scharte einen besseren Deal zu bekommen.«

Ich verdrehte die Augen. Er sah es und errötete.

»Ach, fick dich, Hak! Schau dich um! Na los! Du bist jetzt schon lange genug hier. Sag mir, dass die Cradle sich nicht weiterbewegt hat, seit wir – du und ich – hier achtzig Stunden pro Woche für IC Staub gefressen haben. Sag mir, dass nichts besser geworden ist.«

Ich blickte mich umständlich um. »Zumindest das Crocus Lux scheint zu florieren, das muss ich dir lassen. Schließlich werden auch Spitzenklassehotels gebraucht, oder? Wo sollten Leute wie du sonst wohnen? Hat auch Havel eine Suite?«

»Ach, fick dich.« Aber er sagte es ohne Zorn, war plötzlich apathisch. »Niemand hat dich zum Gehen gezwungen. Du hättest hierbleiben und mitspielen können. Damals hatte ich dich praktisch angefleht, es zu tun.«

Ich lächelte schwach. Das stimmte allerdings.

»Nicht wahr?«

Ich klopfte ihm auf die Schulter, nahm meine Linsen mit der anderen Hand und erhob mich. »Natürlich, Milt. Das hast du getan.«

»Was ist dann dein Problem? Oh, du *gehst* jetzt? Du bist auf einmal zu einem verdammten *Sacranisten* geworden, Hak – ist es das? Hast ein Ziel gefunden, ja? Zum Teufel, hau jetzt nicht einfach ab.«

»Ich haue nicht ab«, sagte ich milde. »Ich gebe lediglich nach. Alles klar. Ich werde stillhalten und dir etwas Zeit geben. Du besorgst mir Chand und irgendeinen abgelegenen Keller, um ein paar Antworten zu bekommen. Aber das muss bald passieren, Milt. Sehr bald. Alles, worüber ich bislang gestolpert bin, sagt mir, dass uns diese Geschichte um die Ohren fliegen wird. Das Erdaudit, der Torres-Vermisstenfall, Madekwes Entführung – irgendjemand, vielleicht mehr als nur ein einzelner Irgendjemand, müht sich damit ab, etwas unter Verschluss zu halten, das explodieren will. Und wenn das passiert, möchte ich in sicherer Entfernung sein und Madison Madekwe bereits in der Hosentasche haben.«

»Und auf uns alle scheißt du, was?«

»Ein bisschen Hilfe von dir, und es muss vielleicht nicht dazu kommen. Vielleicht können wir beide diese Sache gemeinsam entschärfen, bevor sie hochgeht. Und allen anderen eine Menge Schmerz ersparen.«

Decatur grinste unwirsch. »Allen außer Chand, hab ich recht?«

»Scheiß doch auf Chand. Er ist nur noch ein lebender Toter.«

Angespanntes Schweigen. Decatur stand auf. Er fasste mich an den Schultern, aber er tat es zaghaft. Die feste Umarmung vom Vortag war nicht mehr zu spüren, zumindest vorläufig.

»Hör mal«, sagte er vorsichtig. »Es tut mir leid wegen dieser Scheiße. Du hast recht, so etwas hätte nie in meinem Revier passieren dürfen. Aber wir werden es in Ordnung bringen, wir werden herausfinden, was zum Teufel da los ist. Darauf gebe ich dir mein Wort.«

»Gut.« Ich schlug ihm auf die Schulter und grinste. Setzte meine Linsen auf und wandte mich zum Gehen.

Dann hielt ich inne, schnippte mit den Fingern und drehte mich noch einmal um.

»Ach ja, Milt – noch eine letzte Frage«, sagte ich gelassen. »Weißt du irgendetwas über jemanden namens Hidalgo?«

32

Decatur war gut. Auf der menschlichen Ebene hatte er es im Griff. Aber 'Ris' Polydisplay war gnadenlos, und das schien ihm klar zu sein. Er sagte nichts, rührte sich nicht. Er sah mich nur an, als wären mir mitten im Gespräch die Reißzähne eines Tharsis-Predators gewachsen.

»Willst du mir mehr über ihn erzählen?«

»Woher hast du den Namen?«, fragte er schroff.

»Von einem sterbenden jungen Kerl in Gingrich Field. Und es schien ihm sehr wichtig zu sein. Es war das Letzte, was er sagte, bevor er starb. Wer ist das, Milt?«

Decatur schluckte mühsam. »Wer er ist? Er ist ein verfickter Geist.«

Wir fuhren in einem Privatlift die Stockwerke des Crocus Lux hinauf. Blick über die Bonsai-Innenstadt, die staubigen nachgerüsteten niedrigen Gebäude dahinter. Ich kniff leicht die Augen zusammen, erkannte die sich endlos ausbreitende Fläche von Gingrich Field jenseits der östlichen Peripherie. Überall sonst erstreckten sich die Schelf-Gemeinden in vielfarbigen Pastelltönen hinter dem Stadtrand, das fröhliche Flickwerk der zerstückelten Anbaufelder, ökocodiertes Weideland und experimentelle Nanofarmen, so weit das unbewaffnete Auge blicken konnte. Und südwärts die dicke Kreidelinie der Wand, etliche Kilometer niedriger als in der Mitte des Valley, dennoch hoch aufragend wie eine kolossale Welle, die jeden Moment brechen und alles unter sich begraben würde. Man kann so viele verdammte Aufzüge in der Scharte hinauffahren, wie man will, man kann alle Türme bis zur Spitze hinaufsteigen, und doch bleibt man hier unten gefangen wie ein Insekt unter Glas.

»Diese Hidalgo-Scheiße fing vor etwa drei Jahren an«, sagte Decatur, während er nach Süden starrte. »Wir hatten drüben in Sombra diesen guten Deal – postorganische Forschung zu Aerobug-Design. Du weißt schon, um bessere Codierfliegen zu bauen, um das Minimalgewicht von Überwachungskäfern zu reduzieren, solche Sachen. Solide Einkünfte, COLIN-Sekundargeschäfte mit starker Absaugung von lokalen Mitteln der Flotte und Erdunterstützung. Natürlich wird in diesen Labors ein Scheißdreck erforscht.«

»Ich bin schockiert.«

Er grinste, wieder ohne allzu viel Humor. »Das kann ich mir vorstellen. So, da wären wir.«

Der Lift kam elegant zum Stehen, und die Türen teilten sich lautlos vor einem terrassierten Wohnzimmer, das etwa fünfmal größer war als die, in denen ich jemals gelebt hatte. Ein großer Schreibtisch auf der oberen Ebene, vor den Westfenstern nach innen gerichtet, ein paar Liegesessel rund um eine leere kreisförmige Fläche unter einem Branengel-Spender in der Decke beanspruchten die untere Sektion. In einer Ecke zeigte ein hochaufgelöstes lebensgroßes Pixelnebelporträt eine Frau, die ich für einen Moment für Raquel Allauca hielt, hockend, die Arme um zwei kleine Kinder geschlungen, ein Mädchen und einen Jungen, die beide von Decaturs Zügen und Hautton in durchmischter Form geprägt waren. Ich sah, wie seine Augen zu dem Bild hin zuckten und sich abrupt abwandten, während er den Raum durchquerte und mir bedeutete, in einem Sessel Platz zu nehmen. Ich ließ mich in die komfortable elastische Nachgiebigkeit der hochwertigen Reaktionspolsterung sinken und nickte dem Porträt zu.

»Wusste gar nicht, dass du Kinder hast.«

»Ich selbst auch kaum.« Er ging zu einem Schrank, nahm mit dem Rücken zu mir Flasche und Gläser heraus, stellte sie auf den Schreibtisch. »Ireni hat sich letztes Jahr getrennt und sie nach Bradbury mitgenommen, um bei irgendeinem Onkel aus den *familias* zu wohnen. Ich schicke ihr Geld, bekomme Bilder zurück. Sie bringt sie alle paar Monate hierher, wenn ich mich benehme.«

»Harter Bruch. Liegt es nur an mir, oder hat sie eine gewisse Ähnlichkeit mit Allauca?«

»Ja.« Er öffnete die Flasche, schenkte die Gläser ein. »Ihre jüngere Schwester. Aber sie kommen nicht miteinander klar. Was ziemlich verrückt ist, weil sie eigentlich gar nicht so unterschiedlich sind. Ich hätte meinen verdammten Kopf untersuchen lassen sollen, nicht wahr? Schließlich kenne ich Raquel gut und habe mich trotzdem auf eine Frau eingelassen, in deren Adern ihr Blut fließt.«

Dazu sagte ich nichts. Er kam mit den Gläsern herüber. Ein voller, rauchiger Hauch, als er mir eins reichte. »Ist Single Malt von der Erde in Ordnung? Dieser Islay-Mist, auf den du dir immer einen runtergeholt hast? Le Frog? Le Fraig?«

Ich schüttelte den Kopf. »Oh Scheiße, Milt.«

»Prost.«

Ich hob mein Glas, stieß mit ihm an. Nippte daran und spürte, wie der Laphroaig ein paar Schnitte in meinem Mund versengte, von denen ich gar nicht wusste, dass ich sie hatte. Ich genoss ihn trotzdem, stellte das Glas behutsam neben dem Sessel ab. »Aber die Kinder sehen toll aus. Es scheint sich gelohnt zu haben.«

Er sah mich an. »Hast du Kinder?«

»Äh … nein.«

»Dann halt die Klappe, weil du gar nicht weißt, wovon du redest.« Er ließ sich in den Sessel gegenüber fallen, wobei sein Whiskey ein wenig überschwappte. Er fluchte, wechselte die Hände und leckte sich die Finger ab. »So – wo waren wir stehen geblieben?«

»Bei dem netten Deal drüben in Sombra, die Labors, die gar keine Forschung betreiben.«

»Ja, genau. Wir hatten ein paar gefügige Qualpros, Leute, die auf dem Papier gut aussehen, aber in Wirklichkeit waren sie alle ausgebrannt und verschuldet, hatten es nicht bis zum Ende ihres Vertrags geschafft, bis zum Stehkragen in den Miesen, während sie versuchten, ihre vom IC-Gericht verhängten Strafen abzuzahlen. Man kann sie überall in der Scharte einsammeln, für nicht mehr als ein paar anstehende Raten und eine versprochene Umschuldung.«

»So etwas ändert sich nie, was?«

Wenn in den Immies ein Qualpro scheitert, ist es fast immer ein nobler Unschuldiger, der irgendwie dazu verleitet wurde, einen zu hohen Kredit auf seinen Vertrag aufzunehmen, und der ansonsten niemals so dumm oder schwach gewesen wäre. Diese Unzulänglichkeiten sind für die Schläger auf Fußsoldatenebene und die entbehrlichen bösen Jungs reserviert. In Wirklichkeit ist es natürlich etwas anders – wer von der Erde aus betrachtet wie ein guter Kleinverdiener aussieht, kann ein paar Jahre später in ziemlichen Schwierigkeiten stecken, und daran zerbrechen eine Menge Qualpros. Und wenn das passiert, werden sie häufiger zu leichten Opfern der Hochlandgeier als irgendein bewährter Vertragsarbeiter oder deportierter Sträfling. Sie enden irgendwo im Spektrum zwischen engagierter Prostituierter, Kneipenvampirgigolo und unverblümtem Hochstapler, all die üblichen Teilnehmer des Valley-Konkurrenzkampfes – Fleisch für das Festmahl.

Wenn IC einen abgedrifteten Qualpro erwischt, ist er normalerweise nicht nur Arbeitsverweigerer und Erdheimwehkranker, sondern außerdem bankrott und gebrochen, ohne Vermögen, gerupft und komplett ausgenommen, restlos pleite, noch bevor die Strafgebühren und Entschädigungszahlungen addiert und auf die Rechnung draufgeschlagen werden. Man blickt ihnen in die Augen, wenn man sie geschnappt hat, und darin steht nicht nur Verzweiflung, sondern der absolute Horror, die langsame Erkenntnis des Zehn-Kilometer-Absturzes und eines Restlebens ohne Schuldenerlass am Grund der Scharte.

»Hörst du mir zu, Hak?«

Ich blinzelte. »Ja, klar. Man kann sie überall für ein bisschen Kleingeld auflesen. Weiter.«

»Ja.« Ein bisschen missmutig. »Also haben wir diese Jungs und Mädels, die existierende Bugs in verschiedenen sterilen Sim-Kammern herumfliegen lassen, die ganze Aktion läuft so billig wie Chips vom letzten Jahr, vielleicht ein Zehntel von dem, was der Entwicklungsabteilung gutgeschrieben wird. Sie fälschen die Testdaten für uns, lassen sie nett aussehen – und dann machen sie alle achtzehn Monate oder so angebliche Freilandversuche, die sie jedes Mal gründlich vergeigen. Unlösbare aerodynamische Probleme, zurück ans Zeichenbrett.« Decatur gestikulierte. »Und das Geld strömt weiter herein. Keine große Sache, wir reden hier nicht über Millionen. Nichts, was der Flotte und COLIN Earth fehlen wird, oder?«

»Sehr nett. Was ist also passiert?«

»Hidalgo ist passiert.« Es war wie ein Schatten, der über sein Gesicht zog, als würde es ihn schmerzen, allein den Namen auszusprechen. »Er hat es niedergebrannt. Abgefackelt.«

»Was – buchstäblich?«

»Ja. Als Erstes bekomme ich einen Anruf von einem Unterchef drüben in Sombra, der mir sagt, dass es am Himmel über dem

Labor brennt. Ich schnappe mir einen Drehflügler und düse rüber, um zu sehen, was schiefgelaufen ist, und dann ist da verdammt gar nichts mehr, was laufen könnte. Trümmer und verkohlte Leichen, das ganze Gebäude ist in die Luft geflogen. Sieht nach einem Bergbausprengsatz im Kraftwerk aus, dazu Beschleunigungskulturen, die auf alles andere gesprüht wurden.«

»Ziemlich gründlich.« Ich zog einen imaginären Hut. »Was ist mit den virtuellen Systemen?«

Decatur nickte grimmig. »Auch hinüber. Sämtliche Firewalls waren niedergerissen, irgendeine Art von viraler Dekonstruktion, die sich im Finanzspeicher ausgetobt hat. Darüber schwebte ein Bekennerschreiben vom Laborleiter, der um Verzeihung für den Betrug bat. Wir mussten das ganze Ding abschalten, uns hinter unsere eigenen Firewalls zurückziehen und es den COLIN-Subunternehmern überlassen, die Knochen rauszupicken. Unter diesen Umständen wurden wir nur bedingt zur Rechenschaft gezogen, aber ich habe trotzdem vier gute Assistenten verloren, die schwere Gefängnisstrafen auf sich nahmen, um uns zu decken. Das verfickte, von COLIN einberufene Gericht unten in Bradbury wollte *Exempel statuieren*. Zwei meiner Leute sitzen immer noch die Zeit ab, die dieser verfickte Richter ihnen aufgebrummt hat.«

»Könnte dein Laborleiter wirklich einfach so eingeknickt sein? Hatte er einen plötzlichen Anfall von Qualpro-Gewissensbissen?«

»Was? Weil das noble Blut der Erde in seinen Adern fließt?« Ein verächtliches Schnaufen. »Der Typ war ein verdammter Switch-Head-Versager, er hätte seine eigene Babyschwester für drei Monatsraten seiner Schuldentilgung hergegeben. Nein. Jemand stand mit einer Waffe vor diesem Wichser, zwang ihn dazu, seine Zugangscodes rauszurücken, und ließ ihn dann dieses Geständnis unterschreiben. Wahrscheinlich hat er ihm die Finger gebrochen, damit er es macht, aber von der Leiche ist nicht genug übrig, um es mit Sicherheit sagen zu können. Zwischenzeitlich haben wir einen sehr teuren Axtmann bezahlt, um ein Backup aus dem viralen Chaos in den Finanzdaten herauszuholen. Und nun rate mal!«

»Umgeleitete Geldflüsse?«

Decatur schnippte mit den Fingern und tat, als würde er eine Pistole auf mich richten. »Volltreffer. Der Anschlag erfolgte weniger als drei Stunden nachdem die Mittel des betreffenden Quartals überwiesen wurden. Und weniger als drei Minuten bevor die Ladung im Kraftwerk hochging, schickte jemand den gesamten Batzen an ein Deimos-Konto.«

»Geschickt.«

»Ja, aber könntest du vielleicht versuchen, nicht ganz so beeindruckt zu klingen? Wir haben in dieser Nacht fast achthunderttausend Marin verloren.«

»Und der Name? Hidalgo? Wo kam der her?«

Er zuckte mit den Schultern. »Er schälte sich im Verlauf der nächsten paar Monate heraus. Wir haben uns große Mühe gegeben, versuchten jemanden aufzutreiben, der reden wollte. Aber es kamen nur Fragmente herein, und das meiste davon war nutzlos und ließ sich nicht bestätigen. Jemand kannte jemanden, der gehört hatte, dass jemand einen Spitzel im Sombra-Labor suchte. Jemand erzählte jemand anderem, er hätte ein paar Leute beobachtet, die in ein Bergbaulagerhaus in der Nähe von Tharsis Gate eingebrochen waren. Jemand wollte Schwarzmarktzugangscodes kaufen, ahh …« Er gestikulierte wegwerfend, angewidert. »Du weißt doch, wie diese Scheiße läuft, Hak. Die verdammten Leute sind bereit, alles zu sagen, wenn sie glauben, dadurch die Gunst der Bürgermeisterin oder gute Kontakte zur Ground Out Crew zu gewinnen. Und sie würden noch viel mehr nutzlosen Quatsch von sich geben, wenn sie Angst hätten, dass ihnen jemand wehtun könnte.«

»Ja, und die Ground Outs waren noch nie besonders subtil, nicht wahr?«

»Ach, aber wir sind es ganz selbstverständlich, Mister Overriderarsch? Als hättest du in deinem Leben niemals für Indenture Compliance gearbeitet.«

Ich sagte ihm nicht, dass er die Reihenfolge umgekehrt hatte – dass die Sachen, die ich als Overrider getan hatte, all das, was er während meiner Zeit bei IC von mir mitbekommen hatte, so tief in den Schatten stellten, dass man erfrieren würde, wenn man herauszufinden versuchte, wohin es verschwunden war.

Er trank wieder von seinem Drink. Schluckte grimassierend.

»Wie auch immer – allmählich kam das Geflüster herein. Irgendwo da oben auf dem Schelf gibt es diesen krassen Typen, der auf schweren Diebstahl spezialisiert ist. Hidalgo. Er kommt und geht in der Nacht, er knackt Lagerhäuser großer Unternehmen und hochmoderne Marstech-IP, er kann dich auf neun verfickte Arten töten, wenn du ihm in die Quere kommst.«

»Hab so ein Lied schon mal gehört. Hast du tatsächliche Leistungen zu bieten, die diesen Ruf rechtfertigen?«

»O ja.« Decatur nickte grimmig. »Drei von vier IP-Einbrüchen, die uns bekannt sind, Marstech-Labors überall in den Schelf-Gemeinden und unten in Louros. Gerüchten zufolge gehen alle auf Hidalgos Konto. Es gibt sogar passende Genspuren an verschiedenen Orten. Ich vermute, er wurde irgendwann nachlässig.«

Ich runzelte die Stirn. »Und an wen verkauft er die Technik?«

»Sag du es mir. Wir haben die Genabstriche geprüft, aber in den Valley-Datenbanken ist nichts. Alles ausgelöscht. Wir haben jeden Empfänger an unserem Ende des Tals in die Mangel genommen und unmissverständlich klargestellt, was passieren wird, wenn sie Lieferungen von diesen Sachen annehmen, ohne uns zu benachrichtigen. Wir haben unsere Fühler weiter nach Osten ausgestreckt, mit Hilfe von Leuten in Bradbury und darüber hinaus, die uns noch einen Gefallen schuldig sind.« Er breitete die Hände aus. »Wir haben immer noch nichts.«

»Nichts? Obwohl es hochmoderne Marstech ist? Ihr könnt diese Scheiße nirgendwo aufspüren? Komm schon, Milt. Du lässt nach.«

»Es ist ein verdammt großes Tal, Hak.«

»Ja, und du bist ein verdammt großer Gangsterboss, der mit den *familias andinas* von Bradbury verschwägert ist.«

»Die mich abgrundtief hassen.«

Ich schluckte eine Erwiderung hinunter. Während all der schmutzigen Jahre, die ich mit Decatur für IC gearbeitet hatte, hatte ich ihn nur ein paarmal verletzlich erlebt. Damals war er lauthals kinderlos und völlig ungebunden, aber hin und wieder ging ihm jemand unter die Haut. Der meiste Schaden ließ sich darauf zurückführen, dass er sich der Illusion hingab, es wäre nichts Besonderes.

Welche Spuren das auf seinem Gesicht hinterließ, war kein schöner Anblick, weder damals noch jetzt.

»Die *familias* hassen doch *jeden* ohne einen Namen, der vor zweihundert Jahren mit einem Frachtkahn hierherkam«, versuchte ich es herunterzuspielen. »Na los, sie sind, wie sie sind, für die Arschlöcher geht es nur um ihren verfickten Stolz. Was hast du erwartet?«

Er brummte. Starrte finster in die blassgoldenen Tiefen seines Drinks und sagte nichts. Ich nippte einen flüssigen Bruchteil des superluxuriösen irdischen Genusses und gestikulierte.

»Hast du mal überlegt, ob dieser Hidalgo auf seiner Beute sitzt? Die Sombra-Aktion muss ihm genug Betriebskapital eingebracht haben, um eine Weile stillzuhalten. Nicht dass er in nächster Zeit eine Aufstockung brauchen würde, oder?«

»Wenn das so ist, wofür zum Henker tut er es dann?«

Ich nickte widerstrebend. »Ja, das ist die Frage.«

»Es sind krasse Einbrüche, über die wir hier reden. Kostspielig in der Vorbereitung, nicht gerade unauffällig. Warum nimmt man die ganze Mühe auf sich, um dann auf dem Zeug sitzen zu bleiben, das man gestohlen hat? Es ist *Marstech*, Hak. Sie verliert mit jeder Saison an Marktwert, manches davon ist innerhalb eines Jahres nur noch unbrauchbarer Code. Wenn man zu lange wartet, kann man den Scheiß kaum noch an die Höker auf dem Strip verscherbeln.«

»Könnte es Groll sein? Jemand, der von dir oder Allauca angepisst wurde? Sie hat doch bestimmt keinen Mangel an Feinden. Schon damals konnte niemand sie so richtig leiden.«

Er schüttelte den Kopf. »Es gibt geschicktere Möglichkeiten, uns zu schaden. Die meisten dieser Einbrüche haben uns nichts gekostet, abgesehen von ein wenig lokalem Gesichtsverlust. Wenn es Groll ist, gilt er nicht uns. Oder zumindest nicht nur uns. Aber es tut unserem Profil weh. Hidalgo lässt uns schwach aussehen. Der Kerl wird da draußen auf dem Schelf langsam zu einer Legende.«

»Habt ihr ein Kopfgeld auf ihn ausgesetzt?«

»Ja, schon seit einer Weile. Dafür haben wir diese Genspuren benutzt.« Er erwiderte meinen Blick, und schlagartig war der alte Decatur wieder da. »Was, willst den Job machen?«

Ich lächelte. »Vorher muss ich noch ein paar eigene Angelegenheiten regeln, Milt. Außerdem bin ich gerade erst hier angekommen. Ich wüsste gar nicht, wo ich anfangen sollte.«

»Damit würdest du gar nicht so weit hinter uns zurückliegen«, sagte er trübsinnig. »Wir sind jetzt seit fast drei Jahren hinter diesem Kerl her, und in der Zeit sind wir ihm kein Stück näher gekommen. Seitdem haben wir ein halbes Dutzend guter Leute an ihn verloren. Die doppelte Anzahl bei unabhängigen Vertragsnehmern, die sich das Kopfgeld verdienen wollten. Alle kehrten auf die gleiche Weise zurück« – er tat, als würde er etwas auf sein Gesicht zeichnen –, »tot wie Luthra und mit einem großen verfickten H in die Stirn geritzt.«

Ich nahm einen Schluck von meinem Drink. »Sehr originell.«

»Nicht wahr?«

»Hast du schon versucht, es offiziell zu machen, die Marshals einzuschalten?«

»Oh, sie sind eingeschaltet. Darauf kannst du einen lassen. Die Spieler, deren Marstech geknackt wurde, haben deswegen keinen großen öffentlichen Lärm gemacht, weil das nicht gut für den Marktanteil wäre. Aber sie haben still und leise beim Marshal Service Anzeige erstattet, und *die Ermittlungen wurden aufgenommen.*«

»Weißt du das mit Sicherheit?« Ich beobachtete, wie sich ein säuerliches Grinsen auf seinem Gesicht ausbreitete. »Hast du eine Pipeline in den Service?«

Auf einer Ebene, die mir unklar war, war ich enttäuscht. Trotz meiner Verachtung für Sakarian war das Ausmaß der Unbestechlichkeit und Einsatzbereitschaft unter den Hochland-Marshals legendär und nach meiner Erfahrung auch zutreffend. Hier konnte man die meisten lokalen Polizisten für den Preis eines Blowjobs einer Tänzerin vom Strip und ein paar Lines des neuesten SNDRI-Cocktails kaufen, der diese Woche gerade die Charts der chemischen Freizeitgestaltung anführte. Aber die Marshals waren schon immer aus anderem Holz geschnitzt.

Decatur rieb sich das stoppelige Kinn. »Ich würde nicht unbedingt von einer Pipeline reden, nein. Aber sagen wir es so – dieser letzte Schwung unabhängiger Vertragsnehmer, die ich erwähnt habe. Zwei von ihnen sind Ex-Marshals, und sie konnten uns eine Menge erzählen, was innerhalb des Service abgeht. Niemand spricht darüber, aber Hidalgo steht auch auf ihrer Liste der Meistgesuchten.« Er gestikulierte unvorsichtig mit seinem Drink und verschüttete wieder ein wenig. »Auch wenn es keinen verdammten Unterschied gemacht hat.«

»Er kann nicht allein agieren. Habt ihr schon einen Verräterbonus angeboten?«

Decatur nickte. »Dreißig Riesen für Informationen, die zu seinem Aufenthaltsort führen, in dem Augenblick zu bezahlen, wenn er erwischt wird. Zusätzlich zu den zwanzigtausend, die wir seit letztem Jahr bieten. Aber nichts rührt sich, Hak. Hidalgos Unterstützung scheint luftschleusendicht zu sein, und alle anderen haben zu viel Scheißangst. Wie ich schon sagte, er hat sich die Hochland-Mythologie zu eigen gemacht. Wenn du mit den Leuten da draußen redest, ist er Intis Schwarzer Scherge, der Tharsis-Predator in menschlicher Hülle. Er ist der verfickte leibhaftige Pistaco, Hak.«

Er sah mein Gesicht. Verfolgte, wie es sich änderte.

»Was?«

»Hmm?« Ich schüttelte den Kopf. »Nein, nichts. Nur ... du weißt schon. All dieser Blödsinn, den wir bei IC vom Stapel gelassen haben, dass wir der Pistaco sind. Hat schon eine gewisse Ironie, wenn es zurückkommt und einem in den Arsch beißt, nicht?«

»Freut mich, dass ich dich gut unterhalten konnte.« Decatur blies die Wangen auf, beugte sich zu mir vor. »Hör mal, bist du dir sicher, dass du dich nicht darum kümmern willst? Es ist ein ordentlicher Sack Geld, Hak. Hundertfünfzig Riesen – tot oder lebendig. Wahrscheinlich könnte ich Allauca dazu bringen, für dich noch ein Sahnehäubchen obendrauf zu legen.«

Ich hob eine Augenbraue. »Das ist eine Menge Geld.«
»Nicht wahr?«
»Wie kommst du darauf, ich könnte etwas durchziehen, was zwei Ex-Marshals nicht geschafft haben?«
»Ganz ehrlich? Ich weiß nicht, ob du es kannst. Aber im Augenblick bin ich bereit, alles zu probieren, was auch nur halbwegs dazu führen könnte, diesen Wichser zu erwischen. Und weißt du was? Wenn du ihn für uns schnappst ...«, er hob sein Glas, »... werde ich eine Kiste von diesem La-Frog-Scheiß auf die einsfünfzig noch draufpacken.«
Ich setzte wieder ein Lächeln auf. Hob zur Antwort mein Glas.
»Das ist ein Wort.«

Er ist der verfickte leibhaftige Pistaco, Hak.
Als ich eine Stunde später vom Crocus Lux loslief, erlaubte ich mir aus allgemeinem Prinzip ein paar Hundert Meter, bis meine heißlaufende Ungeduld die Oberhand gewann.
'Ris. Du hast Aufnahmen aus dem Kontrollraum der Hafenverwaltung, ja?
Selbstverständlich.
Ruf diesen Pistaco-Mist auf, den sie aus dem Audiofeed herausgefiltert haben. Spiel es mit der besten Auflösung ab, die dir möglich ist.
Ein diskretes Fenster entfaltete sich und heftete sich in die linke obere Ecke meines Sichtfelds. Frenetisch flimmernde blaue Linien modellierten die Audiosignatur. Dabei zischte es in meinen Ohren, während die aufgedrehte Wiedergabe gegen das Getöse der viralen Eindringlinge ankämpfte.
... anc ... eh ... a ... o ...
Möchtest du auch das mutmaßliche Modell hören?
Klar.

Das Zischen flaute ab, der Ton wurde sauber abgespielt – *Arrancales el higado!* Die emotionslose nominelle männliche Stimme. Die alte Pistaco-Drohung.

Gut. Ich atmete einmal tief durch. *Und nun gehen wir noch einmal zurück und davon aus, dass das letzte Wort in Wirklichkeit der Name Hidalgo ist ...*

Das Kadenzmuster ist nicht dasselbe.

Nein, aber die Zeugen sind vielleicht keine spanischen Muttersprachler. Und sie dürften ziemlich erschüttert gewesen sein. Setz den Namen ein und erstelle eine eigene Prognose.

Wieder lief der saubere Ton ab.

Arrancate, Hidalgo!

Beweg dich, Hidalgo!

Langsam nickte ich.

»Das muss es sein«, flüsterte ich vor mich hin. »Das kann es nur sein.«

Dann war Hidalgo gekommen, um nach Madison Madekwe zu suchen, er war vom Schelf bis nach Bradbury gekommen. Hatte sich zu diesem Zweck durch ein Sicherheitsteam mit Platinwertung gekämpft und mir im Vorübergehen ein Geschenkpaket mit einem militärischen Sprengkopf geschickt, nur für alle Fälle.

Hidalgo hatte sie entführt.

33

Ich fand ein billiges Matehaus im Untergeschoss eines Gebäudes am Rand des Stadtzentrums, setzte mich in eine abgeschiedene Ecknische und ließ mich von dem feuchtgrünen Aroma des Tees aus Kokablättern einhüllen. Auf den Tischen flackerten niedrige rötliche Flammen an den Kaktusstacheldochten einheimisch gezüchteter Kerzen und warfen unruhiges Licht über Retro-Branengel, die in den Ecken hingen und öffentliche Informationsposter aus den bösen alten Luftschleusentagen nachäfften – *Hörst du Zischen? Melde es! Lecks können töten, draußen ist kein Picknick – Mach dich bereit, die Schwere der Situation wertzuschätzen – verpass deine Osteo-Verlängerung nicht.* Und so weiter. Ich saß darunter im Zwielicht und beobachtete, wie Dampfschwaden von meinem Tee aufstiegen, als wären es beschworene schwerfällige kleine Geister. Ein einschläfernder Kryopop-Remix wimmerte und jammerte aus dem Soundsystem. Die Luft roch erdig und warm.

Kontrapunkt – die Wunden in meiner Kopfhaut juckten vom Schnellreparatur-Ökocode, den ich angewendet hatte, die anderen schmerzenden Stellen pochten etwas dumpfer. Der Drang, *etwas zu tun*, pulsierte in meinem Kopf und in den Handflächen.

Ich rief den Ziegengott an.

»Hallo, Overrider«, sagte er. »Du bist etwas vorzeitig. Ich habe noch keine …«

»Deswegen rufe ich nicht an. Könntest du eine valleyweite Recherche zu dem Namen Hidalgo für mich starten?«

»Nur das, der *Name* Hidalgo? Hast du auch nur eine verdammte Ahnung, wie viele …?«

»Verborgener Vorstoß auf mittlerer Stufe, Hannu. Ich schätze, du wirst ganz schnell erkennen, wohin es führt.«

»Ich vermute, es hat etwas mit der aktuellen Problematik zu tun.«

»Das vermute ich auch. Aber harte Fakten wären hilfreich.«

»Ich rufe dich zurück.«

Ich probierte den Mate. Er war vielleicht nicht von Colinas de Capri, aber ich hatte schon schlechteren gehabt.

Ein Aufblitzen, wie Madison Madekwe mich in Bradbury über den falschen Tonkrug hinweg angegrinst hatte. Diese Sache tief in meinem Bauch, der Funke, der zwischen uns übersprang. Das fleischliche Gewicht der Erde noch an ihren Knochen, das beiläufige Gespräch über das Leben dort, als wäre es ein Ort, nach dem man einfach die Hand ausstrecken konnte, wenn einem danach war.

Ein Schatten fiel auf den Tisch.

»Schau mal einer an – Veil. Es ist lange her.«

Vertraute weibliche Stimme. Ich blickte freudlos auf. »Nicht lange genug, Madame Bürgermeisterin.«

Sie trug Kapuze, um sich zu anonymisieren, genau wie Luppi sie beschrieben hatte, und sah ohne die Stöckelschuhe und die hohe Frisur fast zierlich aus. Entweder hatte sie für diesen Anlass die Linsen abgenommen, oder sie hatte gar keine externe Technik mehr nötig. Die Strenge ihrer kaum geschminkten Züge unter der Kapuze hatte etwas von einer Mutter Oberin. Klobigere Schatten standen hinter ihrem Rücken, breite Schultern und Oberkörper, die Gesichter ausdruckslos wie die steinernen Heiligen in der Mutter-aller-Seelen-Kathedrale von Bradbury.

»Und du bist so charmant wie immer.« In gespielter Gekränktheit verzog sie das Gesicht. »Milton sagte, du wärst kaum sanfter geworden.«

Sie setzte sich auf die andere Seite der Nische. Einer der Schatten, die sie mitgebracht hatte, nahm es auf sich, an meiner Seite aufzuragen. Ich blickte zu ihm hinauf, sah dann wieder Raquel Allauca an.

»Das ist kein guter Anfang«, erwiderte ich milde.

Sie nickte dem Schatten zu, der sich daraufhin zurückzog.

»Ich möchte hier nicht auf dem falschen Fuß starten, Veil. In diesem Stadium gibt es wirklich keinen Grund für Reibungen zwischen uns.«

»Die kommen später, wie?«

»Das hängt von dir ab.«

Ich nickte. »Weiß Decatur, dass du hier bist?«

»Ich habe es ihm noch nicht erzählt, nein.« Sie warf ihre Kapuze zurück, schüttelte ihr Haar etwas loser. »Aber fühl dich frei, zu ihm zurückzurennen, falls ich dir Angst mache.«

»Du machst mir noch keine Angst. Aber wenn ich weiß, was auf dem Spiel steht, ändert sich das vielleicht. Willst du mir sagen, was Pablo Torres' großer Gewinn war? Die Sache, weswegen er sich mit dir treffen wollte, kurz bevor er verschwand?«

Sie lächelte. »Das waren wir nicht, Veil. Auf dem Hochland verschwinden ständig Leute, das weißt du.«

»Ja, das weiß ich. Hab dir mehr als einmal dabei assistiert.«

Ihr Gesicht verdüsterte sich. »Das ist zu lange her. Für uns beide.«

»Menschen ändern sich nicht.«

»Vielleicht. Aber manchmal ändern sich ihre Zielsetzungen.« Ihr Lächeln kehrte zurück. »Hat Milton es dir nicht gesagt? Wir haben hier eine gute Sache laufen. Status, Kontrolle, Einkünfte. Glaubst du wirklich, ich würde all das riskieren? Aus der IC-Verwaltung aussteigen, zur Bürgermeisterin der größten Stadt auf dem Schelf werden, nur damit ich weiter knietief in derselben Gülle waten kann wie früher?«

»Ich glaube, Raquel, dass du einem Baby mit einem stumpfen Skalpell das Lachen aus der Kehle schneiden würdest, wenn du glaubst, du könntest es für den Preis einer Taxifahrt verkaufen.«

Ihr Lächeln flackerte und erlosch. »Du bist ein verficktes Arschloch, Veil. Ich habe jetzt selbst Kinder, weißt du?«

»Tut mir leid, das erfahren zu müssen. Aber ich denke, sie werden dich überleben.«

Wut entflammte in ihren Augen, und für einen kurzen Moment huschte ihr Blick zur Seite zu den Schlägern, die sie mitgebracht hatte. Ich lächelte ihr über den Tisch hinweg einladend zu. Zog die beringten Finger meiner linken Hand locker in vorbereitender Anspannung an. Der Heißlauf wogte und pulsierte in mir. Ich wollte den Kampf genauso sehr, wie ich Madekwe im Aufzug gewollt hatte, genauso sehr, wie ich alles seit Sal Quirogas Tod gewollt hatte.

Der Augenblick dehnte sich und hielt an wie die finale Pose einer Stripperin am Pole.

Ein Anruf für dich.

Park ihn.

Mit ihrem trockenen Präzisionslachen brach Allauca die Spannung. Es war keineswegs ein Klang, den ich in den Jahren dazwischen vermisst hatte.

»Amüsiert dich etwas?«

»Nein.« Eine lässige wegwerfende Geste. »Ich hatte nur die ganze brütende Wut vergessen, die du mit dir herumträgst. Du hast es keinem von uns verziehen, dass du hier auf dem Mars gestrandet bist, nicht wahr? Wie lange ist das her, acht Jahre oder mehr? Es muss ja wirklich schlimm brennen. Ich meine – acht *Jahre*, Veil. Für mich sieht es danach aus, dass du nie nach Hause zurückkehren wirst.«

Ich konzentrierte mich auf den rot pulsierenden Lichtpunkt in meinem Augenwinkel, den wartenden Anruf. Ich atmete aus.

»Wirst du mir sagen, was du von mir willst, Allauca?«

Sie öffnete die Hände. »Was jeder gute Bürgermeister will. Dass es in meiner Stadt weiterhin zivilisiert zugeht. Zum Beispiel habe ich gehört, dass du heute früh einige Schwierigkeiten draußen auf dem Field hattest. Ich bin hier, um dir zu sagen, dass wir uns darum kümmern werden.«

»Neuigkeiten verbreiten sich hier schnell.«

»Vor allem bis zu meinem Schreibtisch. Das solltest du nicht vergessen.« Sie lehnte sich zurück, gestikulierte wieder lässig. »Wir alle sind inzwischen erwachsen geworden, Veil. Wenn du dich noch einmal in Gingrich Field umschauen willst, lass es mich einfach wissen. Ich werde dich von einigen meiner Leute begleiten lassen, dir für deine Arbeit eine Eskorte zur Verfügung stellen.«

»Eine Eskorte? In dieser erwachsenen und zivilisierten Stadt, die du hier verwaltest?«

Sie lächelte dünn. »Ich möchte mal etwas klarstellen, Veil.«

»Ich weiß. Ich bin mir nur nicht sicher, was.«

»Dann sollte ich es vielleicht ausbuchstabieren.« Sie beugte sich wieder vor, und in dem flackernden Kerzenschein blickten die Augen entschlossen. »Du bist ein veraltetes Modell, Veil. Aus dem Takt gelaufen. Und ich werde nicht zulassen, dass du deine überholten Black-Hatch-Manieren auf meine Straßen bringst, nur weil du dich im Gegensatz zu uns nicht weiterentwickelt hast. Ich leide nicht unter derselben romantischen Hingabe an die Vergangenheit wie Milton, und ich bin nie so sehr von deinem Ruf als Overrider beeindruckt gewesen wie er, nicht mal damals. Also.« Sie stand auf und zog sich wieder die Kapuze über den Kopf. »Ich bleibe in Kontakt mit dir. Dein Mate geht auf mich. In der Zwischenzeit bist du in Cradle City willkommen, und zwar genauso lange, wie du hier keinen weiteren Ärger machst.

In dem Moment, wo das passiert, sitzt du im nächsten ValleyVac zurück nach Bradbury, in welchem Zustand auch immer mein Verwaltungsteam dich dort abliefern kann.«

Ich nickte ruhig. »Entweder so, oder ich löse mich wie Torres in Luft auf. Richtig?«

»Ach, Veil.« Sie seufzte theatralisch. »Ich habe dir gerade gesagt, dass ich nichts damit zu tun hatte. Du trägst deine Linsen. Sag mir, dass ich lüge.«

Sie log nicht.

»Du hast mir immer noch nicht gesagt, was er dir vorschlagen wollte.«

»Nein. Weil seine vielgepriesene große Idee nicht praktikabel war, weshalb ich ihn abgewiesen habe. Ich weiß nicht, wer ihm diese pseudopolitischen Fantasien in den Kopf gesetzt hat, aber ...« Sie schüttelte den Kopf. Seufzte erneut, diesmal mit weniger Dramatik, eher mit aufrichtigem Überdruss. »Pablo Torres war wie viele dieser Leute – er hatte große und dumme Träume, die allen verfügbaren Fakten widersprachen, und er hatte keine verdammte Ahnung, mit welchen strukturellen Realitäten er es aufnehmen wollte. Ein trauriger Fall, aber was soll's?«

»Ja, und es scheint dich schwer erschüttert zu haben«, pflichtete ich ihr bei. »Und welche *strukturelle Realität* war es genau, an der er deiner Meinung nach zugrunde gegangen ist?«

»Ich glaube nicht, dass es mir zusteht, darüber zu spekulieren. Torres' Vergangenheit war ... durchmischt. Ich kann mir vorstellen, dass er kleine Feinde im Fahrwasser hatte, so wie ein Kometenschweif im Anflug. Und welcher davon ihn schließlich eingeholt hat – na ja, vielleicht solltest du deine Freundin von Earth Oversight danach fragen, wenn du sie wiedergefunden hast.«

Ich verzog das Gesicht. »Milton ist auf seine alten Tage ganz schön geschwätzig geworden.«

»Du bist lange Zeit weg gewesen, Veil. Freundschaft ist wie dieses heikle purpurne Faserkraut, das wir an der Wand unten in Louros anzubauen versuchen. Man muss es gut umsorgen, wenn es Lasten tragen soll. Decatur hat sich weiterbewegt, mehr nicht – genauso wie wir alle.«

»Gut zu wissen.«

»Na gut.« Sie machte eine völlig überflüssige Korrektur am Sitz ihrer Kapuze. »Ich glaube, wir sind hier fertig.«

»Ich weiß, dass ich es bin.«

Sie bedachte mich mit einem weiteren *Ich-hab-wirklich-genug-davon*-Lächeln, dann wandte sie sich von der Ecknische ab und mischte sich unter die hoch aufragende Düsternis ihrer Eskorte. Ich beobachtete sie bis zur Wendeltreppe, wartete, bis sie nach oben verschwunden waren. Dann schob ich die Matetasse behutsam über den Tisch und ließ sie dort stehen.

Gibst du mir jetzt diesen Anruf?
Ich wähle.

»Hey, Hannu – das ging schnell.«

»Sie irren sich«, teilte Allmählichs sorgfältiger Tonfall mir mit. »Ist es ein schlechter Moment, um mit Ihnen zu sprechen?«

»Nicht, wenn Sie etwas über diesen Ng-Sprengkopf gefunden haben.«

»Damit würden wir … übers Ziel hinausschießen. Allerdings habe ich Informationen, die für Sie von Interesse sein könnten. Unsere militärischen Kontakte in Hellas können bestätigen, dass es mindestens in den letzten vier Monaten null Schwarzmarkthandel mit Militärmaterial der VBA gab.«

»Das ist …« Dann wurde mir bewusst, was sie tatsächlich gesagt hatte. »Moment – null? Wollen Sie damit sagen, dass *gar nichts* verschoben wurde?«

»Das ist korrekt.«

Stille in der Leitung. Ich horchte geistesabwesend auf das kaum wahrnehmbare Trillern des Scramblers hinter ihrem Schweigen und dachte darüber nach. Die VBA in Hellas ist ein äußerst großzügig ausgestatteter Militärkomplex, bis in den Arsch und zu beiden Nasenlöchern heraus bestückt. Und der von der Partei geleitete Filz in den Rängen macht den ganzen Laden zum Inbegriff korrupter Praktiken und Schieberei auf unterster Ebene. Und auf der anderen Seite steht ein unersättlicher systemweiter Hunger nach billigem und gebrauchsfähigem Militärmaterial. Die Natur verabscheut das Vakuum, heißt es, und vielleicht stimmt das sogar – zumindest weiß ich mit Sicherheit, dass die *menschliche* Natur jede Marktlücke verabscheut, vor allem solche, die man mit einer fetten Gewinnspanne ausfüllen kann, ohne ins Schwitzen zu kommen.

»Ich verstehe nicht, wie Sie so etwas mit absoluter Gewissheit behaupten können, Allmählich. Ich meine, dazu müssten Sie Quellen innerhalb der Kommandoebene haben, und das bezweifle ich sehr.«

Ich spürte ein Zögern auf ihrer Seite. Die Triadenkultur hielt nicht allzu viel von Vertrauen zu Außenstehenden.

»Die Dienstränge unserer Kontaktpersonen waren in diesem Kontext nicht von Bedeutung«, sagte sie schließlich. »Es besteht eine abwärtsstrukturierte temporäre Direktive für sämtliche VBA-Streitkräfte in der Kraterzone. Ein Dauerbefehl, sämtliche Schwarzmarktaktivitäten mit allen nötigen Mitteln auszumerzen. Nach der Aufdeckung erfolgt die sofortige Verurteilung durch ein Militärgericht und die summarische Exekution aller Beteiligten.«

Meine Lippen formten sich zu einem kurzen lautlosen Pfiff. »Das sind Kriegsrechtsmaßnahmen, nicht wahr?«

»Es ist … Krisenmanagement, mindestens. Nicht zwangsläufig auf Kriegsniveau, aber von ähnlicher Schwere.«

»Wie bitte? Was zum Teufel erwartet man denn da drüben bei Ihnen?« Die Erkenntnis dämmerte wie ein Sonnenaufgang auf dem Merkur. »Verdammt, geht es dabei um das Audit?«

»Möglicherweise.« Widerwillen in ihrem Tonfall – niemand möchte aufwachen und feststellen, dass das eigene frisch gekeimte Unternehmensprojekt plötzlich auf der Bahn eines anrückenden geopolitischen Sandsturms liegt. »Wir haben keine genauen Angaben, nur die allgemeine Direktive. Aber Sie können zumindest mit Sicherheit davon ausgehen, dass Ihre Möchtegern-Attentäter nicht von Hellas ausgerüstet wurden.«

»Verstanden«, sagte ich mechanisch. »Danke.«

Der Hellas-Krater ist weit entfernt – mehr als zehntausend Kilometer in gerader Line vom Ostrand des Valley, unmöglich auf dem Landweg zu erreichen, wenn man keine versiegelten Geländefahrzeuge, Druckanzüge zur Sicherheit und einen Riesenhaufen Vorräte zur Verfügung hat. Der Zugang ist an beiden Enden durch intensive Sicherheitsvorkehrungen abgesperrt, der Luftverkehr zwischen beiden Blöcken ist dürftig und streng reguliert, die Datenkommunikation wird schwer überwacht und eingeschränkt. Man könnte genauso gut von zwei ganz unterschiedlichen Welten sprechen. Im Grunde kann nicht viel in Hellas passieren, was mich hier draußen betreffen würde.

Aber so fühlte es sich nicht an.

Es fühlte sich eher so an wie noch etwas mehr von Hannu Holmstroms Anomalienhäufung, die sich in böswilliger Absicht immer höher auftürmte.

Ich ließ den Mate, den Allauca bezahlt hatte, dort abkühlen, wo er stand, und verließ den Laden. Ich hatte vor sechs Jahren – als ich bei IC gekündigt hatte – aufgehört, Geld von ihr anzunehmen. Und ich wollte nicht in alte Gewohnheiten zurückfallen.

Draußen über der Skyline der Bonsai-Innenstadt neigte sich eine passende Bonsai-Sonne dem Laminalevel entgegen, verschwamm und zerschmolz in den Entladungen, sodass ihr schwacher Schein von dem grellen Spektakel in den Schatten gestellt wurde. Es war noch genug Tageslicht übrig – selbst hier oben auf dem Schelf liegt die Laminaschicht noch mehrere Kilometer weiter oben, und Cradle City ist weit genug von beiden Wänden entfernt, um nicht allzu früh verdunkelt zu werden. Aber die Kälte schlägt am Abend auf dem Hochland härter und schneller zu, und ich konnte spüren, wie ihr Biss bereits ansetzte. Ich klappte meinen Kragen hoch und blies mir in die Hände.

Besorg mir lieber wieder ein Taxi, 'Ris. Falls wir nach dem Vorfall mit dem letzten nicht auf die schwarze Liste gesetzt wurden.

Ich habe verdeckte Maßnahmenprogramme benutzt, sagte sie monoton und schaffte es trotzdem, wie ein Tutor zu klingen, der ein nicht allzu kluges Kind belehrte. *Skorpion-Protokolle, die sich ...*

Sechzig Sekunden nach Ausführung selbst überschreiben, rezitierte ich dumpf. *Die Daten beseitigen und durch wahllos akquirierten Umgebungslärm ersetzen, damit sämtliche Spuren unleserlich werden. Richtig. Dann können wir nur hoffen, dass die Taxiunternehmen in der Zwischenzeit nicht ihre Abwehrmaßnahmen aufgerüstet haben.*

Bis auf das Niveau der Technik von Blond Vaisutis? Das glaubst du doch selber nicht, du lässt dich nur von deiner Stimmungslage beeinflussen, was ...

Besorg mir einfach ein Taxi. Und ruf außerdem diese Nummer an. Lass es klingeln, umgeh alle Abbruchprotokolle, die es möglicherweise am anderen Ende gibt. Ich möchte eine Antwort.

Und wohin fahren wir jetzt?

Wir werden ein paar pseudopolitische Fantasten besuchen.

34

Die Suche nach extraterrestrischer Intelligenz war ein früher Export zum Mars. Das Ganze hatte genau die richtige Mischung aus exakter Wissenschaft und Verrücktheit, um bei allen großen Haushaltssitzungen ernst genommen zu werden. Während die frühen Siedler noch unter COLIN-finanziertem Glas in der Gegend lebten, die schließlich zum Strip werden sollte, entwickelten die Pläne, ein SETI-Observatorium irgendwo auf der Kante des Valley zu errichten, heimlich die Kraft eines Nachbrenners. Der tatsächliche Bau begann noch während des Jahrzehnts.

Sobald man wirklich außerirdische Signale entdeckt hatte – insgesamt vier, unbestreitbar, ohne jede Verbindung untereinander, zu weit entfernt, um irgendetwas damit anfangen oder auch nur bestimmen zu können, ob die Zivilisationen, die sie gesendet hatten, überhaupt noch existierten –, ließ all die SETI-Begeisterung natürlich langsam nach. Die Suche nach extraterrestrischer Intelligenz, klar – haben wir schon unternommen. Kästchen abgehakt. Die Finanzierung stockte, schrumpfte zu einem Rinnsal, wurde schließlich komplett abgewürgt. Ein paar Versuche wurden unternommen, das Observatorium umzufunktionieren, aber die Entfernung vom Herzen der aufblühenden neuen kolonialen Kultur in Bradbury stand diesen guten Absichten im Wege. Architektonische Nanotechnik, auf dem Mars testgetrieben und bewährt, mit einem Tempo und Ausmaß, das nirgendwo auf der Erde genehmigt worden wäre, bedeutete, dass es, gleichgültig, wie die Projektanforderungen aussahen, immer billiger und einfacher war, näher dran und neu zu bauen. Schließlich wurde das Observatorium geschlossen und so belassen.

Die Einrichtung der Lamina und fast ein weiteres Jahrhundert waren nötig, bis die Valley-Bevölkerung eine ausreichende Dichte und Verbreitung erreicht hatte, um die Situation erneut zu ändern. Aber die Änderungen traten ein, und als die neuen Eigentümer schließlich auftauchten, stellten sie fest, dass die eingemotteten Systeme des Observatoriums immer noch voll funktionstüchtig waren.

Woher ich das alles weiß? Na ja …

Es dauerte lange, bis Martina Sacran endlich antwortete, aber ich hatte mit der Wartezeit gerechnet. Wenn man die Thronfolgerin des Tech-Mutualismus im Kurzwahlspeicher hatte, war das keine Garantie dafür, dass sie jemals geneigt sein könnte, einen solchen Anruf entgegenzunehmen. Oder dass sie bei ausgesprochen guter Laune sein würde, wenn sie es doch tat.

»Ich bin ziemlich beschäftigt, Black Hatch. Was wollen Sie?«

»Wie wäre es mit einem uneingeschränkten Zugangspass zu diesem Unterrichtsrefugium, das Sie in der alten SETI-Basis an der Südwand betreiben?«

»Das Observatorium?« Schwer zu beurteilen, ob der Avatar in meinem oberen linken Sichtfeld in Echtzeit oder standardmäßig reagierte, aber er sah mich dennoch mit finsterem Blick an. »Was zum Henker wollen Sie da oben?«

»Nicht, was ich will, ist wichtig – sondern was ein Typ namens Pablo Torres dort vor achtzehn Monaten wollte. Für einen Klienten versuche ich seine Spur zu verfolgen.«

»Pablo Torres?« Sacran runzelte die Stirn, als sie von der höhnischen Erwiderung abgelenkt wurde, die sie auf mich loslassen wollte. »Meinen Sie diesen Lotterie-Gusch, der von Vector Red gefickt wurde, damit stattdessen einer ihrer Oligarchen den Heimflug antreten konnte?«

Ich nickte. »Wie sich herausgestellt hat, ist es ein wenig komplizierter als in Ihrer Klassenkampfanalyse, aber ja, genau den meine ich. Von meinen Quellen habe ich erfahren, dass er oft da oben gewesen ist, hauptsächlich zum Vögeln, aber vielleicht hat er dort auch nach irgendwelchen politischen Druckmitteln gesucht. Es würde mein Leben wesentlich einfacher machen, wenn Sie Ihren Leuten sagen könnten, dass sie mich reinlassen und mir bei meinen Fragen behilflich sein sollen.«

»Uneingeschränkter Zugang, wie? Ich soll Sie wirklich da reinlassen, als wären Sie ein vollzahlender Genosse?«

»Wie ist es Carla Wachowski ergangen?«, fragte ich betont.

»Woher zum Henker soll ich das wissen?« Sie griff sich an den Hinterkopf, rieb sich die kurzen Borsten ihres eisengrauen Haars, der Blick war von Schlafmangel und vielleicht noch etwas anderem getrübt. »Sie ist mit einem Erzvertrag zum Ganymed zurückgekehrt, hab seit mindestens drei Jahren nicht mehr mit der Schlampe gesprochen. Aber danke, dass Sie sie erwähnt haben.«

Ich zögerte. »Tut mir leid, das zu hören.«

»Ja, geht es nicht uns allen so?« Ich sah, wie sie die Erinnerung weglegte. »Also gut, Veil. Ich habe nicht vergessen, was ich Ihnen schuldig bin. Wann machen Sie sich auf den Weg zum Schelf?«

»Bin schon da. Ich bin eben erst von Cradle City in Richtung Wand losgefahren.«

»*Eben erst?* Bei Pachamamas Pussy, Sie scheinen nicht rumzutrödeln, was?«

»Black-Hatch-Entscheidungsfindung.« Ich ließ meine Stimme ein wenig härter werden. »Das ist der Grund, warum Wachowski noch am Leben ist.«

Sie seufzte. »Gut. Ich werde mit den Leuten reden, die in diesem Moment für die Sicherheit des Observatoriums zuständig sind. Wie weit sind Sie weg?«

»Hab gerade die Stadt verlassen.« Ich blickte aus dem Taxifenster. Die letzten niedrigen Gebäude der städtischen Peripherie waren hinter uns zurückgefallen, ersetzt durch Felder codierter Wiesen, die in der untergehenden Sonne irisierend leuchteten, dazwischen das vereinzelte metallische Funkeln von Silotürmen. »Ich fahre oberirdisch in einem Crawlertaxi. Werde in ein paar Stunden da sein.«

»Okay, das bekomme ich hin. Der Name des Funktionärs ist Tomas Rivero – er wird eingewiesen sein, wenn Sie dort eintreffen. Er dürfte Ihnen keine Schwierigkeiten machen. Aber tun Sie mir einen Gefallen, Veil – wenn Sie das nächste Mal so eine Scheiße wollen, dann geben Sie mir früh genug Bescheid.«

Das Taxi ließ mich an der Basisstation zurück.

Die Einrichtung fühlte sich offensichtlich nachgerüstet an. Die schweren Luftschleusentüren, die den Garagenbereich früher versiegelt hatten, waren herausgerissen und durch schicke schwarze Nanofaser-Sturmvorhänge ersetzt worden, durch die das Taxi jetzt ohne nennenswerte Anstrengung fegte. Der Innenraum wurde in kühlblaues Licht von den riesigen Flächen aus weißer Leuchtfarbe getaucht, die die Sacranisten aufgetragen hatten und deren Protokolle fast das Ende ihres nützlichen Lebens erreicht hatten. Ich stieg aus und über eine kurze Treppe zum Hauptlifttor hinauf. Ich nickte den Sicherheitskameras zu, die darüber angebracht waren.

»Abend.«

»Sie sind Veil?« Eine unschlüssige weibliche Stimme aus verborgenen Lautsprechern. »Ich dachte, Sie wären älter.«

»Das höre ich oft.« Wohl wahr – über den hibernoiden Biorhythmus kann man sagen, was man will, aber vier Monate jedes Jahres im Koma wirken Wunder für den Hautton. Ich nahm die Pose einer Schaufensterpuppe ein. *»Bei Arbeit oder Spiel – das Leben auf dem Mars ist hart! Aber die sechslagige Lösung von Suchet Ghosh hält meine essenziellen zellulären Öle in einem harmonischen Gleichgewicht, unter allen Umständen! Jetzt kann ich so hart wie der Planet arbeiten und spielen!«*

»Suchet Ghosh ist pleitegegangen«, sagte die Stimme trocken. Das Lifttor schob sich zurück, offenbarte einen schmutzigen, schlecht beleuchteten Innenraum. »Dann kommen Sie lieber rein.«

Es war eine lange, öde Fahrt nach oben. Weniger als die Hälfte der Höhe, die die Dienstaufzüge des Ares Acantilado zurücklegen mussten, aber die Motoren waren uralt und langsam, und es gab keine Aussichtsfenster. Wie alle Prä-Lamina-Bauten war die Drucksicherheit von höchster Priorität gewesen, also hatte man sich durch den Fels getunnelt und alles gut versiegelt. Es gab Sitze aus Hartplastik rund um die Kabine und Bildschirme an den Wänden, wobei Letztere offensichtlich dazu gedacht waren, den Passagieren die Langeweile zu vertreiben. Es sah aus, als wären sie seit Jahrzehnten nicht mehr in Betrieb gewesen.

Auf einem unnachgiebigen Sitz nahm ich Platz und ging den Katalog der Schnitte und Prellungen durch, die sich nach meinem Crash in Gingrich Field noch immer bemerkbar machten, die Wärme und das leichte Jucken meiner verheilenden Kopfhautwunden. Man konnte es als Gewinnerblatt bezeichnen – zumindest müssten mir Jesika und ihr niedergemetzeltes Entführungsteam darin zustimmen, welches Schattenreich auch immer sie nun jenseits von Intis Schleier bewohnen mochten.

Über meine persönliche Nabelschau verdrehe ich die Augen – *verdammt, reiß dich zusammen, Overrider.* Ich kartierte Dellen und Schrammen in den Metallwänden, um mich mit etwas zu beschäftigen, starrte auf das Bodengitter unter meinen Füßen, bis es verschwamm. Fiel schließlich zurück in Erinnerungen an meine THC-getrübten Gespräche mit Nina Ucharima.

Ja, sie sitzen da drüben über der Kante, im alten Observatorium. Er ist manchmal da hingegangen, als er noch jünger war ...

Und in letzter Zeit? Kurz bevor er verschwand?

Auch da. Er ging ein paarmal rüber, erklärte, er wollte sich einige von ihren Vorträgen anhören ...

Es war ziemlich wenig, aber mehr hatte ich nicht.

Was machst du da?

Ich, äh ... dich an den Haaren ziehen ...

Lass das, verdammt noch mal! Einfach ... fick mich einfach, Overrider. Fick mich mit diesem großen Schwanz, mach, dass ich komme!

Ich lächelte säuerlich und versuchte das zu verdrängen. Doch die tiefen Routinen waren anderer Meinung. Ucharimas langer schlanker Rücken und erhobener Hintern vor meinem Gesicht.

Ihre rastlose Zunge und die Finger ...

Ihr unersättlicher Hunger und Drang.

Weißt du, du fickst nicht mal halb so gut wie Pablo, aber in vielen anderen Punkten bist du genauso wie er.

Ich bin überhaupt nicht wie Pablo Torres, Nina.

Abgesehen von einer gemeinsamen Abneigung gegen die Musik der Gash Hell Condemned, wie es schien.

Der Lift schnaufte und hielt mit einem Ruck an. Ich schüttelte meine Erinnerungen ab und erhob mich. Das Tor rasselte zurück. Eine ernst wirkende junge Frau stand draußen und lugte herein, als wäre ich möglicherweise ein Exemplar irgendeiner beißenden Spezies. Sie trug getönte Linsen, um ihre Augen zu verbergen, und sie hatte eine Haltung, die nach Kampfausbildung aussah – fand ich. Ihre rechte Hand war locker um etwas Kleines und metallisch Glattes geschlossen, ich setzte mein Geld auf eine einschüssige Schockbombe mit Klebehaftung.

Ich versuchte es als Kompliment zu nehmen.

»Mr. Veil.« Sie gestikulierte mit der anderen Hand. »Willkommen im Sacran Teaching Retreat. Funktionär Rivero wird Sie in Kürze treffen. Wenn Sie mir bitte folgen würden.«

Wir liefen durch düstere verlassene Korridore, über die sich Stille gelegt hatte – wie Staub. Altmodische Drucktüren reihten sich zu beiden Seiten aneinander, permanent geöffnet, und führten in Räume, in denen nicht allzu viel los zu sein schien. Die Architektur war für den Sicherheitsvorrang der Siedlungszeit typisch – verstärkte Streben an den Decken, schwere Sektorierungen der Korridorwände, die grimmige Andeutung von abschottenden Leckbarrieren, die oben in den Fugen hingen, bereit herunterzukrachen und die Korridore auf eine Weise zu versiegeln, die unten im Valley seit mehr als einem Jahrhundert nicht mehr nötig gewesen war. Die ursprünglichen Personenreaktionssysteme trugen sporadisch zur Ausleuchtung unseres Weges bei, eingelassene Lampen in den verschmutzten Metallkonsolen, die hier und dort matt aufflackerten, während wir vorbeigingen. Das Ganze war vor einer Weile noch durch breite horizontale Streifen aus Leuchtfarbe ergänzt worden, die jemand auf den Boden gekleckert und etwa auf Schulterhöhe über beide Wände mitgezogen hatte.

Es fühlte sich an, als wäre seitdem niemand mehr hier gewesen.

»Sie halten alles in Betrieb, wie?«, sagte ich, als wir am dritten leeren Raum vorbeikamen.

Sie warf mir einen Blick zu. »Wir benutzen diese Ebenen nicht oft.«

Der Korridor endete vor einer weiteren Drucktür, breit und aus zwei Hälften bestehend, mit ineinandergreifenden Zähnen an den

Rändern. Beide Seiten waren halb offen blockiert, die linke hing schief in der Führung. Dahinter erkannte ich eine flache Wendeltreppe, die zur oberen Ebene hinaufführte. Wir folgten ihr herum und nach oben auf das, was meiner Vermutung nach der Hauptüberwachungsraum für das Landefeld gewesen sein musste.

Nach dem Zwielicht der unteren Korridore war es, als würden einem Augenklappen abgenommen werden. Zehn Meter hohe Decken, ein großer, offener Kommandobereich und ein breites Aussichtsfenster, das fast vom Boden bis zur Decke reichte und den größten Teil der Wand einnahm. Man blickte aus einer Höhe von fünfzig Metern auf etwas hinunter, das früher einmal eine makellose Nanobetonfläche gewesen war, mit präzise eingeätzten Markierungen für orbitale Lander und Zielkreuzen für Einwegabwurflasten.

Nun wehte ein dünner, marsianischer Oberflächenwind wallende Wolken aus feinstem Regolith durch das Sichtfeld, dimmte das bereits schwache Abendlicht noch mehr, trieb rastlose Schlangen aus Sand über den noch frei liegenden Nanobeton, erhöhte die Dünen, die bereits den Rest unter sich begraben hatten.

Eine einzelne schlanke Gestalt stand vor dem Fenster, die Arme verschränkt, als wäre es kalt. Als wir uns näherten, sah sich der Mann nicht um.

»Hier ist der Overrider«, sagte meine Begleitung.

»Vielen Dank, Serena. Du kannst uns allein lassen. Ich bin von zuverlässiger Seite informiert worden, dass Mr. Veil keine Bedrohung darstellt. Anscheinend hat er sich zur Ruhe gesetzt.« Nun drehte sich Rivero zu uns herum – dunkle, kantige Züge, gepflegter Bart, auffällig schwere stahlgerahmte Linsen, dahinter harte, dunkle Augen. »Nicht wahr, Mr. Veil?«

»Ich bin nur hier, um ein paar Fragen zu stellen«, stimmte ich zu. »Nichts, was der Revolution in die Quere kommen könnte.«

Das brachte mir einen strengen Blick von Serena ein, als sie sich zum Gehen wandte. Rivero bemerkte es, schüttelte gelassen den Kopf. Er beobachtete, wie sie die Wendeltreppe hinunterstieg, bis sie außer Sicht war, dann drehte er sich wieder zum Fenster herum, starrte erneut auf den brodelnden Sandsturm.

»Ich gestehe, ich bin ein wenig überrascht, dass man Ihnen gestattet hat, hierherzukommen«, sagte er leise. »Und damit das klar ist, ich habe mich eindringlich dagegen ausgesprochen.«

»Dann hatte ich aber Glück, dass niemand auf Sie gehört hat.«

Er fuhr zu mir herum. »Ob im Ruhestand oder nicht, Sie waren ein Overrider. Wissen Sie, was Enrique Sacran über Menschen wie Sie gesagt hat?«

»Dass wir seine Einkünfte aus der Piraterie schmälern?«

»O ja, Sie würden es als Piraterie bezeichnen, wie es Ihre korporativen Gebieter schon immer getan haben. Kaperung. Ökonomischer Terrorismus.« Seine Inbrunst steigerte sich – wir hatten es hier mit einem wahren Gläubigen zu tun. »Wir befanden uns *im Krieg*, Mr. Veil. Wir befinden uns *immer noch* im Krieg – um das Gemeinwohl der Menschheit, gegen die korrupten Metastasen der oligarchischen Macht, die überall in diesem Sonnensystem auf den Menschen herumtrampelt. Sacran sagte, dass im Endstadium des Kapitalismus, wenn die Systeme der menschlichen Effizienz ihren Ereignishorizont erreicht haben, die herrschende Klasse zu einer ultimativen logischen Einsicht gelangen wird. Für ihre Sache rekrutieren sie keine Fußsoldaten mehr, sondern produzieren sie stattdessen selbst. Warum Geld und Mühe auf Indoktrination verschwenden, wenn man unerwünschte menschliche Impulse bereits an der Quelle umgehen kann, wenn man soziales und politisches Bewusstsein abschaffen kann, und wenn man Hundegehorsam von der genetischen Basis aufwärts aufbauen kann? Ich schaue Sie an und sehe, dass er recht behalten hat. Sie sind nicht mehr als der fleischgewordene korporative Utilitarismus, Overrider – ein wirtschaftlicher Algorithmus, der sich als Mensch maskiert.«

»Klingt für mich sehr gefährlich. Ich würde versuchen, vorsichtshalber höflich zu bleiben, wenn ich zu so etwas spreche.«

Er zeigte mir die Zähne, was eher ein Fletschen als ein Grinsen war. »Sie machen mir keine Angst, Veil. Sie sind Teil des Mülls, den der Wind der mutualistischen Veränderung hinwegfegen wird. Sacran hätte Ihnen eine Kugel in den Hinterkopf gejagt, sobald er Sie gesehen hätte.«

»Ja, gut, aber seine Tochter scheint einen etwas nuancierteren Ansatz zu verfolgen. Sie möchte, dass Sie meine Fragen zu Pavel Torres beantworten.«

»Martina ist eine …« Er nahm einen tiefen Atemzug. »Sie hat übertrieben romantische Ansichten zu Verbindlichkeiten und persönlicher Loyalität. Doch der Marsch der Geschichte hat keine Verwendung für solches Gepäck.«

»Das sagt sich so leicht für Sie. Trifft es aber nicht zu, dass Ihre Kaperfreundin nur darum noch immer unversehrt herumläuft, weil irgendein ›fleischgewordener korporativer Utilitarismus‹ entschieden hat, sie nicht in Stücke zu schießen? Ach ja, und der infolgedessen seinen verdammten Job verlor und ins Marsexil abgeschoben wurde. Wie sieht es mit dieser Art von Gepäck aus, Arschloch?«

Es wurde ausgesprochen still im Aussichtsraum. Es gab einen kurzen freudigen Moment, als ich dachte, Rivero könnte tatsächlich auf mich losgehen. Er wollte es, ich konnte sehen, wie es in seinen Augen aufstieg – der rechtschaffene Zorn des provozierten professionellen Kreuzritters –, und es hatte durchaus eine gewisse Kampfkompetenz, wie er mich taxierte. Vermutlich hatte er im Laufe der Jahre etliche Straßenschlägereien mit der Polizei und nachrangigen Firmensicherheitskräften erlebt, hatte sich im Dienst der Sache vielleicht sogar biochemische Kampf-Upgrades besorgt. Aber ganz gleich, wie viel Kampfkraft der Funktionär in sich haben mochte, ob von Natur aus oder trainiert oder manipuliert, die Sacranisten waren keine Frockers, und ihre Kader waren nicht dumm. Rivero hatte ein höheres Ziel, dem er seine gewalttätigen Impulse widmen konnte, eine größere Vision und eine Geduld, die auf den Tag der Abrechnung und die Wand des Erschießungskommandos warten würde.

Dies und die Tatsache, dass man niemals aus verletztem Stolz einen Kampf mit einem Overrider suchen sollte, ob im Ruhestand oder nicht, wenn man erwartete, anschließend immer noch auf beiden Beinen zu stehen.

Rivero hielt sich zurück.

»Mir ist nicht unbekannt, was Sie für Carla Wachowski getan haben«, sagte er steif. »Ich wollte lediglich ...«

»Sie werden lediglich tun, was Ihnen gesagt wurde. Sacran hat das hier abgesegnet, und Sie werden sich einreihen. Jetzt erzählen Sie mir von Torres. Sind Sie ihm persönlich begegnet?«

Er zögerte noch einen Augenblick lang. Nickte dann. »Ja, ich erinnere mich an ihn. Er ist zu einigen Seminaren gekommen. Wir hatten uns daran gewöhnt, ihn hier zu sehen. Gar nicht so dumm, wie er gern tat. Er nahm Platz und hörte die meiste Zeit zu, blieb danach noch eine Weile. Manchmal hatte er eine Frage.«

»Zum Beispiel?«

»Sie verlangen von mir, dass ich mich an Fragen aus dem Publikum erinnere, und dies bei einem Seminar, an dem ich vor mehr als achtzehn Monaten teilgenommen habe?«

»Also gut – was war das Thema?«

Er sah mich mit einem säuerlichen Lächeln an. »Die inhärente Instabilität interplanetarer kapitalistischer Systeme. Wir sprechen hier kaum über etwas anderes. Über das und die Vorbereitungen auf das, was wir tun müssen, wenn diese Systeme unweigerlich versagen. Ich erinnere mich nicht, an welchen Seminaren Torres teilgenommen hat, und ehrlich gesagt denke ich, dass selbst er sich nicht mehr daran erinnern würde. Er schien viel mehr daran interessiert zu sein, bei einigen unser leichter zu beeindruckenden Genossinnen zu landen. Wie ich hörte, hat er einmal sogar Martina Avancen gemacht, als sie zu einem Gastvortrag aus Bradbury herüberkam.«

»Sein Ehrgeiz ist bewundernswert. Abgesehen von Martina, war er bei irgendeiner dieser Frauen erfolgreich?«

»In den meisten Fällen, ja.« Ganz plötzlich klang Riveros Tonfall prüde. »Torres stellte sich als den gescheiterten Helden der Unterklasse dar, der Entschädigung erwartet. Ein Sexobjekt, das sie mit ihrer ganzen Sehnsucht nach sozialer Gerechtigkeit überschütten konnten.«

»Sind noch welche von ihnen hier?«

»Ich, äh, ja, ich denke schon. Die meisten gehörten zum Personal. Ein oder zwei könnten seitdem weggezogen sein, aber ...«

»Gut. Ich würde gern mit so vielen wie möglich reden.«

»Das ist ...« Sein Mund schloss sich um das, was er als Nächstes hatte sagen wollen. Seine persönliche Antipathie kämpfte mit der Kaderdisziplin und den Befehlen, die er erhalten hatte. Die Disziplin gewann. »Es dürfte einige Zeit beanspruchen, das zu organisieren.«

Ich zuckte mit den Schultern. »Dann fangen Sie lieber gleich damit an.«

Die Ausstattung des Observationsraums mit verschiedenen Suiten aus versenkbaren Möbeln und Einrichtungsgegenständen, die bei Bedarf aus dem Boden auftauchten und anschließend wieder darin verschwanden, war ein Relikt aus den Tagen als Kommandozentrale. Rivero orderte einen niedrigen Tisch und zwei lange Sofas ein gutes Stück von den Fenstern entfernt und an einer Seite. Sie erhoben sich aus dem polierten Fußboden wie das Omen einer Kongenialität, die die Sacranisten mir gegenüber bislang noch nicht an den Tag gelegt hatten.

»Warten Sie hier«, sagte Rivero zu mir und rief Serena herbei, damit ich es auch wirklich tat, solange er fort war.

Ich setzte mich auf ein Sofa und beobachtete, wie sich draußen der Sturm entwickelte. Serena stand ein Dutzend Meter entfernt, brachte offene Geringschätzung zum Ausdruck, die Arme vor der Brust verschränkt, eine Hand weiterhin locker um das glänzende metallische Ding geschlossen, das ihr seit meiner Ankunft als Talisman gegen mich gedient hatte. Sie starrte an mir vorbei auf die Fenster.

»Möchten Sie sich setzen?«, sagte ich versuchsweise und deutete auf das Sofa mir gegenüber.

»Ich stehe lieber.«

»Ich beiße nicht.«

Sie bedachte mich mit einem Blick. »Ich habe keine Angst vor Ihnen, Veil. Es ist nur so, dass ich Sie nicht mag.«

Hinter dem großen Aussichtsfenster war die Nacht angebrochen. Auf irgendeinen Auslöser hin schalteten sich Flutlichter auf dem Dach ein, verstreuten einen grellen, bläulichen Schein, der die Dunkelheit kollabieren ließ und den tobenden Sturm von innen heraus zu erleuchten schien.

»Der reinigende Wind der Geschichte, wie?«, sagte ich. »Er hält nicht alles, was er verspricht.«

Wieder ein knapper Blick. »Was?«

Ich nickte zum Glas hin. »Dieser Sturm da draußen. Wie es aussieht, könnte er tatsächlich einigen Schaden anrichten. *Sprengt die Insignien der sozialen Unterdrückung fort, reißt die Oberfläche der alltäglichen Dinge herunter, damit die nackte Wahrheit offenbart wird.«*

Das Zitat verschaffte mir ihre volle Aufmerksamkeit. »Sie haben Sacran gelesen?«

»Man hat ihn mir viele Male zitiert. Wahrscheinlich ist etwas hängen geblieben.«

»Ist das der Grund, warum Sie Carla Wachowski nicht ermordet haben?«

Ich sagte nichts, starrte nur auf die Spuren des Windes in der Dunkelheit, in unerwünschten Erinnerungen verloren. *Schreie und das hallende trockene Knallen von Schüssen in den rot beleuchteten Null-G-Korridoren der* Sunrise in Sapphire, *als das BV-Enterkommando die Besatzungssektion säubert. In meinen Schläfen und in der Kehle pulsiert die Wut darauf, wie das alles so verfickt schnell danebengegangen ist. Und winzige verräterische Tröpfchen von Wachowskis Blut perlen in unserem Kielwasser, während ich sie nach achtern in Richtung Frachtschleuse treibe. Es ist gar keine schlimme Wunde, die ich ihr mit dem Kolben der HK zugefügt habe, und sie ist zäh, sie hält es aus. Aber die menschliche Kopfhaut blutet schon bei geringstem Anlass wie verrückt, keine Zeit, die Verletzung zu stillen und anständig zu säubern, und nun tröpfelt sie eine Spur durch die kühle Bordluft, der die Enterkommandos wahrscheinlich sogar mit verbundenen Augen folgen könnten. Es ist nur eine Frage der Zeit, bis sie uns aufgespürt haben werden.*

Warum tun Sie das?, murmelt sie immer wieder, während ich sie mitschleife. Warum haben Sie mich nicht getötet?

Ich ziehe eine Grimasse und horche und scanne die Kanäle auf Verfolgungsgeräusche hin und wünschte, ich hätte eine Antwort, die irgendeinen verdammten Sinn ergibt.

»Eines Tages«, begann Serena und nahm zur Vorbereitung einen tiefen Atemzug. Die Einleitung zu einem mutualistischen Vortrag. Nein danke.

»Alles ist nur eine Illusion«, sagte ich schroff.

»Was?«

»Dieser reinigende Wind, den Sie betrachten, dieser kommende Sturm, von dem Sie alle so inständig träumen. Es sieht heftig aus, aber das ist es gar nicht. Trotz aller Terraforming-Ökomagie, die man damals ausprobiert hat, sind die atmosphärischen Bedingungen da draußen denen des Alten Mars immer noch sehr ähnlich. Nach meinen letzten Informationen liegt der Druck bei weniger als vier Prozent des Erdstandards auf Meereshöhe. Wenn Sie in einem Anzug hinausgehen und mittendrin stehen, würden sie die Brise kaum spüren. Sie tut nicht mehr, als den Staub herumzuwirbeln.«

Sie errötete. »So sehen Sie uns?«

»Eigentlich geht es gar nicht um Sie, sondern um die lokalen Bedingungen. In Ihren Refugien und Universitäten beschwören Sie einen Sturm herauf, aber wenn Sie nach draußen gehen, würden Sie feststellen, dass die kritische Dichte nirgendwo erreicht wird. Dieses Tal ist voller Menschen, die sich einen Scheißdreck für Ihre geschichtlichen und wirtschaftlichen Theorien interessieren, und die Leute, denen sie zuhören, haben ihnen bereits einen wesentlich schöneren Traum verkauft.«

»Und welcher wäre das?«

»Die lebenslange Mitgliedschaft in der Menschheitselite an der Rauen High Frontier, mit einer Beilage aus aufstrebender Konsumententechnik für die Massen. Einzigartigkeit, das Gefühl der Zugehörigkeit und buntes Spielzeug, mit dem man sich unterwegs vergnügen kann. Was haben Sie im Angebot, um damit zu konkurrieren?«

»Es kann nicht von Dauer sein«, gab sie zurück. »Es ist eine Blase, eine Fantasie. Wenn alles zusammenbricht …«

»Aber falls und wenn das passiert, Schwester, sollten Sie lieber beten, dass sie dann weit genug weg vom Ground Zero sind.« Irgendeine Scherbe eines alten Zorns schärfte plötzlich meine Stimme. »Ich habe gesehen, was mit Menschen passiert, wenn *alles zusammenbricht*. Glauben Sie mir, es ist nicht nett.«

Sie öffnete den Mund zu einer Erwiderung, überlegte es sich dann aber anders.

Wir machten damit weiter, uns gegenseitig zu ignorieren und auf den Sturm zu starren.

35

Rivero kam mit sechs Namen zurück. Eine der Frauen hatte das Sacran-Refugium vor einiger Zeit verlassen, lebte Gerüchten zufolge wieder in Bradbury und arbeitete im Büro eines Feeds, der über Promi-Affären berichtete. *Für uns ist sie tot,* sagte Rivero zwar nicht, aber sein Tonfall und Gesichtsausdruck gaben etwas in der Art zu verstehen.

Die anderen fünf waren entweder noch im Observatorium oder in erreichbarer Entfernung mit Öffentlichkeitsarbeit beschäftigt. Mit unterschiedlichem Ausmaß an Enthusiasmus waren alle einverstanden, mit mir zu reden.

Was Martina Sacran von den Getreuen ihres Vaters verlangte, gaben sie bereitwillig.

Nisha Kharki.
»Verficktes Arschloch.«
Ich blinzelte. »Wie bitte?«
Sie zuckte ungeduldig auf dem Sofa vor, die zierlichen himalayanischen Züge runzelten sich zu einer unzierlichen mürrischen Miene. Ihr seidiges, dunkles Haar war kurz geschnitten, ähnlich wie das von Martina Sacran, nur ohne das Grau. Vielleicht war Ehrgeiz im Spiel.

»Sie wollen doch über Torres reden, oder?«, sagte sie. »Er war ein verficktes Arschloch. Typischer Hochland-Scheißkerl, große Klappe und Pläne und geplatzte Versprechungen. Ich dachte, ich hätte diesen Mist hinter mir gelassen, als ich der

Bewegung beitrat, aber sie kommen hier genauso rein wie überall sonst.«

»Hat er Ihnen gesagt, was er hier oben wollte?«

»Er war hinter Pussys her, mehr nicht.«

»Hat er Ihnen das gesagt?«

Ihre Mundwinkel zogen sich verächtlich hoch. »Nein, darauf bin ich ganz von allein gekommen.«

»Wie oft waren Sie beide zusammen?«

»Oh, nur das eine Mal. Ich lerne gern aus meinen Fehlern. Im Gegensatz zu dieser dummen, verfickten Schlampe Guzman.«

Devu Guzman.

»Er war einfach ... er war so verloren.« Sie lächelte, als schmerze die Erinnerung. Sie trug das Haar lang und in Regenbogenfarben, ließ es sich ins Gesicht hängen, während sie sprach. »Es war so viel Prahlerei in ihm, aber damit überspielte er nur etwas, es war ein Ersatz für das, was er wirklich war.«

Ich hob eine Augenbraue. »Und wer war er wirklich?«

»Nur dieses ... verletzte Kind. Ein Kind, das versuchte, den Geschichten über einen Vater gerecht zu werden, an den er sich kaum erinnerte. Er probierte Männlichkeit an wie eine Krawatte, von der er gar nicht wusste, wie man sie bindet. Letztlich hat er es nur geschafft, sich selbst damit zu erdrosseln.«

»Stimmt es, dass Sie ihn ein paarmal gesehen haben?«

»Ja, er kam zu den meisten Vorträgen über den COLIN-Mythos. Manchmal gingen wir anschließend in meine Wohnung.«

»Obwohl er sich auch mit einigen anderen Frauen traf? Das hat Sie nicht gestört?«

»Oh, nein. Nein.« Sie schüttelte etwas zu energisch den Kopf. Ihr Regenbogenhaar schwang herum und verdeckte ihr Gesicht. »Nicht wirklich. Natürlich spürt man einen ... einen Stich. Aber sexuelle Eifersucht ist falsches Bewusstsein, genauso wie das Verlangen nach der neuesten Marstech. Es ist dasselbe destruktive Bedürfnis, etwas besitzen zu wollen. Man muss es abschütteln, um zu wachsen.«

»Hatten Sie zu irgendeinem Zeitpunkt den Eindruck, dass Torres ... wuchs? Worüber haben Sie gesprochen, wenn Sie zusammen waren?«

Wieder das schmerzhafte Lächeln. »Er hat es versucht. Er hat es wirklich versucht. Er verstand, wie illusionär alles ist, was sie verkaufen, wie schnell alles einstürzen kann. Darüber haben wir gesprochen – er hat es total verstanden. Aber ... er lebte dieses Leben, als wäre es ein Sturm.«

Wir blickten durch das Fenster auf die rasende Wut des nächtlichen Windes und Staubs. Ihr Lächeln verblasste, als würde es durch dieselben Kräfte fortgerissen werden.

»Armer Pavel. Welche Chancen hatte er?«

»Nach Ihnen zog er weiter«, sagte ich mit experimenteller Brutalität. »Warum?«

»Ach ... Gelüste.« Sie starrte immer noch auf den Sturm, schien sich darin zu verlieren. »Pavel wollte Dinge, die ich nicht wollte. Wollte, dass ich Dinge tue, die ich nicht wollte.«

»Zum Beispiel?«

Sie sah mich an, setzte ihr trauriges Lächeln wieder zusammen. »Hauptsächlich Dinge mit anderen Frauen. Ich bin mir sicher, dass Sie sich etwas darunter vorstellen können. Es gibt nach wie vor dieses hartnäckige Mem in der Bewegung – dass die Befreiung des Geistes von gesellschaftlichen Zwängen bedeuten muss, dass man das Begehren jedes Genossen erfüllen soll, der mit irgendeiner grenzüberschreitenden Fantasie zu einem kommt. Vielleicht dachte Pavel, dass man hier oben solche Sachen leichter finden könnte. Die Schelf-Gemeinden sind irgendwie komisch mit sexuellem Zeug, es springt einem mit jedem Branengel ins Gesicht, aber wenn es darum geht, es tatsächlich zu *tun*, herrscht plötzlich eine prüde Ökonomie. Das passt eigentlich gar nicht zu all diesen Ambitionen der Gesetzlosigkeit, die sie haben, nicht wahr?«

»Und hat Pavel gefunden, wonach er hier oben gesucht hat?«

»O ja. Es kann nicht allzu schwer gewesen sein. Einige meiner Genossinnen sind in dieser Hinsicht recht … flexibel.« Ihr Lächeln gewann an Kraft. »Und er hatte einen so herrlichen Schwanz.«

Inez Thapa.

Der Branengel umrahmte sie irgendwo in einer hell erleuchteten Versammlungshalle. Billige Stühle und Tische aus Carbonfaser standen verstreut herum, ein Bildschirm an der Wand zeigte lautlos Nachrichtensegmente. Daneben ein großes Poster von Sacran senior, als Airbrush einer Archivaufnahme von der Ansprache auf Ganymed. Hinter ihm eine inakkurate Skyline in der Dämmerung, rosenwangige Anhänger zu allen Seiten.

Die Halle selbst wirkte recht leer.

Inmitten des zurückgelassenen Mobiliars hockte Inez Thapa elegant auf einer Tischkante, rauchte eine Lungenturbokippe und machte zwischen den Dampfbändern, die sie von sich gab, einen leicht ungehaltenen Eindruck.

»Sie sollten wissen, dass es mir nicht besonders angenehm ist, darüber zu sprechen.« Der Geruch einer vermögenden Herkunft entströmte ihren Gesten und Worten – kultivierte Geringschätzung, die glatte Stirn und die feine Falkennase gerunzelt, als koche jemand außerhalb der Ränder des Branengels etwas Widerwärtiges. »Ich verstehe, dass Martina es gebilligt hat, dass es aus irgendeinem Grund von Bedeutung ist. Aber ich würde lieber nicht in all die schmutzigen kleinen Details gehen.«

»Das müssen wir auch gar nicht. Ich möchte nur die Bestätigung, dass Sie, äh, sexuelle Kontakte zu Pavel Torres und Julia Farrant hatten.«

»Ja, das ist richtig.«

»Gleichzeitig?«

Sie seufzte. »Ja, gleichzeitig. Hören Sie, ich bin nicht gerade stolz darauf, okay? Das ist etwas, das ich nicht ... gewohnheitsmäßig mache. Aber Julia war eine Freundin, und es war das, was sie zu dem Zeitpunkt gerade brauchte, also habe ich mitgemacht. Es war ... einfach Theater, mehr nicht. Eine billige Show für ihren schäbigen kleinen Freund.«

»Also hatten die beiden eine Vorgeschichte?«

»O ja, davon gehe ich aus. Sie erwähnten gemeinsame Erlebnisse, machten Insiderwitze, hatten vor allem diese Hochland-Attitüde. Es war ein ... inniges Verhältnis, so könnte man es wohl bezeichnen.« Sie verzog das Gesicht. »Aber ehrlich gesagt – falls Sie meinen Eindruck hören wollen.«

»Bitte.«

»Ich glaube, er hätte sie sofort von einer Klippe gestoßen, sobald es ihm genehm gewesen wäre. So kam er mir vor. Aber da war auch noch etwas anderes – als wir ... in Aktion waren, sozusagen, bemerkte ich, wie er auf ihre Narben schaute. Er starrte sie auf eine Weise an, die ... seltsam war.« Sie gestikulierte, bedachte mich mit einem süffisanten Lächeln. »In Anbetracht der Tatsache, dass es in diesem Moment noch so viele andere Dinge zum Beglotzen gegeben hätte.«

Ich runzelte die Stirn. »Farrant hatte Narben?«

»Nicht besonders schlimme, aber ja. An mehreren Stellen, eine hier im Gesicht ...«, sie machte eine Bewegung mit der offenen Hand, legte sie auf die linke Seite ihres Unterkiefers und den Wangenknochen darüber, »... irgendeine chemische Verbrennung, wie ich es verstanden habe. Und ich habe mich gefragt, ob das der Zweck unseres kleinen Dreiers war. Etwas, um ihn wieder zu reizen, falls die Narben ihm die Lust nehmen.«

»Und danach ging sie fort? Kehrte der Bewegung den Rücken zu, zog nach Bradbury und besorgte sich dort einen Job?«

»Ja, das war kurz danach, jetzt, wo Sie es erwähnen. Vielleicht hat auch sie sein Starren bemerkt. Oder vielleicht ... ich hatte nicht den Eindruck, dass Jules wirklich auf die Bewegung eingeschworen war. Mir schien, dass sie das Ganze nur benutzte, um sich vor etwas anderem zu verstecken. Aber ja, sie ging fort. Auf dem Weg hinunter ins Valley kam sie hier in unserem Öffentlichkeitsarbeitszentrum vorbei, um sich mit mir zu treffen. Erzählte mir, dass sie ihre Haut in Ordnung bringen will, ganz gleich, was es kostet. Ich gab ihr ein paar Adressen in Bradbury, Leute aus der Branche, die ich damals kannte, bevor ich ... hierherkam.«

»Was war damals?«

Etwas änderte sich in ihrem Gesicht – eine Überzeugtheit, eine Art von Frieden. Sie zeigte auf etwas, vielleicht auf das Poster an der Wand hinter ihr, vielleicht auch nur auf das Gebäude, in dem sie sich befand.

»Bevor ich mich für das hier entschied, Mr. Veil. Bevor ich eine Lebensweise gefunden habe, mit der ich mich nicht nur Tag für Tag von dem angesammelten Fett ernährte, das sich meine Familie vor Generationen zugelegt hat.«

Liz Baspineiro.

Langes, zerzaustes blondes Haar, klare, blaue Augen, für das Hochland relativ blasse Haut. Sie hatte den Brel-Fokus sehr nahe herangezogen, sodass es keine Hinweise auf ihren Aufenthaltsort gab, außer dass sie sich irgendwo draußen aufhielt – man konnte den weichen, orangefarbenen Stoff des Wurfzeltes erkennen, in dessen unversiegelter Öffnung sie im Schneidersitz saß, reflektierter Feuerschein in den Augen und kräuselnder Wind im Haar. Ihr Akzent kam aus dem tiefsten Valley, aus Bradbury oder einem nicht allzu weit abgelegenen Ort.

»Klar, Torres. Hab ihn ein paarmal allein getroffen und dann mit Karishma am Abend nach diesem Seminar, das wir über Marstech-Märkte veranstaltet hatten.« Ein anzügliches, wissendes Grinsen. »Hat ihn völlig umgehauen – er liebte diese Sachen mit zwei Mädchen.«

»Und Sie hatten damit kein Problem?«

Das Grinsen blieb. »Na, das ist nicht unbedingt mein Ding. Aber wissen Sie – es treibt die Intensität ein Stück nach oben. Kari hat einen tollen Körper, und ein bisschen damit herumzuspielen war wirklich kein Problem für mich. Und Torres – was kann ich Ihnen sagen? –, er hat richtig gut gefickt. Es wäre sowieso gut gewesen, ob mit oder ohne die Extras. Er hatte einen unglaublichen Schwanz.«

Ich antwortete mit einem schmerzhaften Lächeln, auf das Devu Guzman stolz gewesen wäre. »Davon habe ich gehört.«

Karishma Adikhari.

»Ja, ich mag Mädchen. Wieso?« Amüsierte Provokation in diesem herablassenden Lächeln, den dichten, hochgezogenen Augenbrauen. »Ist so etwas auf der Erde nicht erlaubt? Muss man es sich zuerst von irgendeinem hohen Regierungsbürokraten genehmigen lassen? Formular 21-B Cunnilingus?«

Sie hatte sich entspannt auf dem Sofa mir gegenüber ausgestreckt. Wirres schwarzes Haar, lachende dunkle Augen, und Liz Baspineiros Beurteilung ihres Körpers war meiner Ansicht nach recht zutreffend. Ihre ganze Haltung war eine Zurschaustellung, ein einziges *Hättste-wohl-gern.*

»Hat Ihnen jemand gesagt, dass ich von der Erde bin?«, fragte ich.

Sie wedelte mit einer Hand. »Wir haben hier oben nicht allzu viele Besucher, obwohl es um Öffentlichkeitsarbeit geht. Dieselben etwa zweihundert Gesichter, die in denselben alten Blechdosenkorridoren herumklappern – das kann ziemlich langweilig werden. Sie sind heute Abend das Gesprächsthema Nummer eins. Der Erdmann und Overrider mit dem Herz aus Gold. Der Mann, der Carla Wachowski entkommen ließ.«

»Es war schon ein bisschen komplizierter.«

»Das ist es meistens. Wie Sacran sagt: *Verlass dich bei Menschen auf einfache Lösungen, und du wirst einfach versagen.* Trotzdem kenne ich Martina. Es passiert ziemlich selten, dass sie findet, jemandem etwas schuldig zu sein – vor allem jemandem von dieser Mutter Erde.«

Es war ein alter Witz, aber ich quittierte ihn dennoch mit einem Lächeln.

»Es ist schon eine Weile her, seit ich von dieser Mutter kam«, sagte ich. »Und ja, stimmt, es gibt solche Mädchen auch auf der Erde. Ich versuche hier nur, ein paar Sachen zu verstehen. Sie sind mit Liz Baspineiro und Julia Farrant ins Bett gegangen, aber in beiden Fällen haben Sie Pavel Torres mit an Bord genommen. Sie mögen Mädchen, aber auch Jungs?«

Ein Schulterzucken. »Bei Gelegenheit. Hängt vom Jungen ab, würde ich sagen. Ich könnte ohne sie leben.« Sie bedachte mich mit einem *Eine-Nummer-zu-groß-für-dich-Kleiner*-Lächeln, unterstrichen von ihrer Positur. »Ohne die Mädchen nicht so.«

»Also ließen Sie sich auf Torres ein, um dadurch an Baspineiro heranzukommen?«

»Ja. Es war den Preis wert, wissen Sie. Diese Blondine ist durch und durch verdorben. Es gab kaum etwas, das sie nicht tun wollte, wenn der richtige Anreiz da war.«

»Was ist mit Farrant? Passt diese Beschreibung auch auf sie?«

»Julia? Nein, das war ...« Zum ersten Mal glaubte ich einen Riss in der hinreißenden Gelassenheit zu erkennen. Die lachenden Augen verdunkelten sich kurz. Sie seufzte. »Ja, wahrscheinlich ist Julia ein Fehler gewesen. Sie war nicht richtig dabei, wissen Sie. Das Ganze fühlte sich ... peinlich an. Ich denke, sie hat es nur gemacht, weil er den Kick wollte. Damals waren sie ein Pärchen, sie und Torres.«

»Ja, davon habe ich gehört. *Eine wahre Hochland-Romanze*, wie?«

Sie kräuselte die Lippe. »Gusch, erwähnen Sie diese Serie in meiner Gegenwart nicht noch mal – verdammter minderwertiger Immie-Wichsfantasiescheiß. Und nein, das waren sie nicht, nicht einmal ansatzweise.«

»Gut, aber was auch immer sie miteinander hatten – es war typisch Hochland, oder?«

»Ja, klar. Sie hatten diese ganze schillernde Schelf-Gemeinden-Vergangenheit, von der sie so geschwärmt haben, sobald jemand zuhören wollte. Jede Menge Geschichten. Ich glaube, deshalb fühlte ich mich überhaupt zu Julia hingezogen, diese ganze Art eines gesetzlosen Straßenkindes. Sich mit den Gangs auf dem Schelf herumtreiben, Sperren und Spaliere durchbrechen, wo es möglich war, Pfeifen und Pistolen teilen mit Typen wie Hidalgo und Saville Jeff Havel. All die guten Regelverstöße.«

»Richtig.« Ich hing locker in diesem Moment, während mein Puls in heißlaufendem Tempo hämmerte. Ich drückte meinen Tonfall auf beiläufiges Interesse herunter. »Aber glauben Sie, dass es stimmte – das mit Hidalgo und mit Havel? Oder war das nur Gerede?«

Adikhari dachte darüber nach. Bewegte die Hand wie eine horizontal schwankende Klinge. »Könnte Übertreibung gewesen sein. Julia konnte einen wandhohen Haufen Scheiße labern, wenn sie auf SNDRI war.«

»Also ist sie ihnen wahrscheinlich nicht mal begegnet, zum Beispiel Havel, richtig?«

»Sie war vielleicht mit ihm in einem Raum – ich weiß, dass Torres angeblich Sachen für die Ground Out Crew unten in Cradle City gemacht hat. Also.« Wieder ein Schulterzucken, diesmal etwas großzügiger. Jetzt waren wir auf einem Terrain, das Karishma Adikhari erkunden wollte. Unvermittelt schwang sie die Beine vom Sofa, beugte sich mit den Armen auf den Knien vor, und alles Gepose war verschwunden. »Hören Sie, ich hatte mir schon immer gedacht, dass er diese Scheiße viel größer aufgeblasen hat, als sie tatsächlich war. Aber die Hidalgo-Geschichten – das klang nach Wahrheit. Manche Details, einfach die Art, wie sie davon erzählten, wie beide sich in manchen Dingen gegenseitig bestätigt haben.«

»Was für Dinge?«

»Dass er von der Erde war.« Sie sah meine Reaktion. »Nein, wirklich – beide haben geschworen, dass es stimmt. Ich glaube, es *war* auch die Wahrheit, nicht nur irgendein Ultratripper-Hype. Julia sagte, dass er einfach nicht mit der Musik oder dem Essen von hier klarkam. Hat deswegen anscheinend die ganze Zeit rumgemeckert.«

Ich brummte. »Nachdem ich neulich solche Musik gehört habe, wäre das nicht …«

Ich verstummte, als es plötzlich auf mich herabstürzte.

Wie der Himmel, der in grellbunt gebrochenen Splittern in das Valley krachte. Als hätten sich die vielgepriesenen Regenguss-Versprechungen von Particle Slam schließlich erfüllt.

Was war das, was wir da gerade gehört haben?

Gash Hell Condemned – Live at Wall 101. *Nicht so begeistert, was?*

Als ich mit Nina Ucharima im Anschluss an unseren halbbefriedigenden Verkehr dagelegen hatte. Brutale musikalische Beharrlichkeit, die aus den Lautsprechern der Wohnung dröhnte wie die endlosen Kopfstöße eines Wahnsinnigen gegen eine Stahlplatte.

Ja, auch Hidalgo konnte diese Scheiße nicht ausstehen. Lokal anerzogener Geschmack, vermute ich.

Modifiziertes THC, postkoitales Unbehagen, allgemeine Erschöpfungsinkompetenz – nennen Sie es, wie Sie möchten. Ich hatte meine Linsen abgenommen und meine Aufmerksamkeit heruntergefahren. Ich hatte *Torres* gehört, nicht *Hidalgo*, weil meine Gedanken um Torres kreisten – und um seinen großen verdammten Schwanz –, und »Hidalgo«, das waren immer noch drei bedeutungslose Silben, die ich später von einem sterbenden, viel zu jungen Firmenschläger in Gingrich Field hören sollte.

Den Rest der Befragung habe ich mehr oder weniger auf Autopilot durchgeführt. Von Karishma Adikhari erfuhr ich nichts mehr, was ich nicht bereits von den anderen gehört hatte. Torres war ein Arschloch, aber mit großem Schwanz.

Ich gab mir Mühe, mich nicht davon plagen zu lassen.

Als wir fertig waren und Adikhari durch die luftige sturmgetrübte Weite des Observationsraums davongeschlendert war, saß ich in mich zusammengesackt da und starrte über den Tisch auf die leere Stelle, wo sie alle gewesen waren, und die Glasabschirmung dahinter. Draußen tobte der Sandsturm weiter, hohe tanzende Wirbel aus feinstem Regolith, die wie die verlorenen Seelen eines kolossalen Alienvolks im Exodus vorbeigetrieben wurden. Bänder aus Staub warfen sich lautlos gegen die großen Fenster, flehten um Einlass. Drinnen fühlte es sich behaglich und weit entfernt von allem an, ein Zufluchtsort von einer Welt, in die wir nicht gehörten. Man konnte sich gut vorstellen, welche Kuschelinstinkte Torres' sexuelle Erfolgsserie beim Personal des Refugiums gefördert haben mochten.

Gehen wir?

Ja, wir gehen, subbte ich widerstrebend.

Ich konnte nicht anders. Ich freute mich nicht auf das, was ich als Nächstes tun musste. Und es half auch nicht, dass ich es anscheinend im Namen der Gerechtigkeit für einen schwanzgetriebenen Unterligaschläger tat, der noch am ehesten dafür berühmt war, dass er eine vielversprechende Karriere als Immie-Pornostar hätte starten können.

Schritte im Raum: Funktionär Rivero kehrte zurück. Er trug den gleichen verkniffenen und puritanischen Ausdruck wie bei unserem ersten Gespräch. Dann blieb er ein Stück entfernt stehen und hatte die Arme fest hinter dem Rücken verschränkt, als wollte er sich selbst von einer gewalttätigen politischen Vergeltungsaktion abhalten. Vielleicht hatte er mit Serena gesprochen.

»Also. Ist es ... ergiebig gewesen?«

»So könnte man es formulieren. Alle waren sehr kooperativ.«

»Ja, gut.« Er zögerte, die Lippen geschürzt. Die Worte kamen heraus wie gezogene Zähne. »Da es spät geworden ist, wurde ich ... beauftragt ... Sie einzuladen, über Nacht zu bleiben. Hier. Im Refugium.«

Ich schüttelte den Kopf. »Ich habe erhalten, weswegen ich hierhergekommen bin. Jetzt werde ich aufbrechen.«

»Sind Sie sich ganz sicher?«, fühlte er sich offenbar verpflichtet zu fragen. »Wir haben unten Gästezimmer.«

»Davon bin ich überzeugt«, erwiderte ich und grinste. »Wir als korporative Wirtschaftsalgorithmen brauchen keinen Schlaf. Aber sagen Sie Martina, dass sich dieser hier bedankt hat.«

36

'Ris besorgte mir wieder ein Taxi, und ich fuhr damit von der Wand nach Cradle City zurück. Die marsianische Nacht drückte wie Tinte gegen die Fenster, gelegentlich gelindert durch unruhige, purpurn flackernde Blitze von der Lamina. Ich neigte den Kopf neben der Scheibe und beobachtete, wie die Ladungsdifferenziale wie gigantische Kurzschlüsse durch das System der Welt feuerten.

Eine verfickt große Trefferzahl, die Torres hier oben erreicht hat. Über welchen Zeitraum ist er zu diesen Seminaren gegangen?

Wenn ich korreliere, was wir wissen – etwas weniger als drei Monate. 'Ris hielt inne. *Ungefähr dieselbe Zeitspanne, die er vor seinem Verschwinden in Cradle City verbracht hat.*

Also sind es auch all diese Raumkadetten und Nina Ucharima. Mein Gott! Man fragt sich, ob er nicht einfach von irgendeinem eifersüchtigen Freund gekillt und vergraben wurde.

Oder einer Freundin. Oder vielleicht sogar von einer Geliebten, die er für ihren Geschmack etwas zu abrupt vernachlässigt oder ausgemustert hat. Nina Ucharima zum Beispiel.

Ja.

Vielleicht hättest du ihr gründlicher auf den Zahn fühlen sollen, als du die Gelegenheit dazu hattest.

Unruhig zuckte ich auf dem Taxisitz. *Gib mir noch mal den Ziegengott.*

Ich wähle.

»Veil. Ich wollte dich gerade anrufen.«

»Dann ist es gutes Timing. Diese Hidalgo-Sache entwickelt sich – was hast du für mich?«

»Nicht viel. Ich meine, in den Daten aus dem West End steht er gleich an vorderster Stelle, klar. Hab nicht mehr als zehn Sekunden gebraucht, um zu sehen, wen du meinst. Aber es gibt keine tiefen Spuren. Ich finde kein Geburtsdatum und keinen Ort, keine gesundheitlichen oder schulischen Dokumente …«

»Die wirst du auch nicht finden. Der Wichser ist von der Erde.«

»Ach, wirklich? Wie überaus interessant. Du weißt nicht zufällig, wann er herübergekommen ist?«

»Nein, aber in letzter Zeit nicht.« Ich dachte an mein Gespräch mit Decatur zurück. »Allerdings ist er seit mindestens sechs Jahren hier – Erdjahre, meine ich, drei Marsjahre. Wahrscheinlich schon ein wenig länger.«

»Das würde passen, weil das ungefähr der Zeit entspricht, in der die Spuren auftauchen. Außerdem ist es interessanterweise in etwa der Zeitpunkt, als die brutalsten Maßregelungen gegen Whistleblower im Anschluss an das annullierte Audit von 95 begannen.«

Ich blinzelte. Diese Korrelation war mir nie in den Sinn gekommen. »Glaubst du, dass er irgendwie darin verwickelt war?«

»In den Daten deutet nichts darauf hin. Aber diese Tatsache an sich könnte ein starker Fingerzeig sein. Wärst du ein gesuchter Whistleblower, der verschwinden muss, bevor die Prosperity Party ihre Schläger auf dich hetzt, wäre es sinnvoll, sich eine komplett neue Identität aufzubauen. Vorausgesetzt, du hättest Zugang zu den nötigen Mitteln und dem Know-how, versteht sich. Vielleicht kommt unser Freund Hidalgo gar nicht von der Erde, und er wollte nur, dass die Leute glauben, das wäre so.«

»Eine ziemlich profilierte Methode, um von der Bildfläche zu verschwinden, nicht wahr?«

»Für alle sichtbar versteckt vielleicht.« Ich konnte Holmstroms Stimme anhören, dass er die Idee fallen ließ wie eine Katze ihre Beute, derer sie überdrüssig geworden war. »Hör mal, ich versuche nicht, es dir zu verkaufen, Veil. Und woher dieser Hidalgo auch immer stammen mag, wer auch immer er davor gewesen sein mag, er scheint keine Zeit darauf verschwendet zu haben, erneut Aufmerksamkeit auf sich zu lenken. Er hat sich da oben im West End etliche Feinde gemacht. Die dortigen OK-Syndikate haben ein Kopfgeld auf ihn ausgesetzt, und der Marshal Service hat ihn auf der Liste der Meistgesuchten – auch wenn sie es nicht öffentlich machen.«

»Gibt es dafür einen offensichtlichen Grund?«

»Keinen, der ins Auge springen würde. Kein gänzlich unbekanntes Prozedere, um ehrlich zu sein, aber es ist ungewöhnlich. Es deutet darauf hin, dass sie etwas über ihn wissen, das nicht allgemein bekannt werden soll. Und den Deckel draufzuhalten ist anscheinend wichtiger, als ihn zu schnappen.«

Ich dachte an Sakarian, an das eiserne Missfallen in seinem starrenden Blick. »Sieht den Marshals gar nicht ähnlich.«

»Genau. Natürlich« – Widerstreben schwang im Tonfall des Ziegengottes mit – »*könnte* ich versuchen, noch einmal etwas tiefer zu graben, um zu sehen, ob sie irgendetwas in sehr geheime Dateien verschoben haben, aber das würde mir nur bei den Nachforschungen auf der Erde in die Quere kommen. Die ich komplett demontieren und ganz von vorn starten müsste. Deine Entscheidung, Veil.«

»Nein. Nichts, was die Suche nach Madekwe beeinträchtigt. Sie ist der Schlüssel zu diesem ganzen verfickten Ding, worauf es auch immer hinauslaufen mag. Wenn ich sie wiederfinde, wird sich alles andere von selbst ergeben.«

»Freut mich, das zu hören.« Die Erleichterung in seiner Stimme ließ mich grinsen. Holmstrom brannte darauf, sich wieder mit dem Datenspeicher zu beschäftigen, der ihn so kategorisch abgewiesen hatte. Inzwischen war es eine Frage des Stolzes. »Übrigens habe ich noch ein paar zusätzliche Nachforschungen über unsere Madison angestellt – Sachen aus dem normalen Datenfluss, um ein paar bessere Anhaltspunkte zu bekommen, wer sie tatsächlich ist. Willst du die Details?«

Ich blickte in die rasende Dunkelheit rund um das Taxi hinaus. Auf der rechten Seite zeigte sich die Morgendämmerung wie eine ausgebleichte Linie im Schwarz. »Klar, warum nicht? Schieß los!«

»Es gibt eine ganze Menge über die Eltern – die Mutter kommt aus einer kalifornischen Tech-Familie mit Geld, einer der alten Aristo-Clans der Pazifikstaaten. Der Vater stammt ursprünglich aus Lagos, hochdekorierte Karriere beim nigerianischen Militär, dann global über Addis Abeba und Johannesburg nach New York. Er brachte es bis zum Colonel in der Panafrikanischen Schnellen Eingreiftruppe, wurde zum taktischen Beirat der Generalversammlung der AU befördert, dann war er privater Berater für verschiedene COLIN-Hauptunternehmen mit Interessen in der Sahara-Regenerationszone. Traf die Mutter, während sie als Ermittlerin im Tschad unterwegs war, folgte ihr danach direkt nach Kalifornien. Einiges deutet darauf hin, dass sie schwanger nach Hause zurückgekehrt ist. Jedenfalls machten sie diese nomadische Abgeschiedenheitsgeschichte mit der kleinen Madison – sie wurde als Mitglied eines mittelwestlichen Reiterstammkonstrukts in den Annektierten Regionen geboren und aufgezogen.«

»Das wären die Dakotas, oder?«

»Eher Montana und Wyoming. Ich glaube, auch der nördliche Teil von Colorado gehört dazu. Mutters Clan hat seine Leute ein Jahrhundert lang dorthin geschickt, wie es aussieht. Auch Mutter ist nomadisch aufgewachsen. Anscheinend hat sie die Erfahrung hochgeschätzt. Sowohl sie als auch Madekwes Vater haben sich komplett zurückgezogen, um Madison großzuziehen.«

Ich brummte. Es besaß eine gewisse Ironie, dass die wahrlich Reichen auf der Erde die Modernität ablegten und in ein einfaches Leben als Jäger und Sammler zurückkehrten, während alle anderen herumhasteten, um die unzähligen Komplexitäten der modernen Welt, die ihnen so etwas überhaupt erst ermöglichen, zu reparieren und nachzujustieren.

»Wie lange ist sie da draußen gewesen?«

»Recht lange, in Anbetracht der Umstände. Ich meine, in den allgemeinen Daten heißt es, dass sie mit sieben oder acht Jahren erste Reisen mit Mum und Dad nach draußen unternahm, und mit elf machte sie das Vandever Critical Gestalt Assessment in den Pazifikstaaten. Anzeichen für Führungspotenzial, generelle Belastbarkeit, hohe Ergebnisse bei vielen anderen Sachen. Man empfahl sie für den frühen Eintritt in verschiedene Kaderschulen, einige prestigeträchtige Universitäten in Westafrika, aber sie hat das alles ewig auf die lange Bank geschoben. Entschied sich, während ihrer Jugendjahre und darüber hinaus auf dem Land zu bleiben, auch lange nachdem ihre Eltern schon in die reale Welt zurückgekehrt waren. Mit neunzehn schaffte sie es in den Stammesrat, was ziemlich außergewöhnlich ist, wie ich es verstanden habe. Sie schien sich überhaupt kein Leben in der Außenwelt vorstellen zu können – dafür gibt es keine Anzeichen, bis sie mit Ende zwanzig in untergeordneten Positionen bei COLIN Oversight auftaucht, hauptsächlich in Ausbildungslagern und als Bürogehilfin.«

»Klingt recht maßvoll.«

»Das war auch mein Gedanke. Vielleicht hat sie sich mit ihren Eltern verkracht und wollte ihren Weg auf eigenen Beinen gehen.

Das passiert manchmal mit diesen reichen Kindern. Mit einem solchen Hintergrund verschwenden sie viel Zeit. Oder vielleicht war es auch einfach nur ein Schock, nach so vielen Jahren die reale Welt kennenzulernen, was sie nicht so gut verkraftete. Da jagt man zu Pferde Antilopen zum Abendessen, erzählt anschließend am Lagerfeuer wilde Abenteuergeschichten darüber, und plötzlich hat man einen Stapel abzuarbeitender Akten hinter den Augen, nimmt an Brel-Konferenzen auf drei Kontinenten teil und hat einen Abgabetermin bis zum Ende der Woche.«

»Gibt es Antilopen in den Annektierten Regionen?«

»Antilopen, Bisons, was macht das für einen verfickten Unterschied, Schätzchen? Ich mag mein Fleisch lieber auf einem Teller serviert, ohne dass es noch herumläuft und scheißt und brüllt. Ich will darauf hinaus, dass ich mir vorstellen kann, dass nicht jeder einen reibungslosen Wechsel zwischen zwei solchen Welten zustande bringt.«

Ich dachte an die Madekwe zurück, der ich in Bradbury begegnet war. Für eine Zivilistin hatte sie den schnellen Wechsel zum Mars recht gut bewältigt.

»Wie du meinst«, sagte ich mit leichten Zweifeln. »Kannst du mir die Daten schicken?«

»Schon erledigt. Und bis heute Nacht, mein Freund«, sagte er in härterem Tonfall, »werde ich diesen COLIN-Datenspeicher geknackt und für dich ausgesaugt haben. Verlass dich drauf. Ach ja, noch etwas, bevor ich gehe – es sind nur Zahlen, und vielleicht hat es nichts zu bedeuten, aber ich habe hier noch eine weitere Anomaliemarkierung zu Hidalgo.«

»Und was wäre das?«

»Dass seine Verheerungen in den Schelf-Gemeinden ungefähr zur gleichen Zeit begonnen haben, als Vector Red ihr Lotterie-Interface umgestaltete und die sogenannte *Deiss Man Show* einführte. Es gibt keine tatsächliche Verbindung in den Daten, nur die zeitliche Übereinstimmung. Aber in Anbetracht des Zusammenhangs mit Torres komme ich ins Grübeln.«

Ich erinnerte mich an Deiss, wie er vom SNDRI runtergekommen war, die nervöse Hektik, mit der er mich loswerden wollte, sein erleichterter Gesichtsausdruck, als ich ging. Das musste nicht mehr bedeuten, als dass da jemand mit Showbiz-Brelgesicht war, der seine Drogensucht nicht im Griff hatte und sich Sorgen machte, weil Earth Oversight vor seiner Haustür stand und ihn vielleicht skalpieren würde.

Das alles *musste* überhaupt nichts bedeuten ...

Aber.

»Ich werde es im Hinterkopf behalten«, sagte ich.

»Tu das. In der Zwischenzeit werde ich bis morgen Mittag alle Anrufe blockieren, also wundere dich nicht, wenn du mich erreichen willst und ich nicht rangehe.«

»Ich dachte, du willst es heute Nacht machen.«

»Richtig. Aber es geht hier um einen schweren Hack bei viertelstündiger Kommunikationsverzögerung. Das ist kein Picknick. Selbst wenn ich bis Sonnenaufgang fertig werde – was ich bezweifle –, werde ich noch für sechs bis acht Stunden danach synapsengeschädigt und wacklig auf den Beinen sein. Du wirst deine Antworten bekommen, Veil, keine Sorge. Aber alles hat seinen Preis. Du musst nur etwas Geduld haben.«

»Gut.« Ich zögerte. »Bleib wachsam da draußen, Hannu. Pass auf diesen Code auf.«

»*Ich* bin es, Veil.« Ich glaubte zu hören, wie er gähnte. »Ich melde mich.«

Ich kehre zu den Mansions of Luthra zurück. In einer ungewissen Situation sollte man alle Akteure im Auge behalten, und ich wollte wissen, ob Seb Luppi mir einen vorläufigen Bericht geschickt hatte. Bis zu unserem Treffen im Payload Blue waren es immer noch fast vierundzwanzig Stunden, und niemand konnte sagen, worauf er in der Zwischenzeit gestoßen war. Irgendwo in meinem Bauch, inmitten des allgemeinen heißlaufenden Juckens, gab es eine kältere schleichende Ahnung, dass dieser fahrende Waggon, in dem ich aufgewacht war, einen kritischen Kippwinkel erreicht hatte.

Als ich aus dem Taxi stieg und Gustavos grinsendes Gesicht sah, trug das nicht gerade dazu bei, dass ich meine Meinung änderte. Die Linsen aufgesetzt und rastlos, wartete er im verblassenden Neonlicht unter dem Portikus des Hotels wie etwas, das hier herumspukte und bei Tagesanbruch verschwinden musste. Er hatte seine Crocus-Lux-Uniform gegen eine unscheinbare schwarze Arbeitskleidung ausgetauscht. In passender Farbe stand ein stämmiger kleiner Jeepcrawler im Leerlauf ein Dutzend Meter von der Stelle entfernt, wo das Taxi angehalten hatte. Mit hochgeklappten Möwenflügeltüren und wartend.

»Bist du meinetwegen hier?«, fragte ich.

Er schnaufte. »Ein Detektivgenie, was? Komm, Decatur hat etwas, das sollst du dir ansehen.«

Im Crawler war die Einrichtung hochwertig und roch neu, aber es gab nicht viel Platz. Ich quetschte mich zusammen, damit Gustavo neben mir hineinpasste, und die Tür senkte sich. Wir fuhren gemächlich vom Hotel los, über den Platz hinaus, und fädelten uns mit maschineller Präzision in den spärlichen Verkehr ein, Richtung Osten, der Dämmerung entgegen. Ein paar Minuten später erkannte ich Landmarken wieder, an denen ich schon einmal vorbeigekommen war.

»Und was gibt es draußen in Gingrich Field, das nicht bis zum Morgengrauen warten kann?«, fragte ich mich laut.

Ich sah in meinen Linsen, wie er zuckte, wie sein Puls bei meiner Mutmaßung hochging. Aber er unterdrückte es so gut, dass man es mit unverstärktem Sehvermögen nicht bemerkt hätte.

»Dorthin fahren wir doch, oder?«

Er bedachte mich mit einem unbehaglichen Lächeln. »Lehn dich einfach zurück und genieß die Fahrt, Veil. Es geht nicht darum, wohin wir unterwegs sind, sondern um das, was du dort sehen wirst.«

Wir zogen das Feld vom Horizont heran und trennten uns kurz danach vom Hauptverkehrsstrom. Ein unheimliches Déjà-vu-Gefühl, als sich das Morgenlicht um uns herum intensivierte. Der Jeep fuhr zwischen die äußersten der aufgegebenen Gebäude, tauchte in eine Unterführung, die den Morgen hinter uns aussperrte, und nahm dann einen abzweigenden Tunnel, der sich stetig von Nord nach Nordost krümmte.

Wir sind nicht zu der Stelle unterwegs, wo Torres verschwunden ist, oder?

Nein. Wir befinden uns bereits ein gutes Stück nördlich davon. Sofern die Tunnelstruktur nicht überaus unorthodox ist, werden wir höchstwahrscheinlich nicht zu diesem Teil von Gingrich Field zurückkehren.

In einem hell erleuchteten Tunnelsegment kam der Crawler behutsam zum Stehen, gegenüber einer Drucktür, deren Flügel jemand dienstfertig aufgekurbelt hatte.

»Da wären wir«, sagte Gustavo überflüssigerweise und ließ die Luke aufklappen.

Hinter dem Durchgang nahmen wir einen großen Lastenaufzug und fuhren ein paar Stockwerke aufwärts. Unheimliches Zwielicht und der leichte medizinische Geruch von aufgebrauchten Sanitärkäferkadavern, die in den schummrigen Räumen verrotteten, an denen wir auf jedem Level vorbeikamen. Was auch immer das hier gewesen war, es musste schon seit Generationen eingemottet sein. Die Aufzugsplattform hielt ruckelnd vor einem ähnlich leeren Raum an, der jedoch in der Mitte von vier großen spinnenbeinigen Dorn-Lampen grell ausgeleuchtet wurde.

Im Brennpunkt des Lichts saß eine einzelne menschliche Gestalt an einen Rollstuhl gefesselt.

Ein leichter, kalter Schauer entlang meiner Wirbelsäule bei diesem Anblick. Und als weitere Gestalten aus der angrenzenden Düsternis hervorkamen, während wir uns näherten, fühlte es sich wie eine unheilvolle Vorahnung an. Ich zählte sie ab. Insgesamt fünf, die für normale menschliche Augen sichtbar waren, weitere vier, die tiefer in der Dunkelheit lauerten, auf meinen Linsen markiert und von 'Ris und der Gefahreneinschätzungssoftware in mattem Warnorange nachgezeichnet.

Keine Überraschung, Raquel Allauca als Anführerin der Gruppe wiederzuerkennen.

Kritische Systeme, subbte ich sehr dezent.

Laufen.

Wir trafen uns in der weiten Pfütze aus Dorn-Schein, ein paar Meter von der zusammengesackten und gefesselten Gestalt im Rollstuhl entfernt. Es war schwer, seine Züge zu erkennen, nachdem er auf diese Weise bearbeitet worden war – die Haut um das linke Auge war auf die Größe eines Wetterluftschiffs angeschwollen, das auf dem aufgerissenen und gesplitterten Vorsprung des Wangenknochens gestrandet war, die Nase gebrochen und fast flach ins Gesicht zurückgedrückt, fehlende Zähne im offenstehenden sabbernden Mund. Unter einem Arbeitshemd, das großzügig mit Blut besudelt war, schien die rechte Schulter ausgerenkt zu sein, und am Ende dieses misshandelten Arms hatte jemand drei Finger gebrochen, die nun in obszönen Winkeln von der Fesselung hochstanden, die den Rest der Hand fixierte.

Doch trotz des Blutes und der Verletzungen und der erschlafften Züge erkannte ich ihn. Ich wahrte eine versteinerte Miene und wandte mich Allauca zu.

»Du warst fleißig, wie ich sehe.«

»Veil.« Sie bot mir ihre Hand nicht an. »Danke, dass du gekommen bist. Das ist Sandor Chand, unabhängiger Sicherheitsberater und außerdem der Mann, dessen Team dich gestern Nacht vom Gingrich Field verschwinden lassen wollte.«

»Ich weiß, wer er ist.« Ich blickte mich ausführlich um. »Was ist mit Decatur passiert? Ich dachte, er müsste eigentlich auch hier sein. Oder hat er inzwischen einen zu schwachen Magen für solche Scheiße?«

»Milton wurde notgedrungen festgenommen. Eine kommunale Angelegenheit. Das Audit löst für uns einige … geschäftliche Komplikationen aus. Also …« Sie legte eine besitzergreifende Hand auf die hängenden Schultern ihres Gefangenen. »Ich habe dir gestern Abend gesagt, dass ich nicht zulassen werde, dass es in meiner Stadt unzivilisiert zugeht. Und ich sagte auch, es würde eine Entschädigung für den Überfall geben, der auf dem Field auf dich verübt wurde. Ich bin, wie du dich gewiss erinnerst, eine Frau, die zu ihrem Wort steht. Möchtest du die Ehre übernehmen?«

»Ich würde es vorziehen, ihm ein paar Fragen zu stellen – das heißt, falls ihr noch eine Zunge und genügend funktionierende Hirnmasse übrig gelassen habt, mit der er sprechen könnte.«

Allauca richtete sich wieder zu ganzer Größe auf. Sie zuckte affektiert mit den Schultern, wirkte dabei wie eine noble Chefköchin, die ihren berühmten Nachtisch aufs Haus anbot, worauf er brüsk abgewiesen wurde. Ihre Augen funkelten mich hinter den Linsen an.

»Du hattest nicht immer solche Skrupel, Overrider.«

»Die habe ich auch jetzt nicht. Ich möchte nur nicht, dass er stirbt, bevor er aufgebraucht und nutzlos ist. Mir scheint, dass du früher etwas bedächtiger an solche Sachen herangegangen bist, Raquel. Was ist los? Hat dich jemand gerüttelt?«

Sie bedachte mich mit einem starren kleinen Lächeln. »Gut. Also stell deine Fragen. Was willst du wissen?«

»Primär warum dieses Stück Scheiße so wild darauf war, mich zwecks einer Befragung zu kidnappen. Und wie seine Leute mir so schnell auf die Spur kommen konnten.«

»Ach, das hat er uns schon verraten. Du solltest es nicht persönlich nehmen, Veil. Du bist nur ein Blip auf dem Schirm. Er hatte seine Fühler nach jedem ausgestreckt, der Fragen über unseren glücklichen Lotteriegewinner stellte, und einen Überwachungsalgorithmus an die Verkehrssysteme gehängt, die jeden markierten, der dorthin unterwegs war, wo Torres verschwunden ist. Sobald du das Taxi angefordert hast, ertönte der Alarm, und er stellte sein Team zusammen. Und all das bringt mich auf den Gedanken, dass du dich dort noch einmal umsehen solltest.«

»Woher weißt du, dass ich es nicht bereits getan habe?«

Sie warf mir einen ermatteten Blick zu. »Ich versuche dir zu helfen, Veil. Du solltest wirklich darauf achten, dass dir deine persönlichen Animositäten nicht in die Quere kommen.«

»Hat er dir irgendeinen Grund für das alles genannt? Der ganze Aufwand – macht er es für Sedge oder für jemand anderen?«

»Ja, in diesem Punkt war er recht zugeknöpft, fürchte ich. Möglicherweise ist da irgendeine Tiefenkonditionierung im Spiel. Aber wenn du glaubst, bessere Verhörmethoden als meine Leute zu kennen, dann würden sie bestimmt gern etwas dazulernen.«

Allauca trat von Chand zurück und nickte jemandem aus ihrem Gefolge zu. »Wecken Sie ihn auf.«

Der Schlägertyp trat vor und zog eine Kältespraydose hervor, wie man sie benutzt, um Drahtzäune zu frosten, damit man sie mit den Händen zerbrechen kann. Ich erkannte ihn als den Übereifrigen wieder, der gestern Abend im Matehaus versucht hatte, mir auf die Pelle zu rücken. Doch nun wirkte er leicht gelangweilt. Er hielt die Dose in besonnener, wirkungsgrenznaher Entfernung von Chands erschlafftem Kopf, zeigte eine entspannte Einschätzungskompetenz, die besagte, dass er so etwas schon oft gemacht hatte. Dann löste er die Spraydose aus, ließ den sichtbaren weißen Aerosolkegel lässig über den Hals und die Seite des Gesichts des Sicherheitsberaters spielen. Obwohl ich ein Stück daneben stand, spürte ich den kühlen Luftstrom wie eine frische Brise auf meiner Haut. Chand, der sich genau in der Schusslinie befand, zuckte krampfartig und wachte mit einem heulenden Schrei aus der Bewusstlosigkeit auf. Übereifrig schniefte und schloss die Dose, verstaute sie wieder in seiner Jacke.

Allauca ging auf Augenhöhe zu ihrem Gefangenen in die Hocke, starrte ihn konzentriert an. Dann erhob sie sich wieder, sah mich mit einem seltsam verschwörerischen Lächeln an und nickte mir zu.

»Bitte, Overrider – leg los.«

Ich trat näher an Chand heran und nahm sein Kinn in die Hand, drückte es behutsam hoch, bis ich ihm ins Gesicht blicken konnte. Sein unversehrtes rechtes Auge flackerte. Auf der anderen Gesichtsseite lief ein dünner Blutfaden aus dem angeschwollenen, verstopften Schlitz, wo seine linke Augenhöhle gewesen war. Er zeichnete eine rote Tränenspur über seine lädierte Wange.

»Wissen Sie, wer ich bin?«, fragte ich ihn.

»Veil ...« Die Stimme wehte wie eine Oberflächenbrise, die am Rand des Canyons über den Regolith flüsterte. Der aufgerissene

Mund verzog sich zu etwas, das fast ein Grinsen hätte sein können. »Der Overrider. Sie sind ein lebender Toter.«

»Na ja, immerhin stehe ich noch auf beiden Beinen. Wollen Sie mir sagen, für wen Sie arbeiten?«

Er fletschte die Zähne, die noch vorhanden waren. Diesmal war das Grinsen deutlich genug zu erkennen. »Ich werde Sie jetzt töten, Sie Drecksack.«

Unwillkürlich hustete ich einen Lacher aus. »Okay.«

»Sind Sie bereit zu sterben, Overrider?«

»Ist das eine religiöse Frage? Sind Sie so ein 'Mama-Fanatiker, Chand?«

Er schien sich zu sammeln, sich gegen etwas zu wappnen, was ich nicht sehen konnte. Dann riss er sein Gesicht aus meinem Griff, sog scharf den Atem ein. Ich starrte auf ihn herab, fasziniert von dieser Zurschaustellung von Willenskraft.

»Sedge Systems.« Er spuckte es aus. »Chasma Corriente Neunzehn. Und *fick* dich auf deinem Weg nach unten, Arschloch!«

Sein Kopf erschlaffte wieder, sein Atem ging heiser. Blut tropfte irgendwo von seinem Gesicht in seinen Schoß. Ich runzelte die Stirn, warf Raquel Allauca einen Blick zu.

»Kannst du was damit anfangen?«

»Nun, Sedge, ganz offensichtlich. Aber der Rest?« Sie schüttelte den Kopf. »Weißt du, ich frage mich, ob wir das mit Decatur besprechen sollten.«

»Decatur?« Es klang seltsam, wie sie es sagte. »Warum, was könnte das für ihn bedeuten?«

»Sei nachsichtig mit mir, Veil.« Sie blickte an meiner Schulter vorbei. »Gustavo, würden Sie …«

Dann packte mich etwas Elektrisches, durchschlug mich, ließ meine Systeme wie bei einem rücksichtslosen Gebäudeabriss zusammenbrechen. Fuhr in meine Gliedmaßen und ließ sie in spastischer Autonomie zappeln, ließ meine Kiefer auf meiner Zunge zuschnappen, entleerte meine Blase und den Darm.

Warf mich zuckend und zitternd zu Boden.

Wenn man die ersten paar Male von einer Schockpistole getroffen wird, ist man sofort ausgeschaltet.

Aber das Gehirn ist ein hart konstruierter Brocken, genauso wie der Rest von einem, darum lernt es dazu. Wiederholte Einwirkungen führen zu Veränderungen. Lassen Sie sich mehrere Dutzend Mal von einer Schockladung treffen – zum Beispiel im Rahmen Ihrer Arbeitsverpflichtungsausbildung als Kind –, und Sie entwickeln immer mehr Resistenz.

Ich lag auf dem Boden, und die tosende nächtliche Brandung spülte den Sand aus meinem Kopf. Ich hörte das gewaltige Scharren von Schritten, die über mir waren, aber unfassbar weit entfernt, das Geräusch zerknitterter Pappe von den Göttern mit Bassstimmen im Gespräch.

»Nehmen Sie ihm die Linsen ab.«

»Er hat keine Internsysteme?«

»Nein, die haben sie ihm rausgerissen, als er aus dem Programm geworfen wurde.« Es war Allauca – ihre typische triste Genugtuung drang laut und deutlich zu mir durch. »Er hat noch seinen Bordcomputer, aber der ist ohne Zugangskanal blind, taub und stumm.«

»Mann, wenn ich das gewusst hätte …«

Eine raue Hand auf meinem Gesicht riss die Linsen herunter. Zuckreflex einer Blockade in meinem Arm – nicht einmal der Hauch einer tatsächlichen Reaktion in Muskeln und Knochen. *Zu spät,* subbte ich an 'Ris, doch nichts kam zurück.

»Sieht aus, als hätte er sich vollgeschissen.«

»Ja, das passiert allen. Glauben Sie etwa, bei einem Overrider wäre es anders – dass er kein funktionierendes Arschloch hat oder so? Komm schon, helfen Sie mir hier.«

Gelächter, bassflektiert und nun immer ferner. Ich spürte, wie ich ruckhaft aufgehoben, dann kopfüber in einen Schacht gekippt wurde.

Ich stürzte in die Finsternis.

Sie nennt ihn Milton, wurde mir auf dem Weg nach unten klar. *Niemals Decatur. Decatur war vorher abgesprochen, das Zeichen für Gustavo, mich zu erledigen.*

»Machen Sie ihn sauber«, war das Letzte, was ich von Allauca hörte. »In diesem Zustand kann ich ihn nicht sterben lassen. Es soll richtig aussehen.«

Ich stürzte immer noch. Und dann …

Schwarzes Wasser am Grund, eiskalt und tief. Ich schlug wie eine Bombe mit durchgebranntem Zündsystem ein, ging unter und kam nicht mehr hoch.

37

Schwerelos, schlotternd kalt, Schmerzen – und noch etwas anderes. Ich brauche einen Moment, um es zu fassen zu kriegen, um zu verstehen, was es ist.

Angst.

Hakan?

Die Erinnerung kehrt in unerbetenen Brocken zurück. Die Schießerei auf dem Rumpf der Shuriken Gaze. Die schlecht getimte Bewegung. Die Enttarnung.

Der Hammerschlag des Scharfschützen-Todesschusses aus dem Nichts. Ich verliere den Griff am Rumpf.

Ich wirbele, überschlage mich – Kopf über Stiefel über Kopf über Stiefel über Kopf über Stiefel über Kopf über ...

Rote Lichter auf dem Head-up-Display. Mein Anzug, der mir ins Ohr kreischt – Leck! Leck! Leck! Heftige Schmerzen, die in die Ohren stechen, als die Dekompression einsetzt.

Europa in geisterhaftem Licht, schraffiert und kristallin, saust herauf und vorbei, herauf und vorbei, wie etwas, nach dem ich greifen sollte.

Ich glaube, ich habe es sogar versucht.

Versinke in der Dunkelheit, versinke im Schock ...

Kannst du mich hören, Hakan?

'Ris? Das Subben fällt schwer, wenn die Kehle voller Blut ist. Stattdessen krächze ich. »Bist du das?«

Ja. Ihre Stimme klingt eigenartig anders. Hast du ... jemand anders erwartet?

»Hier draußen?« Schrecken erhebt sich geflügelt und schreiend bei der Erinnerung, die scharfe Erkenntnis, wo ich letztlich gelandet bin. Benommen bekomme ich die Kehle des Drecksacks in meinen Würgegriff, drücke ihn hinunter und zwinge ihn zur Ruhe. *»Wer zum Teufel sollte sonst bei uns hier draußen sein? Hier sind nur wir, du und ich, stimmt's?«*

Das ist ... essenziell korrekt.

»Essenziell?« Ich gluckse – versuche es zumindest, doch es klingt wie ein verstopfter Abfluss. *»Du bist eine verfickte Kampf-KI, 'Ris. Reiß dich zusammen. Jetzt ist nicht die Zeit, zur Religion zu finden, das wird uns nicht helfen, hier heraus ... oh ...«*

Es folgt eine Stille, die nur vom leisesten Zischen des Sternenrauschens im Kanal unterbrochen wird. Dann setzt 'Ris noch einmal an, jedes Wort ein Schritt durch ein Minenfeld.

Forschungsergebnisse deuten darauf hin, dass Nahtodsituationen manchmal latente religiöse Impulse auslösen können, selbst bei einer hartgesottenen materialistischen Mentalität.

»Und das hier ist so etwas?« Ich flüstere die Frage laut. *»Ist es wirklich so schlimm?«*

Es wurde argumentiert, dass diese Impulse den Sterbenden einen gewissen letzten Trost spenden könnten, ungeachtet aller bisherigen Überzeugungen. Manche behaupten, geliebte Menschen zu sehen, die vor ihnen gestorben sind, manche sprechen mit einer Gottheit oder einem Geistführer, der einem vertrauten kulturellen Hintergrund entstammt, oder ...

»Ja. Gut. Aber das werden wir nicht tun.«

Das war meine professionelle Einschätzung ... dass man vorzugsweise ...

»Kein blödsinniger Appell in letzter Minute, um die Befreiung vom Absturz auszuhandeln. Gute Entscheidung.« Ich erneuere den Würgegriff um den sehnigen, schleimigen, sich windenden Hals des Schre-

ckens. Ich halte seine Flügel nieder. »Was hättest du da drin sonst noch für mich?«

Die NTS-Protokolle geben emotional unterstützende Begleitung bis zum Moment deines Todes vor, doch innerhalb dieser Parameter habe ich einen weiten Spielraum der Diskretion. Ich kann geliebte Menschen aus gespeicherten Erinnerungen imitieren oder auch Geistführer oder Gottheiten aus einer großen Vielfalt von kulturellen Daten im allgemeinen Cache. Aber du hast diese Optionen ausdrücklich abgelehnt. Ich kann auch Lieblingserinnerungen aus der Kindheit triggern und verstärken ...

Ich grimassiere. »Falls du tatsächlich irgendwelche findest.«

... oder Meilensteine des Lebens und Leistungen Revue passieren lassen und philosophische oder metaphysische Kontrapunkte zur Verfügung stellen. Ich kann Schlaflieder singen oder ...

»Wie wäre es, wenn du mir einfach eine Schadensbilanz vorlegst?«

Kurzes, fast menschliches Zögern. Dann erklärt sie mir behutsam: Du verblutest. Dein Anzug hat sich selbstversiegelt und steht wieder unter Druck, und ich habe gefäßverengende Nanochemie eingesetzt, wo es möglich ist, aber der Schaden, der durch die Autoscharfschützenkugel angerichtet wurde, ist zu schwerwiegend und umfassend, um die Blutung ohne chirurgischen Eingriff stillen zu können. Du hast bereits 44,1 Prozent deines Blutes verloren, und dieser Wert erhöht sich weiter, wenn auch nur langsam. Wir befinden uns auf einer sinkenden orbitalen Bahn, die in 97,8 Stunden zum Einschlag auf Europa führen wird. Doch bis dahin wirst du bereits tot sein.

»Ja, kein Scheiß.« Ich versuche zu blinzeln – die Augenlider fühlen sich bleischwer an, wie zugeklebt. »Warum kann ich nichts sehen?«

Zur Bewältigung der Schmerzen deiner Verletzungen und zur Vermeidung exzessiver unproduktiver Panik habe ich dich sediert. Zu diesem Zeitpunkt bist du praktisch komatös.

»Aber ich spreche mit dir.«

Nein, das tust du nicht. Wir kommunizieren über die limitierte Bandbreite einer internen synaptischen Verbindung, die speziell für die palliative NTS-Unterstützung konstruiert wurde. Du halluzinierst den physischen Sprachakt aufgrund des hohen Levels an Neoendorphin in deinem Blut.
»Dann bin ich ... ich ...«
Veil?
Veil!
VEIL!

Ein winziges hartnäckiges Kratzen an meinem Innenohr. Schlagartig wurde ich wach.
'Ris?
Ja. Versuch nicht zu subvokalisieren. Es ist unnötig und könnte Aufmerksamkeit erregen.
Du bist über den NTS-Kanal reingekommen? Der kalte Albtraumschweiß verflüchtigte sich, als ich meinen Rückstand einholte und mich erinnerte, dass das Europa-Debakel in der Vergangenheit lag und ich nicht gestorben war. *Ich dachte, das könntest du nur tun, wenn ...*
In einem sehr realen Sinn ist *dies eine Nahtodsituation. Raquel Allaucas Mitarbeiter haben dich geschockt, und die strategische Extrapolation deutet darauf hin, dass sie beabsichtigen, dich als Sandor Chands Mörder hinzustellen, um dich dann ebenfalls zu töten. In Anbetracht dessen lässt mir meine Programmierung genügend Spielraum, um die Protokolle zu aktivieren.*
Richtig. Aber ... gibt es irgendetwas, das du tun könntest, um uns hier rauszuholen?
Derzeit nicht. Das Stockwerk, in das sie dich gebracht haben, ist gegen Transmissionen abgeschirmt, ich habe keinen Datenflusszugang, der über sehr antiquierte Wartungssysteme in den Wänden hinaus-

geht. Ich arbeite daran, deine Bewusstseins- und Muskelfunktionen früher, als sie es erwarten, wiederherzustellen. Später könnte ich vielleicht mehr tun, aber wie Allauca korrekt deduzierte, bin ich ohne Zugangskanal blind, taub und stumm. Sobald du wieder bei vollem Bewusstsein bist, wird selbst dieser Kanal von Interferenzen der realen Welt überschwemmt sein. Ich brauche deine Augen und Ohren, deine expliziten Anweisungen.

»Hey, Gus – schau dir diese Scheiße an!« Eine enorm verwaschene Stimme, die durch die Klarheit des synaptischen Kanals krachte. »Hol Allauca. Ich glaube, dieses Arschloch kommt schon wieder zu sich.«

»Drecksack!«

Schritte, die sich hastig entfernten.

Übertreibe, wie gestört du bist. Ihre Stimme wurde ausgeblendet, als krasse organische Signale meines Aufwachens an Bord gestürmt kamen, den synaptischen Kanal niederbrüllten und zermalmten. *Ihre tiefsitzenden Erwartungen werden den Rest erledigen. Ich werde mich um Spitzenleistungskapazität bemühen. Und vergiss nicht – ich bin blind. Alles, was du mir sagen willst, musst du subvokalisieren ...*

Ich ließ den Kopf nach hinten hängen. Öffnete die Augenlider einen Millimeter weit und machte eine Bestandsaufnahme.

Tiefer. Wir waren jetzt tiefer. Die Decke in diesem Raum war niedrig, und mattes gelbliches Licht kam von altmodischen Rautenlampen, die in die Wände eingelassen waren. Pumpmaschinen und Messtechnik an einer Wand und ein langes meterdickes Rohr, das zwei Drittel des Raums auf hüfthohen Stützen durchquerte und ihn sauber in zwei Hälften teilte, um dann im rechten Winkel nach unten zu knicken und durch eine dicke Manschette im Boden zu verschwinden. Scharniere und sekundäre Verschlussmechanismen in der Mitte des erhöhten Abschnitts, darunter eine mit dem Boden verschweißte große Spritzschale. Das Ganze sah wie eine Art Sammelstelle für exotisches Abwasser aus. Der schwache, aber allgegenwärtige Hintergrundhauch von korrosiven Chemikalien in der blutwarmen Luft.

Auf der anderen Seite des Rohrs saß Chand, immer noch im Rollstuhl. Sie hatten ihn mit dem Gesicht zu mir abgestellt, und wie es sich anfühlte, war ich auf ähnliche Weise gefesselt. Das Fehlen von Gestank oder Feuchtigkeit in meiner Unterleibsregion bestätigte meine letzten Erinnerungen, bevor ich von der Schockpistolenladung ausgeschaltet wurde. Sie hatten mich ausgezogen, gesäubert, in eine neue Hose gesteckt und mich dann immobilisiert. Was auch immer als Nächstes kommen mochte, der Anschein war offenbar von großer Bedeutung.

Einen Meter links von mir stand Übereifrig und musterte mich misstrauisch. Seine Linsen würden ihm alles verraten, was er über meinen Wachzustand wissen musste, also ließ ich meine Augen halbwegs aufgleiten und täuschte ein ersticktes Husten vor. Er sprang herbei und stieß mir grob einen Finger im Handschuh in den Mund, um meine Zunge zu checken. Ich reagierte darauf, verstärkte den Husten zu einem Ganzkörperbeben. Der Stuhl, auf dem ich saß, schaukelte unter der Wucht.

»Was zum Teufel machen Sie mit ihm?« Allauca im vollen Modus der empörten Autorität. »Ich habe Ihnen gesagt, dass Sie nicht ...«

»Es sah aus, als würde er ersticken, Ms. Allauca. Ich ... das war's schon. Alles gut.« Übereifrig legte eine Hand an meine Stirn, um mich festzuhalten, und nahm die Finger aus meinem Mund. Er schüttelte den Kopf. »Ich habe noch nie erlebt, dass sich jemand so schnell von einem Schock erholt.«

»Ja, gut.« Sie schürzte die Lippen. Anscheinend brachte das ihre Planung durcheinander. »Willkommen zurück, Veil.«

Ich gab leise, zusammenhanglose Laute von mir, ließ das Gesicht schlaff. Kippte den Kopf nach vorn, als wäre ich erschöpft.

Sie hatten mich auf einen simplen Carbonfaserrahmenstuhl gesetzt, zierlich im Vergleich zu Chands Rollstuhl, aber so ziemlich unzerbrechlich. Meine Fesseln bestanden aus Plastikkabeln – ich testete sie vorsichtig, doch sie gaben kaum nach. Gustavo, der an Allaucas Seite zuschaute, schnaufte.

»Ja, was für ein Comeback. Helix-Level, was, Veil? Verfickte Black-Hatch-Scheiße. Schau dich jetzt mal an.«

Ich starrte in meinen Schoß. Ich hatte Seb Luppis Daten falsch interpretiert. Allauca war nicht ins Crocus Lux geeilt, weil Decatur sie gerufen hatte – sie war gekommen, weil sie eine Wanze in Decaturs Allerheiligstem hatte, und dieser kleine Mistkäfer hatte mich gemeldet, sobald ich aufgekreuzt war.

Und ich hatte ihn übersehen.

Ich hatte Gustavo begleitet, als er mich abholte, so vertrauensvoll wie der nächste verfickte Marstrottel, der Mulhollands Kandidatenliste wählte. Für mich war er Decaturs Mann, genauso wie die idiotischen Wähler irgendwie immer zu glauben schienen, dass Mulholland einer von ihnen war. Und in Allaucas Anwesenheit hatte ich ihm ohne Bedenken den Rücken zugekehrt. Nix Overrider – ich hatte es verpatzt. Ich *gehörte* hierher, gestrandet auf diesem beschissenen Planeten, der seinen eigenen aufgeblasenen Blödsinn glaubte, ertrank in diesem Schlamassel, *gefesselt an diesen verfickten Stuhl.*

Wut über meine Inkompetenz durchströmte mich, entfachte tief drinnen die Glut des Heißlaufs.

»Ich werde dich kaltmachen, Gus«, lallte ich, immer noch mit dem Kopf nach unten. »Das heißt, falls Milt dich nicht vorher wegpustet und mir die Arbeit abnimmt.«

Gustavo lachte schallend. »Hast du das gehört, Zac? Der Overrider will mich rankriegen.«

Wie ein Echo kam Übereifrigs Lachen zurück.

»Wir sollten noch nicht zu sehr von uns selbst begeistert sein«, sagte Allauca streng. »Ich möchte, dass alles richtig gemacht wird. Milton Decatur denkt, Veil ist mit Rückendeckung aus Bradbury hier, und ich habe keinen Grund zu der Annahme, dass er sich irrt. Falls sie kommen und und wenn sie herumschnüffeln, muss alles gut aussehen.«

»Das ist kein Problem, Ms. Allauca.« Übereifrig schniefte. »Drucküberlastung, nicht wahr? Will Mr. Chand foltern, weiß nicht genau, wie das System funktioniert, vermasselt das Entladeprotokoll, während er versucht, es abzuschalten. Jagt hier alles in die Luft, und er selbst mittendrin. Das sind zwanzigtausend Tonnen Nanobeton, einhunderttausend Liter Gülle, die da plötzlich herunterkommen. Sie werden eine Woche brauchen, um sich durchzugraben und das zu finden, was noch übrig ist. Doch bis dahin werden die Chemikalien und die Reinigungskäfer nur noch einen Bodensatz übrig gelassen haben.«

Allauca seufzte. »Na ja, das ist vielleicht nicht besonders elegant, aber damit müssen wir uns zufriedengeben.«

Ich unterbrach meine hastigen Subvokalisierungen an 'Ris. Hob den Kopf mit einer Benommenheit, die gar nicht schwer vorzutäuschen war.

»Komm schon, Allauca«, sagte ich schleppend. »Wach auf und riech den Wiedereintritt. Das wird nicht funktionieren, und das weißt du.«

Schnelle Schritte über den dunklen Metallboden. Ihr Schatten fiel auf mich. Ich hob den Kopf weiter an, erwiderte ihren Blick und bleckte die Zähne.

»Vielleicht kannst du der Metro diesen Scheiß verkaufen, wie du es gemacht hast, als sie nach Torres gesucht hat, aber ich bin Nikki Chakanas Sturmspitze. Du hast Freunde in der Stadt, du weißt alles über Chakana. Glaubst du wirklich, dass du die BP-Mordkommission *abwimmeln* kannst?«

»Chakana, wie?« Allauca wirkte nachdenklich. »In den Nachrichten aus der Stadt heißt es, dass Chakana gerade alle Hände voll zu tun hat. Mit dem Audit ist sie komplett ausgelastet. Ich glaube, es wird eine Weile dauern, bevor man dich vermisst.«

Ich hielt einen Panikanfall zurück. »Ich bin in Audit-Angelegenheiten hier, Raquel. Wenn du mich tötest, wird das einen ganz großen Platscher machen, und früher oder später werden sie zu dir kommen. Landeier wie du kommen nicht einfach davon, wenn sie sich mit Mordermittlern aus Bradbury anlegen. Man wird ein Killerkommando schicken, um diese Scheiße in Ordnung zu bringen.«

Sie lächelte mich an, auf fast mütterliche Weise. »Hmm – so etwas machen sie, nicht wahr? Und wenn ich ehrlich bin, wäre diese Sache viel besser für alle Beteiligten gelaufen, wenn du mir da oben gehorcht und Chand eine Kugel ins Gesicht gejagt hättest. Du wärst davongekommen, zumindest vorläufig. So ist es schmutziger, aber weißt du was? Du bist *kein* Mordermittler der Bradbury-Polizei, und ich glaube, es wird versickern.«

»Rede dir das nur selbst ein.« Ich versuchte, den Ansatz von Verzweiflung aus meiner Stimme herauszuhalten, den Verdacht, dass sie recht haben könnte. »Earth Oversight treibt jetzt alles an. Diese ganze Scheiße mit dem Leichenvergraben und Datenfälschen ist vorbei.«

»Irgendwie bezweifle ich das. Siehst du, das war es, was Torres nie verstanden hat – die grundlegende Mechanik der Macht auf diesem Planeten. Es ist wie bei diesen Matrjoschkapuppen, Veil, die hintereinander aufgereiht stehen. Hinter Jeff Havel steht Milton, hinter Milton stehe ich. Torres war nicht völlig dumm, das hat er jedenfalls verstanden. Aber hinter mir steht der regionale Gouverneur und hinter ihm Mulholland. Und hinter Mulholland der gesamte aufgetürmte Unternehmenskomplex des Mars. Du setzt dich mit den Puppen auseinander, denen du ins Gesicht blicken kannst. Aber vergiss niemals, dass hinter dieser Puppe eine weitere steht, die größer und schwerer ist und weit über dich hinaus bis zu einem Horizont blickt, an den du noch nicht einmal gedacht hast. Und wenn das, was du auf den Tisch legst, diesen Ausblick vernebelt, dann werden diese Puppen dich erledigen.«

»Wie du Torres erledigt hast?«

»Veil, Veil.« In gutmütiger Verzweiflung breitete sie die Hände aus. »Lässt du dich *immer noch* von dieser Mischung aus Wut und Verbitterung antreiben? Suchst du immer noch nach Zielen? Ich würde schwören, dass du schon mal klüger warst. Ich habe dir vor deinen Linsen erklärt, dass ich nie die Hand gegen Pavel Torres erhoben habe. Warum ist das für dich so schwer zu akzeptieren?«

Ich starrte sie an, und seltsamerweise spürte ich gerade in ihrem Mangel an Feindseligkeit den kalten leidenschaftslosen Hauch meines sicheren Todes in meinem Nacken flüstern. Für Raquel Allauca und die Maschine von Cradle City war es nichts Persönliches, nicht einmal annähernd. Es ging ums Geschäft, es ging nur um die Abwehr einer Gefahr. Allauca nahm frühzeitig eine störende Figur vom Spielbrett, nur um sicherzugehen.

Für uns beide wäre es nicht das erste Mal. Damals in den bösen alten IC-Tagen hatte ich selbst bei einigen Gelegenheiten dasselbe für sie getan.

Ich hielt ein Erschaudern zurück, das zu gleichen Teilen Erinnerung und Zorn war. Ich vergrub es. *Schieb den Moment auf, Veil, wie auch immer du es machst.* Ich reckte Allauca das Kinn entgegen, starrte sie nieder. »Wenn du Torres nicht angerührt hast, dann sag mir, was sein verdammter Deal war. Was ist Chasma Corriente Neunzehn? Na los! Welchen Unterschied macht es jetzt noch für dich?«

Sie hielt kurz inne. Offenbar sah sie in meinen Augen etwas, das beantwortet werden musste. Wieder seufzte sie.

»Möchtest du wirklich eine Gutenachtgeschichte? Willst du, dass es etwas bedeutet? Na gut.« Sie nickte Gustavo zu. »Bringen Sie mir einen Stuhl. Dann holen Sie seine Waffen, denn die sollten bei ihm gefunden werden. Und sagen Sie Havel, dass die anderen ihre Sachen packen können. Mit Komplettreinigung – als wäre keiner von uns jemals hier gewesen.«

Es gab noch mehr von diesen skelettartigen Carbonfaserrahmenstühlen wie dem, an den ich gefesselt war, in einer Ecke des Raums versammelt wie eine Gruppe verunsicherter Zeugen, die auf die Vorladung warteten. Gustavo hob einen auf, brachte ihn herüber und stellte ihn ein paar Meter von mir entfernt hin. Er bedachte mich mit einem mitleidigen Blick und ging zur Tür. Verhallende Schritte durch einen Metallkorridor.

Ich nickte ihm nach. »Havel, wie? Hast die gesamte Ground Out Crew ins Boot geholt, was?«

Sie zuckte mit den Schultern. »Das sind nützliche Fußsoldaten. Ich versuche, solche Sachen so hausintern wie möglich zu erledigen.«

»Du machst dir wirklich keine Sorgen, dass er zu Decatur geht und alles ausplaudert?«

»Nein, eigentlich nicht. Havel weiß, was in seinem besten Interesse ist.«

»Und Gustavo? Was ist mit ihm? Solche Schläger eignen sich nicht gut für lange Spiele. Früher oder später wird er irgendwas verraten, und wenn er das tut, wird Decatur darauf kommen, was hier tatsächlich passiert ist. Und dich hängen lassen.«

»Glaubst du das wirklich?« Leicht nachdenklicher Tonfall, als würde sie sich das tatsächlich fragen. »Ich glaube, du irrst dich. Jeff Havel und Gustavo haben beide ihre Grenzen, aber am Ende wird das keine Rolle spielen. Allein Milton zählt.«

Sie setzte sich nicht auf den Stuhl. Stattdessen ging sie zu dem großen Rohr, das den Raum aufteilte, und sprach weiter zu mir.

»Weißt du, Milton Decatur ist nicht mehr der Mann, der er einmal war. Er ist nicht mehr dieser hartgesottene Hochland-Gusch, mit dem du damals unterwegs warst. Erfolg und Luxusleben haben ihn schon vor einiger Zeit weich gemacht. Und dann hat Ireni die Kinder geholt und fast alles, was noch übrig war, ist zerbrochen. Heutzutage lebt er den Penthouse-Traum und schwimmt mit dem Strom. Es wird ihn ärgern, dass du getötet wurdest, vielleicht hat er sogar den Verdacht, dass mehr dahintersteckt als das, was die Polizei herausfindet. Aber weiter wird er der Sache nicht nachgehen, und am Ende wird er meine Anweisungen befolgen.«

Sie hob etwas von der gekrümmten Oberfläche des Rohrs auf. Ich spürte, wie mich ein kalter Schauer durchwehte, als ich sah, was es war.

»Mit Torres war es genauso«, sagte sie und legte die schweren schwarzen Schutzhandschuhe an, zog sorgfältig beide bis zum Ellbogen straff. »Milton wusste, dass Torres mir einen Deal vorschlagen wollte, und er wusste, dass es eine große Sache sein musste. Aber ich habe ihm erklärt, dass es nichts von Bedeutung war, und er ließ es auf sich beruhen.«

»Du hast auch *mir* gesagt, dass es keine große Sache war.«

»Nicht ganz.« Allauca ging um das Ende des Rohrs herum, wo es im Boden verschwand, näherte sich Chands zusammengesackter und regloser Gestalt. »Ich habe dir gesagt, dass sie nicht praktikabel war. Das ist ein Unterschied. Zac, Sie sollten das Ding jetzt anwerfen.«

Wortlos ging Übereifrig zur Wand und tippte Befehle in eine Instrumententafel. Leichtes Zittern und Rumoren im Raum – ich glaubte, das erhöhte Rohr vibrieren zu sehen.

In dem Lärm hob Allauca ein wenig die Stimme. »Weißt du, Pavel Torres hatte die geniale Idee, Mulholland und die Interessen, die er vertritt, erpressen zu wollen. Und in seiner idiotischen Unschuld glaubte er, ich würde ihn dabei begleiten.«

Ich machte eine weitere Pause, in 'Ris' Schweigen zu subben. »Mulholland erpressen? Womit?«

»Mit Chasma Corriente Neunzehn. Wie Chand gesagt hat.«

Erneut nickte sie übereifrig zu, und er gab eine weitere Sequenz in die Kontrollen ein. Die sekundären Verschlüsse im mittleren Abschnitt des Rohrs zischten und öffneten sich. Die obere Hälfte des Rohrs klappte hoch, und ein ätzender chemischer Gestank stürzte in den Raum. Die Scharniere hebelten den oberen Teil ganz auf, bis ein Trog mit strudelnder brauner Flüssigkeit erkennbar wurde. Chand zuckte in seinen Fesseln, kehrte allmählich ins Bewusstsein zurück.

Allauca verzog das Gesicht. »Entschuldige mich für einen Moment.«

Sie trat hinter den Rollstuhl, schob ihn bis ans Rohr heran und blockierte ihn dort. Chand gab stöhnende Laute von sich, versuchte den Kopf von dem chemischen Gestank wegzuheben. Schwer zu sagen, ob er schon wieder ganz bei Bewusstsein war. Allauca stand an seiner Seite und sprach mit verkniffener Heiserkeit, weil sie durch den Mund atmen musste.

»Wie man jemals darauf kommen kann, es wäre cool, auf Wasserfällen von dieser Scheiße zu reiten, wird mir für immer rätselhaft bleiben. Irgendein idiotisches Männerding, vermute ich.«

Sie packte Chand mit einem Handschuh am Hinterkopf und zwang seinen Oberkörper von der Hüfte aufwärts nach vorn, drückte sein Gesicht in die Gülle.

Auf einmal war Chand ganz wach.

Das Geräusch, das er beim Untertauchen von sich gab, war animalisch, jedes Ichbewusstsein hatte sich verflüchtigt, war durch blankes brüllendes Entsetzen und Verzweiflung ersetzt worden. Er verkrampfte sich heftig gegen Allaucas Griff, kam güllenass und schwelend hoch, während seine Züge zunehmend zerschmolzen und seine Augen bereits blind pochiert waren. Irgendwie schien er genau mich anzustarren. Er heulte nur einmal auf, aus einem Mund, der sich bis auf die Zähne und Knochen auflöste, während ich zusah, dann packte Allauca ihn mit beiden Händen und drückte sein rauchendes Gesicht erneut nach unten. Große ölige Blasen platzten rund um seinen eingetauchten Kopf auf, als er den letzten Atem ausstieß. Vermutlich hatte er die Gülle reflexhaft eingeatmet, sie in einer letzten Agonie der Verwirrung und des Überlebenskampfes eingesaugt. Ein heftiger Krampf ging durch seinen Oberkörper, ein so intensives Beben, dass es Allauca beinahe abgeschüttelt hätte.

Dann war es schlagartig mit Chand vorbei.

Allauca hielt ihn noch ein paar Sekunden länger fest, vielleicht um sicherzugehen, vielleicht war sie auch nur im Griff ihrer Tat erstarrt. So etwas ist nicht einfach, egal, wofür man sich hält. Sie begegnete meinem Blick quer durch den Raum, und ich glaubte, dass wir darin etwas austauschten, irgendeine codierte Transmission. Sie sah mich mit erhobenen Augenbrauen an, das war wie ein Bekenntnis, wie irgendeine Verschwörung zwischen uns beiden. Langsam ließ sie los. Zog das, was noch von der Vorderseite von Chands Kopf übrig war, wieder hoch und ins matte Kerkerlicht, um es zu inspizieren.

»So«, sagte sie, immer noch ein wenig außer Atem. »Schau mal, was du getan hast. Die Rache des Overriders. Wer würde es nicht glauben?«

38

Allauca ließ die schwelenden Überreste von Chands Kopf fallen und den Rest seines Körpers in den Fesseln zusammensacken, die ihn am Rollstuhl festhielten. Ich war froh – diesen Anblick würde ich nicht so schnell vergessen. Ich hustete in den scharfen Dämpfen, die vom Trog des Güllerohrs aufstiegen, versuchte die Tränen aus meinen Augen zu blinzeln. Allauca kam um das nach unten führende Rohr herum und zu mir zurück, mit unsicheren Schritten, die Arme in den Handschuhen an den Seiten. Ihre Stimme drang gepresst aus ihrer Kehle.

»Schließen Sie es, Zac.«

An der Wand bediente Übereifrig wieder die Kontrollkonsolen. Die scharnierte Sektion des Rohrs quietschte hoch und rastete fest verschlossen ein. Der schneidende Gestank der Gülle ging auf ein erträgliches Ausmaß zurück. Allauca stand vor mir, die Augen feucht marmoriert.

»Fühlt es sich gut an?«, fragte ich sie leise.

»Klar.« Sie nahm einen tiefen, zitternden Atemzug. »Du, äh ... hast wohl nie zuvor etwas in dieser Art gesehen, Overrider?«

Durch das Donnern meines erhöhten Pulses hindurch erwiderte ich ihren Blick und festigte meine Stimme. »Ähnliche Sachen schon. Lecks im Schiffsrumpf, explosive Dekompression. Chemiefrachtlecks. Verspritzter Treibstoff.«

»Aber bist du jemals die *Ursache* für so etwas gewesen?«

»Einige Male. Was versuchst du hier zu beweisen, Raquel?«

Sie bedachte mich mit einem seltsamen Lächeln. Ließ sich auf den Stuhl vor mir fallen, als hätten die Gelenke in ihren Beinen plötzlich nachgegeben.

»Ich ... äh, ich könnte dich einfach laufen lassen, nicht wahr?« Der Atem stieß aus ihr hervor, als hätte sie es eilig. »Ich meine ... du gibst mir ... Garantien. Dein vielgepriesenes Wort. Du kehrst Torres den Rücken zu, Sedge und dieser Gespielin von Earth Oversight, die du verloren hast.«

»Ich glaube nicht, dass das funktionieren würde.«

Sie blickte in ihren Schoß auf die langen schwarzen Schutzhandschuhe, die sie immer noch trug. »Nein«, flüsterte sie. »Vielleicht doch nicht.«

»Das ist der Adrenalinabsturz«, erklärte ich ihr. »Auf der Fahrt nach unten passieren seltsame Dinge mit den Gefühlen. Mir scheint, Decatur ist nicht der Einzige, der den Geschmack für diese Art von Scheiße verloren hat.«

Ihr Blick kam hoch und traf auf meinen. Als wäre sie an einen Stuhl gefesselt und verurteilt worden.

»Also muss ich diesen Mist wirklich tun, was? Genau wie in der bösen alten Zeit? Du wirst mich zwingen, dich zu töten? Diese verschissene missionsgeleitete Programmierung, die sie dir verpasst haben, dieses Ding, das du mit deiner übersteigerten Klientenloyalität und deinem persönlichen Einsatz zu beschwichtigen versuchst – du willst dich davon wirklich bis an die verdammte Kante treiben und dich hinunterstoßen lassen?«

»Es ist deine Entscheidung, Frau Bürgermeisterin. Verdreh nicht die Tatsachen. Wir beide wissen, wer und was wir sind, und du kannst es genauso wenig abstreiten wie ich.«

»Sprich für dich selbst, Black Hatch Man. Ich habe keine ...«

»Ach, *hör mit dem verdammten Mist auf!*« Froh über die Gelegenheit, meine Wut austoben zu können, all die unterdrückte

Spannung und Berechnung ablassen zu können. »*Was soll das? Diese bescheuerten Lügen über Erlösung und Weisheit und ein besseres Ich, mit denen du auf einmal kommst? Schau dir Chands Gesicht an, nur zu! Da ist dein besseres Ich, Frau Bürgermeisterin, da ist deine verfickte Erlösung. Niemand hat sich hier geändert – niemand!* Die Macht in der Scharte ändert sich nie, und das ist das Gesicht, das sie trägt.«

Stille. Etwas Kaltes schien sich über sie zu legen wie hauchdünne Branengel-Substanz, die sanft herabschwebte und sich klebrig auf Gesicht und Gestalt verfestigte.

»Sehr poetisch«, flüsterte sie.

Jede weitere Sekunde, die ich für 'Ris gewinnen konnte, würde zählen. Ich goss die volle Kraft der Kommando-Psychotechnik von BV in mein Gesicht und meine Stimme. »Warum erzählst du mir nicht mehr über Chasma Corriente Neunzehn?«

Sie hustete ein zittriges kleines Lachen aus. »Wirklich? Jetzt?«

»Verbrenn deine Brücken, Raquel. Tu es. Willst du wissen, wie es ist, ein Overrider zu sein? Wie es da draußen abläuft? Ich werde es dir sagen – wir tun das, was wir draußen im Großen Schwarz tun, *weil es keinen anderen Weg gibt*. Es gibt keinen Weg zurück. Dort gibt es nur die Situation, in der man aufwacht, und das, was man macht, um das Problem zu lösen. Also tu dir selbst einen Gefallen und erzähl mir zu viel, um mich am Leben lassen zu können. Denn von dort, wo ich sitze, sieht es für mich fast so aus, als hättest du nicht …«

»Also gut!« Ein zerrissener Schrei im erdrückenden Zwielicht unter der niedrigen Decke. Unerwartet schnell war sie auf den Beinen. Starrte zitternd auf mich herab. »Es ist Marstech! Es geht um verfickte Hautreparatur! Okay? Ist es das, wofür du sterben willst, Veil? Für verpatzte Skintech?«

»Ich will überhaupt nicht sterben. Aber ich bin hierhergekommen, um Madison Madekwe zurückzuholen, und um sie zu finden, muss ich ermitteln, was mit Pavel Torres passiert ist.«

»Ich *habe* deine kleine Oversight-Fickfreundin nicht, Veil!« Genauso schlagartig senkte sie die Stimme, gestikulierte angewidert. »Und ich habe es satt, dir immer wieder sagen zu müssen, dass ich auch nicht weiß, was mit Torres passiert ist.«

»Aber er ist mit einem Erpressungsversuch zu dir gekommen, und dabei ging es um Chasma Corriente.«

»Ja.« Sie zerrte gereizt an einem Handschuh, zog sich das schwere Schutzmaterial von den Fingern. Wenn sie so weitersprach, hielt es sie vielleicht davon ab, darüber nachzudenken, was sie als Nächstes tun musste. »Iteration Neunzehn. Chasma Corriente ist auf der Erde ein Handelsname für eine Marstech-Hautreparaturfirma, inzwischen schon seit einigen Jahrzehnten. Spitzenklassenscheiße. Hier codiert und getestet, dort zu höchsten Marstech-Markenpreisen verkauft. Sie wird von einem Gymnastech-Haus namens Acropolis Solar vermarktet, aber das ist im Grunde nur eine Vertriebstochtergesellschaft von Sedge auf der Erde. *Hautlösungen – auf dem Mars gebaut.* Nur dass das nicht für Iteration Neunzehn galt.«

»Was genau?«

»Sie wurde nicht auf dem Mars gebaut, du Genie. Also war es in keinerlei Hinsicht Marstech.«

Schließlich hatte sie es geschafft, den linken Handschuh auszuziehen, und ließ ihn auf den schwarzen Metallboden fallen. Streckte ihre befreiten Finger ein wenig, starrte mürrisch auf ihre rechte Hand, die immer noch im Handschuh steckte.

»Und dafür hatte Torres Beweise?«, fragte ich.

»Zumindest hat er es gesagt.« Sie gestikulierte wieder, diesmal ermüdet. »Er und ein paar seiner Arschlochkumpel brachen da draußen auf dem Field in ein Speicherarchiv von Sedge Systems ein und stahlen ein paar Proben. Wie es scheint, hat jemand bei Sedge die Vorbereitungszeit für die neue Iteration oder vielleicht auch das Budget vermasselt. Wie auch immer, es war nicht genug Zeit oder Geld vorhanden, um hier auf dem Mars den vollen Entwicklungszyklus zu durchlaufen, bevor das Marketing auf der Erde losging. Also hat man das Verfahren abgekürzt. Man benutzte einen Code, der auf der Erde für eine frühere Iteration entwickelt wurde, schickte ihn hierher und produzierte eine Nachbildung in den Isolationskammern. Drückte dann den Sedge-Stempel drauf und schickte es zurück, tarnte es als Kernprobe für das Erdprodukt.«

Ich nickte sehr langsam, während ich es sacken ließ. »Raffiniert. Kein Entwicklungsprozess auf dieser Seite und keine Remodellierungskosten, um es für die Erde maßzuschneidern, wenn es zurückkommt. Marstech-Aufschlag zu normalen Kosten. Man fragt sich, warum nicht schon vorher jemand darauf gekommen ist.«

»Vielleicht ist es passiert, Veil. Ist das nicht der eigentliche verfickte Punkt?« Sie begann mit der Arbeit am zweiten Handschuh. »Markenplatzierung, vorgetäuschter Zusatzwert. Ist es nicht genau das, worauf sich hier seit Luthras Landung alles gründet? Die Lüge, dass es hier etwas Besseres gibt, etwas *darüber hinaus* – einen Ort, eine Lebensweise, ein Gefühl, einen Namen? Mars! Marstech! Eine Möglichkeit, sich an einer juckenden Stelle zu kratzen, die das moderne Leben leugnet.«

Erneut unterbrach ich meine Subvokalisierungen an 'Ris. Fletschte ein böses Grinsen. »Wer wird jetzt poetisch? Du hast deinen Beruf verfehlt, Raquel. Du solltest Werbetexte für irgendein Unternehmen mit großem Namen schreiben.«

»Glaubst du, ich würde es nicht tun? Was glaubst du eigentlich, was es bedeutet, Bürgermeisterin dieser Stadt zu sein? Was glaubst du, worin Mulhollands eigentlicher Beruf besteht? Wir verkaufen die Lüge, Veil. Wir besänftigen die Menschen mit dem, was sie hören wollen, mit dem, was nötig ist, um sie wieder auf Linie zu bringen, damit sie tun, was ihnen gesagt wird. Prosperity Party? Wir sind auch nur eine Marke wie alle anderen. Wir sind der Klebstoff, der das Valley zusammenhält.«

»Und ich dachte schon, ihr wärt nur ein Haufen semikompetenter Gauner, die mit aller Kraft die High Frontier schröpfen.«

Sie lächelte flüchtig. Es ließ sie irgendwie gehetzt erscheinen. »Lach, so viel du willst, Veil. Das alles hier gründet sich auf Mythen, und genau das wollte Torres in Gefahr bringen. Entweder wir bezahlen, oder er bringt den ganzen Mars-Skintech-Mythos zum Einsturz.«

Ich nickte, als ich verstand. Jeder siebte Marin, der auf dem Mars verdient wurde. Und darüber hinaus vielleicht Schockwellen, die stark genug waren, um das gesamte Mythengebäude der Marstech und des Mars selbst niederzureißen.

»Hat seine Hausaufgaben gemacht, was?«, sagte ich. »Hat mit Leuten gesprochen, die sich auskennen.«

Allauca grinste höhnisch und plötzlich gereizt. »Was, meinst du diese posierenden Sakranistenfotzen oben im Observatorium?«

»Hast mich dort beobachten lassen, was?«

Sie warf den zweiten Handschuh neben seinen Kollegen. Starrte darauf, ignorierte mich, als wäre ich gar nicht da, sprach fast wie zu sich selbst. »Er glaubte, Sedge würde bezahlen, um den Deckel draufzuhalten und ihren Ruf zu wahren. Er … er hat sogar geglaubt, *Mulholland* würde bezahlen.«

Mulholland, überlegte ich, hätte vermutlich jeden, der auch nur von dieser Scheiße gehört hatte, mit einer AP-Kugel in den Hinterkopf und einem seichten Grab irgendwo über der Kante beschenkt.

»Du hast ihn wirklich nicht getötet, Raquel?« Weil das für sie irgendwie eine Rolle spielte. Und wenn ich hier herauskommen wollte, konnte mir selbst das winzigste Druckmittel nützlich sein.

Sie schüttelte den Kopf. »Ich habe ihn weggeschickt, ihm gesagt, sich mit dieser Scheiße nie wieder in meine Nähe zu wagen. Und ich vermute, das dürfte der Grund gewesen sein, warum jemand anders ihn getötet hat. Aber ich bin es nicht gewesen.«

Die polternden Schritte des zurückkehrenden Gustavo. Übereifrig drehte sich zum Geräusch herum. Allauca schaute zu mir, traf meinen Blick fast widerwillig. Leeres Starren.

»Also ist es an der Zeit«, sagte ich leise.

Sie erhob sich hastig, ihre Miene veränderte sich, als sie sich zu dem Neuankömmling umwandte. Hüllte sich wieder in die düstere Robe und Maske der Macht und verbarg, wer sie in meiner Gegenwart gewesen war. »Sie haben sich verdammt viel Zeit gelassen!«

»Ja, hab mit Havel gesprochen. Er will wissen, ob ...« Gustavo sah die in sich zusammengesackten Überreste von Chand neben dem Rohr. »Oh. Sie sind schon fertig?«

»Wir mussten irgendetwas gegen die Langeweile tun! Haben Sie die Hardware bekommen?«

»Klar.« Gustavo lief zu uns herüber, schwenkte die VacStar in einer Faust, die Balustraad in der anderen. Er schniefte und warf mir einen Blick zu. »Also, killen wir jetzt dieses Stück Scheiße?«

»Nein, Sie nicht. Ich möchte mindestens zwei Stunden von hier weg sein, wenn er auf die Nulllinie geht. Ich muss mir ein Alibi im Rathaus verschaffen. Außerdem bin ich ohnehin nicht ...«

Es würde kein besserer Moment kommen.

Start, subbte ich.

Sirenen dröhnten aus Lautsprechern, die im Dach montiert waren. Über die Wand aus Instrumentenkonsolen flackerten und prasselten rote und gelbe Lichter wie Maschinenwahnsinn. Mein Herz sprang gegen die Käfigtüren meines Brustkorbs. Von irgendwo außerhalb des Raumes kam der bleierne Donner irgendeines Systems aus Riegeln und Bolzen, die ihre Konfiguration änderten. Gustavo und Allauca glotzten auf die blinkenden Displays, dann drehten sie sich zu Übereifrig herum.

»Was zum Henker hast du getan?«, brüllte Gustavo. Übereifrig schüttelte den Kopf, und statt einer Antwort hantierte er hilflos mit den Instrumenten.

Maximum, subbte ich und erhob mich knurrend vom Stuhl.

Nichts war sicher, nichts ließ sich versprechen – aber wir vertrauen auf Blond Vaisutis und die vertragsgebundenen Spezialgenlabors. Es gibt Dinge, die patentierte genmodifizierte Muskeln und Knochen im Extremfall tun können, wenn man sie richtig behandelt – das heißt, wenn man sie *falsch* behandelt –, und den Preis kann man immer noch später zahlen, sofern ein *später* vorherbestimmt ist. Ich spannte den Rücken und die Beine an und *stand auf.* Ich zerriss die Plastikfesseln an den Handgelenken, als wären sie aus Lakritz. Ich spürte, wie die Heftigkeit der Bewegung bis zum Knochen in mein Fleisch schnitt, Haut und subkutanes Gewebe unter einem feinen roten Sprühnebel in blutigen Strähnen abschälte, bis schließlich – was eine Ewigkeit zu dauern schien – der Kunststoff *zerriss.* Jetzt war überall Blut, aber der Knochen unter der abgezogenen Haut hielt, und die carbonverstärkten Sehnen blieben an Ort und Stelle.

Und ich stand aufrecht und ungefesselt da.

Der harte Donner des Pulses in meinen Ohren im Gefolge des zellulären Maximums. Der Heißlauf tobte in mir wie ein bluttiefer Kontrapunkt zum Kreischen der Sirenen. Die Szene, die mich umgab, schien sich zu verlangsamen, dann zum Stillstand zu kommen und in eine schillernde Schnappschusscollage zu zerbrechen.

Raquel Allauca, die zu mir herumfuhr, den Mund rund um den schockierten Schrei verzerrt, den sie nicht mehr ausstoßen konnte. Gustavo an ihrer Seite, wie er den Kopf viel zu langsam drehte. Meine linke Faust, bereits geballt, bereits in Bewegung, während das Blut heiß und feucht über Handgelenk und Arm hinunterrann. Die Ringe verschmolzen, die Klingen aus Morphlegierung sprossen aus der Reihe meiner Fingerknöchel, von der molekularen Verlagerung wellten sich die Ränder noch wie Hitzeflimmern, wie ein geometrischer schwarzer Dämon, den meine Hand heraufbeschworen hatte. Ich stieß nach oben, unter Allaucas Kinn, trieb die Klinge mitten durch die Zunge und den Gaumen in die Hirnschale.

»*Boss!*«

Übereifrige Stimme, zu einem Schrei verzerrt. Allauca gab einen würgenden, erstickten Laut von sich, vielleicht als Antwort. Ihre Augen verdrehten sich, ihre Lippen zogen sich von den zusammengebissenen Zähnen zurück, und Blut schoss aus dem Loch hervor. Neben ihr in dem kreischenden Sirenenchaos des Raums stand Gustavo vor Schock erstarrt, starrte auf meine Auferstehung, als wäre ich der Pistaco, der gerufen wurde, um ihn davonzutragen.

Nach wie vor war ich mit beiden Schienbeinen an den Stuhl gefesselt, hielt Allauca nach wie vor an der ABdM-Klinge hoch, als ich mich und die sterbende Frau leibhaftig auf ihn warf. Wir drei gingen in einem Gewirr zu Boden, und ihm wurden die Waffen aus den Händen gerissen. Die Balustraad – meine ideale Wahl – glitt außer unmittelbarer Reichweite davon, aber die VacStar war zu schwer, um sich allzu weit zu entfernen. Ich wand mich verzweifelt um Allaucas immer noch zuckenden Körper – schleifte den Stuhl mit, als sei er irgend so ein gehetzter modifizierter Jagdhund, der seine Zähne in mein Bein geschlagen hatte – und griff nach der Waffe. Drehte mich herum …

Da!

Übereifrig stand an der Wand, eine Waffe gezogen, wartete auf die Gelegenheit zu einem Schuss, der nur mich und nicht Allauca treffen sollte. Sein Zögern tötete ihn. Ich streckte den Arm aus und feuerte. Die VacStar donnerte einmal, tiefkehlig in der schrillen Kakofonie der Sirenen, und die EVK-Kugel riss ihm den Kopf ab, zertrümmerte die Instrumententafeln hinter ihm, bespritzte sie mit einer dicken Schicht aus Blut und blassfleckigen Fleischstückchen. Sein Körper fiel noch stehend rückwärts gegen die Wand – ein dünner arterieller Strahl aus dem zerrissenen Hals, der wie aus einem Hochdruckschlauch die Decke traf und auf ihn zurückregnete. Ich drehte mich bereits hektisch zurück, suchte nach Gustavo.

Zu spät – er landete schwer auf mir, boxte mit zerschmetternder Kraft meine Waffenhand weg, schlug mir ins Gesicht. Die VacStar flog davon. Ich hackte mit dem Stoßklingenmesser auf ihn ein, und er kroch zurück, um auszuweichen. Wildes Grinsen – er kam in der Hocke hoch. Ich spannte meinen gesamten Unterkörper an und drückte ihm den Stuhl ins Gesicht, und er taumelte schreiend zurück, eine Hand an einem Auge. Ich zog die Beine ruckhaft an, setzte die Morphlegierungsklinge an meine Fesseln und schnitt mich frei. Ich kickte den Stuhl in Gustavos Richtung weg, rollte mich auf die Füße. Die Fesselung hatte eine gewisse Taubheit in meinen Gliedmaßen hinterlassen, aber 'Ris' zelluläres Maximum trieb sie so schnell aus, dass die Muskeln noch etwas kribbelten, aber funktionierten. Ich griff Gustavo an, warf ihn wieder zu Boden.

Das musste man ihm lassen – er nahm die Hand von seinem verletzten Auge – Blut quoll aus der Höhle, in die sich das Ende des Stuhlbeins gegraben hatte – und versuchte sich zu wehren. Ich blockierte alles, zertrümmerte seine Deckung, hackte brutal gegen seine Kehle. Er würgte und klappte zusammen.

»Hab dich gewarnt«, hörte ich mich selbst knurren – mit tief und hässlich knarrender Stimme, wie eine ungeölte Maschine, die aus dem letzten Loch pfiff und ihr Getriebe zertrümmerte. Ich keuchte die Worte. »Helix-Level. Wenn Blond Vaisutis etwas baut, du Arschloch, dann bauen sie es, damit es *gewinnt*.«

Ich zog meine linke Faust hoch, stanzte die Morphlegierungsklinge durch sein zerstörtes Auge und in das Gehirn dahinter. Blut spritzte heraus, besudelte meine Hände und das Gesicht.

Um ganz sicher zu sein, drehte ich die Klinge um 180 Grad.

Der Heißlauf ist ein tiefcodierter Prozess, und es dauert Wochen, bis er abebbt, aber das zelluläre Maximum, das 'Ris mir verschafft hatte, würde nach ein paar Hundert Sekunden abgebrannt sein. Bestenfalls blieben mir davon noch zwei Minuten.

Ich erhob mich von Gustavos Leiche, wand meine Finger in der Stilllegungskonfiguration des ABdM-Messers und beobachtete, wie die Klinge zusammenschmolz. Während sie verschwand, hinterließ sie feine Blutspritzer auf meinen Knöcheln. Ich sammelte meine Waffen ein, stand für einen Moment blutüberströmt und stumm im Donner meines eigenen Pulsschlags. Es war schwierig, irgendetwas anderes in dem endlosen Kreischen der Dachsirenen zu hören, aber ich war nicht geneigt, sie von 'Ris abschalten zu lassen. Wo auch immer sich Jeff Havel und seine Vasallen in diesem Labyrinth aufhalten mochten, eine kurze schockierte Lähmung der Tatkraft, die sie möglicherweise überkommen hatte, wäre inzwischen vorbei, sodass sie sich wahrscheinlich auf den Weg machten, um herauszufinden, was geschehen war. Das Alarmgeschrei des Wartungssystems war so ziemlich das Einzige, was mir als Deckung dienen konnte.

Also lieber losziehen und ihnen entgegengehen.

Ich probierte Gustavos und Allaucas Linsen an, aber beide waren personalisiert. Ich warf sie weg und näherte mich vorsichtig dem Ausgang des Raums, die VacStar in der rechten Hand, die Balustraad in der linken. Früher einmal war der Durchgang mit einer schweren Sicherheitsluke ausgestattet gewesen, die nun jedoch ausgerenkt und flach auf dem Boden des Korridors dahinter lag. Ich stieg darüber hinweg, sah im schwachen Licht irgendwelche winzigen Aaskäfer von den Rändern weghuschen. Zwei Dutzend Meter weiter machte der Gang die erste Biegung. Ich hatte etwa die Hälfte der Strecke zurückgelegt, als der Erste von Havels Schlägern in strammem Tempo um die Ecke kam, mit leeren Händen und eingesteckten Waffen. Er sah mich im sirenenkreischenden Zwielicht, nickte und öffnete den Mund, um etwas zu rufen – begriff aber zu spät, dass etwas nicht stimmte, und kramte in seiner Jacke. Ich sprintete über den Abstand und knallte gegen ihn, traf ihn mit der VacStar seitlich am Kopf, warf ihn an die Wand. Ein schneller Blick um die Ecke offenbarte einen leeren Korridor dahinter. Overrider-Situationseinschätzung: Er war lediglich ein Laufbursche – *finde heraus, was zum Henker Allauca treibt, sieh zu, dass dieser Lärm abgeschaltet wird!* –, und das bedeutete, dass Havel noch nichts bemerkt hatte.

Ich ging in die Hocke, wo der Schläger benommen aufzustehen versuchte, ließ die Balustraad fallen, um die linke Hand frei zu haben, und packte ihn an der Kehle. Drückte die Finger tief genug hinein, um Haut aufzureißen. Ich zog ihm die Linsen mit den Fingern ab, die ich mit der VacStar in der anderen Hand erübrigen konnte, und starrte in die plötzlich nackten Augen. Hob meine Stimme im schreienden Alarm.

»Wie heißt du, Arschloch?«

Er krächzte und schlug um sich, während seine Augen hervortraten, bemühte sich mit beiden Händen, meinen Griff zu öffnen.

Das zelluläre Maximum ließ meinen Arm hart wie geschweißten Stahl werden. Er hätte genauso gut versuchen können, die Finger von der Statue Luthras auf dem Landfall Square abzubrechen.

»Letzte Chance«, erklärte ich ihm hart.

»C-Carlos.« Kaum hörbar im Lärm der Sirenen.

Ich lockerte den Griff, um ihn nicht zu erwürgen. »Willst du am Leben bleiben, Carlos?«

Er nickte eindringlich und keuchte. Bartstoppeln kratzten in dem rohen Fleisch an meinem Handgelenk, doch es fühlte sich noch nicht wie Schmerz an. Er war jung, höchstens in seinen marsianischen Zehnerjahren, wie er aussah. Schrecken in den Augen.

»Wie viele seid ihr?«, blaffte ich. »Wie viele hat Havel mitgebracht?«

»Nicht … nicht viele. Ich glaube, neun …«

»Waffen?«

Wieder ein ruckhaftes Nicken. »Nur … nur Handwaffen und so. Reggie hat eine AK-Flinte, Havel diese Saville Seeker, die er immer dabeihat. Das ist alles, Mann. Wir sind nicht gekommen, um in den Krieg zu ziehen.«

»Gut.«

Ich schlug ihm mehrmals mit dem Kolben der VacStar gegen den Kopf, während die Sirenen weiterschrien. Ich spürte, wie der Knochen aufbrach. Ließ ihn an der Wand liegen, hob seine Linsen vom Boden auf und setzte sie auf. Sie lagen nicht richtig auf meinem Nasenrücken, drückten zu fest gegen die Seiten meines Kopfes und waren ziemlich billig, aber sie würden ihren Zweck erfüllen. Blinzelnd öffnete ich ein paar elementare Bildschirmfenster. Hob die Balustraad wieder auf und schlich geduckt um die Ecke. Ich hatte noch nie zuvor mit Havel oder der Ground Out Crew zu tun gehabt, aber wenn sie alle so nachlässig waren, standen die Chancen gut, dass ich hier heil herauskam.

'Ris? Empfängst du mich?
Laut und deutlich. Es ist kein hochwertiges Portal, genügt aber.
Irgendeine Möglichkeit, eine Verbindung nach draußen herzustellen?
Immer noch nicht. Der Grundriss der Wartungssysteme deutet darauf hin, dass wir uns neun Ebenen unter der Oberfläche befinden, und die Abschirmung ist umfassend, den Schutzmaßnahmen der Prä-Lamina-Ära entsprechend. Plump und veraltet, aber dennoch sehr effektiv.
Großartig.

Weiter durch die schreienden Durchgänge. Ein angenehm goldenes kubistisches Filigrangeflecht entfaltete sich in meinem oberen linken Sichtfeld, als 'Ris für mich den Grundriss der Umgebung auf die Linsen zeichnete. Ausgang über einen Treppenschacht, nicht allzu weit entfernt. Zwei weitere Biegungen, zwei weitere schummrige Korridorabschnitte, an Durchgängen mit geschlossenen Luken vorbei, hinter denen nichts vor sich ging. Aber inzwischen war das Maximum fast vorbei. Taube Finger der Erschöpfung zerrten überall an meinem Körper, Vorboten der kommenden Entkräftung auf zellulärer Ebene. Die Fleischwunden an meinen Handgelenken begannen zu schmerzen. Mein Blickfeld trübte sich kurz an den Rändern, und ich musste anhalten und mich gegen die Wand lehnen, um mich wieder vollständig zu reaktivieren.

Selbst heißlaufend würde ich damit zu kämpfen haben.

Ich kam um eine dritte Ecke und sah die Treppe – eine Stahlrahmenkonstruktion. Ein heller Lichtschacht von oben und wandernde Schatten.

Schalt für einen Moment die Sirenen aus, 'Ris.

Das Kreischen in der Decke verflüchtigte sich abrupt. Kurze schwindelerregende Stille, dann hallte höhnischer Jubel von oben herab. Stimmen gingen hin und her, etwas Gelächter.

Kannst du das verstärken?
Ich optimiere die Akustik.

Das leise Gemurmel konzentrierte sich in meinen Ohren, sickerte durch ein paar Filterprotokolle und wurde dann kristallklar.

»… wird auch Zeit. Wie scheißschwierig kann es sein, ein hundert Jahre altes Abwassersystem zu hacken?«

»Es ist noch älter. Hast du das Graffito drüben in der Werkstatt gesehen?«

»Leute, habt ihr überhaupt keine Ahnung? Das hier ist keine verdammte Abfallverwertungsanlage mehr. Es wurde im Chaos nach Okombis Rücktritt zum militärischen Geheimgefängnis umgebaut. Mit Verschleppungen, Folter und solcher Scheiße – man hat sich die Leute geschnappt, sie hereingeflogen und sich an die Arbeit gemacht. Und die Leichen anschließend draußen im Regolith entsorgt. Niemand weiß, was diese Arschlöcher von der Navy damals mit den Systemen angestellt haben.«

»Trotzdem bedeutet das nicht …«

»Hey!« Ich ließ meine Stimme heiserer klingen, trat auf die erste Treppenstufe und blickte genau nach oben. »Könnte hier unten etwas Hilfe gebrauchen.«

Drei oder vier Köpfe tauchten auf, reckten sich über das Geländer zwei Stockwerke höher. Ich sah ihr Grinsen unter den Linsen.

»Bist du das, Carlos? Bist du *gerannt* oder was?«

»Was ist passiert, Gusch? Sag mir, dass diese Stadtverwaltungsidioten fertig sind und wir jetzt …«

Ich sättigte die Luft im Treppenschacht mit Kugeln aus der Balustraad. Dumpfe Peitschenknalltreffer der Schredderpatronen, die in dem engen Schacht hallten, und Schreie, als sie bei Erkennung menschlicher Wärmesignaturen explodierten. Ich spurtete ihnen hinterher, die Gitterstufen hinauf, holte mit aller Kraft das Letzte aus den Resten des zellulären Maximums heraus.

Ich kam oben an, schwer keuchend, sicherte mit beiden Waffen nach links und rechts, versuchte verzweifelt alles gleichzeitig abzudecken.

Sah, was die Balustraad-Geschosse angerichtet hatten, und sackte erleichtert zusammen.

Auf diesem Stockwerk hatten drei von Havels Ground Out Crew gewartet – vielleicht auch vier, was auf den ersten Blick schwer zu sagen war. Die meisten hatten sich in der Nähe des Geländers aufgehalten, als die Antipersonenladungen eingeschlagen waren und enormen Schaden angerichtet hatten. Überall lagen zerfetzte Menschenstücke in großen Blutlachen, abgerissene Gliedmaßen, verstreute Knochensplitter und Fleischfetzen wie die Kotze einer Freitagnacht auf dem Strip. Zwischen allem sah ich ein Schädelfragment mit der Innenseite nach oben liegen, wie ein rot beschmierter archäologischer Fund, der von einem sträflich nachlässigen Ausgrabungsteam weggeworfen worden war.

Leichtes Schluchzen, irgendwo nicht weit entfernt in der Stille. Hektisches Schlurfen.

Ich fuhr herum, bemerkte plötzlich, dass ich auf der obersten Stufe sitzend zusammengebrochen war, während mich die Erleichterung und der Absturz vom Maximum gleichzeitig überwältigt hatten. *Steh auf, Hak – dazu ist jetzt keine Zeit, verdammt! Wir sind hier noch nicht fertig. Es sind immer noch drei oder vier von diesen Arschlöchern zwischen dir und der Tür.* Ich atmete schwer aus, sog die muffige Luft mit Eisengeschmack ein und hielt sie für einen Moment an. Sammelte dünne Fetzen aus Kraft um mich, kam wieder auf die Beine.

Das obere Stockwerk war ein luftiger Raum mit höherer Decke, der alle Anzeichen einer Lagerhalle aufwies. Er war schon besser ausgeleuchtet als die Korridore darunter, aber auch nicht viel besser. Ein paar zurückgelassene Kisten türmten sich in den düsteren Ecken auf, sechs oder sieben Reihen hoch gestapelt, die Reste eines vergangenen schrulligen Markttrends oder einer längst vergessenen Unternehmensumstrukturierung, bei der man auf eine vollständige Lagerräumung verzichtet hatte. Krankabel und -haken hingen hier und da von der Decke, wie Einladungen zum Selbstmord oder zu anderen weniger klaren Folterungen.

Ich suchte mir einen Weg durch das Massaker und folgte den leisen menschlichen Geräuschen. Ein Stück weiter schleppte sich eine blutige weibliche Gestalt unter Schmerzen zum Schatten und Schutz eines Kistenstapels hinüber. Wer auch immer sie sein mochte, während des Beschusses war sie offenbar durch einen anderen Körper gedeckt worden. Sie hatte Wunden an Körper und Gliedmaßen und verklumptes Blut im Haar auf der Schädeldecke, aber das meiste sah oberflächlich aus.

Sie schien meine Schritte gehört zu haben, denn sie erstarrte für einen Moment, bevor sie ihre Bemühungen verstärkte, hektisch wegzukriechen.

Ich stand über ihr und versuchte mich zu konzentrieren, nicht zu schwanken. Der Absturz vom Maximum zerrte hartnäckig in meinem Blut, legte trübe Schleier über meine Augen. Ich fühlte mich, als kippte ich um, als schliefe ich ein. Es wäre die leichteste Sache der Welt gewesen, sich neben dieser Frau hinzusetzen, beruhigend ihre blutüberströmte Hüfte zu tätscheln, um mich dann auf dem schartigen Metallboden auszustrecken und einfach ...

Reiß dich zusammen, Overrider!

Ich verstaute die Balustraad sorgsam im Kreuz. Es schien sehr lange zu dauern, bis ich mit der Fummelei fertig war. Ich nahm einen tiefen Atemzug, rieb die ABdM-Ringe an meiner linken Hand aneinander und beschwor die Klinge herauf.

'Ris, wie wäre es, wenn du die Sirenen wieder ...

»Veil!!« Keine Stimme, die ich kannte, aber ich war schließlich ziemlich gut darin, mir Feinde zu machen. Immer vom schlimmsten Fall ausgehen. »Veil! *Du blutrünstiges Dreckstück!!*«

Ich drehte mich herum, durch den Absturz idiotisch langsam geworden, sah eine kauernde Gestalt zwanzig Meter entfernt an der Reihe der Kisten, mit erhobener Waffe, die abgesägt wirkte. Ein übles Gefühl im Bauch – er hatte mich im Visier, und ich hatte mich falsch herumgedreht, da mein Kopf noch nicht ganz verarbeitet hatte, was ich gerade mit meinen Waffen gemacht hatte. Die Balustraad war eine juckende Leerstelle in der Handfläche meiner geballten linken Faust, ersetzt durch eine *nutzlose verdammte Messerklinge*, die ich nicht einmal werfen konnte, und die VacStar war hoffnungslos weit abgewandt, kam in meiner rechten Hand langsamer herum als fallende Spucke auf Ganymed ...

Ein unheimliches helles Kreischen im Zwielicht des Lagerhauses, der unverkennbare Schrei einer Saville-Kugel im Flug, die ausscherte und auf das vorbestimmte Ziel zuhielt. Die Kugel schlug in meine Schulter ein, während ich mich umwandte – ein Wunder, dass ich die VacStar festhalten konnte –, wirbelte mich torkelnd herum, bis ich aus Mangel an besseren Alternativen umkippte. Irgendein trainierter Instinkt trieb mich an, mich neben dem verletzten Ground-Out-Mädchen flach auf den Rücken fallen zu lassen. Ein weiterer Jubelschrei von der Saville Seeker, und sie zuckte unter dem Treffer zusammen, schrie laut auf. Jeff Havel hatte seine schicke Traditionswaffe auf generellen Wärmesuchmodus eingestellt, der blöde Idiot.

»Safira!« In panischer Erkenntnis, was er getan hatte. »*Safira!!*«

Ich warf ein paar Schüsse über den zuckenden Körper der Frau, feuerte blind, rollte mich unbeholfen auf die Beine und konnte mein Ziel richtig anvisieren. Keine Zeit, die Balustraad zu holen, die diese Sache *ordentlich erledigt hätte, vielen Dank*. Ich richtete die VacStar auf Havels Gestalt und feuerte. Taubheit sickerte durch diesen Arm, der wegsackte, sodass ich Havel um einige Meter verfehlte. Er schreckte zurück, hantierte mit der Seeker, versuchte vermutlich, diese kostspielige Wärmesuchfunktion auszuschalten. Er musste jeden Moment damit fertig sein, und bei dieser Entfernung ...

Ich rannte los und ballerte.

Verfehlte ihn mit jedem Schuss.

Riss den rechten Arm mit der VacStar als Knüppel hoch, als ich ihn erreichte. Havel schwang die karabinerlange Saville, um mich abzublocken. Angeberisch verfickter nach Maß gewachsener Schau-mich-an-Schaft aus Walnuss und so. Ich ließ seine Blockade zu, verlor durch den Aufprall die Waffe. Schlug ihm brutal mit dem ABdM-Messer an meiner linken Faust in den Bauch. Er schrie heiser, zu gleichen Teilen verletzt und wütend, und verpasste mir einen Kopfstoß. Ich sah ihn kommen und senkte das Kinn, sodass er mich hauptsächlich an der Stirn traf. Drehte das Messer in seinem Bauch, drückte es aufwärts in Richtung der Rippen. Er schrie. Ließ den Lauf der Saville sinken und löste sie aus – ich spürte, wie der Schuss durch mein Schienbein und den Fuß schlug, brach im nächsten Moment über der Verletzung seitlich zusammen.

Die ABdM-Klinge riss sich aus Havels zerfleischten Innereien, als ich niederging. Er schien es zu spüren, starrte verbittert auf das Blut, das ihm aus dem Bauch lief, und zog eine Grimasse.

Dann hob er schwankend die Saville und visierte mich sorgsam an, wo ich auf dem Boden lag.

»Das ist ...« Er hustete und spuckte etwas Blut aus. »... für Safira, du Drecksack.«

Ich knurrte und versuchte mich auf meinem zertrümmerten Bein zu erheben.

»*Valley Marshals! Lassen Sie die Waffen fallen!*«

Diesmal erkannte ich die Stimme trotz der Verzerrung durch den Verstärker. Ich blinzelte ungläubig, als ich sie hörte, und alles schien zu erstarren. Ich beobachtete Havels schmerzvolle Gesichtszüge, als er immer noch schwankend und gegen die Qualen in seinen Eingeweiden versuchte, die neue Logistik zu verarbeiten.

»*Sofort, Arschloch!*«

Ich stieß einen Lacher aus. »Ich glaube, er meint es ernst, Jeff.«

Havels Gesicht verhärtete sich, und dann wandte er sich schleppend dem Neuzugang zu. Er schaffte etwa die Hälfte der Drehung, als ein hartes Stakkatofeuer durch das düstere Lagerhaus heranschoss. Ein magischer Windstoß schien an Havels Kleidung zu zerren, um ihn dann aufzuheben und zur Seite zu schleudern, bis er in einem Durcheinander aus Gliedmaßen zusammenbrach, nah genug, um ihn berühren zu können. Mit weit aufgerissenen Augen war Jeff Havel erledigt und vergangen.

»*Zielperson ausgeschaltet! Verteilen! Die Treppe sichern!*«

Sie kamen und hasteten in dem unbeholfen wirkenden Gang eines taktischen Vorstoßes an mir vorbei, schlurfend und mit gebeugten Knien, die Sturmgewehre hoch an die Schulter gesetzt und dabei leicht nach unten gekippt. Grimmige Gesichter mit schwarzem Visier, schlanke, gelenkige Panzerung, sodass sie aussahen wie seltsam grazile Ferritkäfer, die auf den Hinterbeinen liefen. Ich zählte vier, dann sechs, dann sieben. Sie näherten sich dem, was ich an der Treppe angerichtet hatte, schoben vorsichtig Gewehrläufe und Blicke über das Geländer, dann rückten sie nach unten vor.

Ich drehte den Kopf matt in die Richtung zurück, aus der sie gekommen waren.

Sah Sakarian mit Visier und im Kampfanzug, wie er dastand, die Glock Sandman inzwischen gesenkt, aber weiterhin misstrauisch fest in beiden Händen.

Er war seiner eigenen Legende so ähnlich, der langen Reihe von Marshal-Legenden, auf denen das Hochland aufgebaut worden war, dass ich lachen musste, und obwohl es mir überall Schmerzen bereitete, stellte ich zu meiner Überraschung fest, dass ich eigentlich gar nicht mehr damit aufhören konnte.

39

Sie legten meinen schussverletzten Fuß und den Unterschenkel in einen Sprayverband, pumpten mich mit Neoendorphin und hochwertigem Speed voll und fragten mich dann, ob ich glaubte, gehen zu können.

»Weg von dieser krass geplatzten Party?«, gluckste ich, noch etwas instabil mit dem neuen chemischen Cocktail, der sich in meinem Blut verteilte. »Treten Sie einfach einen verdammten Schritt zurück, und schauen Sie zu, wie ich fliege.«

Das brachte mir ein paar Grinser ein, aber niemandem gefiel es so gut, dass man mir erlaubte, meine Waffen zu behalten. Sie nahmen mir auch die ABdM-Ringe ab, unter dem höflichen Vorwand der Spurensicherung. Sie überließen mich der Obhut eines drahtigen, ledergesichtigen Marshals namens Tamang, dessen onkelhafte Gelassenheit niemanden täuschen konnte. Seine Hände waren leer, aber sie waren nie allzu weit von einer der Waffen entfernt, die in seinem staubigen schwarzen Kampfanzug verstaut waren.

Niemand sagte tatsächlich die Worte *Sie sind verhaftet* zu mir, aber das war auch gar nicht nötig.

In der Zwischenzeit schien es, dass es noch eine Weile dauern würde, bis man meiner angeschlagenen und ausgelaugten Statur erlaubte, meine Worte in die Tat umzusetzen, und schaute, ob ich tatsächlich auf meinem geschädigten Bein hinausspazieren konnte. Sakarian war unten damit beschäftigt, sich die Leichen anzusehen, die ich hinterlassen hatte, behelfsmäßige Spurensicherung kam überall dort zur Anwendung, wo Blut war, und die Techniker des Einsatzkommandos wollten einen der alten Lastenaufzüge wieder in Gang bringen, um uns allen einen langen Zickzackaufstieg zurück zur Oberfläche zu ersparen, den sie beim Hereinkommen genommen hatten. Marshal Tamang und ich saßen auf einer geeigneten Kiste und beobachteten, wie die Forensiker die letzten Teile und Stücke an der Treppe eintüteten.

»Das alles haben Sie ganz allein getan?« Für Tamang war es offenbar schwer zu glauben. »Aus der Gefangenensituation heraus?«

Ich zuckte mit den Schultern. »Hatte Glück. Und hab ein paar ernst zu nehmende Bordsysteme. Das hat geholfen.«

Deine wiederentdeckte Anerkennung macht mich demütig.
Du hältst die Klappe.

»Ich schätze, Chand hatte nicht so viel Glück.«

Ich sah es wieder vor mir aufblitzen – das schreiende, zerschmelzende, geblendete Gesicht, das den letzten Atemzug machte, bevor Allauca es wieder in die Gülle stieß und dort festhielt.

»Nein«, sagte ich leise. »Er hatte gar keins.«

Wir saßen eine Weile schweigend da. Die Spurensicherung packte ein, schlenderte davon, unterhielt sich leise. Tamang machte keine Anstalten, ihnen zu folgen.

»Man sagt, Sie wären früher ein Overrider gewesen.«

»Ja.«

»Weshalb haben Sie aufgehört?«

»Lange Arbeitszeiten, zu viele Überstunden. Sie wissen ja, wie das ist.«

»Verdammt, wem sagen Sie das«, erwiderte er mitfühlend.

Sakarian kam wieder die Treppe herauf und sah gar nicht glücklich aus. Er nickte Tamang knapp zu, der eilig und kommentarlos die Kiste verließ und durch die Lagerhalle zu dem versammelten Technikerteam hinüberging. Sakarian blickte ihm hinterher, wartete, bis er außer Hörweite war, bevor er sich wieder mir zuwandte.

»Wir beide müssen miteinander reden«, erklärte er grimmig.

»Klar. Übrigens danke für die Intervention – ich glaube, das hatte ich noch gar nicht gesagt. Wie haben Sie mich so schnell gefunden?«

Er starrte mich an. »Das ist nicht das, worüber wir reden müssen, Veil. Sie haben da unten die Bürgermeisterin von Cradle City getötet. Ganz zu schweigen von den anderen Leichen. Die Sache muss mindestens bis zum regionalen Gouverneur gebracht werden. Wollen Sie mir sagen, was zum Henker hier vor sich geht?«

»Das weiß ich noch nicht.«

»Sie *wissen es nicht*?« Wütend stieß er einen Finger in Richtung Treppe. »Raquel Allauca war in den letzten fünf Jahren niemals in Schussweite eines beweisbaren kriminellen Vergehens. Nach Valley-Maßstäben ist sie eine scheißvorbildliche Politikerin. Und nun liegt sie plötzlich tot mitten in einem Folter- und Mordspiel, das schiefgelaufen ist, und Sie sind rein zufällig dabei. Das ist ein verdammt großer Riesenzufall, meinen Sie nicht auch?«

»Sagen *Sie* es mir, Commissioner. *Sie* sind der Polizist. Ich bin nur hier, weil ich nach Madison Madekwe suche.«

»Und wie läuft es *damit*?« Nun mit lauterer Stimme. »Haben Sie damit irgendwelche Fortschritte gemacht, außer die lokale Stadtverwaltung anzupissen und sich beinahe umbringen zu lassen? Haben Sie auch nur den leisesten Schimmer, wo Madekwe ist? Ob sie noch lebt oder schon tot ist?«

»Nein. Aber ich werde es bald wissen.«

Das ließ ihn stutzen. Er blickte sich um, brachte seine Stimme wieder unter Kontrolle. »Sie wissen, dass Sie verhaftet sind, nicht wahr? Ist Ihnen das aufgefallen?«

»Ja. Aber Sie werden mich freilassen müssen.«

»Aha? Werde ich das wirklich? Wie kommen Sie auf so eine Idee?«

»Ach, ich weiß nicht – die Tatsache, dass Sie und Astrid Gaskell so sehr daran interessiert waren, dass ich Madekwe beschütze, dass Sie mir für meine Dienste eine Kryokap-Reise zurück zur Erde angeboten haben. Ich behaupte nicht zu wissen, warum, aber ich bezweifle, dass sich in den letzten paar Tagen allzu viel an der Situation geändert hat.«

Sakarian grinste höhnisch. »Sie wurden dafür engagiert, sie zu beschützen, und schauen Sie sich an, was daraus wurde.«

Ich sagte nichts, sah ihn nur an.

»Also gut«, sagte er schließlich. »Raus damit.«

»O nein. So läuft das nicht.« Ich schlug mit einer Hand auf den frisch ausgehärteten Verband an meinem Bein. »Ich habe das alles nicht durchgemacht, damit ich vom Spielfeldrand aus zuschauen muss, wie Sie und Ihre Marshalkumpels alles unter Dach und Fach bringen und die Lorbeeren einsacken. Diese Scheiße ist mein Heimflugticket, Sakarian. Ich werde diesen verfickten Kryokap-Flug machen.«

Er beugte sich näher heran, nagelte mich mit einem kaltäugigen, starrenden Polizeiblick fest. »Also, wir wären tatsächlich froh, wenn Sie von hier verschwinden. Aber im Moment höre ich nur eine Menge Black-Hatch-Gepolter von einem gealterten Krüppel, dem ich soeben das Leben gerettet habe. Sie erfüllen mich nicht mit Hoffnung auf ein gutes Ende, Veil.«

Ich erwiderte sein Grinsen, gestärkt durch die Neoendorphine und das Speed. »Folgendes wird passieren, Commissioner. Sie werden mich wieder zusammenflicken, mit der neuesten Medizintechnik, die den Lazaretten des Marshal Service heutzutage zur Verfügung steht. Sie werden mir meine Waffen zurückgeben und mir irgendwelche hochwertigen Linsen beschaffen. Und dann schicken Sie mich wieder aufs Feld, treten zurück und warten ab, wie das Spiel weitergeht.«

Ich legte eine dramatische Pause ein.

»Und als Gegenleistung werde ich Ihnen Madison Madekwe bringen. Und Hidalgo.«

Etwas zuckte in seinem Gesicht. Die Reaktion war zu deutlich, um sie nicht eingestehen zu können. Er wich zurück, baute sich in Kampfdistanz zu der Kiste auf, auf der ich saß.

»Hidalgo?«, fragte er gepresst. »Was wissen Sie über diesen Wichser?«

Das nächste vollbesetzte Büro der Marshals befand sich 300 Kilometer südlich von Cradle City, knapp außerhalb einer langsam sterbenden Agricode-Stadt namens Shade's Edge. Es war ein Traditionsort, der auf die Ära vor der Lamina und damit auf eine Zeit zurückging, als experimentelle Codierungen für eine globale Marsatmosphäre noch etwas gewesen waren, wofür Leute bezahlt wurden. Damals hatte Shade's Edge mit den ausgiebig finanzierten Erholungsparks und dem Öko-Code-Ackerbau den Eindruck erweckt, dass sie der stärkste Kandidat für eine Regionalhauptstadt war, und dementsprechend hatte der Marshal Service hier gebaut. Allerdings vermisste man ihn in Cradle City, wo die schmuddelige Flughafenumgebung bereits eine perfekte allgemeine Petrischale für Schmuggelverwertungsketten, halblegales Freizeitgewerbe und geringwertige Kriminalität gebildet hatte, nicht allzu sehr.

Diese Differenzierung erwies sich als entscheidend.

Als allen dämmerte, dass der Große Globale Terraformingtraum vorbei war und das ganze Geld abgezogen wurde, um schnellere und aufregendere Projekte zu verfolgen, war es bereits zu spät für

Shade's Edge und auch für den Marshal Service. Das Geschäftsmodell von Cradle City hatte die Stadt im Stillen zum faktischen Wirtschaftszentrum der Schelf-Gemeinden gemacht – mitsamt einer weitgehend kompromittierten Polizeibehörde, die etwa genauso viel Interesse daran hatte, die für ihre Unbestechlichkeit berühmten Marshals innerhalb der Stadtgrenzen zu beherbergen, wie an der Errichtung einer Statue des Pistaco vor dem Polizeigebäude. Umzugsversuche des Marshal Service wurden energisch zurückgewiesen. Er war in Shade's Edge zu Hause, und dabei sollte es bleiben.

»Aber nett und ruhig«, sinnierte Tamang, vielleicht um die Geschichtsstunde auf einer positiven Note abzuschließen. Er nickte nach unten, als der Drehflügler des Service am Himmel über den schlichten, entblößten Linien des urbanen Gitternetzes eindrehte. »Wenn Sie sich irgendwo in diesem Scheißloch mit unbekanntem Gesicht zeigen, weiß es innerhalb von zehn Minuten die ganze Stadt. Deshalb ist es wirklich leicht, alles unter Kontrolle zu haben und Leute auf Distanz zu halten. Hier kann man mehrere geschützte Zeugen über Wochen befragen, ohne sich Sorgen machen zu müssen, hintergangen zu werden.«

»Mit Toten ist es sogar noch einfacher«, sagte Sakarian säuerlich, und die anderen lachten.

Wir gingen zwischen staubigen Nanofab-Blocks runter, deren Abstände Bände sprachen – darüber, welche Expansionspläne die Architekten früher gehabt hatten. Alles machte einen rohen, unfertigen Eindruck, die elementaren Startertürme im Gegensatz zu den späteren Ausschmückungen der Erweiterungsbauten. Die leeren Grundstücke dazwischen waren an einigen Stellen kultiviert, doch die meisten sahen wie Müllhalden aus. Wir kreisten über einigen davon, und ich sah Rekultivierungsteams, die hinter ihren Staubmasken zu uns aufblickten.

Das Büro der Marshals unterschied sich von den umgebenden Blöcken durch die Fertigstellung und sah wie eine kurze, dicke, halb geöffnete Krokusblüte in Dunkelviolett aus. Wir wehten über die leicht gekringelten Blütenblattsegmente heran und sanken mitten hinein zu zwei breiten Landeplattformen auf dem Dach des Zentralgebäudes. Die Blütenblätter, die sich um uns herum erhoben, vermittelten ein Gefühl der schützenden Umschließung und einer mächtigen und anmutigen Zuflucht. Durch die raffiniert gewinkelten Lücken dazwischen drangen lange helle Streifen des Außenlichts herein. Ich stieg aus dem Drehflügler auf das Landedeck, und es fühlte sich an, als hätte ich die Thronhalle eines leicht agoraphobischen Gottes betreten.

Über Stahlrahmentreppen von der Plattform herunter und in die oberen Stockwerke des Zentralgebäudes, wo die Maßstäbe etwas menschlicher waren. Aber die Korridore und Aufzüge wurden nur wenig frequentiert, und ein großer Teil der Büroräume wirkte eingemottet. Männer und Frauen mit ernsten Gesichtern kamen und gingen, gelegentlich im Gespräch miteinander, doch der überwiegende Eindruck war Stille und Geräumigkeit. Ein- oder zweimal tauschte jemand lakonische Grüße oder einen Fauststoß mit Sakarians zurückkehrendem Team aus, meistens wurden wir aber ignoriert.

»Irgendwie still hier«, sagte ich zu Tamang. »Wo sind sie alle?«

Er zuckte mit den Schultern. »Kürzungen. Ziemlich schlimm, aber was soll man machen?«

Weiter unten im fünften Stock hatte man ein Kontrollzentrum für Sakarian eingerichtet, und wie es aussah, hatten wir die gesamte Etage für uns. Der größte Teil des Einsatzkommandos hatte sich von uns abgesetzt und war getrennte Wege gegangen, als wir dort eintrafen. Stattdessen fand ich nun ein Medizinerteam vor, das mit griffbereiter Scannerausrüstung und breitem Grinsen auf mich wartete.

»Das ist der Kerl«, erklärte Sakarian ihnen brüsk und hängte seine Jacke über eine Stuhllehne. »Er ist ramponiert, aber nicht allzu schlimm. Wir müssen ihn so schnell wie möglich wieder in Umlauf bringen. Reparieren Sie das Bein und den Fuß, säubern Sie die Handgelenkverletzungen. Sagen Sie mir Bescheid, wenn sonst noch was ist.«

»Da wäre noch was«, sagte ich.

Er schaute finster zu mir herüber, während ihm *Fordern Sie Ihr Scheißglück nicht heraus!* ins Gesicht geschrieben stand. »Und was genau wäre das?«

Ich hatte es mir auf dem Herflug überlegt und fand, dass es die beste Chance war, die ich bekommen würde. Die Vorstellung eines chirurgischen Eingriffs auf Rechnung des Commissioners gefiel mir nicht, weil er mit Sicherheit eine Möglichkeit finden würde, ein Lokalisierungsimplantat hinzuzufügen. Aber wenn ich bedachte, dass der Eingriff ohnehin stattfinden würde ...

»Ich möchte interne Linsen«, erklärte ich. »Wetware-Mehrkanalkommunikation und volle Kompatibilität mit meinen Bordsystemen. Was auch immer Sie derzeit als hausinternen Standard benutzen.«

Die leitende Medizinerin wirkte plötzlich sehr interessiert. »Womit sind Sie ausgestattet?«

»Osiris System 186.1, zugeschnitten auf Blond Vaisutis Earth.«

Sie nickte. »Wir haben ein paar ältere Kollegen im Einsatz, die noch mit Osiris-Hundertachtzigern arbeiten. Ich bin mit den Protokollen vertraut. So alte Code-Anwendungen von der Erde könnten ein wenig undurchsichtig sein, aber dennoch. Wie sehen die Einsatzparameter aus?«

»Einen Moment, warten Sie!« Sakarian kam herüber und trat zwischen das Team und mich. »Ich war einverstanden, dass Sie Ihr Gear wiederbekommen, Veil, oder jedenfalls einen Ersatz. Niemand hat irgendetwas von internen Systemen gesagt. Wir haben hier nicht allzu viel Zeit zum Herumspielen.«

»Ach, das wird nicht lange dauern«, sagte die Medizinerin fröhlich. »Eigentlich ist es nur eine standardmäßige Upgrade-Prozedur. Wir haben hier vorcodierte Versionen auf Lager. Außerdem haben wir zurzeit sowieso kaum etwas anderes auf dem Terminplan.«

Wir alle sahen Sakarian erwartungsvoll an.

Später saß ich in einem Rollstuhl im OP-Warteraum und sah mir die Nachrichten über meinen Tod an, inmitten all der anderen beliebigen Anreize, die in der Scharte als Journalismus durchgehen. Es waren lokale Berichte, für die valleyweiten Kanäle aufgewertet, aber nicht meinetwegen.

»… Tod von Bürgermeisterin Raquel Allauca unter ungenannten Umständen ist ein heftiger Schock für die Prosperity Party, deren ranghöchster Vertreter, Valley-Gouverneur Boyd Mulholland, bereits in Gerüchte verstrickt ist, bei denen es um Korruption und die Behinderung des Auditkomitees von Earth Oversight geht …«

Hoffnungslos vage Luftaufnahmen von Gingrich Field. Schnitte zu einem Drehflügler des Marshal Service, der an irgendeinem staubigen und irrelevanten Ort landet.

»Indira Khasa, die Sprecherin des Marshal Service, wollte keine Details über die laufenden Ermittlungen preisgeben, aber sie sagte, dass die Überreste von Bürgermeisterin Allauca intakt geborgen werden konnten, zusammen mit mehreren weiteren Leichen. Unter den Toten befindet sich auch der bekannte lokale

Capo Jeffrey Havel, die leitenden Sicherheitskräfte Isaac Rosado und Gustavo Bhandari und ein ehemaliger Overrider aus Bradbury, dessen Name als Hakan Veil angegeben wurde. Welche Rolle diese Männer bei der Anwesenheit der Bürgermeisterin an einem aufgegebenen militärischen Geheimgefängnis spielten, muss noch überprüft werden, aber das Motiv einer Entführung zum Zweck politischer Erpressung kann nicht ausgeschlossen werden.«

Schnitt zu einem Podium vor dem Emblem des Marshal Service – ein unrealistisch edel wirkender Tiger, der von einer stilisierten Felskante auf ein Tal hinausstarrte, das mit den Lichtern menschlicher Ansiedlungen übersät war. Die Marshal-Sprecherin Indira Khasa trat vor, mit hartem Blick und geradem Rücken, sah aus, als wäre sie lieber ganz woanders, vielleicht in einer leichten Schießerei ohne Rückendeckung. Laute journalistische Stimmen wetteiferten um ihre Aufmerksamkeit.

»Können Sie uns sagen, ob Bürgermeisterin Allauca durch einen Unfall starb oder ermordet wurde?«

»Nein, das kann ich nicht.«

»War dies Teil einer laufenden Ermittlung über die Finanzen der Prosperity Party?«

»Arbeiten Sie mit Earth Oversight zusammen?«

»Der Marshal Service hat die Aufgabe, dem Gesetz in allen Bereichen des Valley Geltung zu verschaffen, ungeachtet der Region oder der Gerichtsbarkeit und ohne Vorurteil oder Begünstigung. Insofern als Earth Oversight uns bittet, diese Aufgaben zu erfüllen, sind wir selbstverständlich uneingeschränkt kooperativ.«

»Aber ermitteln Sie gegen die PP?«

»Das liegt außerhalb des Rahmens dieser Pressekonferenz.«

»Was ist mit diesem Overrider? Wurde er von Earth Oversight akkreditiert?«

»Wurden die Bestimmungen der Charta verletzt? Schickt die Erde jetzt Sturmtruppen?«

»Ist er mit dem Shuttle hier eingetroffen?«

»Nein.« Scharfe Zurückweisung. »Hakan Veil war seit sieben Jahren ein Bürger des Valley. Er war ein Marsianer genauso wie alle anderen.«

»Der *Aufenthalt* macht ihn noch nicht zum Marsianer! Ich bin DeAres Contado, wir sind Legion, und wir verlangen Auskunft, ob dieser Overrider ...«

»Ehemaliger Overrider.«

»... ob er beweisbare Verbindungen zu Interessen der Erde hat. Haben die Marshals die Möglichkeit in Betracht gezogen, dass Veil möglicherweise ein Undercoveragent der Erde gewesen ist?«

Khasa schürzte verächtlich die Lippen. »Wir ziehen alle *sinnvollen* Ermittlungsansätze in Betracht.«

»Gibt es irgendwelche Hinweise ...«

Der Ton verstummte, der Bildschirm erlosch. Ich blickte zur Tür und sah Sakarian dort stehen.

»Geht es Ihnen gut?«, fragte er schroff.

»Gar nicht so schlecht für einen Toten.« Ich hob die gewebegeschweißten Handgelenke, spannte mein neu verpacktes Bein an, streckte es vom Stuhl weg. Leichtes Stechen unter dem Verband inmitten des stillen, heißen Brodelns. »Die Säuberungsoperation ist abgeschlossen. Die Knochenwachstumsprotokolle wurden vor einer Stunde eingesetzt, und anscheinend sind alle sehr glücklich. Man sagt mir, dass ich in drei Tagen oder weniger wieder auf den Beinen sein werde. Zurück von den Toten, genauso wie Pachamamas Lieblingssohn.«

»Er wurde an ein Kreuz genagelt, von einem Speer durchbohrt, und man brach ihm beide Beine.«

Ich zuckte mit den Schultern. »Dann hätte er an seinem Ausweichreflex arbeiten sollen. Was wollen Sie, Commissioner?«

»Wie wäre es mit einem Spielplan? Okay, Sie sind als gestorben gelistet, was Ihnen die Möglichkeit gibt, Hidalgo und alle anderen zu überrumpeln, die darin verwickelt sind. Sie hatten diese Ucharima aufspüren und befragen sollen. Und wie wäre es mit Rückendeckung? Letztes Mal haben Sie es abgelehnt, aber Sie sehen ja, was daraus geworden ist.«

Ich rieb ein juckendes, schnell verheilendes Handgelenk gegen das andere. »Hätte schlimmer ausgehen können.«

»Dazu hat nicht viel gefehlt. Ich glaube, Ihnen ist gar nicht klar, wie viel Glück Sie hatten, Veil. Sie hatten Glück, dass ich gute Beziehungen zu den Marshals habe, dass ich aktiv geworden bin, als ich darauf kam, wohin Sie unterwegs waren. Sie hatten außerdem Glück, dass man Gerüchte über diese vermasselte Schießerei aufgeschnappt hat, in die Sie hineingestolpert sind, und dass sich die Leute ganz auf Allauca konzentriert haben, als sie in Aktion trat. So viel Glück sammelt sich für niemanden ein zweites Mal.«

Aber das war längst noch nicht alles.

Ich hatte Glück, dass 'Ris über die funktionelle Kreativität verfügte, im richtigen Moment die Nahtod-Protokolle zu benutzen, und dass sie nebenbei die Wartungssysteme erwähnte und sie hacken konnte. Ich hatte Glück, dass Allaucas Schläger beschlossen, mich lediglich mit handelsüblichem Polizei-Kunststoff zu fesseln, dass sie die ABdM-Messerringe übersahen, dass nicht mehr von ihnen im Raum waren, als es losging. Ich hatte Glück, dass Allaucas Plan vorsah, dass ich mit meinen Waffen aufgefunden wurde, dass Gus sie gerade noch zu uns zurückgebracht hatte, kurz bevor sie mich töten wollten, dass die organisierten Verbrecherbanden von Cradle City so verdammt amateurhaft nachlässig waren ...

Glück über Glück.

Allein daran zu denken ließ mich immer noch in kalten Schweiß ausbrechen.

In einer Krise kann man sich nicht auf sein Glück verlassen, hieß es in den Veteranenkommentaren der BV-Einführung, *aber man sollte es verdammt noch mal nutzen, wenn es sich blicken lässt.*

Ich umschloss beide heilenden Handgelenke abwechselnd mit der anderen Hand und drehte sie behutsam, massierte das Jucken, versuchte vergeblich, die Erinnerung an diese letzten üblen Augenblicke zu unterdrücken, als ich Allauca hingehalten hatte, um mich darauf vorzubereiten, 'Ris und das Maximum und die Sirenen des Wartungssystems in Aktion treten zu lassen, während ich nicht gewusst hatte, ob irgendetwas davon tatsächlich funktionieren würde.

»Na ja, entweder hat man Glück oder man ist tot, Commissioner«, sagte ich ruhig. »So läuft es ab.«

»Trotzdem könnten Sie sich ein paar bessere Voraussetzungen verschaffen.«

»Indem ich mich von Ihnen taggen lasse?« Ich lächelte ihn an. »Sie haben das doch längst von den Medizinern machen lassen. Na los, sagen Sie mir, dass Sie es nicht getan haben.«

In ein paar Stunden würde ich wieder über die Gabe interner und permanenter Linsen verfügen, genauso wie damals. Aber in diesem Moment war mein Blick noch nackt, und Sakarian war zu erfahren, um selbst trainierten Augen irgendetwas preiszugeben. Ich versuchte nicht mehr, es zu erraten. Selbst wenn er mich nicht intern getaggt hatte, standen ihm als Option andere Überwachungstechniken aus mehreren Jahrhunderten zur Verfügung, falls er sie nutzen wollte. Und so oder so, es war ohnehin Fakt, dass Sakarian meine Rückendeckung war, ob es mir gefiel oder nicht.

»Ich glaube nicht daran, gegen die Charta zu verstoßen, Veil«, sagte er steif. »Wir bauen hier im Valley etwas auf, und wenn wir unsere Gründungsprinzipien nicht ehren, wird alles zusammenbrechen.«

»Klingt für mich nach einer ziemlich akkuraten Lagebeschreibung. Der letzte Teil, meine ich.«

Als wäre soeben ein alles durchdringender schlechter Geruch aus dem Korridor hereingeweht. »Ich erwarte nicht, dass jemand wie Sie das versteht.«

»Jemand wie ich? Sakarian, Sie arbeiten für *Mulholland*.«

»Ich diene dem Amt, nicht dem Mann.«

»Ah ja – nur falls es Ihnen nicht aufgefallen ist, seit den letzten achtzehn Jahren hatte derselbe Mann dieses Amt inne.«

»Werden Sie nicht absurd, es sind kaum acht Jahre.«

»Acht Marsjahre. Ich habe von *realen* Jahren gesprochen, Sakarian, realen *menschlichen* Jahren, die vorbeifliegen und sich nicht in diesem kolonialen Schneckentempo hinschleppen.«

Wir starrten uns eine Weile gegenseitig an. Dann beugte er sich ein klein wenig vor, artikulierte seine Worte hart und langsam.

»Ich hätte Sie nicht gegen Ihr Einverständnis taggen lassen, weil es gegen das Gesetz verstoßen würde. Aber wir wenden hier eine Menge Geld und Mühe für Sie auf, und ich will Resultate sehen. Wenn ich zulasse, dass Sie es noch einmal verpatzen und sich umbringen lassen, könnte mich das zum Lächeln bringen, aber so würde ich nicht an Hidalgo herankommen. Oder an Madekwe. Also können Sie Ihre Eier darauf verwetten, dass wir Sie beschatten werden, Veil, ob es Ihnen passt oder nicht. Gewöhnen Sie sich daran. Sie werden uns nicht sehen, ebenso wenig wie sonst jemand. Aber wir werden da sein. Und wenn Sie diese Kryokap zurück zur Erde wollen – das heißt, wenn Sie *irgendetwas* anderes wollen als einen sehr langen Aufenthalt in einer

Druckkammergefängniszelle – dann sollten Sie sich lieber zusammenreißen und liefern.«

Ich nickte. »Viel Glück.«

»Was?«

»Ich dachte, einer von uns sollte es sagen. Aber es sah nicht danach aus, dass Sie es tun würden.«

Einen Moment Stille. Dann hustete er den Ansatz eines widerwilligen Lachens aus.

»Also gut«, sagte er. »Genießen Sie Ihre Operation, Veil. Viel Spaß mit Ihrem Upgrade. Aber denken Sie daran – nichts davon ist umsonst, und Sie werden die Rechnung bekommen.«

Er ging hinaus, und ich blickte ihm nachdenklich nach. Keine Überraschung, dass Sakarians Sorge um Madekwe durch Hidalgo verdrängt worden war. Schließlich war es sein Name gewesen, der diesen Deal überhaupt möglich gemacht hatte. Ohne diese Magie hätten die Chancen gut gestanden, dass ich zu diesem Zeitpunkt immer noch vom Marshal Service inhaftiert wäre. Oder Schlimmeres.

Aber ich hätte eine Menge darum gegeben zu erfahren, wo Astrid Gaskell und Earth Oversight in dieser Sache standen. Wie viele weitere interessierte Parteien in den Schatten rund um Nina Ucharima gelauert haben mochten, als ich zu ihr gegangen war. Und wie sicher mein Heimflug-Versprechen war, selbst wenn ich es irgendwie geschafft habe, diesen ziemlich hoffnungslosen Fall zu Ende zu bringen.

Dann erinnerte ich mich daran, dass jemand auch Pavel Torres einen Heimflug versprochen hatte.

Und man hat ja gesehen, was daraus geworden ist.

40

Irgendwo schreit ein achtjähriges Slumkind, beschwört vergeblich den stärksten Wortzauber, den es kennt, um ihn gegen diese Agonie einzusetzen, die es überwältigt.

Das tut weh, das tut so verdammt weh, nein, aufhören, AUFHÖREN, ihr Drecksäcke, ihr WICHSER, fickt euch, FICKT EUCH AUFHÖREN AUFHÖREN … Kraft lässt nach, Widerstand erschlafft, Qual löst sich in Tränen auf, Aufhören, das tut verdammt weh, aufhören, aufhörenAUFHÖRENbitte aufhören, bitte, nein, nein, bitte, bitte aufhören … Ich will meine Mum, ich will meine Mum, ich will …

Ruhig, Hakan. Atme. Atme den Schmerz aus.

Mum?

Ich bin nicht deine Mutter. Aber ich kann dir jetzt mehr helfen als sie. Atme und lass den Schmerz heraus. Er wird sich zurückziehen, dein Körper wird wissen, wie er damit umgehen muss.

Aber es tut so weh … Wimmernd, während die letzten Reserven flackernd zu einem matten Kerzenstummelschein herunterbrennen.

Ja, es tut weh. Das liegt daran, dass die Installation, die du derzeit erhältst, ein neues Neuralinterface zwischen deinem Hypothalamus und dem somatosensorischen Cortex einschließt. Das interferiert mit der Fähigkeit deines Körpers, Schmerz zu interpretieren, und macht externe analgetische Maßnahmen unwirksam. Aber dein Körper und die patentierten Systeme von Blond Vaisutis, mit denen es sich gerade verbindet, passen sich in diesem Augenblick neu an die Situation an. Atmen hilft.

Mum, Mum, Mum, Mumumumum ...

Nein. Hör auf damit. Sie ist nicht hier, sie kann dir nicht helfen. Hör mir zu.

Wer ...

Die Frage steigt schimmernd auf, halb von den Schmerzen und der Verwirrung verschlammt, wie eine Münze im Meeresschlick, wie ein Spritzer aus Sonnenlicht auf der gewellten Oberfläche von Wasser, ganz weit oben. Eine halb gestellte Frage, die auf Vervollständigung wartet, wie eine glänzende Klinge, die langsam aus der Scheide gezogen wird, eine Schneide, ein Ziel, ein Weg zurück zum Selbst.

Wer ... bist du?

Ich bin Osiris. Ich bin hier, um zu helfen.

Und wie die Magie, die die Tabuwörter nicht entfachen konnten, bringt die Stimme ein winziges, winziges Abebben der Schmerzen.

Ich bin Osiris, und von nun an und für immer werde ich bei dir sein. Ich werde durch deine Augen sehen, ich werde durch deine Ohren hören, ich werde niemals schlafen. Du darfst mich jederzeit aufrufen, und ich werde antworten und dir auf jede mögliche Weise helfen. Für den Rest deines Lebens werden wir gemeinsam wachsen, wir werden gemeinsam überleben und streben, und wir werden niemals getrennt sein.

Und nun – atme, atme, kleiner Hakan, atme ... dein Schmerz verblasst ... verblasst – ist schon verschwunden.

Und wie man Nebel von einer Glasscheibe wischt, ist es vorbei.

Das Nokdorm des L-SAP breitet sich landeinwärts vom Bogen der Coral Bay aus, bescheidene Doppelhäuschen, die in radialen Reihen rund um einen kleinen Zentralkomplex angeordnet sind. Es ist ein Aushängeschild für Blond Vaisutis – Glücklose aus der Unterklasse werden überall im australasiatischen Einzugsgebiet der Armut entrissen, Kinder werden als geschätzte Unternehmensvertreter in *der Exmouth-Niederlassung aufgezogen, die nächsten Verwandten sind hier untergebracht, in hochmodernen Häusern, in fußläufiger Distanz von einem der schönsten Strände, die die Küste von Western Australia zu bieten hat; weißer Sand, blauer Himmel und klares, geschütztes Wasser. Der Familienkredit des L-SAP deckt die Lebenshaltungskosten ab, Kinder mit guten Leistungen können sich in der Einrichtung Bonuszahlungen verdienen, und es gibt Gelegenheiten für die Angehörigen, zusätzliche Jobs im Umwelt-Monitoring und in der Luxustourismusindustrie gleich nebenan zu übernehmen. Exmouth ist nahe genug, um jeden Vorwurf zu entkräften, die verpflichteten Kinder würden von ihrer Familie getrennt werden, und weit genug entfernt sein, um geschickt jeden familiären Einfluss zu eliminieren, der über das Symbolische hinausgeht. Die Busse fahren zweimal pro Monat für zweitägige Übernachtungsbesuche, sofern sie verdient sind, und für längere Familienkontakte – meist über ein oder zwei Wochen – alle vier Monate.*

Ich steige aus dem Bus in die blendende blaue Helligkeit und den blassen Staub, der von den jüngeren Kindern aufgewirbelt wird, als sie in den Komplex davonstürmen, auf der Suche nach Müttern, Großeltern, weniger genau definierten Betreuern oder in einigen abwegigen Fällen sogar Vätern. Meine Augen schirmen sich automatisch gegen das grelle Licht ab. Ich gehe an den Doppelhäusern entlang und habe ein vages Gefühl im Bauch, eine Vorahnung dessen, was mich diesmal erwartet.

Dennoch trifft mich der Anblick der leeren Wohnung wie ein Schlag gegen den Brustkorb.

Die Plastiksessel wurden hereingeholt, die Grilleinheit wurde wieder blitzblank gescheuert und an eine grauweiße Wand weggeräumt. Selbst das Windspiel aus Buntglas, das sie gemacht hat, ist fort. Stattdessen hängt ein schwacher Resthauch von chemischen Reinigungsmitteln in der Luft, die letzte Spur des Umzugsteams, das alles abgespritzt hat. Wahrscheinlich wird bis zum Ende der Woche jemand Neues eingezogen sein.

Sie hat es wirklich getan, subbe ich benommen. Sie ist wirklich gegangen, verdammt.

Ich habe versucht, dich darauf vorzubereiten. Das Muster ist schon seit einiger Zeit erkennbar geworden, eine solche Dynamik ist nicht ungewöhnlich.

Du ... Ich schlucke mühsam. Hältst die Klappe.

Ich stehe dort in diesem synthetischen Geruch nach Abreise, als die Tür zur Nachbarwohnung aufgeht, dann weit aufschwingt. Lottie kommt zögernd heraus, die stämmige, stabile großmütterliche Lottie mit ihren verwitterten schwarzen Zügen und der blond gebleichten Wolke aus Haar und den tief liegenden Horizont suchenden Augen. Alles, was ich hinter einer Maske aus Stein weggesperrt habe, sehe ich stattdessen auf dieses Gesicht hinüberschwappen. Ihr Mund zieht sich zusammen, ihre Nasenflügel beben, ihre Augen füllen sich.

»Oh, Hak«, sagt sie und wischt sich die Hände an ihrer Töpferschürze ab. »Hak, es tut mir so leid.«

»Hallo, Lottie«, sage ich entrückt.

»Sie haben sich deswegen gestritten, ja. Sie hat ihn die ganze Woche angeschrien, bevor sie gingen.«

»Aber sie ist trotzdem gegangen.«

Lottie sagt nichts. Sie kommt und nimmt meine Hände. Sie sind kühl und leicht feucht von dem Ton, mit dem sie gearbeitet hat.

»Wohin sind sie gegangen?«

»Ich weiß es nicht, Hak, sie wollte es nicht sagen. Vielleicht nach Perth. Von dort stammt er. Sagte, er hätte dort Arbeit in Aussicht.«

»Klingt nicht sehr wahrscheinlich«, sage ich aus immer noch großer Entfernung. So fühlt es sich an. »Sie ist für mindestens drei weitere Jahre auf Vollkredit. Man streicht ihren emotionalen Unter-

stützungsbonus, wenn sie geht, aber die Grundsicherung kann nicht gekürzt werden. Das ist vertraglich festgelegt. Selbst wenn ich mich qualifiziere und eingesetzt werde, bekommt sie eine Betriebsrente. Ich kann mir nicht vorstellen, dass dieser Arsch Dougie arbeiten geht, wenn er von solchen Einkünften leben kann.« Ich mache wieder ein wenig zu, löse mich behutsam aus ihren Händen. »Wie geht es Max?«

»Gut. Er hat noch drei Tage, bevor er wieder zurückkehren muss. Arthur hat ein Boot gemietet und ist mit ihm zum Riff rausgefahren.«

»Toll.«

»Du könntest hinausschwimmen und dich mit ihnen treffen, wenn du magst. Arthur würde sich freuen, dich wiederzusehen.«

Die körperliche Anstrengung könntest du auf jeden Fall gut gebrauchen, spricht mir 'Ris intim ins Ohr. *Du trägst eine Menge Wut mit dir herum, und wenn du sie unabgearbeitet zur Einrichtung zurückbringst, würde es deine Leistung über Tage beeinträchtigen.*

»Ich glaube, ich verzichte. Aber danke, Lottie.«

»Willst du reinkommen? Ich wollte gerade einen Tee machen.«

»Hat sie irgendetwas gesagt?«, frage ich abrupt und hasse mich dafür, wie es klingt, noch während mir die Worte aus dem Mund fallen. »Eine Nachricht hinterlassen?«

Lottie schüttelt den Kopf. »Deine Mum und ich, wir haben nicht viel miteinander geredet, seit Dougie eingezogen ist. Sie wusste, dass ich ihn nie mochte, es nie gutheißen konnte. Es war schwer genug mit anzusehen, wie er sie behandelte, zu sehr wie meine Ellie und dieser verdammte Drecksack Quinn, bevor er ...« Sie tuckert langsam zum Stillstand, nachdem sie sich plötzlich von ihrem lange zurückgehaltenen Kummer hat antreiben lassen. Sie wendet den Blick ab, blinzelt. »Ich meine, Dougie hat deine Mum nie tatsächlich geschlagen, weißt du, aber ...«

Ich nicke. »Aber er hätte es früher oder später getan.«

»Er wusste, dass die Dorm-Aufseher hier es nicht dulden würden. Und er hatte auch vor dir Angst, Hak. Vor allem nach dem letzten Mal.«

»Du glaubst ... wenn ich abhaue, ihnen folge ...«

»Das kannst du nicht tun, Hak. Das weißt du.«

Das kannst du auf gar keinen Fall tun. Man würde dich aufspüren und zurückbringen, bevor du auch nur die Hälfte der Strecke nach Carnarvon zurückgelegt hast.

Nicht wenn du mir helfen würdest, verdammt! Dann würden sie mich nicht finden! Durch zusammengebissene Zähne, fast vokalisiert. Tief unten im Brunnenschacht der konditionierten Selbstkontrolle spüre ich zwei Tränen, die sich hervorpressen. Nicht wenn du wirklich auf meiner Seite stündest, wie du immer behauptest.

»Hak ...« *Lottie weicht zwar nicht vor mir zurück, aber in meinem Gesicht ist ganz klar etwas, das diesen Wunsch in ihr auslöst.*

Hakan, ich bin auf deiner Seite. Das ist mein ganzer Lebenszweck. Aber gerade jetzt bin ich gleichzeitig darauf programmiert, dich auszuliefern, sobald du losrennst, weil jeder, der auf deiner Seite ist, in diesem Moment genau dasselbe tun würde. Auf Abhauen stehen zwei Monate Isolation und ein Jahr gestrichene Privilegien.

Das ist mir scheißegal!

Deine Mutter hat ihre Entscheidung getroffen und dich zurückgelassen. In 'Ris' Stimme liegt eine Eindringlichkeit, die ich noch nie zuvor gehört habe. Was genau glaubst du, was du jetzt tun könntest, um ihr zu helfen?

Ich könnte das Arschloch Dougie töten!

Stille. Für einen Moment glaube ich, dass sie gar nicht mehr mit mir redet.

Das stimmt, sagt sie schließlich. Und es würde das unmittelbare Problem lösen. Aber nicht das zugrunde liegende Problem.

»Hak, was machst du ...?« Und auf einmal scheint etwas in Lotties Stimme einzurasten. »Ist das dein Osiris? Was sagt es dir?«

Die Veränderung in ihrem Tonfall holt mich zurück. In all den Jahren, seit ich Lottie kenne, kann ich die Gelegenheiten, bei denen sie mir gegenüber laut geworden ist, an einer Hand abzählen. Ich blicke ihr ins Gesicht, und die Furcht, die ich darin sehe, schmerzt mich tiefer und schärfer als irgendein Aspekt, der mit der ordentlich ausgeräumten Wohnung zusammenhängt, in der sich bis vor Kurzem meine Mutter aufgehalten hat.

»Dass ich nichts Dummes tun soll«, antworte ich leise. »Schon gut, Lottie. Ich werde nicht abhauen. Aber ich nehme deine Einladung zum Tee an.«

Sie kehrt sehr langsam zu mir zurück, die Augen leicht zusammengekniffen. Wiederholt wischt sie sich ihre bereits überwiegend sauberen Hände an der Schürze ab.

»Ich hasse diese verdammten Dinger«, sagt sie mit untypischer Heftigkeit. »Auch Max war nicht mehr derselbe, seit er seins bekommen hat.«

Max war ein paar Jahre später als ich in die Einrichtung gekommen – wahrscheinlich hatte er seine Operation erst vor achtzehn Monaten oder so. Ich erinnere mich, dass es auch für meine Mutter schwer zu ertragen war, nachdem ich meine hatte.

»Ach, Lottie. Es ist doch nur – etwas wie ein PocketPal oder ein ByteMate. Nur, du weißt schon, intern eben. Wir müssen so etwas nicht mehr mit uns herumschleppen. Kein Gear, keine Geräte. Es ist einfach eine bessere Technik.«

»Nun ja, es gibt mir das Gefühl, dass Max uns gar nicht mehr braucht. Und ich glaube, deine Mutter hat es genauso empfunden.« Sie seufzt. »So, jetzt habe ich es gesagt.«

»Lottie ...«

»Komm jetzt, dann mache ich den Tee.«

Sie dreht sich um, und ich halte sie am Arm fest. Zögernd bleibt sie stehen, ohne mich anzusehen. »Das hätte ich nicht sagen sollen, Hak. Tut mir leid.«

»Lottie, du musst es mir verraten. Das ist nicht der Grund, warum sie gegangen ist, oder?« Meine Finger schließen sich fester um ihren Arm. »Oder?«

Wieder ein Seufzer, diesmal leiser und mit einer Spur von Schmerz. Sie befreit sich nachdrücklich aus meinem Griff und wendet sich mir wieder zu, um mir in die Augen zu blicken.

»Nein, Hak. Das war nicht der Grund, warum sie gegangen ist. Aber es war auch nicht gerade hilfreich.«

»Was soll das bedeuten, Lottie? Nicht hilfreich?«

»Das bedeutet, dass Dougie immer wieder gesagt hat, dass du sie nicht mehr brauchst, dass du jetzt keine Mutter mehr brauchst, seit du dieses verdammte Ding in deinem Kopf hast. Und du hast ihr nicht allzu viel Munition für Gegenargumente gegeben.«

Sie drängt sich durch die Tür ins Haus, in dem sie mit Arthur wohnt. Ich höre, wie sie in der Kochnische herumklappert.

Ich stehe lange Zeit draußen, bis ich ihr schließlich nach drinnen folge.

Der Anwalt von Blond Vaisutis sitzt in sicherer Entfernung von mir in der Gefängniszelle, hat die Linsen aufgesetzt und geschwärzt und projiziert per Fernlink Lichttafeln in die Luft zwischen uns. Es ist keine tatsächliche Barriere, der Branengel, auf dem er schreibt, aber die kaskadierenden ausgefüllten Formularseiten und die leuchtenden Autorisierungsstempel zeichnen eine Abtrennung, die genauso endgültig ist wie jede Abkopplung, die jemals durch den Rumpf eines Schiffes klackte, in dem ich mich aufhielt. Ich hocke zusammengerollt in der Koje und beobachte schweigend, wie es sich abspielt, während die Luftschleusenversiegelung bereits aktiviert ist und meine von BV zugesicherte Zukunft schnell ins Schwarz davonstürzt.

»*Also ist Ihnen klar, welcher Kompromiss hinsichtlich Ihrer installierten Osiris-Funktionalität geschlossen wurde?*«

Es ist eigentlich gar keine Frage, also mache ich mir keine Mühe, darauf zu antworten. Das scheint ihm unangenehm zu sein.

»*Es ist wichtig, dass Sie aktiv an diesem Gespräch teilnehmen*«, *ruft er mir ins Gedächtnis.* »*Wir werden aufgezeichnet, und das hier muss auf beiden Seiten einen professionellen Eindruck machen. Und offen gesagt finde ich, dass Sie angesichts Ihres Benehmens absolut keinen Grund zum Schmollen haben.*«

»*Das finden Sie?*« *Ich muss mich anstrengen, um nicht aus der Koje aufzuspringen und ihm so lange gegen die Kehle zu schlagen, bis er stürzt und sich windet und auf dem kalten Zellenboden erstickt. Ich weiß nicht, welche Subroutinen er in diesen teuren schwarzen Linsen laufen lässt, aber er sollte sein Geld dafür zurückverlangen. In jeder anderen Situation wäre eine Interpretation meiner Gestalt als* Schmollen *ein ziemlich tödlicher Irrtum gewesen.*

Er scrollt auf dem Brel zurück und highlightet ein paar Absätze für mich.

»*Die Bedingungen für Ihre Abfindung sind gelinde gesagt bemerkenswert milde.*«

»*Ich wahre Stillschweigen über Ihre Todeskommando-Richtlinien an Bord der* Sunrise in Sapphire, *Sie bezahlen mir die Abfindung und werfen mich nicht den Wölfen zum Fraß vor.*«

»*Andere Männer und Frauen in Ihrer Position mussten sich mit der Todesstrafe abfinden.*«

»*Ja, aber nicht, wenn ein größeres PR-Desaster auf Blond Vaisutis und ihre Klienten wartet, dicht gefolgt von einem Propagandacoup für die Sacranisten.*«

Er sieht mich an. »*Das sind bestenfalls billige Mutmaßungen, schlimmstenfalls übertriebene Fantasien, und für den vorliegenden Fall ist es ohnehin nicht relevant. Haben Sie verstanden oder nicht, was mit Ihrer Osiris-Funktionalität geschehen wird?*«

»*Sie werden sie herausreißen*«, *sage ich tonlos.* »*Primäre Linsenfunktionsausrichtung, Zellresonanzaudio auf Knochenbasis, Breitbandkonnektivität, intuitive Interfacefunktion, alles weg.*«

»*Richtig.*« *Er scheint sich durch meine Aufzählung angespornt zu fühlen.* »*Vertragsgemäß können wir nicht erlauben, dass Sie Ihre Existenz als voll funktionsfähiger Overrider-Agent nach Ihrem Ausscheiden aus dem aktiven Dienst bei Blond Vaisutis fortsetzen. Gleichzeitig wurde durch extensive Forschungen unserer psychologischen Abteilung festgestellt, dass die völlige Trennung von einem Osiris nach langjähriger Verbindung ein inakzeptables Risiko für Psychosen zur Folge haben kann. Und so etwas möchten wir nicht auf dem Gewissen haben.*«

Unwillkürlich grinse ich. »*Auf Ihrem was?*«

Sein Tonfall wird wieder schärfer. »*Sie werden weiterhin in der Lage sein, den Großteil des Osiris-Systems über hinreichend ausgestattete externe Zugriffsgeräte zu nutzen. Ich hoffe, das ist Ihnen bewusst.*«

»*Klar.*« *Ich nicke dem Ring an seinem Finger zu.* »*So wie es Ihnen erlaubt ist, Ihre Frau durch einen Duschvorhang zu ficken.*«

Du übertreibst. Der Verlust an Wiedergabetreue muss gar nicht so schlimm sein.

Du hältst die Klappe.

»*Natürlich bin ich Ihrer Frau nie begegnet – vielleicht würden Sie das sogar als Vorteil betrachten. Und Ihre Frau möglicherweise auch.*«

»Was haben Sie gesagt?«

Ich spürte jetzt das gewalttätige Jucken in meinen Handflächen. Fristlose Vertragskündigung, Exil auf dem Mars, Trennung von 'Ris. Jemand wird für das alles bezahlen, und es könnte genauso gut dieser

Typ sein – das kultivierte Unternehmensgesicht von Blond Vaisutis, nichtssagend und leidenschaftslos und völlig unbefleckt von dem Blut, das in den Null-G-Korridoren der Sunrise in Sapphire *schwebte und blubberte wie rotes Spielzeug, das von Kindern achtlos zurückgelassen wurde.*

»Verdammt, sind Sie taub oder was?« Ich beuge mich ein wenig vor. »Ich habe gesagt, dass ich mir keine halbwegs anständige Frau vorstellen kann, die möchte, dass Sie mit Ihren verschwitzten kleinen Pfoten oder Ihrem schlaffen, dürren Schwanz in ihre Nähe kommen. Geben Sie's zu, Mann, sie ist nur wegen Ihres Gehalts mit Ihnen zusammen – na los, warum ...«

Er stürzt sich auf mich, durch den Branengel und die leuchtenden juristischen Zauberformeln, die er heraufbeschworen hat. Der Brel zerplatzt und verschwindet, die Zelle verdüstert sich, als die Rechtsmagie erlischt. Ich erhebe mich, um ihm in dem hinterlassenen Leerraum entgegenzutreten, und grinse wie ein Totenschädel.

Helles weißes Licht von niedrig angebrachten Leuchtstreifen in der Wand neben dem Bett. Spuren von hartnäckigem Schmerz, der mit jedem Aufwachblinzeln zustach und sich schnell verflüchtigte.

Ich fuhr hoch. Wach wie Sonnenglanz auf Stahl.

Gestöber aus vielfarbigem Licht in meinem Sichtfeld, Diademe und Kaleidoskope, die rein- und rausgezoomt wurden. Ich legte eine Hand auf mein Gesicht, suchte nach den Linsen.

Fand nur meine nackten, wiedergeöffneten Augen.

Ich blinzelte erneut, erstellte ein schnelles thermisches Bild des Raums – und zwar aus purer Freude, dass ich es konnte. Ich spürte, dass ein winziges Schmetterlingslachen in meiner Kehle steckte, musste es heraushusten. Ich stieg aus dem Bett, fiel dabei fast aufs Gesicht.

Durch die Neuralinterfaceoperation leidest du immer noch unter schlecht koordinierter Motorik. Vorläufig solltest du intensive Körperbewegungen vermeiden.

'Ris? Verdammte Scheiße, 'Ris, du klingst ...

Sie klang klar und nahe, und zum ersten Mal seit vielen Jahren sträubten sich meine Nackenhärchen von der Kehligkeit ihrer Stimme. Sie klang wie Sex, den man nur um der Hitze willen hatte, wie der Tod für eine gute Sache, wie ein eindeutiges Ziel ohne das hemmende angehäufte Gewicht von einer Million schmutziger kleiner Kompromisse ...

Ja, das kann ich mir vorstellen. Die Technologie hat sich in den letzten vierzehn Jahren erheblich weiterentwickelt. Ich passe jetzt deine neuralen Reaktionen an.

Wie all die gebrochenen Versprechen der Jugend, die nun erneuert worden waren, wie das Glitzern der spätnachmittäglichen Sonne auf den Wellen des Indischen Ozeans.

Wie das scharfe, kalte Schimmern des Lichts auf einer tödlichen Klinge.

3. TEIL
UNTER DRUCK

Wenn die Situation kompliziert, verwirrend oder eingeschränkt erscheint, mach dir bewusst, dass es in Wirklichkeit nicht so ist. Dein Befehl ist ganz einfach: Rette das Schiff, und zwar um jeden Preis! Alles weitere ist Logistik.

Blond Vaisutis
Einführungshandbuch für Overrider

Welcher Teil war noch mal das Schiff?

Bord-Graffito

41

Eine ganze Woche, und die Nachricht von Allaucas gewaltsamem Tod hatte große Veränderungen in Nina Ucharimas Umgebung hinterlassen. Es gab ein stabiles neues Hochsicherheitsschloss am Eingang zum Komplex und einen stämmigen Straßenleibwächter, der im Foyer abhing. Er trug Linsen und etwas Klobiges unter der Jacke, und er fuhr herum, als würde er es ernst meinen, als ich mit zügigen Schritten durch die von 'Ris gehackte Tür eintrat, ohne langsamer zu werden.

»Wollen Sie sterben?«, fragte ich ihn freundlich.

Er glotzte auf die erhobene HK, vielleicht auch auf den Geist in dem langen Marshal-Staubmantel, der sie hielt. Ruckhaft richtete ich den Lauf der Flinte auf ihn. Er schüttelte benommen den Kopf.

»Sie ... aber ... verfickt noch mal ... Sie sind doch *tot*, Mann!«

»Es geht mir wieder besser. Weg mit den Linsen.«

Er riss sie herunter, hielt sie mir hin. Ich bedachte ihn mit einem ernsten Lächeln. »Hören Sie, es wäre wesentlich leichter, Sie einfach zu töten – also machen Sie es für mich nicht noch verlockender, als es bereits ist. Lassen Sie das fallen, drehen Sie sich um, legen Sie die Hände an die Wand, und beugen Sie sich *weit* vor.«

Leises Scheppern, als die Linsen fielen. Er bewegte sich langsam und nahm die gewünschte Position ein.

»Hören Sie, Mann ...«

»Noch weiter vor. Berühren Sie die Wand mit der Stirn. Gut. Und jetzt – wer ist da oben bei Nina? Wenn Sie mich belügen, werde ich es merken.«

»Niemand.« Hastig bemühte er sich um Klarstellung. »Ich meine, es ist nur irgendein Kerl. Kenne ihn nicht. Greg Irgendwie.«

Ich schnaufte. »Grokville Greg?«

»Ich kenne seinen verdammten Namen nicht, Mann.« In seinem Tonfall lag eine Verzweiflung, die ich als ehrlich einstufte. 'Ris legte ein Gestaltnetz über ihn und kam zur gleichen Schlussfolgerung. Ich drückte die Mündung des Deckbesens gegen seine Niere, sah, wie ein Zittern durch seinen Körper lief.

»Immer mit der Ruhe. Wenn ich Sie töten wollte, wäre es längst passiert.«

Ich nahm die linke Hand vom Lauf der HK, griff in den ausgeborgten Staubmantel, zog die ausgeborgte Schockpistole hervor und erschoss ihn damit. Er ging zuckend zu Boden, stieß mit der Stirn hart genug gegen die Wand, um auf dem Weg nach unten eine Blutspur zu hinterlassen. Ich verstaute die Schockpistole, ging um seine zusammengebrochene Gestalt herum und lief zügig die Treppen hinauf. Im THC-Nebel meines letzten Besuchs waren sie mir endlos vorgekommen, doch nun stellte sich heraus, dass es nur zehn Läufe waren, wenn man im Hier und Jetzt geerdet war. Dennoch spürte ich, als ich oben ankam, ein Stechen in meinem kürzlich reparierten linken Schienbein und im Knöchel. Auf dem Absatz vor Nina Ucharimas Wohnungstür hielt ich kurz inne, um wieder zu Atem zu kommen, und horchte auf Aktivitäten in der Wohnung.

Zwei menschliche Wärmesignaturen, mindestens zwei Meter voneinander getrennt. Im Zimmer links.

Das war das Wohnzimmer, oder?

Schwer zu sagen, da ich nur eingeschränkte Aufzeichnungen abrufen kann. Als du das letzte Mal hier warst, hat dir Nina Ucharima während des Eintretens die Linsen abgenommen, und in den

Augenblicken davor bist du visuell nicht auf architektonische Merkmale fokussiert gewesen.
Ich vermute, du findest das witzig.
Ich denke, es ist zutreffend.
Hack einfach diese Tür, okay?
Das Schloss gab 'Ris' Angriff nach, und die Tür glitt lautlos beiseite. Schwaches Licht in der Wohnung dahinter. Ich schlüpfte hinein, verstärkte die Haimodussicht ein wenig, hörte irgendwo vor mir Stimmen.
»… darum geht es nicht, Nina.«
»Worum geht es dann? Für ihn sagt es sich leicht, dass ich *hier ausharren* soll, als wäre nichts passiert. Aber Jeff Havel ist *tot*, falls es dir noch nicht aufgefallen ist. Die Bürgermeisterin ist tot, dieses Overrider-Arschloch ist auch tot, und es sieht langsam danach aus, als wäre es ansteckend.«
»Wir wissen nicht, ob das …«
»Ach, *komm schon*, Greg!«
Ich trat in den geräumigen Wohnbereich hinter dem Flur. Fand wie versprochen die zwei menschlichen Wärmesignaturen. Ucharima stand am Fenster, starrte nach draußen, und eine schlanke, blasse Figur saß an einem Esstisch etwa drei Meter von ihr entfernt. Anstelle von Geschirr lagen seine abgelegten Linsen und eine harmlose graue Handwaffe vor ihm. Blass sah mich zuerst, lange bevor Ucharima sich in meine Richtung drehte, und vielleicht hatte ich die HK nicht so deutlich gemacht, wie es angemessen gewesen wäre. Er sprang auf die Beine, hob die Waffe in einer einzigen fließenden Bewegung vom Tisch auf.
»Wer zum Henker sind Sie? Lassen Sie lieber …«
Die HK knallte, das Echo kehrte wie schnippischer, gereizter Donner von der Decke zurück. Die Antipersonenladung erwischte Blass ungefähr auf Brusthöhe, stoppte ihn wie ein Schlag,

warf ihn hinter dem Tisch zu Boden. Er rührte sich nicht mehr, und ich musste mich nicht vergewissern – die von mir benutzte Ladung musste alles in seiner Brusthöhle zu Bolognese-Brei verrührt haben. Ich hatte bereits das nächste Ziel anvisiert, den Deckbesen auf Nina Ucharima gerichtet, bevor sie sich auf mich stürzen konnte, was sie, wie ihrem Gesichtsausdruck zu entnehmen war, ernsthaft in Erwägung zog.

»Tu es nicht, Nina. Ein verfickter Idiot reicht für heute.«

Mitten in der Bewegung erstarrte sie. Blickte mit geweiteten Augen einen Moment zur Seite auf die Überreste von Blass, dann riss sie sich mit bemerkenswerter Schnelligkeit wieder zusammen.

»Hey, Overrider«, sagte sie tonlos. »Siehst gut aus für einen Toten.«

Ich nickte. »Ich komme immer wieder auf die Beine. Also, dieser Greg da – ich schätze, er ist einer von Hidalgos Leuten, oder?«

»Bei Pachamamas Titten, Veil! Bin ich wirklich so ein schlechter Fick gewesen? Die meisten Kerle würden mich einfach nur auf GashNet dissen und weiterziehen. Weißt du, als ich gesagt habe …«

»Hidalgo«, wiederholte ich ruhig. »Versuch nicht, mit Lametta um dich zu werfen, Nina, dafür bin ich nicht in Stimmung. Hidalgo – alles, was du weißt. Ich bin schon halbwegs da, also verscheißer mich nicht, füll einfach nur die Lücken aus.«

Ihre kultivierte, stählerne Ruhe wurde nicht erschüttert, aber 'Ris scannte sie mit einer ihrer brandneuen Subroutinen, ließ eine Diagnose laufen und warf sie in mein oberes linkes Sichtfeld, damit ich mitlesen konnte. Die Spannung eines Lügenansatzes, die physische Bereitschaft zur Gewalt blieben unter der Auslösungsschwelle, und in der Mischung war nicht viel, was man als Angst bezeichnen könnte.

»Klar«, sagte sie. »Frag einfach.«

Ich zeigte mit dem Lauf des Deckbesens. »Zurück, wo du eben warst – da drüben am Fenster. Setz dich mit dem Rücken zur Scheibe. Beine übereinanderschlagen, Hände um die Knie verschränken.«

Sie gehorchte langsam mit funkelnden Augen.

»Du trägst deine Linsen nicht«, bemerkte sie, anscheinend zum ersten Mal. »Und netter Mantel. Bist du jetzt ein Marshal?«

»So weit würde ich nicht gehen.« Ich hob noch einmal die HK. »Auf das hier solltest du achtgeben, Nina. Heckler & Koch Selbstlader Navyausführung, AP-Patronen für Bordeinsätze. Wenn ich sehe, dass du diese Finger voneinander löst, bevor ich es dir sage, wirst du beide Beine unterhalb der Knie verlieren. Und nun erzähl mir von Hidalgo. Er stammt von der Erde, das weiß ich bereits. Gewalt ist sein Beruf, lebt schon eine Weile hier, mag Gash Hell Condemned nicht besonders. Was noch?«

Sie schnaufte und verdrehte die Augen, als ich die Band erwähnte. Erinnerungen, die zurückfluteten, vermutete ich. Ich wackelte ermutigend mit dem Lauf des Deckbesens.

»Was sonst noch, Nina?«

Sie zuckte mit den Schultern. »Was noch? Kein schlechter Fick, schätze ich, wenn er in Gedanken wirklich bei der Sache wäre. Ich glaube, hauptsächlich wollte er einfach nur zurück zur Erde. Da ist mir wirklich was rausgerutscht, was? Als ich dir gegenüber postkoital seinen Namen fallen ließ.«

»Geißle dich nicht, keiner von uns beiden hat sich in der Nacht mit Ruhm bekleckert. Du hast den Namen fallen gelassen, und ich hätte ihn fast überhört. Dieses THC aus dem Pfeifenhaus ist nicht ohne.«

»Wohl wahr.«

Ich versuchte es mit Schonungslosigkeit. »Und hast du ihn gefickt, bevor Torres von der Bildfläche verschwand, oder erst danach?«

Sie starrte mich an. »Ein paarmal davor. Schließlich wollte ich nicht jede Nacht auf Pablo warten, wenn er mal wieder zu seinem verfickten Sacranisten-Harem unterwegs war. So ein Mädchen bin ich nicht, weißt du. Hidalgo kam, weil er Pablo suchte, also ...« Wieder ein Schulterzucken. »War angeblich total besorgt um ihn, weil er den Heimflug nicht wollte, dieser verdammte große Fehler, den er gemacht hat, und wollte wissen, ob ich ihn umstimmen könnte. Aber am Ende war er nicht anders als alle Kerle. Die Schultern zurückziehen, ein paarmal die Beine übereinanderschlagen, und dann gehen sie alle ab.«

In deinem Fall war es definitiv so.

Du hältst die Klappe.

»Weißt du über Chasma Corriente Bescheid?«, fragte ich sie. »Iteration Neunzehn?«

»Diese Scheiße, die er da draußen in Gingrich aufgedeckt hat? Ja, er hat darüber geredet – ein großer, verdammter Skandal, er wird die Marstech-Unternehmen stürzen. Oder sie zumindest erpressen, damit sie ihn reich machen. Er und diese Schlampe mit dem Vakuum im Kopf, mit der er abhing, Tarrant oder so ähnlich.«

»Farrant. Julia Farrant.«

»Wie auch immer. Die dumme Fotze ist nur auf den Zug aufgesprungen. Ich meine, Hidalgo hat sie beide aus dem Arbeiterpersonal von Sedge angeheuert, aber er hat darauf gebaut, dass Pablo es durchziehen würde.«

»Was durchziehen?«

Sie verdrehte die Augen. »Was glaubst du? Er hat sie in irgendein Archivlagerhaus auf dem Field einbrechen lassen, um nach dieser Chasma-Neunzehn-Scheiße zu suchen. Ich vermute, er wusste bereits, dass es da ist, er brauchte nur ihre Personalcodes, um leichter reinzukommen.«

Ich dachte an das, was Decatur mir erzählt hatte. Mehrere Raubzüge bei heißen Marstech-Firmen, keine Anzeichen, dass irgendetwas davon weiterverkauft wurde. Entweder saß Hidalgo auf der Beute oder …

Oder er warf sie weg, weil sie ihm scheißegal war. Weil er nach etwas anderem suchte, und das alles interessierte ihn nicht. Vielleicht interessierte ihn gar nichts, bis zu dieser Sache – als Sedge Systems den Marstech-Dermalmarkt ruinierte.

Das Einzige, was mir jetzt noch fehlte, war irgendeine Idee, warum.

»Gut«, sagte ich. »Sie gehen also in dieses Lagerhaus, und was dann?«

Ucharima schnaufte. »Was dann? Dann haben Pablo und Farrant, diese verfickten Idioten, tatsächlich beide etwas von der Scheiße genommen. Sie glauben, sie würden sich mit irgendeiner hochwertigen Marstech-Hauttherapie einen Vorsprung verschaffen. Sie wären schneller an der Keksdose als die Erdleute. Natürlich wurden beide dann ganz schlimm von irgendwelchen Reaktionen ausgeknockt. Anscheinend vertrug sich das Zeug nicht so gut mit dem, was auch immer die Codierfliegen uns in dem Monat damals eingeimpft hatten.«

»Hat er gebrannt?«

»Nein. Aber sie, wie ich gehört hab.« Finstere Genugtuung in ihrem Tonfall. »Pablo bekam nur ein paar Tage lang schlimmes Fieber und irgendeinen beschissenen Ausschlag am ganzen Körper. Zumindest hat er mir das erzählt. Alles ist schon passiert, bevor er in die Stadt kam und mich besuchte.«

»Wusstest du, dass er damit zu Allauca gegangen war?«

»Ja. Er hielt eine Probe zurück, die er Hidalgo nicht ausgehändigt hatte, als sie rausgegangen waren. Brachte sie zu Allauca, um sie als Druckmittel gegen Sedge und COLIN anzubieten.«

»Er hat ihr nicht erzählt, dass er es an sich selbst ausprobiert hat?«

Sie sah mich an, als hätte ich plötzlich den Verstand verloren. »Würdest du das etwa tun? Wir reden hier über Raquel Scheißallauca.«

»Und wie hat dein neuer Fickkumpel Hidalgo das alles gefunden?«

»Was glaubst du denn? Ihm ist ein verdammter Schaltkreis durchgebrannt. Er hatte Pablo versprochen, er würde den Heimflug für ihn organisieren, ihn direkt zum Deiss Man bringen, sein Gesicht auf allen Feeds, reservierte Kryokap-Koje, der ganze verfickte Himmel. Typisches Erdarschloch, konnte nicht glauben, dass irgendjemand auf dem Mars nicht über ein kostenloses Ticket zurück zu Mutter Erde begeistert war.«

»Typisch«, wiederholte ich tonlos.

»Ihr Leute versteht es nicht, ihr habt es nie verstanden. Für euch mag es armselig aussehen, die Scharte und alles darin, wenn ihr Ozeane und anderen Scheiß gesehen habt, Luftdruck überall und Regen, wann immer man welchen braucht.« Sie drückte die Knie fester an die Brust. »Aber es ist *unsere* Welt. Wir *gehören* hierher, wir werden nie mehr zum dritten Felsbrocken gehören. Pablo wusste das, tief in den Knochen, wie auch alle anderen von uns es wissen. Man kann nicht einfach in eine andere Welt hinüberwechseln, in eine, die einen nicht kennt, die einen überhaupt nicht kennenlernen will, außer als edler Wilder oder als Grenzlandabschaum, den sie schon mal in irgendeinem Immie gesehen haben. Glaubst du, Pablo hätte jemals auf die Erde *gehören* können. Glaubst du wirklich, dass irgendeiner von diesen armen Lotterie-Zombie-Möchtegerns dort jemals einen Platz für sich finden wird, so wie der, den sie hier im Valley haben?«

»Ich habe keine Ahnung. Also hat Hidalgo – irgendwie – die Möglichkeit, ein Lotterieticket aus dem Nichts herbeizuzaubern, und er wollte Torres als Beweis für diese falsche Marstech-Verarbeitung bei Sedge nach Hause schicken?«

Sie nickte und starrte über die Knie auf nichts, was ich sehen konnte. »So hat Pablo es erzählt, ja.«

»Und hat er dir auch erzählt, wie Hidalgo das gemacht hat? Die Lotterie hacken, einen bestimmten Gencode einschmuggeln?«

»Nein.«

»Und Hidalgo selbst? Hat er jemals darüber gesprochen?«

Sie sah mich mit einem höhnischen Grinsen an. »Glaubst du wirklich, er würde mir so einen Scheiß erzählen? Ich war für ihn nichts als Titten und Arsch, Mann – etwas Hochlandhärte für unseren Helden von der Erdzentrale.«

»Ja, so was scheinst du dir auszusuchen.«

Sie schürzte die Lippen. »Ich hab dich ausgesucht, ja?«

»Sag du es mir. Was ist also wirklich in der Nacht damals auf dem Field passiert? Du und Pablo, ihr seid doch bestimmt nicht für einen Fick dorthin gegangen. War es dasselbe Lagerhaus, das er und Farrant für Hidalgo geknackt hatten?«

Wieder ein Nicken, kurz und knapp. Wir kamen der Sache näher.

»Was war der Plan?«

»Was glaubst du, was der verdammte Plan war?«, fragte sie verbittert zurück. »Allauca hatte ihn rausgeworfen, ihm gesagt, er soll es aufgeben oder aus der Stadt verschwinden. Aber sie behielt die Probe. Er wollte sich noch eine holen und versuchen, dieselbe Sache irgendwo anders im Valley durchzuziehen.«

Und dann tauchte Hidalgo auf.

»Und dann tauchte Hidalgo auf?«

Sie zuckte zusammen. »Woher weißt du das?«

Woher 'Ris es wusste, war mir nicht ganz klar – etwas mit dem Gestaltscan und prädiktiven Subroutinen. BV-Technik muss man einfach lieben. Ich übernahm es und machte damit weiter.

»Es steht dir ins Gesicht geschrieben, Nina. Warst du es, die ihn dazugerufen hat?«

»Ich ... nein. Nein.« Schüttelte mehrmals ganz leicht den Kopf. »Er kam zu mir. Sagte, er würde sich Sorgen um Pablo machen, wollte eine letzte Chance, noch einmal mit ihm zu reden. Also ...«

»Also hast du es arrangiert.«

»Hidalgo wollte nur reden.« In ihren Worten schwang stille Verzweiflung mit. »Pablo wollte hinaufklettern und eine Dachluke aufbrechen, um reinzukommen. Er hatte einiges Werkzeug von Havel dabei, sagte, es wäre ganz einfach. Hidalgo verspätete sich, und als er dort ankam, war Pablo bereits oben. Also stieg er ihm hinterher.«

»Und tötete ihn.«

»Es war ein Unfall. Er sagte, es wäre ein Unfall gewesen. Pablo rutschte aus – ich hörte Stimmen, sie stritten sich da oben –, und er stürzte über die Kante.«

Sie starrte wieder entrückt in ihre Erinnerungen. Ich ließ sie für ein paar Sekunden damit leben, während ich die Möglichkeiten verarbeitete. Es fühlte sich schmutzig und dumm genug an, um die Hochland-Wahrheit sein zu können, und das war ein Gefühl, das ich während meiner vierzehn Jahre Exil aufs Intimste kennengelernt hatte. Sodass es sich fast normal anfühlte.

»Muss sehr misslich gewesen sein«, sagte ich beiläufig. »Hidalgos lebender Beweis aus organischem Code, der nicht mehr lebte und obendrein über Gingrich Field verspritzt wurde.«

»Fick dich, Erdmann.«

»Das hatten wir bereits. Und wo ist die Leiche jetzt? Hidalgo hat sie irgendwo versteckt, oder?«

Sie schüttelte den Kopf, schluckte sichtlich. »Sie haben sie durch einen Gülleschacht weggespült. Niemand aus der Gegend sollte ihn finden.«

»Erwartest du wirklich, dass ich das glaube? Pablos Körper war die Wahrheit über Chasma Corriente Neunzehn auf zellulärer Ebene eingeschrieben worden, und Hidalgo löst das Ganze einfach in Nichts auf? Nina, du gibst dir zu wenig Mühe. Wo haben sie ihn versteckt?«

»Es ist die *Wahrheit*, du Arschloch!« Schnelles Blinzeln. »Er sagte, es würde nichts nützen. Ich weiß nicht, warum. Tot hatte er keinen Nutzen, er hätte Pablo lebend gebraucht.« Sie blickte mit Tränenschimmer in den Augen zu mir auf. »So hat er es gesagt. Also erschieß mich, wenn du mir nicht glaubst, du Stück Scheiße. Es würde nichts an dem ändern, was passiert ist. Von Pablo ist nichts mehr übrig, verdammt!«

Ich sagte nichts. Nina Ucharima schniefte und wischte sich zweimal mit dem Handrücken über das Gesicht. Sie strich mit dem Daumen beide Unterlider entlang und sah mich wieder an.

»So ist es passiert«, sagte sie leise.

Ich seufzte. »Na gut. Also räumten Hidalgos Leute die Bescherung auf, entsorgten die Leiche, dann hast du dich mit TNC nachdosiert und bist mit deiner blödsinnigen Covergeschichte nach Hause gefahren? Weil andernfalls zuerst Havel, dann Decatur und dann auch Allauca erfahren würden, dass du mit Hidalgo in der Kiste warst. Und wenn man dich zwingt, ihn preiszugeben, wäre das nicht gut für deine Gesundheit, nicht wahr?«

Sie sagte nichts.

»Okay, Nina – hier kommt die gute Neuigkeit. Mir ist es egal. Diese ganze Scheiße spielt für mich keine Rolle. Ich arbeite nicht für Decatur oder sonst jemanden, der an diesem Ende der Scharte etwas zu sagen hat. Ich will nur Hidalgo. Gib ihn mir, dann verschwinde ich lautlos.«

Sie legte das Kinn auf die Knie. Knirschte leicht mit den Zähnen, was ihrer Stimme einen beißenden Klang gab. »Und wenn ich es nicht tue?«

»Dann werde ich Decatur sagen, dass er eine Ratte im Haus hat und dass du es bist. Wenn ich das tue, dürfte er mir einigen Ärger ersparen und diese Information auf die harte Tour aus dir herausholen.«

Sie warf einen kurzen Blick zu mir herauf. »Das würde Deck nicht tun.«

»Er hätte kaum eine andere Wahl, Nina. Allauca und Havel mögen erledigt sein, aber die Maschine, die sie im Rathaus aufgebaut haben, die wird einfach weiterlaufen. Wie ich gehört habe, wird Ireni Allauca aus Bradbury zurückkommen, um die Zügel zu übernehmen, nachdem ihre Schwester nicht mehr da ist. Für den Neustart bringt sie wahrscheinlich ein paar Schläger der alten Schule aus ihrer *familia andina* mit, um diese Scheiße in Ordnung zu bringen. Alle werden eifrig nach Antworten und nach jemandem suchen, dem sie die Schuld geben können.«

Sie wandte den Blick ab, starrte zum Tisch, wo die Überreste von Blass zusammengebrochen waren und auf den Wohnungsboden tropften.

»Mama Pachamama«, stieß sie hervor. »Was für ein beschissenes Chaos.«

»Erzähl mir was Neues.«

Dann schien etwas in ihr zu entfachen, etwas, das Zorn nahe genug kam, dass 'Ris mich in meinem Augenwinkel darauf hinwies.

»Männer wie du«, sagte sie langsam. »Männer von der Erde. Ihr kommt hierher, ihr lästert und stöhnt, was für ein Scheißloch das Valley ist, ihr tut, als würdet ihr so weit darüberstehen. Ihr schiebt uns wie Figuren in einem Spiel hin und her, ihr *spielt* mit uns, verdammt! Und dann, wenn die Figur nicht so springt, wie sie sollte, und etwas schiefgeht, sterben Menschen wie Pablo in der Sauerei, die ihr angerichtet habt. Und wofür? Für die Gewinnsumme in irgendeiner verfickten COLIN-Jahresbilanz? Für eine Marstech-Wertschöpfung?«

»Also hat Hidalgo es dir nicht gesagt?«

»Was hat er mir nicht gesagt?«

Ich hob den Lauf der HK, weil klar war, dass ich sie jetzt nicht mehr brauchte. Ich warf mir die Flinte über die Schulter, gab Nina ein Zeichen, dass sie aufstehen sollte. Misstrauisch kam sie auf die Beine, den Blick weiter auf die Waffe gerichtet.

»Was hat er mir nicht gesagt?«, wiederholte sie.

»Weswegen er eigentlich hier ist«, sagte ich.

42

Es war nur ein Glied in der Kette der schlechten Neuigkeiten und Beschädigungen, an der ich gezerrt hatte, seit ich die Chirurgie in Shade's Edge verlassen hatte, aber in diesem Fall war es ein großes Kettenglied.

Und nun sah es danach aus, als könnte es Hannu Holmstrom das Leben kosten.

Ich hatte den Anrufspeicher gecheckt, sobald ich nach der Operation aufgewacht war, aber es war nichts von dem Ziegengott oder von irgendjemand anderem hereingekommen. Zunächst hatte ich mir nichts dabei gedacht. Das Büro der Marshals war kommunikativ gut abgedichtet, und davor war ich in Allaucas Folterkammer im ehemaligen Geheimgefängnis unter mehreren Abschirmungsschichten begraben gewesen. Selbst in dem unwahrscheinlichen Fall, dass Holmstrom nach seinen anstrengenden Nachforschungen auf der Erde frühzeitig aufgewacht war, hätte er mich nicht finden können, auch wenn er es versucht hätte. Hinzu kam, dass sich mein Heißlauf tief unten auf der zellulären Ebene meiner Konditionierung einen Kampf mit der Anästhesiemischung geliefert hatte, die Sakarians Team aktuell benutzte, und diese Kollision hatte mich mit schreiendem Kopf zurückgelassen.

Später am Tag öffneten sie den Verband an meinem frisch verheilten Bein und gaben mir irgendein Schmerzmittel, und ich konnte mich zu einem Abstecher in die Stadt aufraffen. Sakarian gefiel es nicht, aber unser wackliger Waffenstillstand hielt, und er war nicht bereit, sich wegen einer solchen Kleinigkeit zu streiten. Er begnügte sich damit, mich mit einer Eskorte hinauszuschicken.

»Sie tragen einen Staubmantel des Service«, sagte er, als er mir das Stück zuwarf. »Schlagen Sie den Kragen hoch und bleiben Sie in Tamangs Nähe. In dieser Stadt treiben sich einige Marshals herum, also dürfte niemand Sie beide eines zweiten Blickes würdigen. Wenn es aus irgendeinem Grund doch jemand tut, Tamang, bringen Sie ihn sofort hierher zurück, bevor etwas passiert.«

Tamang nickte gelassen. »Keine Sorge, Boss. Sie sehen den Mantel und keine Linsen – und das kann in Shade's Edge nur eins bedeuten. Und Black Hatch ist hier kaum noch bekannt. Er hat seine neunzig Sekunden gehabt.«

Das stimmte allerdings. Raquel Allaucas Tod war immer noch ganz oben auf dem lokalen Nachrichtenstapel, aber mein eigener Moment im Rampenlicht war gekommen und gegangen wie bei jedem anderen zweitrangigen Valley-Schläger, der in einen Konflikt hineingeriet, den er nicht bewältigen konnte. Ein kurzes Aufblitzen in der öffentlichen Aufmerksamkeitsspanne, ein nichtssagendes leidenschaftsloses erkennungsdienstliches Foto für einige Tage, die schnelle Degradierung in die nur namentliche Erwähnung am Rand der eigentlichen Ereignisse. Und das betraf lediglich die lokale Ebene – in den valleyweiten Feeds war die ganze Allauca-Story auf die hinteren Plätze zurückgestuft worden, während es weiter vorn um das Neueste über das Erdaudit ging, über die Codierszene von Bradbury und eine Lobeshymne auf Sundry Charms, der zu sehr von der Dekantierung angeschlagen war, der arme Kerl, um wie geplant seinen Versuch an Wall 101 zu unternehmen.

Niemand interessierte sich einen Scheißdreck für mich.

Wir nahmen einen markierten Crawler für die fünf Blocks ins Stadtzentrum von Shade's Edge und spazierten um die bröckelnde halb vermietete Umgebung eines Einstellungszentrums herum, angeblich um meine reparierten Knochen und die internen Systeme zu testen.

»Lassen Sie sich Zeit«, schlug Tamang vor und bummelte zu irgendeiner temporär gesponserten Kunsttechnik-Ausstellung hinüber, die zwischen leeren Einheiten mit blinden Fenstern eingeklemmt war. »Ich bin hier drüben.«

Wir sind immer noch sauber, vermute ich, subbte ich, als er sich entfernte.

Gemäß den reflexiven Selbsteinschätzungsroutinen in meinen Sicherheitsbarrieren, ja. Und das sind tiefcodierte Protokolle. Falls die Marshals mich verwanzt haben, müsste es auf der Systemgrundebene passiert sein, und angesichts der Operationsdauer halte ich das für unwahrscheinlich.

Gut, das reicht mir. Überprüf noch mal den Anrufspeicher.

Drei registrierte Anrufe innerhalb der letzten zweiundsiebzig Stunden, jeweils mit einer Nachricht: das Mädchen von nebenan, jemand namens Tessa Arcane und Sebastian Luppi.

Ich runzelte die Stirn. *Nichts von Holmstrom?*

Hast du gehört, dass ich den Namen in der Aufzählung erwähnt habe?

Schon gut, schon gut. Vielleicht hatte er mich sondiert, während ich in Allaucas Kerker oder bei den Marshals abgetaucht war, keine Spur von mir gefunden und sich aus professioneller Umsicht zurückgezogen, bis ich wieder richtig aufgetaucht war. *Park die Nachrichten, mach Holmstrom ausfindig, weck ihn auf. Es müssen ein paar arbeitsreiche Nächte im Dozen Up gewesen sein.*

Ich wartete den gewohnten Moment ab, doch es kam nichts als Totenstille über die Verbindung. Ich spürte, wie sich das Stirnrunzeln gemächlich von meinem Gesicht löste und sich an seiner

Stelle eine ausdruckslose Kampfmaske ausbildete, die meine zunehmende Unruhe verbergen sollte.

Verbindungsanfrage zurückgewiesen. Sie ist als leere Leitung gekennzeichnet.

Das ist nicht möglich. Hack dich hindurch.

Es dauerte weniger als eine Sekunde. Ein schrilles Kreischen kam über die Verbindung, kaum interpretierbare Übertragungspakete ertranken in einem Ozean des Sirenengeschreis, das der Lautstärke der gehackten Güllesysteme entsprach, als ich Allauca und ihre Leute ermordet hatte. Der Lärm steigerte sich schnell zu Trommelfell zerreißenden Ausmaßen, dann blieb er abrupt aus, als Osiris den Stecker zog.

Das, sagte sie redundanterweise, *war ein Kontaminationsalarm. Das war es.*

Ich starrte auf die Promenade des Zentrums, ohne den Blick auf die wenigen verstreuten Gestalten zu fokussieren, die sich hier aufhielten. Eine geisterhafte Patina aus Unterstützungswerkzeugen tanzte darüber hinweg, als die neuen Systeme zu erkennen versuchten, was ich betrachtete und warum. Meine Augen schmerzten wegen der Ungewohntheit, und nun setzte sich etwas Langsames und Kaltes in meiner Magengrube ab. Ich erinnerte mich an Holmstroms Worte – *in dem Moment, als ich auf deine Spielgefährtin Madekwe stieß, wurde von hier bis Pachamamas Thron und zurück Alarm geschlagen. Und ich rede hier über* ernsthafte *Abwehrmaßnahmen, Veil. Ich bin kaum rechtzeitig rausgekommen, als ein Gegenstachel in der Größe von Supays Schwanz am Jüngsten Tag abgefeuert wurde.*

Und dann war er noch einmal reingegangen.

Meinetwegen.

Ach, schau mal einer an, Tess. Der Overrider höchstpersönlich und leibhaftig.

Schlagartig war ich wieder konzentriert.

Tess.

'Ris, spiel die Nachricht von Tessa Arcane ab.

Im Dozen Up Club hatte ihre Stimme geschmeidig und kultiviert geklungen. Nun zischte und knisterte sie vor Wut.

Hör zu, Arschloch, ich weiß nicht, was du von Hannu verlangt hast, aber deswegen liegt er jetzt oben in einem verdammten Koma. Ruf mich sofort an, sobald du diese verfickte Nachricht bekommst.

Mit Datum von vor drei Tagen. Ich biss die Zähne zusammen und rief zurück. Es klingelte eine ganze Weile in der Leitung, bevor jemand ranging. Tessa Arcane klang zögernd und kehlig. Wenn ich raten müsste, würde ich sagen, dass sie viel geweint hatte.

»Du?«, flüsterte sie über die Verbindung. »Du bist tot.«

»Es geht mir wieder besser. Sag mir, was mit Hannu los ist.«

»Er ist … verdammt, ich *weiß* es nicht, okay? Ich bin Dienstag früh reingekommen, fand ihn im Obergeschoss, wo er auf dem Boden zusammengebrochen war. Komatös. Alle Systeme leergefegt.«

»Aber er ist noch am Leben?«

»Ja, aber …« Der Ansatz eines Schluchzens. Sie setzte noch einmal an, etwas ruhiger. »Ich habe ein paar Leute gerufen, dieses Aufräumkommando, das Hannu manchmal anfordert. Sie haben ihm einige Flüssigkeiten verabreicht und ihn an den Tropf gehängt. Aber sie sagten, seine Prozessorkapazität wäre abgeschaltet und auf jedem iterativen Level gestoppt worden. Sie meinten, es wäre wie bei einem leck geschlagenen Raumschiff, wenn die Systeme alle Schotten dichtgemacht haben. Und es ist etwas in ihm, das ihn verbrennt.«

»Tess, das ist ein virales Abwehrfieber. Sie sollten ihn …«

»Das *weiß* ich. Glaubst du, für mich war das sein erster Ausfall? Hannu und ich, wir kennen uns schon lange.« Sie schniefte, zog Tränen hoch. »Wir haben ihn in Eis gepackt, in dieser Sargkapsel, die er vom Wrack der *Weightless Ecstatic* zurückbehalten hat. Aber es hilft ihm nicht. Er ist stabilisiert, aber sein Zustand bessert sich nicht. Er liegt nur da und … und … es ist jetzt drei verdammte Tage her, und *er kommt nicht zurück.*«

Die plötzliche Wildheit in ihrer Stimme steigerte sich und wurde erstickt. Ich hörte, wie sie den Atem einsog.

»Was zum Henker hast du von ihm verlangt?«, stieß sie hervor.

»Tess, hör zu …«

»Nein, du hörst mir zu, Mister Erdwichser.« Ihre Stimme beruhigte sich nur langsam. »Er hat dir einen Gefallen getan, und ich kann nur hoffen, dass du seine beste Chance bist, es lebend zu überstehen. Wo ich ihn gefunden habe, auf dem Boden im Obergeschoss, hat er sich mit einer Isolierzange die Kopfhaut aufgeschnitten – er hat die ganze Werkbank zu sich herübergezogen, um heranzukommen. Dann hat er mit seinem Blut etwas auf den Boden geschrieben. Nur ein Wort. Für mich ergibt es keinen Sinn, also vermute ich, dass es entweder eine Nachricht für dich ist oder irgendein Schwachsinn seiner durchgebrannten Synapsen, und wir können jede Scheißhoffnung vergessen.«

Ich presste die Lippen zusammen. Der Heißlauf wogte und schwappte in mir, hungrig nach Zielen, hungrig nach Befreiung.

»Was steht da?«

»Da steht ›Navycode‹«, erklärte sie mir tonlos. »Sagt dir das irgendwas?«

Mechanisch ging ich die anderen zwei Nachrichten durch, doch nur eine Hälfte von mir hörte sie sich an. Der Rest war ganz auf dieses Wort konzentriert.

Navycode.

Hey, Overrider – hier ist dein Mädchen von nebenan. Du fehlst mir, weißt du. Wenn du Zeit hast, ruf mich irgendwann zurück – wo auch immer du gerade bist. Ach ja, das wollte ich dir noch sagen – die verdammten Bullen kamen noch mal vorbei, ich sollte eine Aussage über diese Explosion auf der Straße machen. Irgendein Lieutenant von der Mordpolizei schnüffelte herum, ein richtig knallhartes Miststück, konnte sie ganz und gar nicht leiden. Ich sage dir, entweder steht sie auf dich, oder du hast etwas sehr Schlimmes getan, weswegen sie hinter dir her ist. Wie auch immer, ich glaube jedenfalls, du solltest eine Zeit lang lieber leisertreten, wenn du in die Stadt zurückkommst, nur für alle Fälle. Gut, das war's. Wie es im Song heißt – denke leise Sauggedanken an dich, Overrider. Meld dich bald zurück.

Navycode.

Veil? Hier ist Luppi – wer sonst? Wo zum Teufel stecken Sie? Ich habe die ganze verdammte Nacht in dieser Bar gewartet. Ich weiß, wir wollten keinen elektronischen Kontakt, aber das hier kann nicht warten. Ich war bei Sedge Systems, und Sie werden nicht glauben, was ich ausgegraben habe. Da gibt es diesen Sicherheitschef, den sie einsetzen, er heißt Chand ...

Es verhallte angesichts der vollen Wucht dessen, was ich jetzt wusste.

Navycode.

Und wenn es irgendjemanden gab, der Navycode erkannte, wenn er kam und ihm in den Arsch biss, dann war es Hannu Holmstrom, privat angeheuerter Kampfschiffpilot und erfahrener Langstreckencodekrieger seit Ewigkeiten. Als er die *Weightless Ecstatic II* steuerte, schwamm er während jeder wachen Stunde in diesem Zeug. Die Hälfte seines Jobs bestand darin, sich mit Angriffsprotokollen und ihren Abwehrmaßnahmen herumzuärgern.

Verfickter Navycode.

Wer könnte den Mumm und das Know-how haben, von jetzt auf gleich einen PVM-Sprengkopf hervorzuzaubern, nur um ganz sicher zu sein, dass eine lästige Variable vom Spielbrett entfernt wird? Wer könnte eine auch nur halbwegs sichere Chance haben, eine Sicherheitseskorte mit Platinwertung im öffentlichen Raum auszuschalten und damit durchzukommen?

Wer könnte über Jahre im Valley abtauchen, ohne erwischt zu werden? Wer könnte sich selbst heimlich aus verborgenen lokalen Einnahmequellen finanzieren, lautlos und im Geheimen operieren, solange es die Mission erforderlich macht, und in der Zwischenzeit eine Fluchtstrategie vorbereiten, die das Lotteriesystem manipuliert, um für einen Notfall-Heimflug Platz zu schaffen?

Das Flottensondereinsatzkommando – die verborgene Hand der Navy.

Kein Wunder, dass Hidalgo in der Lage war, Decatur und seine Kumpels in ihre Schranken zu weisen. Kein Wunder, dass er ihren Forschungsschwindel auf Kindergartenniveau demontieren und den Gewinn daraus einstecken konnte. Kein Wunder, dass er straflos in das Versteck von Sedge Systems einbrechen konnte. Die Flotte führte Kriege und Polizeiaktionen überall auf der Ekliptik durch, sie verdiente ihren Lebensunterhalt damit, missliche Regionalregierungen zu stürzen. Das Sondereinsatzkommando war ihre Monofil-Schneide, die Klinge, die tief schnitt und einen tötete, bevor man überhaupt das Blut sah.

Es besteht eine abwärtsstrukturierte temporäre Direktive für sämtliche VBA-Streitkräfte in der Kraterzone. Allmählichs dürre Stimme wehte wieder durch meinen Kopf. *Ein Dauerbefehl, sämtliche Schwarzmarktaktivitäten mit allen nötigen Mitteln auszumerzen. Nach der Aufdeckung erfolgt die sofortige Verurteilung durch ein Militärgericht und die summarische Exekution aller Beteiligten.*

Das sind Kriegsrechtsmaßnahmen, nicht wahr?

Es ist ... Krisenmanagement, mindestens. Nicht zwangsläufig auf Kriegsniveau, aber von ähnlicher Schwere.

Hellas wusste Bescheid – vielleicht kannte man noch nicht alle Tatsachen, aber sie hatten das Muster in ihren Spionagedaten gesehen, und zweifellos hatten ihre prädiktiven Analysesysteme das Ganze extrapoliert und Anweisungen für angemessene lokale Reaktionen gegeben.

Kein Krieg, nein. Aber für die Bürger des Valley war es ein fast genauso großer Spaß.

Verfickte Navy. Sie wollten es wirklich durchziehen.

Wie irgendein blödsinniger feuchter Verschwörungstraum der Frockers. Als würde man einen Zeitsprung in die Vergangenheit machen, um all die schlechten alten Entscheidungen zu wiederholen, die jemals getroffen wurden.

Kathleen Okombis Albtraum, der sich in seiner blutig grinsenden Pracht erneut aus dem Grab erhob.

Ucharima starrte mich in dem matten Licht des Raums fassungslos an. Ihre Miene zeigte jetzt mehr Schockiertheit als zuvor, als ich vor einer halben Stunde unangemeldet und untot durch ihre Tür hereingekommen war und ihren Besucher mit dem Deckbesen abgeknallt hatte.

»Ein *Putsch*?«

»Ja, danach sieht es aus. Wie ich sagte, du weißt, wie du dir die richtigen Leute aussuchst.«

»Aber ...« Sie hatte sich an den Tisch gesetzt, während ich sprach, mit dem Rücken zu Gregs Überresten. Nun stützte sie die Ellbogen auf der Tischplatte ab, drückte sich die Handballen in die Augen, als würde sie versuchen sich die Vorstellung einzuhämmern. »Earth Oversight. Sie machen ein verdammtes *Audit*,

Veil. Sie brauchen die Navy nicht zum Eingreifen, die lokalen Polizeibehörden kooperieren mit ihnen. Es ist überall in den Feeds.«

»Ich glaube nicht, dass das irgendetwas mit COLIN oder Earth Oversight zu tun hat. Ich glaube auch nicht, dass sie etwas davon wissen.«

»Wie können sie es *nicht wissen*? Es ist … sie … ihnen *gehört alles*, sie kontrollieren *alles*!«

»So einfach ist das nicht, Nina. COLIN ist kommerziell – sie halten sich so ziemlich an das, was sie kennen und mögen, und das heißt: interplanetare Märkte erschließen, Geld verdienen und die fortgesetzte Expansion der Menschheit in den Weltraum vorantreiben. Sie sind keine Regierungsbehörde und wollen eigentlich auch gar keine sein, weil sie wissen, dass sie auf diesem Gebiet nicht gut wären und weil es sich nicht auszahlen würde. Sie arbeiten *mit* Regierungen zusammen, um das Modell zu stützen, und Earth Oversight ist die Brücke, der Schäferhund, der die Herde zusammenhält.«

»Schäferhund?« Sie blinzelte. »Ist das nicht eine dieser verfickten Hybriden, die sie oben in Ares Animalia halten?«

Ich seufzte. »Egal. Der Punkt ist, dass die Erdregierung viele verschiedene Hunde hält. Und nicht alle vertragen sich miteinander oder kommen einfach so bei Fuß, wenn sie gerufen werden. Es gäbe zahlreiche Möglichkeiten, wie sich die Flotte hier draußen von der Leine losreißen könnte, und die Mächtigen auf der Erde könnten kurzfristig gar nicht viel dagegen tun oder wollen es vielleicht auch gar nicht. So etwas hätte eine eigene Dynamik – ich habe es schon mehrfach erlebt.«

»Darum geht es also?« Wut kochte in ihren Augen. »Wir sitzen ruhig da und lassen uns von der verfickten Erde überrollen?«

»Ich hoffe nicht.« Ich ignorierte bewusst das plötzliche und ungewollte *wir*. »Wenn die Flotte die Scharte übernimmt, würde das COLIN und den Unternehmen eine Menge Kopfschmerzen bereiten. Man kann keine langfristigen Märkte aufbauen, wenn es auf den Straßen brennt, weil das Kapital dann ängstlich wird. Deshalb könnte es noch eine Möglichkeit geben, auf die Bremsen zu treten, bevor es dazu kommt. Aber dann musst du mir Hidalgo geben, und zwar sofort. Wo ist er?«

Sie schnaufte verächtlich. »Du glaubst, ich wüsste es? Du glaubst wohl, ich hätte einen Strick an seinen Schwanz geknotet oder so? Einmal dran ziehen, und er ist hier? Ich habe Hidalgo ganze zwei Mal gesehen, seit Pablo gestorben ist, und beide Male weniger als eine Stunde lang. Mit seinen Leuten habe ich vielleicht ein bisschen öfter gesprochen. Ansonsten habe ich die letzten achtzehn Monate nur stillgehalten und gehofft, dass seine Glückssträhne anhält und er nicht erwischt wird und Allaucas Verhörexperten nicht sein Herz ausschüttet.« Sie zeigte mit dem Daumen über die Schulter dorthin, wo die Leiche von Blass lag. »Du willst zu Hidalgo? Super – du hast gerade die einzige Person im Raum erschossen, die vielleicht gewusst hätte, wo er ist.«

Ich starrte auf den Toten. Das Schimmern einer Idee wie eine gerade erst entzündete Kerze in einem schwach beleuchteten Raum.

»Ja. Andererseits ...«

43

»Woher wissen Sie, dass er kommen wird?«, fragte Sakarian zum wiederholten Mal, nachdem wir alles vorbereitet und uns in die Schatten zurückgezogen hatten.

»Ich weiß es nicht«, antwortete ich geduldig. Das hatten wir bereits besprochen. »Aber haben Sie eine bessere Idee?«

Stille in der Leitung, während er es verarbeitete. Ein messerkalter Wind wehte durch die Gasse vor Ucharimas Haus. Ich schlug den Kragen meines Mantels hoch, drückte mich tiefer in das Versteck im Winkel der Balkonwand. Meine Hände und mein Gesicht fühlten sich eisig glatt an vom Wetter und der Antiscanmaske, mit der wir uns alle vor der Aktion eingerieben hatten. Oben im Himmelsausschnitt zwischen den Gebäuden durchlief die Lamina eine blitzende Entladung in Grün und Gold, wie Funken, die von einer dunklen exotischen Legierung sprühten, die mit Schleifwerkzeug bearbeitet wurde. Es gab ein schwaches eindringliches Zischen, das einen Kontrapunkt zu dem geisterhaften Stöhnen des Windes bildete. Sakarian räusperte sich.

»Ich wünschte nur, wir müssten dieser Schnalle nicht vertrauen«, murmelte er.

»Sakarian, ich wünschte, ich müsste *Ihnen* nicht vertrauen. Aber es ist, wie es ist. Sie hat angerufen, mit ihr müsste alles in Ordnung sein.«

»So schnell ist sie umgekippt, wie?«

»Ihr bleibt keine andere Wahl. Entweder spielt sie mit, oder ich werfe sie Decatur und den *familias* vor. Was würden Sie an ihrer Stelle tun?«

Er brummte. »Fühlt sich trotzdem etwas heikel an, finde ich.«

Wenn das die ganze Wahrheit gewesen wäre, mochte er damit recht haben. Aber Sakarian konnte nur mit einem Teil der Informationen arbeiten. Er wusste nicht – weil ich es vorsichtshalber nicht erwähnt hatte –, weshalb Nina Ucharima wirklich umgekippt war: wegen Hidalgos Navy-Verbindung und seiner Pläne für den drohenden Putsch. Von allen Treulosigkeiten, die Ucharima während ihres Lebens auf dem Hochland erlitten hatte, war diese offenbar eine, die wirklich schmerzte.

An den seltsamsten Stellen konnte man auf Patriotismus stoßen.

Und es gab vieles, bei dem ich in diesem Moment nicht das Bedürfnis verspürte, es unserem geschätzten Commissioner anzuvertrauen.

»Verraten Sie mir etwas, Sakarian«, drängte ich ihn. »Da wir vorläufig nur abwarten können. Wissen Sie, ob Sedge Systems eine Vorgeschichte mit diesem Marstech-Betrug hat? Hatten die Marshals irgendwelche offenen Akten über sie, als Sie damals hier oben gearbeitet haben?«

»Nicht dass ich wüsste. Warum?«

Ich dachte an die aufgeregte Nachricht von Luppi zurück, das Gespräch, das ich vor ein paar Tagen mit ihm geführt hatte. Irgendwie hatte er es geschafft, unbehelligt zu bleiben, als der Zorn der Cradle-City-Maschine ausbrach. Auch wenn er seit zehn Jahren aus dem Spiel war, lief er immer noch frei und unerkannt herum, und jetzt war nicht die richtige Zeit, seine Tarnung auffliegen zu lassen. Ich wählte meine Worte mit Bedacht.

»Ich mache mir nur Gedanken wegen Chand, das ist alles.«

»Was für Gedanken?«, fragte er scharf nach.

»Wie gut seine Kontakte wirklich waren, wen er kannte. Wissen Sie, Sedge hat ihn zwar weiter als privaten Sicherheitschef bezahlt, aber er gehörte nicht zum Personal. Er war ein unabhängiger Vertragsarbeiter. Und laut Decatur hatte er frühere Verbindungen zu Allauca und der Cradle-City-Maschine. Alles sehr kuschelig, und das war vermutlich auch der Grund, warum Allauca ihn so schnell zu fassen bekam, sobald sie wusste, dass ich ihm auf der Spur war. Sie ruft ihn zu sich, er glaubt, es wäre wegen irgendeiner Besprechung, doch dann macht sie plötzlich alle Schotten dicht und versucht ihn wegen des Chasma-Corriente-Lecks zu isolieren. Sie wusste, dass ich ihn früher oder später erwischt hätte, und sie wusste, dass ich es wahrscheinlich aus ihm herausgeholt hätte.«

»Stattdessen hätte Allauca Sie töten lassen können.«

»Das wäre schwieriger gewesen.«

Er schnaufte. »Richtig – *Wer den Overrider weckt*. Ich hatte völlig vergessen, wie Sie sich ganz allein aus diesem Kerker nach draußen gekämpft und dann irgendwann ganz entspannt bei uns in Shade's Edge vorbeigeschaut haben.«

»Der Unterschied ist«, sagte ich gelassen, »dass ich die *unbekannte* Variable war. Allauca wäre nicht so leicht an mich herangekommen wie an Chand, sie wusste nicht, ob ich mich bestechen ließe oder was es sie kosten würde, und das viel größere Problem war, dass sie nicht wusste, ob ich irgendeine Rückendeckung aus Bradbury mitgenommen hatte. Chand als undichte Stelle zu stopfen war einfacher, und dann hat sie es so arrangiert, dass ich entweder an seinem Tod mitschuldig wäre und sie mich in der Tasche hätte oder ich gleich nach ihm sterben würde. Höchstwahrscheinlich hätte sie mich später so oder so getötet, um ganz sicher zu sein. Und auch alle anderen, die das Geschehen aus zu großer Nähe mitverfolgt hatten.«

»Das ist eine ziemlich extreme Reaktion für jemanden, der sich die letzten fünf Jahre bemüht hat, seine Vergangenheit zu bereinigen.«

»Sie ist in Panik geraten.«

»Diese Wirkung scheinen Sie auf einige Menschen zu haben, Veil.«

Darauf ging ich nicht ein. »Um ehrlich zu sein, ich kann es ihr gar nicht verübeln. Es könnte gut sein, dass Sedge bankrottgeht, wenn das alles herauskommt – gefälschte Marstech ist etwas, das man nicht im Prospekt für die Investorenwerbung haben möchte. Es ist ein erstklassiges Traditionsunternehmen, eine Galionsfigur für all das, wofür dieser Planet angeblich steht. Und wir reden hier über einen Produkttyp, der für einen zweistelligen Prozentanteil aller marsianischen Einkünfte verantwortlich ist. Die Konsequenzen wären gar nicht auszudenken. Das Vertrauen der COLIN-Investoren rasselt in den Keller, der Marin stürzt ab, die gesamte Valley-Ökonomie gerät ins Trudeln. Und das wäre nur der Anfang. Niemand kann vorhersagen, was die Mächtigen tun werden, um diese Sache unter Kontrolle zu halten. Mulholland …«

»Sie kommen.« Tamangs lakonische Stimme in der Leitung. »Ein Crawler neueren Modells fährt an die Vorderfront heran. Sieht nach einem Tesla oder einem Gurung-Mithra aus. Noch zwei Blocks entfernt.«

»Gut«, sagte Sakarian knapp. »Scharfschützeneinheiten, erfassen und bereithalten. Alle anderen wahren Funkstille, bleiben in Deckung, atmen nur, wenn unbedingt nötig. Wir wollen es sauber unter Dach und Fach bringen.«

Erleichterung in seinem Tonfall über die Unterbrechung unseres Gesprächs, und außerdem etwas Konkretes, mit dem er sich nun auseinandersetzen konnte. Ich grinste unwillkürlich, es überraschte mich eigentlich nicht. Missionsablauf – wie eine Droge wischt es alles andere weg. Ich hörte, wie das Scharfschützenteam mit *Fahrzeug erfasst* antwortete, und obwohl das alles auf der gegenüberliegenden Seite des Gebäudes passierte, erhöhte sich erwartungsvoll meine Pulsfrequenz.

»Crawler hält an«, kommentierte Tamang. Es klang, als kaue er Kaugummi. »Nicht an unserem Block, Boss.«

»Dranbleiben.«

»Zwei Zielpersonen«, sagte einer der Scharfschützen. »Eine männlich, eine weiblich. Erfasst.«

Echos von seinen Kollegen.

»Sie stützen sich gegenseitig«, sagte Tamang und lachte schnaufend. »Beide sind voll auf irgendwas drauf, wie es aussieht.«

Die Spannung in der Verbindung ging spürbar eine Stufe runter. Ich erinnerte mich an meinen ersten Besuch in dieser Gegend, stolpernd und vom THC verpeilt, Arm in Arm mit Ucharima. Es war weniger als zwei Wochen her, aber es fühlte sich wie ein früheres Leben an. Als wäre in mir einiges erschüttert worden und zerbrochen, um sich in irgendeiner neuen Konfiguration wieder zusammenzusetzen.

»Sie gehen rein.« Wieder Tamang. »Crawler setzt zurück. Fährt los.«

An Hidalgo rankommen, rief ich mir ins Gedächtnis. *Ihn zwingen, Madekwe freizulassen, sie zu Gaskell bringen. Die Störgeräusche ausblenden, die Sache erledigen.*

Dann nach Hause.

Plötzlich war es nahe genug, dass ich es schmecken konnte.

»Alles wieder sauber«, sagte Tamang. »Das war's, Leute, die Show ist vorbei.«

Murren über die Verbindung. Ich konnte es ihnen nicht verübeln – ich spürte selbst, wie meine erhöhte Pulsfrequenz wieder runterging, das langsame Absacken der Enttäuschung nach dem erwarteten Kampf. Die Beschwerden verklangen, als Sakarian dem Team sagte, dass sie still sein sollten. Für ein paar Minuten wurde es ruhig. Das Stöhnen des Windes, das Zischen der Lamina-Lichtshow über uns.

Ich versuchte es noch einmal. »Sakarian?«

»Ja, hier. Was gibt es?«

»Was ich über Chand sagen wollte ...«

Er seufzte. »Ich dachte, wir hätten über Mulholland gesprochen.«

»Mulholland ist ein Faktor, ja. Aber unser geschätzter Gouverneur führt die Regionen an der langen Leine, es interessiert ihn kaum, was sie tun, solange sie ihren Tribut zahlen. Das wissen Sie. Aber etwas so Großes? Ich sehe ihn vor mir, wie er den weiten Weg das Valley heraufkommt, als wäre Supay höchstpersönlich aufgewacht. Ich sehe vor mir, wie die Schläger der Prosperity Party selbst ein wenig versuchen, das Leck abzudichten und im Haus aufzuräumen, wie sie es schon einmal getan haben, als 95 das letzte COLIN-Audit abgesagt wurde – Verhaftungen und Verschleppungen, Schauprozesse und seichte Gräber, all diese guten Sachen.«

»Diese Vorwürfe wurden niemals bewiesen, Veil. Man hat niemals eine einzige eindeutige Verbindung zu irgendeinem offiziellen Kanal der Prosperity Party gefunden. Es waren ausschließlich Aktionen der lokalen OK.«

»Klar. Und das ist eine authentische fossile Platine der marsianischen Urkultur, die Sie mir verkaufen wollen – Millionen wert. Hören Sie mit dem Scheiß auf, Sakarian. Wir alle wissen doch, was damals abging, und Allauca war vermutlich näher an dem Geschehen dran als die meisten. Sie wusste, was diese Panne bei Sedge auslösen könnte. Sie dachte, Torres wäre verschwunden, und dann tauche ich plötzlich auf und suche seinen Geist. Sie dürfte sich fast in die Hose geschissen haben. Und sie machte sich sofort daran, es auf irgendeine Weise zu unterbinden.«

Er schwieg eine Weile.

»Na gut. Aber ich verstehe nicht, warum Sie sich immer noch wegen Chand Sorgen machen. Wenn Sie mit allem recht haben, ich finde, dann sieht es doch danach aus, dass er lediglich ein Kollateralschaden war.«

»Wahrscheinlich war er das. Aber das mit dem unabhängigen Vertragsverhältnis lässt mir keine Ruhe. Es geht einfach nicht weg. Chand hat für viele andere Auftraggeber in der Scharte gearbeitet. Wenn er wirklich gut gewesen sein soll, musste er neben Sedge und Allauca ein großes Netzwerk an Verbindungen gehabt haben. Und ich frage mich, was für Verbindungen das waren.« Ich hielt inne, dann ließ ich die sorgsam vorbereitete Frage fallen, auf die ich hingearbeitet hatte. »Gibt es irgendeinen Aspekt, den wir hier übersehen haben, irgendwelche drohenden Konsequenzen, an die wir noch nicht gedacht haben? Haben Sie jemals etwas von einem laufenden Verfahren gegen ihn mitbekommen?«

»Nein. Wie ich bereits sagte, ich hatte nie zuvor etwas mit Sedge Systems zu tun.«

Ich nickte grimmig. »Ich rede nicht von Sedge. Ich rede von irgendwelchen anderen Akten, die Sie hier oben vielleicht gesehen haben. Irgendwelche Scheiße ohne direkten Bezug.«

»Auch das nicht, soweit ich mich erinnere.« Wieder ein Seufzer – sein Überdruss war über den Kommunikationskanal deutlich zu hören. »Ich war acht Jahre lang Marshal, Veil. Das waren sehr viele Akten. Sehr viele individuelle Drecksäcke.«

Ich starrte auf die Gasse hinaus zur dunklen Masse des gegenüberliegenden Gebäudes, scannte die Umgebung auf Bewegungen. Ich konnte keinen der dort in Stellung gebrachten Marshals sehen, aber wir waren hier genauso stark wie Tamangs Kommando auf der Vorderseite. Sakarian hatte so viele Leute zusammengetrommelt, wie es ihm möglich war, ohne dass die Polizei von Cradle City über den Einsatz in ihrem Revier aufmerksam wurde.

»Sehr viele Drecksäcke überall«, sagte ich leise.

Ich war bei Sedge Systems, und Sie werden nicht glauben, was ich ausgegraben habe. Da gibt es diesen Sicherheitschef, den sie einsetzen, er heißt Chand ...

Ich erschauderte leicht, überprüfte meine Waffen.

»Haben Sie Astrid Gaskell schon über das hier informiert?«, erkundigte ich mich.

»Nein. Wie Sie mir letzte Woche so eindringlich erklärt haben, spielt Earth Oversight hier sein eigenes Blatt aus und lässt sich nicht in die Karten schauen. Es gibt keinen Grund, warum wir ihnen jede kleine Sache aushändigen müssen, die wir ausgraben.«

»Das klingt auf einmal sehr 4Rock4-mäßig von Ihnen. Läuft die Zusammenarbeit nicht so glatt, wie Sie gehofft haben?«

»Wir haben es hier mit der Erde zu tun, Veil. Wir können Händchen halten und so tun, als würden wir gut miteinander auskommen, aber am Ende bleiben sie ein Haufen ignoranter befugter Arschlöcher, genauso wie alle anderen, die von dieser Mutter herkommen.«

Unterdrücktes Glucksen über die Verbindung. Ich blickte finster zu den anderen Balkonen hinüber.

»Nichts für ungut«, fügte Sakarian hinzu.

»Oh, kein Problem, ich würde niemals ...«

Ein strenges Zischen von jemandem. »Hintergasse. Ein Wagen. Sieht nach einem Geländefahrzeug aus.«

»Okay – dann ist das meiner. Nicht wahr, Commissioner?«

Eine Pause, dann kam seine Stimme durch, widerstrebend wie eine geschleppte Leiche. »Korrekt. Veil übernimmt das Ruder. Auf sein Kommando.«

»Danke. Scharfschützen, Funkstille wahren.«

Wir gingen wie zuvor in Bereitschaft. Der Crawler rumpelte die Gasse herauf – eins der traditionellen Modelle, die für schwieriges Gelände konstruiert waren, die in direkter Linie auf die Siedlungszeit zurückgingen und der Grund waren, warum Bodenfahrzeuge auf dem Mars als Crawler bezeichnet werden, auch wenn sie gar keine Raupenfahrzeuge sind. Meine neuen Internsysteme zogen das Bild des Wagens für eine genauere Begutachtung näher heran, bestäubten es mit Anzeigedaten wie ein Feuerwerk zum Luthra-Abend.

Land Rover Viking, dritte Generation, fasste 'Ris für mich zusammen. *Bestätigte Versiegelung, Konstruktion auf Platinniveau, für Oberflächeneinsatz bereit. Für Panzerung optioniert, sieht aus wie ein Modell für Sicherheitskräfte. Mindestens zwanzig Jahre alt. Suche jetzt nach der Fahrzeugregistrierung.*

Vergiss es. Zeig mir nur die Schwachstellen im Abnutzungszustand.

Ich scanne.

»Ist das einer von unseren?«, fragte ein Scharfschütze, der offensichtlich zu ähnlichen Schlussfolgerungen gelangt war.

»Nicht mit dieser Lackierung«, sagte jemand anderer.

Der Crawler kam zum Stehen, und die Luke öffnete sich. Gestalten stiegen aus – die Sicherheit ihrer Bewegungen sprach Bände. Ich spürte, wie die Spannung an meinen Nerven kribbelte und auf Entladung wartete. *Aktion im Navystil,* verriet ihre Aufstellung. *Es geht los.*

»Das sind sie«, murmelte ich in die Verbindung. »Diesmal wirklich.«

»Drei Zielpersonen«, sagte einer der Scharfschützen. »Zwei männlich, eine weiblich. Spektralreflexion deutet auf verborgene Waffen hin. Wie es aussieht, gehen sie rein.«

Ich schob den Kopf um die Kante der Balkonwand und zoomte das Bild heran. Alle drei Gestalten waren in unscheinbare graue Monturen gekleidet, weit genug, um darunter jede Menge sündhafte Hardware zu verstecken. Sie näherten sich dem Hintereingang zu Ucharimas Wohngebäude, als würden sie den Tharsis-Predator auf der anderen Seite erwarten. Tötungsmodus aktiviert.

Die zwei flankierenden Spieler waren mit Gears ausgestattet, die ungerührten Gesichtshälften unter den Linsen zwillingshaft anonymisiert. Die Frau mit dem nackten Gesicht zwischen ihnen ...

– in meinem Kopf machte etwas Kaltes *klick* –

... war Madison Madekwe.

44

Der Schock ließ mich gewichtslos erstarren. Der plötzliche eisige Griff einer Schrumpffolie um mein Herz und meine Eingeweide. Nur mit bewusster Anstrengung konnte ich mich daraus lösen.
Beweg dich, Overrider!
Wegducken und vom Balkon runter, zurück in den Wohnbereich von Ucharimas Apartment. Die HK checken – entsichert, geladen. Noch kein klares Verständnis, was ich tun würde. Ucharima kauerte zusammengesunken auf einem Liegesack mitten im Raum, die Hände mit den Handschellen ausgestreckt, der Mund ordentlich mit einem enzymadhäsiven Knebelpflaster zugeklebt. Ein Marshal saß auf einem Stuhl vor ihr, in drei Metern Entfernung, die Schockpistole locker in der Hand. Beide blickten auf.

Kurz nicken, nicht innehalten, nur an ihnen vorbeigehen. Ich schlüpfte durch die Wohnungstür hinaus und auf den Treppenabsatz. Verstärkte mein Gehör – das leise Scharren von vorsichtigen Schritten zehn Treppenläufe tiefer, als sie mit dem Aufstieg begannen.

Ich lief hinunter, versuchte gar nicht, meine Schrittgeräusche zu dämpfen. Nur ein normaler Hausbewohner, der diesen Abend ausgehen wollte.

Kritische Systeme, subbte ich.
Laufen bereits. Aber mir ist nicht klar, wie deine Strategie …
Bleib einfach dran.

Zwei Läufe tiefer, und die Türen zu den beschlagnahmten Apartments links und rechts von mir gingen auf. Geduckte schwarzgekleidete Gestalten lugten hinter Linsen und dem dunklen Schimmern schussbereiter Waffen nach draußen. Ich tippte mir auf die Lippen, damit sie still waren, winkte sie zurück nach drinnen, während ich vorbeiging.

Unten pausierten die Schritte. Sie hatten gehört, wie ich herunterkam, waren sich nicht sicher, was zu tun war, überlegten sich, wie sie reagieren sollten. Sie waren aus dem Gleichgewicht.

Sie hatten den panischen Anruf von Ucharima erhalten, die etwas über einen Blitzüberfall mit eingetretener Tür plapperte, einen Angriff auf Blass alias Greg durch unbekannte maskierte Gestalten und eine kryptische Warnung, sich aus den Angelegenheiten von Blond Vaisutis herauszuhalten. Und sie gelangten nur auf einen toten Kanal, falls sie Blass zur Bestätigung angerufen hatten. Und falls sein Gear mit anständiger medizinischer Überwachungsoption ausgestattet war, musste es seinen Tod aufgezeichnet haben, als ich ihm die AP-Ladung durch die Brust gejagt hatte. *Etwas* stimmte nicht, so viel war ihnen klar. Und dass wir Blond Vaisutis in die Mischung gerührt hatten, würde die Verwirrung nur steigern. Sie wussten – glaubten zu wissen –, dass ich tot war, aber ihnen musste auch bekannt sein, für wen ich gearbeitet hatte. Man füge noch etwas Gärmittel in Form von Geheimoperationsparanoia für Hidalgo hinzu – und falls er noch keine gehabt hatte, als er damals loslegte, waren sechs Jahre allein im Untergrund auf dem Mars ein recht fruchtbarer Boden, in dem sie keimen konnte –, und niemand wusste, bei welchen nervösen Spekulationen er und seine kleine Gang inzwischen angelangt waren. Lange Rede, kurzer Sinn: Ucharima in Gefahr, das lief auf Entlarvung hinaus, und ein solches Risiko konnte sich Hidalgo nicht erlauben.

Es war das Beste, was ich in so kurzer Zeit als irreführenden Hirnfick auf die Beine stellen konnte. Es fühlte sich wie ein ziemlich zuverlässiges Paradebeispiel an. Nur schade, dass Madison Madekwe aufkreuzen musste und all meine Arbeitshypothesen über den Haufen warf.

Ich wendete auf dem Absatz vor der Treppe zum ersten Stock, sah sie dort stehen, abwartend und horchend. Ohne langsamer zu werden, stieg ich zu ihnen hinunter.

»N'Abend, die Herren, die Dame.«

Ein breites, entwaffnendes Grinsen aufgesetzt, im Gegensatz zu dem sehr offensichtlichen schwarzen Wischer der Antiscanschmiere auf dem Rest meines Gesichts, die HK niedrig hinter mir in den Falten meines Staubmantels vom Marshal Service verborgen.

Damit würde ich bestenfalls ein oder zwei Herzschläge gewinnen ...

Madekwe erkannte mich durch die Schmiere. Riss fassungslos den Mund auf. Sie hatte keine Waffe gezogen, und jetzt würde ihr dazu nicht mehr genug Zeit bleiben. Die anderen beiden waren ihr voraus, hatten die fiesen Klappschaft-Karabiner von FN Herstal bereits unter ihren Mänteln hervorgeholt, hielten sie niedrig mit beiden Händen. Keine Waffe, die man auch nur annähernd in der Horizontalen sehen wollte. Heißlaufend aufgedreht, schwang ich die HK unter meinem Staubmantel hervor, feuerte in schneller Abfolge je eine AP-Ladung durch beide Männer. Das raue Knallen der Schüsse vermischte sich fast zu einem einzigen Geräusch im Treppenhaus. Ich erwischte sie auf Brusthöhe, mehr oder weniger – sie sackten zusammen wie Dinge, die schlagartig ausgeschaltet wurden, stürzten rückwärts die Treppe hinunter, beleuchtet vom Mündungsfeuer des Deckbesens, als er sie zerriss. Sie landeten auf dem Zwischenabsatz, als chaotisches Gewirr aus Gliedmaßen und rot auslaufenden Körpern. Dumpfes Klappern ihrer verlorenen Waffen, die ihnen nach unten folgten.

Der Augenblick dehnte sich zum Zerreißen.

»Abgefeuerte Schüsse«, zischte jemand über die Verbindung.

»Alles unter Kontrolle«, gab ich zurück. »Bleiben Sie, wo Sie sind.«

»*Veil?*« Madekwe, die mich ansah, als hätte ich ihr einen Schlag in die Magengrube verpasst. Sie hatte ihr Haar gestutzt, bemerkte ich flüchtig, hatte es zu einem straffen Cornrow-Helm zurückgezogen und ansonsten nur wenig davon übrig gelassen. Dies und das Fehlen des Möwenflügel-Gears, das sie in Bradbury zur Schau gestellt hatte, gab ihrem Gesicht ein breiteres, stärkeres Aussehen.

Ich nickte mein Kehlenmikro aus, warf die Marshals aus der Leitung. »Ist noch irgendjemand im Wagen?«

»Sie haben … man hat Sie ermord…« Sie ruderte mit den Armen, starrte auf die Leichen hinunter. »Sie haben einfach …«

»*Ist noch jemand in dem verdammten Wagen?*«

Benommen schüttelte sie den Kopf.

»Dann gehen wir.« Ich wedelte mit dem Flintenlauf vor ihr herum. »Wir haben eine Minute oder weniger. Hier wimmelt es von Teams des Marshal Service. Wollen Sie ihnen begegnen?«

»Aber … Sie …«

»Verdammt noch mal, wollen Sie *sterben*? Keine Zeit für Erklärungen. *Gehen* wir!«

Weiter die Treppen hinunter, an den Toten und den größer werdenden Blutlachen vorbei – meine Stiefel nahmen im Vorbeigehen etwas davon auf, gaben es in klebrigen Abdrücken auf dem nächsten Treppenlauf wieder ab. Ich schnipste die Kommunikation wieder an.

»Hier ist Veil. Ich komme durch die Hintertür raus – eine Gefangene. Nicht schießen, scannen Sie die Umgebung auf weitere Besucher.«

»Veil?« Sakarian. »Was ist da drinnen passiert, was ...?«

Ich trennte die Verbindung.

Wir erreichten das Erdgeschoss, suchten die Tür nach draußen auf die Gasse. Der gepanzerte Klotz des Land Rover stand im blitzenden Laminazwielicht wie etwas Prähistorisches kurz vor dem Aufwachen.

Hack dieses Mistding, bitte.

Erledigt.

Der Motor erwachte rumorend zum Leben, die Luke auf unserer Seite sprang auf. Um den Schein zu wahren, drängte ich Madekwe mit der Flinte hinein, stieg hinter ihr ein.

Bring uns hier raus, 'Ris. Ausweichroute, bleib im Tempolimit, wenn du kannst.

Ich kann.

Der Land Rover fuhr mit einem Ruck rückwärts an, beschleunigte mit hohem Turbinengeheul. Vollführte eine perfekt kalibrierte Drehung an der nächsten Kreuzung, schoss nach links davon. Ich sammelte mich aus der Ecke auf, in die er mich geworfen hatte. In unserem Kielwasser wachten die Marshals auf, brachen über die Verbindung in verwirrtes Geschnatter aus. Fragen wurden gerufen, insgesamt nicht allzu höflich.

»Veil? *Veil?!*« Sakarians wütende Stimme, die alles übertönte. *»Was zum roten Sandfick haben Sie vor?«*

Ich nickte die Verbindung wieder ein. Spürte auf dem ganzen Gesicht das zittrige Adrenalingrinsen wie die Soße eines billig gedruckten Kebab. »Tut mir leid, Commissioner. Ich bringe die Gefangene vorübergehend in Schutzgewahrsam. Ich kann mich nicht darauf verlassen, dass *Sie* für ihre Sicherheit sorgen, oder?«

Stille. Als das Hintergrundgeplapper verstummte, war mir klar, dass er den allgemeinen Kanal geschlossen hatte. Mehr brauchte ich nicht als Bestätigung.

»Veil?«

»Kommen Sie schon, Sakarian – warum geben Sie nicht einfach auf.«

Ich warf einen Seitenblick zu Madison Madekwe, das Ebenholzschimmern ihres Gesichts im Widerschein des Armaturenbretts. Jesus und Pachamama, sie war sogar hinreißend, wenn sie vom Kampfmodus runterkam. Ich machte eine Geste, dass sie still sein sollte, und sie nickte angespannt. In meinem Internsystem klickte ich auf *Link*, sah wie die Kommunikationskonsole des Land Rover aufleuchtete. Sakarians Stimme krachte in den Innenraum.

»Ich weiß nicht, wovon zum Teufel Sie reden, Veil. Aber Sie sollten lieber zurückkommen, bevor ...«

Ich schnitt ihm das Wort ab. »Klar. Lassen Sie es uns zusammen durchgehen, Commissioner. Wie Sie einfach so in Gingrich Field aufgetaucht sind? Die große Rettungsaktion des Marshal Service? Sie hatten es in dem Augenblick ziemlich gut überspielt, aber es ergab einfach keinen Sinn. Sie waren gar nicht gekommen, um mich zu retten – Sie waren hinter Chand her.«

»Sie sind wahnhaft paranoid, Veil. Diese Overrider-Konditionierung durch BV hat Sie rettungslos verkorkst.«

»Wirklich? Dann können Sie mir vielleicht das hier erklären.« Ich blinzelte die Nachricht von Seb Luppi auf, stellte sie durch und ließ sie ablaufen. »*Ich war bei Sedge Systems, und Sie werden nicht glauben, was ich ausgegraben habe. Da gibt es diesen Sicherheitschef, den sie einsetzen, er heißt Chand, Sandor Chand. Sein Name taucht überall in ihren Firmensicherheitsdaten auf, also war klar, an wen ich mich wenden musste. Natürlich konnte ich ihn nicht persönlich treffen, sie wimmelten mich mit irgendeinem kleinen PR-Fuzzi ab. Aber ich saß ein paar Stunden lang im Besuchergehege, während sie darauf warteten, dass mir langweilig wird und ich abhaue. Und würden Sie gern wissen, wer aufkreuzte, um sich mit ihm zu treffen, und wer mit allen gebührenden Ehren empfangen wurde? Commissioner Peter Scheißsakarian in all seiner Ex-Marshal-Herrlichkeit. Man hätte meinen können, er wäre ein Ultratripper, so wie sie den Wichser behandelt haben. Ich weiß nicht ...«*

Stille öffnete sich wie ein Abgrund, als ich ich die Aufnahme anhielt. Auf dem anderen Sitz im Land Rover beobachtete Madekwe mich immer noch mit einem Blick, den ich nicht deuten konnte.

»Ich weiß nicht, wer da gesprochen hat«, versuchte Sakarian es schließlich. »Aber ...«

»Spielt auch keine Rolle, wer gesprochen hat. Vergessen Sie ihn.« Ein unerwarteter Splitter aus Wut kratzte in meiner Stimme. »Und ich werde Sie töten, wenn Sie sich in seine Nähe wagen, das verspreche ich Ihnen.«

»Veil, ich war nicht bei Sedge Systems, um mich mit Chand zu treffen, ich ...«

»Netter Versuch, Commissioner. Aber Lügen ist nicht so Ihr Ding. Es ist keine zwanzig Minuten her, als Sie sagten, Sie hätten keinerlei Verbindung zu Sedge. Und jetzt plötzlich doch?«

»Richtig, in diesem Punkt habe ich gelogen.« Nun eindringlicher. »Klar. Aber was wollen Sie mir vorwerfen? Glauben Sie, ich würde Ihnen alle möglichen Ermittlungsergebnisse anvertr...«

»Mann, hören Sie mit dem Scheiß auf!« Ich hatte es herausgebrüllt, bevor es mir bewusst wurde. Madekwe warf mir einen erstaunten Blick zu. Ich regelte meine Stimme wieder herunter. »Ich habe einfach die Schnauze voll von Ihnen und Ihrem High-Frontier-Schwachsinn! Sie sind korrupt, Sakarian, Sie kuscheln mit allen unter einer Decke! Sie und Sedge, Sie und Chand. Sie und der verfickte Mulholland höchstwahrscheinlich genauso.

Wissen Sie, Tamang hat Sie unbeabsichtigt verraten, während wir auf Ihr Spurensicherungsteam gewartet haben, nur dass ich damals den Zusammenhang noch nicht gesehen hatte. Er nannte *Chands Namen*, er wusste also bereits, dass er da unten war. Aber er war gar nicht mit Ihnen unten gewesen, wie passt das also zusammen?«

»Ich ...«

»Es passt zusammen, weil er genauso wie alle in Ihrem Team eingewiesen worden war. Und die Einweisung lautete, Sandor Chand aufzuspüren und mitzunehmen. Weil Sie mit Chand zusammengearbeitet hatten, um an Hidalgo heranzukommen. Um ihn auszuschalten und um Sedge und den großartigen verfickten Mythos der Marstech zu retten, das, was die ganze traurige Wichsfantasie dieses Planeten aufrechterhält.«

Wieder Stille, diesmal hässlich. Ich konnte seinen Zorn über die Verbindung spüren.

»Sie sprechen hier über meine Heimat, Veil.«

»Ja? Dann viel Spaß damit. In der Zwischenzeit werde ich Madekwe wie versprochen zu Gaskell zurückbringen, und dann winke ich Ihnen und Ihrer ganzen Baggage zum Abschied zu. Ich sehe Sie in den Feeds.«

Ich killte die Verbindung mit einer Grimasse. Neben mir rührte sich Madekwe. Ich warf ihr einen kalten Seitenblick zu. »Sie rühren sich nicht von der Stelle, Navy Girl. Denken Sie nicht mal daran. Ich würde Sie sofort erschießen.«

Ein winziges Zucken im Mundwinkel. Sie nickte. »Wann sind Sie darauf gekommen?«

»Vor etwa drei Minuten, als ich gesehen habe, wie Sie mit Ihren Killerkommandokollegen aufgekreuzt sind. Aber ich hätte es schon viel früher erkennen müssen.«

»Ärgern Sie sich nicht. Damit verdiene ich mein Geld.«

»Sie halten die Klappe.«

Ich sackte im Schalensitz des Land Rover zusammen. Starrte über die Konsole auf die schlafende Stadt hinaus, während 'Ris uns geschickt hindurchschlängelte. Große verdunkelte Gebäude auf allen Seiten, mit dem unregelmäßigen Muster der wenigen noch hellen Fenster gestempelt, und dazwischen ein näher kommender Highway, den ich gar nicht wiedererkannte.

»Wohin fahren wir?«, fragte Madekwe leise.

»Könnten Sie mich für eine verdammte Minute in Ruhe lassen? Ich weiß nicht, wohin wir fahren. Ich habe gerade fast meinen ganzen Treibstoff verbrannt.«

»Darum habe ich Sie nicht gebeten.«

»Ja, gut, ich habe auch nicht darum gebeten, dass bewaffnete Arschlöcher mit einem militärischen Sprengkopf zu mir kommen. Aber sie sind gekommen.«

Diesmal kam es mir vor, als zucke sie leicht zusammen. »Das war nicht meine Entscheidung.«

»Aber Sie haben mich auch nicht gewarnt.«

»Ich *wusste* es nicht. Hidalgo ist ...« Sie verstummte, als ihr der Name über die Lippen kam.

»... ein Undercover-Navy-Psychopath, genauso wie Sie. Ja, ich habe das Memo bekommen. Hat sich die Scharte rauf und runter gemordet, wie damals zu Okombi-Zeiten.«

Für einen Sekundenbruchteil wirkte sie, als hätte ich sie geohrfeigt. Dann verhärtete sich ihr Gesicht, so schnell wie eine aktivierte Nanobetonoberfläche, und sie lehnte sich im Sitz zurück, nagelte mich mit einem totäugigen stummen Starren fest. Ich drängte weiter, jagte das Restjucken des Zorns, den der Kampf auf der Treppe in mir zum Überschwappen gebracht hatte.

»Wann sind die Anwerber zu Ihnen gekommen, Madison? War es in Ihren Jugendjahren in den Regionen? Als Sie es in den

Stammesrat schafften? Oder war es gleich nach Ihren Vandever-CGA-Resultaten?«

Der hinreißende langlippige Mund lockerte sich für einen Moment. »Sie haben tiefer gegraben, sehe ich.«

»Ich hatte einen Freund darauf angesetzt. Jetzt liegt er im Sterben, nachdem er von einem Abwehrvirus der Navy geröstet wurde.«

»Wollen Sie mir die Schuld daran geben?«

»Wechseln Sie nicht das verdammte Thema. Nein, ich gebe Ihnen nicht die Schuld daran. Sie waren es nicht, die ihn zu diesen Nachforschungen aufgefordert hat.«

Angespannte Stille zwischen uns. Irgendwie schienen wir auf den Sitzen des Land Rover näher zusammengerückt zu sein.

»Es waren die Vandever-Resultate«, sagte sie.

Ich nickte. »Gut. Also werden Sie von der Flotte für die SEK-Teams angeworben und beginnen mit dem Training, während alle anderen glauben, Sie würden diese Jäger-Sammler-Geschichte für reiche Kinder in den Annektierten Regionen durchziehen. Und irgendwann entscheidet jemand vom Flottenoberkommando, dass die Navy ein paar Undercoveragenten in der Infrastruktur von COLIN Oversight gut gebrauchen könnte. Nicht ganz so glamourös wie gepanzerte Vakuumanzüge und Außeneinsätze irgendwo hinter dem Gürtel, aber hey, Sie gehen einfach dorthin, wo man Sie braucht, stimmt's?«

Sie beugte sich vor, Herausforderung im Blick. »Sagen Sie es mir, Veil. Sie scheinen alle Antworten zu haben.«

»Wenn ich alle Antworten hätte, wüsste ich, warum Sie mich mit Ihrer angeblichen jugendlichen Tochter angelogen haben. Ich würde ebenso wissen, warum Sie sich da drüben in diesem Lift an mir rauf und runter gerieben haben, um dann wie eine verschämte vierzigjährige Jungfrau zu flüchten …«

»Habe ich damit Ihr Overrider-Ego eingedellt?«

»*Sie* haben etwas verpasst.«

»*Tatsächlich?*«

Inzwischen waren wir zwischen den Sitzen weniger als eine Armlänge voneinander entfernt. Ich konnte ihren Atem auf meinem Gesicht spüren, das gesammelte Gewicht ihrer Brüste sehen, wo sie sich vorbeugte, die Formen ihrer Schenkel und Hüften, wo sie sich mir zudrehte. Ich spürte, wie sich meine eigene Erregung verräterisch unter mir hochschob, wie der Kampfrausch und der Zorn nahtlos zu einem Verlangen morphten, das ich viel zu lange zurückgehalten hatte. Kehle zugeschnürt, pochender Puls.

Madekwe atmete schwer. »Sie werden mich nicht erschießen, Veil. Das werden Sie nicht tun.«

»Kommen Sie rüber, und sagen Sie das noch einmal«, knurrte ich.

Sie überwand die restliche Distanz, die Augen unfokussiert und flüssig dunkel von derselben anflutenden Begierde, während ihre Hände wie Klauen nach mir griffen.

Ihr Mund heftete sich auf meinen.

Der Land Rover war mit zwei gegenüberliegenden Sitzreihen im Heck der Innenkabine ausgestattet, und auf dem Boden dazwischen befand sich eine überraschend breite Leerfläche. Unser Hunger warf uns in fummelnder, keuchender Unordnung dorthin – meine rechte Hand wurde unter ihre Kleidung gedrängt und steckte dort fest, um eine geschwollene Brust gelegt, mit so hartem Druck, dass sich der Nippel in meine Handfläche presste. Ihre Hände waren an meinen Hüften beschäftigt. Küsse wie Bisse an meinem Hals. Das Schaukeln des Land Rover in einer Kurve warf uns seitwärts von den Knien, und vor den Bänken brachen wir zusammen. Ich richtete mich wieder auf, arbeitete mich unbeholfen aus dem großen Marshalmantel. Zerrte meine Hand aus ihrer Kleidung hervor, um den rechten Ärmel abzuschütteln, breitete den Stoff hastig auf dem Metallboden aus.

Das wäre ... unklug ...
Du hältst die Klappe!

Ich bekam Madekwes Schlechtwetterleggings in die Hände, fand die Versiegelung im Schritt und spürte, wie sich der Stoff lockerte, als sie ausgelöst wurde. Ich zerrte die Leggings bis auf Kniehöhe herunter, legte harte, ebenholzschwarze Schenkel frei. Ihr Duft quoll hervor, wehte mir entgegen. Ich ließ die Leggings los, packte beide Schenkel und fuhr mit der Zunge einen nach dem anderen an den Innenseiten hinauf. Es triggerte ein leises, begehrliches Stöhnen. Ich beugte ihre Knie und öffnete die Beine so weit, wie es die Kleidung erlaubte, versenkte mein Gesicht in der Hitze genau dazwischen. Ein Fetzen aus weichem weißem Stoff versperrte mir den Weg, ungeduldig schob ich ihn mit der Zunge zur Seite. Fand das raue, dichte Haar und das schlüpfrige Fleisch darunter, nahm es behutsam in den Mund und saugte.

Madison Madekwe stöhnte erneut und verstärkte ihre Bemühungen, mich unterhalb der Hüften nackt zu machen. Meine Hose löste sich, faltete sich über meinen Stiefeln zusammen. Mein Schwanz landete in ihrer Hand, die sie jetzt den Schaft hinauf- und hinunterbewegte, hinauf und hinunter mit einer festen, schwieligen Hand, während sie die ganze Zeit mit der anderen an ihrem Oberteil zerrte und versuchte, es sich über den Kopf zu ziehen. Ich schob meine Zunge in sie hinein, tief flirrend, zog sie wieder heraus und hinauf, legte sie breit und flach auf den knospenden Knopf ihrer Klit. Sie gab einen erstickten Laut von sich, überrascht, die Stimme nun sanfter und kehliger.

»Nein, warte – warte, halt ...«

Dann wölbte sie den Rücken, und die Worte versickerten in Stöhnen, wie Wasser in trockenem Sand. Ihre Hände ließen meinen Schwanz und ihre widerspenstige Kleidung los, packten stattdessen meinen Hinterkopf. Sie drückte sich fest gegen meinen Mund, ihr Atem ging gepresster und heiserer, sie hielt meinen Kopf mit beiden Händen, als könnte sie mich mit ausreichend viel Kraft in sich hineinschieben. Das Keuchen wurde zu gezischten Worten, *ja, ja, genau so, ja, oh, ja,* ihre Hände ballten sich zu Fäusten in meinem Haar, und schlagartig, heftig erzitternd wie ein unrund laufender Motor, kam sie.

Dir ist bewusst, dass die Geheimagentenausbildung auch den Einsatz von Sex als taktische Option einschließt? Madison Madekwe hat...

Nein, wirklich, 'Ris – halt jetzt die Klappe, verdammt! Ich meine es ernst! Zieh Leine!

Ich löste den Mund von ihren Schenkeln, blickte an der Sinuskurvenarchitektur ihres liegenden Körpers entlang zu ihrem Gesicht. Die Augenlider fast geschlossen, die Lippen geteilt und grinsend, der Brustkorb hob und senkte sich noch, während ihr Stöhnen abebbte. Sie spürte, dass ich sie beobachtete, wurde wieder munter und zog sich alles, was sie oberhalb der Taille trug, in einer heftigen Bewegung mit gekreuzten Armen über den Kopf. Doch sie schaffte es nur halbwegs, denn die verknäuelten Kleidungsschichten blieben auf Schulterhöhe stecken. Ihre Profilkörbchen hielten sich an den Brüsten fest, immer noch im Funktionsmodus. Sie mühte sich einen Moment lang ab, von ihrem Kopf war nichts mehr zu sehen.

»Könntest du mir hier vielleicht ein wenig helfen?«, fragte sie mit gedämpfter Stimme.

Ich nahm die Profilkörbchen, drückte sie in den Trennmodus, und sie fielen ab. Ihre Brüste schwangen frei, hingen voll und rund unter den breiten Schwimmerschultern. Ich befreite ihren Kopf von der restlichen Kleidung, zog sie ihr über die gesenkten Arme. Warf alles beiseite. Madison Madekwe legte eine langfingrige Hand flach auf meine Brust, drehte den Kopf wie ein Scharfschütze, der die Nackenmuskeln lockert, bevor er in Stellung geht. Ich sah, wie sich die Enden der gestutzten Cornrows in ihrem Genick küssten, so wie winzige wuschelköpfige Schlangen. Es sind immer die kleinen Dinge – beim Anblick spürte ich ein Zucken in meinem schmerzenden Schwanz, und vielleicht sah sie auch, wie der Ruck durch meinen ganzen Körper ging. Sie griff nach mir, zog abwechselnd mit den Händen, als würde sie ein Seil einholen.

»Ich will dich in mir«, sagte sie bebend. Legte eine Hand auf ihre Möse, schob Finger hinein. »Ich will dich hier haben, Veil. *Jetzt.* Ich will spüren, wie du in mir kommst.«

Ich wischte mir über den Mund, packte sie an den Hüften und zog sie heran. Sie teilte ihre Möse für mich, lehnte sich zurück. Ich schob mich in sie, keuchte von der schlüpfrigen Leichtigkeit und Hitze, und sie drängte sich gegen die Härte meiner Erektion, wild grinsend. Ich schob eine Hand unter ihren Arsch, die Sinneserinnerungen an die Liftkabine stürzten auf mich ein, und ich stieß hart gegen sie. Sie legte einen Arm unter die Brüste, drückte sie hoch, und ich stürzte mich wie ein Verhungernder darauf, saugte einen Nippel bis an den Gaumen ein.

Und entlang unserer fest zusammengepressten Körper spürte ich ihre Haut an meiner brennen wie die Wärme der Sommersonne auf der Erde.

45

Und Stille ...

Ich brauchte eine ganze duselige postkoitale Minute, um zu bemerken, dass nicht nur wir aufgehört hatten, uns zu bewegen, auch der Land Rover fuhr nicht mehr. Ich hob den Kopf von Madekwes Brustkorb, richtete mich auf, und mein entleerter Schwanz glitt glitschig aus ihr heraus. Sie stieß einen leisen bedauernden Laut aus.

»Okay, tschüss.«

Ich setzte mich im Durcheinander der abgeworfenen Kleidung auf und horchte.

»Wir parken«, sagte ich.

»Ja, ich habe es gemerkt.« Sie stemmte sich neben mir auf einem Ellbogen hoch. »Ich dachte, das wären du und deine BV-patentierte Kampf-KI gewesen.«

»Da hat wohl noch jemand Nachforschungen angestellt.«

Ich versuchte zu spät, ein Grinsen hinzuzufügen, aber es verrutschte und blieb missglückt hängen. Ihr antwortendes Lächeln flackerte und ging schnell aus. Ich seufzte.

Geh für einen Moment auf Lautsprecher.

Wenn du darauf bestehst.

»Wo sind wir, 'Ris?« Es machte mich befangen, laut mit ihr zu sprechen.

»Derzeit stehen wir auf der unteren Etage eines stillgelegten Crawler-Lagerhauses auf der Westseite von Cradle City.« Ihre Stimme sickerte aus den Kabinenlautsprechern des Land Rover, in reduzierter Tonqualität und mit fernem Klang, verglichen mit den neuen Internsystemen. »Ich habe die Motorkühlungssysteme auf Maximum hochgefahren, um unsere Wärmesignatur auf einen vernachlässigbaren Wert zu drücken. Für einen flüchtigen Subgeo-Scan, sollte jemand so etwas versuchen, dürften wir uns praktisch nicht von den übrigen hier vorhandenen Fahrzeugen unterscheiden.«

Madekwe setzte sich mit einem Grunzen auf, lehnte sich lässig gegen eine Bank, auf eine Weise, die mir Schmerzen bereitete. »Gute Entscheidung. Hast du ihm diese Stimme gegeben?«

»Vorläufig ist es eine gute Entscheidung, ja. Doch nach der Interface-Operation, die kürzlich von den Medizinern des Marshal Service an Veil ausgeführt wurde, ist es wahrscheinlich, dass die Marshals nun prädiktive Modellierungen meiner Systeme laufen lassen können, um eine funktionale Extrapolation der von mir benutzten Ausweichstrategien zu erstellen. Der stationäre Aufenthalt an einem unbestimmten Ziel ist die einfachste Möglichkeit, ein prädiktives Routenplanungsprogramm kurzzuschließen. Aber auch das ist eine Entscheidung, die sich irgendwann voraussagen lässt. Wir sollten uns hier nicht zu lange aufhalten.« 'Ris machte eine kurze Pause, sprach dann ohne Veränderung des Tonfalls weiter. »Ja, er hat mir diese Stimme gegeben. Ein Download von Persona Grata Custom, Niederlassung Western Australia. Das Urheberrecht liegt bei den erbberechtigten Nachfahren von Asia Badawi.«

»Nie von ihr gehört.«

Ich räusperte mich. »Ich auch nicht – hab sie von der Stange gekauft. Damals hatte ich kein Geld für irgendetwas anderes, ich war noch in der Ausbildung.« Mir wurde abrupt bewusst, wie defensiv ich klang. »Also – du und Hidalgo. Das war eine große Sache, oder?«

»Jetzt nicht mehr.«

»Aber damals auf der Erde, nicht?«

Sie nickte. »Vor langer Zeit, während des Trainings – ja. Es ist eine intensive Umgebung, SEK-mäßig. Man kann sich ... sehr nahe kommen. Natürlich hieß er zu dieser Zeit nicht Hidalgo.«

»War das der Grund, warum man dich geschickt hat? Wegen der engen Verbindung?«

»Ich weiß nicht, warum man mich geschickt hat«, sagte sie gereizt, sodass es wahr klang. »Wenn man lange Zeit verdeckt arbeitet, hinterfragt man seine Anweisungen nicht mehr. Das ist nicht vorgesehen, und normalerweise hat man auch gar keine Zeit dafür. Vielleicht war es das, vielleicht war ich auch die einzige verfügbare Agentin, die ins Auditteam passte. Spielt das eine Rolle?«

»War er erfreut, dich wiederzusehen?«

Sie bedachte mich mit einem strengen Blick. »Hast du ein Problem mit dem, was wir gerade getan haben, Veil?«

»Nein, Madison, ich habe ein Problem mit dem, was du als Nächstes zu tun beabsichtigst. Sag mir, glaubt die Flotte *wirklich*, ein weiterer Navy-Putsch wäre genau das, was dieser Planet jetzt braucht? Ich meine – einen Regimewechsel? Beim letzten Mal ist es ja *so* verdammt gut gelaufen, nicht wahr?«

»Falls du auf Kathleen Okombi anspielst, das ist ein Jahrhundert her, und das hier ist nicht dasselbe. Es wird auf keinen ...«

»Ich spiele nicht nur auf Okombi an, ich spiele auf Nielson auf Ganymed an, auf Ngata-Maclean im Kugelschwarm, Chang auf Titan. *Es ist jedes Mal dieselbe Scheiße.* Navy-Geheimagenten. Ihr stürmt rein, tötet jeden, der sich nicht schnell genug auf den Boden wirft, dann verschleppt ihr alle anderen in Geheimgefängnisse, bis sie euch sagen, was ihr hören wollt, oder sterben, wenn sie sich weigern. Ich habe ein bisschen von eurem Werk im Schwarm gesehen, Navy Girl, und ich bin einigen der Leute begegnet, die es durchgezogen haben. Ich weiß, wie es läuft.«

»Und was du tust, ist *besser*?« Ein leichtes ungläubiges Hüsteln – ich bemühte mich, nicht darauf zu achten, wie das üppige erdgeborene Gewicht ihrer Brüste diese Bewegung mitmachte. »Gemetzel zwischen den Sternen für die Gewinnbilanz irgendeines Unternehmens? Ich spreche hier mit dem Mann, der eben gerade auf der Treppe eines Wohngebäudes zwei völlig Fremde kaltblütig erschossen hat.«

»Freunde von dir?«

»Nein, aber ...«

»Du weißt, dass deine Untertauchaktion am Bradbury Central mindestens drei Menschen das Leben gekostet hat, oder? Zwei kleine Kinder und ein alter Mann.«

Sie wandte den Blick ab. »Ich habe die Nachrichten gesehen. So war es nicht geplant, es ... Deiss sagte ...« Sie seufzte, wollte mich immer noch nicht ansehen. Unwillkürlich starrte ich wieder auf die Enden der gekappten Cornrows, wo sie sich in ihrem Nacken küssten. Sie schüttelte den Kopf. »Diese ... Leute, mit denen Hidalgo zusammenarbeitet, der lokale Nachwuchs – die sind ein Notbehelf. Sie sind nicht besser als irgendwelche Schläger aus der Steppe von Dakota. Er war genauso schockiert wie ich, als sie anfingen, in die Menge zu schießen. Ich habe sein Gesicht gesehen.«

Arráncate, Hidalgo!

Der Ruf geisterte durch meinen Kopf. Und ich sah ihn, wie er erstarrt dastand, bestürzt über das, was seine bescheuerten Hochland-Rekruten durchzogen.

»Das mag durchaus sein. Aber ich finde, du bist nicht in der Position, mich über moralisches Verhalten zu belehren, also schlage ich vor, dass du es einfach nicht tust.«

»Oh, und was zum Henker *hätte* ich tun sollen, Veil?« Die plötzlich heftige Verbitterung in ihrer Stimme zupfte an etwas in mir, in Kehle und Bauch und Schritt. »Ich wurde hergeschickt, um Hidalgo zu suchen und ihn zurückzubringen. Wie ...«

»Du arbeitest nicht *mit* Hidalgo?«

Das war eine Möglichkeit, die mir noch gar nicht in den Sinn gekommen war. Die Mischung aus Wut und Ficklust hatte mich aus der Bahn geworfen, und das – in Verbindung mit einer historischen Abneigung gegenüber der Navy – hatte mich daran gehindert, allzu weit über den unmittelbaren Anschein hinauszudenken.

Sie zeigte mir ein erschöpftes Lächeln. »Eigentlich nicht, nein. Ich meine, ja, im Moment kooperiere ich mit ihm, aber ...« Wieder ein Seufzer, diesmal schwerer. »Hör zu, Veil, es ist kompliziert. Und ich hatte sehr wenig Spielraum, seit ich hier ankam. Gleich nach meinem Eintreffen wurde ich von der Polizei an *dich* gefesselt – wie du selbst zugegeben hast, ein ausgebrannter Black-Hatch-Killer. Mit lokalen Verbindungen zur organisierten Kriminalität und den Kraterchinesen. Ich habe deine Akten gelesen, Veil. Hast du sie jemals zu Gesicht bekommen? Weißt du, was darin über dich gesagt wird? Wie sollte ich meine Anweisungen ordentlich ausführen, während du die ganze Zeit an mir hängst wie ... wie ... irgendein schlafloser verfickter Konzern-Ogbanje? Ich musste dich loswerden und untertauchen, weil ich nicht wusste, wie ich sonst meinen Job hätte machen sollen.«

»Das erklärt nicht den Lift.«

»Ich muss dir wirklich den Lift *erklären*?« Peitschenschnell packte sie meinen Arm. Teilte die Schenkel und lehnte sich an der Bank weiter zurück, zog meine Hand heran und drückte sie fest auf den feuchtheißen Hügel ihrer Möse. »Muss ich dir *das* erklären? *Ich wollte dich ficken, Veil.* Ich will dich *immer noch* ficken, und wir sind gerade erst fertig geworden. Spür es ...«

Sie keuchte, als ich meine Finger in sie schob. Sie zog fester an meinem Arm, brachte mich näher ran, stöhnte mir drängend ins

Ohr. In meinem Schoß hörte es mein Schwanz und reagierte, als wäre er auf den Laut abgerichtet worden. Ich verfestigte mich heimlich, aber sicher zu einer neuen Erektion. Von unseren vermischten Körperflüssigkeiten war Madekwe immer noch schlüpfrig und offen, es war leicht, mit meinen Fingern tiefer einzudringen, während ich sanfte Kreise mit den Spitzen rieb. Ich spürte, wie sich drinnen ihre Muskeln zusammenzogen und unwillkürlich zuckten. Sie legte eine Hand ab und streifte zufällig oder gewollt meinen Schwanz, fand ihn stramm und aufwärtsstrebend. Sie lachte an der weichen Haut meines Halses, schloss die Hand um meinen Schaft, rieb behutsam auf und ab. Dann glitt sie graziös zur Seite und zurück auf den Stoff meines Mantels, packte meine Hüften mit den Händen und schob sich meinen Schwanz in den Mund, während sie mir wieder die Möse ins Gesicht drückte.

Ich atmete sie ein, den vermischten herben Duft unserer Säfte, und dahinter etwas Pheromonales, dem ich mich nicht verweigern konnte.

Diesmal dauerte es länger, viel länger. Bei uns beiden hatte der Drang nachgelassen, und der enge Raum zwischen den Bänken sorgte für einige schmerzhafte Stöße mit Beinen und Armen, als sich die Leidenschaft steigerte. Schließlich ließ ich sie mit Zunge und Fingern abgehen, doch mein eigenes Finale blieb hartnäckig außer Reichweite. Details des Falls machten mir Sorgen, die plötzlichen Interessensunterschiede zwischen Hidalgo und Madekwe, was sich in der entstandenen Lücke aufbauen mochte …

Irgendwann gab sie es auf, stand im Innenraum auf und blickte grinsend auf mich herab.

»Marathon-Mann, was?«

Ich wischte mir den Mund ab, stemmte mich hoch. »Hey, das wird noch.«

»Leg dich hin«, sagte sie und half mir, indem sie sich auf mich hockte, das Gesicht abgewandt, auf meinem Brustkorb sitzend. Vorgebeugt, den Kopf leicht zur Seite geneigt, als würde sie den Schwanz genau studieren, den sie da in den Händen hielt. Die weiten Kurven ihres Hinterns und der Hüften über mir, in aufreizender Entfernung vor meinem Gesicht. Ich reckte mich vor, um sie zu lecken, um in all das straffe dunkle Fleisch zu beißen, doch sobald ich mich bewegte, tat sie dasselbe. Mit den Händen an meinen Fußknöcheln schob sie sich vor, wackelte mit dem Arsch, als wollte sie mich tadeln. Hielt inne und erhob sich ein Stück, um mich wie eine HK-Patrone einzuführen.

Und dann, ohne ein weiteres Wort, ritt sie mich so schnell und wild zu einem Höhepunkt, der meinen Rücken vom Boden des Land Rover hochwarf, als hätte sie mich mit einer Schockpistole getroffen.

»Und was jetzt?«

Wieder lagen wir ineinander verstrickt auf dem Stoff meines geborgten Mantels vom Marshal Service, ihr breiter Schwimmerrücken gegen meine Brust gepresst, meine Arme locker über der gepolsterten Wölbung ihrer Brüste verschränkt. Ihr Kopf lehnte sich in die Mulde unter meinem Kinn, unsere Beine gekrümmt ineinander verknäult, die Füße in loser Umklammerung.

»Jetzt?«, wiederholte ich.

Sie drehte den Kopf ein wenig an meinem Kinn hoch. »Jetzt, nachdem wir diese juckende Stelle gründlich gekratzt haben, Veil. Jetzt, wo wir uns wieder auf ... den Fall konzentrieren können.«

»War es deswegen?«

»Na, du weißt ja.« Leichtes Schulterzucken. »Sie bringen einem zwei prinzipielle Lösungen für diese Art von Problem bei. Die eine besteht darin, es auszublenden, die Bedeutung herunterzuspielen, es tief unter der Professionalität zu vergraben und den Fokus auf die Mission zu richten.«

Ich lächelte in mich hinein. »Aus dem Lift aussteigen.«

»Genau. Aus dem Lift aussteigen, solange man es noch problemlos tun kann.«

»Und die andere Lösung?«

»Höheres Risiko. Aber sie kann einem zu mehr Klarheit verhelfen.«

»Okay, dann versuchen wir das.« Ich veränderte unsere Position ein wenig, legte meine Hand auf eine dunkle, erdgeborene Brust, solange ich mir noch sicher sein konnte, Zugang zu haben. »Versuchen wir Klarheit zu gewinnen. Willst du mir sagen, wo Hidalgo steckt?«

Wieder ein Schulterzucken. »Ständig in Bewegung, um auf alles vorbereitet zu sein.«

»Um sich darauf vorzubereiten, in Aktion zu treten, meinst du. Deshalb hat er dich zu Nina geschickt und ist nicht selbst gekommen. Wie soll es ablaufen? Den Gouverneurspalast stürmen, wie sie es bei Okombi gemacht haben, Mulholland eine Waffe ins Gesicht drücken?«

»So etwas müssen wir gar nicht tun«, sagte sie leise. »Mulholland hat diese Sache ganz allein in die Wege geleitet. Was glaubst du, warum mir die BP einen Aufpasser zugeteilt hat, sobald ich eingetroffen war? Wir sind seine Rettungsluke. Wenn er nicht mit uns zusammenarbeitet, wird er in all der Scheiße absaufen, die COLIN ihm nachweisen kann. Ihn erwartet ein Amtsenthebungsverfahren, noch bevor dieser Monat vorbei ist, ein außerordentlicher Gerichtsprozess und dann wahrscheinlich der Rest seines Lebens oben auf der Kante in einer seiner eigenen PP-Wohneinheiten.«

Die Ironie war offensichtlich. Haft in einer Druckzelle war eine tragende Säule während Mulhollands Amtszeit und der Wiederwahlkampagne gewesen – *Harte Bedingungen für Böse Hombres,* lautete damals die Werbebotschaft. *Wegschaffen – Isolieren – Einsperren. Wir säubern das Valley – wir schaufeln den Dreck weg.* Knappe Sätze und ein neuer Puritanismus im politischen Diskurs sicherte den Gewinn. MG4 und ein loser Zusammenschluss von Investitionspartnern baute innerhalb weniger Monate acht Gefängnisse auf Oberflächenniveau, hundert Kilometer von der Kante entfernt, wie ein Blasenausschlag rund um einen infizierten Mund.

»Also hat er einen Deal abgeschlossen«, sagte ich tonlos. »Sedge Systems wegen Chasma Neunzehn hängen lassen, eine Marstech-Krise und einen Markt-Crash herbeiführen, Rettungskräfte anfordern und der Flotte die Schlüssel des Königreichs aushändigen. Das ist sein Notfallplan. Hat Hidalgo die ganze Zeit darauf hingearbeitet?«

Sie schüttelte den Kopf. »Das stimmt so nicht. Die Flotte möchte eine samtweiche Wende. Aber diese ganze Sache wird mit heißer Nadel gestrickt, schon von Anfang an.«

»Das dürfte auch erklären, warum es so ein verfickter Schlamassel ist.«

Sie atmete schwer aus, als würde sie sich von etwas befreien. Starrte schweigend in eine Ecke des Wagens. Ich wartete.

Schließlich drehte sie sich in meinen Armen herum, löste sich ein wenig von mir und blickte mir in die Augen. Die Berührungserinnerung ihrer Brust in meiner Handfläche, die Entwirrung unserer Beine. Ernste dunkle Augen einen halben Meter entfernt. Ihr Atem wischte sanft über mein Gesicht.

»Hör mir zu, Veil. Du hast recht, es ist ein Schlamassel. Es ist eine flüchtige und fließende Situation. Aber ich versuche es mit Finesse. Ich bin keine Einsatzkämpferin, ich bin Strategin. Ich will genauso wenig wie du ein Blutbad. Wenn wir Sedge hinter den Kulissen gegen COLIN in der Hand haben, werden sie einknicken, und die Flotte kann ohne großen Wirbel übernehmen.« Sie zögerte, hängte sich an den Moment, dann zuckte sie zusammen. »Darauf arbeite ich hin, und gerade jetzt könnte ich wenigstens eine Person weniger gebrauchen, um die ich mir Sorgen machen muss. Können wir dies als Waffenstillstand bezeichnen?«

Ich zuckte mit den Schultern. »Ich würde es als Nachglühen bezeichnen, aber okay, ja – Waffenstillstand.« *Zumindest so lange, bis ich eine Möglichkeit finde, dich in einem Stück zu Astrid Gaskell zurückzubringen.* »Willst du mir einen Überblick geben? Wie wir hier gelandet sind? In einsilbigen Wörtern?«

Sie schloss kurz die Augen. Riss sie dann weit auf, wie jemand unter Schock, der wachzubleiben versuchte.

»Einsilbige Wörter, gut. Du erinnerst dich an das abgebrochene COLIN-Audit von 95?«

»Hier erinnert sich jeder daran.«

Sie nickte. »Ja, also, Hidalgo wurde damals von COLIN ausgeliehen, zusammen mit Deiss und acht anderen. Zwei SEK-Teams wurden zur Unterstützung vor dem Audittermin verdeckt eingesetzt. Ihre Befehle lauteten, reinzugehen und prozessfähige Beweise gegen das Regime auszugraben. Dann ließ jemand auf der Erde den Auditplan an Mulholland durchsickern, er forderte ein paar langjährige Gefälligkeiten ein, und auf einmal kippte COLIN die ganze Aktion. Vielleicht war es Mulhollands Einfluss, vielleicht entschied Earth Oversight aber auch nur, den Schaden zu begrenzen und alles auf Eis zu legen. Wie auch immer, Hidalgo und Deiss haben über Nacht ihr halbes Team verloren, als Mulhollands Schläger drastische Maßnahmen ergriffen. Die Übrigen tauchten unter, verhielten sich still und weigerten sich sogar herauszukommen, als die Flotte schließlich einen Rückholungsauftrag erhielt und nach ihnen suchte.«

»Das kann ich nachempfinden.«

»Ja, ich auch. Es war ein fataler Vertrauensbruch. Hidalgo und der Rest des Teams zuckten zurück. Sie suchten nach einer ungefährlicheren Rückkehrmöglichkeit. Sie gingen noch einmal ihre Beweisliste durch, fanden ein leichtes Opfer – irgendeinen Forschungsbetrug oder so was, allzu viel hat er nicht dazu gesagt –, und sie plünderten es für ihre Kriegskasse. Dann nahm sich Deiss, was er brauchte, und infiltrierte Vector Red. Er verkaufte sich als lebender und sprechender Paradigmenwechsel, Neuer Code, Neues Gesicht, regenerierte den Heimflug als Marke. Das benutzte er als Plattform, und für sein Team baute er einen Notausgang in die neuen Protokolle ein, verborgene Hintertürcodes, um alle als Lotteriegewinner zur Erde zurückzubringen, ohne dass sie ihre Tarnung aufgeben müssen.«

»Und für sich selbst konnte er dabei eine nette kleine Karriere aufbauen.«

»Dazu wurde er ausgebildet. Undercover-Infiltration fremder Märkte, parasitische Übernahme und Protokollsubversion. Lern die lokale Kultur kennen, analysiere die soziale Dynamik, wende Schablonen für eine maximale Wirkung an. Genau das hat das SEK auf Titan eingesetzt. Wir haben drei der fünf führenden Investoren-Keiretsus ausgehöhlt und die ganze Sache dann einfach über den Haufen geworfen. So wäre es viel kleinteiliger und einfacher abgelaufen.«

»Davon bin ich überzeugt. Wenn ein korruptes Stück Scheiße wie Mulholland auf der Welle reiten kann, wenn er die Frontier nach seiner Melodie tanzen lässt, wie schwer kann es dann sein? Aber da Hidalgo und Deiss immer noch hier sind, muss ich vermuten, dass etwas schiefgelaufen ist.«

Sie lächelte. »Nein, Veil. Etwas ist – endlich – *richtig* gelaufen.«

»Sedge Systems und ihre schmutzige Wäsche?«

»Genau. Hidalgo schlug einen Riss in die Marstech-Fassade, fand ein Druckmittel und die perfekte Möglichkeit, die Beweise nach Hause zu bringen. Nur dass er es nicht mehr für COLIN machte. Diese Brücke haben sie abgebrochen, als sie ihn 95 hängen gelassen haben. Er wollte Vergeltung, und durch die Vergeltung gelangten die Beweise stattdessen in die Hände der Flotte.«

»Die sie dann benutzt, um COLIN durch Erpressung gefügig zu machen und eine nahtlose Wende zu einer sanften Kriegsrechtsdiktatur in die Wege zu leiten.« Ich knurrte. »Das ist Vergeltung, schon klar. Reiß den Tempel nieder, wirf die Geldverleiher raus, tritt ihnen allen in den Arsch. Klingt sehr nach Pachamamas Ende aller Tage. Und sehr nach dem Wind der Veränderung der Sacranisten, wenn ich es mir genau überlege. Ich schätze, alle wünschen sich eine seismische Umschichtung – natürlich nur, solange es nicht die eigenen Kinder sind, die auf den Straßen erschossen werden, weil sie sich nicht an die Ausgangssperre halten, versteht sich.«

Sie sah mich blinzelnd an. »Was?«

»Egal. Nur etwas, das ich im Schwarm miterlebt habe. Also, nachdem Hidalgo jetzt sein lebendes Druckmittel gegen COLIN verloren hat, was will er stattdessen tun? Was willst *du* tun?«

Sie starrte wieder in eine Ecke des Crawlers, warf vielleicht einen Blick auf den sanften Schimmer der Armaturen.

»Ich weiß es nicht«, sagte sie dann. »In Hidalgo ist etwas zerbrochen. Ich kenne ihn nicht mehr. Vielleicht war es der Verrat, vielleicht auch die lange Zeit undercover mit einer Prämie auf seinen Kopf. Ich habe ihn während dieser letzten paar Tage beobachtet, und ich habe gesehen, wozu er geworden ist. Er ist … verkrampft. Er klammert sich an betriebliche Angelegenheiten, als wäre es eine tröstende Decke, aber er kann sich nur noch mit den Fingernägeln halten. Dieses verdammte Tal hat ihn in den Zähnen.«

»Wenn du lange genug hierbleibst, macht es das mit dir.«
»Sechs Jahre, Veil.« Es klang fast wie ein Appell. »Sechs Jahre im Untergrund, sich ducken und wegrennen, ständig alles umorganisieren, einfach nur hier draußen *am Leben bleiben*. Und die ganze Zeit nach etwas graben, womit man das Haus gleichzeitig über Mulholland und COLIN zum Einsturz bringen kann. Ich glaube, das ist alles, was ihm noch übrig geblieben ist.«

»Versuch es mit vierzehn Jahren und etwas mehr«, sagte ich leise.

»Ich kann mir nicht …« Sie schüttelte den Kopf. »Ich habe versucht, es ihm auszureden. Doch er will nur, dass das Valley brennt, wie, ist ihm egal. Er redet über umfassende Navy-Razzien, Truppeneinsatz und Blut auf den Straßen. Chasma Corriente ist genau der Zündsatz, nach dem er die ganze Zeit gesucht hat, und er wird ihn auf jeden Fall benutzen.«

»Dermalsysteme.« Ich nickte trist. »Jeder siebte auf dem Mars verdiente Marin. Und Sedge Systems ist ein Traditionsunternehmen alter Schule, ein Synonym für Marstech-Glamour, ein Hort der High-Frontier-Ideale, so sehr über jeden Tadel erhaben, dass es einem die verdammten Tränen in die Augen treibt. Nur dass sie es plötzlich doch nicht mehr sind. Plötzlich werden sie als verdorbene Lügner und Fälscher bloßgestellt, und wer weiß, wie lange das schon so ging. Sedge ist am Ende, und wahrscheinlich geht mit ihnen der ganze Skintech-Sektor den Bach runter.«

»Ja. Ganz zu schweigen vom Aktienwert sämtlicher mit Sedge assoziierter Firmen und wahrscheinlich auch aller anderen Traditionsunternehmen, die im Valley aktiv sind. Du ahnst, was für ein Druckmittel der Beweis für das alles wäre.«

»Ich ahne, warum COLIN hier mit einem zweiten Audit angesaust kam, als würde ihr kollektiver Arsch in Flammen stehen. Sie wollen die Sache abschalten, bevor sie starten kann.«

»Natürlich. Das Audit ist Schadensbegrenzung, mehr nicht. Etwas muss durchgesickert sein, höchstwahrscheinlich irgendeine Leuchtkugel, die Sedge nach dem Einbruch abgefeuert hat. COLIN wird versuchen, einen Prozess gegen das Regime in Gang zu setzen, Mulholland und ein paar Dutzend andere anklagen, alles als politischen Skandal hinstellen und die wirtschaftlichen Aspekte hinter einem Vorgang aus Korruptionsanklagen verstecken. Dann setzen sie einen Interimsgeneralgouverneur ein, bis Neuwahlen abgehalten werden, nachdem die Schauprozesse vorbei und die Urteile gesprochen sind. Das dürfte der Grund sein, warum Tekele hier das Heft in der Hand hat. Er hätte genau das richtige Profil dafür.«

»Und die Marstech-Industrie läuft ungestört weiter.«

»Richtig.«

»Aber das ist nicht das, was die Flotte will.«

Sie zögerte. »Was die Flotte will ... es ist äußerst unangebracht, dass ich dieses Gespräch mit dir führe, Veil.«

»Unangebracht?« Ich deutete mit einer umfassenden Geste auf unsere befleckten und ermatteten Körper, die Verstrickung unserer Füße und Beine, die sich noch nicht ganz voneinander gelöst hatten. »Richtig.«

Unwillkürlich lachte sie bellend. Wurde sofort wieder ernst, wie ein Kind, das wegen einer Dummheit zurechtgewiesen wurde. »Ich weiß nicht, wie der Spielplan aussieht, Veil, weil es im Augenblick gar keinen gibt. Wie ich schon sagte, mein Auftrag lautete, still und leise Hidalgo zu suchen und zurückzubringen. Ich dachte, das würde auch die Beweise gegen Sedge einschließen, womit wir die Verhandlungsmacht hätten, COLIN in die Knie zu zwingen. Sie würden uns die Gewalt überlassen, und wir würden ihre Märkte nicht crashen lassen. Niemand würde zu Schaden kommen.«

»Das wäre eine Premiere.«

Sie starrte mich an. »Ich habe dir bereits gesagt, Veil, ich möchte genauso wenig wie du, dass die Sache blutig wird. Daran hätte niemand ein Interesse. Wir sind nicht die verdammten Chinesen, weißt du.«

»Aber ihr steht in direkter Konkurrenz zu ihnen. Für die Flotte geht es doch genau darum, nicht wahr? Die Navy rückt in voller Kampfkraft von der Wells-Garnison aus, setzt einen Militärgouverneur ein und verhängt das Kriegsrecht, und gleichzeitig werden die Barrieren zwischen Hellas und hier verstärkt. Ein bisschen mit dem Feuer spielen, ein paar Linien in den Sand ziehen.«

»Das liegt oberhalb meiner Gehaltsklasse. Ich weiß einfach nicht, was die Flotte tun wird. Aber du weißt, Veil, dass wir es nicht sind, die außerhalb des Gürtels mit strategischen Atomwaffen um uns werfen. Wir sind es nicht, die wie ein Möchtegern-Imperium reden und dem Bergbaukollektiv von Ceres erklären: *Wir sind eine Großmacht, und ihr seid klein.* Und soweit mir bekannt ist, waren wir es auch nicht, die Io mit einem vollen Truppenaufmarsch überrannt haben, um es dann eine *interne Angelegenheit* zu nennen.«

»Nach dem, was eure Leute im Schwarm getan haben, wirst du es mir verzeihen, wenn ich Schwierigkeiten habe, einen großen Unterschied in der Einsatzstrategie zu erkennen.«

Ihre Beine zogen sich abrupt aus der Verschränkung mit meinen zurück. Sie klappte sie seitwärts unter sich, und ihre Schienbeine wirkten nun wie eine plötzliche Barriere gegen mich. Ihr starrender Blick verengte sich und wurde abschätzend. Ich spürte, wie das letzte Nachglühen schrumpfte und erlosch.

»Ich dachte, wir hätten einen Waffenstillstand«, sagte sie kalt.

»Den haben wir. Aber es ist ein sinkender Orbit, Ms. Madekwe. Das weißt du. Früher oder später werden sich die Umstände auswirken, und unser Waffenstillstand wird beim Wiedereintritt verbrennen.«

»Aha. Also verfolgst du doch die Absicht, mich zu Astrid Gaskell zurückzubringen.«

Ich verfluchte meine lose Zunge, dass ich bei der Kommunikation mit Sakarian nicht cool geblieben war. »Das war der Plan, ja. Wenn ich das tue, kann ich nach Hause fliegen. Und jetzt?« Ich breitete die Hände aus. »Wie du gesagt hast, ist es eine fließende Situation. Wenn mir die Flotte eine Kryokap zur Erde spendieren will, hätte ich kein Problem damit, die Seiten zu wechseln.«

Ihre Haltung entspannte sich ein klein wenig. »Ich denke, da ließe sich etwas arrangieren.«

Falls sie log, wurde es von den Gestaltsystemen nicht bemerkt.

»Und du bist zu einem solchen Angebot autorisiert?«

»Ich bin im Einsatz. Das ist mit logistischen Sonderautorisierungen verbunden.« Sie zuckte mit den Schultern. »Wie auch immer, die Flotte kann jederzeit über Kriegsschiffe verfügen, die im geosynchronen Orbit über Wells angedockt sind. So große Kampfeinheiten sind für den Fall eines Evakuierungseinsatzes mit zusätzlichen Kryokap-Kapazitäten ausgestattet. Kein großes Problem, eine weitere Kühltruhe anzuwerfen, wenn eins der Schiffe nach Hause rotiert.«

»Gut zu wissen. Dann sieht es ganz danach aus, dass wir eine arbeitsfähige Übereinkunft haben.«

»Vielen Dank.« Das klang überraschend feierlich. Doch sie hatte die Arme vor den Brüsten verschränkt, während sie sich mir zuwandte, und das, was wir in diesem engen Raum miteinander gehabt hatten, lag nun eindeutig wieder auf Eis. Sie wich meinem Blick aus, sah sich demonstrativ um. »Also die nächsten Schritte. Wie genau kommen wir hier wieder heraus? Bitte sag mir, dass du einen längerfristigen Fluchtplan im Sinn hattest als … das hier.«

Ich griff nach meiner Kleidung und zog mich wieder an.

»Hey – fließende Situation, schon vergessen? Warum sollte ich besser als jeder andere hier wissen, was ich tun werde?«

46

Es war nicht ganz so wie der Blick aus Decaturs Penthouse, aber insgesamt hatte es fast die gleiche Wirkung. Fenster vom Boden bis zur Decke gewährten den Ausblick auf einen nächtlichen Lichterteppich. Die ferne, brütende Masse der Wand war gerade noch vor dem blassen Schwarz zu erkennen, wie eine aufziehende Sturmfront, wie ein anrückender böser Traum.

Die Fenster verfügten über hochwertige Vergrößerungsfunktionen. Man konnte sie anstupsen und bemerkenswerte Details der Stadt aufrufen, in Echtzeit überlagerte Landkarten sowie Wetterdaten. Der Rest der Suite passte dazu – etwas laut, etwas übertriebene Luxusausstattung und ein Dekor, das einen ständig daran erinnerte, was für ein Spitzenklassenetablissement man gebucht hatte und wie überaus bedeutend man selbst war.

Es war so dermaßen Cradle-City-mäßig, dass es irgendeine lokale, vom Bürgermeister verliehene Geschäftsauszeichnung verdient hätte.

»Die Honeymoon-Suite«, sagte Decatur mit einem säuerlichen Grinsen. Er hatte sich recht schnell von dem Schock erholt, dass ich gar nicht tot war. »Ist das in Ordnung für euch beide?«

Ich hatte mir noch nicht das Gesicht gewaschen, also konnte er vielleicht Madekwe an mir riechen.

Oder vielleicht sah einfach alles an uns danach aus.

Decatur ließ uns allein, ich ging unter die Dusche, um mich gründlich einzuweichen, und etwa fünf Minuten später stieg Madison Madekwe zu mir in die Kabine.

Die Sache wurde nicht weniger kompliziert.

»Du vertraust diesem Mann wirklich?«, fragte sie später, als sie Kopf an Fuß neben mir auf dem riesigen Flitterwochenbett lag.

Ich hebelte mich in eine sitzende Position hoch und blickte auf sie herab. Glatte Anthrazitflächen aus erdgeborener Haut, in die hellweiße Umhüllung eines großen flauschigen Crocus-Lux-Bademantels eingebettet. Ich rieb mir heftig mit beiden Händen das Gesicht.

»Ich vertraue Decatur, dass er uns Sakarian und den Marshal Service vom Hals hält. Die Polizei von Cradle City frisst ihm aus der Hand, und dort konnte man die Marshals noch nie besonders leiden – irgendein Zuständigkeitsneid, der hundert Jahre zurückgeht. Selbst wenn Sakarian herausfinden sollte, wo wir sind, würde die CCP uns niemals kampflos aufgeben – und unser geliebter, über jeden Tadel erhabener Commissioner kann es sich im Augenblick nicht leisten, allzu viel öffentlichen Lärm zu machen. Vorläufig sind wir hier in Sicherheit.«

»Du hast mir gesagt, dass Decatur Verbindungen zu den *familias andinas* hat.«

»Ja, er hat sogar in eine eingeheiratet. Ireni Decatur, geborene Allauca – die kleine Schwester der Bürgermeisterin dieser beschissenen Stadt, die außerdem Decaturs inoffizielle Chefin war.«

»Die Bürgermeisterin, mit der du angeblich im Kampf ums Leben gekommen bist.«

Ich grinste sie schief an. »Genau die. Und wie ich hörte, wird Ireni jetzt für die *familias* ihren Platz im Rathaus einnehmen. Wo man außerdem eine Kopfprämie auf Hidalgo ausgesetzt hat.

Aber ich würde mir deswegen keine Sorgen machen. Derzeit liegen wir ein Stückchen hinter ihren zweitrangigen Sorgen.«

»Zweitrangige Sorgen? Diese Leute sind Gangster, Veil! Wir reden hier über organisierte Kriminalität!«

»Aber nicht sehr gut organisiert, wenn ich nach dem gehe, was ich gesehen habe. Und auch wenn es dir genauso wenig gefällt wie ihnen, sind diese Leute im Moment unsere natürlichen Verbündeten. Die *familias andinas* sind die größten Fans der Valley-Demokratie. Rechtsstaatlichkeit und gewählte Politiker – ist alles für den Meistbietenden käuflich. Kapitalfluss auf dem freien Markt, sanfte Regulierung, Vorherrschaft der Unternehmen als Folge. Sie lieben diese Scheiße – sie können alles kaufen und verkaufen und auf Schritt und Tritt untergraben. Harte militärische Führung und Soldaten auf den Straßen mögen sie nicht so sehr. Dass die Navy hier einmarschiert und aufräumt, wäre das Letzte, was sie sich wünschen.«

»Du weißt, dass ich nicht garantieren kann, wie die Flotte damit umgeht.«

»Keine Sorge, ich werde es für dich tun. Ich sage dir, wenn sie vor der klaren Wahl zwischen einer Top-down-Machtübernahme oder einem Putsch stehen, würden die *familias* alles tun, um Option A zu sichern. Das ist der Ansatz, den wir mit Decatur verfolgen. Also, lässt du mich jetzt mit Hidalgo reden oder nicht?«

Zuvor hatten wir unter der Dusche Echtverbindungscodes ausgetauscht. Von den Hüften abwärts umklammert, während Wasser über ihre Brüste und meine Brust strömte, um sich dort, wo wir die Bäuche zusammenpressten, zu sammeln und abzulaufen. Intensiver Blickkontakt in der dampfenden Luft – wir hatten unsere Internsysteme füreinander geöffnet und die Handshake-Protokolle übergeben. Diesmal kein externes Gear als Vermittler, sondern etwas tief Verwurzeltes, das in dem damit verbundenen neuen Ausmaß an Nacktheit beunruhigend war. Die Arme umeinander geschlungen, ungewöhnlich fest, als wollten wir uns gegenseitig vor dem Straucheln bewahren.

Und trotzdem das Gefühl eines plötzlichen Falls – ein Sturz in ihr dunkeläugiges Starren, als wäre es der Ozean bei Nacht.

Dann wäre ich in der Kabine beinahe ausgerutscht und gegen sie gestolpert.

'Ris hatte seitdem nicht aufgehört, mich deswegen auszuschelten. Sie erstellte eine ordentliche kleine Liste von all den zusätzlichen Abwehrmaßnahmen für mich, die sie jetzt zur Sicherheit laufen ließ, hängte sie für die nächsten zwanzig Minuten hoch oben in meinem linken Auge auf.

Nun setzte sich Madison Madekwe ein wenig auf dem Bett auf und stellte den Blickkontakt mit mir wieder her. Alphanumerik leuchtete in meinem unteren rechten Sichtfeld auf, schob sich nach links hinüber und verblasste.

»Das ist er«, sagte sie leise. »Das solltest du lieber nicht vermasseln, Veil. Denn falls du es tust, werde ich dir nicht mehr helfen können.«

»Du vertraust dieser Frau wirklich?«

Ich lehnte mich auf Decaturs reaktiver Luxuspolsterung zurück und starrte in die blassgoldene außerweltliche Tiefe meines Laphroaig. Ich spürte, wie ein langsames Grinsen über mein Gesicht lief.

»Was ist daran so witzig?«, knurrte er.

»Sie hat mir genau die gleiche Frage über dich gestellt.«

»Also, das ist aber ziemlich undankbar, nicht wahr?« Er durchquerte erneut den Raum, rastlos, mit einem Drink in der Hand. Blieb stehen, um durch das Fenster hinauszustarren, als würde er in den Straßen da unten nach Feinden Ausschau halten. »Wenn man bedenkt, dass ich alles bin, was zwischen ihr und einer Fahrt in Handschellen zurück nach Bradbury oder einem seichten Grab außerhalb der Stadtgrenzen steht.«

Ich zuckte mit den Schultern. »Sie gehört zum Navy-SEK. Was hast du erwartet, Blumen?«

»Ich weiß nicht, was ich erwarten soll, Hak, weil vor deiner Ankunft in der Stadt letzte Woche noch keine Militärkommandos von der Erde in unserem Sandkasten gespielt haben, oder?«

»Doch, sie haben. Du wusstest nur nichts davon. Auch Hidalgo ist SEK-Geheimagent, deshalb hat er dir in den vergangenen fünf Jahren immer wieder in die Suppe gespuckt.«

Das ließ ihn am Fenster zu mir herumfahren, die Augen weit aufgerissen.

»Hidalgo ist von der Scheiß-Navy?«

»Eigentlich solltest du dich jetzt viel besser fühlen, weil du ihn nicht schnappen konntest, oder?«

Decatur kehrte zur Sitzgruppe zurück und stand wie ein Lehrer über mir, der einen erfolglosen Schüler ermahnte. »Du gehst mit verfickten Flotten-SEK-Leuten tanzen? Du weißt aber, was passieren wird, wenn das schiefgeht, oder?«

Ich nippte am Laphroaig. »Ich habe gelegentlich schon manchmal mit der Navy getanzt.«

»Ach, hört euch den verfickten Overrider an! Ging es bei irgendeinem dieser Tänze um einen großangelegten Putschversuch aus dem Orbit?«

»Nicht an sich.«

»Nicht an sich.« Er nickte grimmig. »Also gut, lass uns über ein anderes kleines Problem reden. Hast du irgendeine Idee, was nötig wäre, um Ireni und ihre großen Freunde aus der Stadt davon abzuhalten, dich auf der Stelle kaltzumachen, sobald sie herausfinden, dass du noch am Leben bist?«

»Wie wäre es mit der Drohung eines ausgewachsenen Navy-Einsatzes? Würde das reichen? Weil genau das passieren wird, Milt, wenn wir nicht mit Finesse vorgehen?«

»Du willst einem Navy-Putsch mit Finesse begegnen? *Hörst du eigentlich selbst, was für Scheiße aus deinem Mund kommt, Hak?*«

Ich sah das leichte Zittern seines Körpers … auch um die Augen. Ich vermutete, weder Raquel Allaucas Tod noch Irenis Rückkehr erleichterten es ihm, nachts einzuschlafen.

»Wie geht es den Kindern?«, fragte ich leise.

Er nahm einen großen Schluck von seinem Drink. »Sie hat sie nicht mitgebracht. Sie sind immer noch in Bradbury, wo irgendein verficktes Ninja-Kindermädchen aus der *familia* auf sie aufpasst.«

»Vielleicht besser so, wenn sie erwartet, dass es hier oben blutig werden könnte.«

»Was, blutiger als ein Gemetzel an ihrer Schwester mitsamt all ihren Begleitern durch unbekannte Personen in einem ehemaligen Geheimgefängnis der Navy, meinst du?« Er blickte finster auf mich herab. »Was zum Henker ist da draußen wirklich passiert, Hak? Was hast du getan?«

Ich sah ihn ruhig an. »Das willst du nicht wissen.«

»Ich habe dich danach gefragt, verdammt!«

»Ja, und wenn ich es dir sage, wird es dir ins Gesicht geschrieben stehen, wenn du mit deiner Ex-Frau redest. Die vermutlich ständig Linsen trägt, wenn sie sich in diesen Tagen mit dir trifft. Du warst schon immer ein miserabler Lügner, Milt. Ich bezweifle, dass du mit den Jahren besser geworden bist.«

Eine gedehnte Sekunde lang klammerte sich die Wut an ihn – die Oberlippe zähnefletschend hochgezogen, die Kiefer zusammengebissen. Dann war es schlagartig weg. Seine Gesichtszüge sackten in sich zusammen.

»Du bist so ein Arschloch«, sagte er matt.

Ich breitete die Hände aus. »Es ist mir tief einprogrammiert. Was soll man machen?«

Er schnaufte. Das war ein Laut, der vielleicht ein Lachen hätte sein können, dann trank er den Rest seines Drinks aus und hielt das leere Glas in der Handfläche, als würde er überlegen, ob er es mir an den Kopf werfen sollte. Stattdessen ließ er sich schwer auf den Sessel mir gegenüber fallen. Landete wie eine Abwurfladung, die jemand nicht richtig verschnürt hatte.

»Ja, schon gut«, sagte er.

»Was du deiner Ex sagen *kannst*, ist, dass euer Geschäftsmodell hier oben einen ziemlich heftigen Schlag einstecken wird, falls die Flotte beschließt, hart durchzugreifen. Ganz zu schweigen von ihren *familia*-Verbindungen in Bradbury. Es wird ein Wetterumschwung, Milt – keiner von uns wird sich in diesem Wind auf den Beinen halten können, wenn er erst mal losweht.«

»Und du kannst ihn aufhalten?«

»Ich will nichts versprechen. Aber ja, ich glaube schon.«

»Das bedeutet, du hast so etwas Ähnliches wie einen Plan? Weil ich mir nicht noch einmal mehrere Rippen brechen lassen möchte, so wie damals in Ciudad Hayek.«

»Das wirst du nie auf sich beruhen lassen können, wie?«

»Hast du einen verdammten Plan, Hak?«

Ich zog eine Grimasse. »Im Augenblick habe ich ein günstiges Zeitfenster und eine Liste mit Anrufen, die ich erledigen sollte. Das mit dem Plan wird erst etwas später kommen.«

»Hab ich schon mal gehört. Und jetzt sag mir die Wahrheit – was glaubst du, wie weit du dem Navy Girl in dieser Sache wirklich vertrauen kannst?«

Ich zuckte mit den Schultern. »Vermutlich nicht allzu weit. Aber vorläufig reitet sie mit uns.«

»Ich habe den Eindruck, dass sie vor Kurzem schon mal ein wenig geritten ist, ja. Bitte sag mir, dass dir das nicht zu Kopf gestiegen ist. Du und Frauen, Hak, du warst noch nie so richtig ...«

»Hey, ich bin hier nicht derjenige mit einer verfickten Scheidung!«

Er nickte weise. »Also ist sie dir zu Kopf gestiegen. Sie werden für solche Scheiße ausgebildet, das weißt du.«

»Was, Frauen? Alle?«

Er tat, als wollte er das Glas auf mich werfen. »Undercoveragenten, du Blödmann. Ist dir klar, dass jede Gestaltanalyse, die du zu dem Navy Girl von diesen teuren neuen Internsystemen bekommst, die du jetzt in dir hast, vollständig von all ihrer Sexchemie versaut wird? Prä- und postkoital. Generalisierte Erregungssignatur – das ist die klassische Methode, Hak. Jede Nutte und jeder Miethengst auf dem Hochland weiß das.«

»Ja. Genauso wie Overrider.«

Das ließ ihn innehalten.

»Du bist ...«

»Wir beide tun es«, sagte ich schroff. »Wir spielen dasselbe Spiel, wir benutzen dieselben elementaren Attraktionsressourcen, lassen dieselben Interferenzen auf den Systemen des anderen laufen, einfach weil es das ist, was Leute wie wir nun mal tun, okay? Und wir beide wissen es. Die Frage ist nur, wie weit wir darauf reiten können, bis es beim Wiedereintritt verbrennt.«

Er brummte. »Klingt wie meine Scheidung.«

»Wenn du es sagst. Ich erhoffe mir ein etwas besseres Ergebnis.«

Daraufhin sah er mich mit einem merkwürdigen Blick an, als würde er ein Gesichtsmerkmal sehen, das ihm noch nie zuvor an mir aufgefallen war. Ich antwortete mit einem angespannten, abweisenden Lächeln, das ich schnell wieder verschwinden ließ.

»Wer den Overrider weckt, wie?«, sagte er leise.

Ich trank den letzten Rest des Laphroaig. »Verdammt richtig.«

Er nickte dem leeren Glas zu. »Möchtest du noch einen?«
Möchtest du nicht.
»Nicht das, was ich jetzt brauche«, gab ich zu und hielt ihm das Glas hin. »Gib mir trotzdem noch einen. Dann gehe ich aufs Dach und mache diese Anrufe.«

Der Whiskey und der Heißlauf bekriegten sich eine Weile in meinem Bauch und meinem Kopf, einigten sich schließlich auf einen Waffenstillstand knapp unterhalb der Grenze zur Übelkeit. Er kam mit einer mörderisch langsam pochenden Pulsfrequenz, die ich aus Mangel an Alternativen anstelle eines Schuldspruchs annahm. Der Netzhautbildschirm, der in mein Sichtfeld gezeichnet war, ruckelte leicht, legte einen winzigen Migränedruck in das Geräusch des unaufhörlichen Klingelns in der Leitung.

»Sie sehen 'gut aus«, sagte Martina Sacran sarkastisch, als ich endlich durchgekommen war. Ich vermutete, sie hatte die Verbindung überprüft, um zu sehen, ob der Anruf echt war und nicht irgendeine Simulationssubroutine, mit der die Marshals oder schlimmere Leute eine Falle aufstellen wollten. »Nicht annähernd so tot, wie unsere wahrheitsbegierigen Medien uns glauben machen wollen.«

»Sie könnten versuchen, so zu klingen, als würden Sie sich darüber freuen.«

»Sie könnten uns beiden etwas Zeit sparen und mir sagen, was zum Teufel eigentlich los ist.«

»Ich hätte ein Angebot für Sie.«

Sie zögerte für einen kurzen Moment. »Das entwickelt sich zu einer schlechten Angewohnheit, Veil. Ich bin nicht Ihre liebe verdammte Patentante.«

Ich wartete. Um mich herum standen die arktischen Kakteen im Dachgarten des Crocus Lux stramm, wie Wächter, die auf Befehle warteten. Kümmerliche Winterblumen reckten winzige leuchtende Blütenblätter dem Prasseln und Schimmern des Laminahimmels entgegen, wie in chromatischem Echo. Ein kalter Wind aus dem Westen, so wie es schon immer gewesen war.

Martina Sacran räusperte sich.

»Also gut. Dafür entschuldige ich mich«, räumte sie ein. »Zurzeit schlafe ich nicht viel. Aber offen gesagt fühlt es sich allmählich so an, als wäre diese Schuld so ziemlich abbezahlt.«

»Sie haben während eines Zeitraums von vierzehn Jahren zweimal von mir gehört«, erwiderte ich ruhig.

»Ja, und nun zweimal in genauso vielen Wochen. Was wollen Sie diesmal?«

»Eigentlich wollte ich über ein Vorhaben zu beiderseitigem Nutzen diskutieren. Wie würde es Ihnen gefallen, Ihre politische Irrelevanz zu verlieren? Zur Abwechslung etwas mehr Gewicht auf COLIN-Niveau einbringen? Um Daddy stolz zu machen.«

Sie starrte mich an. »Dafür ist es ein wenig zu spät, meinen Sie nicht auch? Mein Vater ist tot. Oder haben die letzten sieben Jahre hier draußen Ihr Gehirn so weit verrotten lassen, dass Sie zu einem 'Mama-Freak geworden sind?«

»Das ist nur eine Redensart. Wollen Sie oder nicht?«

Lange Pause. Ihre Hand legte sich an ihr kurz geschnittenes Haar, der alte Tic, diesmal zögernd. Ich wartete auf die Antwort, auf die ich gesetzt hatte.

Sah sie in den getrübten, bedürftigen Augen, lange bevor sie aus ihrem Mund kam.

Das ist kein stabiles Modell.
Ach, meinst du?

Es gibt zu viele bewegliche Teile, über die wir keine Kontrolle haben, und wahrscheinlich werden wir am Missionskernpunkt waffentechnisch unterlegen sein.
Daran arbeite ich gerade.

Chakana ging fast sofort dran – man konnte davon ausgehen, dass die Kommunikationssicherheit der BP wesentlich besser war als die der Sacranisten. Der Blick, mit dem sie in die Linse starrte, war kein freundlicher.

»Angeblich bist du tot, Veil.«

»Hast du wenigstens eine Träne vergossen?«

Sie bedachte mich mit einem messerscharfen Lächeln. »Ich habe auf dem Rückweg vom Hayek Boulevard in die Gosse gespuckt, als ich davon hörte – reicht dir das?«

»Von dir, Nikki, nehme ich, was ich bekommen kann. Hast du in letzter Zeit mit Sakarian gesprochen?«

»Ich versuche es nicht zu tun, sofern es nicht unbedingt nötig ist. Würdest du mir verraten, was zum Henker ihr beiden da oben eigentlich spielt?«

»Schon bald, aber letztlich ist es sowieso längst Schnee von gestern, und ich habe gerade viel zu tun. Dennoch habe ich etwas anderes, das du vielleicht hören möchtest. Du warst nie allzu begeistert von Sakarian als Commissioner, nicht wahr?«

»Komm auf den Punkt.«

»Ich werde jemanden zu dir schicken. Einen Kerl namens Seb Luppi. Er ist Journalist.« Ich sah die Verachtung in ihrem Gesicht, während sie vermutlich Luppis Daten auf einem Nebenbildschirm aufrief. »Ignoriere die letzten fünf Jahre seines Lebenslaufs, er ist ein zäherer Bursche, als es scheint. Und er hat eine Geschichte zu erzählen. Du musst ihm eine sichere Unterkunft im Zeugenschutzprogramm irgendwo tief in der Stadt verschaffen, eine, von der der Marshal Service nichts weiß und an die er nicht herankommt.«

»Der verfickte Marshal Service?«

»Wie ich gesagt habe. Und du solltest ein halbes Dutzend deiner besten vertrauenswürdigen Schlägertypen zum Babysitten abkommandieren. Ich glaube, Luppi hat genug in der Hand, um Sakarian endgültig zu neutralisieren.«

Längeres Schweigen. »Was genau sollte ich deiner Meinung nach damit machen, Veil?«

»Mach damit, was du möchtest, Nikki. Das ist deine Entscheidung, nicht meine. Ich will nur nicht mehr von dir hören, ich hätte niemals etwas für dich getan.«

Hidalgo war zumindest nicht das, was ich befürchtet hatte.

Es gibt eine bestimmte Art von Einsatzagenten, die gern von der Flotte eingesetzt werden, wenn die Sache ernst wird – ich war ihnen ein paarmal über den Weg gelaufen, zuletzt, als sie es auf Holmstrom und den KI-Kern der *Weightless Ecstatic II* abgesehen hatten. Sie sind totäugig, teilnahmslos, auf scheinbar inhumane Weise funktional und wirken weniger wie Menschen, sondern eher wie eine Variation des Pistaco oder vielleicht wie Madekwes Ogbanje. Wenn man diesen Typen ins Gesicht blickt, fragt man sich unwillkürlich, ob vielleicht, nur *vielleicht*, irgendein Militärlabor irgendwo den Jackpot der Zukunftskrieger geknackt und etwas wahrhaft Posthumanes entwickelt hat.

Zumindest lag nichts von dieser maschinenäugigen, seelentoten Bedrohung in Hidalgos Gesicht. Auf einen großen Anzeige-Branengel in der Lounge der Suite geworfen, trug er definitiv die Narben des Weges, den er gegangen war – er hatte etwas Hageres, eine erbitterte Willenskraft zeichnete sich in den wettergegerbten hellhäutigen Zügen und der Art ab, wie er über den Link sprach, und er hatte eine tatsächliche physische Narbe, die knochenweiß durch die dunklen Stoppeln auf der linken Seite seines geschorenen Schädels stach. Aber seine Gestalt wurde von innen durch raffinierte Intelligenz und sogar ein gelegentliches Kerzenflackern von Humor erleuchtet.

Unter anderen Umständen hätte ich ihn vielleicht gemocht.

»Hakan Veil«, sagte er. »Das ist eine Überraschung. Sie wissen, dass man eigentlich liegen sollte, wenn man tot ist, oder?«

»Davon habe ich gehört, ja.«

»Also vermute ich, dass diese Blond-Vaisutis-Scheiße, von der Ucharima gefaselt hat, nur Lametta ist. Und Sie kommen über diesen Kanal rein, was bedeutet, dass Sie ihn von Madekwe haben. Also haben Sie sie doch noch gefunden, was?«

Ich zuckte mit den Schultern. »Oder sie hat mich gefunden. Spielt das eine Rolle?«

»Also gehe ich davon aus, dass meine Männer tot sind.«

»Ja. Die Temperatur steigerte sich sehr so schnell, dass keine Zeit mehr für Finesse blieb. Tut mir leid.«

»Keine Ursache. Sie haben nicht mal an diesem Ende der Scharte der Vorstellung entsprochen, die manche Leute von aufrechten Bürgern haben.« Er zeigte mir die offene Handfläche. »Verfickter lokaler Nachwuchs, was soll man machen?«

Ich dachte an Torres und Ucharima, die lokalen Mächte, die sie geformt hatten, und spürte, wie sich eine kleine, unerwartete Menge Zorn in mir ausbreitete.

»Wir beide waren wohl schon etwas zu lange hier, nicht wahr?«, bemerkte ich kühl.

»Fragen Sie nicht. Was wollen Sie, Veil?«

»Was will jeder Overrider? Das Schiff retten. Ich bin während Ngata-Maclean im Schwarm gewesen, ich habe erlebt, wie ein ausgewachsener Flotteneinsatz aus nächster Nähe aussieht. Ich möchte nicht, dass so etwas hier passiert.«

»Dann haben Sie Scheißpech, Overrider. Torres ist tot und abgehakt, Sedge hat das Lagerhaus gleich nach dem ersten Einbruch ausgeräumt, und falls es dort noch irgendwelche restlichen Proben gab, so sind sie vermutlich irgendwo in einen industriellen Schmelzofen gewandert. Ich habe keine Beweise mehr, mit denen ich COLIN drohen könnte. Also müssen wir die Sache forcieren. Mulholland in militärischen Schutzgewahrsam nehmen und ihn zwingen, sich mit sofortiger Wirkung auf Artikel siebenundzwanzig zu berufen.«

»Wenn Sie siebenundzwanzig anwenden, haben Sie innerhalb von zwei Tagen einen bewaffneten Aufstand an der Backe, und das wissen Sie. Das wird die Frockers und die Gemäßigten schneller zusammenbringen als alles andere, und wahrscheinlich würden sich sogar die Sacranisten einklinken, bevor Sie damit fertig sind. Sie alle würden den Gouverneurspalast stürmen, um Mulholland zurückzuholen.«

Er schnaufte. »Sie würden es versuchen.«

»Wie viele Todesopfer haben Sie für diesen Putsch eingeplant, Hidalgo?«

»Veil, das ist mir scheißegal. Wenn diese Idioten mit allen Mitteln für ihr Scheißloch-Valley und ihr regierendes Oberarschloch kämpfen wollen, dann sollen sie es tun. Wir haben sowieso keine andere Wahl mehr.«

»Wollen Sie mir sagen, warum Sie Torres' Leiche nicht behalten haben, nachdem Sie ihn vom Dach geschubst haben, weil er Widerworte gehabt hat?«

Er kniff leicht die Augen zusammen. »So war es nicht. Er ist ausgerutscht. Bis zum Stehkragen voll mit SNDRI, ruderte mit den Armen herum, brüllte wie ein Wahnsinniger, also eigentlich keine Überraschung, wenn man ihn kannte.«

»Ich kannte ihn nicht.«

»Na gut, dann glauben Sie es mir. Pavel Torres' schlimmster Feind war immer Pavel Torres. Typischer Hochland-Trottel. Er war ein Unfall, der nur darauf wartete, dass er passierte.«

»Ich verstehe immer noch nicht, warum Sie seine Leiche nicht irgendwo versteckt haben, sie auf Eis gelegt haben. Ich meine, klar, niemand würde einen Toten als Lotteriegewinner nach Hause transportieren. Aber wenn Torres unter einer Unverträglichkeit zwischen einem Codierfliegenbiss und irgendeiner Skintech litt, die angeblich auf dem Mars produziert wurde, wäre das immer noch in den Zellen nachweisbar, ob tot oder lebendig.«

»Und wem auf dem Mars könnte ich so etwas anvertrauen? Wissen Sie, dass Torres mit seiner Code-Unverträglichkeit zur lokalen Mafia ging? Dass er einen Deal mit Raquel Allauca abschließen wollte, um Mulholland mit den Beweisen für die Machenschaften von Sedge zu erpressen?«

Ein leichtes Erschaudern, als ich mich an die letzten Minuten im Kerker des Geheimgefängnisses mit Raquel Allauca erinnerte – ich musste mich anstrengen, um keine Grimasse zu ziehen.

»Ja, hab davon gehört. Aber man kann ihm kaum vorwerfen, dass er versuchen wollte, dieselbe Scheiße durchzuziehen, die Sie für die Flotte vorbereitet haben, um COLIN unter Druck zu setzen, oder?«

»Ich kann ihm vorwerfen, dass er dumm genug war zu glauben, er würde damit durchkommen.«

»Hey, was soll man machen? Die Menschheit der High Frontier – wir können nicht anders, wir suchen immer nach einer Möglichkeit.«

Er blinzelte. »Wir?«

»Eine Redensart«, sagte ich nur.

Darüber schien er einen Moment lang nachzudenken.

»Ja, gut – wäre Torres da draußen in Gingrich Field nicht vom Dach gefallen, wäre er wahrscheinlich wenig später durch die Hand irgendeines Schlägers von Allauca zu Tode gekommen. Er hat seinen eigenen Abgang so gezielt wie sonst niemand in die Wege geleitet. Vielleicht wollte er, dass es auf dem Level eines gescheitert geborenen Verlierers passiert. Wollte auf keinen Fall weg, also hat er jede Chance sabotiert, dass es dazu kam. Der Punkt ist, die lokale OK war irritiert und schnüffelte herum. Wir mussten aufräumen und durften keine Spur zurücklassen.«

»Also – den Nanobeton schrubben und das, was noch von Torres übrig war, in einen Güllekanal drücken?«

Ein Schulterzucken. »Ich stelle mir gern vor, dass es etwas gründlicher ablief. Aber es kommt der Sache nahe genug, ja.«

»Und Sie haben nicht einmal Zellproben behalten?«

»Zellproben?« Er gab einen verächtlichen Laut von sich – er war zu schroff und verbittert, um ihn als Lachen bezeichnen zu können. »Verstehen Sie nicht, was hier los ist, Black Hatch Man? Wie *groß* diese Sache ist? Zellproben bringen nichts. Man könnte sie aus einem Dutzend Gründen anzweifeln. Genauso wie mit aufgezeichneten Zeugenaussagen – zu leicht zu manipulieren, zu leicht von Grund auf zu fälschen, niemand lässt sich mehr auf so was ein. Das beste Ergebnis, das man sich mit *Zellproben* erhoffen kann, hätte man bei einer Unterliga-Spinnerverschwörung, ein paar Pro-forma-Fragen stellen, und dann geht alles wieder seinen gewohnten Gang. Die Leute *wollen* nicht an solche Scheiße glauben, sie würden es mit einem Schulterzucken abtun, wenn sie könnten. Marstech, die *Idee* der Marstech – verdammt, selbst die Idee des *Mars* – gibt ihnen ein gutes Gefühl, und das allein zählt. Ist alles nur dünne Luft. Aber auf der Erde atmen die Menschen sie, als wäre sie real, und sie würden nicht zulassen, dass man ihnen das wegnimmt. Um diese Sache wirklich hochgehen zu lassen, braucht man einen lebenden und atmenden Zeugen, der Proben von einem lebenden Menschen liefern kann – nicht irgendwelche verfickten Zellen, die von einem Toten abskalpelliert wurden, an den sich niemand mehr erinnert. Zellen zeichnen nur einen großen verfickten Leuchtpfeil für die Bullen und die *familias andinas*, und der ist genau auf die Razzia bei Sedge gerichtet, auf den Einbruch und dann auf ... alle meine Aktionen.«

Ich nahm das leichte Zögern wahr. Sah die Bruchstelle, auf die ich gewartet hatte. Ich grinste, versuchte es runterzuschrauben, freundlich zu bleiben.

»Kommen Sie schon, Hidalgo. Geben Sie auf.«

Langsamer Moment. Dann sah ich es, ein Flackern in seinen Augen, das die Erinnerung an die Männer zurückbrachte, die ich wegen der Sache mit der *Weightless Ecstatic* hatte töten müssen. Und ich glaube, in diesem Augenblick wusste ich, wie es laufen würde, dass keine noch so große Finesse dazu führen würde, dass diese Sache unblutig zu Ende ging.

»Wovon« – abgebissene Artikulation – »reden Sie da?«

»Ich rede über Julia Farrant, Navy Man. Pablitos Kumpeline, die andere Hochland-Idiotin, die Sie rübergeschickt haben und die dumm genug war, eine Warenprobe zu nehmen. Ich weiß alles über sie. Vor *ihr* hatten Sie Angst, dass man über *sie* die Spur zu Ihnen zurückverfolgen könnte, wenn Sie Torres nicht restlos verschwinden ließen. Farrant war Ihr anderer Versuch, die Beweise nach Hause zu schaffen, falls Sie sie aufspüren können. Wie läuft es damit übrigens?«

Er sagte nichts, sah mich nur mit steinerner Miene an.

»Die Sacranisten erwiesen sich als zu harte Nuss, wie? Was ist passiert, haben sie den Navy-Geruch an Ihnen gewittert? Ich vermute, ein Hauch von dieser guten Scheiße genügt, und sie machen wie bei einem Druckabfall alle Schotten dicht.«

Immer noch nichts. Nur die Augen, dahinter die verhinderte Wut im Exil, der zusammengekniffene Blick, wie eine Zielerfassung auf mich gerichtet. Ich lächelte liebenswürdig zurück.

»Was wäre, wenn ich sagen würde, dass ich Ihnen einen Deal vermitteln könnte?«

47

Unter den Nanobetonknochen der Station Viking's Rest war das Jhyap-Spiel der Rikschafahrer immer noch gut im Gange. Zu dieser Stunde waren die Spieler wärmer eingepackt, Steppjacken in Rot- und Purpurtönen mit hochgeschlagenen Kragen gegen die nächtliche Kühle. Sie hatten die Kabeltrommel weggerückt, die ihnen als Tisch diente, sie genau unter eine der Dorn-Lampen gezerrt, die oben in die Nanobetonkonstruktion eingelassen waren. In dem hell herabstrahlenden Leuchtkegel kauerten sieben Spieler aufmerksam über ihren Karten. Um sie herum drängte sich eine größere Gruppe mit Kommentaren, laut genug, dass wir ziemlich nahe herankamen, bevor irgendwer uns bemerkte. Ihre Fahrzeuge waren Nase an Nase in zwei Reihen unter den Lampen weiter hinten aufgestellt.

Der Fahrer für meinen letzten Besuch stand in der Menge. Er bemerkte mich und schob sich durch die Gruppe hinaus. Sein Grinsen verblasste, als er einen skeptischen Blick auf die Begleitung warf, in der ich mich befand.

»Wir werden drei Cabs brauchen, um Sie zu befördern«, sagte er. »Jeweils drei in den ersten beiden, und dann steigt *dieser* Kerl in das dritte. Ein so großer Gusch fährt auf jeden Fall allein.«

Hidalgo blickte sich zu dem größten seiner Leute um, einen wortkargen zwei Meter hohen Tharsis-Predator-Testspieler namens Badarou, der keine zehn Worte gesprochen hatte, seit man uns miteinander bekanntgemacht hatte.

»Hörst du das, Baddy? Sie wollen, dass du allein fährst.«

Der Gigant schnaufte. »Verfickter Bradgülle-Blödsinn.«

»Sehen Sie, wo wir herkommen«, erklärte Hidalgo gedehnt, den Blick wieder auf den Fahrer gerichtet, »dort haben Pedicabs bis zu fünf Plätze, und ich habe noch nie gehört, dass sich irgendwer darüber beschwert hätte. Schließlich müssen Sie sich nicht in Erdgravitation abmühen, oder? Jetzt beschaffen Sie uns noch *einen* weiteren Fahrer, und dann wollen wir endlich loslegen.«

Das jung-alte Himalaya-Gesicht behielt den Ausdruck bei.

»Ich weiß nicht, wo Sie herkommen, Gusch.« Eine Geste zurück auf die Menge rund um das Jhyap-Spiel. »Aber Sie werden hier niemanden finden, der mehr als drei von Ihnen auf einmal befördern würde.«

Hidalgos Blick wurde härter. »Was ist mit Ihnen los, sind Sie auf einmal vergewerkschaftet?«

Er war in beschissener Stimmung gewesen, seit wir ihn in Sparkville auf dem Bahnsteig getroffen hatten. Ich vermutete, sich im Verborgenen durch den Rummel von Bradbury zu bewegen führte zu einem Ausmaß an operativem Stress, dem er sich seit einiger Zeit nicht mehr ausgesetzt hatte.

»Das wäre illegal«, sagte der Rikschafahrer leise. »Ich erkläre Ihnen nur, wie die Jungs hier arbeiten. Wohin wollen Sie überhaupt?«

Ich warf Hidalgo einen warnenden Blick zu. »447 Fairchild Loop. Und drei Cabs sind okay.«

»Fairchild, ha? Sind Sie ein Start-up oder so?«

»Etwas in der Art«, sagte Madekwe, und als ich ihr in die Augen sah, überraschte mich die Tiefe der Erschöpfung, die ich darin erkannte.

Drei Tage, fast schon vier, seit sie aus dem Crocus Lux spaziert war, ohne zurückzuschauen.

Ich hatte sie begleiten wollen, zumindest ein Stück weit bis zur Stadtgrenze, aber das hatte sie bereits ausgeschlossen, bevor ich zu Ende sprechen konnte. Ich durfte mich erst mit Hidalgo treffen, nachdem sie das Terrain vorbereitet hatte, und wenn mir so viel daran lag, dass sie eine Eskorte hatte, hätte ich nicht die letzten beiden Begleiter töten sollen, die sie mitgebracht hatte. Nein, sie brauchte auch nicht diese weichgespülten OK-Typen als Unterstützung. Sie würde gut allein zurechtkommen.

Das ist mein Beruf, Veil. Versuch das im Kopf zu behalten.

Hab die letzten achtundvierzig Stunden damit verbracht, es nicht zu tun, sage ich zu ihr. Aber das Lächeln, das es mir einbringt, verzieht kaum ihren langen, beweglichen Mund. Wir stehen ein paar Zentimeter voneinander entfernt in der Hotellobby, von Angesicht zu Angesicht, ohne uns zu berühren. Hinter ihren Augen das ständige Flackern und Wischen ihrer aktiven Systeme. Doch unter diesem filigranen Schleier baut sich etwas anderes auf, und keiner von uns will es sich zu genau ansehen, aus Furcht, es könnte aufreißen, aus Furcht vor dem, was aus der Wunde quellen könnte.

Halt dich einfach nur an deine Seite der Abmachung, sagt sie knapp. Ich vertraue auf dich.

Ich zucke mit den Schultern. Eine Vertrauensaktion, oder? Zweischneidige Sache.

Und dann ist sie weg, durch die geteilten Türen mit dem Krokusmotiv, unter dem Befeuchtungssprühnebel dahinter, und hinaus in die trockene Kälte der Hochland-Nacht. Zurück zu Hidalgo und ihren Navy-Angelegenheiten.

Das Peilmikro, das ich oben auf dem Zimmer an den Saum ihres Mantels geheftet habe, geht aus, noch bevor sie die Innenstadt hinter sich gelassen hat.

Unwillkürlich muss ich lächeln, als es passiert.

In den Tagen danach war zu viel los, um sich mit Nebensachen zu beschäftigen. Positionslogistik konkretisieren, Transporte koordinieren, kleinste Details mit Akteuren aushandeln, die bestenfalls widerstrebend waren. Notfallplanung, Risikoeinschätzung. Bradbury stand auf dem Kopf und summte wie ein aufgebrochener Sicherheitsbehälter mit Codierfliegen – neue Hinweise auf Korruption und Amtsmissbrauch wehten mit der Medienbrise täglich herein wie der Geruch einer Leiche, die im Verborgenen verwest. Und dahinter überall die sich festigende Gewissheit, dass deswegen bald etwas Massives unternommen werden müsste. Im Schwarm hatte ich dieselbe Dynamik in Aktion gesehen, kurz vor dem Putsch. Demonstrationen und kleinere Unruhen, die idiotischen instinktiven Demagogen, die die Witterung aufnahmen und zum Spielen herauskamen. Bewaffnete Polizei im Einsatz. Noch war niemand so richtig bereit, die Hand zu heben, doch auf den Straßen herrschte ein genereller Wille zur Gewalttätigkeit, ätzender Hass im Datenfluss und ein zunehmend dümmeres Spiel mit dem Feuer auf allen Seiten.

Man sagt uns, dass wir das Schiff um jeden Preis retten sollen.

Doch es wird nie darüber gesprochen, ob die Passagiere und die Besatzung all die Anstrengungen verdient haben.

Mit solchen Gedanken stand ich auf dem Over-Bahnsteig von Sparkville und bemerkte verspätet, dass ich nicht mehr heißlief.

Wie immer konnte ich gar nicht sagen, ob ich darüber froh war oder ob es mir fehlen würde.

Ein Stück weiter auf dem Bahnsteig kam ein lockeres Knäuel aus Frockers in meine Richtung marschiert. Sie hatten die Fäuste in die Luft gereckt, grölten heiser eine inbrünstige Wiedergabe von »The Battle Hymn of DeAres Contado.« Alle waren jung und hauptsächlich männlich, verteilten böse Blicke an die Passanten, und man konnte die Lust auf Gewalt an ihnen riechen, als wäre es etwas, in dem sie sich gewälzt hatten. Keine Gesichter, die ich wiedererkannte oder – 'Ris kartierte und indizierte sie schnell im Abgleich mit der visuellen Erinnerung – die mich wiedererkennen würden.

Trotzdem wich ich ein paar Schritte zurück, um ihnen Platz zu machen.

Der nächste Zug rollte heran, und die Frockers stiegen ein, schubsten Leute mit kalkulierter lässiger Brutalität aus dem Weg. Ein paar Türen weiter sah ich Madekwe und Hidalgo herauskommen, dicht gefolgt von fünf schlanken und ledergesichtigen Hochländern, die mit ihrer gelassenen Haltung niemanden täuschen konnten. Sie trugen große weite Mäntel, und ein paar von ihnen hatten Rucksäcke über eine Schulter gehängt. Madekwe sah mich und führte sie herüber. Nickend begrüßten wir uns. Zurück im Waggon, setzte der »DeAres Contado« erneut ein.

»Verdammte Clowns«, murmelte Hidalgo.

»Keine Sorge«, sagte ich zu ihm. »Wenn es schlimm wird, bekommen Sie die Gelegenheit, eine ganze Menge von solchen Leuten zu erschießen. Sie werden in den Straßen niedergemäht, als würde eine Schlachtmatik gemästete Kangurus jagen.«

Das brachte mir einen seltsamen Blick und etwas Gereiztheit von einigen aus der Hochländer-Phalanx ein, Badarou eingeschlossen. Interessante Frage, wie tief Hidalgo seine lokalen Rekruten in die Hintergründe eingeweiht hatte.

Doch als ich ihre Gesichter betrachtete, dachte ich mir, dass es gar nicht nötig war. Sie wirkten stumpf und desinteressiert, etwas, das ich oft genug in den Arbeitslagern und drum herum gesehen hatte, in Billigbordellen und in Trainingscolleges für Vertragsarbeiter, die zusammenstückelten, was auf dem Hochland als Zivilgesellschaft durchging. Sie waren Mars-Unterschicht bis auf die Knochen, seit der Geburt zur Konformität mit den brutalen

Erwartungen und Raubtiernormen des Valley sandgestrahlt. Diese Männer und Frauen wussten, was die Scharte wirklich war – ein Ozean aus tückischem ökonomischem Wetter und einer gnadenlosen Nahrungskettendynamik, die nur auf die Möglichkeit zum Zubeißen wartete. Durch irgendeinen navigatorischen Glücksfall hatten sie sich ihren Weg zur professionellen Gewalt geprügelt, die ihnen als halbwegs anständiges Floß in diesen Gewässern dienen würde, und sie hatten sich an Bord gehievt. Aber sie wussten, weil sie als jüngere Männer und Frauen bis zum Horizont geblickt hatten, dass der Ozean endlos war, keinen sicheren Hafen bot und es nur darum ging, sich über Wasser zu halten.

Die Menschheit der High Frontier – Was auch immer nötig ist.

An dem abfahrenden Zug schoben sich die Türen zu, und die Frocker-Hymne wurde abrupt stumm geschaltet. Hidalgo schien sich aus einer Trance wachzurütteln. Er fuhr sich mit einer Hand über den stoppeligen Schädel und musterte mich von oben bis unten.

»Gut – ich sehe, dass Sie nicht bewaffnet sind.«

Ich zuckte mit den Schultern. »Wie wir vereinbart hatten, oder?«

Wie die meisten Waffencheckprogramme hatte seins das ABdM-Messer übersehen, aber dadurch fühlte ich mich keineswegs weniger nackt. Ich erkannte die Version von Bradbury nicht wieder, die während meiner Abwesenheit zum Leben erwacht war. Es fühlte sich wie irgendeine billige Virthalla-Imitation an, dieselben Gebäude, dieselbe Skyline, nur dass alle Zivilisationsnormen heruntergeregelt waren, um eine maximale Grausamkeit im Spiel zu begünstigen. Es fühlte sich an, als hätte das verdammte Hochland hier plötzlich sein Quartier aufgeschlagen. Man wollte instinktiv das Kaliber im Magazin überprüfen, um sich zu vergewissern, dass es mächtig genug war.

Hidalgo brummte – vielleicht weil er etwas davon in meiner Gestalt bemerkte, sich vielleicht dadurch beruhigt fühlte.
»Also wollen wir es erledigen, ja? Wohin jetzt?«
»Linie Ventura Corridor«, sagte ich und zwang mich zu einem Grinsen, das Madekwe galt. »West-Bahnsteige. Meine Damen und Herren, hier entlang, bitte.«

Man war immer noch dabei, den Fairchild Loop zu bepflanzen – überall kürzlich aufgegrabener Regolith in niedrigen dunklen Aufschüttungen und geräumte Flächen, die mit feierlich blinkenden Rotlichtern auf den Vermessungsmasten abgesteckt waren. Winziges Wispern an der Hörbarkeitsschwelle von den Ferritkäfern und all ihren chemischen Terraforming-Cousins, die weiterhin bei der Arbeit waren, den Boden durchkauten, damit man hier in ein paar Monaten etwas Augenfreundliches wachsen lassen konnte. Einige der Grundstücke waren bereits verkauft, und die Nanobauten erhoben sich, doch selbst diese beschränkten sich hauptsächlich auf skelettartige Gerüste und rudimentäre Fundamentwurzeln, die noch einwachsen mussten. Etwa eins von zehn Gebäuden hatte Wände und ein Dach. Viel weniger waren beleuchtet. Funkelnd und strahlend in der trostlosen Dunkelheit dazwischen drifteten mobile Werbe-Brels wie hyperanorektische Wächter dahin, offerierten im Gelände Schnittchen aus animierter Virtualität, als würde man durch eine Art Zeitportal in eine künftige Version des Stadtteils lugen. *Jetzt kaufen*, murmelten sie wiederholt vor sich hin. *Jetzt kaufen, warum* nicht *jetzt kaufen?*

Parzelle 447 enthielt eins der wenigen fertigen Gebäude, verbreitete mattes Raumlicht durch die Fenster wie Kerzen für Heimkehrende in irgendeinem Kindermärchen. Ich hatte mir diesen Ort wegen der Abgeschiedenheit ausgesucht, und er übererfüllte dieses Kriterium sogar. Wir mussten die Rikschas gute fünfzig Meter davor verlassen und uns den Weg über einen dunklen Schotterpfad zu den Lichtern suchen. Oben rollte die Lamina giftgrün und hämatomblau über den Himmel, warf einen widerwilligen, unbeständigen Schimmer auf alles.

»Gehen wir es langsam an«, schlug ich vor, als ich eine ungebärdige Begierde in Hidalgos Eskorte bemerkte. »Wir wollen nicht dasselbe psychopathische Fiasko anrichten, das Sie in Bradbury Central hinterlassen haben.«

Badarou und eine der Frauen warfen mir wütende Blicke zu, aber sie sagten nichts. Und sie wurden tatsächlich langsamer, blickten fragend zu Hidalgo hin. Er nickte und gab ihnen zu verstehen, dass sie sich aufteilen sollten. Zog eine kompakte Schockpistole unter seinem Mantel hervor und beobachtete, wie die Leute aus seinem Team die eigenen Variationen des gleichen Themas zückten. Er wischte mir ein Lächeln zu, ein wölfisches Aufblitzen von Zähnen in der Dunkelheit.

»Richtig. Ich finde sogar, dass Sie die Führung übernehmen sollten, Veil. Zeigen Sie uns, wie es gemacht wird.«

Grinsen von Seiten des Teams. Ich spürte einen kalten Knoten im Bauch, vielleicht wegen der Worte, vielleicht wegen der Gestalt. Es konnte auf so viele unterschiedliche Arten schiefgehen. Hinter meinen Augen hatte 'Ris Hidalgo mit Daten übersät, aber sie konnte mir nicht mehr sagen, als dass er im höchsten Einsatzmodus war und mir ungefähr so weit vertraute wie einem Fossilienhändler vom Kirk Market.

Ach, wirklich?, subbte ich angespannt zurück und blickte zu Madekwe hinüber. *Und was ist mit ihr?*

Nicht viel besser, fürchte ich.

»Kommen Sie schon, Black Hatch.« Hidalgo deutete mit seiner Schockpistole zu den Lichtern. »Worauf warten Sie?«

Ich verzog das Gesicht und marschierte an ihnen allen vorbei, übernahm auf dem dunklen Zugangsweg die Spitze. Ich spürte Madison Madekwes Blick auf mir, als ich mich in Bewegung setzte, und eine kleine glimmende Traurigkeit stieg irgendwo tief in mir auf, als ich die kalte Funktionalität in ihren Augen sah. Ich verdrängte es, *für solche Scheiße ist später noch Zeit, Overrider*, wahrte eine lockere und entspannte Haltung, während ich ging. Auch ohne mich war schon genug Hitze in der Gleichung. Ich warf einen Blick zu der Tür vor mir und auf den langen, dunklen Weg, der nach Hause führte.

Als wir etwa die Hälfte der Strecke zurückgelegt hatten, kam uns ein Werbe-Brel entgegen, zeigte mir leicht geneigt einen ordentlich gepflasterten Pfad zwischen gepflegten Rasenstücken, vollständigen Gebäuden in hellen Pastelltönen, mit ausreichend viel Frühabendlicht am Himmel, und auf den Grünflächen waren verstreute unglaubwürdige Versammlungen von hübsch aussehenden Tech-Typen zu sehen, bei denen man einfach *wusste*, dass sie spitzenmäßige Kollegen sein würden.

Mit solchen Optionen, wollte mir der Brel klarmachen, *wären Sie erdgebunden dumm, nicht ins Erdgeschoss zu ziehen. Jetzt kaufen, warum nicht jetzt kaufen?*

Amüsiertes Brummen von Hidalgos Team. Ich wartete, dass der Brel mir aus dem Weg ging, dann lief ich weiter. Vor uns öffnete sich die Tür und legte eine helle dreieckige Fläche auf den Regolith. Ich sah das winzige Weghuschen von TF-Käfern, irgendeine nächtliche Variante, die offensichtlich kein Licht mochte. Dann kam eine schlanke weibliche Gestalt in Sicht, als Silhoutte im Licht, die einen langen schwarzen Schatten in unsere Richtung warf.

Einer von Hidalgos Leuten grunzte. »Ist das Farrant?«

»Nein«, gab ich über die Schulter zurück. »Das ist Martina Scheißsacran. Guckt ihr Typen nie die Feeds?«

Der Sprecher schüttelte den Kopf. »Scheiß auf diese politische Wichserei. Kein Interesse.«

»Sagen Sie das nicht in ihrer Gegenwart.«

Sacran kam heraus, um uns zu begrüßen. Sie war in einen billigen unförmigen Landvermessermantel eingemummt, den Kragen locker um ihre untere Gesichtshälfte geschlossen, billiges Gear mit transparenten Linsen über den Augen. Ihr Atem dampfte in der Kälte. Sie sah uns schief an, mit misstrauischem Blick.

»Sie sind Hidalgo?«, fragte sie.

Er nickte. »So nennt man mich auf dieser Scheißlochwelt, ja.«

»Dann sollte ich Ihnen vermutlich gratulieren. Es ist nicht leicht, dem Korporationsblock und unseren *familia-andina*-Brüdern über einen so langen Zeitraum immer eine Nasenlänge voraus zu sein.«

Ein Schulterzucken. »Eine Fertigkeit, die sich trainieren lässt.«

»Ja. Aber ich kann nicht behaupten, dass ich allzu begeistert bin, wozu Ihre Leute dieses Training sonst noch benutzen.«

»Ich bin nicht hierhergekommen, um eine politische Debatte zu führen, Ms. Sacran. Haben Sie Julia Farrant mitgebracht?«

»Wie vereinbart. Sie ist drinnen.« Sacran schürzte die Lippen. »Die Schockpistolen werden Sie nicht brauchen. Sie ist nervös, aber ich glaube, das Versprechen eines einzelnen Augenblicks im Rampenlicht auf der Erde hat sie überzeugt.«

Ein paar Mitglieder des Teams zuckten vor, aber Hidalgo blieb, wo er war.

»Auch Sie sind nervös«, sagte er. »Sie zittern sogar, Ms. Sacran.«

Für einen Blitzschlagmoment stockte alles. Als wäre die Lamina mitten in einer Entladung über unseren Köpfen erstarrt. Ich spürte, wie es in meinen Armen hinunterschoss, wie es eisige Finger um mein Herz schloss. Beobachtete, wie 'Ris' Displaysystem in Krisenmodusfarben wechselte.

»Es ist kalt«, sagte Sacran ruhig. »Falls Sie es noch nicht bemerkt haben. Wie wäre es also, wenn wir hineingehen und die Sache bei annehmbarer Temperatur regeln?«

»Klingt gut, finde ich.« Ein Blick zurück über meine Schulter. »Wir haben nicht die ganze Nacht Zeit.«

»Nein.«

Die Schockpistole ging hoch, war neben mir auf Martina Sacran gerichtet. Hidalgos hagere Züge, mit einem ganz neuen Intensitätslevel angespannt. Ich sah, wie die fünf Hochländer mitgingen und ihre Waffen ebenfalls in Anschlag brachten. Spürte, wie sich der Ansatz von Kälte in meinen Eingeweiden verschob.

»Bleiben Sie, wo Sie sind, Ms. Sacran«, blaffte Hidalgo. »Es ist kein Spaß, von diesen Dingern getroffen zu werden. Zwingen Sie mich nicht, etwas zu tun, was Sie bereuen werden.«

Ich verdrehte die Augen. »Verdammt noch mal, Hidalgo.«

»Ich wurde schon einige Male geschockt«, sagte Sacran mit Aktivistenhochmut. »Wahrscheinlich öfter, als Sie mit einer solchen Waffe abgedrückt haben, Navy Man. Aber wenn Sie jede Chance vermasseln wollen, Julia Farrants Vertrauen zu gewinnen, machen Sie ruhig weiter.«

Madekwe brauste neben Hidalgo auf. »Was ist los, Nate?«

Ich hielt ein unangemessenes Hochspannungsgrinsen zurück. »Ja, *Nate* – was soll das? Wollen Sie das hier genauso verpatzen wie Torres beim letzten Mal? Wir haben keinen unbegrenzten Vorrat an Chasma-Corriente-Fehlschlägen, mit denen wir herumspielen könnten, wissen Sie.«

Madekwe feuerte einen heftigen Halt-die-Klappe-Blick zu mir herüber.

»Nate, hör zu ...«

»Etwas *stimmt nicht*, Maddy.« Er bedachte sie mit einem knappen Seitenblick. »Kannst du es nicht spüren?«

»Ich gehe wieder hinein«, gab Martina Sacran bekannt. »Wenn Sie Ihren Amateurscheiß in Ordnung gebracht haben, kommen Sie nach ...«

»Keine Bewegung, verdammt!« Hidalgos Arm spannte sich stückchenweise höher und gerader. »Bleiben Sie, wo Sie sind, Miststück!«

»Okay, Arschlöcher, es reicht jetzt!«

Ich legte einen harten Kommandoton in meine Stimme – zumindest wandten sich mir nun alle Blicke zu. Ich breitete die Arme mit offenen Händen aus, als wollte ich den leeren Raum zwischen mir und Hidalgos Team umschließen. Ich sah sie reagieren, ließ 'Ris das Risiko einschätzen. Anscheinend war es die Sache wert.

»Verdammte Idioten. Genug von diesem Scheiß!«, bellte ich sie an. »Lassen Sie die Waffen sinken!«

Sie taten es, mehr oder weniger – eine unebene Linie aus halbherzig gesenkten Mündungen. Das Beste, was ich erhoffen konnte.

Madison Madekwe starrte mich an, versuchte zu begreifen, was los war ...

Draußen auf dem kühlen geräumten Feld von Parzelle 448 wandte sich ein helles Werbe-Brel uns zu, wie die eine günstige Karte in einem Verliererblatt. Und ein Schatten, der hinter dem Schimmern hervortrat.

»Es ist eine Falle«, schrie Madekwe und sah mich mit geweiteten Augen an.

Ich stürmte an Hidalgo vorbei, riss sie zu Boden.

Und um uns herum wurde die Nacht zerfetzt, Schüsse und Mündungsblitze von allen Seiten.

48

Nach wenigen Augenblicken war es vorbei – meine Kampfchemie dehnte die Zeit für mich, ließ alles länger dauern. Die Haimodussicht verlieh mir Tageslichtklarheit, und Ris' kartierte die Details, speicherte sie für einen späteren Abruf ab. Stotterndes Mündungsfeuer in der Nacht wie ein aggressiver Schreiwettkampf, der in dem elektromagnetischen Spektrum ausgetragen wurde. Hidalgos Team gab ein paar panische Gegenschüsse ab, doch die meisten blieben hoffnungslos unwirksam – Schockpistolen sind Nahkampfwaffen und in einer Schießerei ziemlich nutzlos, und die Schatten, die sich auf Parzelle 448 erhoben, gaben ihnen keine Gelegenheit, auf etwas Effektiveres umzurüsten. Ich sah, wie Badarou nach dem Rucksack einer Kameradin griff und verzweifelt etwas herauszuzerren versuchte ...

Eine AP-Ladung kam aus der Nacht und riss ihm den größten Teil des Gesichts weg.

Er stand noch eine trotzige Sekunde lang mit der Verletzung da, das Kinn vorgereckt, als wollte er mit der zertrümmerten, blutgetränkten Masse angeben, als wäre er irgendwie stolz darauf. Dann brach er wie ein einstürzender Turm zusammen. Die Frau mit dem Rucksack wurde auf ihn geworfen, die schockierten Augen im Tod weit aufgerissen, den starrenden Blick genau auf mich gerichtet, wie es schien.

Unter mir wand sich Madekwe wie ein kleines Erdbeben, setzte knappe, brutale Bodenkampftechniken ein, um sich aus meinem erdrückenden Griff zu befreien. Ihr Strategenstatus rettete mich – es waren trainierte Aktionen ohne die Tödlichkeit langer Erfahrung. Ich parierte die Schläge, so gut ich konnte, drückte mich Nase an Nase neben ihr in den Dreck.

»Bleib unten, verdammt!«, knirschte ich.

»*Drecksack!*« Ein Daumen stieß zu, fast in mein Auge. Ich wehrte ihn ab.

Hidalgo – meine Hauptsorge – lag am Boden. Er bewegte sich noch, aber nicht auf eine Weise, die danach aussah, als würde er länger durchhalten. Martina Sacran kauerte in einer Ecke des Gebäudeeingangs und wirkte bewundernswert selbstbeherrscht. Sie war als nicht feindlich markiert worden, als die Falle zugeschnappt war, und ich vermutete, dass sie im Laufe der Jahre auf den Straßen schon oft unter Beschuss geraten war. Doch so etwas machte einen auch nicht kugelsicher, und es konnten immer Fehler passieren.

Es blitzte und knallte weiter. Der letzte von Hidalgos Schlägern machte Schwierigkeiten – irgendwie hatte er es geschafft, hinter einem aufgeschaufelten Hang an einem Regolithhaufen in Deckung zu gehen. Er hielt eine fies aussehende Handpistole, die er in die Schatten spucken ließ. Ich verzog das Gesicht, griff über Madekwe hinweg, fand die Handwaffe, die ich zuvor schon an ihr bemerkt hatte, und riss sie hervor. Madekwe registrierte die Bewegung zu spät, um mich daran hindern zu können, rammte mir stattdessen ein Knie in den Schritt. Ich blockierte den Hieb zu spät, bekam genug davon ab, dass es richtig wehtat. Ich knurrte und rollte von ihr weg, streckte den Arm aus und zielte mit der Waffe. Der Abzug klickte trocken und impotent. Personalisiert.

Hack dieses verfickte Ding, los!
Erledigt.

Ich blendete den krampfartigen Schmerz im Unterleib gerade lange genug aus, um die Waffe stillzuhalten und abzufeuern. Ein tiefkehliger Donner schlug durch die kühle Luft. Unser letzter Möchtegernheld zuckte unter dem Treffer zusammen, kroch verzweifelt herum, um nach dem Ursprung des Beschusses zu suchen. Ich leerte den Rest des Magazins – ein heftiges Stakkato wie ein hartnäckiger Hustenanfall. Der letzte Held ruderte mit den Armen – wie jemand, der Codierfliegen klatschen will, dann sackte er langsam in dem kleinen Sturm aus Regolithstaub, den er aufgewirbelt hatte, in sich zusammen.

Weitere Schüsse tackerten aus der Dunkelheit heran, wie ein verspäteter Applaus.

»Erledigt!«, presste ich hervor, so laut, wie der schwarze Schmerz in meinen Eingeweiden und Eiern es mir erlaubte. »Es ist *vorbei*, verdammt! Feuer einstellen!«

Stimmen schrien auf Chinesisch hin und her, zu schnell und zu dialektlastig, als dass ich etwas verstehen konnte. Weitere Schüsse blieben aus.

Hinter der im Eingang kauernden Martina Sacran trat eine andere schlanke weibliche Gestalt ins Licht hinaus.

Allmählich.

Hidalgo war schon fast hinüber, als ich zu ihm ging. Wo er am Boden lag, war der Regolith dunkel und großflächig mit Blut befleckt. In dem gereizten grünlichen Laminalicht war es schwer zu erkennen, aber es sah danach aus, dass er mehrere Treffer in Brust und Bauch eingesteckt hatte. Der Schaden überstieg bei Weitem alle Möglichkeiten irgendwelcher SEK-Internsysteme, mit denen er ausgestattet sein mochte – oder auch nicht.

Ich ging neben ihm in die Hocke.

»Veil«, krächzte er, den verblassenden Blick wacklig auf mich gerichtet. »Ah – Sie ... *Drecksack*.«

Ich neigte bestätigend den Kopf, vielleicht auch entschuldigend. »Wie ich die Lage eingeschätzt habe, konnte ich Sie nur so aufhalten, Navy Man.«

Der Name der Organisation schien etwas in ihm erstarren zu lassen. Ein dünnes Lächeln wischte über seinen Mund. Seine Stimme wurde ein wenig kräftiger. »Nun können Sie es gar nicht mehr stoppen, Overrider. Jetzt muss die Flotte auf jeden Fall reagieren.«

Ich schüttelte den Kopf. »Das sehe ich nicht. Sie sind erledigt, Madekwe ist neutralisiert, das SEK auf der Erde ist eine astronomische Einheit weit vom Geschehen entfernt, ohne Möglichkeit, sich ins Spiel zu bringen. Wer wäre sonst noch hier? Die Flotte in Wells ist eine Garnison, kein Außenposten der Spezialeinheiten. Infanteristen und Deckarbeiter und Feldoffiziere – sie alle sind darauf eingeschworen, das Valley vor Kraterkriechern und Piraten zu schützen, und nicht auf den Umsturz der lokalen Regierung. Eine verdammt umfangreiche Kommandostruktur wäre nötig, um so etwas in Bewegung zu setzen. Also sagen Sie mir, wer jetzt noch das Gewitter heraufbeschwören könnte.«

Er schnappte nach Luft, fand neuen Schmerz darin. Bleckte trotzig die Zähne. »Sie ... Sie werden ... auch sie töten?«

»Ich wollte Sie nicht töten, Hidalgo. Aber es hat sich dann so ergeben.«

»Aha. Fühl mich damit ... gleich viel besser.«

Ich lächelte, ich konnte nicht anders. Von der Schießerei schwappte immer noch Adrenalinnachfluss durch meine Eingeweide, zerrte kräftig an meinen Mundwinkeln. Ich spürte, wie sich mir jemand von hinten näherte, fuhr herum und bemerkte Martina Sacran. Hastig hob sie die Hände in beschwichtigender

Geste – keine Ahnung, was sie in meinem Gesicht gesehen hatte. Sie räusperte sich.

»Ich glaube, Sie sind ...« Ihre Stimme verklang, als sie verstand.

»Geben Sie uns noch einen Moment«, sagte ich sanft.

»Ach ja, Farrant.« Ein tiefes Stöhnen, das in Hidalgos Stimme hackte wie eine Axt in einen Baumstamm. Er grinste wild zu uns beiden herauf. »Sie ist nicht mal scheißverdammt hier, ja?«

Sacran wandte den Blick ab, vielleicht in Verlegenheit.

Ich zuckte mit den Schultern. »Ich fürchte, Sie haben recht.«

»Hätte es wissen müssen. Hätte es *scheißverdammt* wissen müssen ...« Er hustete von dem plötzlich aufflammenden Wutanfall. Musste warten, bis es vorbei war. Seine Hand flatterte ein winziges Stück vom Boden auf. »Aber ich wollte es einfach so sehr, wissen Sie. Diese Scheiße zu Ende bringen, nach Hause gehen. Weg aus dieser Arschritze. War so verdammt lange hier ...«

»Ja.«

Wieder bewegte sich seine Hand, diesmal entschiedener. Er packte meinen Arm, mit überraschend starkem Griff, aber die Anstrengung raubte seiner Stimme die letzte Kraft.

»Vierzehn Jahre«, stieß er hervor. »Wie zum Henker haben Sie das geschafft?«

Erneut zuckte ich mit den Schultern. »Einen Tag nach dem anderen. Mit der Zeit kommt was zusammen.«

»Ja.« Jetzt leise keuchend. »Für uns beide wurde es Zeit, nach Hause zurückzukehren, was?«

»Würde ich auch so sagen.«

Seine Augen verließen mein Gesicht, wanderten aufwärts. Als hätte er plötzlich an allem das Interesse verloren. »Ja, ich glaube ... ich gehe nach Hause ...«

Seine Hand rutschte von meinem Arm. Seine Augen schlossen sich kurz. Doch dann hustete er wieder schwach, spritzte frisches Blut auf seine Lippen. Seine Augen blitzten erneut auf, von Tränenschimmer gesäumt, auf meine fixiert.

»Dieses Scheißloch«, knarrte er.

Ich wartete auf mehr, doch das war alles, was er noch hatte. Sarcran war gegangen, hatte sich irgendwann in Hidalgos letzten flackernden Momenten zurückgezogen und mich mit ihm zurückgelassen. Also hockte ich wieder allein an seiner Seite, beobachtete, wie sein Blick stumpf wurde, während er weiter durch mich hindurchstarrte, als wäre ich derjenige, der gerade die Szene verlassen hatte.

»Mr. Veil?«

Ich seufzte. »Hallo, Allmählich. Wie geht es uns?«

»Na ja. Es gab keine Verletzten auf unserer Seite, und Ms. Madekwe ist ... hinreichend festgesetzt worden. Wir haben sie nach drinnen gebracht. Bislang hat sie keinen Widerstand geleistet.«

»Gut zu wissen.«

Allmählich schritt an mir vorbei, die Hände elegant in die Taschen eines langen dunklen Mantels mit Sturmkragen gesteckt, anscheinend irgendeine Kratermarke – drei winzige rote chinesische Schriftzeichen waren in den Aufschlag gestickt, kamen mir vage vertraut vor. Genauso wie ihr Haar und das Make-up und die ausdruckslosen schwarzen Linsen, die sie trug, war auch der Glanz des Kleidungsstücks makellos. Konzentriert blickte sie auf Hidalgos Leiche hinunter.

»Ich hatte ihn mir größer vorgestellt. Er sieht gar nicht wie ein Erdmann aus.«

»War die letzten sechs Jahre auch keiner.« Ich gestikulierte. »Drei, meine ich. Drei Marsjahre. Er war die ganze Zeit untergetaucht.«

»Beeindruckend.«

»Nun ja, dazu werden sie ausgebildet.« Ich seufzte erneut, schwerer. Ich drückte Daumen und Zeigefinger auf Hidalgos Augenlider, schob sie zu. Stand auf. »Gute Arbeit jedenfalls. Nett und sauber. Sie haben Gaskell nicht hierher gebracht, vermute ich?«

»Nein, sie wartet im TKS-Gebäude auf Sie. Ich hielt es für besser, sie nicht den … Komplexitäten der Aktion auszusetzen.«

Ich grimassierte auf Hidalgo herab, auf die Blutlache, in der er lag. »Sieht jetzt einigermaßen simplifiziert aus. Sie sollten ihn lieber eintüten.«

»Und Sie sind sich ziemlich sicher, dass dies von den *familias andinas* gut aufgenommen wird?«

»Hier in der Stadt wird es sie nicht allzu sehr interessieren. Anders die Ortsgruppen im West End, und zwar auf Kommissionsebene. Sie hatten ein Kopfgeld auf diesen Kerl ausgesetzt, fast schon so lange, wie er hier war – einhundertfünfzigtausend, tot oder lebendig. Wenn Sie klug sind, verzichten Sie auf die Belohnung und verbuchen es als Geste des guten Willens.«

»Ja. In Hellas sind wir … solche Gesten gewohnt.«

»Gut. Dann haben Sie sich soeben sehr nützliche Beziehungen zu den *familias andinas* erkauft. Willkommen in der Nachbarschaft.«

Wir überließen es Allmählichs Team, die Leichen wegzuräumen, und fuhren mit einem unauffälligen Naspac-Lastencrawler über die verdunkelten Highways von Ventura zu TKS Holdings. Allmählich saß vorn neben dem Fahrer, alle übrigen hinten im Laderaum. Verständlich, schließlich war es ihr Fahrzeug, und an ihrer Stelle hätte ich mich auch nicht der Atmosphäre aussetzen wollen. Die Hecksitze waren in einander gegenüberliegenden

Bänken angeordnet, ähnlich wie im Land Rover, und am Ende saß ich einer Madison Madekwe in Handschellen und mit versteinerter Miene gegenüber. Jubilierende Kraterkriecherschläger flankierten uns zu beiden Seiten, ausgerüstet mit den kurzläufigen Norinco-Sturmgewehren, mit denen sie gerade erst die Tötungen vollzogen hatten. Schwacher Gestank von Schießpulver in der Luft und auf dem Boden zwischen Madekwe und mir jetzt nichts mehr außer rohem geschweißtem Stahl.

»Stolz auf die Leistung?«, fragte sie mich, während wir alle unsere Sitze einnahmen.

»Nicht oft«, gab ich zu. »Aber in diesem Fall gönne ich es mir. Dass ich eure Leute stoppen konnte, war das beste Resultat, das ich je erzielt habe, seit ich hier abgestürzt bin.«

Sie grinste spöttisch. »Ja, und ich vermute, mich an Gaskell auszuliefern, um den Heimflug zu bekommen, hat nichts damit zu tun.«

»Falls du fragst, ob ich Gaskell eher vertraue, mir eine Kryokap zu besorgen, als dir und deinen Navy-Kumpels, dann ja, sicher, das war ein Faktor. Aber dass wir Hidalgo ausgeschaltet haben, ist ein großer Gefallen für alle in diesem Valley. Du hast es selbst gesagt, Madison …«

»Verwenden Sie nicht mehr meinen verfickten Vornamen!«

Ich seufzte. »Gut. Ich kenne Ihren Rang nicht. Captain, oder? Sie haben es selbst gesagt, Captain Madekwe – Hidalgo war im Arsch, runtergebrannt, er hatte nichts mehr außer seiner Mission und paranoidem Hass. Das wäre für niemanden eine sichere Bank.«

»Er wollte einfach nur nach Hause.«

»Wollen wir das nicht alle?«

Martina Sacran zwängte sich am Ende meiner Bank hinein und drückte den Türknopf. Die Heckluke des Crawlers klappte herunter, und unter unseren Füßen erwachte keuchend ein weltüberdrüssiger Magdrive zum Leben. Madekwe schwenkte ihren Blick wie ein Geschützturm.

»Und Sie, Kreuzritterin. Glücklich mit Ihren neuen Partnern in der organisierten Kriminalität?«

Sacran erwiderte ihren Blick auf gleichem Niveau. »Ich nehme keine Belehrungen von Staatsterroristen an. Mein Vater hat mir erzählt, was Ihre Leute auf Ganymed getan haben. Es verfolgte ihn bis zum Ende seines Lebens. Also, ich scheiß auf Sie, Navy. Ich nehme die Verbündeten an, die ich finde.«

Der Naspac holperte über aufgewühlten Regolith, erreichte den Rand des Highways und bog ein. Der Wagen wendete, und schlagartig fuhren wir sanft weiter. Der Crawler legte an Tempo etwas zu.

»Ganymed war unvermeidlich«, sagte Madekwe ruhig.

Jetzt war es Sacran, die spöttisch grinste. »Klar war es das – genauso wie all die übrigen großen SEK-Erfolge. Die unvermeidliche Konsequenz, wenn Menschen selbst über ihr Schicksal bestimmen wollen. Ich bin mir sicher, dass sie jetzt tot und erfroren viel glücklicher sind.«

»Ich hätte gedacht, wenn jemand verstehen kann, dass erschütternde politische Veränderungen Menschleben kosten, dann müsste es Sacrans Tochter sein. Schließlich waren auch die Hände Ihres Vaters keineswegs sauber, nicht wahr?«

Sacran beugte sich abrupt auf der Bank vor. »Sie halten die verdammte Schnauze. Mein Vater hatte mehr Integrität in den Fingernägeln, als Sie und Ihre Leute in ihren gesamten verdorbenen Körpern synthetisieren könnten.«

»Dann kann ich mir vorstellen, dass er sehr stolz auf Sie wäre. Sich an dieselben korporativen Interessen zu verkaufen, gegen die Sie Ihr ganzes Leben lang geistlose Reden gehalten haben. Das ist doch der Deal, oder, Ms. Sacran?« Madekwe reckte das Kinn verächtlich in meine Richtung. »Sie helfen diesem beschissenen Ex-Unternehmensdiener, mich zu Earth Oversight zu bringen, und dort bekommen Sie dann ein paar Krumen und Zugeständnisse vom COLIN-Tisch?«

»So ungefähr«, stimmte ich munter zu. »Wie wäre es also, wenn wir alle die gegenseitigen Schuldzuweisungen wegstecken und uns mit dem Gelände abfinden.«

Madekwe richtete ihren Blick vollständig auf mich. »Wissen Sie, ich dachte, ich hätte etwas in Ihnen gesehen, Veil. Irgendeinen ... guten Kern, etwas Menschliches, das die Vertragsverpflichtung besiegt. Ich habe mich getäuscht. Da ist nur Blond Vaisutis bis ganz nach unten. Alles andere hat man ausgelöscht. Sie waren so lange ein Kampfhund für Ihre Unternehmensherren, bis man Sie hier entsorgt hat, und trotzdem wollen Sie immer noch in ihren Zwinger zurückkriechen.«

Ich erwiderte ihren Blick. Er schmerzte etwa genauso wie ihr Tritt in meine Eier. »Das ist eine Möglichkeit, es zu betrachten, Madison.«

»Ich sagte, Sie sollen ...«

»Andererseits ist COLIN der Verein, der Ihr Gehalt bezahlt. Keine Colony Initiative, keine interplanetaren Steuereinnahmen, keine Steuereinnahmen, keine Flotte. Ich würde sagen, letzten Endes sitzen wir alle im selben Zwinger.«

»COLIN ist durch und durch korrupt. Auf dem Mars ist Mulholland das Resultat.« Eine sonderbare gespannte Eindringlichkeit, die jetzt in ihrer Stimme aufstieg. »Sie wissen das, Sie beide! Wir können das alles hinwegfegen, Veil! Noch einmal sauber von vorn anfangen.«

Martina Sacran schnaufte. Ich sah Madekwe an, unfähig, eine winzige aussickernde Beunruhigung zu vergießen. Das klang nicht nach der Frau im Land Rover oder in der Honeymoon Suite im Crocus Lux.

Eher wie die weltläufige Tarnidentität, in die sie sich bei unserer ersten Begegnung gehüllt hatte ...

Ich registriere ...

Scharfe metallische Detonationen in schneller Abfolge genau über mir, wie Randschläge von einem heißlaufenden durchgedrehten Drummer – später zählte ich in der Erinnerung nach und kam auf fünf. Ein schneller heißer Spritzer aus Blut klatschte mir ins Gesicht, in die Augen. Der Naspac schwankte heftig, warf mich über die Kluft in Madison Madekwes Schoß. Ich spürte einen betäubenden Hieb hinter dem Ohr, als sie mir die gefesselten Hände gegen den Kopf schlug. Sacran stieß einen einzigen schockierten Schrei aus, der Crawler kippte während des Schlingerns fast um, dann kam das Kreischen der Bremsen, als der Autopilot übernahm und den Wagen ruckelnd auf dem Highway zum Stehen brachte. Die Fliehkraft riss mich von Madekwe herunter und in ein chaotisches Gewirr meiner ehemaligen Kraterkriechergenossen, die während der Schleuderfahrt ebenfalls gestürzt waren. Ich blinzelte hektisch, versuchte mein Sichtfeld zu klären. Starrte nach oben, sah gezackte, zwei Finger weite Löcher, die ins Dach des Naspac gestanzt waren, mit scharfen, nach unten gebogenen metallischen Blütenblättern.

Und überall kopflose Leichen.

Madekwe trat wild nach mir – ich blockierte sie, so gut ich konnte. Von draußen auf dem Highway nahmen meine Ohren das nervöse Geschrei arbeitender Turbinen auf.

Luftgefährt im Anflug. Was geplappert wird, deutet auf eine schwer bewaffnete Besatzung hin.

Ja, danke für die beschissene Exklusivmeldung!

»Veil!« Sacran, die Stimme immer noch vom Schock verzerrt. »Was zum Teufel ist ...«

»Gegenangriff.« Wischte mir wütend das Blut aus den Augen. »Wie es scheint, hat unsere SEK-Kumpeline mehr Freunde, als ich dachte.«

Waffe, Waffe, brabbelte es in meinem taumelnden Kopf. Ich hatte nichts an mir außer den bloßen Händen und der Morphlegierungsklinge. Ich warf mich auf dem Boden herum, packte eins der blutigen Norinco-Sturmgewehre.

Hack das ...

Erledigt.

Die Waffe winselte wie ein gehorsamer Hund. Ich trat gegen den Notöffnungsknopf an der Heckluke, und sie öffnete sich mit einem sanften, kontrollierten Zischen. Klappte reibungslos hoch.

»Bleiben Sie hier«, krächzte ich Sacran an und sprang hinaus in die Kälte und die Dunkelheit.

49

Der Naspac war schief und breitseitig auf der Straße stehen geblieben. Der Helikopter war ihm zugewandt und ging zwanzig Meter entfernt mit kreischenden Turbinen nieder. Noch ein paar Sekunden, und er wäre niedrig genug, um Insassen abzusetzen. Ich warf einen schnellen Blick hinüber, damit 'Ris scannen konnte – die Umrisse des Gefährts hatten etwas vage Vertrautes – dann duckte ich mich zurück, nahe an der Karosserie des Crawlers. Reflexhaft überprüfte ich die Ladung des Sturmgewehrs in meinen Händen.

Womit haben wir es zu tun?

Ein Whistler-Hoon P-771 Cloudscout. Besatzungskapazität achtzehn plus optionaler Pilot, in diesem Fall vorhanden.

Okay. Ich grinste heftig. *Sie dürften nicht daran interessiert sein, dass es irgendwo als Maschinenlaufzeit auftaucht. Ist das Ding gepanzert?*

Eher nicht. Zivile Spezifikationen, umgerüstet für Freizeitjagdausflüge.

Gut zu wissen.

Ich holte Luft, schob mich um die Kante des Naspac und entließ eine Salve aus der Norinco, duckte mich sofort wieder in Deckung. Prasselnde Einschläge quer über die mattschwarze Verkleidung, und der Drehflügler sprang wie eine versengte Katze auf, neigte sich, eierte rückwärts von uns weg, schüttelte die Nase. Ich bemerkte die Trittbretter, die als Jagdplattformen mit Sicherheitsnetzen dienten, die man an den Seiten heruntergelassen hatte, erkannte darin den Ursprung der tödlichen Schüsse, die sie durch das

Dach des Crawlers gefeuert hatten. Wärmebildzielfernrohre in diskreter Flughöhe, zwei, vielleicht vier Scharfschützen, die dort draußen in der kalten Luft und im Rotorenwind kauerten, im steilen Winkel nach unten, und fünf Zielpersonen, die sie unter sich aufgeteilt hatten – selbst mit solcher Technik war das keine leichte Arbeit.

Du solltest unbedingt Chakana herbestellen. In Notruflautstärke. Schildere ihr die Lage. Sag ihr, sie soll mit allen kommen.

Wähle.

»Veil, was zum Teufel haben Sie vor?«, fragte Martina Sacran, die neben mir aus dem Crawler schoss, eine Norinco, die sie nicht benutzen konnte, in beiden Händen. »Diese Arschlöcher haben Infra – haben Sie *gesehen*, was sie gerade mit Hsus Trupp gemacht machen?«

»Gesehen? Ich habe das meiste davon *abbekommen*, verdammt!« Ich knurrte sie grinsend an. »Die gute Neuigkeit ist – wenn sie so schießen können und auch uns erledigen wollten, wären wir längst tot. *Na los, ihr Wichser!*«

Ich kam wieder hervor und jagte den Helikopter mit einer weiteren kurzen Salve. Diesmal traf ich ihn aber nicht, soweit ich erkennen konnte, doch wegen des Feuers war der Pilot jetzt nervös geworden, und er riss das Gefährt ein Stück zur Seite. Ich ging erneut neben Sacran in Deckung.

»Was ist mit Madekwe passiert?«

Sie hob die Norinco an, mit dem Kolben nach oben. »Sie wollte mich schlagen. Ich hab sie hiermit ausgeknockt. Sie dürfte ein Weilchen aus dem Spiel sein.«

»Straßenkämpferin, was? Geben Sie mir das, wir tauschen. Bei diesem ist die Sperre gehackt.«

Wir wechselten unbeholfen die Waffen, in der Hocke, während ich die Bewegung des Drehflüglers anhand der Turbinengeräusche zu verfolgen versuchte und bei der verfickten Pachamama hoffte, dass ich hier die Psychologie richtig verstanden hatte. Die neue Waffe winselte in meinen Händen, als 'Ris sie hackte. Ich hob die Stimme, um den Lärm der Helikopterturbinen zu übertönen.

»Hören Sie zu – aus irgendeinem Grund wollen sie uns nicht töten, also gehen wir davon aus, dass es wirklich so ist. Wir halten uns diese Scheißer auf Armeslänge vom Hals, solange wir können. Im schlimmsten Fall laufen wir getrennt zu diesen Neubauten da drüben.« Ich nickte zu der Fläche mit den dunklen Einheiten neben dem Highway hinüber. »Da ist jede Menge Platz zum Rennen und Verstecken. Ich habe gerade einen Notruf an Nikki Chakana von der BP abgesetzt, sie dürfte gleich hier sein, oder jemand anders. Wahrscheinlich auch Allmählichs Leute.«

Allerdings...

Nicht jetzt, 'Ris.

Ich bedachte Sacran mit einem weiteren angespannten, adrenalingetränkten Grinsen. »Wir müssen nur lange genug durchhalten. Kommen Sie damit klar?«

»Bleibt mir eine verfickte Wahl?« Jetzt brüllte sie in dem plötzlich lauter werdenden Kreischen des Drehflüglers, als er über dem Highway in die Höhe schoss, die Nase senkte und genau auf uns zuflog. Ich warf die Norinco an die Schulter, nahm die Cockpitscheibe ins Visier ...

Und dann stieß mich etwas nach vorn wie ein Notfallverzögerungsschub, schlug mich mit dem Gesicht in den Winkel der Crawlerluke. Ich prallte ab, schmeckte Blut, wo das Metall meine Lippe aufgerissen hatte. Ich verlor die Norinco aus der rechten Hand, die sich mit einem Mal wollig und schwach anfühlte, knickte mit den Knien voran ein. Ein großer Fleck aus Taubheit, der sich irgendwo oben auf meinem Rücken ausbreitete, genau unter meiner rechten Schulter, wo der gewaltige Schlag mich getroffen hatte, wie mir die verspätete Erinnerung verriet.

Man hat auf dich geschossen.
Ja, danke.

Ich versuchte grimmig, mich am Bordstein auf meiner unbeschädigten Seite hochzustemmen, wollte feststellen, wie viel Funktionalität vielleicht noch in meiner rechten Hand steckte. Ein Schwenk des galligen Nachthimmels und der hoch aufragenden Kanten des gestoppten Naspac über mir, ein dumpfes, knitterndes Geräusch in meinen Ohren wie von Abwurfschutzverpackung, die zerrissen und zerdrückt wird. Mittendrin glaubte ich Sacran schreien zu hören. Der Whistler-Hoon schwebte seitwärts in einem Winkel meines Sichtfeldes vorbei, und ich konnte nicht sagen, ob es seine reale Bewegung oder meine strauchelnde Sinneswahrnehmung war.

Die Erstreaktion des Gewebes deutet auf einen Treffer mit geringer Geschwindigkeit durch Antipersonenmunition mit Aminosteroidbeschichtung hin. Höchstwahrscheinlich militärischer Herkunft.

Ich knirschte mit den Zähnen. *Tust du irgendwas dagegen?*

Ich setze Kontrainhibitoren ein. Halt dich bereit.

Jemand verpasste mir einen brutalen Stiefeltritt in den Rücken, rollte mich auf die Straße hinaus. Ich zuckte und wand mich, so energisch und agil wie irgendein halb zermatschter Ferritkäfer. Ich bekam meinen brauchbaren Arm unter den Körper. Ein leichtes Kribbeln unter meiner Hand von den Nanobetonkulturen, die in der Oberfläche unter mir immer noch aktiv waren …

»Schaut euch diese Scheiße an«, johlte jemand amüsiert, bestäubt mit leicht bewundernder Fassungslosigkeit. »Hab zwei Kugeln in ihn reingejagt, und das Arschloch versucht immer noch aufzustehen.«

Wieder der Stiefel. Diesmal rollte mich der Schlag auf den Rücken herum. Ein Gesicht tauchte genau über mir auf, starrte herab. Eine schwarze Rollmütze umschloss den Schädel, das Gesicht dunkel von Antiscancreme, und er schien sich vor Kurzem erst einen Schnitt in die Wange zugezogen zu haben.

Trotzdem erkannte ich ihn sofort. Stöhnte und verfluchte mich für mehrfache Dummheit.

Er sah meine Reaktion und grinste mit sehr weißen Zähnen in dem blutverschmierten, eingecremten Gesicht.

»Hey, Veil, Sie verficktes Arschloch. Willkommen in der A-Liga.«

Sie mussten von den Trittbrettplattformen gesprungen sein, sobald sie die tödlichen Schüsse auf Allmählichs Schläger bestätigt hatten. Mit dem Drehflügler weit genug runtergehen, sodass man sich nach dem Sturz wieder aufrappeln konnte – und auf dem Mars ist das nicht annähernd so niedrig, wie man glauben würde –, dann eine Landestelle irgendwo in der sanften, unbebauten Dunkelheit von Ventura neben der Straße aussuchen. Den Helikopter als bloße Ablenkung nutzen, während man sich lautlos an die Beute anschleicht und sie ohne Widerstand ausschalten kann.

Eine tadellose Säuberungsaktion im SEK-Stil.

Dennoch sah es danach aus, als hätte sich Sundry Charms beim Absprung leicht verletzt. Dieser Schnitt in der Wange, und er humpelte merklich, als er eine benommene Allmählich aus der Fahrerkabine des Naspac zerrte und sie neben mir auf der Straße ablegte. Seine ähnlich schwarz gekleideten Kameraden – zwei weitere, soweit ich erkennen konnte – schienen den Sprung unbeschadet überstanden zu haben. Einer hatte Martina Sacran auf dem Highway in die Knie gezwungen, einen fiesen dickläufigen Karabiner in einem halben Meter Entfernung auf ihren Kopf gerichtet, während der andere im Heck des Crawlers verschwunden war, vermutlich um nach Madison Madekwe zu sehen.

Der Whistler-Hoon hatte fünfzig Meter weiter auf der Straße aufgesetzt und stand mit flatternden Rotoren da, die Turbinen auf ein pulsierendes Wimmern heruntergefahren. Mehrere Gestalten drängten sich in schwarzen Kampfmonturen an den Luken. Charms hatte nicht an Personal gespart.

Warum sollte er? Schließlich kann er auf ein komplettes verdammtes Gefolge zurückgreifen.

Die verspäteten Schuldzuweisungen, die sich in meinem matschigen Kopf aufhäuften.

Ja, und du bist mit ihnen allen im Drehflügler vom Ares Acantilado abgeflogen und hast es nicht bemerkt.

Madison Madekwes Worte, die nun im harten neuen Licht der Offenbarung glitzerten. *Ich habe einen unauffälligen Transport in die Stadt organisiert.* ·

Ich hatte nie genauer darüber nachgedacht.

Ich erinnerte mich an Arianas mürrische postkoitale Kommentare, mit denen sie Chamis Reaktion auf Charms' Ankunft auf dem Mars diskreditiert hatte – *nur noch ein billiges Fake ... Er hat so viel an sich machen lassen, dass er kaum noch wie dieselbe menschliche Person aussieht.*

Richtig.

Und Madison Madekwes instinktive Ablenkungslüge, als ich auch nur das vorsichtigste Interesse gezeigt hatte. Ich hörte meine eigene Stimme, als würde 'Ris mir die Aufzeichnung vorspielen.

SNDRI Charms. Sehr gut. Nie von ihm gehört.

Wenn Sie eine Teenagertochter hätten, hätten Sie von ihm gehört.

Sie hatte bei der Lüge gezögert, das Stocken war nur kurz, aber es war eindeutig, schreiend laut für jeden, der ausgebildet war, es zu erkennen. Und wieder hatte ich es von der Hitze der Anziehungskraft fortspülen lassen, von der Nur-vielleicht-Zugänglichkeit dieses ganzen wohlgeformten erdgeborenen Körpers.

Offen versteckt. An der Methodik gab es nichts auszusetzen. Als Ultratripper konnte sich Charms frei bewegen und erhielt so ziemlich überall mit einem Lächeln Zugang. Er konnte *seine Leute* mitnehmen, denn welcher ultratrippender Medienstar, selbst ein verblasster, hatte nicht irgendwelche *Leute* dabei? Es wurde sogar so erwartet, es war eine Funktion der Rolle. Er konnte muskulös und katzengleich und kampftrainiert auftreten, wo er wollte, und alle würden es auf Bühnenkunst und harte Arbeit mit einem privaten Trainer schieben. Er konnte sogar – ich ließ die Begegnung im Kopf noch einmal ablaufen, eine triste Bestätigung im Nachhinein – eine Dosis verdorbener, mieser Trunkenheit in der Hotelbar vortäuschen, nur um eine mögliche Gefahr für seine exponiertere Teamkollegin auf den Punkt zu bringen.

Und in der Zwischenzeit konnten seine Leute unbemerkt kistenweise Ausrüstung anschleppen, weil ein großer Medienrummel wie bei einem Versuch an Wall 101 für Zuschauer sowohl hier als auch auf der Erde eine Menge an exotischer Technik und Hintergrundunterstützung erforderte.

Ich probierte noch einmal, mich hochzustemmen. Charms sah es, zerrte Allmählich auf die Knie und kam dann herüber, um mich zu betrachten.

»Haben Sie irgendwas vor, Overrider?«

Ich grinste wild zu ihm auf. »Sobald ich diese lahme Blasrohrscheiße aus meinem System gespült habe, ja. Ich werde aufstehen und Sie töten. Was haben Sie mit dem echten Charms gemacht?«

Er zuckte mit den Schultern. »Reha. Irgendeine Klinik auf einer Paradiesinsel am Arsch der Welt, hat man mir gesagt, alle Kosten bezahlt. Das Beste, was ihm jemals passiert ist.«

»Also kein Fan.«

»Ich glaube, er hat gar keine mehr. Der Typ ist ein verfickter Ehemaliger – so wie Sie.«

Ich stieß einen kehligen Laut aus. »Wie ich sagte – geben Sie mir noch eine Minute.«

Ein wintriges Lächeln kam und berührte seinen Mund, verschwand wieder. Ich blickte ihm in die Augen, und diesmal sah ich es, das, was in Hidalgo gefehlt hatte oder vielleicht nur während all der gestrandeten Jahre verloren gegangen war. Ich erkannte dieselbe seelentote Funktionalität, die auch die Navy-Killer gehabt hatten, die es auf Holmstrom abgesehen hatten, wie etwas Kaltes und Virales, das tief in ihnen tickte. Dieser Mann würde mich genauso mühelos abknallen, wie man nach einer Codierfliege schlägt.

Die Frage war nur – warum hatte er es nicht längst getan?

Charms – oder wer auch immer er wirklich war – hockte sich neben mich auf ein Knie, offene Verachtung und Desinteresse, ob ich tatsächlich aufstehen würde oder nicht. Sein Tonfall war leutselig.

»Übrigens, Veil, nur damit Sie es wissen – als Sie nach der BP geschrien haben, dass sie Ihnen die Windeln wechseln sollen. Der Anruf kam nie durch.« Er deutete auf den Whistler-Hoon. »Hab ein Unterdrückungsprogramm laufen, hundert Meter Schattenradius. Niemand redet mit irgendwem, wenn ich es nicht will. Also können Sie die Hinhaltetaktik aufgeben. Niemand wird kommen.«

Das ist korrekt. Ich habe versucht ...

Vergiss es. Sieh nur zu, dass du diese Aminosteroidscheiße aus meinem System kriegst.

In Arbeit.

Charms' Blick ging hoch, an mir vorbei. Ich hörte zögernde Schritte, drehte mich herum, sah, wie Madekwe aus der Luke des Crawlers geführt wurde. Auf ihrer Stirn wuchs eine tief dunkle Beule, in der Mittelachse aufgeplatzt und blutig, doch davon abgesehen sah es nicht danach aus, dass Martina Sacran so viel Schaden angerichtet hatte, wie sie dachte. Während ich zusah, schüttelte Madekwe die schwarz gekleidete Gestalt an ihrer Seite ab und stand aufrecht da. Sie nickte Charms zu.

»Gut geschossen.«

»Sie hätten uns früher dazurufen sollen, Colonel. Jetzt haben wir eine Riesensauerei.«

»Sie waren unser letzter Ausweg, Master Sergeant«, sagte Madekwe erschöpft. »Das hier – das alles – ist ein letzter Ausweg, und es tut mir leid, dass ich ihn am Ende für notwendig erachten musste.«

Schließlich fiel ihr Blick auf mich. Er war nicht zu deuten, und ich tat mein Bestes, mit dem gleichen Mangel an Interesse zurückzustarren.

»Sind Sie sich ganz sicher, dass dieser hier am Leben bleiben soll?« Charms hatte die Verlagerung der Aufmerksamkeit bemerkt. Er beförderte den Karabiner mit der linken Hand auf die Schulter und zog ohne Eile mit der rechten eine simple schwarze Handwaffe aus seinem Kampfanzug. »Ich habe den Eindruck, dass er die Knock-out-Chemie neutralisiert. Wenn er Ex-BV ist, kann niemand sagen, was sie ihm alles eingebaut haben. Es wäre sicherer für uns, wir würden ihn vom Spielbrett nehmen.«

»Wie dem auch sei, Master Sergeant, vorläufig möchte ich ihn am Leben lassen. Sie auch.« Madekwe deutete mit einer ruckhaften Kopfbewegung auf Martina Sacran, zuckte im nächsten Moment zusammen, als sie die Geste bereute. Sie drückte eine Hand auf ihre verletzte Stirn. »Diese Wende wird ohnehin eine Sauerei werden. Wir müssen uns keine billigen Märtyrer aufsatteln, bevor wir überhaupt auf das Pferd gestiegen sind.«

Charms nickte. Er hatte verstanden. »Also gut. Und das China Girl hier?«

Allmählich hockte immer noch auf den Knien, ohne Linsen, ein dünner Blutstreifen rann aus ihrem zerzausten schwarzen Haar und über ihr Gesicht, der blaue Fleck wurde langsam sichtbar. Vielleicht war es im gestoppten Crawler passiert, vielleicht hatte die Navy sie ruhiggestellt, als Charms sie herauszerrte – jedenfalls schien sie nicht geneigt zu sein, sich zu erheben. Möglicherweise hatte sie die Situation eingeschätzt, die Sinnlosigkeit eines Kampfes oder Fluchtversuches eingesehen, versuchte insgeheim mit ihren Internsystemen Verstärkung vom Doriot Broadway zu rufen. Oder vielleicht war sie einfach nur vom Crash benommen.

Madekwe antwortete praktisch ohne Zögern. »Nein. Sie brauchen wir nicht.«

Allmählich hörte es. Ihr blieb noch Zeit, das blutige Gesicht in meine Richtung zu drehen, mir in die Augen zu blicken, als Charms zu ihr ging. Wie es schien, nickte sie mir mit einer Art grimmiger Anerkenntnis zu, die ich nicht decodieren konnte. Dann war die stumpfe, schwarze Handwaffe an ihrem Kopf, um sie schaute genau in dem Moment zu ihrem Mörder auf, als Charms den Abzug drückte.

Ein matter Knall, der über die Straße hallte.

Zunächst änderte sich nichts. Allmählich blieb auf den Knien, als wäre sie auf magische Weise unversehrt, als wäre irgendein Ahnengeist niedergefahren, um sie zu beschützen. Dann kippte sie langsam zur Seite und brach regungslos zusammen. Ich sah das saubere dunkle Loch mitten in ihrer Stirn, die versengte Haut rund um die Eintrittswunde. Ihre Augen waren weiterhin geöffnet. Charms trat einen Schritt vor und feuerte zur Sicherheit einen zweiten Schuss seitlich in ihren Kopf.

»Also gut«, sagte er wie jemand, der einen zwanglosen Anruf beendete. »Dann wollen wir diesen verfickten Regimewechsel jetzt mal hinter uns bringen.«

50

Hinaus über die kristalline Stalagmitenstadt.

Jedenfalls hatte irgendeine bankrotte Junkie-Poetin auf dem Strip einmal versucht, es mir so zu verkaufen. *Jetzt türmt es sich um uns herum auf,* hatte sie mit einem Lächeln gesagt, das anmutig und traurig gewesen wäre, wenn sie mehr Zähne gehabt hätte. *Wir kamen hierher und pflanzten alles aus, aber jetzt scheint es uns nicht mehr zu brauchen, alles wächst einfach von selbst.* Ich hatte nie verstanden, ob das irgendeine Art Metapher war – nach eigenem Eingeständnis war sie eine Poetin –, ob sie auf die Kolonisationsbemühungen im Allgemeinen anspielte oder damit nur die Nanotechnik meinte. Wie auch immer, sie schnorrte zwanzig Marin von mir, wofür ich als Gegenleistung einen schnellen und schmutzigen Kuss voll auf den Mund bekam, der mich viel mehr erregte, als er hätte sollen, sowie einen versifften Zettel aus Kebap-Papier, der an den Rändern mit einem Feinschreiber in Leuchtfarbe verschnörkelt und in der Mitte mit handgekritzelten schimmernden Versen ausgefüllt war:

Unter Druck haben wir uns hingegeben
Und Feuer straff über den Himmel gespannt;
Kristalline Stalagmiten streben,
fragen nicht, warum, und klettern unverwandt;
Hier atmet nun eine Stadt, hat sich selbst erbaut,
Und schert sich nicht, ob wir sterben oder leben.

Ich hatte den Zettel noch in derselben Nacht irgendwo verloren, während ich versuchte, eine Barschlägerei im Maxine's zu beenden, aber aus irgendeinem Grund waren mir die Worte im Gedächtnis geblieben. Als ich nun durch das Fenster von Charms' gemietetem Drehflügler nach unten blickte, bestürmte mich wieder dieses zentrale Bild. Bradbury – die mit Juwelen geschmückte Königin der Scharte, wie sie sich in begierigen lichterfüllten Klötzen und Türmen erhob, so weit das Auge reichte, durchsetzt von sechs Millionen Glühwürmchenleben, völlig desinteressiert, wann oder wie irgendeins davon enden mochte.

»Ist Ihnen übel, Overrider?« Charms, der mich quer durch die Kabine angrinste, mit leicht erhöhter Lautstärke, um den Hintergrundlärm unserer überstürzten Flucht zu übertönen. »Was ist los – haben Sie nach all den Jahren hier am Boden Höhenangst entwickelt?«

Ich sah ihn kalt an. »Wissen Sie, Charms, ich würde sagen, in fortgeschrittenem Alter dürften Sie eigentlich nicht mehr so ein Arschloch sein, aber ich glaube kaum, dass Sie jemals ein solches Alter erleben werden.«

»Ich hoffe nicht, wenn ich dann so aussehen würde wie Sie.«

»Master Sergeant!« Madekwe hob die Stimme nur ein wenig, aber sie schnitt scharf durch das gedämpfte Wummern des Helikopters. »Wären Sie so gut und lassen die Gefangenen in Ruhe und konzentrieren sich stattdessen auf unseren Einsatz?«

Wie als Antwort auf ihren Einwurf neigten wir uns abrupt, und ich erkannte den makellosen, klobigen Glanz des Gouverneurspalasts unter uns, der sich über dem verdunkelten Saum seines künstlichen Tafelbergfundaments vom Rest der Stadtlichter absetzte. Das Executive House war in der schlichten Linienführung des Neokolonialstils gehalten, was bereits im Widerspruch zu der Arroganz eines so erhöhten Gebäudes stand, das sich hinkauerte, um sich dann restlos mit den gewaltigen Flächen aus fragilem illuminiertem Glas auf allen Seiten lächerlich zu machen, ganz zu schweigen von den zierlichen Minarettspitzen, die an jeder Ecke nach oben stachen. Diese Residenz war nicht für Mulholland erbaut worden – sie datierte mehrere Gouverneure zurück –, doch die dreiste architektonische Inkohärenz, die sie von ihrem Sockel hinunterschrie, war ein perfektes Echo der banalen Scheiße, die regelmäßig aus seinem Mund hervorquoll.

Es war ein Fantasiepalast, um den Hohepriester der High-Frontier-Fantasie zu beherbergen.

Wir drehten ein und schraubten uns hinunter.

Noch mehr schlechte Neuigkeiten auf dem Landeplatz. Nikki Chakana stand wartend da, flankiert von knapp einem Dutzend aufgerüsteter taktischer Bradbury-Polizisten. Und neben ihr, in Handschellen und mit gründlich angepisster Miene, Ariana.

Ich schob mich an Charms Schlägern vorbei, sobald unsere Füße die Terrasse berührten, lief zum Empfangskomitee hinüber, während die Turbinen noch heruntergefahren wurden. Hörte, wie Madekwe irgendeine Reaktion von Charms stoppte, ihn streng aufforderte, mich gehen zu lassen. Ich ließ sie im Rotorenwind und Maschinengeheul hinter mir, machte lange Schritte, die sich schon fast wieder sicher anfühlten – was auch immer 'Ris mit der Aminosteroidvergiftung meines Körpers gemacht hatte, es schien zu funktionieren. Ich kam bis auf ein paar Meter an Ariana heran, bevor sich die Polizisten rührten. Ich blieb stehen, sah Chakana an. Brüllte in dem abebbenden Turbinenlärm.

»Was zum Teufel macht sie hier, Nikki?«

Chakanas Linsen waren auf Transparenz heruntergeregelt. Sie blickte auf meine mit Plastikschlaufen gefesselten Hände. »Dir Gesellschaft leisten?«

»Fang gar nicht erst mit so was an, verdammt. Sie hat mit der Sache nichts zu tun.«

»Nein, aber du, und solange ich nicht ganz genau weiß, was das für eine Sache ist, kann ich jedes Druckmittel gebrauchen, um dich unter Kontrolle zu halten.«

»Und wie kommst du darauf, dass so etwas ein Druckmittel sein könnte?«

Chakana verdrehte die Augen. »Ich bin Ermittlerin, Veil.«

»Du bist Mulhollands verfickter Schoßhund, das bist du, Nikki, mehr nicht. Hat er dir gesagt, worum es eigentlich geht, oder springst du jetzt nur noch auf sein Kommando?«

Madison Madekwe holte mich ein. Ohne mich zu beachten.

»Vielen Dank für den Personaleinsatz, Lieutenant. Ich hoffe, es wird nicht nötig sein, aber es ist gut, über zusätzliche Sicherheitskräfte zu verfügen.«

Chakana neigte den Kopf. »Ms. Madekwe. Willkommen zurück. Ich bin froh, Sie wohlauf zu sehen. Der Gouverneur wartet in der Kernel Lounge auf Sie. Das ist der sicherste Raum im Gebäude, und er ist mit den Kommunikationseinrichtungen ausgestattet, die Sie – wie ich hörte – angefordert haben. Ich werde Sie direkt zu ihm bringen.«

»Das klingt ausgezeichnet. Vielen Dank.«

»Ja.« Chakana warf einen zweifelnden Blick an Madekwe vorbei auf Charms' bewaffneten Trupp. »Gouverneur Mulholland hat keine weiteren Teilnehmer erwähnt. Ihre Kollegen werden hier warten müssen.«

»Ich fürchte, das steht nicht zur Debatte, Lieutenant.«

Chakana legte den Kopf schief. Rasselnde Hardware, als die Polizisten eine weniger förmliche Haltung annahmen.

»Es steht in der Tat nicht zur Debatte, Ms. Madekwe. Ich erwarte, dass Ihr Trupp zurücktritt und die Waffen niederlegt. Keiner von uns wird irgendwohin gehen, bevor das geschehen ist.«

Madekwe kniff die Augenlider zusammen. »Ihnen ist bewusst, wer ich bin, oder? Wen ich repräsentiere?«

»Ich kann eine begründete Vermutung äußern. Doch dafür ist der Gouverneur zuständig, nicht ich. Meine Zuständigkeit besteht darin, keinen Trupp schwer bewaffneter Fremder ohne seine Einwilligung in seine Nähe zu lassen. Jetzt sagen Sie Ihren Leuten, dass sie die Waffen niederlegen sollen.«

Ich warf Madekwe einen neugierigen Seitenblick zu. Es war zu erkennen, wie die Rechenmaschine hinter ihren Augen arbeitete – Charms und sein Trupp konnten vielleicht die Polizisten ausschalten, trotz ihrer Rüstungen, wahrscheinlich sogar ohne allzu große Schwierigkeiten. Aber danach müssten sie sich durch das gesamte Executive House arbeiten, und sie würden nicht einschätzen können, wie viele von Chakanas Leuten noch zwischen ihnen und Mulholland standen. Und wenn so viel Schießerei und allgemeines Chaos losging, konnte niemand sagen, in welche Richtung unser geschätzter Gouverneur davonspringen würde. Falls die Kernel Lounge über Panikverriegelungsoptionen verfügte, konnte er sich darin einschließen, und dann ließ er sich bestenfalls mit Industriequalitätswerkzeug oder einem kompletten Technikerteam wieder herausholen.

Eine Menge Kopfschmerzen, und Madekwe hatte bereits welche, dank Martina Sacran und einem Norinco-Gewehrkolben. Sie setzte ein gequältes Lächeln auf.

»Also gut, Lieutenant. Wir machen es auf Ihre Weise. Mein Trupp wird mich begleiten, aber wir sind gern bereit, uns zuvor zu entwaffnen. Ist das ein angemessener Kompromiss?«

Chakana gefiel es nicht sonderlich, aber sie nickte.

»Sie sollen einzeln hier herüberkommen. Wir werden sie scannen und die Waffen einsammeln. Danach können Sie sechs von ihnen mitnehmen.«

»Damit kann ich leben.«

»Wollen wir es hoffen. Täuschen Sie sich nicht, Ms. Madekwe. Wenn ich sehe, dass auch nur einer von ihnen eine halbwegs ungehörige Bewegung macht, werden sie alle in Leichensäcken zur Erde zurückkehren.« Chakana nickte mir zu. »Kann ich davon ausgehen, dass Sie dieses Arschloch bereits durchsucht haben?«

»Ihn, ja, und dann hätten wir noch jemanden.« Madekwe zeigte über die Schulter zurück. »Martina Sacran – die ertappt wurde, wie sie kriminelle Elemente aus dem Hellas-Krater unterstützte.«

Chakana blinzelte. »Tatsächlich? Ich dachte, unsere Martina würde sich neuerdings aus Schwierigkeiten heraushalten. Ist das dein schlechter Einfluss, Black Hatch Man?«

Ich sagte nichts. Chakana zuckte mit den Schultern, wandte sich ab.

»Dann nehmen Sie auch sie mit. Also wollen wir jetzt diese Sondereinsatzhelden desinfizieren und für vornehme Gesellschaft bereitmachen, ja?«

Madekwe winkte den SEK-Trupp herbei und erklärte. Charms schien meutern zu wollen, doch dann ließ er seine Waffen von den Polizisten überprüfen und war bereit, sich scannen zu lassen. Sein gesamter Trupp folgte seinem Beispiel. Den Leuten wurden die Waffen abgenommen, mit Deaktivierungskletten gesichert und ordentlich übereinandergestapelt. Als sie schließlich alles abgelegt hatten, war es ein recht großer Haufen. Charms kommandierte drei Marines ab, die bei dem Piloten bleiben sollten, und die restlichen sechs formierten sich hinter ihm. Chakana zog vier aus ihrem eigenen Dutzend ab, die zurückbleiben und die Neuankömmlinge bewachen sollten, und nahm den Rest mit.

Dann gingen wir alle hinein.

Genauso wie so ziemlich jeder andere auf dem Mars, der keine hochwertige Uniform besaß oder selbst in einem Palast wohnte, war ich hier noch nie zuvor gewesen. Es war ungefähr so haarsträubend, wie man erwarten würde. Künstliche Panzerschottenästhetik war gekapert worden, um das tiefe Knurren tyrannischer Gewalt in jedem Raum und Korridor zu vermitteln, die Decken waren gewölbt wie die Augenbrauen einer Burlesquedarstellerin. Alles war mit exotischen Legierungen vergoldet, ergänzt durch grelle Brel-Beschilderungen, die einem erklärten, was jedes Metall war und wie hoch es auf dem lokalen Rohstoffmarkt gehandelt wurde – die leuchtenden Ziffern wechselten in Echtzeit, während wir durch Gänge mit Grasteppichboden darunter hindurchgingen. Weiche, nachgiebige Erde unter den Füßen und üppige hellgrüne Rasenkulturen, die es draußen unter realen Valley-Bedingungen keinen Tag lang ausgehalten hätten. Befeuchtungsnebel wurden durch Gitter auf Bodenhöhe verteilt, die unsere Stiefel im Vorbeigehen mit Tau benetzten. Der alte Gouverneurspalast an der Viking Plaza – der zusammengeschossen worden war, als man Okombi abgesetzt hatte – war mit einer Handvoll bescheidener Springbrunnen in offenen Korridoren ausgestattet gewesen, aber hier gab es *Wasserfälle*, die geräuschvoll aus Nischen in den Wänden strömten und verschwenderisch in breite Schalen prasselten, die von gold- und platinbeschichteten Nymphen emporgehalten wurden. Rückprallspritzer von einem solchen sprühten auf meine Wange, fast wie der unregelmäßige Regen von Particle Slam in der Nacht, als ich losgezogen war, um Quiroga zu töten.

Ich schaffte es, Ariana einzuholen. Sie sah mich an, sagte aber nichts – ihr Ausdruck war auf die glimmeräugige Gelassenheit einer dienstfreien Tänzerin heruntergefahren, der Widerschein lange unterdrückter alter Wut. Doch hauptsächlich war das einfach nur die Gewohnheit ermüdeter, betäubter Erduldung und Verachtung.

»Tut mir leid deswegen«, murmelte ich und warf einen scharfen Blick zu Chakana. »Ich hatte nicht erwartet, dass sich der Lieutenant als ein solches Stück Scheiße erweist.«

»Lass es«, sagte Ariana schroff. »Ist nichts, womit ich nicht klarkommen würde. Wurde schon etliche Mal von ähnlichen Arschlöchern verhaftet. Verfickte BP, wie schon immer.«

Chakana schnaufte. »Die Kritik von Auftragskillern und Stangentänzerinnen. Meine Seele ist tief verletzt.«

»Sie wissen doch, was hier wirklich los ist, oder, Lieutenant? Was sich daraus entwickeln wird.«

»Klar.« Ein patentiertes Chakana-Schulterzucken. »Navy-Kurzschluss und die Stilllegung von Earth Oversight – was könnte einem daran nicht gefallen?«

»Für diese Schläger wird er sich auf siebenundzwanzig berufen, Nikki. Und sie werden auf die Scharte herniederfahren wie ein Anfall von East-End-Krampffieber. Danach kannst du dich mehr oder weniger von deiner Stadt verabschieden.«

Chakana wandte mir einen starrenden, langsam schwelenden Blick zu. Sie sagte nichts.

»Es ist noch nicht zu spät, Nikki. Ich habe Astrid Gaskell unten in Ventura in der Luft hängen gelassen. Inzwischen müsste sie drauf gekommen sein, dass etwas nicht stimmt, weil diese

Wichser überall auf dem Upper Doriot Broadway kleine Fleischstücke von Kraterkriechern hinterlassen haben, was schwer zu übersehen sein dürfte.«

»Ja, doch man sollte auch die Leichen erwähnen, die Ihre Hellas-Freunde auf dem Fairchild Loop ventiliert haben.« Madekwes Tonfall klang unbeschwert, doch trotz ihrer Bemühungen lag eine Monomolspur Gehässigkeit darin. Der Verrat hatte sie tief getroffen. »Wir wollen auch dieses kleine Massaker nicht vergessen, ja? Ich würde sogar sagen, dieses gesamte Tal verwandelt sich zügig in einen Ort, der ein wenig Kriegsrecht vertragen könnte, oder meinen Sie nicht?«

»Es wird noch einmal Okombi von vorn sein, Nikki. Marines auf den Straßen, standrechtliche Erschießungskommandos, Noteinsatzkräfte in all ihrer blutigen Pracht. Glaubst du wirklich, dass in diesem Durcheinander noch irgendwo Platz für dich sein wird?«

Als hätte jemand plötzlich die Schrauben an uns allen eine Vierteldrehung fester angezogen. Ich sah, wie Charms und Madekwe einen Blick tauschten. Sah, wie Chakanas Polizisten stehen blieben, wie sich Sacran erschrocken umblickte. Schwer zu sagen, was in der Luft zwischen den Headgears der Leute hin und her ging oder was jeder von uns auf seinen Linsen sah. Ich konnte nur für mich sprechen, und die Gestaltdisplays in meinem Sichtfeld neigten sich allesamt dem roten Bereich zu.

Kritische Systeme, sagte 'Ris überflüssigerweise. *Aktiviert.*

Chakana bellte einen Lacher heraus. Er schnitt durch die Anspannung, die wie ein Kabel zerriss, hinterließ eine erschlaffende Erwartung, die unbestimmt blieb. Chakana kam zu mir herüber, packte die Plastikfesseln an meinen Handgelenken mit mehreren Fingern und einem Daumen. Riss meine Hände hoch – wie zu einem halbherzigen Trinkspruch.

»Weißt du, Veil – du scheinst es einfach nicht zu schaffen, mal längere Zeit von solchen Fesseln frei zu bleiben, wie? Ich frage mich, was das psychosexuell bedeutet.«

Der Humor breitete sich aus, durchdrang alle. Ich beobachtete, wie ihn die Polizisten zuerst aufgriffen, grinsend wie die Echos ihrer Chefin. Etwas trübte sich in Madekwes Blick, doch auch sie zwang sich zu einem grimmigen Lächeln. Charms starrte mich einen Augenblick lang an, dann zuckte er nur mit den Schultern und wandte sich ab. Chakana ließ meine Hände los und drehte sich wieder nach vorn.

»Können wir jetzt mal weitermachen?«, fragte sie. »Zur Kernel Lounge da drüben rechts. Der Gouverneur wartet.«

51

Etwas, worauf mich bezüglich Mulholland niemand vorbereitet hatte: Der Wichser war charmant.

Es war ein rauer Charme, so zurechtgeschmirgelt, dass es auf seine Wähler und Wählerinnen an der High Frontier wirkte, in den langen Jahren der Irreführung perfektioniert. Aber es gründete sich auf etwas Rohem, das gar nicht weit vom Original entfernt war. Man konnte erkennen, dass es ihn nur sehr wenig Anstrengung kostete, dies zu tun, dass es ganz natürlich aus ihm herausfloss. Er hatte an den Hüften und am Hals zugelegt, doch das war nur eine leichte Trübung, und er hatte die Körpergröße und Schulterbreite, um damit durchzukommen. Eine längst vergangene Sportlichkeit umgeisterte seine langgliedrige Gestalt. Das gestutzte silbrige Haar war aus der Strenge der Frisur herausgewachsen, mit der ich ihn vor einem Monat auf dem Feed-Bildschirm in der Zelle gesehen hatte, aber es strotzte immer noch vor Gesundheit. Und das Gesicht unter dem dichten geraden Haaransatz war gut gelaunt und wohlwollend, selbst als er die bewaffneten Männer und Frauen mit gefesselten Gefangenen im Schlepptau in sein Reich einmarschieren sah.

»Ms. Madekwe«, dröhnte er und überquerte den üppigen Grasteppich in der Kernel Lounge, um sie auf beide Wangen zu küssen. »Es ist mir ein großes Vergnügen, Ihnen endlich auch persönlich zu begegnen. Und es tut mir nur leid, dass es nicht schon früher möglich war. Und, na ja, ich muss sagen – die Fotos in Ihren Akten werden Ihnen nicht ansatzweise gerecht.«

Als wäre das Pflaster auf der Wunde in ihrer Stirn mit einem Mal unsichtbar geworden. In der Politik gewöhnte man sich vermutlich daran, so zu tun, als wären unangenehme Dinge gar nicht vorhanden. Madekwe reagierte noch mit einem ungläubigen Lächeln, aber der Gouverneur war bereits zu Ariana übergegangen. Mit derselben luftigen Überschwänglichkeit, die Madekwes Verletzung ignoriert hatte, täuschte er vor, nichts von der Plastikschnur zu bemerken, die Arianas Handgelenke zusammenhielt. Er bedachte sie gleichermaßen mit zwei Begrüßungsküssen, als wäre sie lediglich ein weiterer Ehrengast auf irgendeiner offiziellen Soiree, die sich seine PR-Leute hatten einfallen lassen.

»Ebenfalls ein Vergnügen, Sie kennenzulernen, meine Liebe. Willkommen.«

Und er schaffte es fast, nicht auf ihr Dekolleté hinunterzublicken. Verlor die notwendige Selbstbeherrschung gerade lange genug, dass die langjährig geschulte Ariana es bemerkte und die Augen um eine Winzigkeit verdrehte. Doch man konnte erkennen, dass sich ein anderer, weniger abgehärteter Teil von ihr geschmeichelt fühlte, gerührt von der Art und Weise, wie diese Ikone des Lebens an der High Frontier sie mit einer Höflichkeit und Rücksichtnahme behandelte, wie sie ihr im Alltag nicht einmal einer unter fünfhundert Männern entgegenbrachte, die ihren Weg kreuzten. Gouverneur Boyd Mulholland leibhaftig hatte sie berührt und ihr das Gefühl gegeben, dass sie eine Rolle spielte. Er war durch ihre harte laminierte Tänzerinnenfassade gedrungen, bewegte sie auf tieferen, älteren Ebenen, entfachte behutsam die Glut simplerer, kindlicherer Aspekte der Person, die sie früher einmal gewesen war und zu der sie einst hatte werden wollen.

Schließlich muss man die Leute irgendwie dazu bringen, einen wiederzuwählen.

»Und auch Martina Sacran.« Er blieb ein Stück von ihr entfernt stehen, war trotz der Handfesseln nicht bereit, sich näher heranzuwagen. Stattdessen gluckste er und deutete in die Runde – worauf genau, war mir nicht ganz klar. Vielleicht auf die Mammutstoßzähne und Jagdwaffen, die an den Wänden hingen. Oder auf die Branengel-Vorhänge, die anstelle richtiger Fenster von der Decke bis zum Boden hingen und Landschaftsaufnahmen von Wildreservaten überall in der Scharte zeigten. »Die Tochter der Revolution höchstpersönlich, wie? Hier im Executive House. Ich vermute, keiner von uns beiden hätte jemals erwartet, dass Sie dieses Gebäude eines Tages von innen sehen würden.«

»Wie ich hörte, treten Sie ab. Ich könnte Ihre Stelle jederzeit übernehmen.« Sacran warf ihren sarkastischen Blick auf die übertriebenen Insignien der Lounge. »Aber ich würde hier vielleicht ein wenig umdekorieren.«

Das brachte ihr ein blasses, abschätziges Lächeln ein, dann zog Mulholland hurtig weiter. Für Chakana gab es ein schnelles bestätigendes Nicken – möglicherweise hätte sie ihn zu Boden geworfen, wenn er versucht hätte, sie zu küssen, was ihm offenbar klar war – und festes Händeschütteln für Charms und seinen Trupp. Als er bei mir ankam, war er ein wenig erlahmt, und ich sah, wie er zögerte. Es war schwierig, einem gefesselten Mann die Hand zu schütteln, ohne dass es lasch und unbeholfen wirkte.

»Keine Sorge«, sagte ich zu ihm. »Ich kann Sie sowieso nicht leiden.«

Und für einen kurzen Augenblick fiel die Maske ab. Ich sah den wahren Mulholland – oder das, was noch von ihm übrig war. Wie Sandor Chands Gesicht, das im Geheimkerker zu einem schreienden Schädel eingeschmolzen wurde, wie die straffe, hauchdünne Maske der Entschlossenheit, die Raquel Allauca antrieb, mich ebenfalls zu ermorden – das wahre Antlitz der Politik, die mit dem Rücken zur Wand stand, nun alle noblen Ansichten und jede Heuchelei für die Massen abgelegt hatte, wie Spielkarten, die man nicht mehr für ein Gewinnerblatt brauchte. Unter all dem nur noch die grinsenden Schädelknochen der Macht.

»Na gut, mein Lieber«, erwiderte er und setzte sein freundliches Lächeln wieder auf. »Nachdem Sie es ausgesprochen haben, denke ich, dass ich Sie auch nicht allzu gut leiden kann.«

Ich nickte. »Dann sollten wir etwas dagegen tun.«

»Um *Himmels willen*!« Madison Madekwe, die herbeistürmte und mich am Arm wegzerrte. »Es *reicht*! Gouverneur Mulholland, Ihnen wurden unsere vereinbarten Bedingungen dargelegt. Sofortiger Rücktritt und Exil auf der Erde, volle Straffreiheit, ein Gehalt von fünfhunderttausend Marin pro Jahr, in Erdwährung ausgezahlt, lebenslang, und Einbürgerung in einen irdischen Nationalstaat Ihrer Wahl.«

»Ja.« Mulholland lächelte, als würde er die Nachmittagssonne seiner Zukunft auf dem Gesicht spüren. »Kenia, denke ich. Wie ich hörte, soll es dort sehr freundlich sein. Reizende Menschen, gut verwaltete Städte. Wahrhaft spektakuläre Jagdmöglichkeiten.«

Ariana war fassungslos. Ihre Stimme klang schwach. »Was?«

»Er verkauft sich an die Navy, Ari. Er liefert euch alle der Flotte aus, damit er sich einem Strafprozess von Earth Oversight entziehen kann. Es wird genauso sein wie damals, als Okombi abgelöst wurde.«

»Aber ... man hat Okombi zum Rücktritt *gezwungen*.« Arianas Blick klebte an Mulhollands Gesicht, als könnte er jeden Moment einen Lotteriegewinn auf ihren Namen bekannt geben. Dann wurde mir klar, dass sie irgendein Dementi oder zumindest irgendeine Entschuldigung von ihm erwartete. »Die verfickte Erde hat sie *gezwungen*. Man hat sie abgesägt, als sie versuchte, sie aufzuhalten.«

Charms lachte unfreundlich. »Diesmal ist es ein anderes Modell, Schätzchen. Gouverneure werden nicht mehr so gemacht wie damals.«

»Master Sergeant.« Madekwes Stimme war wie ein Peitschenhieb.

Mulholland drehte sich mit fast der gleichen gekränkten Eitelkeit und offenen Wut, die sich zuvor schon in seinen Augen entzündet hatte, zu Charms herum. Auch Charms sah es und grinste sorglos zurück. Ich kannte das Gefühl, denn ich selbst hatte oft genug hinter einem solchen Grinsen gestanden. Er war im Einsatzmodus, hoch über den Stromschnellen des Flusses, und machte sich keine großen Sorgen, welche Einzelheiten ihm hinter der nächsten Biegung entgegentreiben würden. Mulholland mochte der Knackpunkt der Mission sein, doch für Charms war er genau genommen ein Problempaket, eine fette, kleine, gepolsterte Ladung, die nur auf den Abwurf wartete. Und falls das Paket nicht ganz verschnürt war, konnte es einfach mit den Mitteln, die das SEK für notwendig erachtete, wieder in die richtige Form geklopft werden.

Madekwe bemerkte die sich aufbauende Spannung und griff sofort ein. Sie stellte sich gelassen zwischen die beiden Männer, glättete ihre Stimme zu einer Legierung aus beschwichtigender Bestätigung und entschiedener Befehlsgewalt.

»Gouverneur, wir müssen uns konzentrieren, wenn wir Earth Oversight zuvorkommen wollen. Ich bin intern verlinst, jede Einwilligung wird bindend sein. Sind wir alle mit den Bedingungen einverstanden?«

Mulholland nahm einen tiefen Atemzug und wandte den Blick von Charms ab. »Ja, Ms. Madekwe. Wir sind uns einig. Ich akzeptiere uneingeschränkt die Bedingungen des Flotten-SEK.«

Ich hörte, wie Ariana leise nach Luft schnappte, als hätte sie sich mit irgendetwas in den Finger gestochen. Ich hob ein wenig die gefesselten Hände und applaudierte Mulholland spöttisch, so gut ich konnte.

Spürte, wie die Plastikschnur nachgab.

Es war nicht viel, höchstens ein paar Millimeter, aber der Spielraum war da. Ein Muskel zuckte an der Seite meines Gesichts, als ich mich anstrengte, nicht darauf zu reagieren.

»Also haben wir eine offizielle Vereinbarung«, sagte Madison Madekwe, und ihre Stimme klang plötzlich fern, wurde neben dem abrupten Anstieg meines Pulses als irrelevant ausgeblendet. Aus dem Augenwinkel sah ich, dass sie mich weiter hartnäckig ignorierte. Ich hörte auf zu klatschen, ließ meine Hände wieder sinken und hoffte, dass alle anderen genauso reagierten wie sie.

»Ja, wir haben eine offizielle Vereinbarung. Das hatte ich mehr oder weniger bereits gesagt, Ms. Madekwe.« Ungeduld in Mulhollands Tonfall – wahrscheinlich hatte er während der letzten paar Wochen eine Menge Fragen beantworten müssen und nicht allzu viel Spaß daran gehabt. »Ich bin mir sicher, dass es nicht wiederholt werden muss.«

Ich sah, wie mich Chakana von der anderen Seite der Lounge anstarrte, so wie eine Lehrerin einen entnervend nutzlosen Schüler. Als sich unsere Blicke trafen, schaute sie auf den Boden und drehte ihre rechte Hand ein wenig zur Seite.

Eine violette Verfärbung ihrer Fingerspitzen.

Das Standarddepolymerisationsmittel der BP – egal, wie vorsichtig man mit diesen Pellets auch umging, nach der Entladung hinterließen sie immer leichte Flecken. Ich dachte daran zurück, wie sie draußen im Korridor nach meinen Fesseln gegriffen hatte. Der Witz über die Psychosexualität, um alle von dem abzulenken, was sie mit ihrer Hand machte.

»Wiederholen, nein«, sagte Madekwe. »Aber es muss valleyweit bekannt gemacht werden, und zwar baldmöglichst. Wie ich hörte, stehen Ihnen hier die nötigen Mittel zur Verfügung.«

»Gewiss. Lieutenant?«

Chakana nickte und wandte sich ab, deutete auf die dunkle Holzvertäfelung im hinteren Bereich der Lounge. Ein leises Motorensummen, und die Tafeln zogen sich ziehharmonikagleich zu den Seiten zurück, legten einen zweiten Raum frei, der mehr oder weniger identisch mit dem Teil der Lounge war, in dem wir standen. Es war wieder dieselbe Jagdhüttenästhetik mit dunklem Holz und Branengel-Aufnahmen, dort aber leicht getrübt durch das hohe Gerüst eines Holoscanners am gegenüberliegenden Ende. Ein Sofapaar stand unter den erhöhten und gespreizten Carbonfasergliedmaßen und sah wie fette kleine Zwillingsinsektenpuppen aus, auf die sich irgendein arachnoider Räuber stürzen wollte, um sie zu verschlingen. Einige Techniker waren bereits an den Scannerkontrollen beschäftigt, streckten die eine oder andere Gliedmaße höher oder winkelten sie an. Als ich das Arrangement betrachtete, kam mir in den Sinn, dass dies wahrscheinlich der Raum war, aus dem Mulholland am Morgen nach meiner Inhaftierung gesendet hatte.

»Knapp und auf den Punkt«, sagte Madekwe. »Ich glaube, zu diesem Zeitpunkt brauchen wir nichts Blumiges. Sie treten mit großem Bedauern zurück, nachdem Sie erkannt haben, wie weit die Fäulnis der Korruption während Ihrer Amtszeit vorangeschritten ist. Tief betrübt, dass Sie nicht mehr unternehmen konnten, um sie aufzuhalten. Die Zeit ist gekommen, Paradigmenwechsel, andere Männer und Frauen, die andere Ziele als den Profit verfolgen und so weiter und so fort. Hiermit lasse ich nun Artikel siebenundzwanzig in Kraft treten.«

Mulholland drehte sich gereizt zu ihr herum. »Ja, vielen Dank, Ms. Madekwe. Ich übe diesen Beruf schon seit einiger Zeit aus. Ich glaube, ich bin durchaus in der Lage …«

»*Reinigende Flamme.*«

Alle wandten sich mir zu.

»Was?«, stutzte Mulholland.

Ich schlurfte etwas näher an ihn heran, spielte die nicht mehr vorhandene Aminosteroidschwächung hoch, mit schlaffen Schritten, ließ die gefesselten Hände herabhängen, damit alle sehen konnten, wie harmlos und chemisch behindert ich war.

»Ich sagte *reinigende Flamme.*« Grinste Mulholland mit offener Verachtung an, sprach mit schleppender Stimme. »Wie man es während des Okombi-Putsches genannt hat. Nur zu, verwenden Sie den Begriff, warum nicht? Eine nette kompakte Arschlochphrase, die jeden auf das vorbereitet, was passiert, wenn die mörderischen verfickten Clowns anfangen, Ihre Bürger auf den Straßen niederzuschießen.«

Mulholland blickte sich zu Charms, Madekwe und den anderen um. Versuchte abgeklärte Belustigung auszustrahlen, was ihm jedoch bestenfalls auf sehr oberflächlichem Level gelang. Die Internsysteme zeigten seine hochkochende Wut so deutlich an wie eine Signalrakete am Hochlandhimmel.

»Sie haben wirklich ein großes Talent, sich neue Bekanntschaften in kürzester Zeit zu Freunden zu machen, nicht wahr, mein Lieber?«

»Nicht dass ich …«, täuschte ein leichtes Taumeln zur Seite vor, fand mein Gleichgewicht wieder, »… wüsste. Aber wer braucht schon Freunde wie Sie?«

»Beachten Sie ihn nicht weiter«, sagte Madekwe gelassen. »Wir sollten uns an die Arbeit …«

»Ja, Gouverneur, genau das ist es. Tun Sie, was Ihnen gesagt wird, verstecken Sie sich hinter dieser Navy-Schlampe und ihrer Brut. Passt zu Ihnen, tief am Boden, ganz klar Ihr Orbit. Verdammter Feigling.«

Mulholland zuckte zusammen. Er bekam Farbe, die Wangen sprenkelten sich, die Oberlippe zog sich von den Zähnen zurück. Er zuckte in meine Richtung. Chakana trat an ihn heran.

»Sir.« Und sie hielt ihn mit einer Hand auf Brust und Schulter zurück.

Ich zückte erneut das höhnische Grinsen, wie eine Klinge. »So ist's richtig, Boyd. Überlassen Sie es den Lakaien. In ein paar Tagen werden Sie auf Eis liegen und die Fahrt zu Ihrem Ruhesitz am Indischen Ozean antreten, während Ihre loyalen Untertanen hier zurückbleiben und von Navy-Munition geschreddert werden, *Sie korrupter verfickter Wichser*.«

Mulholland brüllte auf und stürzte sich auf mich. Chakana ließ sich von ihm zur Seite stoßen.

Besser ging es kaum noch.

Depolymerisationspellets haben eine lange und unehrenhafte Geschichte in den Valley-Sicherheitsdiensten. Eigentlich lösen sie die Polymere der Plastikfessel gar nicht auf, sondern machen sie nur weich genug, um sie leicht zerreißen zu können. Das Ganze ist eine Nebenproduktechnologie und keine besonders effiziente Methode, um Gefangene zu befreien. Offiziell wird sie nicht oft benutzt. Doch im Laufe der Jahre hatte es immer wieder Häftlinge im Valley gegeben, bei denen sich niemand die Mühe machen wollte, sie anzuklagen und vor Gericht zu bringen, und plötzlich fanden sie sich in der glücklichen Situation, dass offenbar ihre Fesseln versagten, worauf sie sich entweder durch vorbereitende Sticheleien von Seiten des Verhaftungskommandos oder ihr eigenes unzureichendes Urteilsvermögen dazu verleitet fühlten, sich triumphierend zu befreien, womit sie den Polizisten nur eine Möglichkeit übrig ließen, die diese sofort nutzten, ebenfalls triumphierend.

Ich konnte nur hoffen, dass Chakana keinen doppelten Bluff durchzog und dass *während eines Widerstandsversuchs erschossen* nicht das war, zumindest nicht diesmal, was sie im Sinn hatte.

Ich zerriss die Fesseln, ging auf Gouverneur Boyd Mulholland zu.

Die linke Faust geballt, aus der die Morphlegierungsklinge spross …

52

Und ich hätte es fast geschafft.

Vierzehn Jahre hatte ich unten im Valley zugehört, wie diese Verschwendung von verketteten Biomolekülen eigennützige Scheiße über die High Frontier und ihre Freuden absonderte, während der Kerl von all den Erträgen aus dem Abbau der sozialen Strukturen fett wurde, deren Reste dann so lange gemolken wurden, bis sie schrien. Vierzehn Jahre hatte ich beobachtet, wie nichts dagegen getan wurde, weil zu viele gute Kumpel und Kapitalinteressen ansonsten zu viel zu verlieren hätten.

Vierzehn Jahre hatte ich zugesehen, wie die Bürger die Bestrafungen aufleckten, als wäre es Pachamamas Milch.

Vierzehn verfickte Jahre.

Ich brachte all das über die Entfernung, die uns trennte, riss die ABdM-Klinge in einem vernichtenden Bogen hoch, würde Mulholland vom Bauch bis zu den Rippen aufschlitzen, dann durch seine Kehle fahren und ihm die Klinge ins Auge stoßen, während er strauchelte und sich an seine ruinierten Eingeweide klammerte. Katastrophalen Schaden anrichten – nichts für die Rettungskräfte übrig lassen, falls sie rechtzeitig herbeigerufen werden konnten. Ich wollte nicht, dass irgendein superkompetenter Arzt eine Möglichkeit fand, dieses Arschloch zurückzuholen. Inti und Supay sollten ihn haben, mit seiner scheißebesudelten Seele Tauziehen spielen, bis Pachamama das Ende der Zeit herbeiführte.

Charms hatte ich ausgebootet. Er war zu weit weg, um schnell genug hier zu sein, und der Rest des Trupps war sicher von

Chakanas taktischen Kräften umstellt. Ihre Risikoeinschätzung musste ich nicht einkalkulieren ...

Die Zeit kristallisierte eisig um mich herum, schimmerte kalt mit der beschleunigten Kampfchemie in meinen Adern. Dezent leuchtende Fassaden und gesteigerte Bewegungen, zerschnittene Augenblicke, festgehalten und gefroren, um sie verträumt inspizieren zu können.

Mulhollands Gesicht, das in einem plötzlichen Schock in sich zusammenfiel, als ihm klar wurde, worauf er zustolperte ...

Jemand brüllte, es könnte Charms gewesen sein.

Mattes holzgeöltes Licht, das sich von der Schneide der Morphlegierungsklinge löste ...

Madison Madekwe rammte mich von der Seite wie ein einfahrender ValleyVac. Sie blockierte meinen linken Arm, bevor die Klinge Mulholland erreichen konnte, trat kräftig von hinten unterhalb des Knies gegen mein Bein, warf mich zu Boden. Auf hartem Untergrund hätte es wahrscheinlich lähmende Schmerzen durch meine Kniescheibe gejagt, doch der Teppich aus grasbewachsener Erde schluckte den Aufprall. Ich schlug aus, hackte seitwärts in ihren Bauch, hörte sie grunzen und stolpern. Wir wälzten uns im Bodenkampfgewirr, suchten hektisch nach einem Ansatz.

Schreie überall im Raum – vage war mir bewusst, dass Madekwe und ich nicht die Einzigen waren, die kämpften. Mitten im Chaos hörte ich das kurze scharfe Winseln, wenn der Nutzercode einer Waffe kurzerhand gehackt wurde – Charms' Soldaten nahmen der BP die Einsatzprivilegien. Madekwe zielte mit einem Knie in meinen Schritt, wie sie es während der Schießerei am Fairchild Loop auch schon gemacht hatte. Diesmal konnte ich besser blockieren, da ich nun mit dem Zug vertraut war. Eine plötzliche Salve aus Rufen – es klang, als würden sich Charms und Chakana gegenseitig anbrüllen, *halten Sie sich zurück, Sie halten sich zurück, verdammt, tun Sie es nicht, keine verdammte Bewegung …*

Zwei schnelle Schüsse, die scharf durch den Raum hallten – Glock Sandman, unverwechselbar. Ich hörte geheulte Flüche, ein Körper landete auf dem Boden, nahe genug, dass ich die Erschütterung neben mir im Gras spürte. Das Gebrüll hörte auf, als wäre es ausgeschaltet worden. Madekwe fand einen Druckpunkt an meinem linken Unterarm, bohrte sich brutal hinein, und meine Messerhand wurde schlagartig nutzlos. Ich schlug dennoch um mich, in der Hoffnung, sie zu treffen und freizukommen. Ich hörte eine andere Waffe, die sich schwach winselnd über den Hack beschwerte, dann noch eine. Chakana brüllte plötzlich etwas Verzweifeltes, das immer wieder wie *zurückhalten, zurückhalten* klang, aber diesmal anders, ohne jede Befehlsgewalt, nur noch hilflose Wut in flehendem Tonfall.

Der schwerere Knall einer Bradbury-Polizeiflinte und ein erstickter Schrei. Ich wehrte einen weiteren Hieb von Madekwe ab, drehte mich, um sie zu packen …

Etwas drückte kräftig von der Seite in meinen Hals – ich brauchte einen Moment, um es als die Mündung der Glock zu erkennen –, und eine grobe Hand packte mich am Kragen. Eine angespannte Stimme in meinem Ohr.

»In diesem Moment, Arschloch, ist Colonel Madekwe das Einzige, das mich noch davon abhält, diesen Abzug zu betätigen.« Charms, der schwer atmend sprach. »Also schlage ich vor, sie jetzt in Ruhe zu lassen.«

Er zerrte mich rückwärts weg, und ich ließ es zu. Ein schneller peripherer Rundumblick zeigte mir, dass der Rest seines Trupps mit den Waffen dastand, die sie Chakanas Polizisten abgenommen hatten. Zwei ihrer Leute lagen am Boden, einer offenbar dauerhaft ausgeschaltet, wie die beiden sauberen Löcher in seinem Gesicht vermuten ließen. Der andere wälzte sich stöhnend, aber mit einer Antriebskraft, die darauf hindeutete, dass er es überleben könnte. Die übrigen standen in unbeholfenen Posen da, als wären sie bei irgendeinem Kinderspiel zu Statuen erstarrt. Sie hatten sich mit erhobenen Händen ergeben, als versuchten sie, etwas Großes zurückzuhalten. Chakana kauerte mit Ariana neben der eingezogenen Holztäfelungstrennwand – wie es aussah, hatte sie sich vielleicht sogar über Ari geworfen, irgendeine schützende Reaktion, die sie während der Polizeiausbildung in einer früheren Lebensphase gelernt hatte.

Ansonsten lag Martina Sacran mit dem Gesicht nach unten in dem kostspieligen Gras – schwer zu sagen, was mit ihr geschehen war –, die Techniker waren neben dem Holoscanner in Deckung gegangen, und Mulholland stand immer noch auf den Beinen, nun von einem Marine mit einer BP-Langwaffe abgeschirmt, als wäre das schon sein ganzes Leben lang seine eigene gewesen. Charms und sein Trupp hatten unbewaffnet Chakanas beste Leute überwältigt und waren dabei kaum in Schweiß ausgebrochen.

Charms zerrte mich herum, verlagerte die Glock-Mündung von meinem Hals ins Kreuz und seinen Griff von meinem Kragen an den linken Unterarm.

»Schalten Sie diese Morphklingenscheiße ab, Black Hatch, oder ich trenne Ihnen die gesamte verdammte Hand ab. Ihre Entscheidung.«

Ich nickte, tat es. Die ABdM-Klinge schmolz zusammen, die Schlagringverriegelung brach auf.

»Jetzt nehmen Sie die verdammten Ringe ab. Einen nach dem anderen, auf den Boden fallen lassen.«

Madekwe kam wankend auf die Beine, während ich es tat, spuckte etwas Blut aus – offenbar hatte ich sie während des

Durcheinanders härter erwischt, als ich dachte – und blickte sich finster um.

»Sie«, knurrte sie und zeigte auf Chakana.

»Okay«, sagte Chakana, erhob sich und breitete die Hände aus. »Genug. Es ist vorbei, wir sind fertig. Nicht schießen. Niemand will unbedingt sterben. Schauen Sie. Ich werde das hier rausholen und einfach dorthin fallen lassen.« Sie tat, was sie erklärte, hob einen Arm und zog ihre Glock zwischen Zeigefinger und Daumen aus dem Schulterholster, warf sie dann auf den Grasboden. Die Marines standen da und beobachteten sie mit hartem Grinsen. Charms warf einen skeptischen Blick auf Madekwe. Ich sah, wie sie ganz leicht den Kopf schüttelte. Charms verzog das Gesicht und ging ein Stück zu Chakana hinüber.

»Sie verficktes dummes Miststück«, sagte er fast liebenswürdig. »Haben Sie wirklich gedacht, Sie könnten diese Leute überwältigen? Wir sind SEK, verdammt! Vakuum-Kommando, okay? Sie waren uns schon in dem Augenblick unterlegen, als Sie uns hier hereingelassen haben.«

»Es reicht, Master Sergeant.«

»Ich möchte Sie darauf hinweisen, dass ich eine zweite Waffe trage.« Chakana hielt die Hände weiterhin in abwehrender Haltung erhoben. Etwas lag in ihrem Gesicht – ich konnte nicht sagen, ob es Furcht war, weil ich sie noch nie zuvor ängstlich erlebt hatte. »Hinten am Kreuz.«

»Ich *weiß*«, blaffte Madekwe gereizt. »Meine Internsysteme haben sie markiert, seit wir gelandet sind. Zu Ihrem Glück haben Sie entschieden, es mir zu sagen, weil ich Sie andernfalls hätte erschießen lassen. Gottverdammt noch mal, was ist nur mit Ihnen allen los?«

Chakana überging die Frage. »Ich werde jetzt die andere Waffe herausziehen – langsam.«

»Ja, Sie sollten es wirklich lieber verdammt langsam machen«, knurrte einer der SEK-Ninjas.

»Ich habe bereits gesagt, dass ich das tun werde.« Chakana bewegte die linke Hand sorgfältig zum Rücken, schob ihre Jacke hoch und zerrte eine fiese kompakte Waffe mit gestutztem Lauf in weitem Kaliber hervor. Sie warf sie ein ganzes Stück weg, hätte fast Arianas Bein getroffen, wo sie am Boden kauerte. Dann richtete sie sich langsam auf, den Blick auf Madekwe gerichtet. »Ich würde mich gern um meinen Verletzten kümmern.«

Madekwe schaute zu dem stöhnenden Polizisten, der sich jetzt fötal auf dem Gras zusammengerollt hatte. Sie nickte, beobachtete Chakana genau, während sie niederkniete, um den Mann zu untersuchen, schwenkte einen kurzen Blick zu Charms, der nickte. Dann verteilte sie ihre Aufmerksamkeit etwas allgemeiner im Raum. Ihre Stimme klang hart und laut, das Spätstadium der Audio-Abmischung für die Metamorphose, die ich seit der Treppe in Ucharimas Wohnhaus vor vier Tagen verfolgt hatte. SEK-Colonel Madekwe, nun endgültig und vollständig aus dem Kokon ihrer Earth-Oversight-Tarnung geschlüpft.

»Also gut – alle zuhören! Sie wurden soeben von bestens ausgebildeten Soldaten entwaffnet, die es vorgezogen hätten, Sie alle einfach zu töten.«

»Verdammt richtig«, stimmte jemand lautstark zu.

»Auf meinen Befehl sind Sie noch am Leben. Ich erwarte, dass dieses Entgegenkommen uneingeschränkt erwidert wird. Ihre Kameraden draußen auf dem Landedeck sind auf ähnliche Weise behandelt worden, Sie können keine Unterstützung erhoffen. Dieses Gebäude steht nun vollständig unter Navy-Kommando. Das müssen Sie sich bewusst machen.«

Ihre Gesichter deuteten darauf hin, dass sie es bereits getan hatten.

»Jetzt setzen Sie sich auf den Boden, alle. Die Hände flach unter dem Körper. Tun Sie es jetzt.«

Alle taten es, gingen zu Boden, setzten sich unbeholfen auf die Hände.

»Ich brauche hier ein Med-Kit.« Nikki Chakana, die Stimme gehoben und angestrengt. »Klammern und Wundverband, eine gefäßerweiternde und endorphine Injektion. Wenn nicht, wird er sterben.«

Einer der entwaffneten Polizisten befreite eine Hand und hob sie langsam. Zuckte zusammen, als Charms und einer der anderen SEK-Leute drohend die übernommenen Waffen auf ihn richteten.

»Ich bin der Arzt«, sagte er hastig. »Ich habe hier das Kit. Ich … werde keine Dummheiten machen, schon gut. Ich will ihn nur wieder zusammenflicken.«

Charms zögerte. Wedelte die Glock seitlich hin und her. »Dann erledigen Sie es. Gehen Sie rüber. Wenn Sie uns ficken, werden Sie so enden, dass der Kerl aussieht, als hätte er mächtiges Glück gehabt.«

Der Polizeiarzt nickte wortlos, ging hinüber und kniete sich neben Chakana. Ich bemerkte Madekwes Blick, sah darin nicht viel, was ich hätte nutzen können. Ich deutete auf Martina Sacrans reglose Gestalt.

»Was ist mit ihr passiert?«

»Hab ihr einen Schlag gegen den Kopf verpasst. Haben Sie damit ein Problem?«

»Klingt fair.«

»Ja.« Madekwe trat zurück, gab der Sache zwischen uns mehr Raum. Plötzlich sah sie sehr müde aus. »Ich habe mein Bestes getan, Veil. Wären Sie mir nicht in den Rücken gefallen, wäre es vielleicht nicht so weit gekommen.«

Die Sache, die mit uns im Lift des Ares Acantilado geschehen war, die Sache, die uns beide erneut wie ein Blitzeinschlag in Cradle City gepackt hatte, die uns entzündet und uns zwischen den Händen zerdrückt hatte, wie ein Töpfer, der widerspenstigen Ton bearbeitet. Die Sache, die nicht schuld daran war, dass wir anschließend wieder auseinandergefallen waren.

»Es wäre in jedem Fall so weit gekommen«, sagte ich leise. »Bei Menschen wie uns ist es immer so.«

»Wollen wir jetzt diese Ankündigung machen oder nicht?« Mulholland schien sich von der Panik erholt zu haben, die ich auf seinem Gesicht gesehen hatte, als ich ihn fast getötet hätte. »Denn ich muss Ihnen sagen, dass ich es ziemlich satthabe, zwischen der Flotte und Earth Oversight zu stehen. Erst soll ich antreten, und dann lassen Sie mich in der Luft hängen.«

»Klappe halten«, sagte Madekwe geistesabwesend. »Auf Sie kommen wir noch zurück.«

Mulholland sträubte sich. »Ich *bitte* um Verzeihung, Ms. Madekwe.«

»Für Sie Colonel Madekwe. Und Sie haben genau verstanden, was ich gesagt habe, Gouverneur. Veil, Sie sollten sich lieber zu den anderen setzen.«

Ich nickte in erschöpftem Einverständnis, warf einen Seitenblick zu Mulholland. »Hey, Arschloch – sie scheint Sie auch nicht zu mögen, wie es aussieht.«

Das schien irgendeinen Schalter in ihm umzulegen. Sein Gesicht rötete sich, und er fuhr wütend zu Madekwe herum.

»Dürfte ich Sie daran erinnern ... Colonel, dass es hier ohne mich keinen Artikel siebenundzwanzig gibt? Ohne *mich* wären Sie nur ein Haufen geduldeter Marodeure. Und ich möchte Ihnen sagen, dass es für Sie und Ihre Leute erheblich schwieriger sein wird, dieses Valley ohne meine Genehmigung unter Kontrolle zu halten. Diese Menschen vertrauen mir, sie erwarten, dass ich sie führe. Nicht die Flotte oder COLIN oder die Charta-Versammlung. Sondern ich. Ihr Gouverneur. Sie brauchen mich, um ihnen diesen schönen Schwachsinn zu verkaufen, und das wissen Sie. Also empfehle ich Ihnen, Ihre Zunge etwas zivilisierter im Zaum zu halten.«

Etwas änderte sich in Madekwes Gesicht. Mulholland sah es und zauderte.

»Gouverneur Mulholland«, sagte sie förmlich. »Die Tatsache, dass Sie bereit sind, Ihre Bürger zu verraten, weil Sie dafür Straffreiheit und einen gut gepolsterten Ruhestand auf der Erde erhalten, erfüllt mich nicht unbedingt mit dem Wunsch, Sie zivilisiert zu behandeln. Genauer gesagt, Sie bereiten mir sogar leichte Übelkeit.«

Ein leiser SEK-Jubel von irgendwo, der von einigen Kehlen aufgenommen wurde.

»Und falls Sie damit andeuten wollen, dass Sie unsere Übereinkunft brechen könnten, möchte ich Sie eindringlich davor warnen. Man sollte ein Sondereinsatzkommando nicht aus einer Laune heraus hintergehen. Wir sind keine Politiker, und die Bestrafung wird brutal ausfallen. Habe ich mich deutlich genug ausgedrückt?«

»Absolut richtig«, bemerkte dieselbe Stimme.

Ich sah Madekwe mit einem schiefen Lächeln an. »Möchten Sie vielleicht doch, dass ich ihn absteche?«

»Ich habe Ihnen gesagt, dass Sie sich setzen sollen, Veil.«

Ich wandte mich ab, um zu gehen, und sah, dass Mulholland mich aufmerksam betrachtete. Ein zähnefletschendes Lächeln hob seine Lippen, die heftige Erleichterung, etwas knapp überlebt zu haben.

»Ja, Sie können so viel Blödsinn reden, wie Sie wollen. Sie hatten Ihre Chance, und Sie haben es vermasselt. Sie hätten diese

Gelegenheit packen sollen wie die Titten einer Tänzerin, mein Lieber, so fest, dass sie kreischt. Das ist die erste gottverdammte Regel. Sobald eine gute Möse auftaucht, packt man sie und quetscht sie aus, ganz fest. Wenn Sie keine ...«

»*Sie verficktes Stück Scheiße!*«

Mulholland zuckte zusammen, als wäre er geschlagen worden, dann noch einmal. Das klare Echo der Schüsse, ein Blutfleck auf seinem eleganten weißen Hemd. Er schrie auf, taumelte rückwärts, ruderte mit den Armen, als könnte er die Kugeln abwehren, die ihn trafen.

Und mittendrin Arianas Stimme, die ihn anbrüllte, eine schrill skandierte Litanei der Enttäuschungen – *Sie Stück Scheiße, wir haben Ihnen* vertraut*, Sie verficktes Stück Scheiße* ...

Chakanas zweite Waffe, Ariana vor die Füße geworfen und vergessen.

Ariana entleerte sie schneller in Mulholland, als ich begreifen konnte, und niemand vom SEK-Trupp war geistesgegenwärtig genug, um sie aufzuhalten.

Ich sah, wie Charms die gestohlene Glock hob und Kugeln auf Ariana abfeuerte. Es war kaum davon auszugehen, dass er sie verfehlte.

Ich griff ihn an, ohne mich um die restlichen Leute im Raum zu kümmern. Er sah mich kommen, schwang zu spät zu mir herum. Ich krachte in ihn hinein, erstickte die Waffe, warf ihn zu Boden. Ich stopfte jedes Fragment meines verbleibenden Zorns in einen Ablenkungsschrei in sein Gesicht und einen kurzen Stoß in seine Kehle. Er würgte und verlor die Konzentration, während ich seine Waffenhand mit einem Arm zur Seite stieß, einen Daumen in sein linkes Auge drückte und ihn bis zum zweiten Gelenk darin vergrub. Er schrie und schlug um sich, verlor dabei die

Glock. Ich griff danach, tastete linkshändig, spürte, wie sich mein rechter Daumen durchbog und am harten Knochenrand der Augenhöhle knackte. Charms, der immer noch schrie wie etwas, das Supay aus der Hölle freigesetzt hatte, prügelte auf mich ein, riss an meinem Arm, versuchte mich von sich abzuwälzen. Mein Daumen brach in seinem Auge durch, ich verlor ihn wie einen faulen Zahn. Ich blendete den aufflammenden Schmerz aus, rammte die Glock brutal unter Charms' Kinn und drückte den Abzug durch.

Es riss ihm die obere Hälfte des Kopfes weg, Blutspritzer und Knochentrümmer klatschten in mein Gesicht. Seine Züge verformten sich, als dahinter der Schuss hindurchjagte, als würde sich etwas in aufgeweichtem Wachs verschieben. Seine Augen platzten schwarz auf. Plötzlich hing er wie eine Puppe in meinen Armen. Das Ding zuckte noch einmal und wurde dann still.

»*Veil!!*«

Madison Madekwe, die meinen Namen schrie. Etwas traf mich mit der verteilten Wucht einer Flintenladung im Rücken, ich war schlagartig gelähmt, und die Verletzung fühlte sich an, als würde ich nicht wieder auf die Beine kommen.

Die Glock in meiner Hand – unter dem Schock hätte ich sie fast verloren.

Restliche Patronen?

Achtzehn.

Blut in meiner Kehle von irgendwo, *oh, das ist gar nicht gut, Overrider*. Ich fasste die Waffe fester.

Zielerfassung.

Bereit.

Ich rollte mich herum – verzweifelt, dass es vielleicht schon zu spät war. Im Internsystem legte 'Ris einen rötlichen Schimmer um die SEK-Soldaten. Felsenfeste linkshändige Ausrichtung, während sie Schockdämpfungsmittel in den Arm jagte, in Muskeln, Gelenke und Nerven. Ich zielte auf Gließmaßen und Unterkörper – ein höherer Winkel war mir kaum möglich. Ich rollte weiter und zielte und feuerte – Stücke fielen aus mir heraus ins Gras, sengender Schmerz. Ich stanzte Sandman-Kugeln quer durch den Raum, sprengte von unten Gliedmaßen ab, Bauchschüsse für die anderen, feuerte die Glock leer …

Und plötzliche Dunkelheit, die sich von den Rändern meines verstärkten Sichtfeldes zusammenzog, die hell flackernden Werkzeuge und Anzeigen der Internsysteme erlöschen ließ. Rufe, Schreie, Schüsse, während ich wegtrat, das alles hörte ich wie aus der Ferne durch ein weites Treibstoffrohr – das alte verworrene Chaos aus menschlichem Schmerz und Zorn, der vertraute Klang des Black-Hatch-Aufwachens und von allem, was danach kam.

Die Mixtur, die wir zu den Sternen mitgenommen haben, genauso wie zu jedem anderen verdammten Ort, an den wir uns begeben.

'Ris holte mich sofort zurück, klatschte mich energisch wach, mit einer chemischen Rücksichtslosigkeit, die brannte. Ein aufputschender Ruck und ein stetiges Pochen in meinen Adern, während Taubheit und Agonie in meinem unteren Rücken um die Vorherrschaft kämpften. Ich blutete ins Gras des reichen Mannes, spürte, wie ich auslaugte. Der seltsame Sinneseindruck der Glock Sandman, die ich weiterhin schwach mit der linken Hand umklammerte, doch als ich meine Finger anspannte, war sie fort. Das idiotische, überladene Dekor der gewölbten Decke der Kernel Lounge schwebte in scheinbar unrealistischer Entfernung über meinem Kopf.

Menschen bewegten sich um mich herum.

Wo bleiben die verdammten Endorphine, 'Ris?

Sehr riskant, sie bei diesem Ausmaß an Verletzungen und Blutungen zu verabreichen – ich werde versuchen, alles neu auszubalancieren.
Oh – gut.
Stimmen irgendwo über mir, zu dumpf und verzerrt, um Worte oder auch nur Identitäten zu erkennen. Jemand zerrte an mir wie ein hartnäckiger Hund an einem Knochen, bemühte sich um etwas in der Verletzung. Es schmerzte, aber auf eine distanzierte Weise, fast unwesentlich. Ich neigte den Kopf, versuchte mich zu etwas Klarheit zu zwingen. Versuchte mich umzublicken.
»Nicht bewegen, Veil.« Chakana, gehetzt, über mich gebeugt. Verschmiertes Blut von irgendwo auf einer Gesichtshälfte. »Sie haben dich mit dem Straßenbesen erwischt. Eine Menge Löcher. Wir haben sie mit dem Kit zugestopft. Rettungskräfte sind unterwegs.«
Ich hob erneut den Kopf, versuchte noch einmal, etwas zu erkennen.
»Ari?«, stieß ich hervor.
Chakana zögerte, dann schüttelte sie den Kopf. Ein Laut drang aus meiner Kehle, eine leise Klage, und ich ließ mich flach auf den Grasteppich zurücksacken. Ich spürte die Halme und die Erde unter meinen Fingern, aber unbestimmt, als würde ich ultradünne Schutzhandschuhe tragen. Für ein paar schwindlige Flashback-Sekunden fühlte es sich an, als würde ich jugendlich, mit dem Gesicht nach oben und betrunken in den Harold Boas Gardens liegen, zurück auf der Erde.
Endorphine bereit.
»Madekwe?« Ich versuchte es noch einmal, starrte diesmal senkrecht nach oben, kämpfte gegen die Erinnerungen, bemühte mich um Konzentration. Das langsame, heiße Tropfen von Tränen aus den äußeren Augenwinkeln und über mein blutbesudeltes Gesicht, weil ich die Antwort bereits wusste.

»Ja«, sagte Chakana mit gelassener Befriedigung. »Hab das Miststück höchstpersönlich für dich erledigt. Doppelschuss. Hätte es allerdings nicht ohne den Schienbeintreffer geschafft, mit dem du sie geschwächt hast.«

Freisetzung modulierter Endorphine beginnt jetzt, meinte 'Ris mir mitteilen zu müssen. *Du wirst von nun an keine Schmerzen mehr empfinden.*

CODA

Eigentlich gibt es keinen Ausweg. Sobald man das verstanden hat, ist man ermächtigt.

Enrique Sacran
Notizen aus dem sinkenden Orbit

53

Manche Wunden heilen schneller als andere.

Genauso wie die meisten Sicherheitsdienste im Valley bevorzugen auch die taktischen Kräfte der Bradbury-Polizei Antipersonen-Schrotladungen für ihre Flinten, etwas, das auf der Erde schon viel länger illegal ist, als ich am Leben bin. Die Submunition ist dazu gedacht, beim Eintritt zu zersplittern, um Kollateralschäden bei Passanten zu vermeiden und die Zielperson intern übel zuzurichten. In der Schockraumsektion des Santa Yemaya zupfte man die rasiermesserscharfen Scherben aus meinem Körper, doch dann musste man Metall fressende Einzelzellkulturen hinzugeben, um die restliche Kontamination unschädlich zu machen. Währenddessen ließ man jede Menge schnellregenerierende Biotech auf die geschädigten Bereiche los, was sich jedoch nicht mit den Fresskulturen vertrug, worauf die ganze Sache neu ausbalanciert werden musste. Zweimal.

Ein paar Wochen, sagten sie.

Außerhalb der Mauern der Klinik führte eine hastig zusammengestellte Koalition aus Akteuren von Earth Oversight und den lokalen Polizeibehörden ähnliche Operationen an den politischen Verletzungen aus, die das Valley erlitten hatte. Die kleine Bande aus Terroristen, die das Executive Mansion gestürmt und den Gouverneur ermordet hatte, erwies sich als Gruppe von Frocker-Extremisten mit militärischem Hintergrund, die auf das Audit überreagiert hatten, und Mulhollands – in ihren Augen – feige Willfährigkeit gegenüber den Erdbehörden missbilligten.

Die Bradbury-Polizeieinheiten waren die Helden der Stunde. Durch einen mutigen taktischen Überraschungsangriff war es gelungen, die Bande mit nur minimalen polizeilichen Verlusten zu neutralisieren. Allerdings konnte der Gouverneur selbst bedauerlicherweise nicht gerettet werden, genauso wie Ariana Mendez, die kokett als eine *Persönlichkeitsberaterin* beschrieben wurde, die er angeblich zu diesem Zeitpunkt zu Gast gehabt hatte.

Sämtliche Terroristen wurden während der Razzia getötet, einige draußen auf dem Landeplatz durch einen BP-Kampfhelikopter, die meisten jedoch während eines heftigen Schusswechsels, bei dem sich mehrere taktische Beamte durch große individuelle Tapferkeit auszeichneten. Orden und Belobigungen sollten demnächst bekannt gegeben werden. Die Gesichter und Identitäten der Bandenmitglieder konnten vorläufig nicht offenbart werden, bis das Ergebnis weiterer laufender Ermittlungen vorlag. Unterdessen wurde im ganzen Valley hart gegen extreme separatistische Elemente durchgegriffen, gemeinsam mit einer gründlichen Untersuchung allgemeinerer separatistischer Tendenzen. Alle Earth-Oversight-Ermittlungen wegen Mulhollands persönlicher Geschäfte wurden eingestellt oder als irrelevant eingestuft, und in einem seltenen Bildschirmauftritt sagte Lieutenant Dominica Chakana von der BP-Mordkommission als Augenzeugin aus und lobte den standhaften Mut und Trotz des Gouverneurs im Angesicht seiner Attentäter. Eine Interimsgouverneursregierung unter Edward Tekele wurde mit großem Medienspektakel und voller COLIN-Unterstützung eingerichtet und sollte bis auf Weiteres die Geschäfte führen.

Falls das Flotten-SEK irgendwelche Agenten oben in der Navy-Basis in Wells hatte, verhielten sie sich äußerst unauffällig.

So viel davon, wie ich verdauen konnte, sah ich mir auf dem Bildschirm in meinem Krankenzimmer an. Chakana hatte mich im

Yemaya als Vertragsparter der Bradbury-Polizei mit entsprechenden Privilegien angemeldet, sodass ich eine wesentlich bessere Behandlung bekam, als jeder Bewohner des Strudels rechtmäßig erwarten konnte. Das schloss auch eine Genesungssuite hoch oben im rechten Turm ein. Doch es würde noch ein paar Tage dauern, bis ich mühelos vom Bett zum Fenster humpeln und die Aussicht genießen konnte, und mir waren keine Besucher gestattet, also waren die Feeds so ziemlich das Einzige, womit ich mich ablenken konnte.

Und ich brauchte Ablenkung. Meine Geister wollten mich nicht in Ruhe lassen.

Sie Stück Scheiße, wir haben Ihnen vertraut, Sie verficktes Stück Scheiße …

Und wie alles im Kugelhagel krachend zusammenstürzte und Ariana unter den Trümmern eines Traumes von dünner Luft begrub, für den sie bestenfalls unter Mühen die Miete hatte bezahlen können.

Ich habe mein Bestes getan, Veil. Wären Sie mir nicht in den Rücken gefallen, wäre es vielleicht nicht so weit gekommen.

Mit meinen Verletzungen ans Bett gefesselt, spürte ich sie mehr als all die anderen, sie spukte in den Schatten des Raums um mich herum wie das Rauschen von Erdregen in einem Garten.

Ich will dich in mir.

Ich will dich hier haben, Veil. Jetzt. Ich will spüren, wie du in mir kommst.

Chakana schaute ein paar Tage nach Tekeles Amtseinführung vorbei. Sie war in lebhafter Stimmung, hatte eine einzelne Hochlandrose in einem Becherglas der Klinik dabei.

»Du bringst mich damit auf dumme Gedanken, Lieutenant«, sagte ich zu ihr, als sie das Glas auf meinen Nachttisch stellte und einen Stuhl heranzog. »Es sei denn, es sind die richtigen Gedanken, versteht sich.«

»Hab sie aus dem Strauß für Hernandez geklaut«, sagte sie lapidar. »Er liegt im Zimmer nebenan. Und es heißt jetzt nicht mehr Lieutenant, sondern Acting Commissioner. Wie fühlst du dich?«

»Als hätte man mit einer Schrotflinte der Bradbury-Polizei auf mich geschossen.«

»Schon komisch.«

»Commissioner, wie? Großer Schritt nach oben. Hab ich noch gar nicht in den Feeds gehört.«

»Übermorgen. COLIN möchte daraus eine gravierende öffentliche Verlautbarung machen, um die Änderungen zu zementieren. Du *könntest* mich beglückwünschen, weißt du.«

»Glückwunsch«, sagte ich tonlos. »Ich nehme an, Tekele und Gaskell brauchen ein paar ziemlich gravierende Liebesdienste, wenn sie sich damit auszeichnen wollen.«

Sie zuckte mit den Schultern. »Sie brauchen ein zuverlässiges Händepaar. Sakarian hatte eine Menge Freunde auf hohen Positionen in der Truppe. Nachdem er erledigt ist, muss sich Earth Oversight große Mühe geben, führende Leute zu finden, die den Laden nicht aus Prinzip abgrundtief hassen.«

»Hast du deshalb im Executive House die Seiten gewechselt? Eine Gelegenheit erkannt und genutzt?«

»Ich werde diese verfickte Rose zu Hernandez zurückbringen!«

Ich lächelte nicht. »Dann sag mir, warum. Komm schon, Nikki. Wenn es das nicht war, was dann? Du bist doch auf einer verfickten Linie mit Mulholland gewesen, als wir aufkreuzten, du hast glücklich unsere neuen Navy-Overlords willkommen geheißen. Was hat sich geändert?«

Sie war für einen Moment still. »Du hast es gerade gesagt. Navy-Overlords. Artikel siebenundzwanzig.«

»Komm runter. Mulholland hat dir diesen Teil nicht erklärt?«

»Er hat gelogen.«

»Boyd Mulholland? Nie im Leben!«

Chakana nahm ihre Linsen ab, drückte Daumen und Zeigefinger auf den Nasenrücken. »Also gut, nein, er hat nicht gelogen. Er hat Ausflüchte gemacht, drum herum geredet. Oder – weißt du was? – vielleicht habe ich nur nicht aufmerksam genug zugehört. In den letzten paar Wochen hat niemand genug Schlaf bekommen, Veil. Während du weg warst und oben in den Schelf-Gemeinden Spaß hattest, haben einige von uns ein Aktenrückzugsgefecht gegen Earth Oversight ausgetragen und gleichzeitig versucht, die verfickte öffentliche Sicherheit auf den Straßen zu wahren. Wir hatten Ausschreitungen, Demos, Hausbesetzungen, selbst ein paar umfangreiche Streiks. Unterstützung durch die Navy klang nach einer guten Idee, um ehrlich zu sein. Aber *Unterstützung* war der entscheidende Begriff – kein ausgewachsener Staatsstreich. Der Wichser erwähnte nie etwas von siebenundzwanzig.«

Sie legte ihr Gear wieder an, die Linsen halb verdunkelt, sodass die volle Macht ihrer kobaltblauen Augen verschleiert wurde. Sie setzte ein Maskenlächeln auf.

»Außerdem, du weißt schon – dann kam der Overrider. Du bist aufgekreuzt, Black Hatch Man. Das hat mir neue Möglichkeiten eröffnet.«

»Oh, was ist plötzlich los, Nikki? Eine große, böse Polizistin von der Mordkommission wie du – sag mir bloß nicht, dass du noch nie jemanden kaltblütig getötet hast.«

Ihr Lächeln vertiefte sich. »Das wüsstest du wohl gern.«

Ich ließ es auf sich beruhen. »Also hast du dir gedacht, warum solltest du selbst einen amtierenden Gouverneur erschießen, wenn du eine genmodifizierte Killermaschine dazu benutzen kannst, es für dich zu tun. Klingt vernünftig.«

»Hier geht es um die Bradbury-Polizei, Veil. Wir behalten uns gern die Möglichkeit vor, alles abstreiten zu können.«

»Du weißt, dass sie dir Sakarians Job wahrscheinlich sowieso überlassen hätten. Du passt gut in diese Leerstelle. Mulholland hätte sich für dich eingesetzt, kein Problem.«

Sie verzog das Gesicht in gespielter Zerknirschung. »Daran hätte ich früher denken sollen.«

»Du hattest auch Ariana eingeplant, nicht wahr? Die zweite Waffe, ohne personalisierte Sperre, der Wurf genau vor ihre Füße.«

Wieder das verschleierte Lächeln.

»Woher wusstest du, dass sie darauf anspringen würde? Ziemlich weit hergeholt, zu hoffen, dass Mulholland sie auf diese Weise triggern könnte.«

»Ich wusste es nicht. Aber sie war ein zähes kleines Kätzchen, also dachte ich mir, es könnte nicht schaden, sie einzubeziehen. Ein bisschen wahlloses Chaos säen, mal schauen, was daraus sprießt. Und wir hatten Glück.«

»Sie hätte auch *dich* erschießen können.«

Wieder ein patentiertes Chakana-Schulterzucken. »Wer nicht wagt, der nicht gewinnt, oder? Außerdem – vielleicht habe ich deine schicken neuen Internsysteme nicht, aber das hier sind Linsen vom Marshal Service. Die Gestalterkennung ist ziemlich gut. Und – was ich dir immer wieder sage und was du immer wieder vergisst, Veil – ich bin Ermittlerin. Mit dieser Scheiße verdiene ich meinen Lebensunterhalt.«

Sie spielten mit den kleinen Leuten – dasselbe alte Lied. Torres, Ariana, Synthia und noch Millionen andere, kreuz und quer in der Scharte verstreut wie verkümmerte Nanogebäudesaat. Sie würden einem ins Auge spucken und sich abwenden, wenn man sie als Opfer bezeichnete, aber irgendwie schaffte diese Charakterstärke es nie, zu einer anderen Bauform auszuwachsen als einer

Mischung aus mühsamem Durchhaltevermögen und unspezifischer Wut.

Und von Mulholland bis nach ganz unten war das System zum Schröpfen dieser Mischung seit Jahrhunderten eingebettet. Verknüpft mit verfügbaren Missbrauchsoptionen, ohne dass irgendjemand viel dagegen tun konnte, wie es schien.

»Was wird mit Sacran passieren?«, fragte ich.

»Sie ist auf die Füße gefallen. Wie ich höre, tritt sie als fachliche Zeugin gegen Sakarian und Sedge Systems auf. Irgendwas mit einem ihrer sacranistischen Getreuen, der mit einer schlechten Skintech-Probe kontaminiert wurde.« Chakanas Haltung wirkte nun demonstrativ lässig. »Anscheinend ging es auch bei der ganzen Torres-Sache darum. Dass er und sein Mädchen zur falschen Zeit am falschen Ort waren.«

»Ja, etwas in der Art.« Ich ließ meine Stimme desinteressiert klingen. Entweder kannte Chakana den genauen Punktestand oder nicht – und falls sie auf den Busch klopfte, war ich nicht bereit, Julia Farrant für sie aus der Deckung zu zerren. Martina Sacran sollte dieses Blatt ausspielen, wie auch immer. »Und Sakarian – wird man ihn für irgendwas zur Rechenschaft ziehen?«

»Das bleibt abzuwarten. Im Augenblick ist es streng genommen eine *Entbindung von offiziellen Pflichten zur Unterstützung der laufenden Ermittlungen durch Earth Oversight*. Falls er brummen muss, bezweifle ich, dass es auf dem Mars passieren wird. Ich vermute eher, dass man ihn zur Erde zurückschickt und sich dort um ihn kümmert.«

Zur Erde.

Das erdgeborene Gewicht einer großen, dunklen Brust.

Ich wollte dich ficken, Veil. Ich will dich immer noch ficken, und wir sind gerade erst fertig geworden.

Ich will dich immer noch ficken.

Bei diesem letzten Echo zog ich eine Grimasse, weil es nicht Madekwes Stimme war, sondern meine.

Chakana schien das, was sie in meinem Gesicht sah, als Schmerz, der von den Verletzungen kam, fehlzudeuten. »Die Endorphine packen es nicht, was?«

»Alles gut.«

»Hey, willst du einen Orden?« Als wäre es ihr gerade erst eingefallen. »Wir alle sind dir sehr dankbar für diese Overrider-Scheiße, die du am Ende in der Lounge durchgezogen hast. Hernandez findet, dass du ein verdammter Held bist, und hört gar nicht mehr auf, davon zu plappern. Kann dir nicht das Dienstkreuz besorgen, dazu müsstest du angestellt sein. Aber für Hilfskräfte gibt es einen Orden wegen Ausgezeichneter Leistungen.«

»Ist er mit einer Pension dotiert?«, fragte ich mürrisch.

»Nur posthum. Dazu müsstest du im Einsatz sterben und Nachkommen haben.«

»Dann passe ich.«

»Ich dachte, ich frage wenigstens.« Chakana erhob sich. »Aber wie ich sagte, wir sind alle sehr beeindruckt. Etliche Leute aus der taktischen Truppe würden gern einen mit dir trinken, wenn du wieder draußen bist.«

»Ich werde es im Hinterkopf behalten.«

»Tu das. Ach ja, dieser Quiroga-Fall. Ermittlungen abgeschlossen. Wie sich herausstellte, war es irgendeine Kraterkriecher-Gang, die sich in seine Geschäfte im Vallez Girlz einmischen wollte. Aber rate mal, was dann passiert ist! Die meisten von denen wurden vor ein paar Nächten während einer Schießerei im Ventura Corridor in Stücke gerissen. Es war kaum noch jemand am Leben, den man hätte verhaften können. Rivalisierende Hochland-Gangs, wie es aussieht, vielleicht ein Revierstreit. Oder eine Vergeltungsaktion der *familias* wegen Quiroga.« Sie grinste mich an. »Wahrscheinlich werden wir es nie erfahren. Aber du bist jedenfalls aus dem Schneider.«

»Bist du dir sicher, dass ihr alle habt? Aus dieser Kraterkriecher-Gang?«

»Ja, klar – sie hatten eine komplette Operationsbasis unten am Doriot Broadway. Aber stell dir vor – jemand ist am folgenden Tag da reingegangen und hat eine Brandbombe hochgehen lassen. Alle wurden getötet. Hat auch noch ein paar andere erwischt, die im Vallez Girlz waren. Sehr gründliche Aktion, keinerlei Zeugen. Verdammt schwierig, die Täter zu identifizieren. Bislang konnten wir nur die Teile einsammeln, ein paar Überlebende verhaften und sie zusammenflicken. Sie werden nächste Woche deportiert, sobald ich mich in meiner neuen Position eingerichtet habe.« Ihr Grinsen wurde dünn und wintrig wie der Wind von Tharsis. »Ich denke, das ist eine ziemlich klare Botschaft an Hellas – haltet eure dreckigen Triadenfinger aus der Scharte heraus. Es dürfte auch irgendwelche kollaborationswilligen Guschs auf dieser Seite entmutigen, schätze ich.«

Ich sah sie leidenschaftslos an. »Ja, das könnte tatsächlich funktionieren.«

»Gut«, sagte sie fröhlich. »Also – ich muss noch eine Galauniform für Freitag abstauben, an ein paar Sitzungen teilnehmen. Und du bleibst stark, Veil. Lass dich wieder instand setzen. So und nicht anders.«

Ich nickte. Beobachtete sie bis zur Tür, bevor ich mich wieder zu Wort meldete.

»Am Ende hattest du einfach nur die Schnauze voll von Mulholland, nicht wahr, Nikki? Mehr nicht.«

Sie stand einen Moment lang eingerahmt in der Tür, während sie sich öffnete. Nahm einen tiefen Atemzug und drehte sich noch einmal ganz zu mir herum.

»Das ist *meine* verdammte Stadt, Veil. Diese Straßen gehören der BP, und darauf bewegt sich nichts, wenn ich es nicht vorher genehmige. Niemand fickt Bradbury, während ich im Dienst bin. Niemand. Das solltest du nie vergessen.«

Dann war sie weg, die Stiefelabsätze klackten geschäftsmäßig durch den Korridor, ließen mich allein mit meinen Geistern und meiner Schuld und all den wirren Schmerzen, die mir die Endorphine nicht nehmen konnten.

54

Mulholland bekam ein volles marsianisches Ehrenbegräbnis – offener Sarg, Fahrt mit Oldtimercrawler durch das Stadtzentrum von Bradbury und hinaus nach Settler's Point, anschließend feierliche Beisetzung auf dem Luthra Memorial Cemetery. Die Stadt versammelte sich in Scharen, um es zu verfolgen. Es gab Tränen und Fahnen und Babys, die hochgehalten wurden, damit sie eine bessere Sicht hatten. Über dem Grab hielt Edward Tekele eine sorgsam kalibrierte Rede, und er warf sogar die erste Handvoll Regolith hinein. Sozusagen der Krönungsmoment. Beide Ex-Frauen von Mulholland waren da, große geschwärzte Linsen machten ihre Gesichter zu identischen dünnlippigen Masken der Trauer und verhüllten geschickt irgendwelche Tränen, die sie vergossen haben mochten oder auch nicht. Keine brachte ihre Kinder mit.

Ariana bekam eine Feuerbestattung und eine KI-Lobrede drüben im Salon von 'Mama's Home Paradiso an der Fourteenth Street, gefolgt von einer Afterparty im Maxine's. Anscheinend übernahm einer ihrer Stammgäste die Rechnung. Ich war immer noch zu angeschlagen, um es zur Trauerfeier oder zur Party zu schaffen, also ließ ich so viele Blumen von 'Ris schicken, wie ich mir leisten konnte. Ein Mädchen aus dem Maxine's kam ein paar Tage später vorbei, brachte mir eine kopierte Gedenkdisk der Veranstaltung. *Es ging richtig nett ab,* erklärte sie mir.

Ich habe sie mir immer noch nicht angesehen.

In der Zwischenzeit hatte das Schockraumteam, das mich behandelte, recht behalten. Die Schnellwachstumsprotokolle, die sie in mir ausgesät hatten, arbeiteten ziemlich genau nach Plan. Auf den Tag drei Wochen nach der Schießerei in der Kernel Lounge verließ ich das Santa Yemaya mit nichts Schlimmerem als einem Stechen im reparierten Gewebe meiner Leber und einem Kribbeln in den Nervenenden, wenn ich mich zu schnell nach links drehte. Reststörungen der Biosysteme, sagten sie mir, und dass es mit der Zeit nachließe.

Ich glaubte ihnen, weil das letztlich mit fast allem passiert.

Wie die anderen Motten kreiste ich über dem Strip und stieß hinab. Landete im Dozen Up Club, trank North Wall Bangers an der Theke, während ich darauf wartete, dass Hannu Holmstrom herunterkam und sich zu seiner eigenen Willkommen-zurück-von-den-Toten-Party gesellte.

»Er übertreibt es ein wenig mit dem späten Auftritt, was?«, fragte ich Tessa Arcane, während sie meinen dritten Cocktail aus dem Shaker siebte.

»Er hat mit dieser Party gewartet, bis du aus Yemaya entlassen wirst«, sagte sie mit einem stählernen Blick auf ihre Arbeit. »Das Antivirenzeug, das wir ihm verabreicht haben, hat die Killercodes schon vor Wochen ausgefegt. Seitdem ist er mehr oder weniger putzmunter. Ich denke, er wird runterkommen, wenn er bereit ist.«

Sie stellte den Shaker zur Seite, spießte eine lange, gebogene Jalapeño mit einem Cocktailstick auf und warf das Ganze ins Glas. Schob mir den Drink über die Theke zu und ging weiter, um mit jemand anderem zu reden.

Sie hatte es mir immer noch nicht richtig verziehen, dass Holmstrom verletzt worden war.

Damit waren wir schon zwei.

Ich blickte ihr geistesabwesend nach, hielt mich daran fest, wie die Barlichter auf ihrer ebenholzfarbenen Haut spielten, und genoss die Erinnerungen, die das wachrief. Eigentlich gab es kaum eine Ähnlichkeit; Tess war dünner, zierlicher gebaut und hatte zu viel vom Horn von Afrika in ihren Zügen, um auch nur ein leises Echo von Madison Madekwe auslösen zu können. Aber sie hatte diesen Hautton, die Art, wie sich das Licht anschmiegte, und ...

Ein Bericht über Deiss. Standardnachrichtenupdate, für die Bradbury City Prowl *recycelt.*

Okay, lass sehen.

Hinter meinen Augen entfalteten sich die Straßen irgendeiner Hochland-Scheißlochstadt, zwei Polizei-Crawler und ein Land Rover des Marshal Service, die vor irgendeinem billigen Nanofab-Wohnhaus parkten. Ein atemloses junges Ding erhob sich, mit aufgeregt geweiteten Augen hinter den Linsen.

Die Bewohner von Santa Ini wurden kurz vor Sonnenaufgang von Schüssen und Rufen aus dem Innern dieses Mietshauses geweckt. Einer von ihnen erklärte mir, dass das für diesen Teil der Stadt keineswegs ungewöhnlich ist, doch bei dieser Gelegenheit war die Polizei hinter einem besonders ungewöhnlichen Mann her.

Der Feed wurde umgeschaltet. Diesmal irgendein tristes zweckmäßiges Blockhaus als Polizeistation, vor dem derselbe Land Rover stand. Die Tür schwang auf, und zwei Marshals mit grimmigen Gesichtern kamen mit dem gefesselten Martin Deiss zwischen ihnen heraus. So wie sein Gesicht aussah, hatten sie ihn entweder vor Kurzem mit einer Schockpistole getroffen, oder seine SNDRI-Abhängigkeit war während der letzten paar Wochen ernsthaft aus dem Ruder gelaufen.

Martin Deiss, der Showmaster für die Heimflug-Lotterie und Millionen im Valley schlicht als der Deiss Man bekannt, war vor mehreren Wochen aus seiner exklusiven Bradbury-Wohnung verschwunden und wurde seitdem dringend von den Behörden gesucht. Ursprünglich gab es Besorgnis um seine Sicherheit, und manche glaubten, er wäre entführt worden. Doch nun scheint es, dass der Deiss Man zu einem Opfer seiner eigenen Schuldgefühle wurde – über Jahre fälschte er Heimflug-Gewinnertickets für Leute, die es sich leisten konnten, die Kosten zu bezahlen, betrog damit ehrenhafte Männer und Frauen von der Frontier um ihre Hoffnungen auf einen Traumgewinn. Ein Team von Earth Oversight, das die Lotterie unter die Lupe nahm, gab den Polizeibehörden des Mars schon zu Anfang des Monats einen Tipp, doch irgendwie bekam Deiss Wind von diesem Haftbefehl und floh aus der Stadt. Seitdem war er auf der Flucht. Doch hier und heute, in dieser hart arbeitenden East-End-Siedlung, verließ den Deiss Man schließlich sein Glück. Nun erwartet ihn ...

Ich schaltete es aus. Erleichterung und Enttäuschung ungefähr zu gleichen Teilen. Ich hatte eigentlich nicht damit gerechnet, dass sich Deiss in den Schatten von Bradbury verbergen würde, um auf seine Chance zu warten, mich aus Rache niederstrecken zu können, aber die Tatsache, dass es nur eine minimale Chance war, hatte mich nicht davon abgehalten, es mir umso mehr zu wünschen.

»Hey, Overrider!« Leicht lallende Stimme an meinem Ellbogen, laut genug, um das weiße Hintergrundrauschen der Menge zu übertönen. »Freut mich, Sie wieder auf den Beinen zu sehen, Mann!«

»Luppi.« Ich hob ihm mein Glas entgegen, ohne zu trinken. »Was machen Sie denn hier?«

»Arbeiten.«

Er nickte zur Tanzfläche des Dozen Up hinüber. Das glamouröse Pärchen von meinem frühmorgendlichen Besuch vor einer scheinbaren Ewigkeit ging dort ab, irgendeine heiße schnelle Variation von *huayno*-Schritten, zu einem Remix in Hard-G-Beats, überlagert vom Sample einer Okombi-Rede. Ein Aufblitzen von langen, festen Schenkeln unter einem hochgeworfenen Rock, als er sie herumwirbelte. Jubel und Applaus aus dem Club.

»Sie stehen nur herum und schauen zu?« Ich zog eine Augenbraue hoch. »An so eine Arbeit könnte ich mich gewöhnen.«

Er kippte einen Schluck von seinem Drink hinunter und grinste. »Jetzt mache ich nur die vergnüglichen Aufnahmen für die Untermalung. Sie hat mir für später am Abend ein komplettes Vier-Augen-Interview versprochen. Exklusivvertrag für Fifteen Famous. Mit etwas Glück ist sie bis dahin so durch, dass sie sogar echten Tratsch von sich gibt.«

»Das dürfte für irgendwen irgendwas wert sein, wie?«

Er sah mich fassungslos an. Zeigte mit einem Daumen auf die Tanzfläche. »Sie wissen nicht, wer das ist?«

»Das werde ich ständig gefragt.« Ich wandte mich wieder der Theke zu. »Wie auch immer – ich hätte gedacht, dass Sie jetzt unbedingt diese Charms-Sache weiterverfolgen. Verschwindet plötzlich von der Bildfläche, wenige Tage vor seiner großer Kletteraktion. Darin muss doch eine richtig gute Story stecken, oder?«

Er zog eine finstere Miene. »Nein. Diese Scheiße mit dem *Kollaps wegen mediziner Code-Unverträglichkeit*? Pure Vertuschung, direkt aus dem Handbuch für Markenmanagement. Nicht das, was wirklich passiert ist. Ich garantiere Ihnen, unser Kumpel Charms hat einen Blick auf Wall 101 geworfen und sich in die Hosen geschissen. Hat's nicht gepackt. Jetzt ziehen sie nur noch Schadensbegrenzung durch, haben ihn wahrscheinlich bereits für den Heimflug auf Eis gelegt, gleich neben Sakarian. Das war das Letzte, was irgendwer in der Scharte von seinem Gesicht sehen wird, glauben Sie mir.«

»Wenn Sie es sagen. Ich verneige mich vor Ihren überlegenen Paparazzo-Instinken.« Ich nippte von meinem North Wall Banger und prostete in Gedanken Pebble Rodriguez zu, weil sie ihn erfunden hatte. »Ich schätze, wenn die North Wall bestiegen werden soll, wäre es besser, es von einem Marsianer machen zu lassen.«

»Absolut richtig.«

»Apropos Sakarian – ich vermute, man lässt nicht zu, dass Sie irgendetwas darüber schreiben, oder?«

»Wollen Sie mich verarschen? Von Sedge Systems und Chasma Corriente kommt jetzt nur: Sprich darüber, und du landest im Knast. Sie werden ganz schnell eine Ermittlungssperre verhängen. Weshalb sie Sakarian auch zur Erde abtransportieren. Deiss wahrscheinlich genauso, nachdem sie ihn jetzt gefasst haben.«

»Sie haben das auch gesehen?«

»Ich bin Journalist, Veil.«

Deiss, Sakarian, Julia Farrant. Charms und Madekwe in Leichensäcken – die Liste der Leute, die zur Erde zurückkehren würden und zu denen ich nicht gehörte, fühlte sich allmählich wie eine Art persönlicher Beleidigung an. Ich überspielte meine durchsickernde Verbitterung, indem ich erneut das Glas hob.

»Also auf die Journalisten. Auf dass sie sich auch in Zukunft ausverkaufen.«

»Hey!«

»Sagen Sie mir wenigstens, dass Sie fürs Klappehalten eine halbwegs anständige Entlohnung ausgehandelt haben.«

Sein Blick pendelte unwillkürlich zur Tanzfläche zurück. Ich nickte wissend.

»Also. Fifteen Famous hat einen Anruf von hoch oben bekommen, nicht wahr? Gebt diesem Kerl irgendwas, wir werden euch von Zeit zu Zeit einen Knochen hinwerfen. Und wenn nicht, machen wir euren Laden dicht.« Ich prostete ihm erneut zu, und diesmal trank ich. »Willkommen in der großen Show, Gusch.«

»Arschloch. Ich hab da oben für Sie geblutet, Veil. Ich habe alles gegeben, was ich hatte.«

»Ja. Und hat sich gut angefühlt, nicht wahr? Die Arbeit zu machen? Etwas von Bedeutung. Keine Ursache, übrigens. Nur schade, dass Sie so schnell wieder aussteigen mussten.«

Leiser Jubel rollte hinter uns durch den Raum. Für einen Moment dachte ich, das Tanzpaar hätte wieder einen ausgesprochen gewagten Schritt hingelegt. Dann drehte jemand die Musik herunter, und der Jubel ging weiter, ergänzt durch anhaltenden Applaus. Luppi entfernte sich von mir, vielleicht für einen besseren Kamerawinkel. Ich blickte mich um, sah Hannu Holmstrom am anderen Ende der Theke auf den rückwärtsgewinkelten Beinprothesen und Laufkufen aufragen. Er grinste auf die versammelte Gesellschaft herab.

»Also habt ihr alle gehört, dass die Drinks aufs Haus gehen«, grollte er. »Das ist gut. Ich dachte mir schon, nur so krieg ich es hin, dass hier irgendwer aufkreuzt.«

Gelächter breitete sich in einer Welle durch den Raum aus. Ich spürte, wie sie meinen Mund berührte, und bemühte mich mitzumachen. Erneut Jubel und Applaus im ganzen Raum. Holmstrom gestikulierte, und es dämpfte sich zu einem Murmeln. Er richtete sich noch etwas höher auf.

»Meine Freunde – und so nenne ich euch, weil ich genau weiß, dass keiner von euch mehr drauf hat als so ein heruntergekommener alter Pilot wie ich und dass ich mit euch klarkommen muss.« Wieder kochte Gelächter auf, und er wartete, bis es sich legte. »Meine Freunde, ich habe oft an euch gedacht, sah viele eurer Gesichter vor meinem geistigen Auge, während ich an kalten und einsamen Orten um mein Leben kämpfte.«

Das Gelächter stockte, rutschte von einer Klippe in plötzliche Stille.

»Kalte und einsame Orte«, wiederholte er. »Ich habe einen großen Teil eines vorigen Lebens damit verbracht, an kalten und einsamen Orten zu kämpfen, bevor ich hier im Valley angeschwemmt wurde. Damals kam es mir wie ein großes Pech vor, eine Art Exil. Ich dachte, ich würde bald wieder verschwinden, ich dachte an Flucht. Höchstens ein paar Jahre, dachte ich.«

Er machte eine Kunstpause, und das Gelächter setzte wieder ein, vorsichtig, vorbereitend. Er hatte sie alle in der Hand.

»Also, das war im Frühling 293.« Er schüttelte den Kopf. »Und jetzt stecke ich immer noch hier fest.«

Sie brüllten. Er wartete ab.

Jemand, der unter zu viel Freigetränken litt, legte die Hände an den Mund und rief: »Dann pack doch deinen verdammten Koffer!«

Holmstrom hob anerkennend eine majestätische Hand.

»Die Wahrheit lautet«, sagte er, »dass wir alle irgendwie hier feststecken. Und manchmal …«

»Müssen wir uns diese Scheiße anhören!«, brüllte ein anderer.

Der Ziegengott grinste wild, was genügte, um jeden Raum still werden zu lassen, und sie wurden still. Dafür ließ er ihnen ein paar Herzschläge lang Zeit.

»*Manchmal*«, begann er noch einmal, »fühlt es sich gar nicht so an und manchmal doch. Aber das ist die Wahrheit dahinter. Es ist unser Dauerzustand. Wir *stecken fest*, wir alle, jeder schlägt mehr oder weniger kreativ um sich, mehr oder weniger komfortabel angeschwemmt, je nach Glück. Dennoch stecken wir fest, ins Leben und die Situation epoxidiert, und immer mit begrenzten Optionen. Die einzige Frage ist, was wir mit diesen Optionen machen, wie wir uns in der Zeit, die uns noch bleibt, vorwärtsbewegen. Und vor allem, mit welchen Leuten wir unterwegs feststecken möchten. Wenn ich mich in diesem Raum umblicke, weiß ich, dass ich mir genau die richtigen Leute dazu ausgesucht habe und dass ich … ja, schon gut, ich will ehrlich sein, das gilt vielleicht nicht für dich, Veil ...« Die Menge brüllte vor Begeisterung, fixierte sich auf mich, brach in deftigen Applaus aus. Ich hielt es durch, so gut ich konnte, grinste glasig und hob meinen Cocktail. »Ich sage es noch einmal, ich weiß, dass ich – Ruhe bitte, Leute, Ruhe –, ich weiß, dass ich – abgesehen von Veil, wie gesagt –, dass ich meine Zeit auf dem Mars gut verbracht habe. Wenn ich hier feststecke, kann ich auf jeden Fall damit leben.«

Er senkte die Stimme. Er zog sie alle an sich.

»Und es erfüllt mich mit Demut, dass so viele von euch auch stecken geblieben sind und heute Abend hergekommen sind, um mich zu beglückwünschen – auch wenn es nur Freigetränke gibt!«

Jubelschreie und ein tosender Applaushöhepunkt, stampfende Füße, Grölen. Ich drehte mich wieder zur Theke um und stellte fest, dass ich in Tessa Arcanes schmales, leidenschaftsloses Gesicht blickte.

»Darauf hätte ich verzichten können«, sagte ich zu ihr.

»Nein«, rief sie durch den Lärm. »Du solltest dich geehrt fühlen, Gusch. Hier gibt es sonst niemanden, den er auf diese Weise hervorgehoben hätte.«

Später, während die Party simmerte, kam er zu mir herüber. Vielleicht hatte er sein Gehör auf mich fokussiert und meinen Wortwechsel mit Tess mitbekommen. Vielleicht kannte er mich auch nur zu gut.

»Tut mir leid deswegen, Veil. Du weißt ja, wie es mit Reden läuft. Man muss den ganzen ernsten Scheiß durch irgendwas auflockern. Andernfalls ertragen die Leute nicht so viel davon.«

»Freut mich, dass ich dir eine Hilfe war.« Ich neigte meinen letzten Drink in seine Richtung. »Willkommen zurück. Tut mir leid, dass ich dich überhaupt in diese Navy-Scheiße getrieben habe.«

Er zuckte mit den Schultern. »Ich bin mit offenen Augen hineinmarschiert. Hab mich von meinem bescheuerten Schiffhackerstolz mitreißen lassen, um die Wahrheit zu sagen. Nach dem ersten Rauswurf hätte ich wahrscheinlich auf jeden weiteren Versuch verzichten sollen. Das war meine Entscheidung, nicht deine.«

»Na ja.« Ich suchte nach etwas, was ich dazu sagen konnte. »Am Ende haben wir beide es überstanden.«

Ein entnervendes Zwinkern der grün leuchtenden Iris. »Wir beide sitzen immer noch hier fest.«

»Ja, das auch.«

»Auch du hattest einen ziemlich harten Ritt, wie ich mitbekommen habe.«

»Weißt du, was ich hatte, Hannu?« Ich hatte zu viel getrunken, was meine Stimme trübte. Ich konzentrierte mich angestrengt auf die fleckige und narbige Oberfläche der Theke vor mir, bewegte die rechte Hand, als würde ich damit eine warme dunkle Brust umschließen, die noch feucht von vermischtem Schweiß war. Ich blickte zu ihm auf, lächelte trotzig, spürte den harten Glanz meiner Augen. »Ich hatte die Erde in meiner Hand. Einfach so. Und dann hab ich sie sausen lassen.«

Ich zerknüllte meine leere Hand, ballte sie zu einer Faust.

»Einfach so«, sagte ich leise.

Er durchlebte diesen Augenblick mit mir, blieb still. Wir standen in dem heranflutenden Lärm dieser Wiederauferstehungsparty, und ich wusste nicht, was er dachte, aber ich hatte gerade die Liste all jener aufgestellt, die es nicht überstanden hatten.

Er wählte seinen Moment, räusperte sich. »Ja, ich schätze, auch du hast am Ende nicht allzu viel gewonnen.«

Ich zuckte mit den Schultern. »Anscheinend kann ich jetzt in jeder beliebigen Polizistenbar der Stadt umsonst saufen. Das muss doch für irgendwas gut sein.«

»Ja ... aber vielleicht habe ich noch etwas Handfesteres für dich. Ich hatte viel Zeit, während ich aus dem Verkehr gezogen war, verstehst du, und in den letzten paar Wochen habe ich meine Systeme getestet. Du weißt schon – um mich davon zu überzeugen, dass die Infiltrationstechnik wieder sauber und einsatzbereit ist. Ich, äh, bin in die BP-Pathologie eingedrungen.«

Ich blickte auf. »Was?«

»Ja, all diese Leichen, die sich da plötzlich aufgetürmt haben – aus dem Executive House und davor aus Ventura. Nenn es müßige Neugier, denn das war es zu Anfang, doch als ich die Gencodes checkte, fand ich diese seltsame Korrelation. Ein Toter, mehrere Schusswunden in Brust und Unterleib, gefunden in irgendeinem Neubaugebiet am Fairchild Loop, und wie sich herausstellt, lief er unter demselben Code wie ein gewisser Hidalgo, den der Marshal Service schon seit einer ganzen Weile jagt und auf den gewisse OK-Kreise in den Schelf-Gemeinden ein ausgesprochen lukratives Kopfgeld ausgesetzt haben – wenn die Leiche nur an die richtigen Hände ausgeliefert würde.«

Ich blinzelte etwas vom Alkohol aus dem Kopf, starrte ihn an. »Du willst mich verarschen. Verdammt, das hast du nicht getan.«

Er grinste. Dioden in seinen Piercings zwinkerten und funkelten mir zu. »Ich musste natürlich warten, aber vor einigen Tagen hat BP die lokalen Leichen zur Kremation freigegeben. Eine simple Änderung der Lieferadresse, und rate mal, was passiert ist. Einer dieser Särge landet im ValleyVac – als Expressfracht für ein Mietlagerhaus in Cradle City.«

Ich kippte den ganzen Rest meines Drinks hinunter. Starrte dann auf die Theke, lauschte seiner Stimme.

»Natürlich muss immer noch jemand mit den Zugangscodes da hinaufgehen und die Lieferung abholen. Ich würde ja selbst gehen, aber das Hochland ist eigentlich nicht so meins. Die Leute würden bloß starren, weißt du. Das mag ich überhaupt nicht.«

Ich schüttelte den Kopf. »Weißt du ... was rede ich? Natürlich weißt du, wie viel das Kopfgeld beträgt.«

»Ja. Ich dachte, ich könnte eine bescheidene Bearbeitungsgebühr von, sagen wir, zwanzig Prozent nehmen. Schließlich kann man nicht behaupten, dass die Arbeit anstrengend war.«

»Halt die verdammte Klappe, Hannu. Du wirst bescheidene fünfzig Prozent nehmen und damit glücklich sein.«

»Ahh ...« Er neigte abrupt den Kopf. »Tess, du hast es gehört. Mach Veil noch einen Drink, bitte – einen großen. Er ist wirklich von den Toten zurückgekehrt und selbstverständlich auch sehr willkommen.«

Die Party lief lange, mal angespannt, mal entspannt, und irgendwann leerte sich der Raum. Ich folgte einem verschwommenen Weg durch das Ganze, versuchte den Schmerz, den meine Geister mir bereiteten, mit meinem neugefundenen Glück und meiner Einstellung dazu auszubalancieren. Mit der Hälfte von einhundertfünfzigtausend Marin konnte ich mir keine Kryokap zurück zur Erde kaufen, nicht einmal ansatzweise. Aber es gab eine Menge anderer Dinge, die ich hier in der Scharte damit machen konnte. Wenigstens die Hypothek auf den Dyson abzahlen. Eine Generalüberholung meiner Körpersysteme von BV mit Anpassung an meine neuen Internsysteme. Eine anständige langfristige Krankenversicherung abschließen. Neue Kleidung kaufen.

Schließlich landete ich allein mit meinen Gedanken in einem der erhöhten Loungebecken an der Wand gegenüber der Theke und beobachtete, wie andere Leute tanzten. Dort saß ich schon seit einer ganzen Weile, als sich jemand schwer auf die Liege neben mir fallen ließ. Der Annäherungsalarm zuckte, doch ich wusste auf mehreren Ebenen, dass ich keine Lust hatte, mich von dem Nichtvorhandensein einer Gefährdung zu überzeugen.

»Sie sind also Veil.«

Ich nahm ihr Parfüm wahr, vermischt mit dem Schweiß vom Tanzen. Ich sah sie an, erkannte Luppis auserkorene Interviewpartnerin für Fifteen Famous. Dunkel, feine himalayanische Züge, Lippen in der Farbe von Pflaumen und eine dichte Mähne aus schwarzem Haar, kunstvoll mit Honig und Silber durchsetzt, hoch aufgetürmt, um dann über den Rücken hinabzufallen. Es klebte in winzigen schweißgedruckten Schnörkeln an ihren Schläfen. Ihre Augen tanzten, und der Rest von ihr sagte, dass er dasselbe tun wollte.

»Ich bin Veil«, bestätigte ich.

»Hannu hat Sie hervorgehoben. Das ist ein *sehr* großes Lob. Möchten Sie tanzen?«

Ich schüttelte den Kopf. »Falscher Kerl, falscher Abend. Was ist mit Ihrem Partner passiert? Ich hatte den Eindruck, dass er was drauf hat.«

»Das ist wahr. Aber Julian ist heute Abend … von mir enttäuscht.« Sie gluckste kehlig. »Ich hatte mich zu einem freimütigen Interview hier mit Fifteen Famous einverstanden erklärt und die Vereinbarung dann auf recht aggressive Weise abgesagt. Das wird mich teuer zu stehen kommen, und Julian bildet sich gern ein, dass er über diesen Aspekt meines Lebens entscheiden sollte.« Eine Pause, in der sie sich eine herabgefallene Haarlocke wieder hinters Ohr schob. »Aber dem ist nicht so.«

»Warum haben Sie abgesagt?« Trotz allem interessiert.

»Weil, Mr. Veil, der betreffende Interviewer ein notgeiler kleiner Drecksack ist und ich für so etwas nicht in der Stimmung bin.«

Ich hielt ein Grinsen zurück. »Nenn mich einfach Veil.«

»Veil. So richtig *unverschleiert?*« Sie drehte sich ganz zu mir herum. »Findest du, dass es unklug von mir war, Veil?«

Ich zuckte mit den Schultern. »Vermutlich. Kennst du hier irgendjemanden, der es nicht ist?«

Sie lachte laut, und es war derselbe helle, kehlige Laut wie ihr Glucksen, nur kräftiger und ansteckender, als sie ihn freisetzte. Ich spürte, wie mein Mund darauf reagierte und sich verzog. Als sie mich wieder ansah, hatte sich in ihren Augen etwas verändert.

»Du willst nicht tanzen?«

»Nein.«

»Möchtest du stattdessen vielleicht mit mir von hier verschwinden?« Sie legte sehr vorsätzlich eine Hand auf meinen Schenkel, berührte mit der Zungenspitze die Lippen. »Würdest du gern diesen Ort verlassen?«

Ich fand ein Lächeln und setzte es auf.

»Mehr als du dir vorstellen kannst«, sagte ich.

Draußen auf dem Strip war die Nacht nasskalt, aber diese Frau lag warm und locker an mir, berührte mit Lippen und Zunge zart meinen Hals. Oben wand und befleckte sich die Lamina in Ausbrüchen von Silber und grünlichem Gold. Und – welch Wunder! – Particle Slam schien endlich den Regencode in den Griff bekommen zu haben. Die Menge um uns herum jubelte, als er heranwehte und sie überschüttete. Ein paar Leute tanzten. Meine Begleiterin lachte entzückt, hob das Gesicht empor, um die Tröpfchen mit der Haut und dem Mund aufzufangen.

»Ist das nicht wunderbar?«, rief sie. »Einfach so nass zu werden! Genau wie auf der Erde!«

»So in etwa«, stimmte ich ihr zu.

Als wir uns durch die Menge schoben und nach dem Wagen suchten, den sie angefordert hatte, hörte ich das unverkennbar boshafte Wimmern einer Codierfliege im Anflug. Ich war zu betrunken und zu sehr vom Kielwasser ihrer Begeisterung mitgerissen, um tatsächlich darauf zu reagieren.

Die Codierfliege verharrte und wimmerte noch einen Augenblick lang, als wäre sie über meinen Mangel an Interesse verärgert.

Sie biss mich nicht.

Und der eisige Marswind wehte sie mit dem Versprechen auf Regen davon.

DANKSAGUNG

Unendlicher Dank geht wie immer an Virginia Cottinelli und Daniel Morgan Cottinelli – dafür, dass sie mit dem Monster auf dem Dachboden zusammengewohnt haben, während es um sich schlug und tobte und dieses Buch fertigstellte. Ihr seid der Kraftstoff, der mich antreibt.

Anerkennung, Bewunderung und Ehrfurcht gegenüber den Hebammen während der Geburt – Gillian Redfearn und Anne Groell, ohne deren enorme Geduld, Enthusiasmus und akribische Detailgenauigkeit ich es nie über die Ziellinie geschafft hätte. Ich habe wahrlich großes Glück, nicht nur eine, sondern sogar zwei solcher meisterhaften Lektorinnen zur Verfügung zu haben.

Und schließlich danke ich allen, die sich gewünscht und darauf gewartet haben, dass ich wieder Science-Fiction schreibe – danke für eure Stimmen, denn sie haben den Ausschlag gegeben.

KIM STANLEY ROBINSONS
LEGENDÄRE MARS-TRILOGIE

Es ist die größte Herausforderung der Menschheit: die Besiedelung unseres Nachbarplaneten Mars

978-3-453-31697-3
Erhältlich ab Januar 2016

978-3-453-31696-6
Erhältlich ab November 2015

978-3-453-31698-0
Erhältlich ab März 2016

»Diese drei Romane sind mehr als atemberaubend!
Jeder Bewohner des Planeten Erde sollte sie gelesen haben.«
Arthur C. Clarke

diezukunft.de›　　　　　　　**HEYNE ‹**

diezukunft.de»

Das Magazin für die Welt von morgen in Science und Fiction

Täglich aktuelle News, Essays und Rezensionen
Science-Fiction-Romane und Storys aus über fünf Jahrzehnten
Exklusive E-Only-Klassiker im Shop
Bücher-, Comic- und Kinoticket-Verlosungen

Sie finden uns auch auf

HEYNE ‹